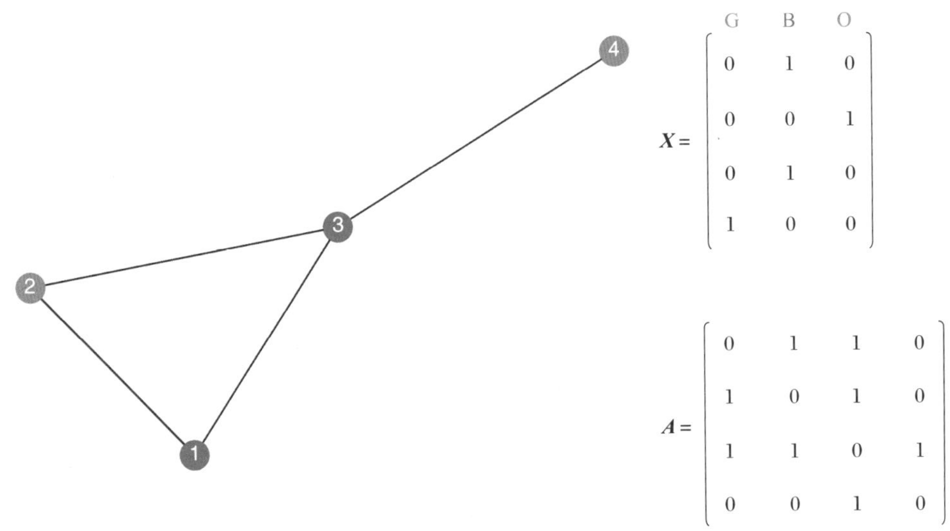

图 18.6　一个无向图及其数学表示

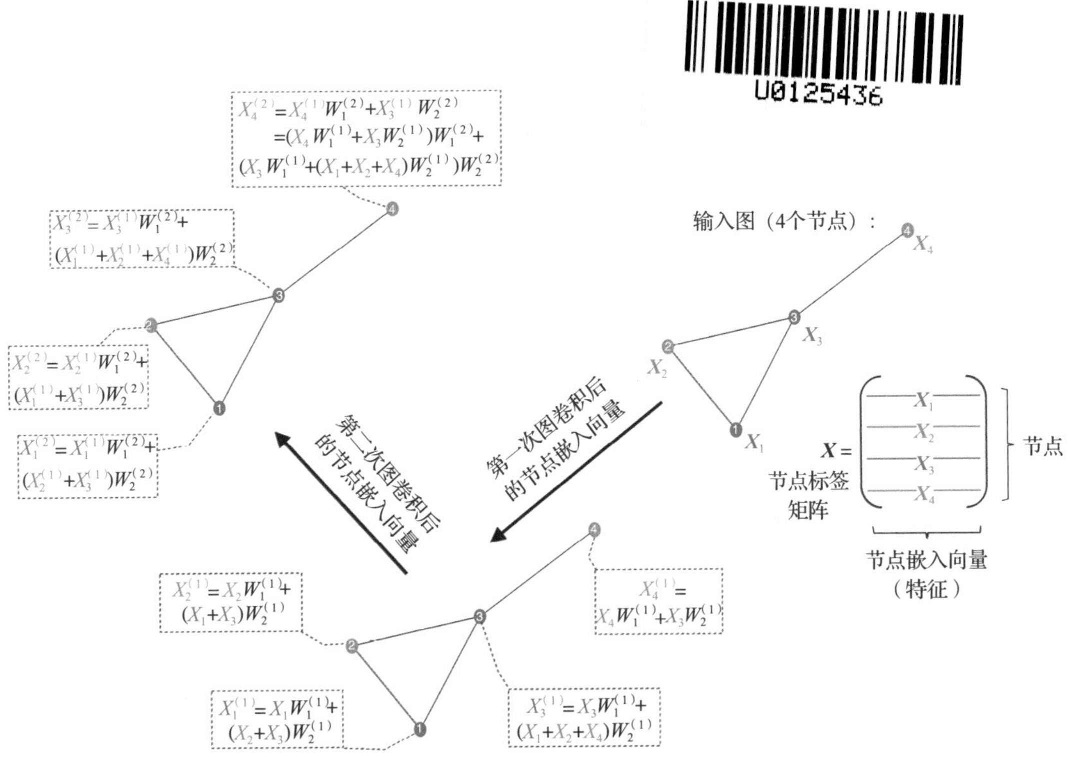

图 18.7　在图数据中捕获节点之间的关系

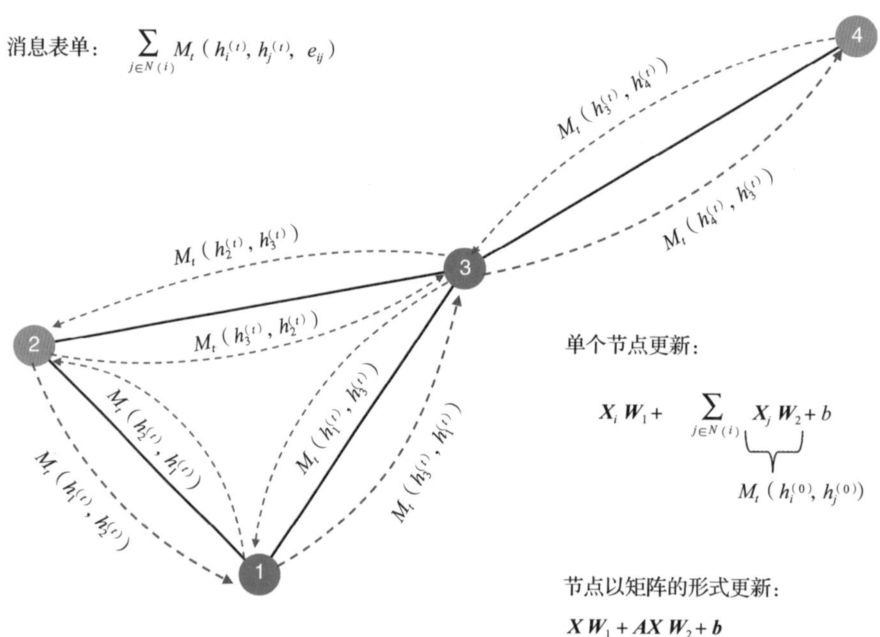

图 18.8 以消息传递方式实现图卷积运算

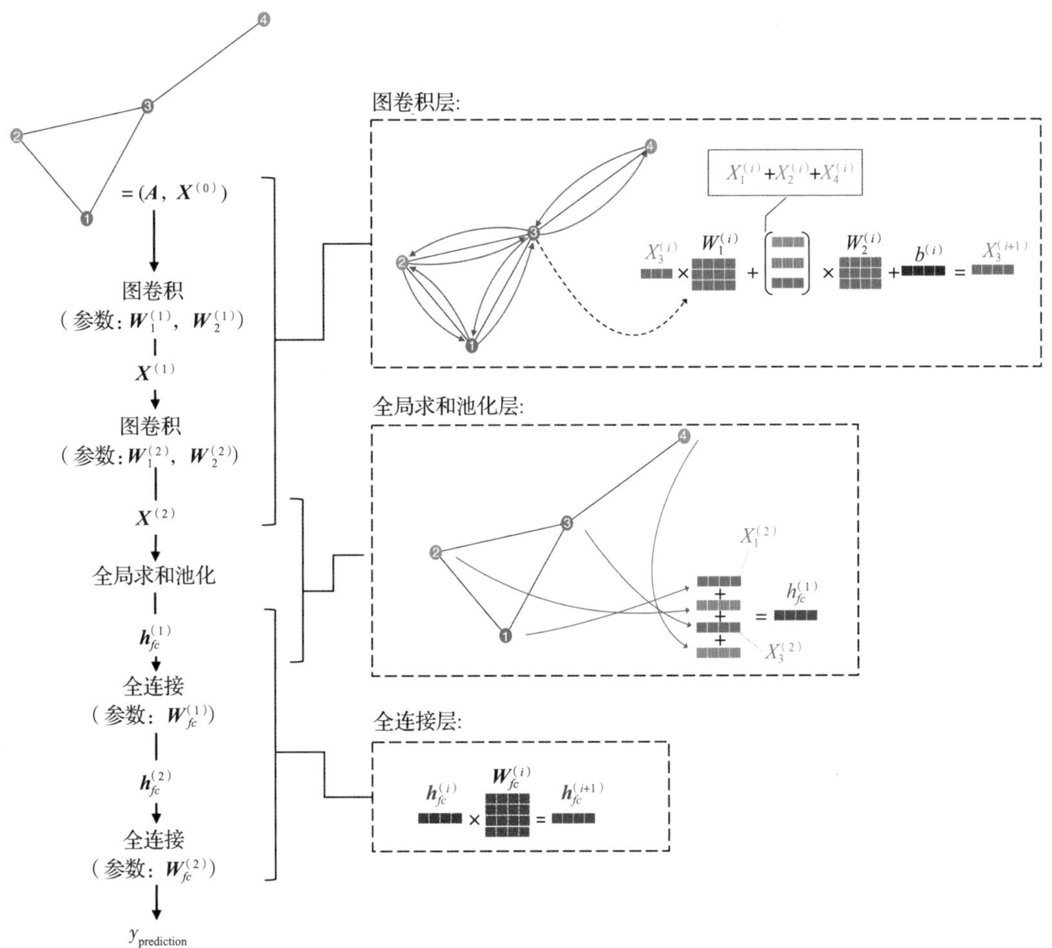

图 18.9　图神经网络结构和每层的工作流程

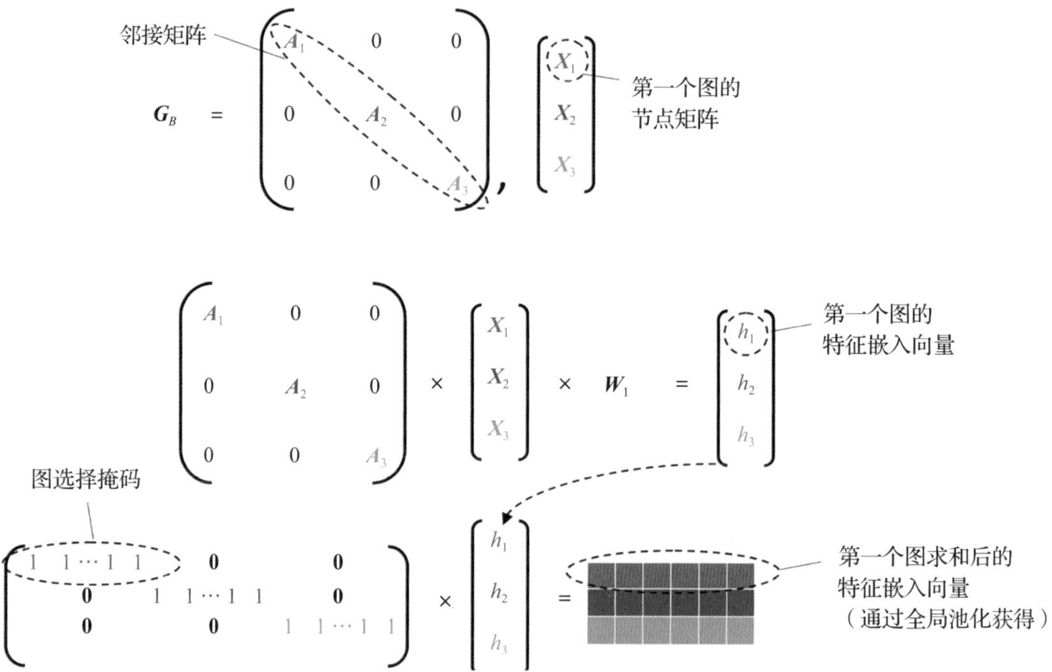

图 18.10　处理不同大小的图

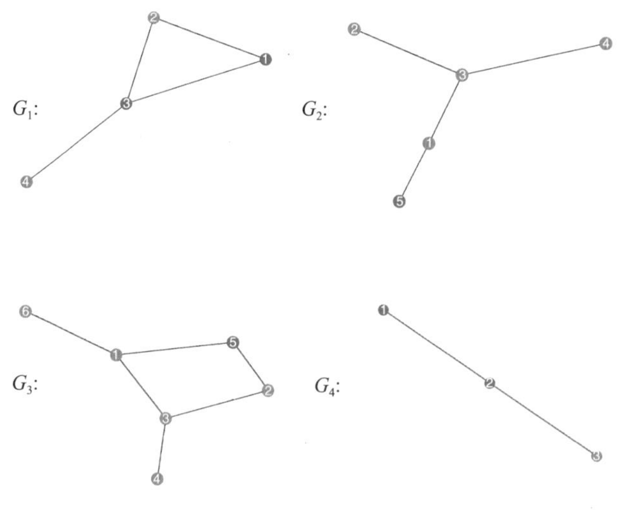

图 18.11　生成的四个图

智能系统与技术丛书

Python机器学习
基于PyTorch和Scikit-Learn

Machine Learning with PyTorch and Scikit-Learn

塞巴斯蒂安·拉施卡（Sebastian Raschka）
[美] 刘玉溪（海登） [Yuxi (Hayden) Liu] 著
瓦希德·米尔贾利利（Vahid Mirjalili）

李波 张帅 赵炀 译

机械工业出版社
CHINA MACHINE PRESS

图书在版编目（CIP）数据

Python 机器学习：基于 PyTorch 和 Scikit-Learn /（美）塞巴斯蒂安·拉施卡（Sebastian Raschka），（美）刘玉溪（Yuxi Liu），（美）瓦希德·米尔贾利利（Vahid Mirjalili）著；李波，张帅，赵炀译 . —北京：机械工业出版社，2023.4（2024.7 重印）

（智能系统与技术丛书）

书名原文：Machine Learning with PyTorch and Scikit-Learn

ISBN 978-7-111-72681-4

Ⅰ. ① P…　Ⅱ. ①塞…　②刘…　③瓦…　④李…　⑤张…　⑥赵…　Ⅲ. ①软件工具 - 程序设计　②机器学习　Ⅳ. ① TP311.561 ② TP181

中国国家版本馆 CIP 数据核字（2023）第 032588 号

机械工业出版社（北京市百万庄大街 22 号　邮政编码 100037）

策划编辑：王春华　　　　　　责任编辑：王春华　张秀华

责任校对：薄萌钰　张　薇　　责任印制：郜　敏

三河市宏达印刷有限公司印刷

2024 年 7 月第 1 版第 4 次印刷

186mm×240mm・38.75 印张・2 插页・864 千字

标准书号：ISBN 978-7-111-72681-4

定价：159.00 元

电话服务　　　　　　　　　网络服务

客服电话：010-88361066　　机　工　官　网：www.cmpbook.com

　　　　　010-88379833　　机　工　官　博：weibo.com/cmp1952

　　　　　010-68326294　　金　　书　　网：www.golden-book.com

封底无防伪标均为盗版　　机工教育服务网：www.cmpedu.com

THE TRANSLATOR'S WORDS

译者序

自从 AlexNet 模型在 2012 年 ImageNet 大赛被提出以来，机器学习和深度学习迅猛发展，取得了一个又一个里程碑式的成就，深刻地影响了工业界、学术界和人们的生活。

如今，机器学习、深度学习、人工智能已经成为信息领域最热门的研究方向，在就业市场这些领域的工作也非常吸引人。介绍机器学习或深度学习的书籍层出不穷，每个月都有大量介绍机器学习的新书出版。尽管如此，本书以知识的系统性和代码的实用性，长期占据亚马逊网站畅销书榜，成为机器学习领域非常受欢迎的书籍。本书作为机器学习和深度学习的入门书籍，很适合新手学习。在理论方面，本书从知识层面将机器学习的诸多经典算法联系起来，使读者能够以宏观视角理解各算法之间的关系；在实践方面，本书带领读者使用 Scikit-Learn 或 PyTorch 从零开始实现常见算法，并使用常用的公开数据集运行所实现的算法。可以说，本书是机器学习入门书籍的不二之选。

本书的翻译历时 8 个月。除署名译者外，贾丁丁、白宇亮、严旭枫、江凡、徐修乐、刘露、陆淑慧等也对本书的翻译做出了贡献，姚志浩、孔令哲对本书的译稿提出了宝贵的修改意见，在此对他们表示衷心的感谢。

如果读者对本书有任何意见或疑问，请发电子邮件至 libo520209@ 126. com。我将记录意见并在本书再版时进行针对性修改，或反馈给本书的作者。

FOREWORD

序

近年来，机器学习方法凭借其理解海量数据和自主决策的能力，已在医疗保健、机器人、生物学、物理学、大众消费和互联网服务等行业得到了广泛的应用。

科学的巨大飞跃通常来自精彩的想法和易用的工具，机器学习也不例外。数据驱动学习方法的成功建立在过去60年中数千名才华横溢的研究人员的新颖独特构思的基础之上。硬件和软件解决方案的发展推动了机器学习的发展，使机器学习算法易用且具有可扩展性。在科研和工业界，NumPy 和 Scikit-Learn 等功能强大的 Python 库被广泛用于数值计算、数据分析和机器学习。这也极大地推动了 Python 的使用，使其成为最流行的编程语言。

深度学习算法在计算机视觉、自然语言处理和语音等任务上取得的巨大成功正是机器学习算法成功的例证。深度学习算法借鉴过去40年的神经网络理论，并结合 GPU 和高度优化的计算机例程，取得了举世瞩目的成果。

过去5年，我们开发 PyTorch 的目标是为研究人员提供高度灵活的深度学习框架，用于开发深度学习算法，避免研究人员处理复杂的底层工程问题。Python 具有良好的生态系统，我们也看到各个领域的杰出人才使用 PyTorch 搭建了诸多深度学习模型。本书作者也是 PyTorch 的杰出贡献者。

在深度学习和 PyTorch 领域，我认识 Sebastian 已有数年，他很擅长用易于理解的方式解释复杂的方法和概念。Sebastian 贡献了许多常用的机器学习软件包，撰写了数十篇关于深度学习和数据可视化的优秀教程。

在实践中应用机器学习需要理论和工具的结合。对于机器学习的入门读者而言，从理解原理概念到确定要安装的软件包都有一定的难度。因此，本书的定位是把机器学习理论和工程实践结合起来，从而降低读者的阅读门槛。从数据驱动方法的基础知识到最新的深度学习框架，本书每一章都提供了机器学习代码示例，用于解决实际应用中的机器学习问题。

Python Machine Learning 于2015年出版，为机器学习和 Python 类书籍设立了一个非常高的

标准。随着深度学习革命深入到各个领域，Sebastian 和他的团队不断升级、完善书的内容，陆续出版了第 2 版和第 3 版。本书在前 3 个版本的基础上新增了某些章节，包含了 PyTorch 相关的内容，覆盖了 transformer 和图神经网络。这些是目前深度学习领域的前沿方法，在过去两年中席卷了文本理解和分子结构等领域。本书使用了 Python 生态系统中最新且广受欢迎的软件包(例如 Hugging Face、PyTorch Lightning 和 PyTorch Geometric)来搭建上述神经网络。

作者拥有专业知识和解决实际问题的经验，因此出色地平衡了书中的理论知识和动手实践内容。Sebastian Raschka 和 Vahid Mirjalili 在计算机视觉和计算生物学领域拥有丰富的科研经验。Yuxi Liu 擅长解决机器学习领域的实际问题，例如将机器学习方法用于事件预测、推荐系统等。本书的作者都对教育有着满腔热忱，他们用浅显易懂的语言编写了本书以满足读者的需求。

本书既介绍了机器学习领域的基本原理，也介绍了机器学习的工程实践。我相信读者会发现这本书的价值无可估量，希望这本书能激励读者将机器学习用于自己的研究领域。

Dmytro Dzhulgakov

PyTorch 核心维护者

PREFACE

前　　言

通过社交媒体和新闻报道我们已经了解到，机器学习已成为这个时代非常振奋人心的技术。微软、谷歌、Meta、苹果、亚马逊、IBM 等公司都在机器学习科研与应用方面投入巨资。机器学习已经成为我们这个时代的流行语，这并非夸大其词。机器学习领域为未来的无限可能开辟了新道路，已经成为我们日常生活中不可或缺的一部分。机器学习应用包括手机语音助手、商品推荐、信用卡欺诈检测、E-mail 垃圾邮件过滤、疾病自动诊断等。

本书适合有志于进入机器学习领域，使用机器学习算法解决问题或从事机器学习研究的人员阅读。机器学习理论对初学者而言有一定难度，初学者可以从阅读机器学习书籍并动手实践机器学习算法入门。

练习实际的机器学习代码示例是一种进入机器学习领域的好方法。通过具体的示例用所学的知识解决实际的问题，可以达到理解概念的目的。本书除了介绍 Python 机器学习库和用机器学习库搭建模型外，还介绍机器学习算法的数学理论，这些数学理论对于深入理解机器学习算法至关重要。因此，不同于只专注于实践的书籍，本书讨论了机器学习算法的工作原理、使用方法、实现细节以及如何避免机器学习算法实现过程中的常见问题。

本书涵盖了机器学习领域的基本概念和方法，可以让读者全面地了解机器学习领域。如果想深入了解机器学习算法，可以参考本书引用的资源，这些资源都是机器学习领域最近的重要突破。

读者对象

本书介绍如何将机器学习和深度学习应用于各种任务与各种数据集。本书全面地介绍了机器学习领域，适合机器学习专业的学生、考虑转行的从业者或者计划紧跟最新技术的程序员阅读。

本书内容

第 1 章介绍机器学习的几个子领域。此外，还介绍了构建典型机器学习模型的基本步骤，后续章节将使用这些步骤创建机器学习模型。

第 2 章追溯机器学习的起源并介绍二元感知机分类器和自适应线性神经元。此外，还简要介绍了模式分类的基础知识，重点关注了机器学习中使用的优化算法。

第 3 章介绍基本的机器学习分类算法及其应用，同时介绍了一个最流行、最全面的开源机器学习库——Scikit-Learn。

第 4 章讨论如何处理原始数据集中最常见的问题，如数据缺失等。本章介绍了几种方法，用于识别数据集中信息最丰富的特征。本章还介绍了如何处理不同类型的变量，使其可以作为机器学习算法的输入。

第 5 章介绍数据降维的基本方法，这些方法可减少数据集特征数量，同时仍保持数据中有用的、可辨别的信息。本章介绍了数据降维的标准方法，即主成分分析算法，并比较了主成分分析算法、监督非线性降维算法。

第 6 章介绍评估预测模型性能的注意事项。此外，本章还讨论了多个评估模型性能的指标和微调机器学习模型的方法。

第 7 章介绍组合多个机器学习算法的方法。本章介绍如何集成多个机器学习模型以克服单个机器学习模型的弱点，从而使集成模型给出更准确、更可靠的预测结果。

第 8 章介绍如何将文本数据转换为机器学习模型可以使用的特征向量，并训练模型预测文本中蕴含的观点。

第 9 章介绍解释变量和响应变量之间线性关系的建模方法，即根据解释变量预测响应变量的方法。在介绍了各种线性模型之后，本章还介绍了多项式回归和基于树的方法。

第 10 章介绍机器学习的另一个子领域——无监督学习。本章使用 3 种基本聚类算法，基于样本的相似度，对样本分组。

第 11 章拓展第 2 章介绍的梯度优化算法，基于反向传播算法使用 Python 实现一个强大的多层人工神经网络。

第 12 章以第 11 章的知识为基础，介绍如何有效地训练神经网络。本章的重点是 PyTorch。PyTorch 是一个能使用 GPU 进行多核计算的开源 Python 库，拥有用户友好的 API，可以灵活地搭建神经网络。

第 13 章以第 12 章的知识为基础，介绍 PyTorch 更高级的概念和功能。PyTorch 是一个非常庞大且复杂的库，本章介绍动态计算图和自动微分等概念。此外，还介绍了如何使用

PyTorch 的面向对象 API 来搭建复杂的神经网络，以及如何有效使用 PyTorch Lightning 并最大限度地减少样板代码。

第 14 章介绍卷积神经网络。卷积神经网络是一种特殊类型的深度神经网络，特别适合用来处理图像数据。由于比传统神经网络的性能更优，因此，卷积神经网络被广泛应用于计算机视觉领域，在各种图像识别任务中取得了非常优秀的成果。本章探讨了如何使用卷积层提取图像特征并对图像分类。

第 15 章介绍另一种适合处理文本、有序数据和时间序列数据的深度学习神经网络。作为热身练习，本章使用循环神经网络预测电影评论数据中隐含的观点。然后，我们训练循环网络从书中提取信息，以生成全新文本。

第 16 章重点关注自然语言处理的最新趋势，解释注意力机制如何帮助建模长序列中的复杂关系。本章介绍了多个有影响力的先进 transformer 模型，例如 BERT 和 GPT。

第 17 章介绍一种流行的神经网络对抗训练机制，可用于生成逼真的新图像。本章首先简要介绍了自编码器——自编码器是一种可用于数据压缩的神经网络。然后展示了如何组合自编码器的解码器部分以及一个可以区分真实图像和合成图像的神经网络，让这两个神经网络在对抗训练中相互竞争，形成一个生成对抗网络，此生成对抗网络可以生成手写数字图像。

第 18 章处理的数据超越了表格数据、图像数据和文本数据。本章介绍了处理图结构数据（例如社交媒体网络和分子结构）的图神经网络。在介绍图卷积的基础知识之后，本章给出了一个例子，展示了如何实现分子结构的预测模型。

第 19 章讨论用于训练机器人和其他自主系统的机器学习子类别。本章首先介绍了强化学习的基础知识，包括智能体与环境的交互、强化学习系统中的奖励过程和从经验中学习的过程。在介绍强化学习的几个主要类别之后，本章使用 Q 学习算法实现、训练一个可以在网格世界环境中导航的智能体。最后，本章介绍了深度 Q 学习算法——深度 Q 学习算法是一种使用深度神经网络的 Q 学习算法。

充分利用本书

本书提供的代码示例用于说明和运行算法与模型。理想情况下，读者应能熟练使用 Python 运行本书提供的代码。掌握数学符号的用法也有助于阅读本书。

一台普通的笔记本电脑或台式电脑足以运行本书中的大部分代码。第 1 章提供了配置 Python 环境的说明，后续章节将在需要时介绍其他软件库的安装方法。

图形处理单元（Graphics Processing Unit，GPU）可以提升深度学习章节中的代码的运行速度，但 GPU 不是必需的，书中会提供使用免费云计算资源的方法。

下载示例代码文件及彩色图像

本书的所有代码示例均可通过 GitHub 网站 https://github.com/rasbt/machine-learning-book 下载。

虽然我们建议使用 Jupyter Notebook 以交互的方式运行代码，但本书提供的所有代码示例都有 Python 脚本(如 `ch02/ch02.py`)和 Jupyter Notebook(如 `ch02/ch02.ipynb`)两种格式，读者可以任选一种格式运行。此外，建议阅读 GitHub 网站中每章附带的 `README.md` 文件获取更多信息和更新情况。

本书中使用的所有彩图可以通过网址 https://static.packt-cdn.com/downloads/9781801819312_ColorImages.pdf 下载。此外，本书的代码 notebook 中嵌入了低分辨率的彩色图像，notebook 和示例代码文件放在一起。

本书排版约定

本书有多种文字约定。以下是一些约定的例子及解释。正文中的代码排版格式为："已经安装的软件包可以通过`--upgrade`标志进行更新"。

代码段的排版格式如下：

```
def __init__(self, eta=0.01, n_iter=50, random_state=1):
    self.eta = eta
    self.n_iter = n_iter
    self.random_state = random_state
```

Python 解释器中的输入代码如下(注意>>>符号，运行代码得到的输出不带>>>符号)：

```
>>> v1 = np.array([1, 2, 3])
>>> v2 = 0.5 * v1
>>> np.arccos(v1.dot(v2) / (np.linalg.norm(v1) *
...           np.linalg.norm(v2)))
0.0
```

命令行代码的输入或输出形式如下：

```
pip install gym==0.20
```

代表提示和有用的技巧。

代表警告或重要提示。

ABOUT THE AUTHORS

作者简介

塞巴斯蒂安·拉施卡（Sebastian Raschka）获密歇根州立大学博士学位，现在是威斯康星-麦迪逊大学统计学助理教授，从事机器学习和深度学习研究。他的研究方向是数据受限的小样本学习和构建预测有序目标值的深度神经网络。他还是一位开源贡献者，担任 Grid. ai 的首席 AI 教育家，热衷于传播机器学习和 AI 领域的知识。

非常感谢 Jitian Zhao 和 Benjamin Kaufman，我有幸与他们一起编写了 transformer 和图神经网络等章节。也非常感谢 Hayden 和 Vahid 的帮助，没有他们就没有这本书。最后，感谢 Andrea Panizza、Tony Gitter 和 Adam Bielski 对书稿提出的宝贵意见。

刘玉溪（海登）（Yuxi（Hayden）Liu）在谷歌公司担任机器学习软件工程师，是一位数据驱动领域的机器学习科学家。他是一系列机器学习书籍的作者。他的第一本书 *Python Machine Learning By Example* 在 2017 年和 2018 年亚马逊同类产品中排名第一，已被翻译成多种语言。他撰写的书籍还包括 *R Deep Learning Projects*、*Hands-On Deep Learning Architectures with Python*、*PyTorch 1. x Reinforcement Learning Cookbook*。

我要感谢所有与我共事的人，尤其是我的合著者、Packt 出版社的编辑和审稿人，是他们使这本书通俗易懂并与实际应用相融合。最后，我要感谢所有读者的支持，是他们鼓舞着我编写了畅销书 *Python Machine Learning* 的 PyTorch 版本。

瓦希德·米尔贾利利（Vahid Mirjalili）获密歇根州立大学机械工程和计算机科学双博士学位，是一名专注于计算机视觉和深度学习的科研工作者。在读博期间，他提出了一系列解决计算机视觉问题的新算法，发表了多篇计算机视觉领域高被引论文。

其他贡献者

Benjamin Kaufman 是威斯康星-麦迪逊大学生物医学数据科学专业在读博士生。Benjamin

致力于研究使用机器学习方法发现新药物，他在该领域的工作加深了人们对图神经网络的理解。

Jitian Zhao 是威斯康星-麦迪逊大学的博士生，她的研究方向为大型语言模型研发。她对深度学习的理论和应用都有着浓厚的兴趣。

我要感谢我父母的支持，他们鼓励我追求梦想，激励我做一个好人。

ABOUT THE REVIEWER

审校者简介

Roman Tezikov 是一名工业工程师，深度学习爱好者，在计算机视觉、NLP 和 MLOps 领域拥有超过 4 年的工作经验。作为 ML-REPA 社区的创建者之一，他组织了多场关于机器学习可重复性和 pipeline 自动化的研讨会。他目前的工作是在时装业中应用计算机视觉技术。他还是 Catalyst 的核心开发人员，Catalyst 是一种用于加速深度学习的 PyTorch 框架。

CONTENTS

目录

第 17 章 用于合成新数据的生成对抗网络 …………………… 491

CHAPTER 1

第1章 赋予计算机从数据中学习的能力

机器学习是一门使用算法处理数据从而使数据变得有意义的学科。机器学习是计算机科学中最令人兴奋的领域！我们生活在一个数据丰沛的时代，使用机器学习算法可以将数据转化为知识。近些年来涌现出许多功能强大的机器学习开源代码，从而使现在成为进入机器学习领域的最佳时代。通过学习机器学习，我们可以掌握如何使用算法来发现数据中的模式并预测未知数据。

本章将介绍机器学习的主要概念和各种类型的机器学习任务。通过对相关术语的介绍，为使用机器学习方法解决实际问题奠定基础。

本章将介绍以下内容：

- 机器学习的基本概念；
- 三种机器学习类型和基本术语；
- 设计机器学习系统的基本模块；
- 安装和设置 Python 用于数据分析和机器学习。

1.1 将数据转化为知识的智能系统

当今科技飞速发展，大量结构化和非结构化数据成为一种丰富的资源。机器学习算法通过从数据中获取知识来进行预测。在 20 世纪下半叶，机器学习发展成为人工智能(Artificial Intelligence，AI)的一个分支。

不同于人类通过分析大量数据手动推导规则和构建模型，机器学习提供了一种更有效的方法来获取数据中的知识，以逐步提高模型的预测性能，做出数据驱动的决策。

机器学习不仅在计算机科学研究中变得愈加重要，而且在人们的日常生活中也发挥着越来越大的作用。我们现在享受着机器学习带来的诸多便利，比如垃圾邮件过滤、文本和语音识别软件、网络搜索引擎、电影个性化推荐、手机扫描支票存储、送餐时间预测等，希望在不久的将来，安全且高效的自动驾驶汽车得到推广普及。此外，机器学习在医疗领域也取得了显著的进展，例如，研究表明深度学习模型可以检测皮肤癌，其准确率可以与人类检测准确率相媲美(https://www.nature.com/articles/nature21056)。DeepMind 研究人员利用深度学习模型预测蛋白质三维结构，其性能远超物理方法(https://deepmind.com/blog/article/alphafold-a-solution-to-a-50-year-old-grand-challenge-in-biology)。这种方法已成为机器学习领域的一个里程碑式成果。精确预测蛋白质三维结构在生物和药物研究中起着至关重要的作用。最近，机器学习在医疗健康领域有许多重要的应用。例如，研究人员设计了预测新冠病毒患者未来四天氧气需求的系统，帮助医院合理分配氧气资源(https://ai.facebook.com/blog/new-ai-research-to-help-predict-covid-19-resource-needs-from-a-series-of-x-rays/)。气候变化是这个时代面临的最大、最关键的挑战之一，也是机器学习的另一个重要应用领域。如今，诸多公司和科研机构开发智能系统来对抗气候变化(https://www.forbes.com/sites/robtoews/2021/06/20/these-are-the-startups-applying-ai-to-tackle-climate-change)。新兴的精准农业是应对气候变化的众多方法之一。研究人员设计了基于计算机视觉的机器学习系统，用来优化资源配置，最大限度地减少肥料的使用和浪费。

1.2　三种机器学习类型

本节将介绍三种机器学习类型，即监督学习、无监督学习和强化学习。下面将介绍这三种机器学习类型的差异，并通过简单的例子来说明各种类型的机器学习解决的问题。图 1.1 给出了三种机器学习类型的特点。

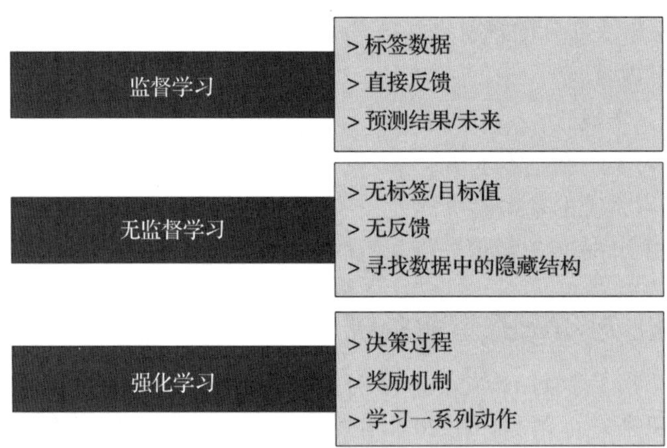

图 1.1　三种机器学习类型

1.2.1　用于预测未来的监督学习

监督学习的主要目的是从有标签的训练数据中学习一个模型，并用该模型预测未知或未来无标签数据的标签。这里，“监督”一词指的是训练样本(输入数据)的标签(输出数据)已知。监督学习建模输入数据和标签之间的关系。因此，也可以将监督学习视为“标签学习”。

图 1.2 总结了一个监督学习的典型工作流程。首先，将带有标签的训练数据提供给机器学习算法，用于拟合预测模型；然后，拟合后的预测模型可以用于预测新的无标签数据的标签。

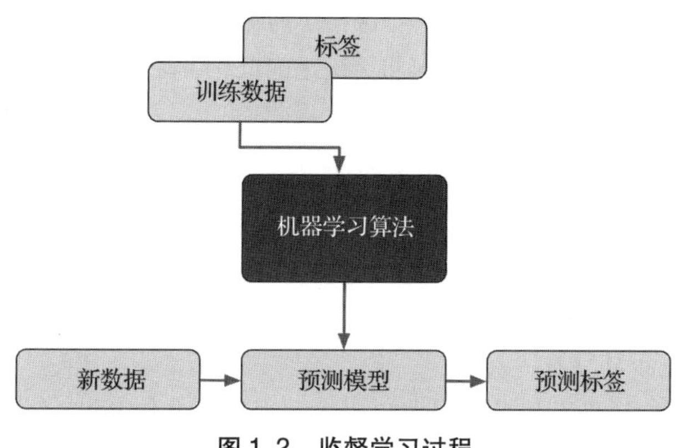

图 1.2 监督学习过程

以过滤垃圾邮件为例，提供标记为垃圾邮件或非垃圾邮件的样本库[⊖]，可以使用监督机器学习算法训练模型，以预测新的电子邮件是否属于垃圾邮件。在监督学习中，如果标签是离散类型数据(如本小节中提到的过滤垃圾邮件任务)，则该任务被称为分类任务。另一个监督学习的任务称为回归任务，其标签为连续数值。

预测离散标签的分类任务

分类是监督学习的一个子任务，其目标是根据过去的观测结果来预测新样本或新数据的类别标签。这些类别标签是离散的、无序的数值，可以理解为数据的类别归属。前面提到的垃圾邮件检测就是一个典型的二分类任务，其中机器学习算法通过学习一组规则来区分两种可能的邮件类别，即垃圾邮件和非垃圾邮件。

图 1.3 利用 30 个训练样本来阐述二分类任务的概念。在 30 个训练样本中，15 个训练样本被标记为 A 类，另外 15 个训练样本被标记为 B 类。该数据集为二维数据，每个样本都有两个值，即 x_1 和 x_2。可以使用监督机器学习算法来学习一个分类规则，即决策边界(图 1.3 中的虚线)，将两类训练数据分开。给一个新样本，决策边界可以根据新样本的 x_1 和 x_2 值将其分类到这两个类别中的一个。

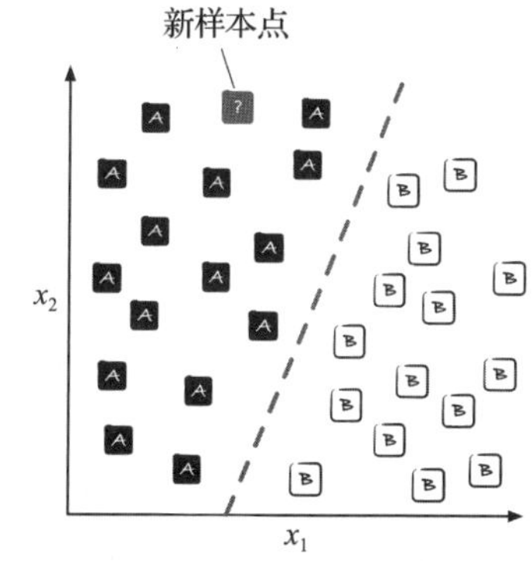

图 1.3 对新样本点进行分类

并非所有问题中的类别标签都只有两个类别。监督学习算法学习到的预测模型可以将训练数据集中出现的任何类别标签分配给新的、无标签的数据或样本。

⊖ 将一个邮件标记为垃圾邮件或非垃圾邮件即为上文提到的“标签”。——译者注

多类别分类任务的一个典型例子是手写字符识别。可以收集字母表中每个字母的多个手写图片样本，组成训练数据集。字母（“A”“B”“C”等）代表模型想要预测的无序类别标签。当用户通过输入设备提供一个新的手写字图片时，使用训练数据训练好的预测模型能够以一定的准确率预测这个手写字图片对应的字母。然而，如果给定的图片不属于训练数据集的一部分，比如 0 和 9 之间的任何数字，那么该机器学习系统将无法正确识别手写字图片的标签。

预测连续数值标签的回归任务

上一节介绍的分类任务是为实例分配离散的、无序的类别标签。第二种监督学习类型是预测连续数据类型的标签，也被称为回归分析（或者回归）。给定一系列预测（解释）变量和一个连续的响应变量（结果），回归分析试图找到这些变量之间的关系，从而能够预测结果。

请注意，在机器学习领域，预测变量通常被称为“特征”，响应变量通常被称为“目标变量”。本书通篇采用此命名习惯。

以预测学生的数学 SAT（SAT 是美国大学招生常用的标准化考试）分数为例。如果备考花费的学习时间与 SAT 分数之间存在关系，那么可以将学习时间和 SAT 分数作为训练数据，以此训练一个模型，该模型可以根据学生的学习时间来预测 SAT 分数。

均值回归

1886 年，Francis Galton 在其论文“Regression towards Mediocrity in Hereditary Stature”中首次提到回归一词。Galton 描述了一种生物学现象，即种群身高的变化不会随时间的推移而增加。

他观察到父母的身高不会遗传给自己的孩子，相反，孩子的身高会回归到人群身高的均值。

图 1.4 展示了线性回归的概念。给定一个特征变量 x 和一个目标变量 y，为该数据拟合一条直线，使数据点和拟合直线之间的距离（通常用均方距离，即平均平方距离）最小。

现在可以从该数据中获得直线的截距和斜率，并以此预测新数据的目标变量。

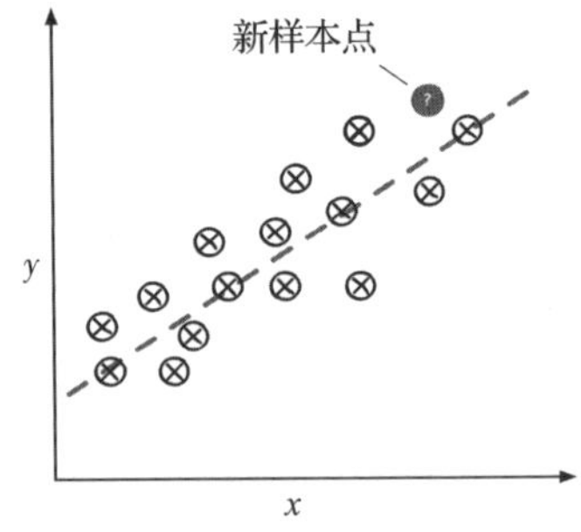

图 1.4　一个线性回归例子

1.2.2　解决交互问题的强化学习

机器学习的另一种类型是强化学习。强化学习是一个可以与环境交互提高系统性能的智能体。由于环境状态信息通常包括奖励信号，所以可以将强化学习视为一个与监督学习相关的领域。但是在强化学习中环境提供的反馈信号往往不是正确的标签，而是奖励函数对智能体动作的奖励，用于衡量动作的正确程度。智能体通过与环境交互，使用动作规划方法或探索性的试错方法学习到一系列的动作，来最大化环境提供的奖励。强化学习过程如图 1.5 所示。

一个典型的强化学习的例子是国际象棋。这里，智能体根据棋盘状态(环境)决定一系列动作。游戏结束时的赢或输可以被定义为环境提供的奖励。

强化学习有许多不同的子类型。然而，一般模式是智能体通过与环境的一系列交互来最大化环境提供的奖励。每种状态都与正或负的奖励相关。奖励可以定义为完成一个总体目标，例如赢棋或输棋。例如，在国际象棋中，每走一步棋的结果都可以被认为是环境的一个状态。

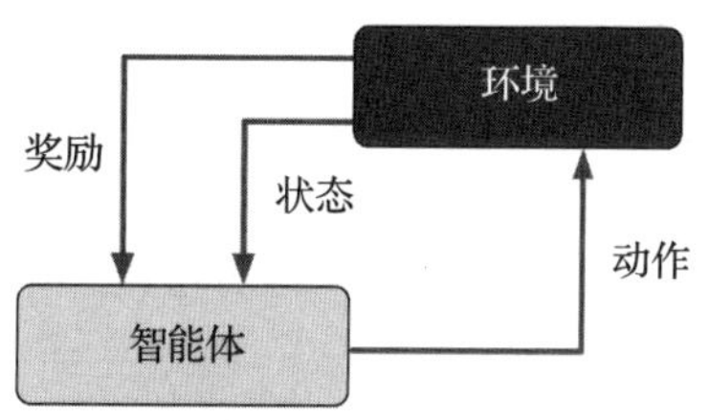

图 1.5　强化学习过程

为了进一步探索国际象棋，需要考虑与赢棋相关的棋局，例如，吃掉对手的棋子或威胁对方的皇后；也需要考虑与输棋相关的棋局，例如，在下一回合中输给对手一个棋子。在国际象棋比赛中，奖励(赢时为正，输时为负)将在比赛结束时得到。此外，最终的奖励还将取决于对手的水平。例如，有的对手可能会牺牲皇后棋子以换取最终的胜利。

总之，强化学习是指学习一系列使总奖励最大化的动作。奖励可以在采取动作之后立即获得，也可能延迟获得。

1.2.3　发现数据中隐藏规律的无监督学习

使用监督学习算法训练模型时，需要事先知道正确答案(标签或目标变量)，而在强化学习中，需要定义智能体动作的奖励函数。然而，无监督学习处理的是无标签的数据或结构未知的数据。使用无监督学习，我们无须知道结果变量或奖励函数便能够探索数据的规律，提取数据中有价值的信息。

用聚类寻找数据中的簇

聚类是一种分析数据、探索数据模式的方法，可以在不了解数据内部关系的前提下将数据分解为有意义的子群(簇)。在聚类分析过程中出现的每一个簇为一组样本，这些样本具有一定程度的相似性，但与其他簇中的样本差异较大。这就是为什么有时称聚类为无监督分类。聚类是一个挖掘数据结构性信息或数据间关系的方法。例如，营销人员根据客户的兴趣对客户进行聚类，发现具有特定兴趣的客户群，从而制定针对性的营销计划。

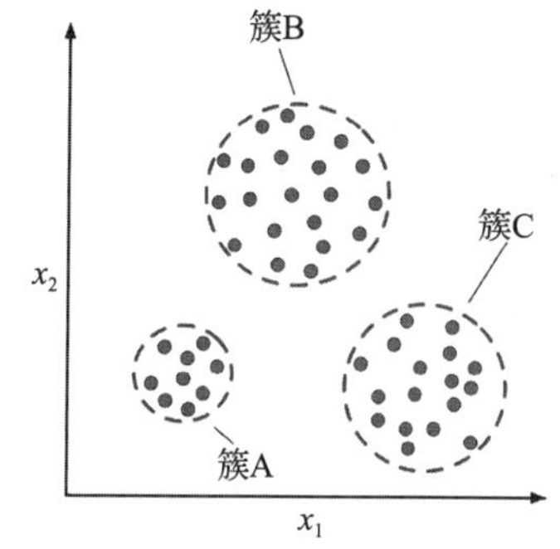

图 1.6　聚类的工作原理

图 1.6 展示了如何使用聚类方法根据特征 x_1 和 x_2 的相似性将未标记的数据组织成三个组或簇(A、B 和 C，排序不重要)。

用降维压缩数据

无监督学习的另一个分支是降维。我们通常使用的数据是高维数据，而且每次观测都会带来大量的测量数据，这对存储空间和机器学习算法的计算能力提出了挑战。无监督降维是特征预处理常用的方法，用于去除数据中的噪声，但可能会降低某些机器学习算法的预测性能。数据降维在保留数据大部分信息的前提下，将数据从高维子空间压缩到低维子空间。

降维也可用于数据可视化。例如，可以将高维特征数据投影到一维、二维或三维特征空间，然后通过散点图或直方图方式进行数据可视化。图 1.7 展示了一个降维的例子。在图 1.7 中，使用非线性降维方法将一个三维瑞士卷数据压缩到一个二维特征子空间。

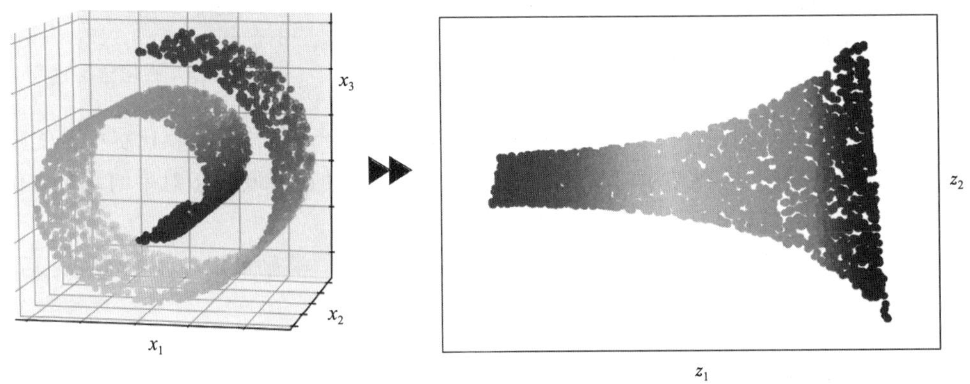

图 1.7　一个从三维降维到二维的例子

1.3　基本术语与符号

前面讨论了监督学习、无监督学习和强化学习这三种机器学习类型，本节将介绍本书使用的基本术语。为了更精确、更高效地解释概念和算法，后续小节将介绍与数据集、数学公式相关的常用术语。

因为机器学习领域广阔而且跨学科，所以读者肯定会遇到相同的概念在不同学科对应的术语不同的情况。1.3.2 节收集了机器学习文献中常用的术语，希望这些术语能对读者阅读机器学习方面的书籍和论文有所帮助。

1.3.1　本书中使用的符号和约定

鸢尾花(Iris)数据集是机器学习领域中的一个经典数据集(更多信息请参考 https://archive.ics.uci.edu/ml/datasets/iris)。图 1.8 展示了鸢尾花数据集的部分数据。鸢尾花数据集包含了 150 朵鸢尾花的测量结果，这些鸢尾花来自三个种类：山鸢尾、变色鸢尾和弗吉尼亚鸢尾。

数据集中的每一行代表一朵花的样本数据，数据集中的每一列存储花卉的度量值(单位为厘米)，也被称为数据集的特征。

为了简单而高效地实现符号表示，本书将使用线性代数的一些基础知识。后续章节使用矩阵符号来表示数据。遵循通用约定，矩阵中的每一行代表一个样本，矩阵中的每一列代表一个特征。

鸢尾花数据集包含 150 个样本和 4 个特征，可以表示为 150 行 4 列的矩阵，即 $\boldsymbol{X}\in\mathbb{R}^{150\times4}$：

$$\begin{bmatrix} x_1^{(1)} & x_2^{(1)} & x_3^{(1)} & x_4^{(1)} \\ x_1^{(2)} & x_2^{(2)} & x_3^{(2)} & x_4^{(2)} \\ \vdots & \vdots & \vdots & \vdots \\ x_1^{(150)} & x_2^{(150)} & x_3^{(150)} & x_4^{(150)} \end{bmatrix}$$

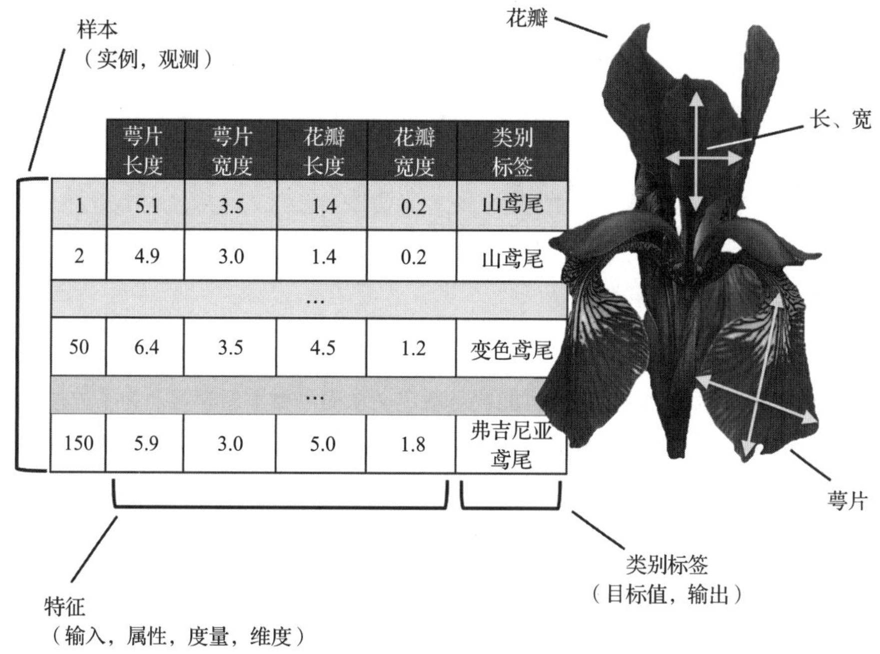

	萼片长度	萼片宽度	花瓣长度	花瓣宽度	类别标签
1	5.1	3.5	1.4	0.2	山鸢尾
2	4.9	3.0	1.4	0.2	山鸢尾
…					
50	6.4	3.5	4.5	1.2	变色鸢尾
…					
150	5.9	3.0	5.0	1.8	弗吉尼亚鸢尾

图 1.8　鸢尾花数据集的部分数据

符号约定

除非特别说明，本书使用上标 i 表示第 i 个训练样本，下标 j 表示一个训练样本的第 j 维的值。

本书使用粗体的小写字母($\boldsymbol{x}\in\mathbb{R}^{n\times1}$)表示向量，使用粗体大写字母($\boldsymbol{X}\in\mathbb{R}^{n\times m}$)表示矩阵。采用斜体字母表示向量中的一个元素(即 $x^{(n)}$)或矩阵中的一个元素(即 $x_m^{(n)}$)。

例如，$x_1^{(150)}$ 表示第 150 个鸢尾花样本第一维的值，即萼片长度。$\boldsymbol{X}$ 矩阵的每一行代表一朵花的数据，可以写成 4 维行向量$\boldsymbol{X}^{(i)}\in\mathbb{R}^{1\times4}$：

$$\boldsymbol{X}^{(i)}=\left[x_1^{(i)} \quad x_2^{(i)} \quad x_3^{(i)} \quad x_4^{(i)}\right]$$

每个特征都是一个 150 维的列向量 $\boldsymbol{x}_i\in\mathbb{R}^{150\times1}$，例如：

$$\boldsymbol{x}_j = \begin{bmatrix} x_j^{(1)} \\ x_j^{(2)} \\ \vdots \\ x_j^{(150)} \end{bmatrix}$$

类似地，可以把目标变量(这里指的是类别标签)表示为一个 150 维的列向量：

$$\boldsymbol{y} = \begin{bmatrix} y^{(1)} \\ y^{(2)} \\ \vdots \\ y^{(150)} \end{bmatrix}$$

其中 $y^{(i)} \in$ {山鸢尾，变色鸢尾，弗吉尼亚鸢尾}。

1.3.2　机器学习术语

机器学习领域跨学科而且非常广泛，汇集了许多其他领域的研究者。很多读者熟悉的概念以不同的名称出现在机器学习领域中，也可能被重新定义从而需要重新学习。为了方便起见，下面列出一些常用术语及其同义词，希望能对读者阅读本书和其他机器学习文献有所帮助：

- 训练样例：数据集表格中的一行，与观测、记录、实例或样本同义。
- 训练：模型拟合。类似于参数模型中的参数估计。
- 特征，缩写为 x：数据表格或数据矩阵中的一列。与预测变量、变量、输入、属性、协变量同义。
- 目标，缩写为 y：与结果、输出、响应变量、因变量、(类别)标签、真实值同义。
- 损失函数：通常与代价函数同义。有时损失函数也被称为误差函数。在一些文献中，术语“损失”指的是单个数据点的损失值，而“代价”是整个数据集(平均或求和)的损失值。

1.4　构建机器学习系统的路线图

前几节讨论了机器学习的基本概念和三种不同的机器学习类型。本节将讨论机器学习系统中与学习算法相关的其他重要部分。

图 1.9 展示了在预测建模过程中使用机器学习的典型工作流程，后续小节将进一步讨论机器学习流程的每一个环节。

1.4.1　数据预处理——让数据可用

机器学习算法往往无法直接使用原始数据。即使使用原始数据，机器学习算法也很少能达到其最佳性能。因此，数据的预处理是任何机器学习应用过程中最关键的步骤之一。

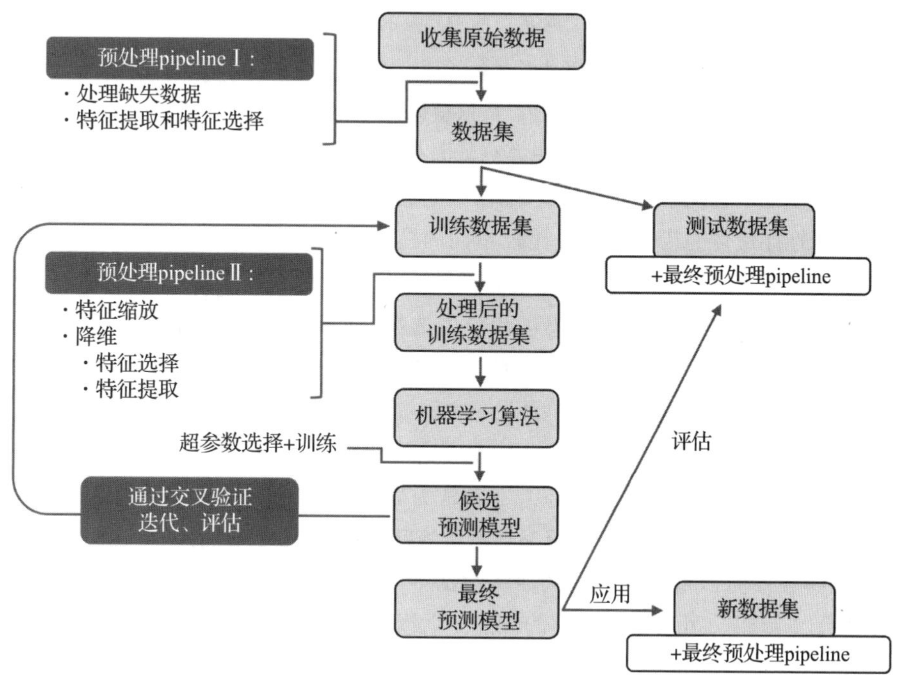

图 1.9　模型预测工作流程

以上一节中的鸢尾花数据集为例，可以将原始数据视为一系列花的图像，希望能从这些图像中提取关于花的有意义或有用的特征，如花的颜色、高度、长度、宽度等。

许多机器学习算法为了达到其最佳性能，一般要求所选的特征具有相同的数值范围。通常做法是通过特征转换将特征的值变换到[0,1]范围内；另一种方法是将特征的均值变为 0、方差变为 1。这些将在后续章节中继续讨论。

某些特征之间可能高度相关，因此这些特征在一定程度上是冗余的。在这种情况下，数据降维可以将特征压缩到低维子空间中。降低特征空间维数的一个好处是可以减小存储数据所需要的空间，提高机器学习算法的运行速度。在某些情况下，如果数据集包含大量与预测任务不相关的特征(或噪声)，换言之数据具有低的信噪比，那么数据降维还可以提高模型的预测性能。

为了确定机器学习算法不仅在训练数据集上表现良好，而且能够在新的数据上也表现很好(或者说泛化能力强)，一般将数据集随机划分为训练数据集和测试数据集。使用训练数据集训练和优化机器学习模型，然后使用测试数据集评估最终模型的性能。

1.4.2　训练和选择预测模型

在后续章节中会提到，不同的机器学习算法用来解决不同的问题。大卫 · 沃尔伯特(David Wolpert)提出的著名的没有免费午餐定理(no free lunch theorem)总结了一个重要观点，即不能“免费”学习(D. H. Wolpert. The Lack of A Priori Distinctions Between Learning Algorithms,

Neural Computation，8(7)：1341-1390，1996；D. H. Wolpert，W. G. Macready. No free lunch theorems for optimization，IEEE Transactions on Evolutionary Computation，1(1)：67-82，1997)。可以把这个概念与如下流行语联系起来，即“如果你的工具只有铁锤，你就会把所有问题都视为铁钉”（Abraham Maslow，1966)。例如，每种分类算法都有其固有的偏差，如果不对任务进行任何假设，那么任何一个分类模型都不会优于其他模型。因此，在实践中，必须通过训练和测试比较几种不同的学习算法来选择性能最佳的模型。但在比较不同的模型之前，必须首先确定度量模型性能的指标。一个常用的指标是分类准确率，即正确分类样本的百分比。

有人会问：如果不使用测试数据集进行模型选择，而是将测试数据保留到最后用于度量模型性能，如何知道哪个模型在最终测试数据集和真实数据上表现得更好？为了解决嵌套在这个问题中的问题，可以使用“交叉验证”方法。在交叉验证中，进一步将训练数据集划分为训练子集和验证子集。验证子集用于评估模型的泛化性能。

最后，对于遇到的具体问题或任务，不能认为软件库提供的机器学习算法的默认参数是最优的。因此，后续章节会频繁使用超参数调优方法来提高模型的性能。

与模型的参数不同，超参数不是从训练数据中学习到的，可以将超参数视为模型的“旋钮”，使用这些“旋钮”可以提高模型的性能。后续章节将通过实际的例子更加清楚地解释和说明超参数概念。

1.4.3 使用未见过的数据对模型进行评估

在训练数据集上拟合并选择模型后，使用测试数据集来评估模型在从未见过的新数据上的表现，从而估计所谓的泛化误差。如果对模型的性能满意，那么可以使用这个模型预测新的未来数据。需要注意的是，上述过程涉及的所有参数，包括特征缩放和特征降维使用的参数，都必须仅从训练数据集中获得。在测试数据或新的待预测数据上要用相同的参数处理或转换数据，否则，模型在测试数据上的性能会被高估。

1.5 使用 Python 实现机器学习算法

Python 编程语言是数据科学领域中最流行的编程语言之一，这归功于 Python 语言存在非常活跃的开发人员和开源社区，而且开发了大量有价值的科学计算库和机器学习库。

尽管 Python 等解释性语言在执行计算密集型任务时的性能不及低级编程语言，但底层基于 Fortran 和 C 语言的 NumPy、SciPy 等 Python 扩展库在多维数组计算上实现了快速向量化运算。

机器学习编程任务主要使用 Scikit-Learn 库。Scikit-Learn 库是目前最流行和最易访问的机器学习开源库之一。在后续章节中，当关注深度学习这个机器学习子领域时，将使用最新版本的 PyTorch 库。PyTorch 库利用计算机显卡高效地训练深度神经网络模型。

1.5.1 从 Python Package Index 中安装 Python 和其他软件包

三种主要操作系统 Microsoft Windows、macOS 和 Linux 都可以使用 Python，可从官方网站下载 Python 安装程序和文档。

本书提供的代码示例用 Python 3.9 编写并测试，建议读者使用如今 Python 3 的最新版本。尽管本书的一些代码也与 Python 2.7 兼容，但由于官方于 2019 年结束了对 Python 2.7 的支持与维护，而且大多数开源库也已经停止支持 Python 2.7(https://python3statement.org)，因此，强烈建议读者使用 Python 3.9 或更新版本。

为查询 Python 版本，可在终端中(如果使用 Windows，则在 PowerShell 中)运行

```
python --version
```

或者

```
python3 --version
```

可以通过 pip 安装程序安装本书使用的软件包，该程序自 Python 3.3 以来一直是 Python 标准库的一部分。可以从 https://docs.python.org/3/installing/index.html 获取更多有关 pip 的信息。

成功安装 Python 后，可以在终端执行 pip 命令来安装 Python 的其他软件包：

```
pip install SomePackage
```

对于已经安装完毕的软件包，可以在上述命令后添加--upgrade 选项更新软件包：

```
pip install SomePackage --upgrade
```

1.5.2 使用 Anaconda Python 软件包管理器

强烈推荐使用 Continuum Analytics 公司发布的用于科学计算的开源软件包管理系统 conda 来安装 Python。conda 免费并且已经获得开源许可证。conda 可以在不同操作系统上对数据科学、数学和工程学等领域的 Python 软件包进行安装和版本管理。conda 有多种类型，包括 Anaconda、Miniconda 和 Miniforge：

- Anaconda 预装了许多科学计算软件包。可从 https://docs.anaconda.com/anaconda/install/ 下载 Anaconda 安装文件。可以在 https://docs.anaconda.com/anaconda/user-guide/getting-started/ 上查看 Anaconda 快速入门指南。
- Miniconda 是 Anaconda 的一个简化替代品(https://docs.conda.io/en/latest/miniconda.html)。本质上，Miniconda 与 Anaconda 类似，但 Miniconda 没有预装任何软件包，这是许多人(包括作者)所青睐的。
- Miniforge 与 Miniconda 类似，但 Miniforge 由网络社区维护，而且存储在一个不同于 Miniconda 和 Anaconda 的软件存储库(conda-forge)中。我们发现 Miniforge 是 Miniconda 的绝佳替代品。下载和安装说明可在 GitHub 网站(https://github.com/conda-forge/miniforge)中找到。

通过 Anaconda、Miniconda 或者 Miniforge 成功安装 conda 之后，可以运行下述命令安装新的 Python 软件包：

```
conda install SomePackage
```

可以使用下述命令更新安装过的软件包：

```
conda update SomePackage
```

对于无法通过 conda 官方获得的软件包，可以通过社区支持的 conda-forge 项目(https://conda-forge.org)获得。在命令行添加`--channel conda-forge`选项，例如：

```
conda install SomePackage --channel conda-forge
```

对于无法通过 conda 官方或 conda-forge 项目获得的软件包，可以通过前面提到过的 `pip` 命令获得，例如：

```
pip install SomePackage
```

1.5.3 科学计算、数据科学和机器学习软件包

本书的前半部分主要使用 NumPy 中的多维数组来存储和操作数据，偶尔会使用 pandas。pandas 是一个建立在 NumPy 之上的库，提供更加高级的额外数据操作工具，使处理表格数据更加方便。为了增强学习体验并可视化定量数据，本书使用可定制的 Matplotlib 库，这对于理解解决方案很有价值。

本书主要使用的机器学习库是 Scikit-Learn(第 3 章至第 11 章)。在第 12 章中，将介绍用于深度学习的 PyTorch 库。

下面列出了本书使用的主要 Python 软件包及其版本号。请确保安装的软件包的版本号与这些版本号相同，以确保示例代码可以正确运行：

- NumPy 1.21.2；
- SciPy 1.7.0；
- Scikit-Learn 1.0；
- Matplotlib 3.4.3；
- pandas1.3.2。

安装完这些软件包后，可以在 Python 中导入软件包并访问其`__version__`属性，以确定已安装的版本正确，例如：

```
>>> import numpy
>>> numpy.__version__
'1.21.2'
```

为方便起见，在本书的代码库（https://github.com/rasbt/machine-learning-book）中加入了 python-environment-check.py 脚本，这样可以通过执行此脚本检查 Python 版本和各种软件包的版本。

某些章节将需要额外的软件包，届时本书将提供有关软件包的安装信息。例如，在第 12 章需要安装 PyTorch 时，会提供 PyTorch 安装提示和说明，无须担心 PyTorch 软件包安装问题。

如果运行代码遇到错误，即使代码与本书中的代码完全相同，也建议首先检查所使用软件包的版本号，然后再花时间调试代码或联系程序开发者。有时，错误可能是由于一个软件包的新版本引入了向前不兼容的更改。

如果已经安装了 Python 和各种软件包，并不想将 Python 和各种软件包的版本号更改为本书使用的版本号，那么建议使用虚拟环境安装本书所使用的软件包。如果读者已经安装了 Python 但没有安装 conda manager，那么可以使用 venv 库创建新的虚拟环境。例如，可以运行以下两个命令创建和激活虚拟环境：

```
python3 -m venv /Users/sebastian/Desktop/pyml-book
source /Users/sebastian/Desktop/pyml-book/bin/activate
```

请注意，每次打开新的终端时都需要激活虚拟环境。可以在 https://docs.python.org/3/library/venv.html 上找到更多关于 venv 库的信息。

如果在 conda package manager 中使用 Anaconda，则可以按下述方式创建和激活虚拟环境：

```
conda create -n pyml python=3.9
conda activate pyml
```

1.6 本章小结

本章从宏观视角探索了机器学习，并且在全局上介绍了机器学习及其主要概念，后续章节将会更加详细地探讨这些概念。监督学习有两个重要的子领域，即分类和回归。分类模型将样本归类为已知的类别，回归分析可以用来预测数值为连续型的目标变量。无监督学习不仅可以从未标记数据中发现规律，而且还可以用于特征预处理中的数据压缩。

本章还简要地介绍了机器学习应用的典型流程，这个流程为后面章节深入讨论和动手实践奠定了基础。最后，搭建了 Python 环境，安装并更新了所需的软件包，为运行机器学习的示例代码做好了准备。

除了机器学习算法本身，接下来介绍了数据预处理方法，这些方法将帮助机器学习算法达到最佳的性能。除了概括性地介绍分类算法外，还探索了回归分析和聚类等方法。

我们将迎来一段激动人心的旅程——探讨机器学习这一广阔领域中的许多强大的算法。通过本书各个章节的学习，我们将逐步建立起自己的知识体系，深入地掌握机器学习领域的知识和算法。下一章将通过实现早期的机器学习分类算法开始这段旅程，这也将为第 3 章做准备，第 3 章将讨论 Scikit-Learn 开源机器学习库的高级机器学习算法。

CHAPTER 2

第 2 章

训练简单的机器学习分类算法

本章将介绍两个早期的机器学习分类算法：感知机和自适应线性神经元。本章将使用 Python 逐步编写感知机代码，并使用鸢尾花数据集训练感知机使其可以对鸢尾花进行分类。这将帮助我们理解机器学习分类算法的基本概念，以及如何使用 Python 高效地实现分类算法。

本章将讨论自适应线性神经元参数优化的基础知识，为学习第 3 章中更加复杂的分类算法奠定基础。

本章将介绍以下内容：

- 建立对机器学习算法的理解；
- 使用 pandas、NumPy 和 Matplotlib 读取、处理和可视化数据；
- 使用 Python 实现二元线性分类器。

2.1 人工神经元——机器学习早期历史一瞥

在详细讨论感知机及其相关算法之前，先简单地介绍一下机器学习的起源。为了实现人工智能，人们试图去理解生物大脑如何工作，Warren McCulloch 和 Walter Pitts 于 1943 年首次提出了简化的脑细胞概念，即所谓的 McCulloch-Pitts（MCP）神经元（W. S. McCulloch, W. Pitts. A Logical Calculus of the Ideas Immanent in Nervous Activity, Bulletin of Mathematical Biophysics, 5(4)：115-133, 1943）。

生物神经元是大脑中相互连接的神经细胞，参与处理和传递化学信号与电信号，如图 2.1 所示。

McCulloch 和 Pitts 将这种神经细胞[⊖]建模为输出为二进制信号的逻辑门。神经细胞的树突接收多个信号，然后将接收到的信号整合到细胞体中。如果细胞体中累积的信号超过某个阈值，神经细胞就会产生输出信号并由轴突将其传递给其他神经细胞。

⊖ 一个神经细胞包含树突、轴突和突触。——译者注

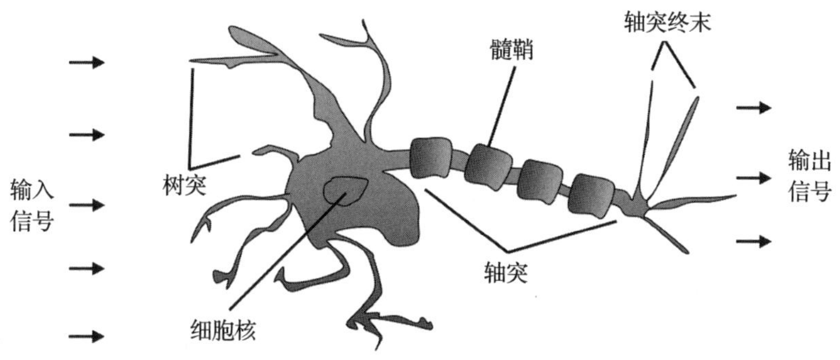

图 2.1　处理化学信号和电信号的神经元

仅仅几年之后，Frank Rosenblatt 发表的论文首次提出基于 MCP 神经元模型的感知机学习规则(F. Rosenblatt. The Perceptron：A Perceiving and Recognizing Automaton，Cornell Aeronautical Laboratory，1957)。根据这个感知机规则，Rosenblatt 提出了一个可以自动学习的权重优化算法。使用优化后的权重对输入特征加权求和，并根据结果决定是否触发神经元(产生传输信号)。在监督学习的分类场景下，可以用这个算法预测一个新样本的类别归属。

2.1.1　人工神经元的定义

可以建模人工神经元解决二分类问题。在二分类任务中，两个类别标签分别为 0 和 1。定义一个决策函数 $\sigma(z)$，该函数的输入为一个样本 $\boldsymbol{x}$ 所有特征值的线性组合以及对应的线性组合权重。定义一个样本所有特征的线性组合为神经元的净输入，写为 $z=w_1x_1+w_2x_2+\cdots+w_mx_m$。记

$$\boldsymbol{w}=\begin{bmatrix} w_1 \\ w_2 \\ \vdots \\ w_m \end{bmatrix},\quad \boldsymbol{x}=\begin{bmatrix} x_1 \\ x_2 \\ \vdots \\ x_m \end{bmatrix}$$

给定一个样本，如果其净输入大于定义的阈值 θ，则预测结果为类别 1；否则，预测结果为类别 0。在感知机算法中，决策函数 $\sigma(\cdot)$ 为单位阶跃函数的变体，如下所示：

$$\sigma(z)=\begin{cases} 1 & \text{如果 } z\geqslant\theta \\ 0 & \text{如果 } z<\theta \end{cases}$$

为了简化后续的代码实现，可以通过几个步骤修改上述决策函数。首先，移动阈值到不等式的左侧：

$$z\geqslant\theta$$

$$z-\theta\geqslant 0$$

其次，定义偏置项为 $b=-\theta$，并使其成为净输入的一部分：

$$z=w_1x_1+w_2x_2+\cdots+w_mx_m+b=\boldsymbol{w}^{\mathrm{T}}\boldsymbol{x}+b$$

最后，基于上述定义的偏置项和净输入 z，重新定义决策函数为

$$\sigma(z)=\begin{cases}1 & \text{如果 } z\geqslant 0\\ 0 & \text{如果 } z<0\end{cases}$$

线性代数基础：点积和矩阵转置

接下来的部分将经常使用线性代数中的符号。例如，两个向量点积可以表示两个向量对应元素相乘求和。其中向量的上标 T 表示转置，转置将列向量转换为行向量，反之亦然。例如，假设有以下两个列向量：

$$\boldsymbol{a}=\begin{bmatrix}a_1\\a_2\\a_3\end{bmatrix},\quad \boldsymbol{b}=\begin{bmatrix}b_1\\b_2\\b_3\end{bmatrix}$$

可以把向量 $\boldsymbol{a}$ 的转置写为 $\boldsymbol{a}^{\mathrm{T}}=[a_1\quad a_2\quad a_3]$，把两个向量的点积写为

$$\boldsymbol{a}^{\mathrm{T}}\boldsymbol{b}=\sum_i a_i\cdot b_i=a_1\cdot b_1+a_2\cdot b_2+a_3\cdot b_3$$

此外，转置操作也可以应用于矩阵。一个矩阵的转置为沿着其对角线翻转后的矩阵，例如：

$$\begin{bmatrix}1&2\\3&4\\5&6\end{bmatrix}^{\mathrm{T}}=\begin{bmatrix}1&3&5\\2&4&6\end{bmatrix}$$

请注意，严格来讲，转置的定义仅适用于矩阵。在讨论机器学习时，当使用术语“向量”时，指的是 $n\times1$ 或 $1\times m$ 维矩阵。

本书将只使用线性代数中的基本概念。如果需要快速复习线性代数中的基本概念，请参考 Zico Kolter 编写的书 *Linear Algebra Review and Reference*，可以从 http://www.cs.cmu.edu/~zkolter/course/linalg/linalg_notes.pdf 下载这本书。

图 2.2 说明了如何通过感知机的决策函数（左图）将净输入 $z=\boldsymbol{w}^{\mathrm{T}}\boldsymbol{x}+b$ 转换为二进制输出（0 或 1），以及如何使用感知机来区分线性可分数据[⊖]（右图）。

2.1.2　感知机学习规则

MCP 神经元和 Rosenblatt 感知机模型背后的原理是使用还原论方法模拟大脑中单个神经元的工作方式：要么激发，要么不激发。因此，Rosenblatt 的经典感知机规则相当简单。感知机算法可以总结为以下步骤：

1. 初始化权重和偏置项为 0 或值很小的随机数。

⊖　线性可分数据即数据的分类边界可以为直线。——译者注

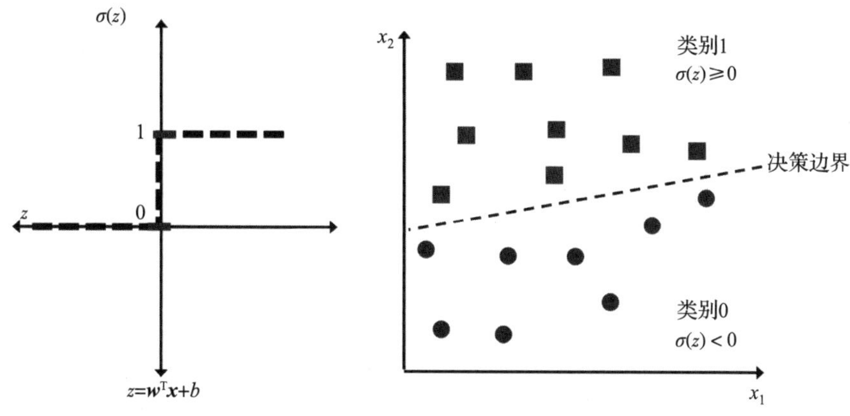

图 2.2　阈值函数和其产生的二元分类线性决策边界

2. 遍历每个训练样本，如 $\boldsymbol{x}^{(i)}$：

a. 计算感知机输出值 $\hat{y}^{(i)}$；

b. 更新权重和偏置项。

这里，输出值是之前定义的单位阶跃函数的输出，即预测的类别标签。权重和偏置的更新可以更正式地写为

$$w_j := w_j + \Delta w_j$$

$$b := b + \Delta b$$

更新值（"增量"）的计算如下：

$$\Delta w_j = \eta\left(y^{(i)} - \hat{y}^{(i)}\right) x_j^{(i)}$$

$$\Delta b = \eta\left(y^{(i)} - \hat{y}^{(i)}\right)$$

请注意，与偏置项不同，每个权重对应数据集中的一个特征，该特征涉及更新值的计算，见上述公式。此外，η 是学习率（通常是一个介于 0.0 和 1.0 之间的常数），$y^{(i)}$ 是第 i 个训练样本的真实标签，$\hat{y}^{(i)}$ 是第 i 个训练样本的预测标签。需要注意的是，偏置项和所有权重同时更新意味着在偏置项和所有权重更新结束之前，不会重新计算预测标签。具体来讲，如果数据为二维数据集，则更新值可以写为

$$\Delta w_1 = \eta\left(y^{(i)} - \text{output}^{(i)}\right) x_1^{(i)}$$

$$\Delta w_2 = \eta\left(y^{(i)} - \text{output}^{(i)}\right) x_2^{(i)}$$

$$\Delta b = \eta\left(y^{(i)} - \text{output}^{(i)}\right)$$

在使用 Python 实现感知机规则之前，先通过一个简单的思维实验来说明这个学习规则是多么简单。在感知机正确预测类别标签的情况下，偏置项和权重保持不变，因为更新值为 0：

$$y^{(i)} = 0,\quad \hat{y}^{(i)} = 0,\quad \Delta w_j = \eta(0-0)\, x_j^{(i)} = 0,\quad \Delta b = \eta(0-0) = 0 \tag{1}$$

$$y^{(i)} = 1,\quad \hat{y}^{(i)} = 1,\quad \Delta w_j = \eta(1-1)\, x_j^{(i)} = 0,\quad \Delta b = \eta(1-1) = 0 \tag{2}$$

然而，在预测错误的情况下，偏置项和权重将依据类别进行更新：

$$y^{(i)}=1,\quad \hat{y}^{(i)}=0,\quad \Delta w_j=\eta(1-0)x_j^{(i)}=\eta x_j^{(i)},\quad \Delta b=\eta(1-0)=\eta \tag{3}$$

$$y^{(i)}=0,\quad \hat{y}^{(i)}=1,\quad \Delta w_j=\eta(0-1)x_j^{(i)}=-\eta x_j^{(i)},\quad \Delta b=\eta(0-1)=-\eta \tag{4}$$

为了更好地理解特征值作为乘法因子 $x_j^{(i)}$ 的作用，再看下另外一个简单的例子：

$$y^{(i)}=1,\quad \hat{y}^{(i)}=0,\quad \eta=1$$

假设 $x_j^{(i)}=1.5$，而且感知机错误地将这个样本分类为类别 0。在这种情况下，对应的总权重将增加 1.5，这样当下次再遇到这个样本时，净输入 $z=x_j^{(i)}\times w_j+b$ 值会增大，可能超过阈值，从而将此样本归类为类别 1：

$$\Delta w_j=(1-0)\times 1.5=1.5,\quad \Delta b=(1-0)=1$$

权重更新值 Δw_j 与对应的特征值 $x_j^{(i)}$ 成正比。例如，假设在另一个例子中 $x_j^{(i)}=2$，但是感知机错误地将此样本分类成类别 0，那么感知机将进一步扩大决策边界，以便下次正确分类此样本：

$$\Delta w_j=(1-0)\times 2=2,\quad \Delta b=(1-0)=1$$

需要注意的是，只有当训练数据线性可分时，才能保证感知机具有收敛性(感兴趣的读者可以在我的课堂讲义中找到收敛证明，网址为 https://sebastianraschka.com/pdf/lecture-notes/stat453ss21/L03_perceptron_slides.pdf)。图 2.3 展示了线性可分和线性不可分的二元数据例子。

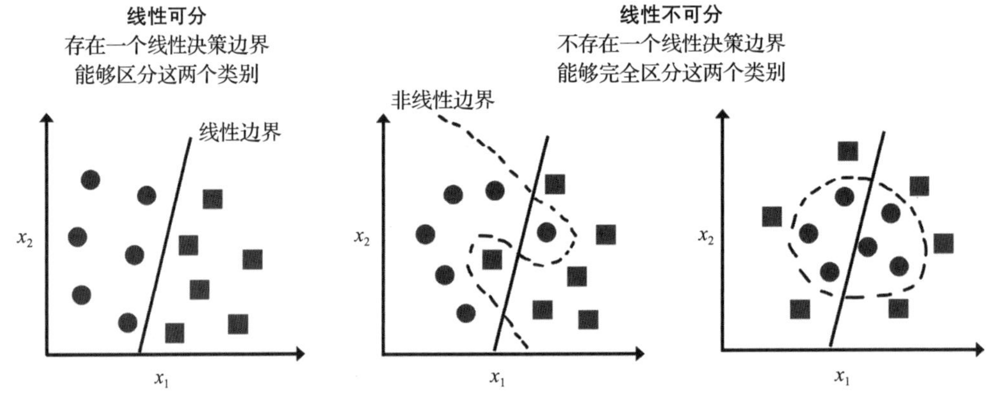

图 2.3　线性可分和线性不可分的二元数据例子

如果二元数据不能用线性决策边界分开，那么在感知机训练阶段，可以设置遍历训练数据集的最大次数(epoch)和/或容许错误次数的阈值，否则感知机将永远不会停止更新权重。本章后面将介绍 Adaline 算法，该算法可以产生线性决策边界并收敛，即使数据并非完全线性可分。第 3 章将学习能够产生非线性决策边界的分类算法。

在开始下一节之前，可以用图 2.4 总结刚刚学习的感知机规则：

图 2.4 展示了感知机接收一个样本作为输入，并将其与权重和偏置项进行组合，从而计算出净输入值，然后将净输入传递给阈值函数，生成值为 0 或 1 的输出，即为样本的预测标签。在学习阶段，这个输出用于计算预测误差，从而可以更新权重和偏置项。

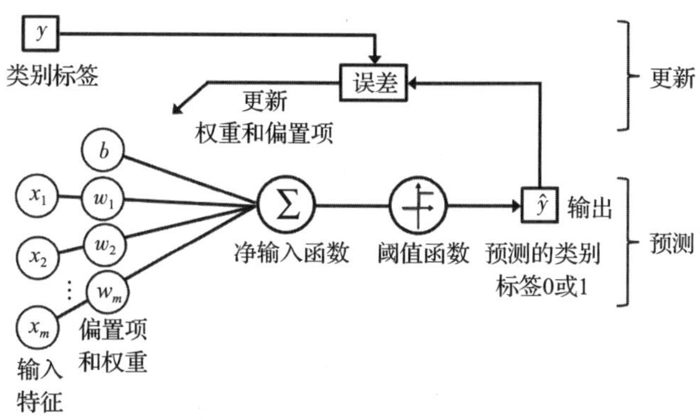

图 2.4 使用误差函数更新模型的权重和偏置项

2.2 使用 Python 实现感知机学习算法

上一节介绍了 Rosenblatt 感知机规则和工作机制，本节将使用 Python 实现感知机，并将其应用于第 1 章介绍的鸢尾花数据集。

2.2.1 面向对象的感知机 API

本章采用面向对象的方法将感知机接口定义为 Python 中的一个类，这样可以初始化新的 `Perceptron` 对象，而且这些对象可以运行 `fit` 方法从数据中学习，还可以通过 `predict` 方法预测标签。按照惯例，在对象初始化时，变量名后面加一个下划线(`_`)表示未赋值的属性。可以通过调用对象的其他方法来初始化这些未赋值的属性，例如调用 `self.w_`。

Python 科学计算资源

如果你不熟悉或需要重温 Python 科学计算库，可以参考以下资源：

- NumPy：https://sebastianraschka.com/blog/2020/numpy-intro.html。
- pandas：https://pandas.pydata.org/pandas-docs/stable/user_guide/10min.html。
- Matplotlib：https://matplotlib.org/stable/tutorials/introductory/usage.html。

以下为感知机的 Python 代码实现：

```
import numpy as np
class Perceptron:
    """Perceptron classifier.

    Parameters
    ------------
```

```
eta : float
  Learning rate (between 0.0 and 1.0)
n_iter : int
  Passes over the training dataset.
random_state : int
  Random number generator seed for random weight
  initialization.

Attributes
-----------
w_ : 1d-array
  Weights after fitting.
b_ : Scalar
  Bias unit after fitting.

errors_ : list
  Number of misclassifications (updates) in each epoch.

"""
def __init__(self, eta=0.01, n_iter=50, random_state=1):
    self.eta = eta
    self.n_iter = n_iter
    self.random_state = random_state

def fit(self, X, y):
    """Fit training data.

    Parameters
    ----------
    X : {array-like}, shape = [n_examples, n_features]
      Training vectors, where n_examples is the number of
      examples and n_features is the number of features.
    y : array-like, shape = [n_examples]
      Target values.

    Returns
    -------
    self : object

    """
    rgen = np.random.RandomState(self.random_state)
    self.w_ = rgen.normal(loc=0.0, scale=0.01,
                          size=X.shape[1])
```

```
        self.b_ = np.float_(0.)
        self.errors_ = []

        for _ in range(self.n_iter):
            errors = 0
            for xi, target in zip(X, y):
                update = self.eta * (target - self.predict(xi))
                self.w_ += update * xi
                self.b_ += update
                errors += int(update != 0.0)
            self.errors_.append(errors)
        return self

    def net_input(self, X):
        """Calculate net input"""
        return np.dot(X, self.w_) + self.b_

    def predict(self, X):
        """Return class label after unit step"""
        return np.where(self.net_input(X) >= 0.0, 1, 0)
```

基于上述感知机实现，可以使用学习率 eta(η)和学习次数 n_iter(训练模型时遍历训练数据集的次数)初始化新的 Perceptron 对象。

通过 fit 方法，初始化偏置 self.b_为初始值 0，初始化权重 self.w_为一个属于 $\mathbb{R}^m$ 的向量，其中 m 表示数据集中的维数或特征数。

请注意，初始化权重向量的命令为 rgen.normal(loc=0.0, scale=0.01, size=1 + X.shape[1])，产生均值为 0、标准差为 0.01 的正态分布随机数。其中，rgen 是 NumPy 的一个随机数生成器，用户可以设定随机种子，这样可以在需要时复现以前运行的结果。

从技术上讲，可以将权重初始化为 0(实际上最初的感知机算法就是这么做的)。然而，如果这样做，学习率 η(eta)就失去了对决策边界的影响。当所有权重都初始化为 0 时，学习率参数 eta 只影响权重向量的大小，而不影响其方向。如果熟悉三角函数，考虑向量 $\boldsymbol{v}_1=[1\quad 2\quad 3]$，$\boldsymbol{v}_2=0.5\times\boldsymbol{v}_1$，那么向量 $\boldsymbol{v}_1$ 与向量 $\boldsymbol{v}_2$ 间的夹角为 0 度，如下述代码所示：

```
>>> v1 = np.array([1, 2, 3])
>>> v2 = 0.5 * v1
>>> np.arccos(v1.dot(v2) / (np.linalg.norm(v1) *
...           np.linalg.norm(v2)))
0.0
```

这里 np.arccos 是反余弦函数，np.linalg.norm 是一个计算向量长度的函数。(这里使用标准差为 0.01 的正态随机数并非故意为之，也可以使用均匀分布的随机数。切记，使用值很小的随机数是为了避免向量中所有元素为 0 的情况)。

作为阅读本章后的选做练习题，可以将 self.w_=rgen.normal(loc=0.0,scale=0.01,size=X.shape[1])替换为 self.w_=np.zeros(X.shape[1])，并改变 eta 的值，运行下一小节介绍的感知机训练代码，会发现决策边界没有变化。

NumPy 数组索引

NumPy 一维数组索引方式与 Python 中使用方括号([])的列表一样。对于 NumPy 二维数组，第一个索引是数组的行，第二个索引是数组的列。例如，使用 X[2,3]表示二维数组 X 中位于第三行第四列的元素。

初始化权重后，调用 fit 方法遍历训练数据集中的所有样本，并根据上一节讨论的感知机学习规则更新权重。

在训练阶段，predict 函数被 fit 方法调用，获得预测标签以更新权重。也可以在模型拟合后调用 predict 函数预测新样本的类别标签。此外，在每次迭代中使用 fit 方法收集分类错误的样本并记入 self.errors_列表中，用于后期分析感知机在训练阶段的表现。net_input 方法使用 np.dot 函数计算两个向量的点积。

向量化：使用向量计算替代 for 循环

为了计算数组 a 和 b 的向量点积，在 Python 中，可以用 sum([i*j for i, j in zip(a, b)])实现，如果使用 NumPy，则可以用 a.dot(b)或 np.dot(a, b)实现。然而，与使用 Python 相比，使用 NumPy 的好处是可以实现算术运算向量化。向量化意味着自动将算术运算应用于数组的所有元素。算术运算向量化不对每个元素完成一套运算，而是把算术运算形成一连串的数组指令，这样就能更好地使用 CPU 的单指令多数据(Single Instruction Multiple Data, SIMD)架构。另外，NumPy 采用高度优化的 C 或 Fortran 语言编写线性代数库，例如基本线性代数子程序(Basic Linear Algebra Subprograms, BLAS)和线性代数包(Linear Algebra Package, LAPACK)。最后，使用 NumPy 我们可以借助线性代数的基本知识(如向量和矩阵点积)将计算机代码写得更紧凑、更自然。

2.2.2　使用鸢尾花数据集训练感知机

为了测试前一小节实现的感知机代码，本章剩余部分使用的样本只有两个特征变量(维度)。尽管感知机规则并不限于二维，但仅使用两个特征(萼片长度和花瓣长度)可以在散点图中可视化训练模型的决策区域，以便于我们学习模型。

请注意，由于感知机是二元分类器，这里也只考虑两种类型的花，即山鸢尾和变色鸢尾。然而，也可以推广感知机算法解决多元分类问题，例如，使用一对多(One-versus-All, OvA)方法。

用于多元分类的 OvA 方法

OvA 有时也被称为一对其余(One-versus-Rest，OvR)，是一种将二元分类器用于多元分类任务的方法。OvA 为每个类别训练一个分类器，此类别被视为正类，所有其他类别都被视为负类。如果要对新的未标记数据样本进行分类，使用 n 个分类器对样本分类，其中 n 为类别标签的数量，并将置信度最高的分类器输出的标签作为最终预测标签。在使用感知机情况下，OvA 选择与最大净输入值对应的类别作为分类标签。

首先，使用 pandas 从 UCI 机器学习库将鸢尾花数据集加载到 DataFrame 对象中，并用 tail 方法打印数据的最后五行，以检查是否正确加载数据：

```
>>> import os
>>> import pandas as pd
>>> s = 'https://archive.ics.uci.edu/ml/'\
...     'machine-learning-databases/iris/iris.data'
>>> print('From URL:', s)
From URL: https://archive.ics.uci.edu/ml/machine-learning-databases/iris/iris.
data
>>> df = pd.read_csv(s,
...                  header=None,
...                  encoding='utf-8')
>>> df.tail()
```

运行上述代码后，可以看到如图 2.5 所示的输出，这里显示了鸢尾花数据集的最后五行：

	0	1	2	3	4
145	6.7	3.0	5.2	2.3	Iris-virginica
146	6.3	2.5	5.0	1.9	Iris-virginica
147	6.5	3.0	5.2	2.0	Iris-virginica
148	6.2	3.4	5.4	2.3	Iris-virginica
149	5.9	3.0	5.1	1.8	Iris-virginica

图 2.5　鸢尾花数据集的最后五行

加载鸢尾花数据集

如果无法上网或 UCI 的服务器(https://archive.ics.uci.edu/ml/machine-learning-databases/iris/iris.data)宕机，可以从本书的代码集下载鸢尾花数据集(也包括本书所有其他的数据集)。如果本地计算机存储了鸢尾花数据集，可从本地文件加载鸢尾花数据，使用

```
df = pd.read_csv(
  'your/local/path/to/iris.data',
  header=None, encoding='utf-8')
```

替换如下代码：

```
df = pd.read_csv(
  'https://archive.ics.uci.edu/ml/'
  'machine-learning-databases/iris/iris.data',
  header=None, encoding='utf-8')
```

接下来，提取 50 朵山鸢尾和 50 朵变色鸢尾对应的 100 个类别标签，并将类别标签转换为两个整数，分别为 `1`（山鸢尾）和 `0`（变色鸢尾）。将转换后的类别标签存入向量 `y` 中。pandas 中 `DataFrame` 的 `values` 方法生成的 NumPy 数据可以作为向量 `y`。

类似地，从这 100 个训练样本中提取第一个特征列（萼片长度）和第三个特征列（花瓣长度），并将它们存入特征矩阵 `X` 中，这可以通过二维散点图可视化：

```
>>> import matplotlib.pyplot as plt
>>> import numpy as np
>>> # select setosa and versicolor
>>> y = df.iloc[0:100, 4].values
>>> y = np.where(y == 'Iris-setosa', 0, 1)
>>> # extract sepal length and petal length
>>> X = df.iloc[0:100, [0, 2]].values
>>> # plot data
>>> plt.scatter(X[:50, 0], X[:50, 1],
...             color='red', marker='o', label='Setosa')
>>> plt.scatter(X[50:100, 0], X[50:100, 1],
...             color='blue', marker='s', label='Versicolor')
>>> plt.xlabel('Sepal length [cm]')
>>> plt.ylabel('Petal length [cm]')
>>> plt.legend(loc='upper left')
>>> plt.show()
```

运行上述代码后，可以看到图 2.6 所示的散点图。

图 2.6 显示了鸢尾花数据集在“花瓣长度”和“萼片长度”两个特征维度上的样本分布情况。从这个二维特征分布图中可以看出一个线性决策边界足以将山鸢尾与变色鸢尾分开。因此，像感知机这样的线性分类器应该能够完美地对数据集中的花朵进行分类。

现在，在刚刚提取的鸢尾花数据子集上训练感知机算法。此外，绘制每次迭代的分类错误，以检查算法是否收敛，并找到两种鸢尾花数据的决策边界：

```
>>> ppn = Perceptron(eta=0.1, n_iter=10)
>>> ppn.fit(X, y)
>>> plt.plot(range(1, len(ppn.errors_) + 1),
...          ppn.errors_, marker='o')
>>> plt.xlabel('Epochs')
>>> plt.ylabel('Number of updates')
>>> plt.show()
```

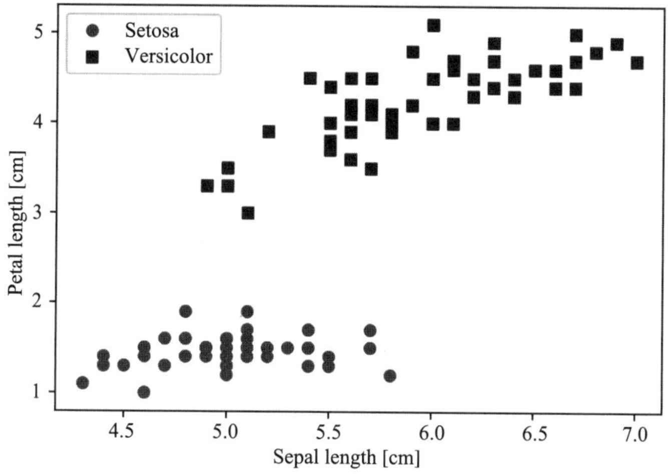

图 2.6　山鸢尾和变色鸢尾萼片长度与花瓣长度的散点图

理想情况下[⊖]，参数更新的次数与样本误分类的次数相同。运行上述代码后，可以得到参数更新次数与 epoch 次数之间的关系图，如图 2.7 所示。

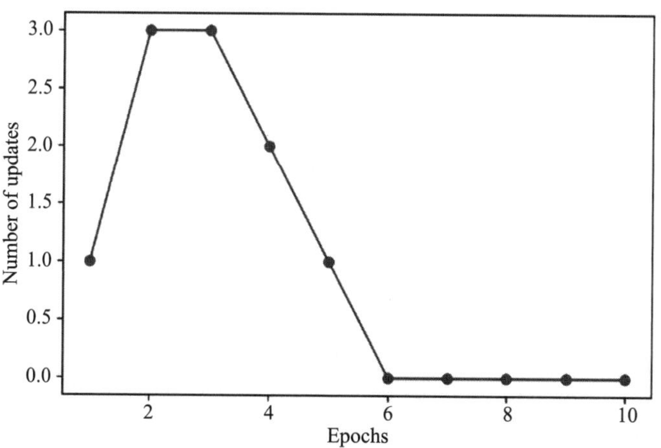

图 2.7　参数更新次数与 epoch 次数的关系图

⊖ 数据线性可分，而且感知机的每次参数更新可以将一个错误分类的样本分类正确。——译者注

如图 2.7 所示，感知机在第 6 个 epoch 后开始收敛。在此之后，感知机应该能够完美地对训练样本进行分类。下面通过一个短小精干的函数实现二维数据集决策边界的可视化：

```
from matplotlib.colors import ListedColormap
def plot_decision_regions(X, y, classifier, resolution=0.02):
    # setup marker generator and color map
    markers = ('o', 's', '^', 'v', '<')
    colors = ('red', 'blue', 'lightgreen', 'gray', 'cyan')
    cmap = ListedColormap(colors[:len(np.unique(y))])

    # plot the decision surface
    x1_min, x1_max = X[:, 0].min() - 1, X[:, 0].max() + 1
    x2_min, x2_max = X[:, 1].min() - 1, X[:, 1].max() + 1
    xx1, xx2 = np.meshgrid(np.arange(x1_min, x1_max, resolution),
                           np.arange(x2_min, x2_max, resolution))
    lab = classifier.predict(np.array([xx1.ravel(), xx2.ravel()]).T)
    lab = lab.reshape(xx1.shape)
    plt.contourf(xx1, xx2, lab, alpha=0.3, cmap=cmap)
    plt.xlim(xx1.min(), xx1.max())
    plt.ylim(xx2.min(), xx2.max())

    # plot class examples
    for idx, cl in enumerate(np.unique(y)):
        plt.scatter(x=X[y == cl, 0],
                    y=X[y == cl, 1],
                    alpha=0.8,
                    c=colors[idx],
                    marker=markers[idx],
                    label=f'Class {cl}',
                    edgecolor='black')
```

首先，定义许多 `colors` 和 `markers`，并通过 `ListedColormap` 从颜色列表中创建一个 colormap。然后，确定两个特征的最小值和最大值，调用 NumPy 的 `meshgrid` 函数创建一对网格数组 `xx1` 和 `xx2`。由于在两个特征维度上训练感知机，因此需要展平网格数组，并创建一个与鸢尾花训练数据集具有相同列数的矩阵，以便可以使用 `predict` 方法预测相应网格点的类别标签 `lab`。

```
>>> plot_decision_regions(X, y, classifier=ppn)
>>> plt.xlabel('Sepal length [cm]')
>>> plt.ylabel('Petal length [cm]')
>>> plt.legend(loc='upper left')
>>> plt.show()
```

将预测的类别标签 `lab` 重塑为与 `xx1` 和 `xx2` 尺寸相同的网格后，可以通过 Matplotlib 中的

contourf 函数绘制轮廓图，将网格数组中不同预测类的决策区域映射为不同的颜色：

在运行上述代码后，可以看到如图 2.8 所示的决策区域图。

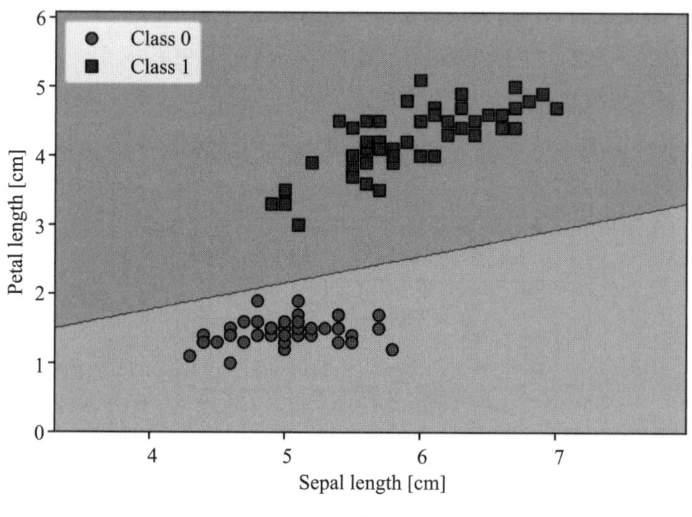

图 2.8 感知机的决策区域图

正如图 2.8 所示，感知机学习到了一个决策边界，可以完美地对鸢尾花训练数据集进行分类。

感知机收敛问题

虽然感知机可以完美地区分两种类别的鸢尾花，但收敛问题是感知机的最大问题之一。Frank Rosenblatt 已经从数学上证明，如果包含两个类别的数据可以被一个线性超平面分离，那么感知机学习规则收敛。然而，如果不存在这样一个能将数据中的两个类别完全分开的线性决策边界，那么除非设定最大 epoch 次数，否则算法将永远不会停止权重更新。有兴趣的读者可以从下述网站找到关于该问题的证明：https://sebastianraschka.com/pdf/lecture-notes/stat453ss21/L03_perceptron_slides.pdf

2.3 自适应线性神经元与算法收敛

本节将介绍另外一种单层神经网络(Neural Network，NN)：自适应线性神经元(ADAptive LInear NEuron，Adaline)。在 Rosenblatt 提出感知机算法几年之后，Bernard Widrow 和他的博士生 Tedd Hoff 提出了 Adaline 算法，Adaline 被认为是对感知机的改进(B. Widrow，et al. An Adaptive "Adaline" Neuron Using Chemical "Memistors"，Technical Report Number 1553-2，Stanford Electron Labs，Stanford，CA，October 1960)。

Adaline 算法特别有趣，因为它阐明了定义和最小化损失函数的关键概念。这为理解逻辑回归(logistic regression)、支持向量机、多层神经网络和线性回归模型等其他机器学习分类算法奠定了基础，本书将在后续章节中讨论这一算法。

Adaline 规则(也称为 Widrow-Hoff 规则)与 Rosenblatt 感知机的主要区别在于，Adaline 规则使用线性激活函数更新权重，而感知机则使用单位阶跃函数更新权重。Adaline 使用的线性激活函数 $\sigma(z)$ 的输入与输出相同，即函数表达式为 $\sigma(z)=z$。

虽然 Adaline 规则使用线性激活函数学习权重，但仍然使用阈值函数进行最终的预测，这与前面讨论的单位阶跃函数类似。

图 2.9 展示了感知机和 Adaline 算法的主要区别。

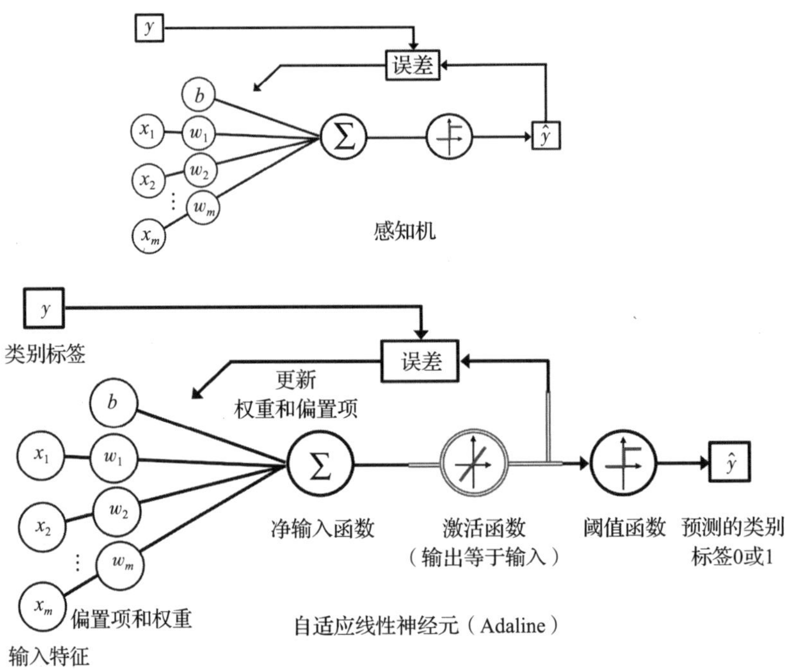

图 2.9　感知机和 Adaline 算法比较

如图 2.9 所示，Adaline 算法使用样本的真实类别标签和线性激活函数输出的连续值计算模型误差并更新权重。相比之下，感知机使用样本的真实类别标签和预测类别标签计算误差、更新权重。

2.3.1　使用梯度下降法最小化损失函数

监督机器学习算法的关键要素之一是在学习过程中优化目标函数，这个目标函数通常是想要最小化的损失函数或代价函数。在 Adaline 算法中，定义损失函数 L 为计算结果和真实类别标签之间的均方误差(Mean Squared Error，MSE)：

$$L(\boldsymbol{w},\ b)=\frac{1}{2n}\sum_{i=1}^{n}\left(y^{(i)}-\sigma\left(z^{(i)}\right)\right)^{2}$$

$\frac{1}{2}$这项是为了方便而添加的，这将使我们更容易推导出损失函数关于权重参数的梯度，正如我们将在下面的描述中所看到的那样。与单位阶跃函数相比，线性连续激活函数的优点是损失函数可微。另一个优点为损失函数是一个凸函数，因此，可以使用非常简单但功能强大的梯度下降优化算法寻找使损失函数最小的权重，从而使模型可以正确分类鸢尾花数据集。

如图 2.10 所示，可以将梯度下降描述为走下坡路，直到走到损失函数局部最小值点或全局最小值点。每次迭代都沿着梯度的反向迈出一步，步长由学习率以及梯度的斜率决定（为了简单起见，图 2.10 中仅对单个权重 w 进行了可视化）。

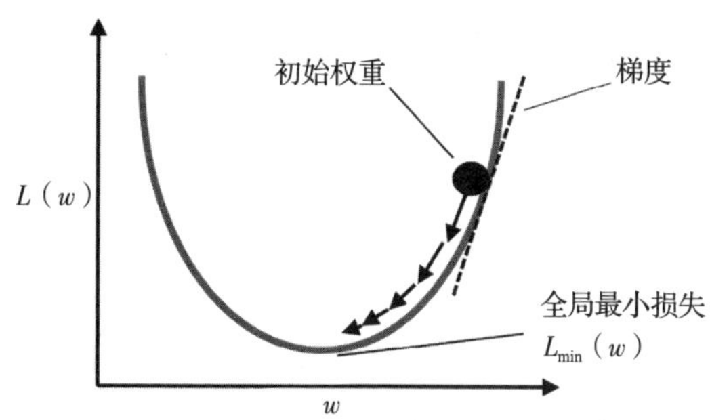

图 2.10　梯度下降的工作原理

使用梯度下降，沿着损失函数 $L(\boldsymbol{w},b)$ 梯度 $\nabla L(\boldsymbol{w},b)$ 的反向迈出一步来更新模型参数：

$$\boldsymbol{w}:=\boldsymbol{w}+\Delta\boldsymbol{w},\quad b:=b+\Delta b$$

$\Delta\boldsymbol{w}$ 和 Δb 为参数的变化值，定义为负梯度乘以学习率 η：

$$\Delta\boldsymbol{w}=-\eta\nabla_w L(\boldsymbol{w},b),\quad \Delta b=-\eta\nabla_b L(\boldsymbol{w},b)$$

为了计算损失函数的梯度，需要计算损失函数关于每个权重 w_j 的偏导数：

$$\frac{\partial L}{\partial w_j}=-\frac{2}{n}\sum_{j=1}^{n}(y^{(i)}-\sigma(z^{(i)}))x_j^{(i)}$$

同样，需要计算损失函数关于偏置的偏导数：

$$\frac{\partial L}{\partial b}=-\frac{2}{n}\sum_{j=1}^{n}(y^{(i)}-\sigma(z^{(i)}))$$

请注意，分子中的 2 只是一个常数缩放因子，因此可以省略它而不影响该算法。移除此缩放因子的效果与将学习率乘以 2 的效果相同。以下信息框中的内容说明了该缩放因子的来源。

因此，可以将权重的更新值和偏置的更新值分别写为

$$\Delta w_j=-\eta\frac{\partial L}{\partial w_j}\text{和 }\Delta b=-\eta\frac{\partial L}{\partial b}$$

由于所有参数同时更新，Adaline 的学习规则变为

$$\boldsymbol{w}:=\boldsymbol{w}+\Delta\boldsymbol{w},\quad b:=b+\Delta b$$

均方误差的导数

如果熟悉微积分，则可以按如下步骤计算均方误差关于第 j 个权重的偏导数：

$$\frac{\partial L}{\partial w_j}=\frac{\partial}{\partial w_j}\frac{1}{n}\sum_{i=1}^{n}(y^{(i)}-\sigma(z^{(i)}))^2$$

$$=\frac{1}{n}\frac{\partial}{\partial w_j}\sum_{i=1}^{n}(y^{(i)}-\sigma(z^{(i)}))^2$$

$$=\frac{2}{n}\sum_{i=1}^{n}(y^{(i)}-\sigma(z^{(i)}))\frac{\partial}{\partial w_j}(y^{(i)}-\sigma(z^{(i)}))$$

$$=\frac{2}{n}\sum_{i=1}^{n}(y^{(i)}-\sigma(z^{(i)}))\frac{\partial}{\partial w_j}\left(y^{(i)}-\sum_j(w_jx_j^{(i)}+b)\right)$$

$$=\frac{2}{n}\sum_{i=1}^{n}(y^{(i)}-\sigma(z^{(i)}))(-x_j^{(i)})$$

$$=-\frac{2}{n}\sum_{i=1}^{n}(y^{(i)}-\sigma(z^{(i)}))x_j^{(i)}$$

可以用同样的方法求偏导数$\frac{\partial L}{\partial b}$，只是$\frac{\partial}{\partial b}\left(y^{(i)}-\sum_j(w_j^{(i)}x_j^{(i)}+b)\right)$等于-1，从而最后一步简化为$-\frac{2}{n}\sum_j(y^{(i)}-\sigma(z^{(i)}))$。

虽然 Adaline 学习规则看起来与感知机规则相同，但注意$\sigma(z^{(i)})$是一个连续的实数，而不是一个整数类别标签，这里$z^{(i)}=\boldsymbol{w}^{\mathrm{T}}\boldsymbol{x}^{(i)}+b$。此外，使用训练数据集中的所有样本更新权重(而不是每增加一个样本就更新参数一次)，这就是为什么这种方法也被称为批梯度下降(batch gradient descent)。为了在本章和后续章节讨论相关概念时更加明确、避免混淆，称此过程为全批梯度下降(full batch gradient descent)。

2.3.2 在 Python 中实现 Adaline

由于感知机规则和 Adaline 规则非常相似，因此可以使用之前实现的感知机代码，更改其 `fit` 方法，从而通过梯度下降法最小化损失函数并更新权重和偏置项：

```
class AdalineGD:
    """ADAptive LInear NEuron classifier.

    Parameters
    ------------
    eta : float
        Learning rate (between 0.0 and 1.0)
    n_iter : int
        Passes over the training dataset.
    random_state : int
        Random number generator seed for random weight initialization.

    Attributes
    -----------
```

```
    w_ : 1d-array
        Weights after fitting.
    b_ : Scalar
        Bias unit after fitting.
    losses_ : list
      Mean squared error loss function values in each epoch.

    """
    def __init__(self, eta=0.01, n_iter=50, random_state=1):
        self.eta = eta
        self.n_iter = n_iter
        self.random_state = random_state

    def fit(self, X, y):
        """ Fit training data.

        Parameters
        ----------
        X : {array-like}, shape = [n_examples, n_features]
            Training vectors, where n_examples
            is the number of examples and
            n_features is the number of features.
        y : array-like, shape = [n_examples]
            Target values.

        Returns
        -------
        self : object

        """
        rgen = np.random.RandomState(self.random_state)
        self.w_ = rgen.normal(loc=0.0, scale=0.01,
                              size=X.shape[1])
        self.b_ = np.float_(0.)
        self.losses_ = []

        for i in range(self.n_iter):
            net_input = self.net_input(X)
            output = self.activation(net_input)
            errors = (y - output)
            self.w_ += self.eta * 2.0 * X.T.dot(errors) / X.shape[0]
            self.b_ += self.eta * 2.0 * errors.mean()
            loss = (errors**2).mean()
```

```
                self.losses_.append(loss)
            return self

        def net_input(self, X):
            """Calculate net input"""
            return np.dot(X, self.w_) + self.b_

        def activation(self, X):
            """Compute linear activation"""
            return X

        def predict(self, X):
            """Return class label after unit step"""
            return np.where(self.activation(self.net_input(X))
                            >= 0.5, 1, 0)
```

不像感知机中那样在训练完每个样本后更新权重，Adaline 使用整个训练数据集计算梯度。通过 `self.eta* 2.0* errors.mean()`完成偏置项的更新，其中 `errors` 为一个包含偏导数$\frac{\partial L}{\partial b}$的数组。用同样的方法更新权重。但请注意，更新权重需要计算偏导数$\frac{\partial L}{\partial w_j}$，这个偏导数涉及特征值 x_j，可以通过将 `errors` 乘以权重对应的特征值计算得到：

```
for w_j in range(self.w_.shape[0]):
    self.w_[w_j] += self.eta *
        (2.0 * (X[:, w_j]*errors)).mean()
```

为了更有效地实现权重的更新，不使用 `for` 循环，而使用特征矩阵和误差向量的乘积：

```
self.w_ += self.eta * 2.0 * X.T.dot(errors) / X.shape[0]
```

请注意，`activation` 方法对代码没有影响，因为 `activation` 方法只是一个输出与输入相同的函数。这里，通过添加激活函数(`activation` 方法)来说明信息通过单层神经网络传递所涉及的一般概念：输入数据的特征、净输入、激活函数、输出。

下一章将介绍使用非恒等、非线性激活函数的逻辑回归分类器。我们将看到逻辑回归模型和 Adaline 密切相关，唯一的区别在于激活函数和损失函数。

与之前的感知机实现类似，`self.losses_`列表存储损失函数值，以验证 Adaline 算法在训练过程中是否收敛。

矩阵乘法

矩阵乘法与向量点积非常相似，计算时把矩阵中的每一行当成一个行向量。这种向量化方法在表示时更加紧凑，从而使用 NumPy 计算时也更加高效，例如：

$$\begin{bmatrix}1 & 2 & 3\\4 & 5 & 6\end{bmatrix}\times\begin{bmatrix}7\\8\\9\end{bmatrix}=\begin{bmatrix}1\times7+2\times8+3\times9\\4\times7+5\times8+6\times9\end{bmatrix}=\begin{bmatrix}50\\122\end{bmatrix}$$

请注意，上述等式用一个矩阵右乘一个向量，数学上对此并无定义。然而，正如本书之前所述，向量可以被表示为 3×1 的矩阵。

在实践中，通常需要一些实验才能找到一个使算法收敛的学习率 η。在此，选择使用两个不同的学习率，分别为 $\eta=0.1$ 和 $\eta=0.0001$。可以绘制损失函数与 epoch 次数的关系图，以便查看 Adaline 在训练过程中学习的情况。

超参数

学习率 η(`eta`)和 epoch 次数 `n_iter` 是感知机与 Adaline 学习算法的超参数（或调优参数）。第 6 章会介绍诸多使分类模型性能最佳的超参数寻找方法。

下述代码使用两种不同的学习率，并绘制了损失函数值与 epoch 次数之间的关系图：

```
>>> fig, ax = plt.subplots(nrows=1, ncols=2, figsize=(10, 4))
>>> ada1 = AdalineGD(n_iter=15, eta=0.1).fit(X, y)
>>> ax[0].plot(range(1, len(ada1.losses_) + 1),
...            np.log10(ada1.losses_), marker='o')
>>> ax[0].set_xlabel('Epochs')
>>> ax[0].set_ylabel('log(Mean squared error)')
>>> ax[0].set_title('Adaline - Learning rate 0.1')
>>> ada2 = AdalineGD(n_iter=15, eta=0.0001).fit(X, y)
>>> ax[1].plot(range(1, len(ada2.losses_) + 1),
...           ada2.losses_, marker='o')
>>> ax[1].set_xlabel('Epochs')
>>> ax[1].set_ylabel('Mean squared error')
>>> ax[1].set_title('Adaline - Learning rate 0.0001')
>>> plt.show()
```

从图 2.11 绘制的损失函数图可以看到两个问题。左图显示了学习率太大会发生的问题。如果学习率太大，那么损失函数的全局最小值容易被跨过，以至于损失函数没有被最小化，反而均方误差 MSE 随着 epoch 次数增加不断变大。从右图可以看到损失函数在减小，但是因为学习率 $\eta=0.0001$ 太小，所以算法需要多次 epoch 才能收敛到损失函数的全局损失最小值。

图 2.12 说明了学习率对最小化损失函数的影响。左图显示如果选择一个好的学习率，损失函数值会逐渐减小，并朝着全局最小值的方向移动；右图显示如果选择的学习率太大，则会跨过全局最小值。

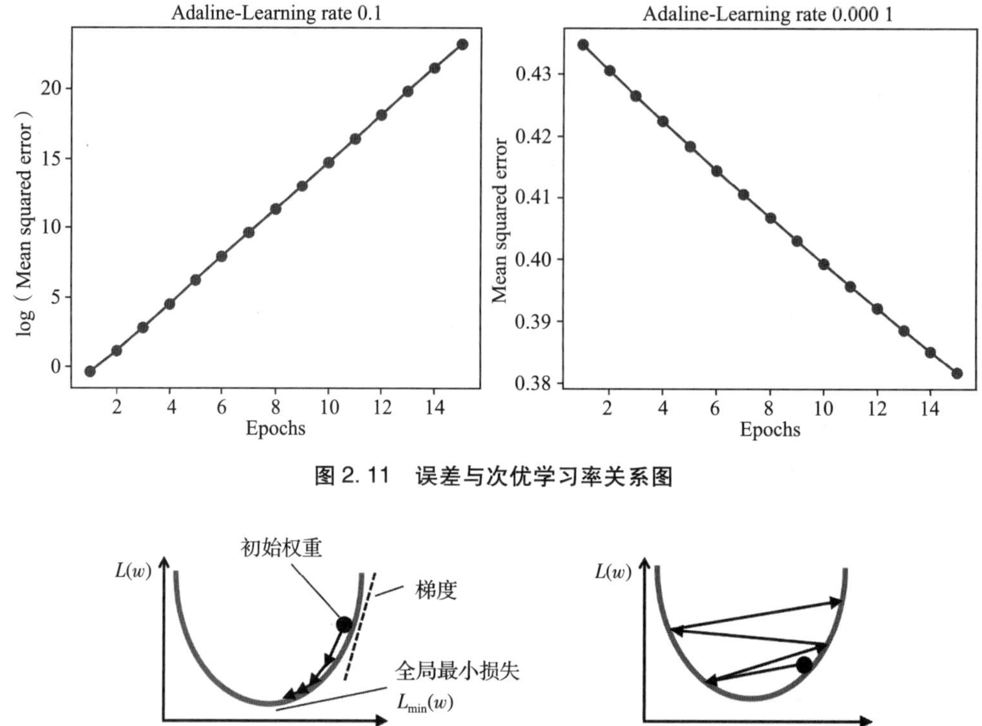

图 2.11 误差与次优学习率关系图

图 2.12 好的学习率和过大的学习率对梯度下降的影响

2.3.3 通过特征缩放改进梯度下降

在本书中遇到的许多机器学习算法都需要某种特征缩放方法才能获得最佳性能，第 3 章和第 4 章将对此进行更加详细的讨论。

梯度下降算法是众多受益于特征缩放的算法之一。本小节将使用一个被称为标准化的特征缩放方法。该标准化方法帮助梯度下降算法收敛更快，但不会使原数据集变为正态分布。数据标准化后，每个特征的均值为 0、标准差为 1(单位方差)。例如，如果对第 j 个特征进行标准化，那么可以将第 j 个特征减去样本均值 μ_j，再除以第 j 个特征的标准差 σ_j：

$$\boldsymbol{x}_j' = \frac{\boldsymbol{x}_j - \mu_j}{\sigma_j}$$

这里 $\boldsymbol{x}_j$ 是一个向量，由所有 n 个训练样本的第 j 个特征值组成。该标准化方法应用于数据集中的每个特征。

标准化有助于梯度下降学习的原因之一是更容易找到适用于所有权重(以及偏置项)的学习率。如果所有特征在数值上差别很大，那么一个学习率可以很好地更新一个权重，但可能无法同样好地更新另一个权重。使用这个学习率更新其他权重，这个学习率可能太大或者太小。总的来说，使用标准化的特征可以使模型训练过程更加稳定，从而可以通过更少的 epoch 次数找到好的解或最优解（损失函数全局最小值对应的参数）。图 2.13 展示了使用非标准化（左）和标准化（右）在训练数据上参数的梯度更新，其中同心圆表示二维损失函数的等高线。

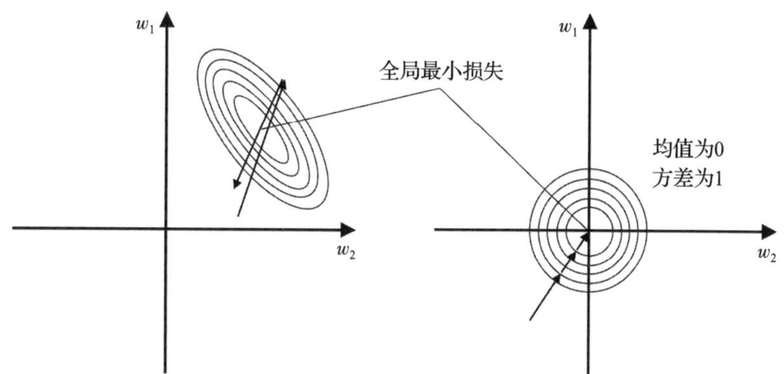

图 2.13　使用非标准化数据和标准化处理后的数据进行梯度更新的比较

用 NumPy 内置方法 `mean` 和 `std` 可以很轻松地实现数据标准化：

```
>>> X_std = np.copy(X)
>>> X_std[:,0] = (X[:,0] - X[:,0].mean()) / X[:,0].std()
>>> X_std[:,1] = (X[:,1] - X[:,1].mean()) / X[:,1].std()
```

在标准化之后，再次训练 Adaline，使用学习率 $\eta=0.5$，可以看到 Adaline 经过几次迭代后收敛：

```
>>> ada_gd = AdalineGD(n_iter=20, eta=0.5)
>>> ada_gd.fit(X_std, y)
>>> plot_decision_regions(X_std, y, classifier=ada_gd)
>>> plt.title('Adaline - Gradient descent')
>>> plt.xlabel('Sepal length [standardized]')
>>> plt.ylabel('Petal length [standardized]')
>>> plt.legend(loc='upper left')
>>> plt.tight_layout()
>>> plt.show()
>>> plt.plot(range(1, len(ada_gd.losses_) + 1),
...          ada_gd.losses_, marker='o')
>>> plt.xlabel('Epochs')
>>> plt.ylabel('Mean squared error')
>>> plt.tight_layout()
>>> plt.show()
```

运行完上述代码后，图 2.14 展示了决策区域和损失函数。

从图 2.14 可以看到，训练数据经过标准化处理后，Adaline 算法收敛。然而请注意，即使所有训练样本都正确分类，均方误差(MSE)值仍然非零。

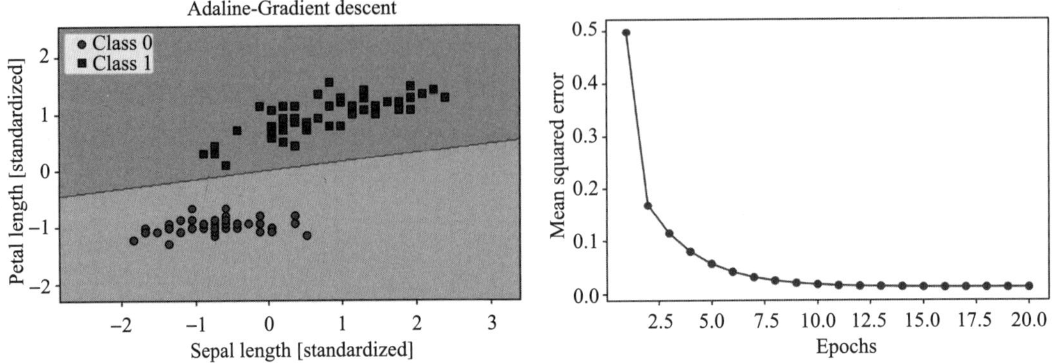

图 2.14 Adaline 的决策区域(左)和 MSE 随着 epoch 次数变化图(右)

2.3.4 大规模机器学习与随机梯度下降

上一节介绍了如何使用整个训练数据集计算损失函数的梯度，并沿着梯度方向的反向更新模型的参数、最小化损失函数。这就是为什么这种方法有时也被称为全批梯度下降。假设有一个非常大的数据集，包含数百万个数据样本，这在许多机器学习应用中并非罕见。在这种情况下，运行全批梯度下降运算成本巨大，因为向全局最小值点每迈出一步都需要使用整个训练数据集计算梯度。

随机梯度下降(Stochastic Gradient Descent，SGD)是全批梯度下降算法的一个常用替代算法。随机梯度下降算法有时也被称为迭代梯度下降算法或在线梯度下降算法。全批梯度下降算法使用所有训练样本的累积误差总和来更新权重，即

$$\Delta w_j = \frac{2\eta}{n}\sum_{i=1}^{n}(y^{(i)} - \sigma(z^{(i)}))x_j^{(i)}$$

而随机梯度下降算法使用每个训练样本逐步更新权重，即

$$\Delta w_j = \eta(y^{(i)} - \sigma(z^{(i)}))x_j^{(i)}, \quad \Delta b = \eta(y^{(i)} - \sigma(z^{(i)}))$$

虽然随机梯度下降可以被视为梯度下降的近似，但因为随机梯度下降更频繁地更新权重，所以通常收敛更快。由于随机梯度下降算法的每个梯度都使用单个训练样本计算得到，因此相比于全批梯度下降，随机梯度下降计算的梯度噪声更大。但这也带来一个优势，即如果使用非线性损失函数，那么随机梯度下降可以更容易逃脱不太深的局部最小值。第 11 章将会展示随机梯度下降的这个优势。为了使随机梯度下降获得满意的结果，很重要的一点是训练样本的顺序随机，同时，在每个 epoch 中都要对所有训练样本随机乱序以防止每个 epoch 使用同样顺序的训练样本。

在训练过程中调整学习率

在随机梯度下降中，经常使用随时间变小的自适应学习率 η，而非固定值的学习率，例如，学习率可以为如下形式：

$$\frac{c_1}{\text{迭代次数}+c_2}$$

其中 c_1 和 c_2 为常数。还要注意随机梯度下降并不能保证到达全局最小点，而是收敛到一个非常靠近全局最小点的区域。使用自适应学习率可以进一步靠近全局最小点。

随机梯度下降的另一个优点是可以在线学习。在在线学习中，随着新的训练数据产生，模型可以实时训练，这在积累大量数据的情况下尤其有用，例如，互联网应用程序中的客户数据。使用在线学习，系统可以实时适应数据的变化。另外，如果计算机存储空间有限，可以在模型更新后丢弃训练数据。

小批梯度下降

批梯度下降和随机梯度下降之间的折中即为小批梯度下降。小批梯度下降可以理解为对训练数据的较小子集采用批梯度下降，例如，每次使用 32 个训练样本。小批梯度下降的优点是权重更新更加频繁，算法收敛更快。此外，小批梯度下降可以使用线性代数中的向量化操作(例如，通过点积实现加权求和)取代随机梯度下降中的 `for` 循环，从而进一步提高了算法的计算效率。

由于已经使用梯度下降实现了 Adaline 学习规则，因此只需要对代码做一些调整让其使用随机梯度下降更新权重。在 `fit` 方法中，使用每个训练样本更新权重。此外，为了实现在线学习，增加了 `partial_fit` 方法，该方法不重新初始化权重。为了检查算法在训练后是否收敛，在每次 epoch 后计算所有训练样本的平均损失函数值。此外，在每次 epoch 开始之前，对训练数据进行乱序，以避免优化损失函数时每次 epoch 重复循环。通过 `random_state` 参数，允许使用随机种子来确保实验可复现。

```
class AdalineSGD:
    """ADAptive LInear NEuron classifier.

    Parameters
    ------------
    eta : float
        Learning rate (between 0.0 and 1.0)
    n_iter : int
        Passes over the training dataset.
    shuffle : bool (default: True)
        Shuffles training data every epoch if True to prevent
        cycles.
    random_state : int
        Random number generator seed for random weight
        initialization.
```

```
    Attributes
    -----------
    w_ : 1d-array
        Weights after fitting.
    b_ : Scalar
        Bias unit after fitting.
    losses_ : list
        Mean squared error loss function value averaged over all
        training examples in each epoch.


    """
    def __init__(self, eta=0.01, n_iter=10,
                 shuffle=True, random_state=None):
        self.eta = eta
        self.n_iter = n_iter
        self.w_initialized = False
        self.shuffle = shuffle
        self.random_state = random_state

    def fit(self, X, y):
        """ Fit training data.

        Parameters
        ----------
        X : {array-like}, shape = [n_examples, n_features]
            Training vectors, where n_examples is the number of
            examples and n_features is the number of features.
        y : array-like, shape = [n_examples]
            Target values.

        Returns
        -------
        self : object

        """
        self._initialize_weights(X.shape[1])
        self.losses_ = []
        for i in range(self.n_iter):
            if self.shuffle:
                X, y = self._shuffle(X, y)
            losses = []
            for xi, target in zip(X, y):
                losses.append(self._update_weights(xi, target))
```

```
            avg_loss = np.mean(losses)
            self.losses_.append(avg_loss)
        return self

    def partial_fit(self, X, y):
        """Fit training data without reinitializing the weights"""
        if not self.w_initialized:
            self._initialize_weights(X.shape[1])
        if y.ravel().shape[0] > 1:
            for xi, target in zip(X, y):
                self._update_weights(xi, target)
        else:
            self._update_weights(X, y)
        return self

    def _shuffle(self, X, y):
        """Shuffle training data"""
        r = self.rgen.permutation(len(y))
        return X[r], y[r]

    def _initialize_weights(self, m):
        """Initialize weights to small random numbers"""
        self.rgen = np.random.RandomState(self.random_state)
        self.w_ = self.rgen.normal(loc=0.0, scale=0.01,
                                   size=m)
        self.b_ = np.float_(0.)
        self.w_initialized = True

    def _update_weights(self, xi, target):
        """Apply Adaline learning rule to update the weights"""
        output = self.activation(self.net_input(xi))
        error = (target - output)
        self.w_ += self.eta * 2.0 * xi * (error)
        self.b_ += self.eta * 2.0 * error
        loss = error**2
        return loss

    def net_input(self, X):
        """Calculate net input"""
        return np.dot(X, self.w_) + self.b_

    def activation(self, X):
        """Compute linear activation"""
        return X
```

```
    def predict(self, X):
        """Return class label after unit step"""
        return np.where(self.activation(self.net_input(X))
                        >= 0.5, 1, 0)
```

AdalineSGD 分类器使用的_shuffle 方法的工作原理如下：通过调用 np.random 中的 permutation 函数产生 0 到 100 的乱序数字。然后，用这些数字作为索引对特征矩阵和类别标签向量进行乱序。

使用 fit 方法训练 AdalineSGD 分类器，并使用 plot_decision_regions 绘制训练结果：

```
>>> ada_sgd = AdalineSGD(n_iter=15, eta=0.01, random_state=1)
>>> ada_sgd.fit(X_std, y)
>>> plot_decision_regions(X_std, y, classifier=ada_sgd)
>>> plt.title('Adaline - Stochastic gradient descent')
>>> plt.xlabel('Sepal length [standardized]')
>>> plt.ylabel('Petal length [standardized]')
>>> plt.legend(loc='upper left')
>>> plt.tight_layout()
>>> plt.show()
>>> plt.plot(range(1, len(ada_sgd.losses_) + 1), ada_sgd.losses_,
...          marker='o')
>>> plt.xlabel('Epochs')
>>> plt.ylabel('Average loss')
>>> plt.tight_layout()
>>> plt.show()
```

运行上述代码可以获得如图 2.15 所示的两个图。

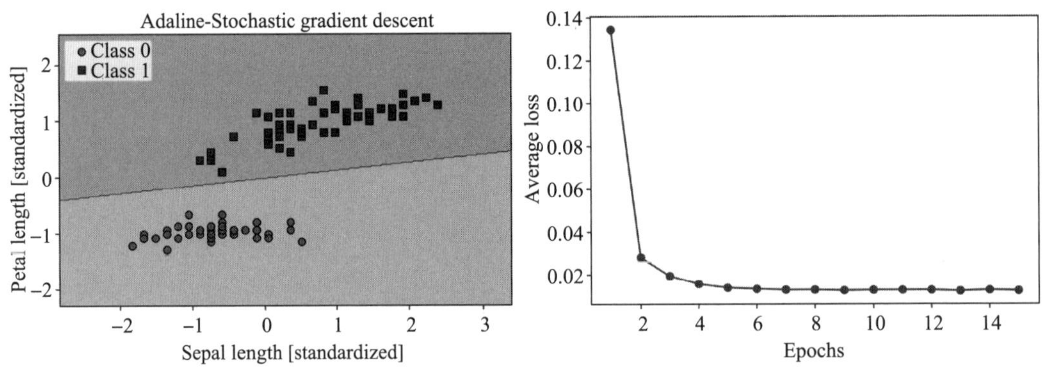

图 2.15　使用 SGD 训练 Adaline 模型的决策区域和平均损失函数图

如图 2.15 所示，平均损失函数值下降得非常快，在 15 次 epoch 后的最终决策边界看起来与批梯度下降 Adaline 的结果类似。如果想更新模型，例如，实现使用流式数据的在线学习，可以在单个训练样本上调用 `partial_fit` 方法，例如 `ada_sgd.partial_fit(X_std[0,:],y[0])`。

2.4 本章小结

在本章中，我们很好地理解了监督学习线性分类器的基本概念。在实现了感知机之后，学习了如何使用向量化的梯度下降、随机梯度下降(在线学习)训练自适应线性神经元。

现在，我们已经了解了如何在 Python 中实现简单的分类器，这将为学习下一章做好准备。下一章将使用基于 Python 的 Scikit-Learn 机器学习库实现更高级、更强大的在学术界和工业界都常用的机器学习分类器。

用于实现感知机和 Adaline 算法的面向对象编程方法有助于理解 Scikit-Learn 中的 API，因为 Scikit-Learn 中 API 的核心概念与本章使用的面向对象编程相同，都使用 `fit` 方法训练模型，使用 `predict` 方法预测。基于这些核心概念，我们将学习用于建模分类概率的逻辑回归和用于处理非线性决策边界的支持向量机。此外，还将介绍另一种类型的监督学习算法，即基于树的算法。通常可以组合多个基于树的算法成为更稳健的集成分类器。

CHAPTER3

第 3 章

Scikit-Learn 机器学习分类算法之旅

本章将介绍学术界和工业界常用的一些流行且功能强大的机器学习算法。在本章，我们将学习几种用于分类的监督学习算法，了解这几种算法的差异，评估每种算法的优缺点。此外，本章将开启 Scikit-Learn 机器学习之旅。Scikit-Learn 库提供了一个统一的、用户友好的界面，用于高效地应用机器学习算法。

本章将介绍以下内容：

- 介绍流行而且稳健的分类算法，例如，逻辑回归、支持向量机、决策树和 k 近邻算法；
- Scikit-Learn 库通过用户友好的 Python API 提供了多种机器学习算法。本章将通过例子说明 Scikit-Learn 机器学习库的使用方法；
- 讨论线性和非线性决策边界分类器的优缺点。

3.1 分类算法的选择

因为每一种分类算法都基于某些假设而且有各自的特点，所以为特定的问题或任务选择合适的分类算法需要经验和实践。David H. Wolpert 提出的无免费午餐定理表明不存在一个分类算法在所有情况下都最优（David H. Wolpert. The Lack of A Priori Distinctions Between Learning Algorithms, Neural Computation 8(7)：1341-1390，1996）。在实践中，存在各式各样的情况，如特征或样本数量不同、数据集存在噪声、数据集是否线性可分等，所以建议比较几种不同类型机器学习算法的性能，选择适合特定问题的最佳算法。

分类器的计算性能、预测能力在很大程度上取决于训练数据。监督机器学习算法训练过程中涉及如下五个主要步骤：

1. 选择特征并收集标记的训练样本；
2. 选择机器学习算法性能度量指标；
3. 选择机器学习算法并训练模型；
4. 评估模型的性能；

5. 更改算法参数并调优模型。

由于本书的思路是逐步建立机器学习的知识，因此本章主要关注各种算法的基本概念，并回顾诸如特征选择、数据预处理、模型性能度量、超参数调优等话题。本书的后续章节也会更详细地讨论这些话题。

3.2 学习 Scikit-Learn 的第一步——训练感知机

第 2 章介绍了感知机规则和 Adaline 两个机器学习分类算法，并用 Python 和 NumPy 代码实现了这两种算法。现在看下 Scikit-Learn API。如前所述，Scikit-Learn API 提供了一个统一且用户友好的界面和多种高度优化的机器学习算法。Scikit-Learn 库不仅提供了大量的机器学习算法，还提供了许多函数，用于数据预处理、模型微调、模型评估等任务。第 4 章和第 5 章将更加详细地讨论这些话题以及相关的基本概念。

作为开始使用 Scikit-Learn 库的起点，我们将重新训练第 2 章介绍的感知机模型。为了简单起见，以后各节将继续使用已经熟悉的鸢尾花数据集。鸢尾花数据集是一个简单常用的数据集，经常用于检验和测试算法。Scikit-Learn 库也提供鸢尾花数据集。与前一章类似，为了方便可视化，本章将仅使用鸢尾花数据集中的两个特征。

把 150 个鸢尾花样本的花瓣长度和花瓣宽度存入矩阵 `X` 中，把相应的鸢尾花品种存入向量 `y` 中：

```
>>> from sklearn import datasets
>>> import numpy as np
>>> iris = datasets.load_iris()
>>> X = iris.data[:, [2, 3]]
>>> y = iris.target
>>> print('Class labels:', np.unique(y))
Class labels: [0 1 2]
```

`np.unique(y)`函数返回存储在 `iris.target` 中的三种类别标签。类别标签 0、1、2 分别代表鸢尾花的三个种类，即山鸢尾、变色鸢尾和弗吉尼亚鸢尾。虽然 Scikit-Learn 中的许多函数和方法使用字符串表示类别标签，但是建议使用整数表示类别标签，因为这样不但可以避免技术故障，而且由于整型数据占用内存较小从而可以提高算法的计算性能。此外，将类别标签编码为整数是大多数机器学习库常见的做法。

为了评估训练好的模型在新的未知数据上的预测能力，进一步将数据集拆分为训练数据集和测试数据集。第 6 章将更详细地讨论模型的评估。使用 Scikit-Learn 库 `model_selection` 模块中的 `train_test_split` 函数将 `X` 和 `y` 随机拆分为两部分，30%作为测试数据(45 个样本)，70%作为训练数据(105 个样本)：

```
>>> from sklearn.model_selection import train_test_split
>>> X_train, X_test, y_train, y_test = train_test_split(
...     X, y, test_size=0.3, random_state=1, stratify=y
... )
```

请注意，train_test_split 函数在分割数据集之前已经在内部对训练数据集进行乱序操作。否则，由于原始数据集中的样本按类别标签为 0、1、2 顺序存储，类别标签为 0 和类别标签为 1 的样本都被分到训练数据集中，而类别标签为 2 的 45 个样本被分到测试数据集中。通过设置 random_state 参数，为内部伪随机数生成器提供了一个固定的随机种子（random_state=1）。在拆分数据之前，内部伪随机数生成器生成的随机数用于对数据集进行乱序。使用这种固定的 random_state 参数可以确保结果可复现。

最后，通过设置 stratify=y 获得内置分层支持。在这种情况下，分层意味着 train_test_split 方法返回的训练数据集和测试数据集内的类别标签比例与输入数据集相同。可以使用 NumPy 的 bincount 函数计算每个数据集中各类标签出现的次数，以验证情况是否如上所述：

```
>>> print('Labels counts in y:', np.bincount(y))
Labels counts in y: [50 50 50]
>>> print('Labels counts in y_train:', np.bincount(y_train))
Labels counts in y_train: [35 35 35]
>>> print('Labels counts in y_test:', np.bincount(y_test))
Labels counts in y_test: [15 15 15]
```

正如第 2 章梯度下降例子中看到的那样，许多机器学习和优化算法需要特征缩放以获得最佳性能。使用 Scikit-Learn 中 preprocessing 模块中的 StandardScaler 类标准化这些特征：

```
>>> from sklearn.preprocessing import StandardScaler
>>> sc = StandardScaler()
>>> sc.fit(X_train)
>>> X_train_std = sc.transform(X_train)
>>> X_test_std = sc.transform(X_test)
```

在上述代码中，从 preprocessing 模块加载了 StandardScaler 类，并初始化了一个新的 StandardScaler 对象，即对象 sc。使用 fit 方法，StandardScaler 估计了训练数据中每个特征的参数 μ（样本均值）和 σ（标准差）。调用 transform 方法，使用估计的参数 μ 和 σ 对训练数据进行标准化处理。请注意，要使用相同的缩放参数来标准化测试数据集，这样才能使训练数据集和测试数据集具有可比性。

在标准化了训练数据之后，可以训练感知机模型。通过使用一对多（One-versus-Rest，OvR）方法使感知机模型可以完成多类分类任务。Scikit-Learn 中大多数分类算法都默认使用一对多方法实现多类分类。将三种鸢尾花数据输入到感知机，代码如下：

```
>>> from sklearn.linear_model import Perceptron
>>> ppn = Perceptron(eta0=0.1, random_state=1)
>>> ppn.fit(X_train_std, y_train)
```

Scikit-Learn 的代码界面会让我们回想起第 2 章中的 Perceptron 代码实现。在上述代码中，首先从 linear_model 模块加载 Perceptron 类；然后，初始化一个新的 Perceptron 对象 ppn；最后，调用 fit 方法训练模型。这里，模型参数 eta0 相当于第 2 章实现感知机中使用的学习率 eta。

正如在第 2 章中所学习到的，找到一个大小合适的学习率需要一些经验。如果学习率过大，则梯度下降算法会越过损失函数全局最小值；如果学习率太小，则梯度下降算法收敛将需要更多的时间，从而降低学习速度，这在使用大型数据集时影响尤其明显。此外，在每次 epoch 开始时设置 random_state 参数对训练数据进行乱序，这样保证了实验的可重复性。

与第 2 章实现感知机一样，使用 Scikit-Learn 训练了一个模型后，可以运行 predict 方法进行预测，具体代码如下：

```
>>> y_pred = ppn.predict(X_test_std)
>>> print('Misclassified examples: %d' % (y_test != y_pred).sum())
Misclassified examples: 1
```

运行上述代码后，可以看到感知机在预测 45 个花朵样本中出现了 1 次错误分类。因此，测试数据集的分类错误率约为 0.022，或 2.2%(1/45≈0.022)。

分类错误率与准确率

许多机器学习实践者报告模型的分类准确率，而不是分类错误率。上述分类器的准确率为

$$1-错误率=0.978 或者 97.8\%$$

采用分类错误率还是准确率纯粹属于个人喜好。

请注意，Scikit-Learn 的 metrics 模块有大量衡量模型性能的指标。例如，可以在测试数据集上计算感知机的分类准确率，如下所示：

```
>>> from sklearn.metrics import accuracy_score
>>> print('Accuracy: %.3f' % accuracy_score(y_test, y_pred))
Accuracy: 0.978
```

这里，y_test 是真实的类别标签，y_pred 是模型预测的类别标签。另外，Scikit-Learn 中的每个分类器都有一个 score 方法，该方法通过调用 predict 方法与 accuracy_score 方法计算分类器的预测准确率，如下所示：

```
>>> print('Accuracy: %.3f' % ppn.score(X_test_std, y_test))
Accuracy: 0.978
```

过拟合

请注意本章使用测试数据集评估模型的性能。第 6 章将介绍许多用于检测和防止过拟合的方法，如基于学习曲线的图像分析方法。过拟合意味着虽然模型捕捉到了训练数据中的模式，但是不能很好地泛化到未见过的新数据上。本章的后续部分将详细讨论过拟合问题。

最后，可以使用第 2 章中的 plot_decision_regions 函数绘制训练好的感知机模型决策区域，并以可视化方式展示模型如何分离不同类别的花朵样本。稍微修改以下代码，用小圆圈显示来自测试数据集的数据实例：

```
from matplotlib.colors import ListedColormap
import matplotlib.pyplot as plt
def plot_decision_regions(X, y, classifier, test_idx=None,
                          resolution=0.02):
    # setup marker generator and color map
    markers = ('o', 's', '^', 'v', '<')
    colors = ('red', 'blue', 'lightgreen', 'gray', 'cyan')
    cmap = ListedColormap(colors[:len(np.unique(y))])

    # plot the decision surface
    x1_min, x1_max = X[:, 0].min() - 1, X[:, 0].max() + 1
    x2_min, x2_max = X[:, 1].min() - 1, X[:, 1].max() + 1
    xx1, xx2 = np.meshgrid(np.arange(x1_min, x1_max, resolution),
                           np.arange(x2_min, x2_max, resolution))
    lab = classifier.predict(np.array([xx1.ravel(), xx2.ravel()]).T)
    lab = lab.reshape(xx1.shape)
    plt.contourf(xx1, xx2, lab, alpha=0.3, cmap=cmap)
    plt.xlim(xx1.min(), xx1.max())
    plt.ylim(xx2.min(), xx2.max())

    # plot class examples
    for idx, cl in enumerate(np.unique(y)):
        plt.scatter(x=X[y == cl, 0],
                    y=X[y == cl, 1],
                    alpha=0.8,
                    c=colors[idx],
                    marker=markers[idx],
                    label=f'Class {cl}',
                    edgecolor='black')
    # highlight test examples
    if test_idx:
        # plot all examples
        X_test, y_test = X[test_idx, :], y[test_idx]

        plt.scatter(X_test[:, 0], X_test[:, 1],
                    c='none', edgecolor='black', alpha=1.0,
                    linewidth=1, marker='o',
                    s=100, label='Test set')
```

稍微修改 plot_decision_regions 函数，可以在结果图上通过索引标记感兴趣的样本。代码如下：

```
>>> X_combined_std = np.vstack((X_train_std, X_test_std))
>>> y_combined = np.hstack((y_train, y_test))
>>> plot_decision_regions(X=X_combined_std,
...                       y=y_combined,
...                       classifier=ppn,
...                       test_idx=range(105, 150))
>>> plt.xlabel('Petal length [standardized]')
>>> plt.ylabel('Petal width [standardized]')
>>> plt.legend(loc='upper left')
>>> plt.tight_layout()
>>> plt.show()
```

如图 3.1 所示，三种花不能被线性决策边界完全分开。

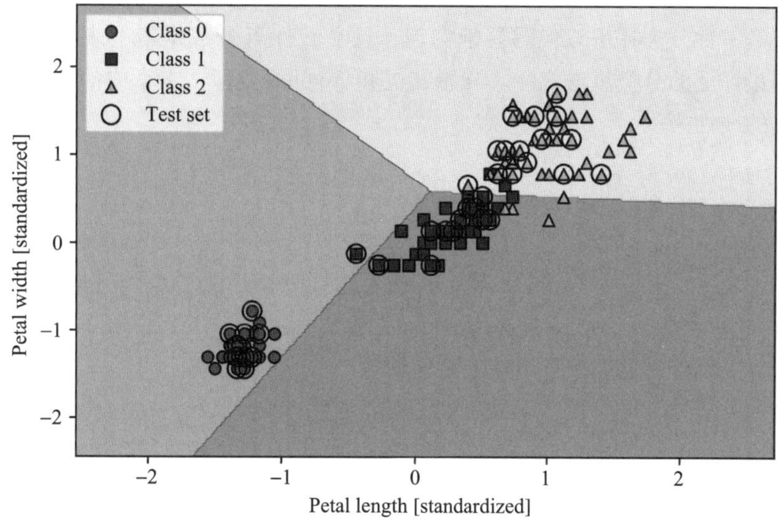

图 3.1 使用鸢尾花数据集训练的多类感知机模型的决策边界

在第 2 章中我们学习到，如果训练数据线性不可分，那么感知机算法将永远不会收敛。这就是为什么在实践中通常不建议使用感知机算法。接下来的几节将研究更强大的线性分类器，即使训练数据不是完全线性可分的，这些分类器也会收敛到损失函数局部最小值。

设置感知机的其他参数

Perceptron 以及 Scikit-Learn 中的其他函数和类通常会存在一些我们不清楚的参数。可以使用 Python 的 help 函数(例如 help(Perceptron))获取关于这些参数的更多描述，或者还可以学习 Scikit-Learn 在线官方文档(http://scikit-learn.org/stable/)。

3.3 用逻辑回归算法建模分类概率

虽然感知机是机器学习分类算法中的一个简单易懂的入门算法，但感知机的最大缺点是在线性不可分训练数据上永远不会收敛。上一节中的分类任务就是一个典型的数据线性不可分的例子。算法不收敛的原因在于每个 epoch 都存在至少一个分类错误的训练样本，从而权重需要不断更新。当然，可以更改学习率并增加 epoch 次数，但请注意，感知机永远不会在此数据集上收敛。

接下来介绍另一个简单但功能强大的二元线性分类算法——逻辑回归算法。请注意，尽管名字带有“回归”二字，但是逻辑回归是一个分类算法，而不是回归算法。

3.3.1 逻辑回归与条件概率

逻辑回归是一种分类算法，代码易于实现，且在线性可分数据集上表现良好。逻辑回归是工业上应用最广泛的分类算法之一。与感知机和 Adaline 类似，本章中的逻辑回归模型也是用于二元分类的线性模型。

用于多重分类的逻辑回归

请注意，可以很容易将逻辑回归推广到多元分类，这通常被称为多项式逻辑回归或 softmax 回归。详细讨论多项式逻辑回归超出了本书的范围，感兴趣的读者可以从我的讲稿中获取更多相关信息（https://github.com/rasbt/stat453-deep-learning-ss20/blob/master/L07-logistic/L07_logistic_slides.pdf）。使用逻辑回归进行多元分类的另外一种方法是之前讨论过的 OvR 方法。

逻辑回归是一个二元分类概率模型。为了解释逻辑回归背后的主要机制，首先介绍一个概念，即几率（odds）。几率是一个事件发生可能性的度量，其数学表达式为$\frac{p}{1-p}$，其中 p 为这个感兴趣事件发生的概率。“感兴趣事件”一词并非必然意味着“好”，而是指我们想要预测的事件。例如，考察患病和出现某些特定的症状。可以将感兴趣事件视为类别标签 $y=1$（患病），将症状视为特征 $\boldsymbol{x}$。因此，可以将概率 p 定义为 $p(y=1\mid\boldsymbol{x})$，即给定样本的特征 $\boldsymbol{x}$，样本标签为 1 的概率[㊀]。

然后，定义 logit 函数。logit 函数是几率的对数函数：

$$\text{logit}(p)=\log\frac{p}{1-p}$$

请注意，这里的 log 是自然对数，这在计算机科学领域中是常见的约定。logit 函数的输入为一个值介于 0 和 1 之间的正数，输出为任意实数。

㊀ 在出现某些特定症状前提下患病的概率。——译者注

在逻辑回归模型中，假设特征值的加权和加偏置项（在第 2 章中称之为净输入）与几率的对数变换之间存在线性关系，即

$$\text{logit}(p) = w_1x_1 + w_2x_2 + \cdots + w_mx_m + b = \sum_{j=1}^{m} w_jx_j + b = \boldsymbol{w}^{\mathrm{T}}\boldsymbol{x} + b$$

虽然前面假设了几率的对数和净输入之间存在的线性关系，但我们真正感兴趣的是条件概率 p，即给定一个样本特征的前提下类别标签为 1 的概率。虽然 logit 函数将概率映射为一个实数，但是可以使用 logit 函数的逆函数将这个实数映射回概率 p。p 的取值范围为[0,1]。

logit 函数的逆函数通常称为 logistic sigmoid 函数。由于这个函数具有特有的 S 形状，因此有时也简称为 sigmoid 函数：

$$\sigma(z) = \frac{1}{1+\mathrm{e}^{-z}}$$

这里 z 是净输入，为样本输入的加权和加偏置项：

$$z = \boldsymbol{w}^{\mathrm{T}}\boldsymbol{x} + b$$

现在，简单地绘制一个输入在-7 到 7 范围内的 sigmoid 函数，并观察函数的形状：

```
>>> import matplotlib.pyplot as plt
>>> import numpy as np
>>> def sigmoid(z):
...     return 1.0 / (1.0 + np.exp(-z))
>>> z = np.arange(-7, 7, 0.1)
>>> sigma_z = sigmoid(z)
>>> plt.plot(z, sigma_z)
>>> plt.axvline(0.0, color='k')
>>> plt.ylim(-0.1, 1.1)
>>> plt.xlabel('z')
>>> plt.ylabel('$\sigma (z)$')
>>> # y axis ticks and gridline
>>> plt.yticks([0.0, 0.5, 1.0])
>>> ax = plt.gca()
>>> ax.yaxis.grid(True)
>>> plt.tight_layout()
>>> plt.show()
```

运行上述代码，可以看到如图 3.2 所示的 S 形曲线。

可以看到当 z 趋向无穷大时，$\sigma(z)$ 的值接近 1。因为当 z 趋近无穷大时，e^{-z} 的值会变得正无穷小，接近于 0。类似地，当 z 趋向无穷小时，$\sigma(z)$ 的值接近 0，因为这时分母会变得无穷大。因此，可以得到这样的结论，即 sigmoid 函数输入为一个实数，输出为一个值在[0,1]区间的数。当输入为 0 时，输出为 0.5。

为了理解逻辑回归模型，可以将其与第 2 章中的 Adaline 联系起来。在 Adaline 中，使用恒等函数 $\sigma(z) = z$ 作为激活函数，而逻辑回归中，使用 sigmoid 函数作为激活函数。

图 3.3 比较了 Adaline 和逻辑回归，二者唯一的差别为激活函数不同。

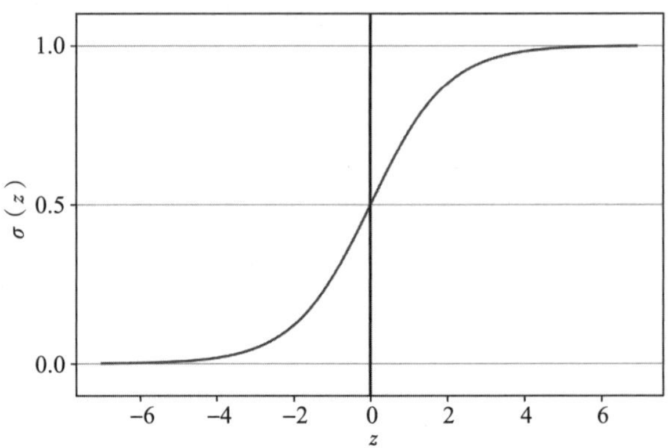

图 3.2　logistic sigmoid 函数图

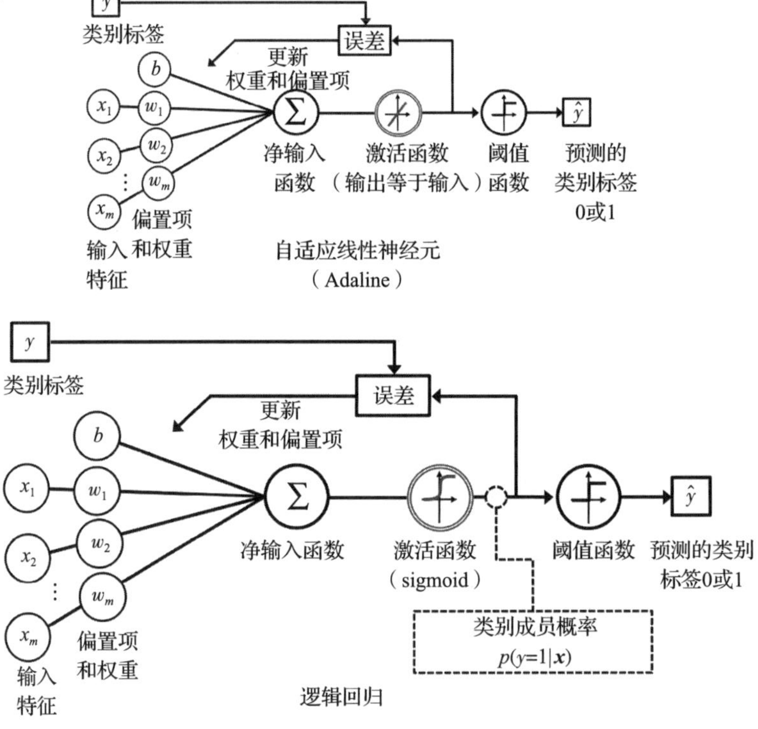

图 3.3　逻辑回归与 Adaline

在给定一个样本输入而且权重和偏置项都已知的前提下，可以理解 sigmoid 函数的输出为样本特征给定的前提下这个样本属于类别 1 的概率，即 $\sigma(z)=p(y=1\mid \boldsymbol{x};\boldsymbol{w},b)$。例如，给定一朵鸢尾花特征，如果计算得到 $\sigma(z)=0.8$，这意味着这朵花属于变色鸢尾的概率为 0.8。因此，这种花是山鸢尾花的概率为 $p(y=0\mid \boldsymbol{x};\boldsymbol{w},b)=1-p(y=1\mid \boldsymbol{x};\boldsymbol{w},b)=0.2$ 或 20%。

可以通过阈值函数将预测的概率转换为二值输出：

$$\hat{y}=\begin{cases}1 & 如果\ \sigma(z)\geqslant 0.5\\ 0 & 其他\end{cases}$$

参考前面提到的 sigmoid 函数图，这相当于：

$$\hat{y}=\begin{cases}1 & 如果\ z\geqslant 0\\ 0 & 其他\end{cases}$$

事实上，在许多应用中，不仅对预测的类别标签感兴趣，而且对预测类别的概率也感兴趣（预测类别的概率可以视为阈值函数的输入或 sigmoid 函数的输出）。例如，使用逻辑回归预测天气，不仅可以预测某一天是否会下雨，还可以给出下雨的概率。类似地，也可以用逻辑回归来预测症状给定的情况下患者患某种疾病的概率，这就是逻辑回归在医学领域广受欢迎的原因。

3.3.2 用逻辑损失函数更新模型权重

通过上一小节了解了如何使用逻辑回归模型预测类别标签以及计算预测类别标签的概率。现在讨论如何拟合逻辑回归模型的参数，例如，权重 $\boldsymbol{w}$ 和偏置项 b。前一章定义了如下均方误差损失函数：

$$L(\boldsymbol{w},b\mid\boldsymbol{x})=\frac{1}{2n}\sum_{i=1}^{n}\left(y^{(i)}-\sigma(z^{(i)})\right)^2$$

前一章还通过最小化均方误差函数学习 Adaline 分类模型的参数。为了解释如何推导逻辑回归的损失函数，首先定义似然函数。当建立一个逻辑回归模型时，希望这个模型能够最大化似然函数。假设训练数据集中的各个样本相互独立，似然函数表达式如下：

$$\mathcal{L}(\boldsymbol{w},b\mid\boldsymbol{x})=p(y\mid\boldsymbol{x};\boldsymbol{w},b)=\prod_{i=1}^{n}p(y^{(i)}\mid\boldsymbol{x}^{(i)};\boldsymbol{w},b)=\prod_{i=1}^{n}\left(\sigma(z^{(i)})\right)^{y^{(i)}}\left(1-\sigma(z^{(i)})\right)^{1-y^{(i)}}$$

在实践中，最大化似然函数的自然对数更容易，因此定义对数似然函数为

$$l(\boldsymbol{w},b\mid\boldsymbol{x})=\log(\mathcal{L}(\boldsymbol{w},b\mid\boldsymbol{x}))=\sum_{i=1}^{n}\left[y^{(i)}\log(\sigma(z^{(i)}))+(1-y^{(i)})\log(1-\sigma(z^{(i)}))\right]$$

首先，使用对数函数可以减小数值下溢的可能性，因为似然概率有时非常小，会发生数值下溢问题。其次，使用对数函数可以将多个变量的乘法运算转化为加法运算，这样可以轻松地使用导数的加法法则计算对数似然函数的导数。

似然函数推导

可以按照如下方法获得数据给定前提下模型的似然函数 $\mathcal{L}(\boldsymbol{w},b\mid\boldsymbol{x})$。现在的分类问题为一个标签分别为 0 和 1 的二分类问题。可以将标签看作一个取值只能是 1 或 0 的伯努利分布的随机变量，即 $Y\sim\text{Bern}(p)$，此随机变量取值为 1 的概率为 p，取值为 0 的概率为 $1-p$。对于一个数据样本，可以将概率 p 表示为 $P(Y=1\mid X=x^{(i)})=\sigma(z^{(i)})$，$1-p$ 表示为 $P(Y=0\mid X=x^{(i)})=1-\sigma(z^{(i)})$。将这两个概率写成一个表达式，并使用简写 $P(Y=y^{(i)}\mid X=x^{(i)})=p(y^{(i)}\mid x^{(i)})$，此伯努利变量的概率质量函数可以写为

$$p(y^{(i)} \mid x^{(i)}) = (\sigma(z^{(i)}))^{y^{(i)}}(1-\sigma(z^{(i)}))^{1-y^{(i)}}$$

在机器学习领域一般要求训练集中的所有训练样本相互独立，那么联合概率可以写为单个变量概率的乘积。训练集的似然函数可以写为

$$\mathcal{L}(\boldsymbol{w},b \mid \boldsymbol{x}) = \prod_{i=1}^{n} p(y^{(i)} \mid \boldsymbol{x}^{(i)};\boldsymbol{w},b)$$

将上述似然函数中伯努利变量的概率函数用其表达式替换，似然函数可写为

$$\mathcal{L}(\boldsymbol{w},b \mid \boldsymbol{x}) = \prod_{i=1}^{n} (\sigma(z^{(i)}))^{y^{(i)}}(1-\sigma(z^{(i)}))^{1-y^{(i)}}$$

我们将寻找参数 $\boldsymbol{w}$ 和 b 的取值使似然函数的值最大。

现在，可以使用优化算法(比如梯度上升算法)来最大化这个对数似然函数。(梯度上升算法的工作原理与第 2 章中的梯度下降算法完全相同，只是梯度上升使函数值最大化，而不是最小化)。或者，将对数似然函数增加一个负号变为损失函数 L，这样可以像第 2 章那样使用梯度下降算法最小化损失函数：

$$L(\boldsymbol{w},b)= \sum_{i=1}^{n} [-y^{(i)}\log(\sigma(z^{(i)}))-(1-y^{(i)})\log(1-\sigma(z^{(i)}))]$$

为了更好地理解这个损失函数，计算单个训练样本的损失函数：

$$L(\sigma(z),y;\boldsymbol{w},b)= -y\log(\sigma(z))-(1-y)\log(1-\sigma(z))$$

观察这个表达式可以看到，如果 $y=0$，则第一项变为零；如果 $y=1$，则第二项变为零：

$$L(\sigma(z),y;\boldsymbol{w},b)= \begin{cases} -y\log(\sigma(z)) & \text{如果 } y=1 \\ -(1-y)\log(1-\sigma(z)) & \text{如果 } y=0 \end{cases}$$

下面编写一个简短的代码绘制一个图，以展示在各种不同 $\sigma(z)$ 情况下单个训练样本的损失函数值。

```
>>> def loss_1(z):
...     return - np.log(sigmoid(z))
>>> def loss_0(z):
...     return - np.log(1 - sigmoid(z))
>>> z = np.arange(-10, 10, 0.1)
>>> sigma_z = sigmoid(z)
>>> c1 = [loss_1(x) for x in z]
>>> plt.plot(sigma_z, c1, label='L(w, b) if y=1')
>>> c0 = [loss_0(x) for x in z]
>>> plt.plot(sigma_z, c0, linestyle='--', label='L(w, b) if y=0')
>>> plt.ylim(0.0, 5.1)
>>> plt.xlim([0, 1])
>>> plt.xlabel('$\sigma(z)$')
>>> plt.ylabel('L(w, b)')
>>> plt.legend(loc='best')
>>> plt.tight_layout()
>>> plt.show()
```

在图 3.4 中，x 轴表示 sigmoid 函数，其值的范围为从 0 到 1(sigmoid 函数输入 z 的范围为从 -10 到 10)，y 轴表示逻辑回归损失函数值：

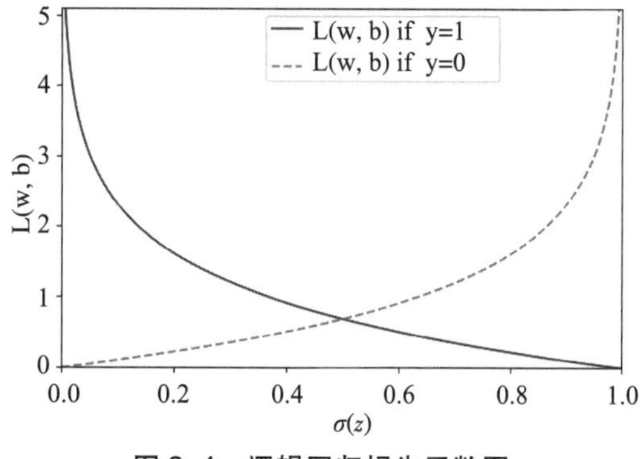

图 3.4　逻辑回归损失函数图

如果可以正确预测一个标签为 1 的样本，那么可以看到损失函数值接近 0(实线)。同样，从 y 轴可以看到，如果正确预测一个标签为 0 的样本(虚线)，那么损失函数的值也接近 0。然而，如果预测错误，则损失函数值将趋于无穷大。这个损失函数的关键在于用大的损失函数值来惩罚错误的预测结果。

3.3.3　从 Adaline 的代码实现到逻辑回归的代码实现

如果用 Python 从零开始实现逻辑回归，那么可以直接用新的损失函数替换第 2 章 Adaline 中的损失函数 L：

$$L(\boldsymbol{w},b)=\frac{1}{n}\sum_{i=1}^{n}\left[-y^{(i)}\log\left(\sigma\left(z^{(i)}\right)\right)-\left(1-y^{(i)}\right)\log\left(1-\sigma\left(z^{(i)}\right)\right)\right]$$

在用训练样本训练模型时，每个 epoch 都用所有训练样本计算损失函数值。此外，需要用 sigmoid 函数替换线性激活函数。如果在 Adaline 代码中完成这些更改，即可得到一个逻辑回归的 Python 实现。以下代码是使用全批梯度下降的代码实现(但请注意，也可以对随机梯度下降的 Python 代码进行相同的修改)：

```
class LogisticRegressionGD:
    """Gradient descent-based logistic regression classifier.

    Parameters
    ------------
    eta : float
      Learning rate (between 0.0 and 1.0)
    n_iter : int
      Passes over the training dataset.
    random_state : int
      Random number generator seed for random weight
      initialization.


    Attributes
    -----------
    w_ : 1d-array
      Weights after training.
```

```
    b_ : Scalar
      Bias unit after fitting.
    losses_ : list
      Mean squared error loss function values in each epoch.

    """
    def __init__(self, eta=0.01, n_iter=50, random_state=1):
        self.eta = eta
        self.n_iter = n_iter
        self.random_state = random_state

    def fit(self, X, y):
        """ Fit training data.

        Parameters
        ----------
        X : {array-like}, shape = [n_examples, n_features]
          Training vectors, where n_examples is the
          number of examples and n_features is the
          number of features.
        y : array-like, shape = [n_examples]
          Target values.

        Returns
        -------
        self : Instance of LogisticRegressionGD

        """
        rgen = np.random.RandomState(self.random_state)
        self.w_ = rgen.normal(loc=0.0, scale=0.01, size=X.shape[1])
        self.b_ = np.float_(0.)
        self.losses_ = []

        for i in range(self.n_iter):
            net_input = self.net_input(X)
            output = self.activation(net_input)
            errors = (y - output)
            self.w_ += self.eta * 2.0 * X.T.dot(errors) / X.shape[0]
            self.b_ += self.eta * 2.0 * errors.mean()
            loss = (-y.dot(np.log(output))
                   - ((1 - y).dot(np.log(1 - output)))
                    / X.shape[0])
            self.losses_.append(loss)
        return self

    def net_input(self, X):
        """Calculate net input"""
```

```
        return np.dot(X, self.w_) + self.b_

    def activation(self, z):
        """Compute logistic sigmoid activation"""
        return 1. / (1. + np.exp(-np.clip(z, -250, 250)))

    def predict(self, X):
        """Return class label after unit step"""
        return np.where(self.activation(self.net_input(X)) >= 0.5, 1, 0)
```

当拟合逻辑回归模型时，必须记住逻辑回归只适用于二元分类任务。

因此，只考虑山鸢尾和变色鸢尾(0 类和 1 类)，并验证逻辑回归代码实现的正确性：

```
>>> X_train_01_subset = X_train_std[(y_train == 0) | (y_train == 1)]
>>> y_train_01_subset = y_train[(y_train == 0) | (y_train == 1)]
>>> lrgd = LogisticRegressionGD(eta=0.3,
...                             n_iter=1000,
...                             random_state=1)
>>> lrgd.fit(X_train_01_subset,
...          y_train_01_subset)
>>> plot_decision_regions(X=X_train_01_subset,
...                       y=y_train_01_subset,
...                       classifier=lrgd)
>>> plt.xlabel('Petal length [standardized]')
>>> plt.ylabel('Petal width [standardized]')
>>> plt.legend(loc='upper left')
>>> plt.tight_layout()
>>> plt.show()
```

运行上述代码可以绘制如图 3.5 所示的决策区域。

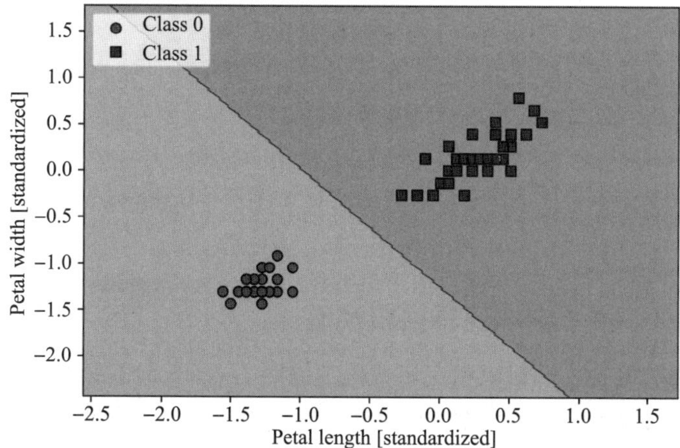

图 3.5 逻辑回归模型的决策区域

逻辑回归的梯度下降学习算法

比较发现 `LogisticRegressionGD` 中权重和偏置项的更新规则与第 2 章的 `AdalineGD` 相同(除了缩放因子 2)。使用微积分知识可以发现逻辑回归和 Adaline 梯度下降参数更新相同。但是要注意的是，下面的梯度下降推导是为那些对逻辑回归梯度下降背后的数学感兴趣的读者而准备的，并非学习本章其余部分的必要条件。

图 3.6 总结了如何计算对数似然函数关于第 j 个权重的偏导数。

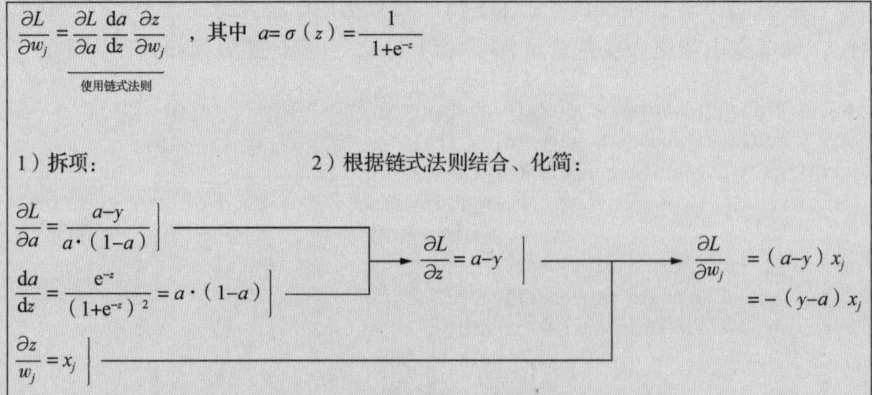

图 3.6　计算对数似然函数的偏导数

请注意这里为了简洁省略了对训练样本取平均的计算。

第 2 章曾经介绍过计算梯度反向的步骤。所以需要翻转 $\frac{\partial L}{\partial w_j}=-(y-a)x_j$，并按照如下方式更新第 j 个权重，包括学习率 η：

$$w_j := w_j+\eta(y-a)x_j$$

虽然没有展示计算损失函数对偏置项的偏导数，但其计算方法与上述流程相同，都需要使用链式法则。偏置项的更新规则为

$$b := b+\eta(y-a)$$

上述权重和偏置项的更新规则与第 2 章介绍的 Adaline 的参数更新规则相同。

3.3.4　用 Scikit-Learn 训练逻辑回归模型

上一小节介绍了相关数学知识和实用代码，说明了 Adaline 和逻辑回归之间的差异。现在，我们学习如何使用 Scikit-Learn 库中优化后的、支持多类的逻辑回归。请注意，在最新版本的 Scikit-Learn 中，自动选择多项式或者一对多(OvR)方法用于多类分类任务。在下述代码中，将使用 `sklearn.linear_mode.LogisticRegression` 类以及熟悉的 `fit` 方法，在标准化

的鸢尾花训练数据集中所有三个类别上训练该模型。此外，设置 `multi_class = 'ovr'`。作为练习，可以设置 `multi_class = 'multinomial'`，并比较得到的结果。请注意，`multinomial` 的设置是 Scikit-Learn 库中 `LogisticRegression` 类的默认设置，并常在互斥多分类任务中使用，例如鸢尾花分类。这里，“互斥”是指每个训练样本只能属于一个类(与之相反的为多标签分类，在多标签分类中，一个训练样本可以属于多个类)。

现在看以下代码：

```
>>> from sklearn.linear_model import LogisticRegression
>>> lr = LogisticRegression(C=100.0, solver='lbfgs',
...                         multi_class='ovr')
>>> lr.fit(X_train_std, y_train)
>>> plot_decision_regions(X_combined_std,
...                       y_combined,
...                       classifier=lr,
...                       test_idx=range(105, 150))
>>> plt.xlabel('Petal length [standardized]')
>>> plt.ylabel('Petal width [standardized]')
>>> plt.legend(loc='upper left')
>>> plt.tight_layout()
>>> plt.show()
```

在训练数据上拟合模型后，图 3.7 绘制了该决策区域、训练样本和测试样本。

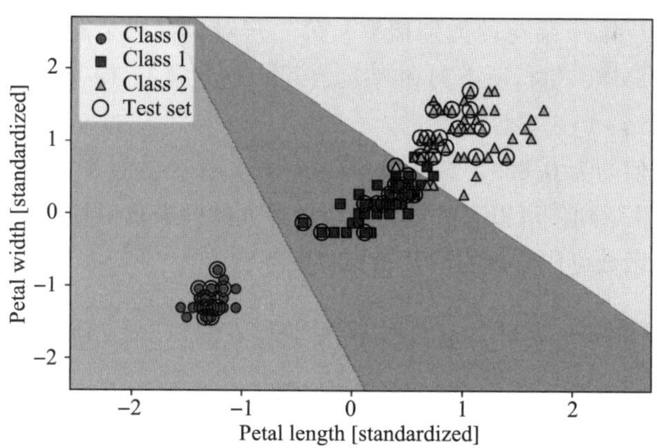

图 3.7 Scikit-Learn 中多类逻辑回归模型的决策区域

凸优化算法

目前有诸多用于解决优化问题的优化算法。为了最小化凸损失函数，如逻辑回归的损失函数，建议使用比常规随机梯度下降(SGD)算法更先进的算法。实际上，Scikit-Learn 库提供了一系列优化算法，可以通过设置参数 `'newton-cg'`、`'lbfgs'`、`'liblinear'`、`'sag'`和`'saga'`调用这些算法。

逻辑回归的损失函数为凸函数，大多优化算法都可以收敛到损失函数的全局最小点。但是，某些算法在某一方面有优势。例如，在前一个版本(v0.21)的 Scikit-Learn 中，算法选择项的默认参数为`'liblinear'`，此默认算法无法处理多项式损失函数，而且只使用 OvR 解决多类分类任务。然而，在 Scikit-Learn 的 v0.22 版本中，算法参数的默认值为`'lbfgs'`，代表 BFGS(Broyden-Fletcher-Goldfarb-Shanno)算法(https://en.wikipedia.org/wiki/Limited-memory_BFGS)。此算法更加灵活，而且使用的内存有限。

阅读前面用来训练逻辑回归模型的代码，你可能会想：“这个神秘的参数 C 是什么?”下一小节将讨论这个参数以及过拟合和正则化的概念。在此之前，先讨论类成员概率问题。

可以使用 `predict_proba` 方法计算训练样本属于某一类的概率。例如，可以运行下述代码计算测试数据集中前三个样本的类别概率：

```
>>> lr.predict_proba(X_test_std[:3, :])
```

运行上述代码返回以下数组：

```
array([[3.81527885e-09, 1.44792866e-01, 8.55207131e-01],
       [8.34020679e-01, 1.65979321e-01, 3.25737138e-13],
       [8.48831425e-01, 1.51168575e-01, 2.62277619e-14]])
```

数组的第一行对应第一朵花的类别概率，第二行对应第二朵花的类别概率，依此类推。请注意，正如预期的那样，每行所有列和为 1。(可以通过运行 `lr.predict_proba(X_test_std[:3,:]).sum(axis=1)`来验证。)

第一行中的最大值约为 0.855，意味着第一个样本属于类别 3(弗吉尼亚鸢尾)的概率为 85.5%。你可能已经注意到，可以通过识别每行中最大的列来获得预测类别的标签。例如，使用 NumPy 的 `argmax` 函数可以实现提取预测标签任务：

```
>>> lr.predict_proba(X_test_std[:3, :]).argmax(axis=1)
```

返回的预测标签如下所示(对应于弗吉尼亚鸢尾、山鸢尾和山鸢尾)：

```
array([2, 0, 0])
```

上述代码计算了条件概率，并使用 NumPy 的 `argmax` 函数将其转换为类别标签。在实践中，更方便的方法是直接调用 Scikit-Learn 的 `predict` 方法获取预测标签：

```
>>> lr.predict(X_test_std[:3, :])
array([2, 0, 0])
```

最后提醒一句，Scikit-Learn 的输入数据为一个二维数组。如果只想预测一个花的类别标签，必须先将一维行切片转换成二维数组。调用 NumPy 中的 reshape 函数可以将一个一维数组转换为二维数组，使用方法如下所示：

```
>>> lr.predict(X_test_std[0, :].reshape(1, -1))
array([2])
```

3.3.5 使用正则化避免模型过拟合

过拟合是机器学习中的一个常见问题。过拟合发生时，模型在训练数据上表现良好，但在未知的新数据(测试数据)上表现不好。如果一个模型存在过拟合，那么可以说该模型具有很大的方差。模型参数过多可能导致过拟合，从而使得模型相对于训练数据显得过于复杂。类似地，模型也会受到欠拟合(大偏差)的影响，这意味着模型不够复杂，无法很好地捕捉到训练数据中的模式，因此模型在新数据上表现不佳。

虽然到目前为止，我们只使用了线性分类模型，但比较线性决策边界和更复杂的非线性决策边界是解释过拟合和欠拟合的最好方法。图 3.8 通过比较分类决策边界解释过拟合、欠拟合问题。

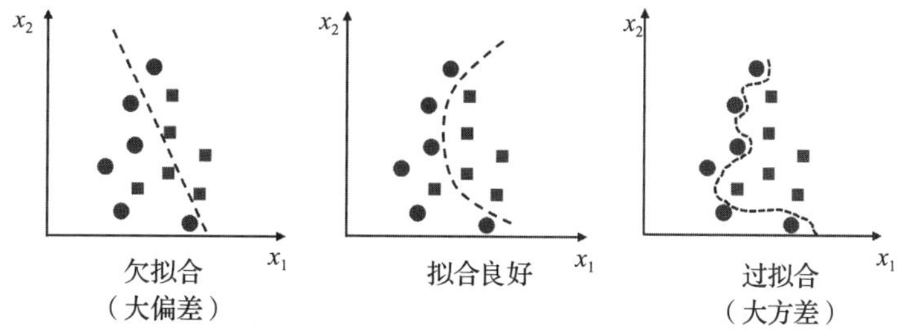

图 3.8 欠拟合(左)、拟合良好(中)和过拟合(右)的例子

偏差-方差权衡

研究人员经常用术语“偏差”“方差”或“偏差-方差权衡”来描述模型的性能。也就是说，你可能偶然会在谈话、书籍或文章中发现人们提到模型具有“大方差”或“大偏差”。那么，这是什么意思？一般来说，我们可以说“大方差”正比于过拟合，“大偏差”正比于欠拟合。

在机器学习模型的场景中，如果多次训练一个模型而且每次使用训练数据集的不同子集，那么方差用于衡量模型对特定样本分类预测结果的一致性(或变异性)。可以说，大的方差表明模型对训练数据的随机性很敏感。相比之下，假如在不同的训练数据集上多次训练模型，偏差衡量的是模型预测值离正确值有多远。偏差测量的是非随机性引起的系统误差。

如果你想了解更多关于偏差、方差的知识，可以阅读我的讲义 https://sebastianraschka.com/pdf/lecture-notes/stat451fs20/08-model-eval-1-intro__notes.pdf。

一种寻求好的偏差-方差权衡的方法为使用正则化调整模型的复杂度。正则化是一种处理共线性(特征之间存在高度的相关性)、过滤数据中的噪声、防止过拟合的非常有用的方法。

正则化背后原理是引入额外的信息来惩罚极端参数(权重)值。最常见的正则化是 L2 正则化(有时也称为 L2 收缩或权重衰减)，可写为

$$\frac{\lambda}{2n}\|\boldsymbol{w}\|^2=\frac{\lambda}{2n}\sum_{j=1}^{m}w_j^2$$

这里 λ 被称为正则化参数。请注意，分母中的 2 只是一个缩放因子，在计算损失函数的梯度时会被抵消。类似于损失函数，使用样本量 n 对正则化项进行缩放。

正则化与特征归一化

特征缩放(如标准化)之所以重要，其中一个原因就是正则化。为了使正则化起作用，需要确保所有特征的幅值大小差不多。

逻辑回归的损失函数可以通过添加一个正则化项来正则化，在训练模型时，正则化项会减小权重的值：

$$L(\boldsymbol{w},b)=\frac{1}{n}\sum_{i=1}^{n}\left[-y^{(i)}\log(\sigma(z^{(i)}))-(1-y^{(i)})\log(1-\sigma(z^{(i)}))\right]+\frac{\lambda}{2n}\|\boldsymbol{w}\|^2$$

无正则化项的损失函数的偏导数定义为

$$\frac{\partial L(\boldsymbol{w},b)}{\partial w_j}=\frac{1}{n}\sum_{i=1}^{n}(\sigma(\boldsymbol{w}^{\mathrm{T}}\boldsymbol{x}^{(i)})-y^{(i)})x_j^{(i)}$$

包含正则化项的损失函数的偏导数为

$$\frac{\partial L(\boldsymbol{w},b)}{\partial w_j}=\left(\frac{1}{n}\sum_{i=1}^{n}(\sigma(\boldsymbol{w}^{\mathrm{T}}\boldsymbol{x}^{(i)})-y^{(i)})x_j^{(i)}\right)+\frac{\lambda}{n}w_j$$

通过调整正则化参数 λ，可以控制模型对训练数据的拟合程度。正则化项的存在使权重保持较小数值。λ 变大，正则化强度加大。请注意，偏置项 b 本质上是截距或负阈值(在第 2 章学习到的)，通常不被正则化。

Scikit-Learn 中 `LogisticRegression` 类中的参数 `C` 来自下一节要学习的支持向量机中的参数约定。`C` 与正则化参数 λ 成反比。因此，减小参数 `C` 的值意味着增加了正则化强度。这可以通过绘制两个权重的 L2 正则化路径来可视化：

```
>>> weights, params = [], []
>>> for c in np.arange(-5, 5):
...     lr = LogisticRegression(C=10.**c,
...                             multi_class='ovr')
...     lr.fit(X_train_std, y_train)
...     weights.append(lr.coef_[1])
...     params.append(10.**c)
>>> weights = np.array(weights)
```

```
>>> plt.plot(params, weights[:, 0],
...          label='Petal length')
>>> plt.plot(params, weights[:, 1], linestyle='--',
...          label='Petal width')
>>> plt.ylabel('Weight coefficient')
>>> plt.xlabel('C')
>>> plt.legend(loc='upper left')
>>> plt.xscale('log')
>>> plt.show()
```

运行上述的代码，使用 10 个不同的 C 值训练了 10 个逻辑回归模型。为了展示方便，只展示了区分类别 1(这里是数据集中的第二个类别，即变色鸢尾)的分类器的权重。请注意，这里使用 OvR 方法进行多类分类。

如图 3.9 所示，如果减小参数 C，即增加正则化强度，那么权重的绝对值会变小。

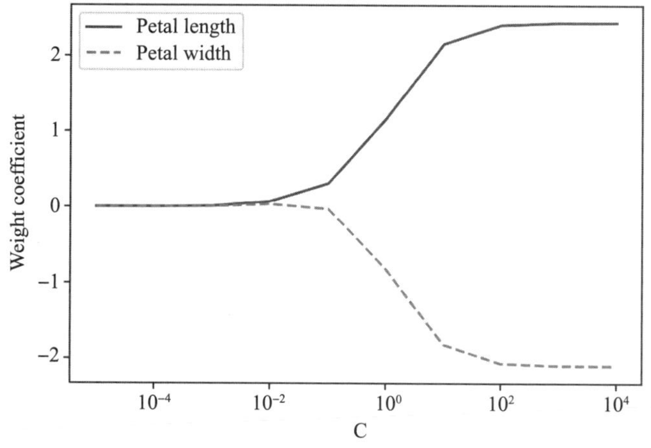

图 3.9 参数 C 对 L2 正则化模型的影响

增加正则化强度可以减少过拟合，因此有人可能会问，为什么默认情况下不对所有模型进行正则化。原因在于需要小心调整正则化强度。例如，如果正则化强度太大，则权重都接近 0，会导致模型拟合能力不足，模型的性能会变得非常差。

逻辑回归的扩展资料

深入讨论某个分类算法超出了本书的范围。如果对逻辑回归算法感兴趣，强烈建议读者阅读 Scott Menard 博士的这本书——*Logistic Regression: From Introductory to Advanced Concepts and Applications*(Sage Publications, 2009)。

3.4 基于最大分类间隔的支持向量机

另外一种强大且广泛使用的机器学习算法是支持向量机(Support Vector Machine，SVM)。支持向量机可以被视为感知机的扩展。感知机算法是为了最小化样本分类错误，而支持向量机的优化目标是最大化分类间隔。这里间隔被定义为分类超平面(决策边界)与距该超平面最近样本之间的距离，与分类超平面距离最近的训练样本被称为支持向量，如图 3.10 所示。

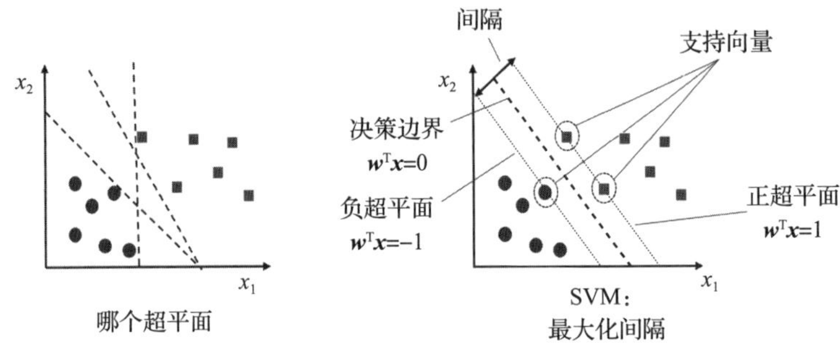

图 3.10 支持向量机最大化分类超平面(决策边界)与训练样本点之间的间隔

3.4.1 理解最大分类间隔

使用较大的分类间隔的基本原理是较大分类间隔往往使模型具有较低的泛化误差，而较小分类间隔使模型容易过拟合。

然而，虽然支持向量机的出发点相对简单，但其背后涉及的数学理论相当深奥，需要有扎实的约束优化知识。

解决支持向量机中最大化分类间隔的优化问题超出了本书的范围。如果读者有兴趣了解，建议你参考以下资源：

- Chris J. C. Burge 发表的关于支持向量机的优秀论文：Chris J. C. Burge. A Tutorial on Support Vector Machines for Pattern Recognition，Data Mining and Knowledge Discovery，2(2)：121-167，1998；
- Vladimir Vapnik 编著的书 *The Nature of Statistical Learning Theory*(Springer Science+Business Media，2000)中有关于支持向量机的介绍；
- Andrew Ng 的课程讲义详细解释了支持向量机：https://see.stanford.edu/materials/aimlcs229/cs229-notes3.pdf。

3.4.2 使用松弛变量解决非线性可分问题

虽然不想深入探讨最大分类间隔背后复杂的数学问题，但是还是要简单地提一下由 Vladimir Vapnik 在 1995 年提出的松弛变量。引入松弛变量可以得到软分类间隔。引入松弛变量的目的是：对于非线性可分的数据，需要放松支持向量机优化问题中的线性约束，以便在分类错误的情况下，适当调整损失惩罚，确保优化问题收敛。

在支持向量机算法中，引入变量 $C(C>0)$ 作为松弛变量。可以把 C 作为超参数来控制分类错误的惩罚或代价。较大的 C 值对应较大的错误惩罚，而如果选择较小的 C，那么对错误分类的要求就不那么严格。可以使用 C 来控制分类间隔的宽度，从而调整偏差-方差权衡，如图 3.11 所示。

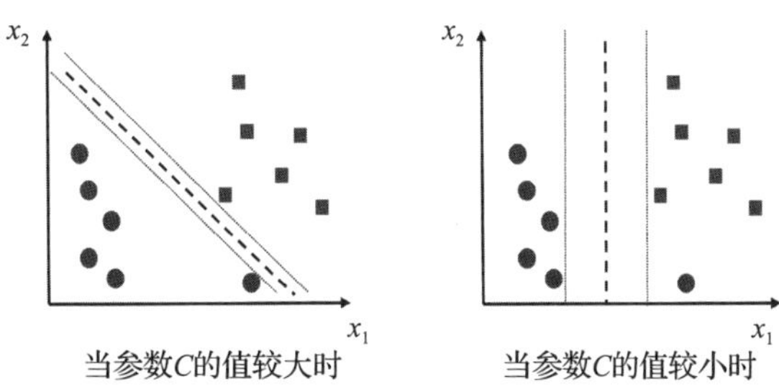

图 3.11 逆正则化强度 C 对分类的影响

这里的参数 C 与上一节讨论的正则化参数类似，即减小 C 值会增加模型的偏差(偏差大对应欠拟合)，并降低模型的方差(方差大对应过拟合)。

既然已经了解了线性支持向量机背后的基本概念，现在可以训练一个支持向量机模型对鸢尾花数据集中的不同种类花朵进行分类：

```
>>> from sklearn.svm import SVC
>>> svm = SVC(kernel='linear', C=1.0, random_state=1)
>>> svm.fit(X_train_std, y_train)
>>> plot_decision_regions(X_combined_std,
...                       y_combined,
...                       classifier=svm,
...                       test_idx=range(105, 150))
>>> plt.xlabel('Petal length [standardized]')
>>> plt.ylabel('Petal width [standardized]')
>>> plt.legend(loc='upper left')
>>> plt.tight_layout()
>>> plt.show()
```

运行上述代码，在鸢尾花训练数据集上训练分类器，得到支持向量机的三个决策区域，如图 3.12 所示。

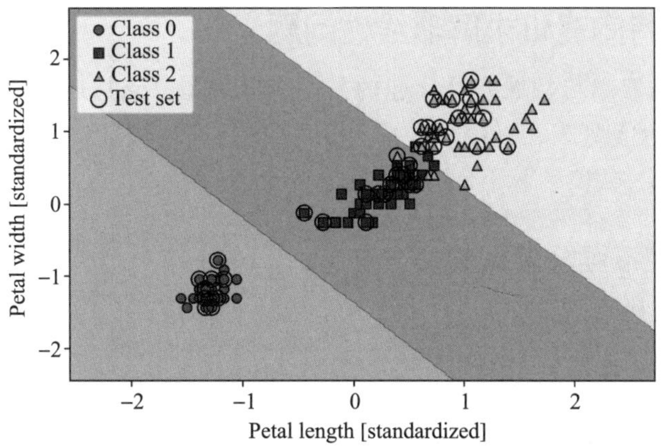

图 3.12 支持向量机的决策区域

逻辑回归与支持向量机

在实际的分类任务中，逻辑回归和线性支持向量机的结果通常非常相似。逻辑回归试图最大化训练数据的条件似然，使其比支持向量机更容易处理异常值点，支持向量机主要关心最接近决策边界（支持向量）的点。另一方面，逻辑回归的优点是模型更简单而且容易实现。此外，逻辑回归模型参数更新容易，这在处理流式数据时很有吸引力。

3.4.3 Scikit-Learn 中另外一种实现

在前几节中使用了 Scikit-Learn 库的 `LogisticRegression` 类，通过设置参数 `solver='liblinear'`，可以令 `LogisticRegression` 类使用 LIBLINEAR 库。LIBLINEAR 库是台湾大学开发的一个高度优化的 C/C++库（http://www.csie.ntu.edu.tw/~cjlin/liblinear/）。

类似地，用来训练支持向量机的 SVC 类也可以使用 LIBSVM 库。LIBSVM 库是一个专门为支持向量机开发的 C/C++库（http://www.csie.ntu.edu.tw/~cjlin/libsvm/）。

与使用 Python 相比，使用 LIBLINEAR 和 LIBSVM 的优势在于可以快速训练大量线性分类器。然而，有时数据集太大，无法全部加载到计算机内存。因此，Scikit-Learn 还为用户提供了 `SGDClassifier` 类，该类的 `partial_fit` 方法支持在线学习。`SGDClassifier` 类背后的逻辑类似于第 2 章为 Adaline 实现的随机梯度算法。

下述代码展示了如何初始化不同算法的 `SGDClassifier` 类，例如，感知机（`loss='perceptron'`）、逻辑回归（`loss='log'`）和带有默认参数的支持向量机（`loss='hinge'`）：

```
>>> from sklearn.linear_model import SGDClassifier
>>> ppn = SGDClassifier(loss='perceptron')
>>> lr = SGDClassifier(loss='log')
>>> svm = SGDClassifier(loss='hinge')
```

3.5 使用核支持向量机求解非线性问题

支持向量机在机器学习领域广受欢迎的另一个原因是，支持向量机可以很容易地使用“核”解决非线性分类问题。在讨论核支持向量机（支持向量机最常见的变体）原理之前，先创建一个人工数据集，认识一下什么是非线性分类问题。

3.5.1 处理线性不可分数据的核方法

运行以下代码，使用 NumPy 的 `logical_xor` 函数，创建一个简单的“异或”（XOR）数据集，其中 100 个样本标签为 `1`，100 个样本标签为 `-1`：

```
>>> import matplotlib.pyplot as plt
>>> import numpy as np
```

```
>>> np.random.seed(1)
>>> X_xor = np.random.randn(200, 2)
>>> y_xor = np.logical_xor(X_xor[:, 0] > 0,
...                        X_xor[:, 1] > 0)
>>> y_xor = np.where(y_xor, 1, 0)
>>> plt.scatter(X_xor[y_xor == 1, 0],
...             X_xor[y_xor == 1, 1],
...             c='royalblue', marker='s',
...             label='Class 1')
>>> plt.scatter(X_xor[y_xor == 0, 0],
...             X_xor[y_xor == 0, 1],
...             c='tomato', marker='o',
...             label='Class 0')
>>> plt.xlim([-3, 3])
>>> plt.ylim([-3, 3])
>>> plt.xlabel('Feature 1')
>>> plt.ylabel('Feature 2')
>>> plt.legend(loc='best')
>>> plt.tight_layout()
>>> plt.show()
```

运行上述代码，可以得到一个带有随机噪声的 XOR 数据集，如图 3. 13 所示。

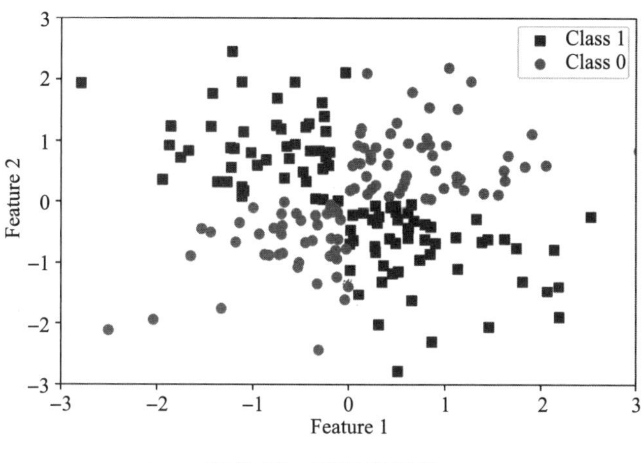

图 3. 13　XOR 数据集

显然，无法使用前面章节学习到的逻辑回归或支持向量机模型生成线性超平面作为决策边界将样本中的正类和负类很好地分开。

核方法用于处理这种线性不可分数据，其背后的基本思想是创建原始特征的非线性组合或映射函数 ϕ，将原始特征投影到一个维度更高的空间。在高维空间中数据变得线性可分。如图 3. 14 所示，可以将二维数据集转换到三维特征空间，在该空间中，数据变得线性可分。转换公式如下：

$$\phi(x_1,x_2)=(z_1,z_2,z_3)=(x_1,x_2,x_1^2+x_2^2)$$

如图 3.14 所示，在投影后的三维空间中可以使用线性超平面将两个类的数据分开。如果将此线性超平面投影回原始特征空间，那么该线性超平面将变成非线性决策边界，如图 3.14 中的圆所示。

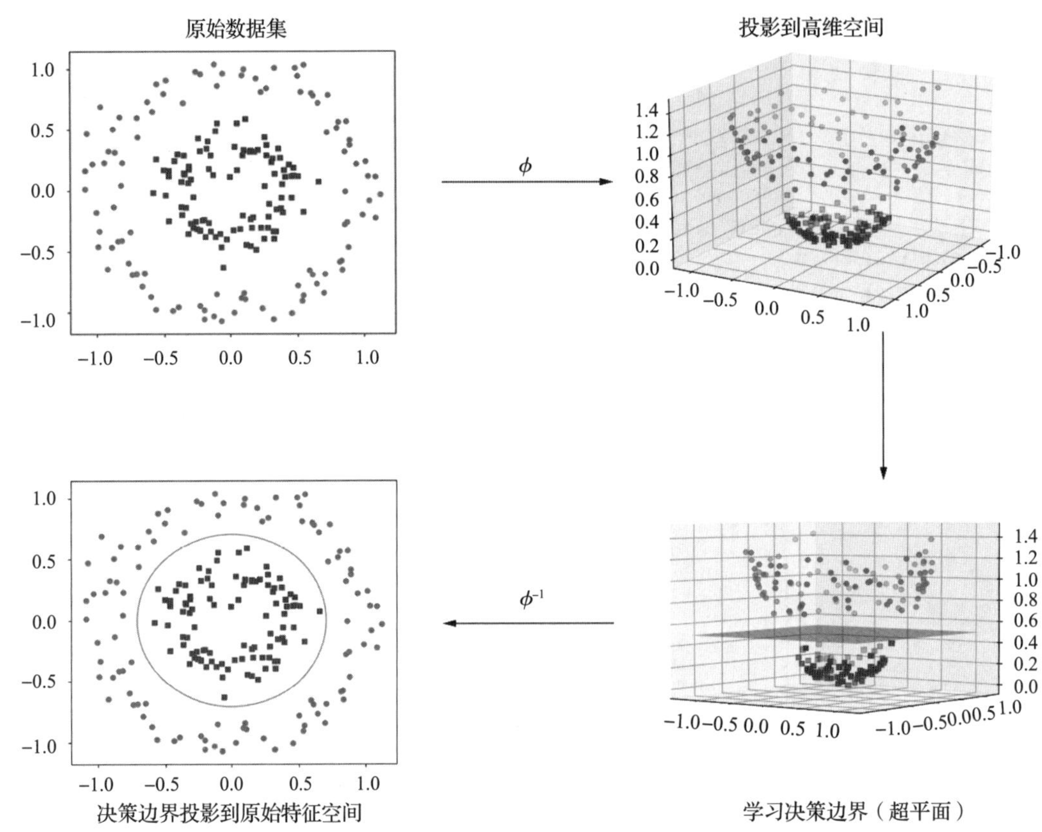

图 3.14 使用核方法分类线性不可分数据的过程

3.5.2 使用核方法在高维空间中寻找分离超平面

为了使用支持向量机解决非线性问题，需要使用映射函数 ϕ 将训练数据变换到高维特征空间，然后训练一个线性支持向量机模型对高维特征空间中的数据进行分类。对于新数据，可以使用相同的映射函数 ϕ 进行转换，再使用训练好的线性支持向量机模型对其分类。

但是这种映射方法的问题是构造新特征需要的计算成本很高，尤其是处理高维数据，因此引入核方法处理此问题。

虽然前面没有详细讨论如何通过解二次规划问题来训练支持向量机，但实际上仅需要用点积 $\phi(\boldsymbol{x}^{(i)})^{\mathrm{T}}\phi(\boldsymbol{x}^{(j)})$ 代替 $\boldsymbol{x}^{(i)\mathrm{T}}\boldsymbol{x}^{(j)}$。如果维数很高，那么计算两个样本输入的点积运算的计算量也会很高。为了避免计算两个样本输入的点积，定义核函数：

$$\kappa(\boldsymbol{x}^{(i)},\boldsymbol{x}^{(j)})=\phi(\boldsymbol{x}^{(i)})^{\mathrm{T}}\phi(\boldsymbol{x}^{(j)})$$

使用最广泛的核函数是径向基函数(Radical Basis Function，RBF)核，简称高斯核：

$$\kappa(\boldsymbol{x}^{(i)},\boldsymbol{x}^{(j)})=\exp\left(-\frac{\|\boldsymbol{x}^{(i)}-\boldsymbol{x}^{(j)}\|^2}{2\sigma^2}\right)$$

高斯核通常被简化为

$$\kappa(\boldsymbol{x}^{(i)},\boldsymbol{x}^{(j)})=\exp(-\gamma\|\boldsymbol{x}^{(i)}-\boldsymbol{x}^{(j)}\|^2)$$

此处 $\gamma=\frac{1}{2\sigma^2}$是一个需要优化的参数。

粗略地讲，术语“核”可以解释为衡量一对样本相似程度的函数。公式中的负号将距离转化为相似性得分，并且指数运算把相似性得分控制在 0(极不相似的样本)和 1(几乎完全相似的样本)之间。

在介绍了核方法之后，现在训练一个核支持向量机产生一个非线性决策边界，以很好地分离 XOR 数据。这里只需使用前面导入的 Scikit-Learn 中的 `SVC` 类，并用 `kernel='rbf'`替换 `kernel='linear'`：

```
>>> svm = SVC(kernel='rbf', random_state=1, gamma=0.10, C=10.0)
>>> svm.fit(X_xor, y_xor)
>>> plot_decision_regions(X_xor, y_xor, classifier=svm)
>>> plt.legend(loc='upper left')
>>> plt.tight_layout()
>>> plt.show()
```

从图 3.15 可以看出，核支持向量机相对较好地分离了 XOR 数据。

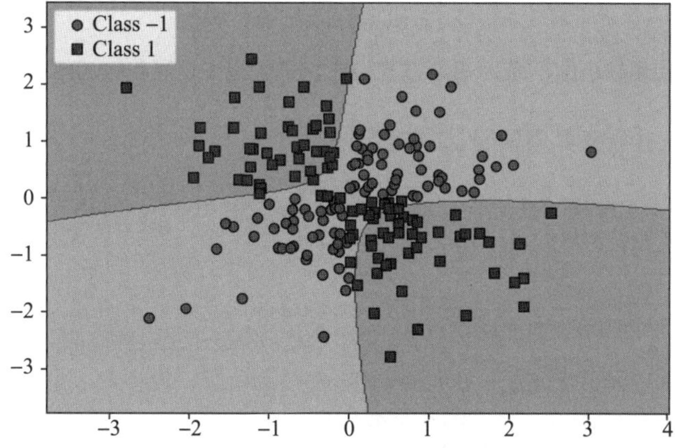

图 3.15　使用 XOR 数据核支持向量机的决策边界

这里设置 `gamma=0.1`。γ 参数可以理解为高斯球面的截止(cut-off)参数。如果增加 γ，就会增加训练样本的影响力或影响范围，这会导致更严格、更颠簸的决策边界。为了更好地理解 γ，将高斯核支持向量机应用于鸢尾花数据集：

```
>>> svm = SVC(kernel='rbf', random_state=1, gamma=0.2, C=1.0)
>>> svm.fit(X_train_std, y_train)
>>> plot_decision_regions(X_combined_std,
...                       y_combined, classifier=svm,
...                       test_idx=range(105, 150))
>>> plt.xlabel('Petal length [standardized]')
>>> plt.ylabel('Petal width [standardized]')
>>> plt.legend(loc='upper left')
>>> plt.tight_layout()
>>> plt.show()
```

因为选择了一个较小的 γ 值，高斯核支持向量机模型的决策边界相对平滑，如图 3.16 所示。

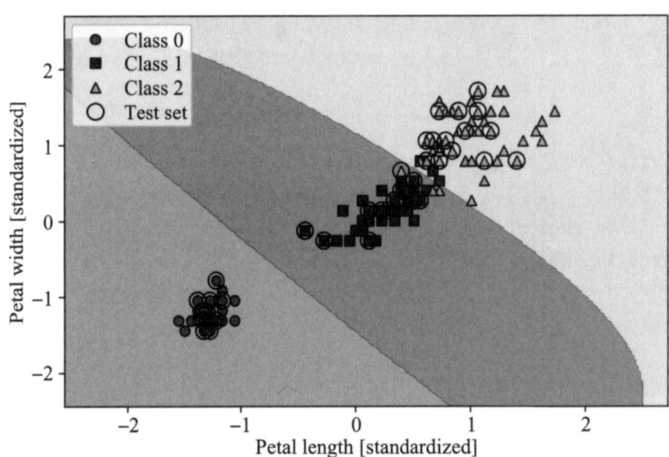

图 3.16　使用较小的 γ 值时高斯核支持向量机模型在鸢尾花数据集上的决策边界

现在增加 γ 的值并观察其对决策边界的影响：

```
>>> svm = SVC(kernel='rbf', random_state=1, gamma=100.0, C=1.0)
>>> svm.fit(X_train_std, y_train)
>>> plot_decision_regions(X_combined_std,
...                       y_combined, classifier=svm,
...                       test_idx=range(105,150))
>>> plt.xlabel('Petal length [standardized]')
>>> plt.ylabel('Petal width [standardized]')
>>> plt.legend(loc='upper left')
>>> plt.tight_layout()
>>> plt.show()
```

从图 3.17 可以看到，使用较大的 γ，类 0 和类 1 周围的决策边界变得不光滑而且更加紧密。

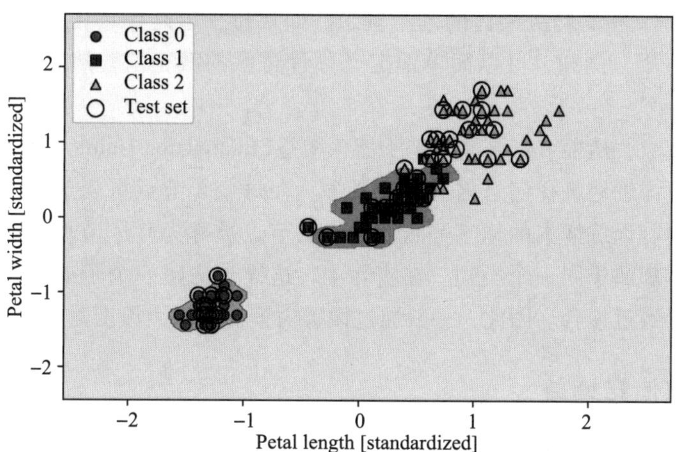

图 3.17　使用较大的 γ 值时高斯核支持向量机模型在鸢尾花数据集上的决策边界

虽然该模型拟合训练数据集非常好，但这个分类器在新的未知数据上可能会有很高的泛化误差。这说明当算法对训练数据集的波动过于敏感时，参数 γ 在控制过拟合或方差方面也起着重要作用。

3.6　决策树学习

如果关心分类算法的可解释性，那么**决策树**分类器非常有吸引力。正如“决策树”这个名字所言，可以把该模型看作通过回答一系列问题做出决策并分解数据。

下面的例子使用决策树决定某一天的活动安排，如图 3.18 所示。

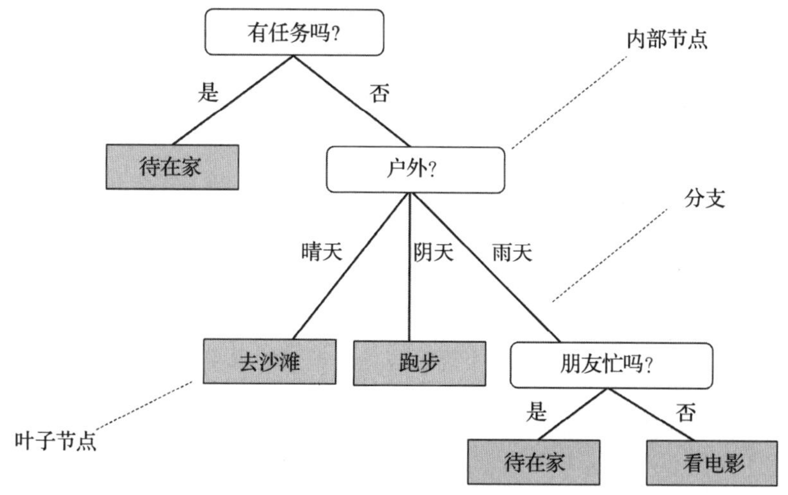

图 3.18　决策树示例

基于训练数据集的特征，决策树模型通过学习一系列问题推断一个样本的类别标签。尽管图 3.18 使用类别变量解释决策树的基本概念，如果特征值是像鸢尾花数据集那样的实数，那么该概念同样适用。例如，可以简单地定义萼片宽度的截止值，然后构造一个二分问题："萼片宽度≥2.8cm?"

使用决策树算法，从根节点开始，基于信息增益(Information Gain，IG)最大的特征分裂数据，后续几节将更详细地解释信息增益这一概念。在每个子节点重复迭代这个分裂过程，直到子节点包含的所有训练样本的标签一致，这样的节点被称为叶子节点。这意味着每个叶子节点上的训练样本都属于同一个类别。在实际中，这样会构建一个子节点众多而且层次非常深的模型，容易导致过拟合。因此，一般通过设置决策树的最大深度对其进行修剪。

3.6.1　最大化信息增益

为了能在信息增益最大的特征处分裂节点，需要通过决策树学习算法对目标函数进行优化。目标函数在每次分裂时最大化信息增益，信息增益的定义如下：

$$\text{IG}(D_p, f) = I(D_p) - \sum_{j=1}^{m} \frac{N_j}{N_p} I(D_j)$$

这里，f 是分裂数据的特征；D_p 和 D_j 分别是父节点和第 j 个子节点包含的数据；I 为杂质(impurity)度量；N_p 是父节点包含的训练数据样本数；N_j 是第 j 个子节点包含训练数据的样本数。可以看到，信息增益是父节点与子节点杂质的差值。子节点的杂质越低，信息增益越大。然而，为了简便起见，同时减少组合搜索空间，大多数库(包括 Scikit-Learn)都只实现了二元决策树。这意味着每个父节点只被拆分为两个子节点，分别为 D_{left} 和 D_{right}：

$$\text{IG}(D_p, f) = I(D_p) - \frac{N_{\text{left}}}{N_p} I(D_{\text{left}}) - \frac{N_{\text{right}}}{N_p} I(D_{\text{right}})$$

二元决策树常用的三种杂质度量或分裂标准分别为基尼杂质(I_G)、熵(I_H)和分类误差(I_E)。首先定义所有非空类($p(i|t) \neq 0$)的熵为

$$I_H(t) = -\sum_{i=1}^{c} p(i|t) \log_2 p(i|t)$$

这里，$p(i|t)$ 是节点 t 中训练样本属于类别 i 的概率。因此，若一个节点上的所有样本都属于同一类，则熵为 0；若类别标签均匀分布，则熵最大。例如在二分类中，若 $p(i=1|t)=1$ 或 $p(i=0|t)=0$，则熵为 0。如果类别标签均匀分布，即 $p(i=1|t)=0.5$、$p(i=0|t)=0.5$，则熵为 1。因此，可以说熵准则试图最大化决策树中的互信息。

为了直观起见，通过运行以下代码实现不同类分布熵的可视化：

```
>>> def entropy(p):
...     return - p * np.log2(p) - (1 - p) * np.log2((1 - p))
>>> x = np.arange(0.0, 1.0, 0.01)
>>> ent = [entropy(p) if p != 0 else None for p in x]
```

```
>>> plt.ylabel('Entropy')
>>> plt.xlabel('Class-membership probability p(i=1)')
>>> plt.plot(x, ent)
>>> plt.show()
```

图 3.19 为运行上述代码绘制的图像。

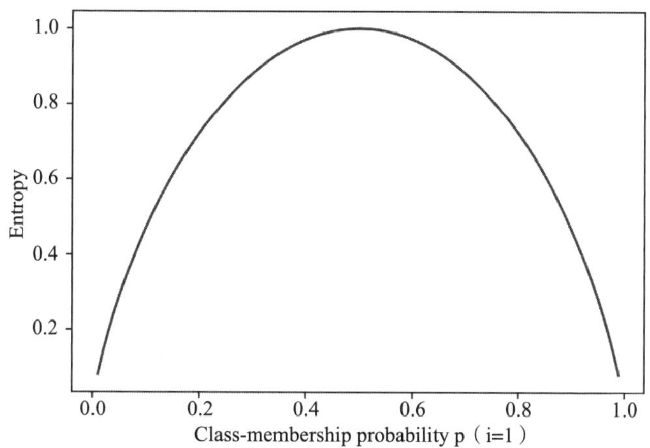

图 3.19　不同类成员概率的熵

基尼杂质可以理解为最小化分类错误概率：

$$I_G(t)=-\sum_{i=1}^{c}p(i\mid t)(1-p(i\mid t))=1-\sum_{i=1}^{c}p(i\mid t)^2$$

与熵类似，如果各个类别标签等概率，则基尼杂质最大，例如，在二元类别标签中($c=2$)：

$$I_G(t)=1-\sum_{i=1}^{c}0.5^2=0.5$$

然而，在实践中，使用基尼杂质和熵产生的结果通常非常相似，因此不值得花太多时间使用不同的杂质标准评估决策树，更好的选择应该是尝试决策树不同的修剪方法。如图 3.21 所示，基尼杂质和熵的图像形状相似。

另一个杂质度量方法是分类误差：

$$I_E(t)=1-\max\{p(i\mid t)\}$$

分类误差是一个修剪决策树的有用标准，但不建议用于构建决策树，因为它对节点类别概率变化不敏感。图 3.20 通过两种可能的分裂场景来说明这个问题：

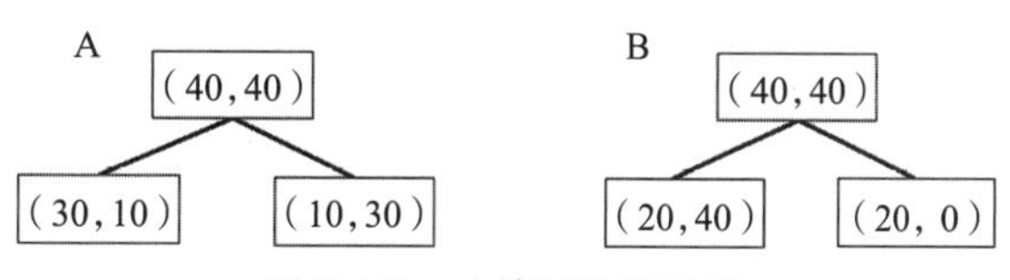

图 3.20　决策树数据分裂

从父节点的数据集 D_p 开始，数据集 D_p 包含来自类别 1 的 40 个样本和类别 2 的 40 个样本。要将父节点的数据集分裂为两个数据集，即 D_{left} 和 D_{right}。使用分类误差作为分裂标准，A 和 B 两种情况的信息增益相同（$IG_E=0.25$）：

$$I_E(D_p)=1-0.5=0.5$$

$$A:I_E(D_{\text{left}})=1-\frac{3}{4}=0.25$$

$$A:I_E(D_{\text{right}})=1-\frac{3}{4}=0.25$$

$$A:IG_E=0.5-\frac{4}{8}\times0.25-\frac{4}{8}\times0.25=0.25$$

$$B:I_E(D_{\text{left}})=1-\frac{4}{6}=\frac{1}{3}$$

$$B:I_E(D_{\text{right}})=1-1=0$$

$$B:IG_E=0.5-\frac{6}{8}\times\frac{1}{3}-0=0.25$$

然而，如果使用基尼杂质作为分裂标准，场景 B（$IG_G=0.1\overline{6}$）的信息增益高于场景 A（$IG_G=0.125$），即场景 B 中分裂后的类别标签纯度更高。

$$I_G(D_p)=1-(0.5^2+0.5^2)=0.5$$

$$A:I_G(D_{\text{left}})=1-\left(\left(\frac{1}{4}\right)^2+\left(\frac{3}{4}\right)^2\right)=\frac{3}{8}=0.375$$

$$A:I_G(D_{\text{right}})=1-\left(\left(\frac{1}{4}\right)^2+\left(\frac{3}{4}\right)^2\right)=\frac{3}{8}=0.375$$

$$A:IG_G=0.5-\frac{4}{8}\times0.375-\frac{4}{8}\times0.375=0.125$$

$$B:I_G(D_{\text{left}})=1-\left(\left(\frac{2}{6}\right)^2+\left(\frac{4}{6}\right)^2\right)=\frac{4}{9}=0.\overline{4}$$

$$B:I_G(D_{\text{right}})=1-(1^2+0^2)=0$$

$$B:IG_G=0.5-\frac{6}{8}\times0.\overline{4}-0=0.1\overline{6}$$

同样，使用熵标准，场景 B（$IG_H=0.31$）的信息增益也高于场景 A（$IG_H=0.19$）：

$$I_H(D_p)=-(0.5\log_2(0.5)+0.5\log_2(0.5))=1$$

$$A:I_H(D_{\text{left}})=-\left(\frac{3}{4}\log_2\left(\frac{3}{4}\right)+\frac{1}{4}\log_2\left(\frac{1}{4}\right)\right)=0.81$$

$$A:I_H(D_{\text{right}})=-\left(\frac{1}{4}\log_2\left(\frac{1}{4}\right)+\frac{3}{4}\log_2\left(\frac{3}{4}\right)\right)=0.81$$

$$A:IG_H=1-\frac{4}{8}\times0.81-\frac{4}{8}\times0.81=0.19$$

$$B:I_H(D_{\text{left}})=-\left(\frac{2}{6}\log_2\left(\frac{2}{6}\right)+\frac{4}{6}\log_2\left(\frac{4}{6}\right)\right)=0.92$$

$$B:I_H(D_{\text{right}})=0$$

$$B:IG_H=1-\frac{6}{8}\times 0.92-0=0.31$$

为了更加直观地比较前面讨论的三种杂质度量标准，下述代码将绘制二元类别标签不同杂质度量值，其中横坐标为类别 1 的概率。请注意，我们还将添加熵的缩放版本（entropy/2）来观察基尼杂质，其中基尼杂质是熵和分类误差之间的中间度量。其代码如下：

```
>>> import matplotlib.pyplot as plt
>>> import numpy as np
>>> def gini(p):
...     return p*(1 - p) + (1 - p)*(1 - (1-p))
>>> def entropy(p):
...     return - p*np.log2(p) - (1 - p)*np.log2((1 - p))
>>> def error(p):
...     return 1 - np.max([p, 1 - p])
>>> x = np.arange(0.0, 1.0, 0.01)
>>> ent = [entropy(p) if p != 0 else None for p in x]
>>> sc_ent = [e*0.5 if e else None for e in ent]
>>> err = [error(i) for i in x]
>>> fig = plt.figure()
>>> ax = plt.subplot(111)
>>> for i, lab, ls, c, in zip([ent, sc_ent, gini(x), err],
...                           ['Entropy', 'Entropy (scaled)',
...                            'Gini impurity',
...                            'Misclassification error'],
...                           ['-', '-', '--', '-.'],
...                           ['black', 'lightgray',
...                            'red', 'green', 'cyan']):
...     line = ax.plot(x, i, label=lab,
...                    linestyle=ls, lw=2, color=c)
>>> ax.legend(loc='upper center', bbox_to_anchor=(0.5, 1.15),
...           ncol=5, fancybox=True, shadow=False)
>>> ax.axhline(y=0.5, linewidth=1, color='k', linestyle='--')
>>> ax.axhline(y=1.0, linewidth=1, color='k', linestyle='--')
>>> plt.ylim([0, 1.1])
>>> plt.xlabel('p(i=1)')
>>> plt.ylabel('impurity index')
>>> plt.show()
```

运行上述代码绘制的图像如图 3.21 所示。

3.6.2　构建决策树

决策树通过将特征空间划分为矩形来建立复杂的决策边界。但是需要注意的是，决策树越深，其决策边界就越复杂，这很容易导致过拟合。我们现在将使用 Scikit-Learn 训练一个最大深度为 4 的决策树，同时使用基尼杂质作为杂质度量标准。

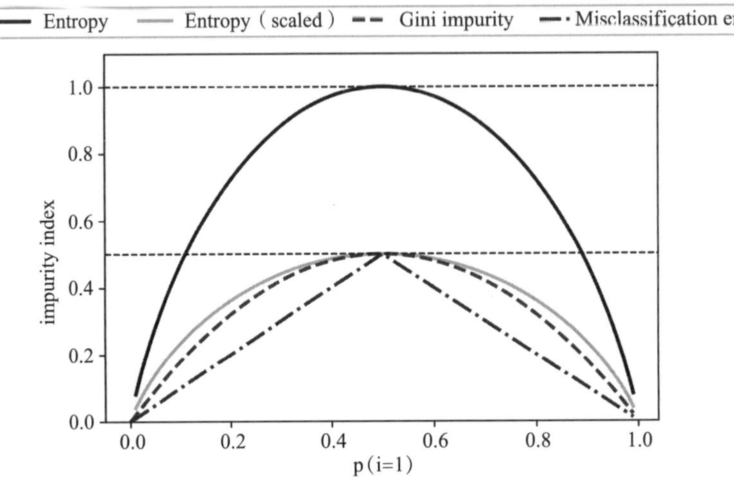

图 3.21　0 和 1 之间不同类成员概率的不同杂质指标

尽管出于可视化目的需要特征缩放，但请注意特征缩放并非决策树算法必需的要求。构建决策树代码如下：

```
>>> from sklearn.tree import DecisionTreeClassifier
>>> tree_model = DecisionTreeClassifier(criterion='gini',
...                                     max_depth=4,
...                                     random_state=1)
>>> tree_model.fit(X_train, y_train)
>>> X_combined = np.vstack((X_train, X_test))
>>> y_combined = np.hstack((y_train, y_test))
>>> plot_decision_regions(X_combined,
...                       y_combined,
...                       classifier=tree_model,
...                       test_idx=range(105, 150))
>>> plt.xlabel('Petal length [cm]')
>>> plt.ylabel('Petal width [cm]')
>>> plt.legend(loc='upper left')
>>> plt.tight_layout()
>>> plt.show()
```

运行上述代码后，可以得到决策树的典型轴平行决策边界，如图 3.22 所示。

Scikit-Learn 有一个很好的功能，即通过如下代码训练后可以可视化决策树模型：

```
>>> from sklearn import tree
>>> feature_names = ['Sepal length', 'Sepal width',
...                  'Petal length', 'Petal width']
>>> tree.plot_tree(tree_model,
...                feature_names=feature_names,
...                filled=True)
>>> plt.show()
```

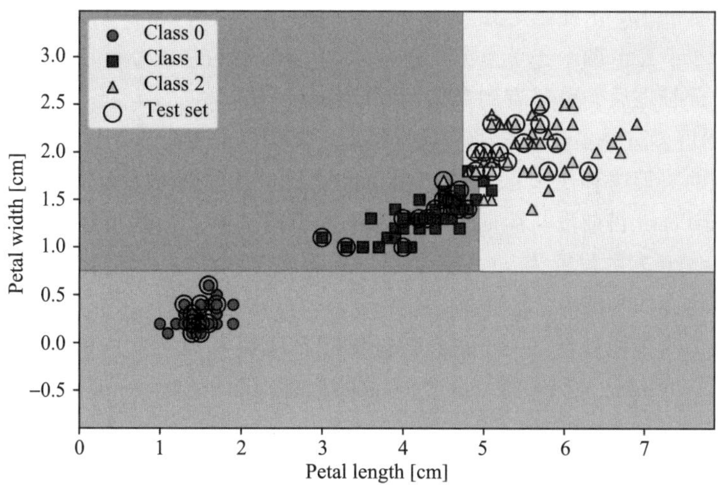

图 3.22 使用鸢尾花数据构建的决策树决策边界

在 `plot_tree` 函数中设置 `filled = True`，把类别标签"纯度"比较高的节点涂色。还可以设置其他参数，设置方法可在 https://scikit-learn.org/stable/modules/generated/sklearn.tree.plot_tree.html 网站的文档中找到。

观察图 3.23 所示的决策树，根据训练数据集中确定的分裂标准可以很容易理解决策树的每个分裂节点。请注意，给定一个节点的分裂标准，左侧的分支对应"True"，右侧的分支对应"False"。

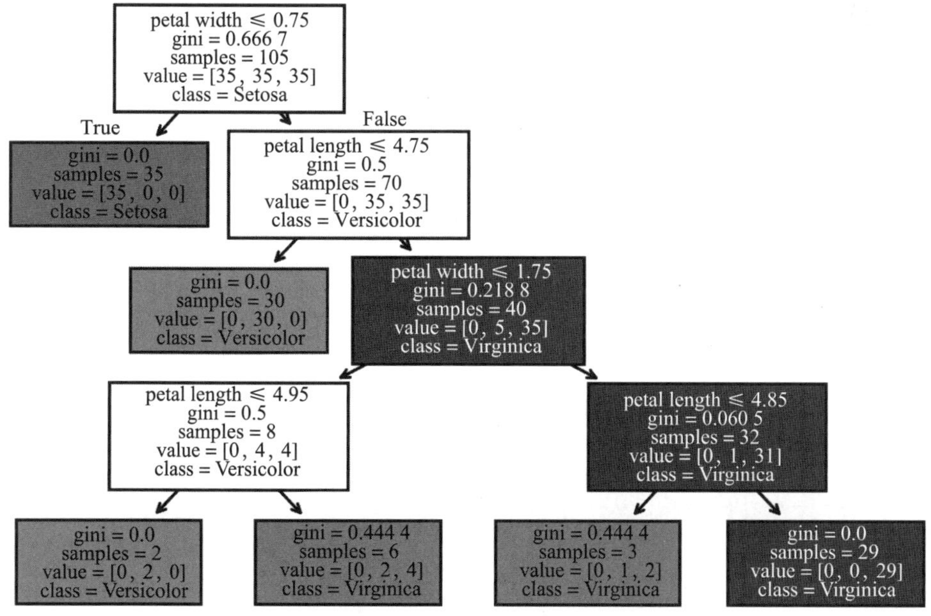

图 3.23 使用鸢尾花数据集构建决策树模型

根节点从顶部的 105 个样本开始。第一次分裂使用“萼片宽度≤0.75cm”这一标准将根节点拆分为两个子节点。两个子节点分别是包含 35 个样本的左子节点和包含 70 个样本的右子节点。在第一次分裂之后，可以看到左边的子节点已经是“纯”节点，只包含山鸢尾样本(基尼杂质为 0)。然后，进一步分裂右子节点，将变色鸢尾和弗吉尼亚鸢尾样本分开。

从训练得到的决策树和决策区域图可以看到决策树很好地解决了鸢尾花分类这个问题。遗憾的是，Scikit-Learn 目前没有后期手动修剪决策树的功能。但是可以在前面的代码示例中将决策树 `max_depth` 参数设置为 3，重新训练决策树并将训练结果与当前模型的结果比较。感兴趣的读者可以将此作为练习。

Scikit-Learn 为决策树提供了一个自动但计算复杂的决策树后期修剪功能。感兴趣的读者可以在 https://scikit-learn.org/stable/auto_examples/tree/plot_cost_complexity_pruning.html 上的教程中了解更多关于这个话题的信息。

3.6.3 多棵决策树组成随机森林

在过去的十几年里，集成方法由于具有对过拟合的稳健性和良好的分类性能在机器学习应用中备受欢迎。虽然第 7 章将介绍各种集成方法，包括 bagging 和 boosting，但在此先讨论基于决策树的集成方法，即随机森林算法。随机森林算法以其良好的可扩展性和易用性而闻名。可以将随机森林看作决策树的集成。随机森林的原理是对多棵具有较大方差的决策树进行平均，从而构建一个更稳健的模型，该模型不易过拟合、具有更好的泛化性能。随机森林算法可以概括为以下四个简单步骤：

1. 使用 bootstrap 抽取方法从训练数据集抽取 n 个样本(bootstrap 抽取方法从训练数据集中有放回地随机抽取样本)。

2. 使用上述抽取的样本训练一棵决策树。在每个节点上：

a. 不放回地随机选取 d 个特征；

b. 根据目标函数的要求，例如最大化信息增益，选择最佳特征分裂节点。

3. 重复步骤 1 和步骤 2 k 次。

4. 给定一个样本，收集每棵决策树对这个样本的预测标签，投票决定最终预测标签[㊀]。第 7 章将更详细地讨论绝对多数投票制。

注意在训练每棵决策树时，步骤 2 不需要所有特征来确定一个节点上的最佳分裂特征，而只考虑随机抽取的特征。这一点与前面讨论的决策树学习有所不同。

有放回抽样和不放回抽样

如果对有放回抽样的概念不熟悉，可以通过一个简单的思考实验来学习。假设玩一个抽奖游戏，从一个罐中随机抽取数字。罐中有 0、1、2、3 和 4 五个数字，每次抽一个。第一轮从罐中抽取某个数字的概率是 1/5。如果不放回抽样，

㊀ 出现最多的标签作为最终预测标签。——译者注

在每轮抽奖后抽出的数字不放回罐中。因此，下一轮从剩余的数字中抽到某个数字的概率就取决于前一轮抽取的数字。例如，如果剩下的数字是 0、1、2 和 4，那么在下一轮抽到 0 的概率将变成 1/4。

有放回抽样把每次抽到的数字放回罐中，以确保在下一轮抽奖时抽到某个数字的概率保持不变。换句话说，在有放回抽样时，所有样本(数字)相互独立，协方差为零。例如，五轮抽取随机数的结果可能如下所示：

- 不放回随机抽样：2、1、3、4、0；
- 有放回随机抽样：1、3、3、4、1。

尽管随机森林的可解释性不如决策树好，但随机森林的一大优势在于不必担心超参数的选择。通常不需要修剪随机森林中的决策树，因为集成模型对所有决策树的预测做平均，所以对单棵决策树的噪声具有非常强的稳健性。在实践中，唯一需要关心的参数是随机森林中决策树的数量 k(步骤 3 中的 k)。通常，决策树越多，随机森林分类器的性能越好，但计算成本也会增加。

虽然在实践中不太常见，但也可以优化随机森林分类器中的其他超参数，例如，bootstrap 抽样的样本量 n(步骤 1)和抽取的特征数 d(步骤 2a)。通过调整 bootstrap 抽取样本的样本量 n，可以控制随机森林的偏差-方差权衡。

因为 bootstrap 抽取的样本包含某个指定样本的概率较低，所以减小 bootstrap 抽取的样本数量会增加决策树的多样性，从而会增加随机森林的随机性，有助于减少模型的过拟合。然而，较小的 bootstrap 样本量通常会导致随机森林的总体性能较低，随机森林在训练数据和测试数据之间的性能差距较小，但总体上模型在测试数据上的性能较低。相反，增加 bootstrap 样本量会增加决策树的过拟合程度。因为 bootstrap 样本和个体决策树变得更加相似，它们都学会很好地拟合原始训练数据集。

在大多数实现中，包括 Scikit-Learn 中的 `RandomForestClassifier` 实现，bootstrap 抽取的样本量一般等于原始训练数据集中训练样本的个数，这样一般可以很好地平衡模型的方差与偏差。在每次需要节点分裂时，一般希望候选特征个数 d 小于训练数据集中特征总数。Scikit-Learn 以及其他实现中，一个默认值是 $d=\sqrt{m}$，其中 m 是训练数据集中特征总数。

因为 Scikit-Learn 已经有随机森林的代码实现，所以我们不必自己通过构建单棵决策树来构建随机森林。下述代码展示如何使用 Scikit-Learn 训练随机森林分类器：

```
>>> from sklearn.ensemble import RandomForestClassifier
>>> forest = RandomForestClassifier(n_estimators=25,
...                                 random_state=1,
...                                 n_jobs=2)
>>> forest.fit(X_train, y_train)
>>> plot_decision_regions(X_combined, y_combined,
```

```
...                         classifier=forest, test_idx=range(105,150))
>>> plt.xlabel('Petal length [cm]')
>>> plt.ylabel('Petal width [cm]')
>>> plt.legend(loc='upper left')
>>> plt.tight_layout()
>>> plt.show()
```

运行上述代码后，可以看到随机森林形成的决策区域，如图 3.24 所示。

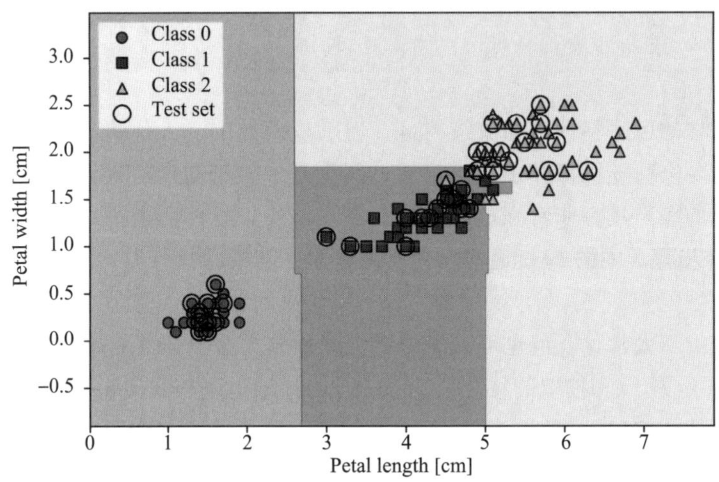

图 3.24　使用鸢尾花数据集训练随机森林产生的决策区域

通过设置 n_estimators 参数，使用前面的代码训练了一个由 25 棵决策树组成的随机森林。默认情况下，使用基尼杂质度量作为分裂节点的标准。尽管使用一个非常小的训练数据集训练生成了一个非常小的随机森林，但出于演示目的使用了 n_jobs 参数，这允许我们使用计算机的多个内核(这里是两个内核)并行训练模型。如果运行此代码报错，说明计算机不支持多核运算。此时，可以忽略 n_jobs 参数或设置 n_jobs = None。

3.7　基于惰性学习策略的 *k* 近邻算法

本章讨论的最后一个监督学习算法是 *k* 近邻(K-Nearest Neighbor，KNN)分类器。*k* 近邻分类器非常有趣，因为它与之前讨论的所有的学习算法都有本质的不同。

k 近邻是惰性学习的一个典型例子。*k* 近邻之所以被称为“惰性”，不是因为简单，而是因为 *k* 近邻算法不从训练数据中学习分类函数，而是记住了训练数据集。

参数与非参数模型

机器学习算法可以分为参数模型和非参数模型。参数模型通过从训练数据集中估计参数学习一个分类器，可以对新数据点进行分类，而不再需要原始训练数据集。参数模型的典型例子包括感知机、逻辑回归和线性支持向量机。相比之下，

非参数模型不能用一组固定的参数来描述，模型参数的数量随着训练数据的增加而变化。到目前为止，我们见到的两个非参数模型是决策树分类器/随机森林和核支持向量机(线性支持向量机不属于非参数模型)。

k 近邻算法基于实例学习，属于非参数模型。基于实例学习模型的特点是记忆训练数据集，而惰性学习是基于实例学习的一种特殊情况。惰性学习在学习过程中的成本为零。

k 近邻算法本身相当简单，可以总结为以下几个步骤：

1. 选择 k 的值和一个距离度量；
2. 在训练数据集上，找到待分类样本的 k 个近邻；
3. 为 k 个近邻的标签进行投票，投票结果作为待分类样本的预测标签。

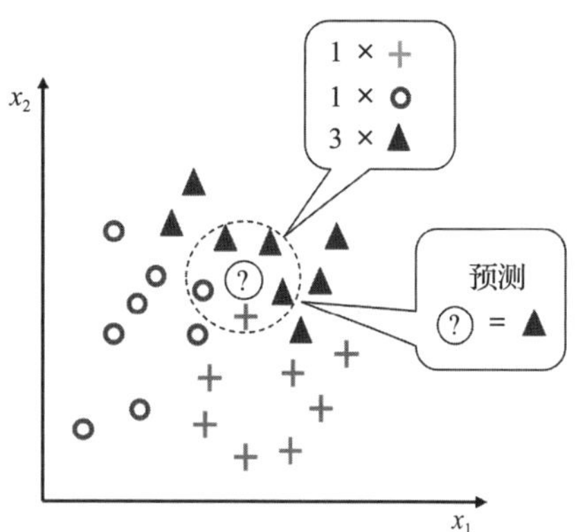

图 3.25 k 近邻算法工作原理

在图 3.25 中，新的数据点(?)有 5 个近邻样本。5 个近邻样本的投票结果为三角形标签，所以新数据点的预测标签为三角形。

根据给定的距离度量，k 近邻算法在训练数据集中找到与想要分类样本点最接近(最相似)的 k 个样本。然后，预测数据点的类别标签由这个 k 近邻样本标签的多数票决定。

基于记忆的方法的优缺点

这种基于记忆的方法主要优点是在出现新的训练数据时分类器立即调整。然而不利的一面是，在最坏的情况下，对新样本进行分类时计算复杂度随着训练样本数量的增长线性增长——除非数据集的维度(特征)非常少，并且算法使用了有效的数据结构可以高效地查询训练数据。此类数据结构包括 k-d 树和球树，Scikit-Learn 支持这两种数据结构。此外，除了查询数据的计算开销外，有限的存储容量在存储大数据集时也存在问题。

然而，在许多情况下，当处理的数据集相对较小或中等大小时，基于记忆的方法预测性能和计算性能良好，能较好解决实际问题。最近使用近邻方法的例子包括预测药物靶点的特性(Joe Bemister-Buffington, Alex J. Wolf, Sebastian Raschka, Leslie A. Kuhn. Machine Learning to Identify Flexibility Signatures of Class A GPCR Inhibition, Biomolecules, 2020, https://www.mdpi.com/2218-273X/10/3/454)和最先进的语言模型(Junxian He, Graham Neubig, Taylor Berg-Kirkpatrick. Efficient Nearest Neighbor Language Models, 2021, https://arxiv.org/abs/2109.04212)。

以下代码选择欧氏距离作为距离的度量，运行以下代码可在Scikit-Learn中实现k近邻模型：

```
>>> from sklearn.neighbors import KNeighborsClassifier
>>> knn = KNeighborsClassifier(n_neighbors=5, p=2,
...                            metric='minkowski')
>>> knn.fit(X_train_std, y_train)
>>> plot_decision_regions(X_combined_std, y_combined,
...                       classifier=knn, test_idx=range(105,150))
>>> plt.xlabel('Petal length [standardized]')
>>> plt.ylabel('Petal width [standardized]')
>>> plt.legend(loc='upper left')
>>> plt.tight_layout()
>>> plt.show()
```

在上述代码中，k近邻模型选择5个近邻，可以获得一个相对平滑的决策边界，如图3.26所示。

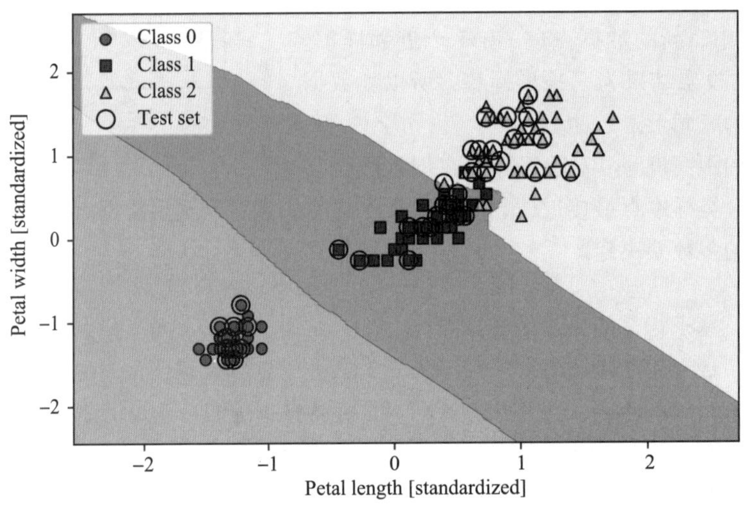

图3.26　鸢尾花数据集上k近邻的决策边界

解决平局问题

在平局情况下，Scikit-Learn的k近邻算法优先选择与待分类数据样本距离最近的近邻点。如果存在多个距离相似的近邻点，算法将选择在训练数据集中最先出现的分类标签。

k值的选择对平衡过拟合和欠拟合至关重要。除此之外，还必须选择适合数据集特征的距离度量。通常使用简单的欧氏距离作为距离度量，例如，上面的鸢尾花数据集特征以厘米为单位。然而，如果使用欧氏距离作为距离度量，那么标准化数据很重要，需要确保每个特征对距离的贡献是相等的。前面的代码中使用的 `minkowski` 距离是欧氏距离和曼哈顿(Manhattan)距离的推广，其表达式如下：

$$d(\boldsymbol{x}^{(i)},\boldsymbol{x}^{(j)})=\sqrt[p]{\sum_k |x_k^{(i)}-x_k^{(j)}|^p}$$

如果设置参数 `p=2`，则距离为欧氏距离；如果设置参数 `p=1`，则距离为曼哈顿距离。Scikit-Learn 提供了许多其他距离度量，提供给参数 `metric`。可以在网址 https://scikit-learn.org/stable/modules/generated/sklearn.metrics.DistanceMetric.html 找到 Scikit-Learn 提供的所有距离度量。

最后，值得一提的是，k 近邻算法很容易因为维度灾难(curse of dimensionality)而导致过拟合。维数灾难指的是训练样本数目固定时，随着特征维数的增加，样本空间变得越来越稀疏。在高维空间中，即使是最近的邻值，两者也离得非常远，因此 k 近邻算法难以给出很好的预测结果。

在关于逻辑回归的章节中讨论了避免过拟合的正则化的概念，但是决策树和 k 近邻算法并不适合使用正则化。因此需要使用特征选择和降维技术避免维数灾难。接下来的两章将对此进行更详细的讨论。

使用 GPU 运行机器学习代码

处理大型数据集需要大量的计算资源和运算时间，例如，运行 k 近邻算法或使用多棵决策树组成的随机森林。如果计算机配备了与 NVIDIA 的最新版本 CUDA 库兼容的 NVIDIA GPU，那么建议使用 RAPIDS 生态系统(https://docs.rapids.ai/api)。例如，RAPIDS 的 cuML(https://docs.rapids.ai/api/cuml/stable/)库实现了许多 GPU 支持的 Scikit-Learn 机器学习算法，可以加快运算速度。可以在 https://docs.rapids.ai/api/cuml/stable/estimator_intro.html 网站找到 cuML 的介绍。如果有兴趣了解更多有关 RAPIDS 生态系统的信息，请参阅我们与 RAPIDS 团队合作撰写的期刊论文 "Machine Learning in Python: Main Developments and Technology Trends in Data Science, Machine Learning and Artificial Intelligence" (https://www.mdpi.com/2078-2489/11/4/193)。

3.8　本章小结

本章学习了许多处理线性和非线性问题的机器学习算法。如果关心模型的可解释性，决策树尤其有吸引力。逻辑回归不仅可以通过随机梯度下降进行在线学习，而且还可以给出预测标签的概率。

虽然支持向量机是一个强大的线性分类模型，而且可以通过核技巧解决非线性分类问题，但需要调整很多参数才能得到良好的预测。相比之下，以随机森林为代表的集成方法不需要调整太多参数，而且不像决策树那样容易过拟合。因此，集成方法具有很大的吸引力，成为解决许多实际问题的常用模型。k 近邻分类器是一种通过惰性学习的分类方法，允许在不进行任何模型训练的情况下进行预测，但预测的计算成本较高。

然而，比选择机器学习算法更重要的是训练数据的集中性。如果缺少富含信息量、具有辨别性的特征，任何算法都无法做出良好的预测。

下一章将讨论数据预处理、特征选择和降维几个重要主题，这意味着我们将要使用这些方法构建更强大的机器学习模型。稍后的第 6 章将介绍模型性能的评估与比较以及机器学习算法微调需要的技巧。

CHAPTER 4

第 4 章

构建良好的训练数据集——数据预处理

数据的质量及其包含信息的质量是决定机器学习算法学习效果的关键因素。因此，在将数据提供给机器学习算法之前，有必要对数据进行检查和预处理。本章将讨论基本的数据预处理方法，用于构建良好的机器学习模型。

本章将介绍以下内容：

- 删除和填补数据集中的缺失值；
- 将数据转换为适合机器学习算法使用的格式；
- 为模型选择相关的特征。

4.1 处理缺失值

在实际应用中，出于各种原因，训练样本缺少一个或多个数值的情况并非少见。例如，在数据收集过程中可能存在错误，或者某些测量值不适用，或者在调查中某个特定字段为空白。数据表格中常见的缺失值为空格或占位符，如 NaN(代表“非数字”)或 NULL(关系数据库中常用的未知数值指示符)。大多数计算机无法处理这些缺失值。如果简单地忽略这些缺失值，会产生不可预知的后果。因此，在进一步分析数据之前，必须先处理这些缺失值。

本节将介绍处理缺失值的几种实用方法，包括从数据集中删除缺失值对应的样本或特征，或利用其他训练样本和特征填充缺失数据。

4.1.1 识别表格数据中的缺失值

在讨论处理缺失值的几种方法之前，先使用 CSV(Comma-Separated Value，CSV)文件创建一个简单的 DataFrame，以便更好地理解这个问题

```
>>> import pandas as pd
>>> from io import StringIO
>>> csv_data = \
```

```
... '''A,B,C,D
... 1.0,2.0,3.0,4.0
... 5.0,6.0,,8.0
... 10.0,11.0,12.0,'''
>>> # If you are using Python 2.7, you need
>>> # to convert the string to unicode:
>>> # csv_data = unicode(csv_data)
>>> df = pd.read_csv(StringIO(csv_data))
>>> df
      A     B     C     D
0   1.0   2.0   3.0   4.0
1   5.0   6.0   NaN   8.0
2  10.0  11.0  12.0   NaN
```

上述代码通过 `read_csv` 函数将 CSV 格式的数据读取到 pandas 库的 `DataFrame` 中。请注意两个缺失的单元格被 `NaN` 替换。上述代码展示了使用 `StringIO` 函数读取 `csv_data` 中的字符并将读取的内容存储到 pandas `DataFrame` 中。此过程与从硬盘上读取常规 CSV 文件相同。

对于尺寸较大的 `DataFrame`，手动查找缺失值很费力。在这种情况下，可以使用 `isnull` 方法查找缺失值，其返回值为一个存有布尔值的 `DataFrame`，这些布尔值表示单元格存储有效数值(`False`)还是缺失值(`True`)。再使用 `sum` 方法可以计算出每一列包含缺失值的数量，如下所示：

```
>>> df.isnull().sum()
A    0
B    0
C    1
D    1
dtype: int64
```

这样，可以计算每列缺失值的数量。下面几小节将介绍各种处理缺失值的方法。

使用 pandas 的 DataFrame 处理数据

尽管 Scikit-Learn 最初开发仅使用 NumPy 数组，但是有时使用 pandas 的 `DataFrame` 对数据进行预处理更方便。如今，Scikit-Learn 中的大多数函数都支持 `DataFrame` 类型的输入。但是，由于 Scikit-Learn 的 API 处理 NumPy 数组更加成熟，因此建议尽可能使用 NumPy 数组。在将数据传递给 Scikit-Learn 估计器之前，随时可以通过 `DataFrame` 的 `values` 属性获取 `DataFrame` 的底层 NumPy 数组：

```
>>> df.values
array([[ 1.,   2.,   3.,   4.],
       [ 5.,   6.,  nan,   8.],
       [ 10.,  11.,  12.,  nan]])
```

4.1.2　删除含有缺失值的样本或特征

处理缺失值的最简单方法之一就是从数据集中完全删除缺失值对应的样本(行)或特征(列)。可以使用 dropna 方法轻松地删除所有包含缺失值的行：

```
>>> df.dropna(axis=0)
     A    B    C    D
0  1.0  2.0  3.0  4.0
```

类似地，将参数 axis 设置为 1，可以删除包含 NaN 的列：

```
>>> df.dropna(axis=1)
      A     B
0   1.0   2.0
1   5.0   6.0
2  10.0  11.0
```

dropna 方法还有其他几个参数可以设置，有时也可以派上用场：

```
>>> # only drop rows where all columns are NaN
>>> # (returns the whole array here since we don't
>>> # have a row with all values NaN)
>>> df.dropna(how='all')
      A     B     C    D
0   1.0   2.0   3.0  4.0
1   5.0   6.0   NaN  8.0
2  10.0  11.0  12.0  NaN
>>> # drop rows that have fewer than 4 real values
>>> df.dropna(thresh=4)
      A     B     C    D
0   1.0   2.0   3.0  4.0
>>> # only drop rows where NaN appear in specific columns (here: 'C')
>>> df.dropna(subset=['C'])
      A     B     C    D
0   1.0   2.0   3.0  4.0
2  10.0  11.0  12.0  NaN
```

虽然删除缺失值简单方便，但该方法存在一些缺点。例如，删除太多样本行将使数据分析的结果不可靠；删除太多特征列将会丢失用于分类任务的辨别性信息。下一节将介绍处理缺失值最常用的方法——插值法。

4.1.3　填补缺失值

通常，删除训练样本整行或整列都不可行，因为会丢失太多有价值的数据和信息。在这种情况下，可以使用插值方法，即根据数据集中其他样本估计缺失数据的值。常用的一种插值方法为**均值插补**(mean imputation)。均值插补是使用整个特征列的均值替换缺失值。可以调用 Scikit-Learn 中的 `SimpleImputer` 类实现均值插补，代码如下所示：

```
>>> from sklearn.impute import SimpleImputer
>>> import numpy as np
>>> imr = SimpleImputer(missing_values=np.nan, strategy='mean')
>>> imr = imr.fit(df.values)
>>> imputed_data = imr.transform(df.values)
>>> imputed_data
array([[  1.,   2.,   3.,   4.],
       [  5.,   6.,  7.5,   8.],
       [ 10.,  11.,  12.,   6.]])
```

在这里，用 `NaN` 值对应的特征列的均值替换每个 `NaN` 值。`strategy` 参数还可以设置为 `median` 或 `most_frequent`，前者用缺失值对应的特征列的中位数替换缺失值，后者用缺失值对应的特征列的众数替换缺失值。用众数替代缺失值对于类别特征非常有用，例如，存储颜色编码(如红色、绿色和蓝色)的特征列。本章后续部分会提到此类数据的例子。

使用 pandas 的 `fillna` 方法是实现缺失值插补的另一种常用方法。使用 `fillna` 方法时，需要提供插补方法作为参数。例如，使用 pandas 时可以运行以下命令在 `DataFrame` 对象中实现均值插补(见图 4.1)：

```
>>> df.fillna(df.mean())
```

	A	B	C	D
0	1.0	2.0	3.0	4.0
1	5.0	6.0	7.5	8.5
2	10.0	11.0	12.0	6.0

图 4.1　用均值替换数据中缺失的值

其他填补缺失数据的方法

还存在其他填补缺失数值的方法，例如，`KNNImputer` 方法使用 k 近邻方法填补缺失的特征值，建议阅读 https://scikit-learn.org/stable/modules/impute.html 上的 Scikit-Learn 数据填补官方文档。

4.1.4　Scikit-Learn 的估计器

上一节使用了 Scikit-Learn 中的 `SimpleImputer` 类来插补数据集中的缺失值。`SimpleIm-`

puter 类是 Scikit -Learn 中 transformer API 的一个类。transformer API 包含与数据转换相关的 Python 类。(请注意，不要把 Scikit-Learn 中的 transformer API 与自然语言处理中的 transformer 架构混淆，第 16 章将详细介绍自然语言处理中的 transformers)。在这些估计器(Scikit-Learn 中的 transformer API 类)中，有两个基本方法，分别是 `fit` 和 `transform`。`fit` 方法用于从训练数据中学习参数；`transform` 方法使用学习到的参数变换数据。任何被变换的数据都需要与训练数据具有相同特征数。

图 4.2 展示了如何在训练数据上拟合 Scikit-Learn 的 transformer 实例，然后用拟合好的 transformer 实例变换训练数据集和新的测试数据集。

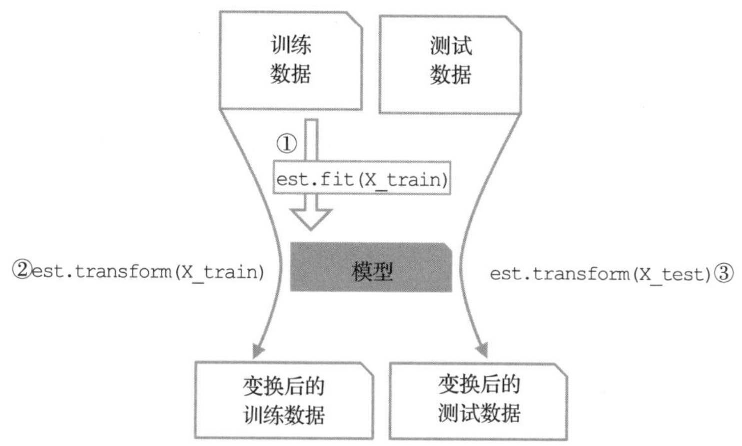

图 4.2　使用 Scikit-Learn API 实现数据变换

第 3 章中使用的分类器属于 Scikit-Learn 中的**估计器**，其 API 在概念上与 Scikit-Learn transformer API 非常相似。在本章后面将会看到，估计器都有一个 `predict` 方法，也可能有一个 `transform` 方法。在前几章已经介绍过，在训练这些估计器完成分类任务时，使用 `fit` 方法学习模型的参数。在监督学习任务中，还提供了类别标签用于模型拟合，然后使用 `predict` 方法对新的、无标签数据样本进行预测，如图 4.3 所示。

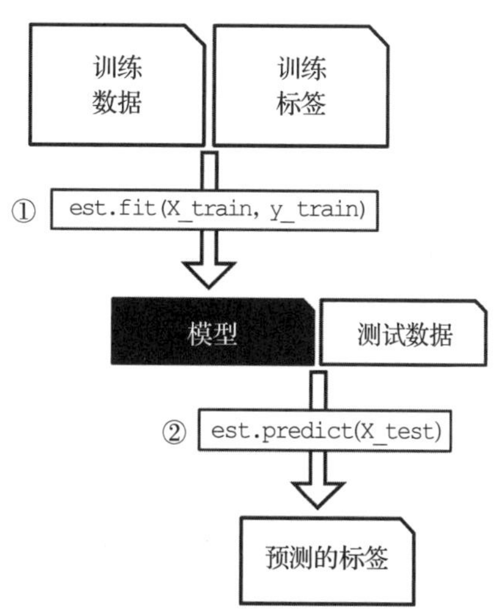

图 4.3　Scikit-Learn API 预测模型(如分类器)工作流程

4.2　处理类别数据

到目前为止，我们只研究了数值特征。然而，在现实世界中会经常遇到包含一个或多个类别特征列的数据集。本节将使用简单有用的例子来解释如何用数值计算库处理此类数据。

当谈论到类别数据时，必须要进一步区分**有序**(ordinal)特征和**标称**(nominal)特征。有序特征可以理解为能够排序的类别值。例如，T 恤尺寸是有序特征，因为可以定义 T 恤尺寸的顺序，如 XL>L>M。相比之下，标称特征没有任何有意义的顺序。仍然以 T 恤为例，可以将 T 恤颜色看作一个标称特征，因为通常来讲，红色比蓝色大这一说法是没有意义的。

4.2.1 用 pandas 实现类别数据编码

在介绍各种处理类别特征数据的方法之前，先创建一个新的 DataFrame 来说明这个问题：

```
>>> import pandas as pd
>>> df = pd.DataFrame([
...             ['green', 'M', 10.1, 'class2'],
...             ['red', 'L', 13.5, 'class1'],
...             ['blue', 'XL', 15.3, 'class2']])
>>> df.columns = ['color', 'size', 'price', 'classlabel']
>>> df
   color  size  price  classlabel
0  green     M   10.1      class2
1    red     L   13.5      class1
2   blue    XL   15.3      class2
```

正如代码运行结果所示，新创建的 DataFrame 包含一个标称特征(color)、一个有序特征(size)和一个数值特征(price)列。类别标签(假设数据集为监督学习数据集)存储在最后一列中。本书讨论的机器学习分类算法不使用类别标签的顺序信息。

4.2.2 映射有序特征

为确保机器学习算法可以正确理解有序特征，需要将类别字符串转换为整数。因为没有现成的函数可以自动导出 size 特征标签的正确顺序，所以必须手动定义一个映射关系。在下面的例子中，假设已知特征之间的数值差异，例如 XL=L+1=M+2：

```
>>> size_mapping = {'XL': 3,
...                 'L': 2,
...                 'M': 1}
>>> df['size'] = df['size'].map(size_mapping)
>>> df
   color  size  price  classlabel
0  green     1   10.1      class2
1    red     2   13.5      class1
2   blue     3   15.3      class2
```

如果想在以后将整数值转换回原始的字符串表示形式，那么可以定义一个反向映射字典，例如，`inv_size_mapping={v:k for k,v in size_mapping.items()}`，然后使用 pandas 的 `map` 方法处理转换后的特征列。这与之前使用的 **`size_mapping`** 字典类似。Python 代码如下所示：

```
>>> inv_size_mapping = {v: k for k, v in size_mapping.items()}
>>> df['size'].map(inv_size_mapping)
0    M
1    L
2    XL
Name: size, dtype: object
```

4.2.3 类别标签编码

许多机器学习库都要求将类别标签编码为整数值。尽管 Scikit-Learn 中大多数分类器或估计器可以在内部将类别标签转换为整数，但给分类器提供整数数组形式的类别标签在实践中被认为是一种好的做法，可以从技术上避免很多问题。为了对类别标签进行编码，可以使用类似于前面讨论的有序特征映射方法。需要记住的是，类别标签是无序的，而且把某个特定的字符串标签转换为哪个整数并不重要。因此，可以简单地从 `0` 开始枚举类别标签：

```
>>> import numpy as np
>>> class_mapping = {label: idx for idx, label in
...                  enumerate(np.unique(df['classlabel']))}
>>> class_mapping
{'class1': 0, 'class2': 1}
```

接下来，使用映射字典将类别标签转换为整数：

```
>>> df['classlabel'] = df['classlabel'].map(class_mapping)
>>> df
   color  size  price  classlabel
0  green     1   10.1           1
1    red     2   13.5           0
2   blue     3   15.3           1
```

可以按如下方式反转映射字典中的 key-value 对，将转换后的类别标签映射回原始字符串，如下所示：

```
>>> inv_class_mapping = {v: k for k, v in class_mapping.items()}
>>> df['classlabel'] = df['classlabel'].map(inv_class_mapping)
>>> df
   color  size  price  classlabel
0  green     1   10.1      class2
```

```
1    red    2   13.5     class1
2    blue   3   15.3     class2
```

或者，也可以调用 Scikit-Learn 中的 `LabelEncoder` 类直接实现上述工作：

```
>>> from sklearn.preprocessing import LabelEncoder
>>> class_le = LabelEncoder()
>>> y = class_le.fit_transform(df['classlabel'].values)
>>> y
array([1, 0, 1])
```

请注意，`fit_transform` 方法相当于先后调用 `fit` 方法和 `transform` 方法。可以使用 `inverse_transform` 方法将整数类别标签转换回其原始字符串表示形式：

```
>>> class_le.inverse_transform(y)
array(['class2', 'class1', 'class2'], dtype=object)
```

4.2.4 标称特征的独热编码

4.2.2 节使用了一种简单的字典映射方法将有序特征 `size` 转换为整数。因为 Scikit-Learn 中的分类器将类别标签看作无法排序的类别数据（标称数据），所以可以使用 `LabelEncoder` 将字符型类别标签转换为整数型类别标签。也可以使用类似的方法来转换数据集中标称的 `color` 列，如下所示：

```
>>> X = df[['color', 'size', 'price']].values
>>> color_le = LabelEncoder()
>>> X[:, 0] = color_le.fit_transform(X[:, 0])
>>> X
array([[1, 1, 10.1],
       [2, 2, 13.5],
       [0, 3, 15.3]], dtype=object)
```

运行上述代码后，NumPy 数组 `X` 的第一列保存了新的 `color` 值，其编码如下：

- `blue`=0
- `green`=1
- `red`=2

如果就此停止并将数组提供给分类器，那么在处理类别数据时我们就犯下最常见的错误。问题出在哪里？虽然颜色值没有任何特定的顺序，但常见的分类模型（如前几章中介绍的分类模型）根据转换后的特征将假定 `green` 大于 `blue` 和 `red` 大于 `green`。虽然这个假设不正确，但是分类器仍然依据这个假定产生结果。然而，这些结果并非最优。

解决这个问题的一种常见方法是独热编码（one-hot encoding）。这种方法背后的想法是为

“标称”特征列中特征值的每一个类创建一个新的虚拟特征。将 color 特征转换为三个新特征：blue、green 和 red。然后可以使用二进制值来表示颜色，例如，blue 可以编码为 blue = 1、green = 0、red = 0。为了执行此转换，可以使用 Scikit-Learn 中 preprocessing 模块中的 OneHotEncoder 方法：

```
>>> from sklearn.preprocessing import OneHotEncoder
>>> X = df[['color', 'size', 'price']].values
>>> color_ohe = OneHotEncoder()
>>> color_ohe.fit_transform(X[:, 0].reshape(-1, 1)).toarray()
    array([[0., 1., 0.],
           [0., 0., 1.],
           [1., 0., 0.]])
```

请注意，上述代码仅将 OneHotEncoder 应用于一个列(X[:,0].reshape(-1,1))，以避免修改数组中的其他两列。如果想有选择地变换数组中的某些列，可以使用 ColumnTransformer 方法。ColumnTransformer 方法接受(name,transformer,column(s))这种形式的列表，如下所示：

```
>>> from sklearn.compose import ColumnTransformer
>>> X = df[['color', 'size', 'price']].values
>>> c_transf = ColumnTransformer([
...     ('onehot', OneHotEncoder(), [0]),
...     ('nothing', 'passthrough', [1, 2])
... ])
>>> c_transf.fit_transform(X).astype(float)
    array([[0.0, 1.0, 0.0, 1, 10.1],
           [0.0, 0.0, 1.0, 2, 13.5],
           [1.0, 0.0, 0.0, 3, 15.3]])
```

上述的代码只修改了数组的第一列，并通过，'passthrough'，参数保持其他两列保持不变[⊖]。

使用独热编码创建虚拟特征更方便的一种方法是 pandas 中的 get_dummies 方法。应用于 DataFrame 时，get_dummies 方法只转换 DataFrame 中的字符串列，其他列保持不变：

```
>>> pd.get_dummies(df[['price', 'color', 'size']])
    price  size  color_blue  color_green  color_red
0    10.1     1           0            1          0
1    13.5     2           0            0          1
2    15.3     3           1            0          0
```

当使用独热编码处理数据集时，必须注意独热编码会引入多重共线性问题，会导致使用某些方法(例如矩阵求逆)出问题。在计算矩阵的逆矩阵时，高度相关的特征列会导致数值计

⊖ 仅对第一个 color 特征进行独热编码，其他两个特征不变。——译者注

算不稳定，甚至逆矩阵不存在。为了减小特征列之间的相关性，可以删除独热编码数组中的一个虚拟特征列。但是请注意，并不会因为删除一个特征列而丢失任何重要的信息。例如，如果删除 color_blue 列，所有特征的信息仍然保留，因为如果观察到 color_green = 0 和 color_red = 0，这意味着颜色一定是 blue。

在调用 get_dummies 函数时，可以设置 drop_first 参数为 True 删除第一列，代码如下所示：

```
>>> pd.get_dummies(df[['price', 'color', 'size']],
...                drop_first=True)
    price  size  color_green  color_red
0    10.1     1            1          0
1    13.5     2            0          1
2    15.3     3            0          0
```

如果通过 OneHotEncoder 删除冗余列，需要设置 drop = 'first'，并设置 categories = 'auto'，代码如下所示：

```
>>> color_ohe = OneHotEncoder(categories='auto', drop='first')
>>> c_transf = ColumnTransformer([
...            ('onehot', color_ohe, [0]),
...            ('nothing', 'passthrough', [1, 2])
... ])
>>> c_transf.fit_transform(X).astype(float)
array([[  1. ,  0. ,  1. ,  10.1],
       [  0. ,  1. ,  2. ,  13.5],
       [  0. ,  0. ,  3. ,  15.3]])
```

标称数据的其他编码方案

虽然独热编码是无序类别变量编码的最常见方式，但还存在几种其他编码方法。其中几种方法在类别特征种类很大的情况下非常好用，相关例子包括：

- 二进制编码，生成多个类似于独热编码的二进制特征编码，但特征列的个数较少，为 $\log_2(K)$ 而非 $K-1$，其中 K 是特征类别的数量。在二进制编码中，首先转换数字为二进制表示，然后每个二进制表示的每一个位置为新的特征列。
- 计数编码或频率编码，用每个类别特征在训练集中出现的次数或频率代替对应的特征。

可以在与 Scikit-Learn 兼容的 category_encoder 库 https://contrib.scikit-learn.org/category_encoders/ 中查阅上述方法以及其他类别特征编码方法。

虽然这些方法不能保证在性能上（模型性能）优于独热编码，但是可以将类别变量编码作为提高模型性能的“超参数”。

（选读）有序特征编码

如果不确定不同类别有序特征之间的数字差异，或者两个有序值之间的差异是否有定义，可以使用阈值将有序特征编码为 0/1 值。例如，可以将 size 特征中的三类值 M、L 和 XL 变换成两个新的特征 x>M 和 x> L。继续考虑上述的 DataFrame：

```
>>> df = pd.DataFrame([['green', 'M', 10.1,
...                      'class2'],
...                     ['red', 'L', 13.5,
...                      'class1'],
...                     ['blue', 'XL', 15.3,
...                      'class2']])
>>> df.columns = ['color', 'size', 'price',
...               'classlabel']
>>> df
```

可以使用 pandas 中 DataFrame 的 apply 方法编写自定义 lambda 表达式，使用值-阈值方法对 size 变量进行编码：

```
>>> df['x > M'] = df['size'].apply(
...     lambda x: 1 if x in {'L', 'XL'} else 0)
>>> df['x > L'] = df['size'].apply(
...     lambda x: 1 if x == 'XL' else 0)
>>> del df['size']
>>> df
```

4.3　将数据集划分为训练数据集和测试数据集

第 1 章和第 3 章简要介绍了将数据集划分为独立的训练数据集和测试数据集的相关概念。请记住，需要在测试数据集上比较真实标签与模型给出的预测标签，可以将这个过程理解为在现实世界中使用模型之前对模型进行无偏的性能评估。本节将使用一个新的数据集——葡萄酒数据集。在对数据集进行预处理之后，将探索多种用于降低数据集维数的特征选择方法。

获取葡萄酒数据集

你可以从本书的代码网站（https://archive.ics.uci.edu/ml/machine-learning-databases/wine/wine.data）获取葡萄酒数据集（以及本书用到的其他数据集），以备脱机工作或者 UCI 服务器宕机时使用。如果要从本地加载葡萄酒数据集，可以使用下述代码：

```
df = pd.read_csv(
    'your/local/path/to/wine.data', header=None
)
```

代替

```
df = pd.read_csv(
    'https://archive.ics.uci.edu/ml/'
    'machine-learning-databases/wine/wine.data',
    header=None
)
```

葡萄酒数据集是 UCI 机器学习库的另一个开源数据集。数据集包含了具有 13 个特征的 178 个葡萄酒样本，其中 13 个特征是用于描述葡萄酒的化学特性。

使用 pandas 可以直接从 UCI 机器学习库读取开源的葡萄酒数据集：

```
>>> df_wine = pd.read_csv('https://archive.ics.uci.edu/'
...                       'ml/machine-learning-databases/'
...                       'wine/wine.data', header=None)
>>> df_wine.columns = ['Class label', 'Alcohol',
...                    'Malic acid', 'Ash',
...                    'Alcalinity of ash', 'Magnesium',
...                    'Total phenols', 'Flavanoids',
...                    'Nonflavanoid phenols',
...                    'Proanthocyanins',
...                    'Color intensity', 'Hue',
...                    'OD280/OD315 of diluted wines',
...                    'Proline']
>>> print('Class labels', np.unique(df_wine['Class label']))
Class labels [1 2 3]
>>> df_wine.head()
```

图 4.4 列出了葡萄酒数据集中用于描述 178 个葡萄酒样本化学特性的 13 个特征。

	Class label	Alcohol	Malic acid	Ash	Alcalinity of ash	Magnesium	Total phenols	Flavanoids	Nonflavanoid phenols	Proanthocyanins	Color intensity	Hue	OD280/OD315 of diluted wines	Proline
0	1	14.23	1.71	2.43	15.6	127	2.80	3.06	0.28	2.29	5.64	1.04	3.92	1 065
1	1	13.20	1.78	2.14	11.2	100	2.65	2.76	0.26	1.28	4.38	1.05	3.40	1 050
2	1	13.16	2.36	2.67	18.6	101	2.80	3.24	0.30	2.81	5.68	1.03	3.17	1 185
3	1	14.37	1.95	2.50	16.8	113	3.85	3.49	0.24	2.18	7.80	0.86	3.45	1 480
4	1	13.24	2.59	2.87	21.0	118	2.80	2.69	0.39	1.82	4.32	1.04	2.93	735

图 4.4　葡萄酒数据集样本

这些样本属于三个不同类别（即 1、2 和 3）的葡萄酒。三种葡萄酒指的是在意大利同一地区种植的三种不同类型的葡萄酿制的葡萄酒。数据集摘要见网站 https://archive.ics.uci.edu/ml/machine-learning-databases/wine/wine.names。

可以使用 Scikit-Learn 的 `model_selection` 子包中的 `train_test_split` 函数将数据集随

机划分为独立的训练数据集和测试数据集：

```
>>> from sklearn.model_selection import train_test_split
>>> X, y = df_wine.iloc[:, 1:].values, df_wine.iloc[:, 0].values
>>> X_train, X_test, y_train, y_test =\
...     train_test_split(X, y,
...                      test_size=0.3,
...                      random_state=0,
...                      stratify=y)
```

首先，把数据第 2 列到第 13 列存储到 NumPy 数组 `X` 中，把代表类别标签的第 1 列存到变量 `y` 中。然后，使用 `train_test_split` 函数将 `X` 和 `y` 随机拆分为训练数据集和测试数据集。

通过设置 `test_size=0.3`，将 30%葡萄酒样本分配给 `X_test` 和 `y_test`，其余 70%样本分配给 `X_train` 和 `y_train`。把类别标签 `y` 作为 `stratify` 的参数可以保证训练数据集和测试数据集与原始数据集具有相同的类别标签比例。

选择合适的比例划分训练数据集和测试数据集

把数据集划分为训练数据集和测试数据集的目的是确保机器学习算法可以从数据中获得有价值的信息。因此，不能让测试数据集过大，因为这样分配给测试数据集的信息过多。然而，如果测试数据集过小，对模型泛化误差的估计将不准确。将数据集划分为训练数据集和测试数据集就是对上述两种情况的平衡。在实践中，根据初始数据集的规模，最常用的划分比例为 60∶40、70∶30 或 80∶20。然而，对于大规模数据集，将划分比例定为 90∶10 或 99∶1 也是常见做法。例如，如果数据集包含超过 100 000 个训练样本，则可以仅保留 10 000 个样本进行测试，以获得对模型泛化性能的良好估计。关于数据集划分的更多知识，可以查阅我写的文章“Model evaluation, model selection, and algorithm selection in machine learning”的第一部分(https://arxiv.org/pdf/1811.12808.pdf)。此外，第 6 章将详细地讨论模型评估。

在模型训练和评估后，一般不会丢弃测试数据。通常的做法是使用整个数据集重新训练分类器，以提高模型的预测性能。虽然通常推荐这种方法，但是如果数据集的规模很小而且测试数据集包含异常值，那么这种方法有可能导致模型具有较差的泛化性能。此外，在整个数据集上重新拟合模型后，将没有任何独立的数据集用来评估模型的性能。

4.4 使特征具有相同的尺度

特征缩放是数据预处理中一个容易被遗忘的关键步骤。决策树和随机森林是两种为数不多的不需要特征缩放的机器学习算法，这些算法不受特征缩放的影响。然而，正如第 2 章实现梯度下降优化算法中所看到的那样，如果将特征缩放到相同的尺度，大多数机器学习和优化算法将会表现得更好。

可以通过一个简单的例子来说明特征缩放的重要性。假设有两个特征，一个特征的值在 1 到 10 范围内，另一个特征的值在 1 到 100 000 的范围内。

如果使用第 2 章 Adaline 的平方差损失函数，可以说算法主要根据第二个特征优化权重，因为第二个特征主导平方差损失函数值。另一个例子是 k 近邻算法，k 近邻算法使用欧氏距离度量样本间的距离，这样样本间的距离将由第二个特征轴控制。

标准化和**归一化**是两种常见的可以将特征值调整到同一尺度的方法。请注意，许多领域使用这些术语，但使用并不规范，因此，要根据上下文来判断这些术语的具体含义。通常，归一化指的是将特征缩放到[0，1]范围内，是最小最大缩放(min-max scaling)的一种特殊情况。为了使数据归一化，可以简单地对每一个特征列进行最小最大缩放。在下面式子中，使用最小最大缩放方法归一化一个样本的第 i 个特征：

$$x_{\text{norm}}^{(i)}=\frac{x^{(i)}-x_{\min}}{x_{\max}-x_{\min}}$$

其中 $x^{(i)}$ 是一个特定样本的第 i 个特征，$x_{\min}$ 是所有数据第 i 个特征中的最小值，$x_{\max}$ 是所有数据第 i 个特征中的最大值，$x_{\text{norm}}^{(i)}$ 是特定样本缩放后的第 i 个特征。

下述代码使用 Scikit-Learn 实现了最小最大缩放：

```
>>> from sklearn.preprocessing import MinMaxScaler
>>> mms = MinMaxScaler()
>>> X_train_norm = mms.fit_transform(X_train)
>>> X_test_norm = mms.transform(X_test)
```

使用最小最大缩放进行数据归一化是一种常用的方法，在需要特征值位于有界区间时非常有用。但对许多机器学习算法，尤其是梯度下降类型的优化算法，标准化更加实用，因为许多线性模型，如第 3 章中的逻辑回归和支持向量机，将权重初始化为 0 或接近 0 的随机数。标准化将特征列的中心值设置为 0、标准差设置为 1，这样特征列的参数与标准正态分布(零均值和单位方差)的参数相同，从而使模型更容易学习权重。然而，应该强调，标准化不会改变特征列的分布形状，也不会将非正态分布的特征列转换为正态分布。除了将数据进行平移缩放使其具有零均值和单位方差之外，标准化保留了特征列的其他信息，包括异常值信息等。这样，学习算法对异常值的敏感度会降低，而最小最大缩放则将数据缩放到有限的范围从而丢失了异常值的信息。

标准化可以用以下表达式表示：

$$x_{\text{std}}^{(i)}=\frac{x^{(i)}-\mu_x}{\sigma_x}$$

这里 μ_x 是第 i 个特征列的样本均值，σ_x 是第 i 个特征列的标准差。

对于由数字 0 到 5 组成的简单样本数据集，表 4.1 展示了归一化和标准化两种特征缩放方法之间的差异。

表 4.1　标准化和最小最大归一化的比较

输入	标准化	最小最大归一化
0.0	-1.463 85	0.0
1.0	-0.878 31	0.2
2.0	-0.292 77	0.4
3.0	0.292 77	0.6
4.0	0.878 31	0.8
5.0	1.463 85	1.0

运行以下代码，可以执行表中所示的标准化和归一化：

```
>>> ex = np.array([0, 1, 2, 3, 4, 5])
>>> print('standardized:', (ex - ex.mean()) / ex.std())
standardized: [-1.46385011  -0.87831007  -0.29277002  0.29277002
0.87831007  1.46385011]
>>> print('normalized:', (ex - ex.min()) / (ex.max() - ex.min()))
normalized: [ 0.   0.2  0.4  0.6  0.8  1. ]
```

与 MinMaxScaler 类类似，Scikit-Learn 也实现了一个标准化类：

```
>>> from sklearn.preprocessing import StandardScaler
>>> stdsc = StandardScaler()
>>> X_train_std = stdsc.fit_transform(X_train)
>>> X_test_std = stdsc.transform(X_test)
```

再次强调，只能使用训练数据拟合 StandardScaler 类，再用拟合后的参数转换测试数据集或任何新的数据样本，这一点非常重要。

Scikit-Learn 还提供其他更高级的特征缩放方法，例如 RobustScaler。如果数据集是包含许多异常值的小数据集，那么 RobustScaler 尤其有用，并且推荐使用。类似地，如果机器学习算法很容易过拟合该数据集，那么 RobustScaler 也是一个不错的选择。RobustScaler 独立处理数据的每个特征列。具体来讲，RobustScaler 调整中位数为 0，并根据数据集的第 1 和第 3 四分位数(即分别为第 25 和第 75 分位数)对数据进行缩放，以减小极值和异常值的影响。感兴趣的读者可以阅读 https://scikit-learn.org/stable/modules/generated/sklearn.preprocessing.RobustScaler.html 上 Scikit-Learn 官方文档关于 RobustScaler 的说明。

4.5　选择有意义的特征

如果观察到模型在训练数据集上的性能比在测试数据集上的性能好得多，那么很有可能发生过拟合现象。正如在第 3 章中所讨论的那样，过拟合意味着模型在训练数据集上调整参数拟合某些样本过好，但不能很好地在新数据上泛化，因此说这个模型具有很大的方差。过拟合的原因是相对于训练数据模型过于复杂。减少泛化误差的常见的解决方案如下：

- 收集更多的训练数据；
- 通过引入正则化对模型的复杂性进行惩罚；
- 选择参数较少的简单模型；
- 降低数据的维度。

收集更多的训练数据通常不现实。第 6 章将介绍一种有用的方法，以判断额外提供的训练数据是否有用。在接下来的章节中，将学习如何使用正则化和特征选择降维方法来减少模型过拟合。特征选择使模型的参数减少，从而模型变得更简单。第 5 章将研究特征提取方法。

4.5.1　用 L1 和 L2 正则化对模型复杂度进行惩罚

回顾第 3 章，L2 正则化通过惩罚数值较大的权重来降低模型的复杂度。权重向量的 L2 范数定义如下：

$$\text{L2}: \|\boldsymbol{w}\|_2^2 = \sum_{j=1}^{m} w_j^2$$

另一种降低模型复杂度的方法是 L1 正则化，定义如下：

$$\text{L1}: \|\boldsymbol{w}\|_1 = \sum_{j=1}^{m} |w_j|$$

这里，简单地用权重的绝对值之和代替权重的平方和。与 L2 正则化相比，L1 正则化通常产生稀疏特征向量，即大多数特征权重为零。对于特征不相关的高维数据集，尤其是特征个数大于样本个数的数据集，稀疏结果有很大价值。在这种情况下，可以理解 L1 正则化方法为一种特征选择方法。

4.5.2　L2 正则化的几何解释

如前一小节所述，L2 正则化为损失函数添加了一个惩罚项。与未使用正则化的损失函数相比，该惩罚项有效地抑制了值较大的权重。

为了更好地理解 L1 正则化如何导致稀疏权重，首先看下正则化的几何解释。我们将绘制一个参数为权重 w_1 和 w_2 的凸损失函数的等值线图。

这里使用第 2 章中 Adaline 的均方误差损失函数。计算均方误差损失函数需要计算训练数据集中所有训练样本真实标签和预测标签差值的平方和。由于均方误差等值线是圆形的，因此比绘制逻辑回归算法的损失函数等值线更容易。然而，同样的方法也适用于绘制逻辑回归损失函数等值线。请记住，我们的目标是找到使训练数据损失函数最小的权重组合，如图 4.5（椭圆中心的点）所示。

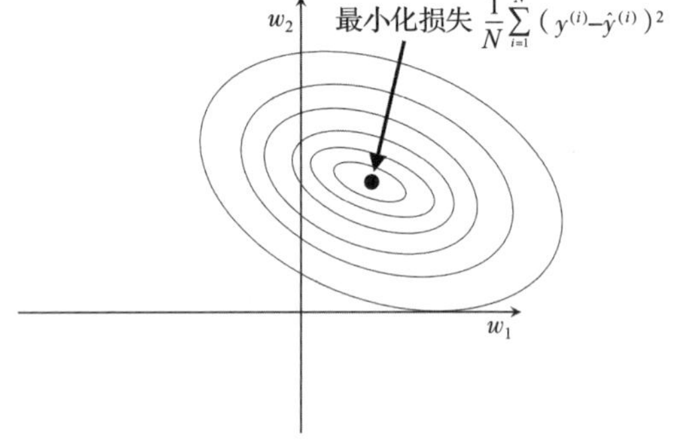

图 4.5　最小化均方误差损失函数

可以把正则化看作在损失函数中增加一个惩罚项，以鼓励更小的权重，或者说惩罚较大的权重。因此，增大正则化参数 λ 会增加正则化强度，从而减小权重的值。图 4.6 说明 L2 惩罚项这个概念。

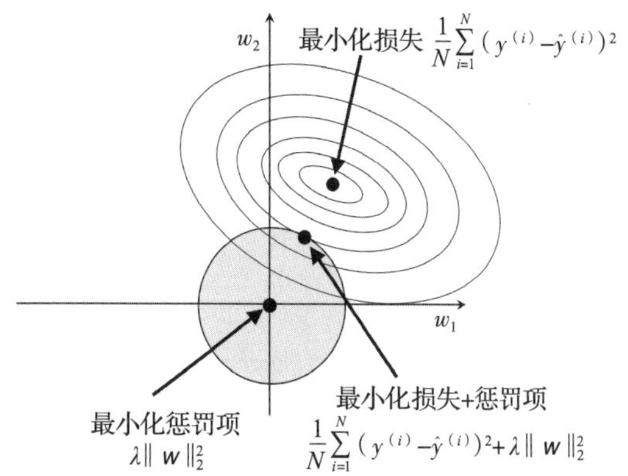

图 4.6 对损失函数应用 L2 正则化

图 4.6 中的阴影圆表示 L2 正则化项的约束范围。在这里，权重的值不能超过正则化约束的范围，即权重的组合不能落在阴影区域之外。同时还要最小化损失函数。在正则化约束条件下，我们能做的最大努力是找到 L2 圆与不含正则化项损失函数的轮廓相交的点。正则化参数 λ 越大，惩罚程度越高，从而导致 L2 圆越小。例如，如果将正则化参数 λ 的值增加到无穷大，那么权重将变为零，即为 L2 圆的中心点坐标。现在总结一下正则化的作用：我们的目标是最小化不含正则化项的损失函数与惩罚项的和，可以将此理解为在没有足够的训练数据拟合模型的情况下，增加模型的偏差并选择一个较简单的模型来减小方差。

4.5.3 L1 正则化与稀疏解

现在讨论 L1 正则化和稀疏性。L1 正则化背后的主要原理与上一小节中讨论的 L2 正则化类似。然而，由于 L1 正则化项是权重绝对值的总和(L2 正则化项是一个二次项)，因此可以用菱形表示其约束区域，如图 4.7 所示。

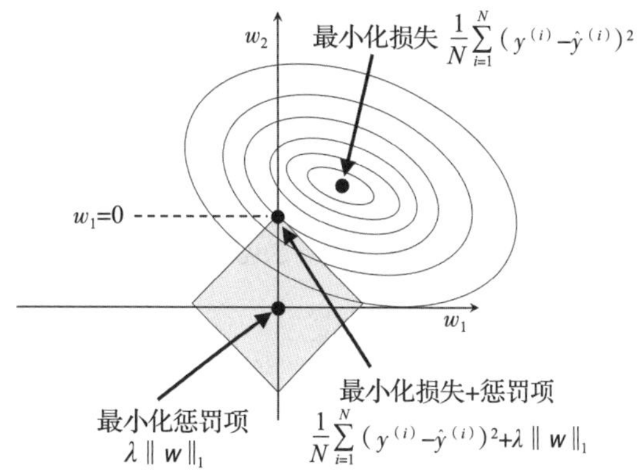

图 4.7 对损失函数应用 L1 正则化

在上图中，可以看到损失函数的轮廓在 $w_1=0$ 时与 L1 菱形接触。由于 L1 正则化约束区域的轮廓锐利，因此，最优解(即表示损失函数的椭圆与 L1 正则化菱形的交点)更有可能位于坐标轴上，从而使最优解稀疏[⊖]。

L1 正则化与稀疏性

关于 L1 正则化导致稀疏性的数学细节超出了本书的讨论范围。如果有兴趣，可以阅读 Trevor Hastie、Robert Tibshirani 和 Jerome Friedman 撰写的 *The Elements of Statistical Learning*(Springer Science+Business Media, 2009)的 3.4 节，那里对 L2 和 L1 正则化给出了极好解释。

⊖ 稀疏向量是指大多数元素为零值元素的向量。——译者注

Scikit-Learn 支持 L1 正则化的模型，可以设置 `penalty` 参数为 `'l1'` 来获得稀疏解：

```
>>> from sklearn.linear_model import LogisticRegression
>>> LogisticRegression(penalty='l1',
...                    solver='liblinear',
...                    multi_class='ovr')
```

请注意，还需要选择具体的优化算法(例如，`solver='liblinear'`)，因为`'lbfgs'`目前不支持 L1 正则化损失优化。使用标准化处理后的葡萄酒数据，L1 正则化逻辑回归将产生以下稀疏解：

```
>>> lr = LogisticRegression(penalty='l1',
...                         C=1.0,
...                         solver='liblinear',
...                         multi_class='ovr')
>>> # Note that C=1.0 is the default. You can increase
>>> # or decrease it to make the regularization effect
>>> # stronger or weaker, respectively.
>>> lr.fit(X_train_std, y_train)
>>> print('Training accuracy:', lr.score(X_train_std, y_train))
Training accuracy: 1.0
>>> print('Test accuracy:', lr.score(X_test_std, y_test))
Test accuracy: 1.0
```

训练数据准确率和测试数据准确率(均为 100%)表明，L1 正则化模型在这两个数据集上都表现很好。当使用 `lr. intercept_` 属性查看截距时，可以看到返回的三个值：

```
>>> lr.intercept_
    array([-1.26317363, -1.21537306, -2.37111954])
```

由于使用一对多(OvR)方法在多类数据集上拟合 `LogisticRegression` 对象，第一个截距属于拟合类别 1 与类别 2、3 的模型，第二个值是拟合类别 2 与类别 1、3 模型的截距，第三个值是拟合类别 3 与类别 1、2 模型的截距：

```
>>> lr.coef_
array([[ 1.24647953,  0.18050894,  0.74540443, -1.16301108,
         0.        ,0.         ,  1.16243821,  0.        ,
         0.        , 0.         , 0.         ,  0.55620267,
         2.50890638],
       [-1.53919461, -0.38562247, -0.99565934,  0.36390047,
        -0.05892612, 0.         ,  0.66710883,  0.        ,
         0.        , -1.9318798 , 1.23775092,  0.        ,
        -2.23280039],
       [ 0.13557571,  0.16848763,  0.35710712,  0.        ,
```

```
       0.        , 0.        , -2.43804744,  0.        ,
       0.        ,  1.56388787, -0.81881015, -0.49217022,
       0.        ]])
```

通过访问 `lr.coef_`属性，可以返回一个包含三行权重的权重数组，每一行包含 13 个权重对应一个葡萄酒类别。每个权重乘以一个 13 维葡萄酒数据样本对应的特征，求和并加偏置项，就可以得到逻辑函数的净输入值：

$$z = w_1x_1 + w_2x_2 + \cdots + w_mx_m + b = \sum_{j=1}^{m} w_jx_j + b = \boldsymbol{w}^{\mathrm{T}}\boldsymbol{x} + b$$

访问 Scikit-Learn 估计器的偏置项和权重参数

在 Scikit-Learn 中，intercept_对应偏置项，coef_对应权重值 w_j。

正如前面所提到的，使用 L1 正则化会产生稀疏解，因此 L1 正则化可以作为一种特征选择的方法。这样，L1 正则化模型对包含与任务不相关特征的数据具有稳健性。不过，严格来说，上一个例子中的权重向量不一定是稀疏向量，因为它包含的非零元素多于零元素。然而，可以通过进一步增加正则化强度(即选择参数 C 为较小的值)来增强权重向量的稀疏性(权重向量包含更多的零值元素)。

在本章关于正则化的最后一个例子中，我们将改变正则化强度，并绘制正则化路径，即不同正则化强度对应的不同特征的权重：

```
>>> import matplotlib.pyplot as plt
>>> fig = plt.figure()
>>> ax = plt.subplot(111)
>>> colors = ['blue', 'green', 'red', 'cyan',
...           'magenta', 'yellow', 'black',
...           'pink', 'lightgreen', 'lightblue',
...           'gray', 'indigo', 'orange']
>>> weights, params = [], []
>>> for c in np.arange(-4., 6.):
...     lr = LogisticRegression(penalty='l1', C=10.**c,
...                             solver='liblinear',
...                             multi_class='ovr', random_state=0)
...     lr.fit(X_train_std, y_train)
...     weights.append(lr.coef_[1])
...     params.append(10**c)
>>> weights = np.array(weights)
>>> for column, color in zip(range(weights.shape[1]), colors):
...     plt.plot(params, weights[:, column],
...              label=df_wine.columns[column + 1],
```

```
...               color=color)
>>> plt.axhline(0, color='black', linestyle='--', linewidth=3)
>>> plt.xlim([10**(-5), 10**5])
>>> plt.ylabel('Weight coefficient')
>>> plt.xlabel('C (inverse regularization strength)')
>>> plt.xscale('log')
>>> plt.legend(loc='upper left')
>>> ax.legend(loc='upper center',
...           bbox_to_anchor=(1.38, 1.03),
...           ncol=1, fancybox=True)
>>> plt.show()
```

运行上述代码绘制的图可以帮助我们进一步理解 L1 正则化。如图 4.8 所示，如果增大正则化参数(对应 $C<0.01$)，所有权重都将为零，其中，参数 C 是正则化参数 λ 的倒数，即 $C=1/\lambda$。

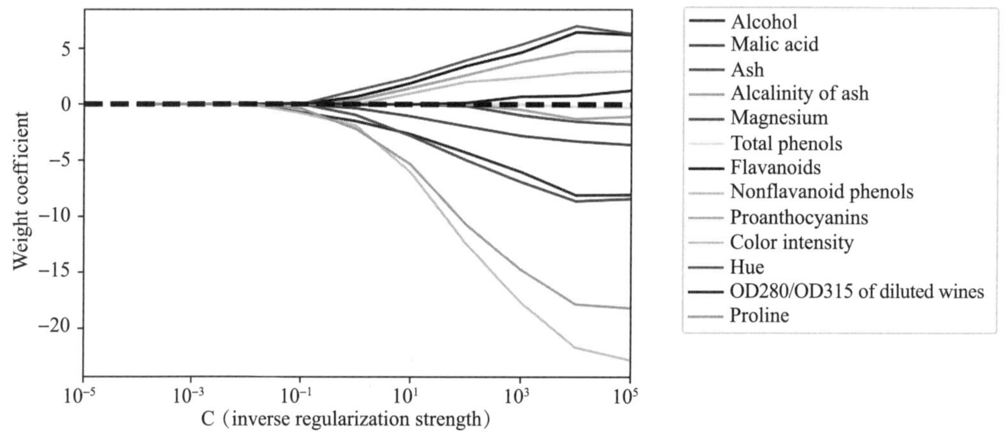

图 4.8 调节正则化强度的超参数 C 对模型权重的影响

4.5.4 序贯特征选择算法

降低模型复杂度和避免过拟合的另一种方法是通过特征选择进行降维，这对于未使用正则化方法的模型尤其有用。有两类降维方法：特征选择和特征提取。特征选择是指选择原始特征集合的一个子集，而特征提取则是从特征集合中提取信息构造一个新的特征子空间。

本小节将介绍一系列经典的特征选择算法。在下一章中，我们将学习特征提取方法，把高维数据集压缩到低维特征子空间。

序贯特征选择算法是一种贪婪搜索算法，用于将初始 d 维特征空间缩减为 k 维特征子空间，其中 $k<d$。特征选择算法背后的原理为选择与任务最相关的特征子集，从而提高计算效率，或者通过删除与任务不相关的特征或噪声过高的特征减小模型的泛化误差，这对于不支持正则化的算法非常有用。

一种经典的序贯特征选择算法是序贯后向选择算法(Sequential Backward Selection，SBS)，其目的是在保持分类器性能下降最小的前提下降低初始特征子空间的维数，提高计算效率。在某些情况下，如果模型存在过拟合问题，SBS 算法甚至可以提高模型的预测能力。

贪婪搜索算法

贪婪算法在组合搜索问题的每个阶段都做出局部最优选择，通常会给出问题的次优解，而穷举搜索算法则评估所有可能的组合，并给出最优解。然而，在实践中，穷举搜索算法往往在计算上不可行，而贪婪算法则可以给出一个不太复杂且计算效率更高的解决方案。

SBS 算法背后的思想非常简单：从完整特征子集中依次删除特征，直到新的特征子空间包含所需数量的特征。为了确定在每个阶段删除哪个特征，需要定义想要最小化的准则函数 J。

准则函数可以简单地表示去除特定特征前后分类器性能的差异。每步要删除的特征可以简单地定义为最小化该准则函数的特征。或者更简单地说，每步都会删除那些对模型性能影响最小的特征。根据上述 SBS 算法的定义，可以通过以下四个简单的步骤概述该算法：

1. 初始化算法 $k=d$，其中 d 是完整特征空间的维数；
2. 选择特征 $\boldsymbol{x}^-$，其中 $\boldsymbol{x}^-$ 是最小化准则函数的特征，即 $\boldsymbol{x}^-=\text{argmax}\ J(\boldsymbol{X}_k-\boldsymbol{x})$，其中 $\boldsymbol{x}\in\boldsymbol{X}_k$；
3. 从特征集合中移除特征 $\boldsymbol{x}^-$，即 $\boldsymbol{X}_{k-1}=\boldsymbol{X}_k-\boldsymbol{x}^-$，$k=k-1$；
4. 如果 k 等于需要的特征数，则终止；否则，继续运行第 2 步。

序贯特征选择算法资源

以下论文详细评估了多个序贯特征选择算法：F. Ferri，P. Pudil，M. Hatef，J. Kittler. Comparative Study of Techniques for Large-Scale Feature Selection，403-413，1994。

为了锻炼编码能力，我们使用 Python 从零开始实现 SBS 算法：

```
from sklearn.base import clone
from itertools import combinations
import numpy as np
from sklearn.metrics import accuracy_score
from sklearn.model_selection import train_test_split

class SBS:
    def __init__(self, estimator, k_features,
                 scoring=accuracy_score,
                 test_size=0.25, random_state=1):
        self.scoring = scoring
        self.estimator = clone(estimator)
```

```
        self.k_features = k_features
        self.test_size = test_size
        self.random_state = random_state
    def fit(self, X, y):
        X_train, X_test, y_train, y_test = \
            train_test_split(X, y, test_size=self.test_size,
                             random_state=self.random_state)

        dim = X_train.shape[1]
        self.indices_ = tuple(range(dim))
        self.subsets_ = [self.indices_]
        score = self._calc_score(X_train, y_train,
                                 X_test, y_test, self.indices_)
        self.scores_ = [score]
        while dim > self.k_features:
            scores = []
            subsets = []

            for p in combinations(self.indices_, r=dim - 1):
                score = self._calc_score(X_train, y_train,
                                         X_test, y_test, p)
                scores.append(score)
                subsets.append(p)

            best = np.argmax(scores)
            self.indices_ = subsets[best]
            self.subsets_.append(self.indices_)
            dim -= 1

            self.scores_.append(scores[best])
        self.k_score_ = self.scores_[-1]

        return self

    def transform(self, X):
        return X[:, self.indices_]

    def _calc_score(self, X_train, y_train, X_test, y_test, indices):
        self.estimator.fit(X_train[:, indices], y_train)
        y_pred = self.estimator.predict(X_test[:, indices])
        score = self.scoring(y_test, y_pred)
        return score
```

在上述代码实现中，定义了 k_features 参数，以指定想要返回的特征的数量。在默认情况下，使用 Scikit-Learn 的 accuracy_score 来评估模型（用于分类的估计器）在特征子集上的性能。

在 fit 方法的 while 循环中，itertools.combination 函数通过删除特征创建特征子集，并用降维后的特征子集验证模型的性能，直至特征子集中特征的数量达到所需的数量。在每次迭代中，最佳子集的准确率得分被存储在一个名为 self.scores_列表中，此准确率是内部创建测试数据集 X_test 的准确率。稍后将使用这些分数来评估特征选择结果。最终特征子集的列索引存储在 self.indices_。可以通过 transform 方法使 self.indices_返回只包含选定特征列的新数组数据。请注意，我们没有在 fit 方法中显式地计算准则，而是简单地删除了性能最佳的特征子集中不包含的特征。

现在使用 Scikit-Learn 中的 k 近邻分类器来衡量上述 SBS 算法的实现：

```
>>> import matplotlib.pyplot as plt
>>> from sklearn.neighbors import KNeighborsClassifier
>>> knn = KNeighborsClassifier(n_neighbors=5)
>>> sbs = SBS(knn, k_features=1)
>>> sbs.fit(X_train_std, y_train)
```

虽然已经在 SBS 的 fit 函数中将数据集拆分为训练数据集和测试数据集，但仍然将训练数据集 X_train 提供给算法。SBS 的 fit 方法将训练数据集拆分为训练子集和测试子集（验证子集），这就是为什么该测试集也称为验证数据集。这种方法非常有必要，可以防止原始测试集成为训练数据集的一部分。

请记住，SBS 算法在每步都会存储最佳特征子集的分数。因此，下面绘制在验证数据集上 k 近邻分类器的分类准确率。代码如下：

```
>>> k_feat = [len(k) for k in sbs.subsets_]
>>> plt.plot(k_feat, sbs.scores_, marker='o')
>>> plt.ylim([0.7, 1.02])
>>> plt.ylabel('Accuracy')
>>> plt.xlabel('Number of features')
>>> plt.grid()
>>> plt.tight_layout()
>>> plt.show()
```

如图 4.9 所示，随着特征数量的减少，k 近邻分类器在验证数据集上的准确性得到了提高。这可能是因为特征数量减少从而缓解了第 3 章所介绍的 k 近邻算法的维数灾难。此外，从图 4.9 中可以看到，对于 $k=\{3,7,8,9,10,11,12\}$，分类器的准确率达到了 100%。

为了满足好奇心，让我们看下在验证数据集上产生如此好的性能的最小特征子集（$k=3$）是什么样子：

```
>>> k3 = list(sbs.subsets_[10])
>>> print(df_wine.columns[1:][k3])
Index(['Alcohol', 'Malic acid', 'OD280/OD315 of diluted wines'],
dtype='object')
```

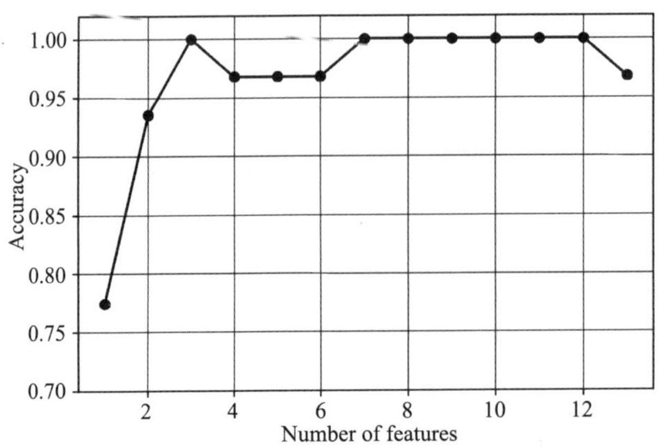

图 4.9 特征数量对模型准确率的影响

运行上述代码，首先从 sbs. subsets_中的第 11 个位置获得三个特征子集的列索引，然后从 pandas 葡萄酒数据集的 DataFrame 对应列获得特征名称。

接下来评估下 k 近邻分类器在原始测试数据集上的分类性能：

```
>>> knn.fit(X_train_std, y_train)
>>> print('Training accuracy:', knn.score(X_train_std, y_train))
Training accuracy: 0.967741935484
>>> print('Test accuracy:', knn.score(X_test_std, y_test))
Test accuracy: 0.962962962963
```

上述代码中使用了完整的特征集，在训练数据集上获得了大约 97%的准确率，在测试数据集上获得了大约 96%的准确率，这表明模型可以很好地在新数据上泛化。现在使用选择的三个特征子集，看看 k 近邻算法的性能如何：

```
>>> knn.fit(X_train_std[:, k3], y_train)
>>> print('Training accuracy:',
...       knn.score(X_train_std[:, k3], y_train))
Training accuracy: 0.951612903226
>>> print('Test accuracy:',
...       knn.score(X_test_std[:, k3], y_test))
Test accuracy: 0.925925925926
```

当使用葡萄酒数据集中不到四分之一的原始特征时，测试数据集上的预测准确率略有下降。这表明这三个特征提供的类别辨别性信息并不比原始数据集少很多。然而，还必须记住，葡萄酒数据集是一个小数据集，非常容易受随机因素影响。也就是说，数据集拆分为训练子集和测试子集的方式，以及如何将训练数据集进一步拆分为训练子集和验证子集都会影响最终的结果。

虽然减少特征的数量没有提高 k 近邻模型的性能，但是降低了数据集的大小。在某些收集数据非常昂贵的应用中，减少特征数量非常有价值。此外，通过大幅减少特征的数量，还可以获得更简单、更容易解释的模型。

使用 Scikit-Learn 实现特征选择算法

可以在 http://rasbt.github.io/mlxtend/user_guide/feature_selection/SequentialFeatureSelector/找到我们之前使用 mlxtend 软件包开发的简单 SBS 相关的多种序贯特征选择算法。因为使用 mlxtend 软件包开发的这些算法中有一些功能华而不实，所以我们与 Scikit-Learn 团队合作开发了一些简单的、用户友好的序贯特征选择算法。v0.24 版本的 Scikit-Learn 包含这些算法。这些算法的使用方法与本章实现的 SBS 算法类似。如果想获取关于这些算法的更多信息，请阅读 https://scikit-learn.org/stable/modules/generated/sklearn.feature_selection.SequentialFeatureSelector.html 上的在线文档。

Scikit-Learn 中有许多其他的特征选择算法，包括基于特征权重的递归后向消除算法、基于树的根据特征重要性的特征选择算法以及单变量统计检验方法。对这些特征选择方法的详细讨论超出了本书的范围，http://scikit-learn.org/stable/modules/feature_selection.html 这个网站提供了这些算法的例子和总结，供读者学习。

4.6　用随机森林评估特征重要性

前面几节介绍了如何在逻辑回归算法中使用 L1 正则化删除不相关的特征，以及如何使用序贯特征选择算法选择特征并将其应用于 k 近邻算法。使用随机森林是另一种有用的特征选择方法。随机森林是第 3 章介绍的一种集成方法。在随机森林算法中，每棵决策树中都利用特征计算样本切分后的杂质度。计算一个特征在所有决策树上杂质度的平均，根据平均杂质度衡量特征的重要性，并据此删除不重要的特征或保留重要的特征。这种方法不需要对数据是否线性可分做出任何假设。方便的是 Scikit-Learn 中的随机森林在训练时已经保存了关于特征重要性的数值。这样在拟合 `RandomForestClassifier` 后，可以通过访问 `feature_importances_` 属性获取特征重要性数值。以下代码将在葡萄酒数据集上训练由 500 棵决策树组成的森林，并根据特征重要性度量对 13 个特征进行排序。正如在第 3 章讨论的那样，使用决策树或随机森林不需要对数据进行标准化或归一化操作：

```
>>> from sklearn.ensemble import RandomForestClassifier
>>> feat_labels = df_wine.columns[1:]
>>> forest = RandomForestClassifier(n_estimators=500,
...                                 random_state=1)
>>> forest.fit(X_train, y_train)
>>> importances = forest.feature_importances_
>>> indices = np.argsort(importances)[::-1]
>>> for f in range(X_train.shape[1]):
...     print("%2d) %-*s %f" % (f + 1, 30,
...                             feat_labels[indices[f]],
```

```
...                              importances[indices[f]]))
>>> plt.title('Feature importance')
>>> plt.bar(range(X_train.shape[1]),
...         importances[indices],
...         align='center')
>>> plt.xticks(range(X_train.shape[1]),
...            feat_labels[indices], rotation=90)
>>> plt.xlim([-1, X_train.shape[1]])
>>> plt.tight_layout()
>>> plt.show()
 1) Proline                          0.185453
 2) Flavanoids                       0.174751
 3) Color intensity                  0.143920
 4) OD280/OD315 of diluted wines     0.136162
 5) Alcohol                          0.118529
 6) Hue                              0.058739
 7) Total phenols                    0.050872
 8) Magnesium                        0.031357
 9) Malic acid                       0.025648
 10) Proanthocyanins                 0.025570
 11) Alcalinity of ash               0.022366
 12) Nonflavanoid phenols            0.013354
 13) Ash                             0.013279
```

图 4. 10 为运行上述代码创建的图。在图 4. 10 中，根据葡萄酒数据集特征的重要性对特征进行排序。请注意，特征重要性数值是归一化后的，因此重要性数值总和为 1. 0。

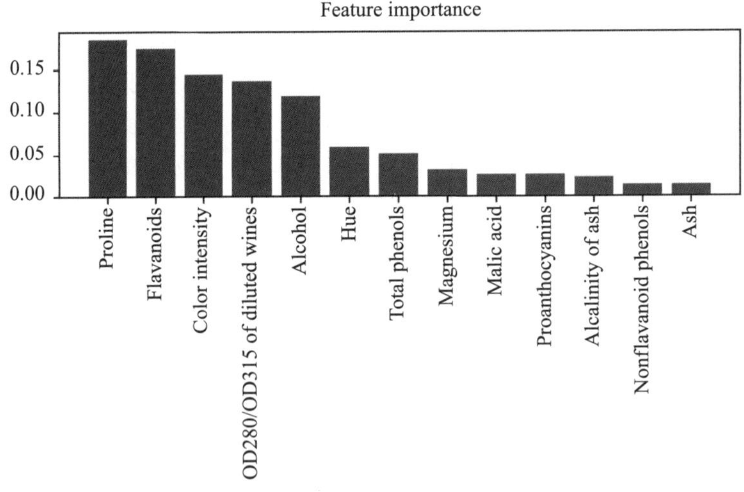

图 4. 10　使用随机森林计算的葡萄酒数据集特征重要性数值

根据 500 棵决策树中的平均杂质度，可以得出 Proline（脯氨酸）和 Flavanoids（类黄酮）水平、Color intensity（颜色强度）、OD280/OD315 衍生物、Alcohol（酒精浓度）是数据集中最具辨别性的特征。有趣的是，图中排名靠前的两个特征（酒精浓度与稀释葡萄酒的 OD280/OD315）也出现在上一节实现的 SBS 算法给出的特征子集中。

然而，就可解释性而言，随机森林方法存在一个重要的问题。如果两个或多个特征高度相关，那么可能一个特征的排名非常高，而其他特征的信息无法完全捕获。如果只对模型的预测性能感兴趣，而对特征重要性解释不太感兴趣，那么就不需要担心这个问题。

在总结随机森林和特征重要性之前，值得一提的是 Scikit-Learn 还实现了一个 `SelectFromModel` 对象，可以在模型拟合后根据指定的阈值选择特征。可以将 `RandomForestClassifier` 作为 Scikit-Learn `Pipeline` 对象的中间步骤用于特征选择。`Pipeline` 对象将数据预处理步骤与估计器或分类器连接起来。第 6 章将继续讨论 Pipeline 对象。例如，使用下述代码设置 `threshold` 为 `0.1`，将数据集的特征减少到五个最重要的特征：

```
>>> from sklearn.feature_selection import SelectFromModel
>>> sfm = SelectFromModel(forest, threshold=0.1, prefit=True)
>>> X_selected = sfm.transform(X_train)
>>> print('Number of features that meet this threshold',
...       'criterion:', X_selected.shape[1])
Number of features that meet this threshold criterion: 5
>>> for f in range(X_selected.shape[1]):
...     print("%2d) %-*s %f" % (f + 1, 30,
...                             feat_labels[indices[f]],
...                             importances[indices[f]]))
 1) Proline                        0.185453
 2) Flavanoids                     0.174751
 3) Color intensity                0.143920
 4) OD280/OD315 of diluted wines   0.136162
 5) Alcohol                        0.118529
```

4.7 本章小结

本章首先介绍了一些处理缺失数据的方法。在向机器学习算法提供数据之前，必须确保对类别变量进行正确的编码。本章介绍了如何将有序特征和标称特征映射为整数值。

此外，本章还简要讨论了 L1 正则化。L1 正则化可以通过降低模型的复杂度来避免模型过拟合。序贯特征选择算法从数据集中选择最有意义的特征，是另一种删除不相关特征的方法。

下一章将介绍另一种常用的降维方法：特征提取。不同于完全删除特征的特征选择算法，特征提取将特征压缩到一个低维子空间中。

CHAPTER 5

第 5 章 通过降维方法压缩数据

第 4 章介绍了多种用于数据集降维的特征选择方法。特征提取是另一种实现数据降维的方法。本章将介绍两种常用的特征提取方法。特征提取将数据转换到比原始特征子空间维度更低的新的特征子空间，并尽量保持数据的信息。数据压缩是机器学习领域中的一个重要方向，有助于分析和存储伴随当今技术发展产生的海量数据。

本章将介绍以下内容：

- 一种无监督数据压缩算法，即主成分分析算法；
- 一种用于最大化类别可分离性的监督降维算法，即线性判别分析；
- 用于数据可视化的非线性降维方法和 t 分布随机邻域嵌入。

5.1 无监督降维的主成分分析方法

与特征选择类似，特征提取算法用于减少数据集特征的数量。特征选择和特征提取之间的区别在于，特征选择算法(例如序贯后向选择)保留了原始特征，但特征提取算法将数据转换或投影到新的特征空间中。

从数据降维的角度看，可以把特征提取理解为一种数据压缩方法，其目标是在保留数据大部分信息的前提下压缩数据。在实践中，特征提取不仅可以减小数据的存储空间、提高机器学习算法的计算效率，还可以通过避免维度灾难提高模型的预测性能，尤其是使用非正则化模型时。

5.1.1 主成分分析的主要步骤

本节将讨论**主成分分析**(Principal Component Analysis，PCA)。PCA 是一个广泛应用于各领域的无监督线性变换方法，主要完成特征提取和降维任务。PCA 的其他主流应用包括股票市场交易数据分析与去噪、生物信息学领域中基因组数据分析和基因表达水平分析。

PCA 根据特征之间的相关性识别数据中的模式。简而言之，PCA 旨在找到高维数据中方差最大的方向，并将数据投影到维度小于或等于原始特征空间的新的子空间上。在新的特征轴相互正交的约束下，新的子空间的正交轴方向（主成分）可以理解为方差最大的方向，如图 5.1 所示。

在图 5.1 中，x_1 和 x_2 是原始特征轴，PC1 和 PC2 是主成分方向。如果使用 PCA 进行降维，需要构建一个 $d \times k$ 维的变换矩阵 $\boldsymbol{W}$，将训练样本特征向量 $\boldsymbol{x}$ 映射到一个新的 k 维特征子空间，该子空间的维度小于原始 d 维特征空间的维度。例如，假设有一个特征向量 $\boldsymbol{x}$：

$$\boldsymbol{x}=[x_1,x_2,\cdots,x_d],\quad \boldsymbol{x}\in\mathbb{R}^d$$

使用变换矩阵 $\boldsymbol{W}\in\mathbb{R}^{d\times k}$ 将此特征向量变换为

$$\boldsymbol{x}\boldsymbol{W}=\boldsymbol{z}$$

变换后的输出向量为

$$\boldsymbol{z}=[z_1,z_2,\cdots,z_k],\quad \boldsymbol{z}\in\mathbb{R}^k$$

这样就将原始 d 维数据转换到新的 k 维子空间（通常 $k<<d$）中，其中，第一主成分具有最大的方差。给定约束所有主成分相互正交，即使输入特征彼此相关，所有后续主成分都将有最大方差。请注意，PCA 对数据缩放高度敏感。如果不同特征的数量级不同，则需要在 PCA 之前对特征进行标准化，从而达到我们希望的所有特征同等重要这一要求。

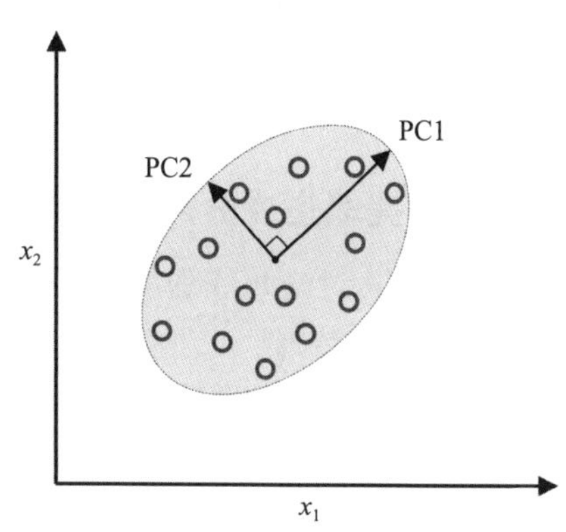

图 5.1　使用 PCA 查找数据集中方差最大的方向

在深入学习 PCA 算法之前，通过以下几个简单的步骤来总结 PCA 算法：

1. 标准化 d 维数据集；
2. 构造协方差矩阵；
3. 将协方差矩阵分解为特征向量和特征值；
4. 按降序对特征值进行排序，对应的特征向量也形成相同的排列；
5. 选择 $k(k\leqslant d)$ 个最大特征值对应的特征向量，其中 k 是新特征子空间的维数；
6. 用 k 个特征向量构造一个投影矩阵 $\boldsymbol{W}$；
7. 使用投影矩阵 $\boldsymbol{W}$ 对 d 维输入数据集 $\boldsymbol{X}$ 进行变换，获得新的 k 维特征子空间。

下面首先使用 Python 逐步实现一个 PCA 算法。然后，介绍如何使用 Scikit-Learn 更便捷地实现 PCA 算法。

特征分解：将矩阵分解为特征向量和特征值

特征分解将方阵分解为**特征值**和**特征向量**。特征分解是本书所描述的 PCA 算法的核心。

协方差矩阵是一个对称的方阵，意味着这个矩阵与其转置相等，即 $\boldsymbol{A}=\boldsymbol{A}^{\mathrm{T}}$。

当分解这样一个对称矩阵时，特征值是实数（而不是复数），并且特征向量彼此正交（垂直）。此外，特征值和特征向量成对出现。如果将协方差矩阵分解为特

征值和特征向量，则与最大特征值对应的特征向量为数据集中方差最大的方向。在这里，这个“方向”是数据集特征列的线性变换。

对特征值和特征向量更详细的讨论超出了本书的范围，读者可以查阅维基百科网站给出的特征值和特征向量的详细解释，以及其他相关资源。

5.1.2　提取主成分的步骤

本小节将讨论 PCA 的前四个步骤：

1. 标准化数据；
2. 构造协方差矩阵；
3. 计算协方差矩阵的特征值和特征向量；
4. 按降序对特征值进行排序，从而对特征向量进行排序。

首先，加载在第 4 章中使用的葡萄酒数据集：

```
>>> import pandas as pd
>>> df_wine = pd.read_csv(
...     'https://archive.ics.uci.edu/ml/'
...     'machine-learning-databases/wine/wine.data',
...     header=None
... )
```

获取葡萄酒数据集

如果离线工作或者 UCI 服务器（https://archive.ics.uci.edu/ml/machine-learning-databases/wine/wine.data）宕机，你可以在本书的代码包中找到葡萄酒数据集（以及本书中使用的所有其他数据集）的副本。例如，使用代码

```
df = pd.read_csv(
    'your/local/path/to/wine.data',
    header=None
)
```

代替

```
df = pd.read_csv(
    'https://archive.ics.uci.edu/ml/'
    'machine-learning-databases/wine/wine.data',
    header=None
)
```

接下来，按照 7：3 的比例，将葡萄酒数据集拆分成训练数据集和测试数据集，并对其标准化，使训练数据方差为单位方差：

```
>>> from sklearn.model_selection import train_test_split
>>> X, y = df_wine.iloc[:, 1:].values, df_wine.iloc[:, 0].values
>>> X_train, X_test, y_train, y_test = \
...     train_test_split(X, y, test_size=0.3,
...                      stratify=y,
...                      random_state=0)
>>> # standardize the features
>>> from sklearn.preprocessing import StandardScaler
>>> sc = StandardScaler()
>>> X_train_std = sc.fit_transform(X_train)
>>> X_test_std = sc.transform(X_test)
```

运行上述代码完成数据预处理后，进行第二步构造协方差矩阵。对称的 $d\times d$ 协方差矩阵(其中 d 是数据集的维数)存储着特征之间的协方差。例如，以下公式可以计算两个特征 x_j 和 x_k 之间的协方差：

$$\sigma_{jk}=\frac{1}{n-1}\sum_{i=1}^{n}\left(x_j^{(i)}-\mu_j\right)\left(x_k^{(i)}-\mu_k\right)$$

这里 μ_j 和 μ_k 分别是特征 j 和特征 k 的均值。请注意，如果已经对数据集完成了标准化，则样本的均值为零。如果两个特征之间的协方差为正数，则表示两个特征同时变大或同时变小；而协方差为负数表示两个特征变化相反。三个特征的协方差矩阵可以写成如下形式(注意 $\boldsymbol{\Sigma}$ 是希腊字母 sigma 的大写形式，不要与求和符号混淆)：

$$\boldsymbol{\Sigma}=\begin{bmatrix}\sigma_1^2 & \sigma_{12} & \sigma_{13}\\ \sigma_{21} & \sigma_2^2 & \sigma_{23}\\ \sigma_{31} & \sigma_{32} & \sigma_3^2\end{bmatrix}$$

协方差矩阵的特征向量代表主成分(最大方差的方向)，而对应的特征值将定义主成分的大小。对于葡萄酒数据集，我们将计算一个 13×13 的协方差矩阵，并获得 13 个特征值和 13 个特征向量。

现在进行第三步，分解协方差矩阵得到特征值和特征向量。如果读者有线性代数基础，可能会想起特征向量 $\boldsymbol{v}$ 满足如下条件：

$$\boldsymbol{\Sigma v}=\lambda\boldsymbol{v}$$

这里 λ 是一个标量，表示特征值。因为手动计算特征值和特征向量是一项烦琐且复杂的任务，所以使用 NumPy 中的 `linalg.eig` 函数计算葡萄酒数据集的协方差矩阵及其特征值和特征向量：

```
>>> import numpy as np
>>> cov_mat = np.cov(X_train_std.T)
>>> eigen_vals, eigen_vecs = np.linalg.eig(cov_mat)
```

```
>>> print('\nEigenvalues \n', eigen_vals)
Eigenvalues
[ 4.84274532  2.41602459  1.54845825  0.96120438  0.84166161
  0.6620634   0.51828472  0.34650377  0.3131368   0.10754642
  0.21357215  0.15362835  0.1808613 ]
```

使用 `numpy.cov` 函数计算标准化后训练数据集的协方差矩阵。使用 `linalg.eig` 函数对协方差矩阵进行特征分解，产生了一个由 13 个特征值组成的向量(`eigen_vals`)，对应的特征向量按列存储在一个 13×13 的矩阵(`eigen_vecs`)中。

NumPy 中的特征分解

`numpy.linalg.eig` 函数可以分解对称和非对称的方阵。但是，你可能会发现在某些情况下返回的特征值是复数。

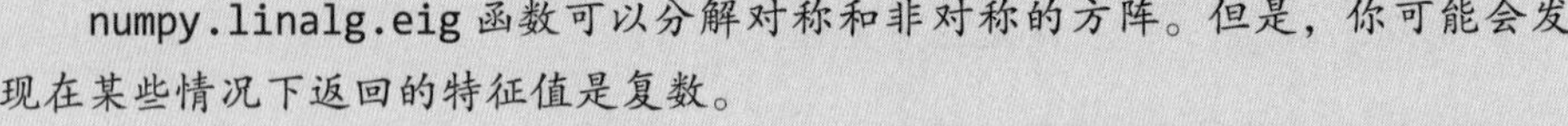

另外一个函数 `numpy.linalg.eigh` 用于分解埃尔米特矩阵。`numpy.linalg.eigh` 在分解对称矩阵(例如协方差矩阵)时在数值上更稳定。`numpy.linalg.eigh` 返回的特征值永远是实数。

5.1.3　总方差和被解释的方差

由于希望通过将数据集压缩到新的特征子空间来降低数据集的维数，因此只选择包含信息(方差)较大的特征向量(主成分)。特征值代表特征向量的大小，所以可以对特征值进行降序排序，找出排序前 k 个特征值对应的特征向量。但在收集这 k 个信息量最大的特征向量之前，先绘制特征值的**方差解释比**。特征值 λ_j 的方差解释比是特征值 λ_j 与所有特征值和的比值：

$$\text{方差解释比} = \frac{\lambda_j}{\sum_{j=1}^{d} \lambda_j}$$

使用 NumPy 的 `cumsum` 函数，可以计算方差解释的累积和，然后使用 Matplotlib 的 `step` 函数绘制图像：

```
>>> tot = sum(eigen_vals)
>>> var_exp = [(i / tot) for i in
...            sorted(eigen_vals, reverse=True)]
>>> cum_var_exp = np.cumsum(var_exp)
>>> import matplotlib.pyplot as plt
>>> plt.bar(range(1,14), var_exp, align='center',
...         label='Individual explained variance')
>>> plt.step(range(1,14), cum_var_exp, where='mid',
...          label='Cumulative explained variance')
>>> plt.ylabel('Explained variance ratio')
```

```
>>> plt.xlabel('Principal component index')
>>> plt.legend(loc='best')
>>> plt.tight_layout()
>>> plt.show()
```

图 5.2 表明第一个主成分占总方差的 40%左右。此外，可以看到前两个主成分一起解释了数据集中几乎 60%的方差。

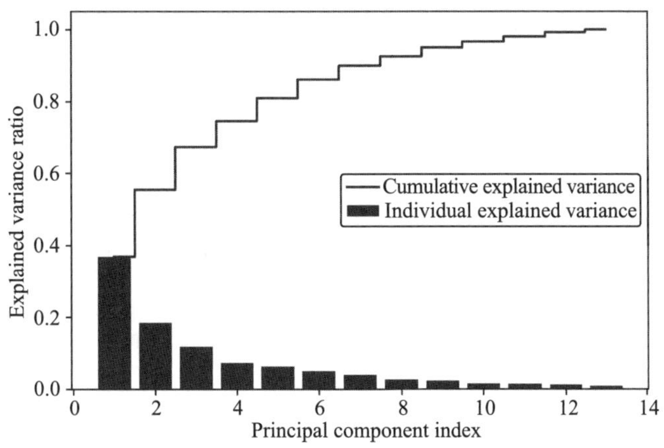

图 5.2 主成分在总方差中所占的比例

虽然方差解释比图让我们回想起第 4 章使用随机森林计算特征的重要性，但请注意 PCA 是一个无监督学习方法，意味着不需要类别标签信息。随机森林使用类别标签信息计算每个节点的杂质度，而方差衡量的是数据沿特征轴的分布状况。

5.1.4 特征变换

在成功地将协方差矩阵分解为特征值和特征向量后，紧接着进行最后三个步骤，即将葡萄酒数据集投影到新的主成分轴上。本节将要处理的剩余步骤如下：

1. 选择 k 个最大特征值对应的特征向量，其中 $k(k \leqslant d)$ 是新特征子空间的维数；
2. 用选择的 k 个特征向量构造一个投影矩阵 $\boldsymbol{W}$；
3. 使用投影矩阵 $\boldsymbol{W}$ 对 d 维输入数据集 $\boldsymbol{X}$ 进行变换，获得新的 k 维特征子空间。

通俗地讲，首先将特征值-特征向量对按照特征值降序的方式进行排序，然后选择特征向量构造一个投影矩阵，最后使用投影矩阵将数据变换到低维子空间中。

首先按特征值降序对特征值-特征向量对进行排序：

```
>>> # Make a list of (eigenvalue, eigenvector) tuples
>>> eigen_pairs = [(np.abs(eigen_vals[i]), eigen_vecs[:, i])
...                for i in range(len(eigen_vals))]
>>> # Sort the (eigenvalue, eigenvector) tuples from high to low
>>> eigen_pairs.sort(key=lambda k: k[0], reverse=True)
```

由于本小节后续需要绘制数据的二维散点图，所以在此选择两个特征向量。接下来，保留最大特征值对应的两个特征向量，这两个特征向量可以保留该数据集约 60%的方差。在实践中，主成分的数量需要通过权衡计算效率和分类器性能来确定：

```
>>> w = np.hstack((eigen_pairs[0][1][:, np.newaxis],
...                eigen_pairs[1][1][:, np.newaxis]))
>>> print('Matrix W:\n', w)
Matrix W:
[[-0.13724218   0.50303478]
 [ 0.24724326   0.16487119]
 [-0.02545159   0.24456476]
 [ 0.20694508  -0.11352904]
 [-0.15436582   0.28974518]
 [-0.39376952   0.05080104]
 [-0.41735106  -0.02287338]
 [ 0.30572896   0.09048885]
 [-0.30668347   0.00835233]
 [ 0.07554066   0.54977581]
 [-0.32613263  -0.20716433]
 [-0.36861022  -0.24902536]
 [-0.29669651   0.38022942]]
```

上述代码使用前两个特征向量创建了一个 13×2 维的投影矩阵 $\boldsymbol{W}$。

镜像投影

使用不同版本的 NumPy 和 LAPACK 得到的 $\boldsymbol{W}$ 矩阵可能正负号不同。请注意，这不是一个问题。如果 v 是矩阵 $\boldsymbol{\Sigma}$ 的特征向量，则有

$$\boldsymbol{\Sigma v}=\lambda \boldsymbol{v}$$

这里，$\boldsymbol{v}$ 是特征向量，$-\boldsymbol{v}$ 也是特征向量，证明如下。可以将上述等式两边同时乘以一个标量 α：

$$\alpha\boldsymbol{\Sigma v}=\alpha\lambda \boldsymbol{v}$$

由于矩阵乘法与标量乘法满足交换律，因此我们可以将上式写为

$$\boldsymbol{\Sigma}(\alpha\boldsymbol{v})=\lambda(\alpha\boldsymbol{v})$$

现在可以看到，无论 $\alpha=1$ 还是 $\alpha=-1$，$\alpha\boldsymbol{v}$ 都是一个对应相同特征值 λ 的特征向量。因此，$\boldsymbol{v}$ 和 $-\boldsymbol{v}$ 都是特征向量。

使用投影矩阵可以将样本 $\boldsymbol{x}$(13 维行向量)变换到 PCA 的子空间(主成分 1 和主成分 2)上，从而获得 $\boldsymbol{x}'$。$\boldsymbol{x}'$是由两个新特征构成的二维向量：

$$\boldsymbol{x}'=\boldsymbol{xW}$$

```
>>> X_train_std[0].dot(w)
array([ 2.38299011,  0.45458499])
```

类似地，可以将整个 124×13 的训练数据集变换成含有两个主成分的新数据：

$$X' = XW$$

```
>>> X_train_pca = X_train_std.dot(w)
```

最后，将变换后的 124×2 葡萄酒训练数据集使用二维散点图实现可视化：

```
>>> colors = ['r', 'b', 'g']
>>> markers = ['o', 's', '^']
>>> for l, c, m in zip(np.unique(y_train), colors, markers):
...     plt.scatter(X_train_pca[y_train==l, 0],
...                 X_train_pca[y_train==l, 1],
...                 c=c, label=f'Class {l}', marker=m)
>>> plt.xlabel('PC 1')
>>> plt.ylabel('PC 2')
>>> plt.legend(loc='lower left')
>>> plt.tight_layout()
>>> plt.show()
```

如图 5.3 所示，数据沿第一个主成分（x 轴）比沿着第二个主成分（y 轴）分布更宽，这与上一小节计算得到的方差解释比结论一致。从这里可以看出一个线性分类器就可以很好地区分不同类别。

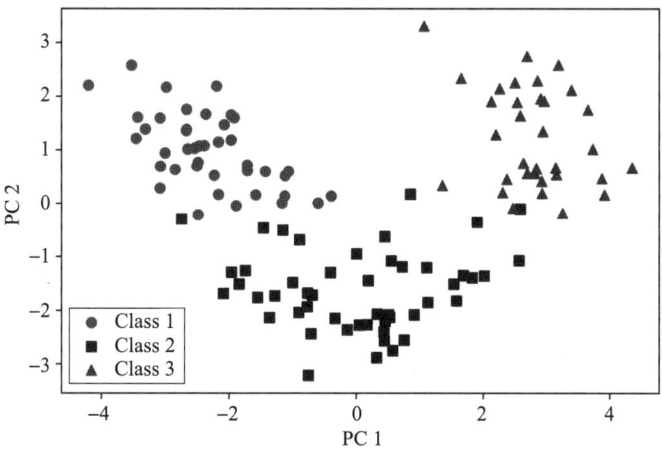

图 5.3　利用主成分分析将葡萄酒数据集投影到二维特征空间

尽管图 5.3 为了区分不同类别对数据点使用不同的颜色，但必须记住 PCA 是一个无须使用任何类标签的无监督学习算法。

5.1.5　用 Scikit-Learn 实现主成分分析

上一小节详细解释了 PCA 的内部工作原理，现在将讨论如何使用 Scikit-Learn 实现的 PCA 类。

PCA 类是 Scikit-Learn 的另一个变换器类。首先使用训练数据拟合模型，然后使用相同的模型参数转换训练数据和测试数据。现在，将 Scikit-Learn 的 PCA 类应用到葡萄酒训练数据集上，通过逻辑回归算法对变换后的样本进行分类，调用第 2 章的 plot_decision_regions 函数绘制决策区域：

```
from matplotlib.colors import ListedColormap
def plot_decision_regions(X, y, classifier, test_idx=None, resolution=0.02):

    # setup marker generator and color map
    markers = ('o', 's', '^', 'v', '<')
    colors = ('red', 'blue', 'lightgreen', 'gray', 'cyan')
    cmap = ListedColormap(colors[:len(np.unique(y))])

    # plot the decision surface
    x1_min, x1_max = X[:, 0].min() - 1, X[:, 0].max() + 1
    x2_min, x2_max = X[:, 1].min() - 1, X[:, 1].max() + 1
    xx1, xx2 = np.meshgrid(np.arange(x1_min, x1_max, resolution),
                           np.arange(x2_min, x2_max, resolution))
    lab = classifier.predict(np.array([xx1.ravel(), xx2.ravel()]).T)
    lab = lab.reshape(xx1.shape)
    plt.contourf(xx1, xx2, lab, alpha=0.3, cmap=cmap)
    plt.xlim(xx1.min(), xx1.max())
    plt.ylim(xx2.min(), xx2.max())

    # plot class examples
    for idx, cl in enumerate(np.unique(y)):
        plt.scatter(x=X[y == cl, 0],
                    y=X[y == cl, 1],
                    alpha=0.8,
                    c=colors[idx],
                    marker=markers[idx],
                    label=f'Class {cl}',
                    edgecolor='black')
```

为方便起见，可以将上面的 plot_decision_regions 代码存入到当前工作目录下的一个代码文件中，例如，文件名为 plot_decision_regions_script.py，然后将其导入当前 Python 会话中：

```
>>> from sklearn.linear_model import LogisticRegression
>>> from sklearn.decomposition import PCA
>>> # initializing the PCA transformer and
>>> # logistic regression estimator:
>>> pca = PCA(n_components=2)
>>> lr = LogisticRegression(multi_class='ovr',
...                         random_state=1,
...                         solver='lbfgs')
>>> # dimensionality reduction:
>>> X_train_pca = pca.fit_transform(X_train_std)
>>> X_test_pca = pca.transform(X_test_std)
>>> # fitting the logistic regression model on the reduced dataset:
>>> lr.fit(X_train_pca, y_train)
>>> plot_decision_regions(X_train_pca, y_train, classifier=lr)
>>> plt.xlabel('PC 1')
>>> plt.ylabel('PC 2')
>>> plt.legend(loc='lower left')
>>> plt.tight_layout()
>>> plt.show()
```

运行此代码，可以看到训练数据的决策区域，如图 5.4 所示。

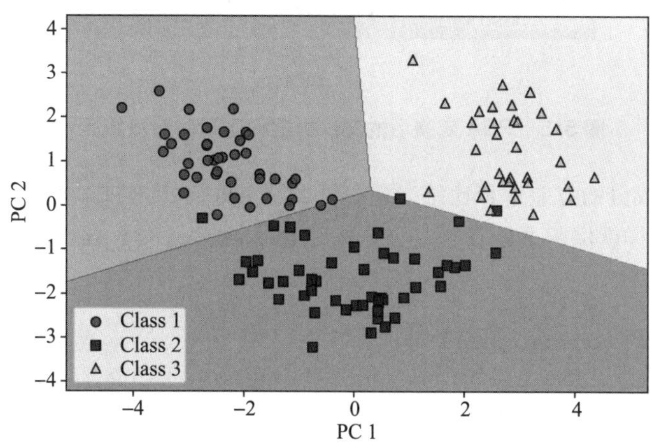

图 5.4　使用 Scikit-Learn 的 PCA 降维后的训练样本和逻辑回归算法决策区域

比较 Scikit-Learn 的 PCA 类与自己实现的 PCA 代码，会发现投影数据彼此镜像。请注意，这并不意味着这两个结果中的一个有问题。这种差异的原因在于计算得到的特征向量存在正负号差异。

两种实现方法得到的投影数据彼此镜像并不重要。如果需要投影数据一致，可以将数据乘以-1 来反转镜像。请注意，通常使用缩放方法使特征向量长度为 1。为了完整起见，在 PCA 变换后的测试数据集上绘制逻辑回归的决策区域，看看逻辑回归是否可以在测试数据上完成分类任务：

```
>>> plot_decision_regions(X_test_pca, y_test, classifier=lr)
>>> plt.xlabel('PC 1')
>>> plt.ylabel('PC 2')
>>> plt.legend(loc='lower left')
>>> plt.tight_layout()
>>> plt.show()
```

运行上述代码可以绘制逻辑回归在测试数据集的决策区域，如图 5.5 所示。可以看到逻辑回归在这个二维特征子空间上表现非常好，只将测试数据集中的几个样本错误分类。

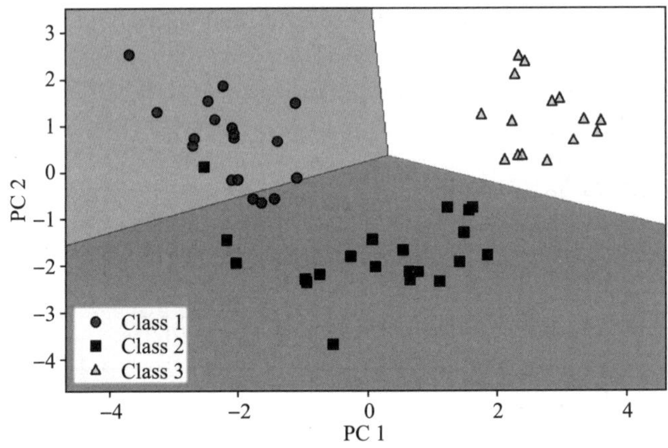

图 5.5 PCA 变换后的测试数据和逻辑回归决策区域

如果对不同主成分的方差解释比感兴趣，可以简单地初始化 PCA 类，将 n_components 参数设置为 None，这样就保留了所有主成分，然后通过 explained_variance_ratio_属性访问方差解释比：

```
>>> pca = PCA(n_components=None)
>>> X_train_pca = pca.fit_transform(X_train_std)
>>> pca.explained_variance_ratio_
array([ 0.36951469, 0.18434927, 0.11815159, 0.07334252,
        0.06422108, 0.05051724, 0.03954654, 0.02643918,
        0.02389319, 0.01629614, 0.01380021, 0.01172226,
        0.00820609])
```

请注意，在初始化 PCA 类时设置 n_components = None 将返回排序后的所有主成分，而不是进行降维操作。

5.1.6 评估特征的贡献

本节将简要介绍如何评估原始特征对主成分的贡献。正如前几节所学习到的，PCA 算法返回的主成分为原始特征的线性组合。有时，需要探索原始特征对主成分的贡献程度，这些贡献通常称为**载荷**(loading)。

因子载荷为特征向量与特征值平方根的乘积。因子载荷可以理解为原始特征和主成分之间的相关性。为了说明这一点，先绘制第一个主成分的载荷。

首先，使用特征向量乘以特征值的平方根来计算 13×13 的载荷矩阵：

```
>>> loadings = eigen_vecs * np.sqrt(eigen_vals)
```

然后，绘制第一个主成分的载荷 `loadings[:, 0]`，此向量为载荷矩阵中的第一列：

```
>>> fig, ax = plt.subplots()
>>> ax.bar(range(13), loadings[:, 0], align='center')
>>> ax.set_ylabel('Loadings for PC 1')
>>> ax.set_xticks(range(13))
>>> ax.set_xticklabels(df_wine.columns[1:], rotation=90)
>>> plt.ylim([-1, 1])
>>> plt.tight_layout()
>>> plt.show()
```

从图 5.6 可以看到，**酒精**(Alcohol)与第一个主成分呈负相关(约-0.3)，而**苹果酸**(Malic acid)与第一个主成分呈正相关(约 0.54)。请注意，载荷向量中的元素值为 1 意味着相应的特征与主成分完美正相关，而值-1 对应于完美负相关。

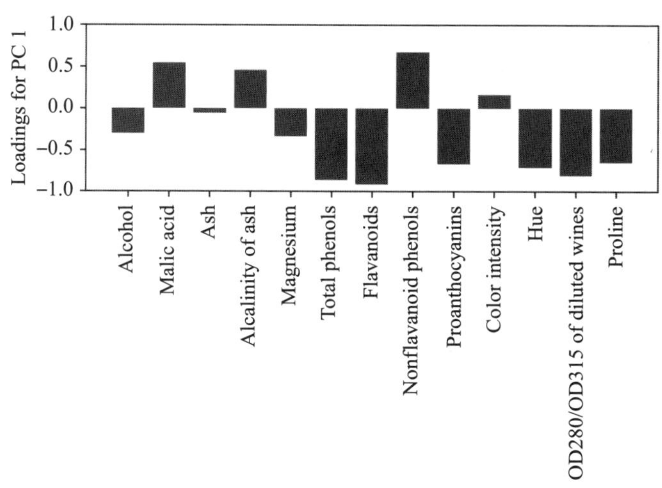

图 5.6 各个特征与第一主成分的相关性

前面的代码计算了我们自己实现的 PCA 的因子载荷。可以采用类似的方式用 Scikit-Learn 中的 PCA 获取载荷。在下述代码中，`pca.components_`表示特征向量，`pca.explained_variance_`表示特征值：

```
>>> sklearn_loadings = pca.components_.T * np.sqrt(pca.explained_variance_)
```

为比较 Scikit-Learn 中 PCA 载荷与之前计算得到的载荷，创建一个与图 5.6 类似的条形图：

```
>>> fig, ax = plt.subplots()
>>> ax.bar(range(13), sklearn_loadings[:, 0], align='center')
>>> ax.set_ylabel('Loadings for PC 1')
>>> ax.set_xticks(range(13))
>>> ax.set_xticklabels(df_wine.columns[1:], rotation=90)
>>> plt.ylim([-1, 1])
>>> plt.tight_layout()
>>> plt.show()
```

图 5.7 所示的条形图与图 5.6 中的条形图看起来一样。

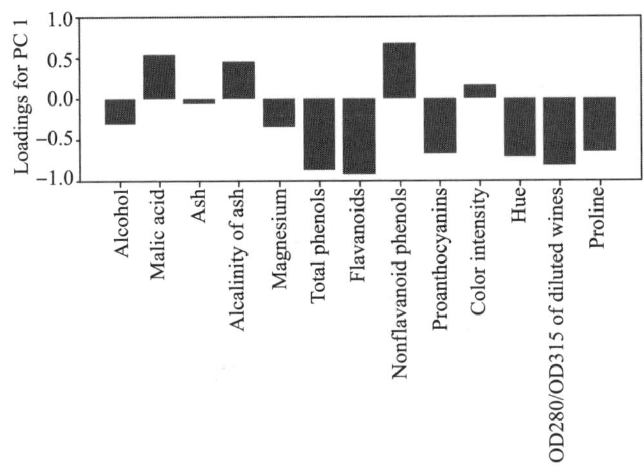

图 5.7 使用 Scikit-Learn 计算的各个特征与第一个主成分的相关性

在学习了无监督特征提取的 PCA 之后，下一节将介绍**线性判别分析**（Linear Discriminant Analysis，LDA），这是一种使用类别标签的线性变换方法。

5.2 监督数据压缩的线性判别分析方法

可以将 LDA 作为一种特征提取方法，提高模型的计算效率并减少非正则化模型中由于维数灾难而导致的模型过拟合问题。LDA 的原理与 PCA 非常类似。PCA 试图找到数据集方差最大的方向，而 LDA 的目标是找到可以提高数据可分性的特征子空间。本章后续部分将逐步介绍 LDA 方法，并详细地讨论 LDA 和 PCA 之间的异同之处。

5.2.1 主成分分析与线性判别分析

PCA 和 LDA 都是用于减小数据维数的线性变换方法，前者是无监督算法，而后者是监督算法。因此，与 PCA 相比，LDA 可以认为是一种用于分类任务的特征提取算法。然而，A. M. Martinez 在论文（A. M. Martinez，A. C. Kak. PCA Versus LDA, IEEE Transactions on Pattern Analysis and Machine Intelligence，23(2)：228-233，2001）中表明在某些情况下，例如，如果每个类仅包含少量的训练样本，那么使用 PCA 进行数据预处理会提高图像识别算法性能。

Fisher LDA

LDA 有时也称为 Fisher LDA。为解决二分类问题，Ronald A. Fisher 于 1936 年提出了 Fisher 线性判别式（R. A. Fisher. The Use of Multiple Measurements in Taxonomic Problems，Annals of Eugenics，7(2)：179-188，1936）。1948 年，假设不同类别协方差矩阵相同而且数据服从正态分布，C. Radhakrishna Rao 将 Fisher 线性判别式推广到多类问题（C. R. Rao. The Utilization of Multiple Measurements in Problems of Biological Classification，Journal of the Royal Statistical Society. Series B (Methodological)，10(2)：159-203，1948），即现在我们所说的 LDA。

图 5.8 展示了用于二分类问题的 LDA 算法。第一类样本标记为圆圈，第二类样本标记为十字。

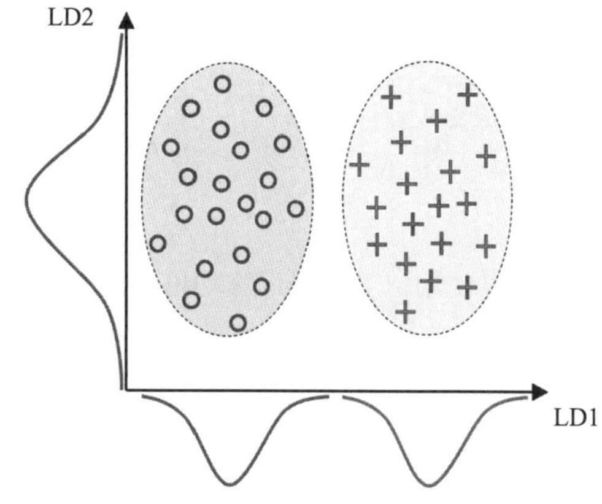

图 5.8　用于二分类问题的 LDA 算法

在图 5.8 中，如果将数据投影到 x 轴（LD1）上，那么可以很容易分离两类投影后的数据。如果将数据投影到 y 轴（LD2）上，尽管投影后的数据具有较大的方差，但投影后的数据丧失了类别判别信息，无法找到分类算法完成数据分类。

LDA 假设数据正态分布。此外，假设所有类别数据具有相同的协方差矩阵，并且训练数据相互独立。然而，即使稍微违反这些假设中的一个或多个，用于降维的 LDA 算法仍然可以很好地发挥作用（R. O. Duda，P. E. Hart，D. G. Stork. Pattern Classification 2nd Edition，New York，2001）。

5.2.2　线性判别分析基本原理

在深入研究代码实现之前，先简要总结一下 LDA 算法的主要步骤：

1. 标准化 d 维数据集（d 是特征个数）；
2. 计算每个类别数据的 d 维均值向量；
3. 构造类间散布矩阵 $\boldsymbol{S}_B$ 和类内散布矩阵 $\boldsymbol{S}_W$；
4. 计算矩阵 $\boldsymbol{S}_W^{-1}\boldsymbol{S}_B$ 的特征值和对应的特征向量；

5. 特征向量按其相应特征值降序的方式进行排序；

6. 选择与 k 个最大特征值对应的特征向量，使用这些特征向量作为变换矩阵的列，构造一个 $d\times k$ 的变换矩阵 $\boldsymbol{W}$；

7. 使用变换矩阵 $\boldsymbol{W}$ 将样本投影到新的特征子空间中。

可以看到，LDA 与 PCA 非常相似，都需要将矩阵分解为特征值和特征向量，从而形成新的低维特征子空间。然而，如前所述，LDA 使用了类别标签信息，这体现在步骤 2 中，即计算每类样本的均值向量。以下部分将详细地讨论这七个步骤，并完成代码实现。

5.2.3　计算散布矩阵

在本章开始的 PCA 部分，我们对葡萄酒数据进行了标准化，因此可以跳过第一步继续计算每类的均值向量。均值向量用来构造类内散布矩阵和类间散布矩阵。第 i 类数据样本的均值向量 $\boldsymbol{m}_i$（存储均值特征值 μ_m）为

$$\boldsymbol{m}_i = \frac{1}{n_i}\sum_{x_m \in D_i} \boldsymbol{x}_m$$

用类似的方法计算三个均值向量：

$$\boldsymbol{m}_i = \begin{bmatrix} \mu_{i,\text{alcohol}} \\ \mu_{i,\text{malic acid}} \\ \vdots \\ \mu_{i,\text{proline}} \end{bmatrix}^{\mathrm{T}} \qquad i \in \{1,2,3\}$$

可以使用以下代码计算均值向量。葡萄酒数据集共有三个类别，为每一个类别计算一个均值向量：

```
>>> np.set_printoptions(precision=4)
>>> mean_vecs = []
>>> for label in range(1,4):
...     mean_vecs.append(np.mean(
...                X_train_std[y_train==label], axis=0))
...     print(f'MV {label}: {mean_vecs[label - 1]}\n')
MV 1: [ 0.9066  -0.3497  0.3201  -0.7189  0.5056  0.8807  0.9589  -0.5516
0.5416  0.2338  0.5897  0.6563  1.2075]
MV 2: [-0.8749  -0.2848  -0.3735  0.3157  -0.3848  -0.0433  0.0635  -0.0946
0.0703  -0.8286  0.3144  0.3608  -0.7253]
MV 3: [ 0.1992  0.866  0.1682  0.4148  -0.0451  -1.0286  -1.2876  0.8287
-0.7795  0.9649  -1.209  -1.3622  -0.4013]
```

使用均值向量计算类内散布矩阵 $\boldsymbol{S}_W$：

$$\boldsymbol{S}_W = \sum_{i=1}^{c} \boldsymbol{S}_i$$

其中 $\boldsymbol{S}_i$ 为类别 i 的散布矩阵，可以按照下面公式计算：

$$S_i = \sum_{x \in D_i} (x - m_i)(x - m_i)^T$$

```
>>> d = 13 # number of features
>>> S_W = np.zeros((d, d))
>>> for label, mv in zip(range(1, 4), mean_vecs):
...     class_scatter = np.zeros((d, d))
...     for row in X_train_std[y_train == label]:
...         row, mv = row.reshape(d, 1), mv.reshape(d, 1)
...         class_scatter += (row - mv).dot((row - mv).T)
...     S_W += class_scatter
>>> print('Within-class scatter matrix: '
...       f'{S_W.shape[0]}x{S_W.shape[1]}')
Within-class scatter matrix: 13x13
```

在计算散布矩阵时，假设训练数据集类别标签均匀分布。但是，如果打印每类标签的数量，会发现这个假设并未被遵循：

```
>>> print('Class label distribution:',
...       np.bincount(y_train)[1:])
Class label distribution: [41 50 33]
```

因此，在把各个散布矩阵累加之前，需要对散布矩阵 S_i 进行缩放处理，即把散布矩阵 S_i 除以对应类别的样本个数 n_i。可以看到计算散布矩阵实际上与计算协方差矩阵相同(协方差矩阵是散布矩阵的归一化版本)：

$$\Sigma_i = \frac{1}{n_i} S_i = \frac{1}{n_i} \sum_{x \in D_i} (x - m_i)(x - m_i)^T$$

下述代码计算缩放后的类内散布矩阵：

```
>>> d = 13 # number of features
>>> S_W = np.zeros((d, d))
>>> for label,mv in zip(range(1, 4), mean_vecs):
...     class_scatter = np.cov(X_train_std[y_train==label].T)
...     S_W += class_scatter
>>> print('Scaled within-class scatter matrix: '
...       f'{S_W.shape[0]}x{S_W.shape[1]}')
Scaled within-class scatter matrix: 13x13
```

在计算完缩放的类内散布矩阵(或协方差矩阵)后，可以继续下一步计算类间散布矩阵 S_B：

$$S_B = \sum_{i=1}^{c} n_i (m_i - m)(m_i - m)^T$$

这里，m 是所有样本的均值向量，包括 c 个类别的所有样本：

```
>>> mean_overall = np.mean(X_train_std, axis=0)
>>> mean_overall = mean_overall.reshape(d, 1)

>>> d = 13 # number of features
>>> S_B = np.zeros((d, d))
>>> for i, mean_vec in enumerate(mean_vecs):
...     n = X_train_std[y_train == i + 1, :].shape[0]
...     mean_vec = mean_vec.reshape(d, 1) # make column vector
...     S_B += n * (mean_vec - mean_overall).dot(
...     (mean_vec - mean_overall).T)
>>> print('Between-class scatter matrix: '
...       f'{S_B.shape[0]}x{S_B.shape[1]}')
Between-class scatter matrix: 13x13
```

5.2.4 为新特征子空间选择线性判别式

LDA 的其余步骤与 PCA 的步骤类似。然而，LDA 不是对协方差矩阵进行特征分解，而是计算矩阵 $\boldsymbol{S}_W^{-1}\boldsymbol{S}_B$ 的广义特征值：

```
>>> eigen_vals, eigen_vecs =\
...     np.linalg.eig(np.linalg.inv(S_W).dot(S_B))
```

在计算出特征值和特征向量之后，可以对特征值进行降序排序：

```
>>> eigen_pairs = [(np.abs(eigen_vals[i]), eigen_vecs[:,i])
...                for i in range(len(eigen_vals))]
>>> eigen_pairs = sorted(eigen_pairs,
...               key=lambda k: k[0], reverse=True)
>>> print('Eigenvalues in descending order:\n')
>>> for eigen_val in eigen_pairs:
...     print(eigen_val[0])
Eigenvalues in descending order:
349.617808906
172.76152219
3.78531345125e-14
2.11739844822e-14
1.51646188942e-14
1.51646188942e-14
1.35795671405e-14
1.35795671405e-14
7.58776037165e-15
5.90603998447e-15
5.90603998447e-15
2.25644197857e-15
0.0
```

因为类间散布矩阵 S_B 是 c 个秩为 1 或 0 的矩阵之和，LDA 的线性判别式的数量最多为 $c-1$，其中 c 是类别标签的数量。确实可以看到只有两个非零特征值(但由于 NumPy 的浮点运算，第 3~13 个特征值并非完全为零)。

共线性

请注意，在极少数完美共线性情况下(所有样本点在高维空间都在一条直线上)，协方差矩阵的秩为 1，这将导致只有一个特征向量对应非零特征值。

为了度量线性判别式(特征向量)捕获了多少类判别信息，绘制类似于 PCA 部分创建的方差解释比图，按特征值降序绘制线性判别式。为简单起见，将类别的判别性信息称为可辨别性：

```
>>> tot = sum(eigen_vals.real)
>>> discr = [(i / tot) for i in sorted(eigen_vals.real,
...                                    reverse=True)]
>>> cum_discr = np.cumsum(discr)
>>> plt.bar(range(1, 14), discr, align='center',
...         label='Individual discriminability')
>>> plt.step(range(1, 14), cum_discr, where='mid',
...          label='Cumulative discriminability')
>>> plt.ylabel('"Discriminability" ratio')
>>> plt.xlabel('Linear Discriminants')
>>> plt.ylim([-0.1, 1.1])
>>> plt.legend(loc='best')
>>> plt.tight_layout()
>>> plt.show()
```

如图 5.9 所示，仅前两个线性判别式就捕获了葡萄酒训练数据集中 100%的有用信息：

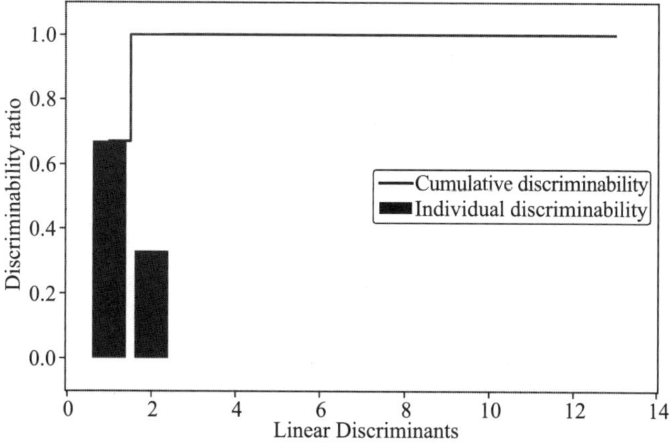

图 5.9　前两个线性判别式捕获了 100%的有用信息

现在将两个最具辨别性的特征向量叠加起来创建一个变换矩阵 $\boldsymbol{W}$：

```
>>> w = np.hstack((eigen_pairs[0][1][:, np.newaxis].real,
...                eigen_pairs[1][1][:, np.newaxis].real))
>>> print('Matrix W:\n', w)
Matrix W:
 [[-0.1481  -0.4092]
  [ 0.0908  -0.1577]
  [-0.0168  -0.3537]
  [ 0.1484   0.3223]
  [-0.0163  -0.0817]
  [ 0.1913   0.0842]
  [-0.7338   0.2823]
  [-0.075   -0.0102]
  [ 0.0018   0.0907]
  [ 0.294   -0.2152]
  [-0.0328   0.2747]
  [-0.3547  -0.0124]
  [-0.3915  -0.5958]]
```

5.2.5　将样本投影到新的特征空间

使用上一小节创建的变换矩阵 $\boldsymbol{W}$，利用矩阵乘法来变换训练数据集：

$$\boldsymbol{X}' = \boldsymbol{X}\boldsymbol{W}$$

```
>>> X_train_lda = X_train_std.dot(w)
>>> colors = ['r', 'b', 'g']
>>> markers = ['o', 's', '^']
>>> for l, c, m in zip(np.unique(y_train), colors, markers):
...     plt.scatter(X_train_lda[y_train==l, 0],
...                 X_train_lda[y_train==l, 1] * (-1),
...                 c=c, label= f'Class {l}', marker=m)
>>> plt.xlabel('LD 1')
>>> plt.ylabel('LD 2')
>>> plt.legend(loc='lower right')
>>> plt.tight_layout()
>>> plt.show()
```

从图 5.10 可以看到，三类葡萄酒数据样本在新的特征子空间中完全线性可分。

5.2.6　用 Scikit-Learn 实现线性判别分析

逐步的代码实现是了解 LDA 内部工作原理以及其与 PCA 之间差异的一个很好的方法。首先，看下 Scikit-Learn 中实现的 `LDA` 类：

```
>>> # the following import statement is one line
>>> from sklearn.discriminant_analysis import LinearDiscriminantAnalysis as LDA
>>> lda = LDA(n_components=2)
>>> X_train_lda = lda.fit_transform(X_train_std, y_train)
```

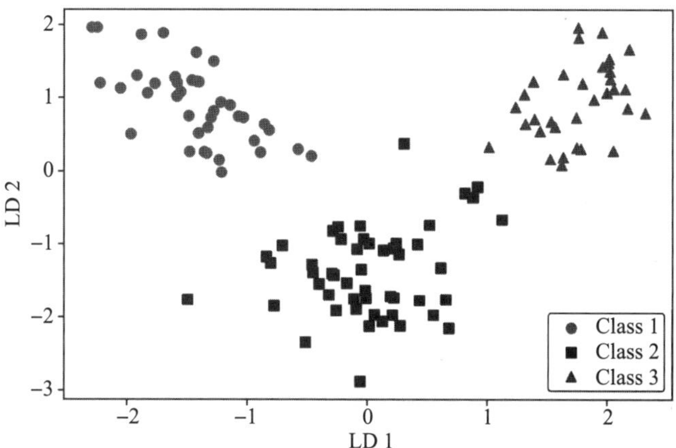

图 5.10　将数据投影到前两个线性判别式后类别完全可分离

接下来，看下逻辑回归分类器如何处理 LDA 变换后的低维训练数据集：

```
>>> lr = LogisticRegression(multi_class='ovr', random_state=1,
...                         solver='lbfgs')
>>> lr = lr.fit(X_train_lda, y_train)
>>> plot_decision_regions(X_train_lda, y_train, classifier=lr)
>>> plt.xlabel('LD 1')
>>> plt.ylabel('LD 2')
>>> plt.legend(loc='lower left')
>>> plt.tight_layout()
>>> plt.show()
```

从图 5.11 可以看到逻辑回归模型错误分类了第二类中的一个样本。

降低正则化强度可以改变决策边界，使逻辑回归模型可以正确分类训练数据集中的所有样本。然而，更重要的是要观察下模型在测试数据集上的结果：

```
>>> X_test_lda = lda.transform(X_test_std)
>>> plot_decision_regions(X_test_lda, y_test, classifier=lr)
>>> plt.xlabel('LD 1')
>>> plt.ylabel('LD 2')
>>> plt.legend(loc='lower left')
>>> plt.tight_layout()
>>> plt.show()
```

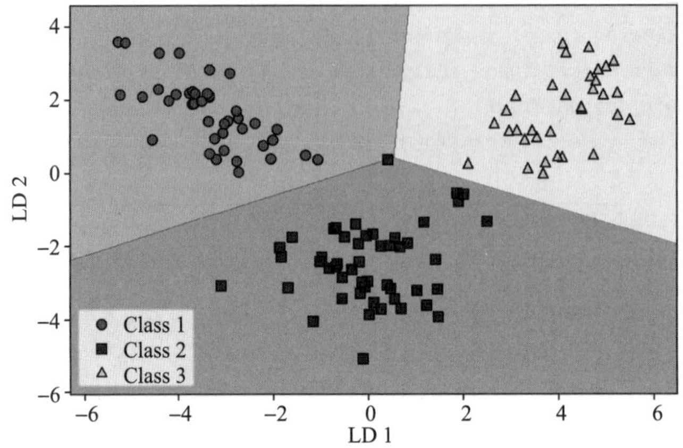

图 5.11　逻辑回归模型错误分类了一个样本

如图 5.12 所示，逻辑回归分类器仅使用二维特征子空间，而不是原来的 13 个葡萄酒特征，就能正确分类测试数据集中所有样本。

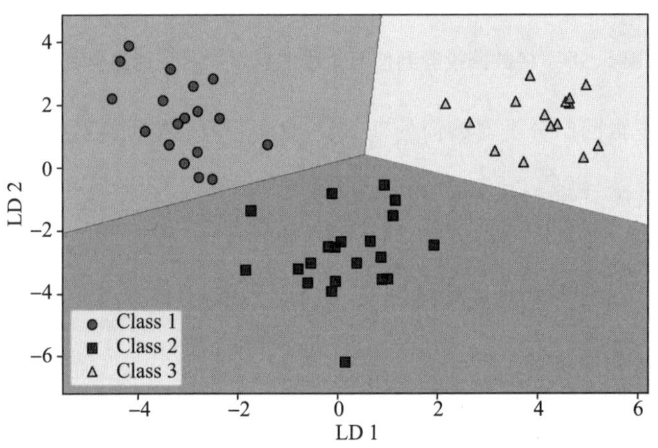

图 5.12　逻辑回归模型在测试数据上分类完美

5.3　非线性降维和可视化

上一节介绍了用于特征提取的线性变换方法，例如 PCA 和 LDA。本节将讨论非线性降维方法。

一种特别值得关注的非线性降维方法为 **t 分布随机邻域嵌入**（*t*-Distributed Stochastic Neighbor Embedding，*t*-SNE），*t*-SNE 经常用于在二维或三维空间可视化高维数据。本节将介绍如何使用 *t*-SNE 在二维特征空间中可视化手写图像。

5.3.1　非线性降维的不足

许多机器学习算法假设输入数据是线性可分的。

在前面的章节中已经学习到，感知机甚至要求训练数据完全线性可分才能收敛。到目前为止，我们介绍的其他算法，如 Adaline、逻辑回归、标准 SVM 等，都假设数据存在噪声，所以数据不是完全线性可分。

但是，非线性问题在现实应用中层出不穷。如果数据是非线性可分，那么用于降维的线性变换方法(例如 PCA 和 LDA)就可能不是最佳选择。线性可分问题和非线性可分问题之间的差异如图 5.13 所示。

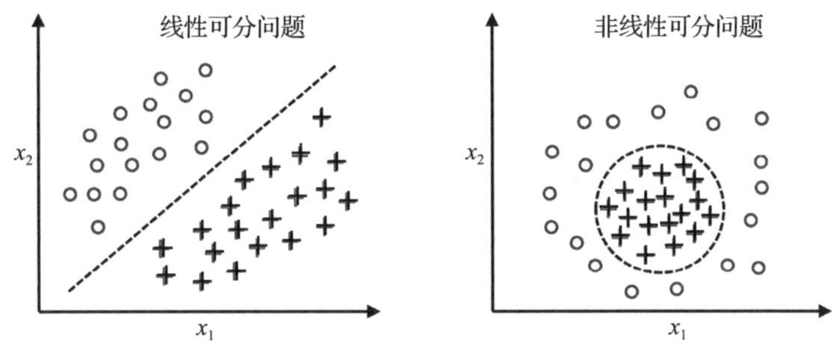

图 5.13　线性可分和非线性可分数据

Scikit-Learn 库实现了一系列超出本书范围的非线性降维高级方法。Scikit-Learn 官方文档总结了当前非线性降维方法的代码实现，并辅以说明性示例，感兴趣的读者查看官方网址 http://scikit-learn.org/stable/modules/manifold.html。

非线性降维通常被称为流形学习(manifold learning)，其中流形是指嵌在高维空间中的低维拓扑空间。流形学习算法必须捕获数据的复杂结构，以便将其投影到低维空间并保留数据点之间的关系。

图 5.14 给出了一个流形学习的经典例子：三维瑞士卷。

虽然非线性降维和流形学习算法非常强大，但应该注意到这些方法是出名的难用，而且如果超参数选择不理想，使用这些算法可能弊大于利。造成这些问题的原因是如果数据集维度过高，那么投影到低维空间结构不明显(与图 5.14 中的瑞士卷数据不同)，从而可视化困难。此外，除非将数据投影到二维空间或三维空间(但投影到二维空间或三维空间通常不足以捕捉数据中更复杂的关系)，否则很难甚至不可能评估数据变换结果的质量。因此，很多人仍然使用简单的方法(例如 PCA 和 LDA)来进行数据降维。

5.3.2　使用 *t*-SNE 可视化数据

在介绍了非线性降维并讨论了一些挑战之后，本节将给出一个 *t*-SNE 的例子。*t*-SNE 通常用于将复杂数据进行二维或三维可视化。

简而言之，*t*-SNE 建模原始高维特征空间中的数据点之间的距离。然后，在低维子空间中寻找与在原始高维空间中类似的距离概率分布。换句话说，*t*-SNE 在保持原始空间中的数据之间距离的前提下，将高维数据嵌入到低维空间中。在 Maaten 和 Hinton 的论文中有关于 *t*-SNE

算法的详细信息。(laurens van der Maaten, Geoffrey Hinton. Visualizing Data using *t*-SNE, Journal of Machine Learning Research, 2018, https://www.jmlr.org/papers/volume9/vandermaaten08a/vandermaaten08a.pdf)。然而，正如论文标题提到的那样，*t*-SNE 目的是可视化数据，需要将整个数据集进行投影。因为 *t*-SNE 直接对数据点进行投影(与 PCA 不同，*t*-SNE 不涉及投影矩阵)，所以不能将 *t*-SNE 应用于新数据点。

不同视角下的三维瑞士卷：

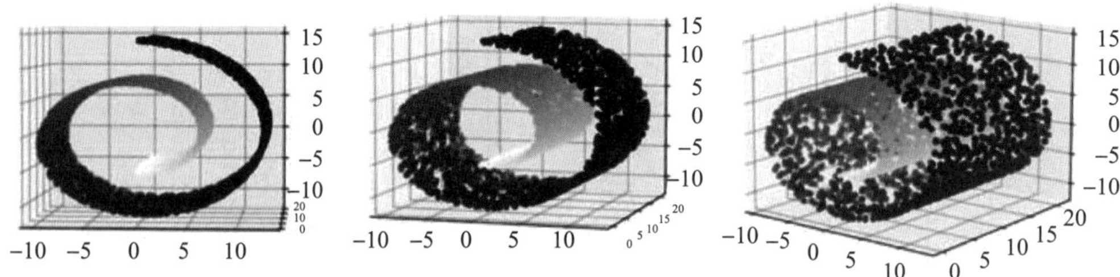

将瑞士卷投影到二维特征空间：

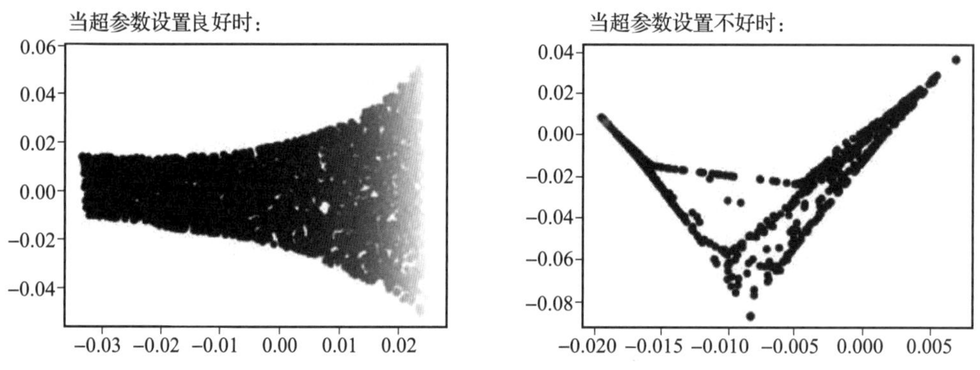

图 5.14　三维瑞士卷数据及其投影到二维空间的结果

以下代码展示了如何将 *t*-SNE 用于 64 维数据集。首先，从 Scikit-Learn 中加载 Digits 数据集，该数据集由低分辨率手写数字(数字 0~9)组成：

```
>>> from sklearn.datasets import load_digits
>>> digits = load_digits()
```

每个数字是 8×8 的灰度图像。数据集总共包含 1797 张图像，下述代码绘制了数据集中的前四张图像：

```
>>> fig, ax = plt.subplots(1, 4)
>>> for i in range(4):
>>>     ax[i].imshow(digits.images[i], cmap='Greys')
>>> plt.show()
```

如图 5.15 所示，图像的分辨率较低。每张图像为 8×8 像素，即每张图像有 64 像素。

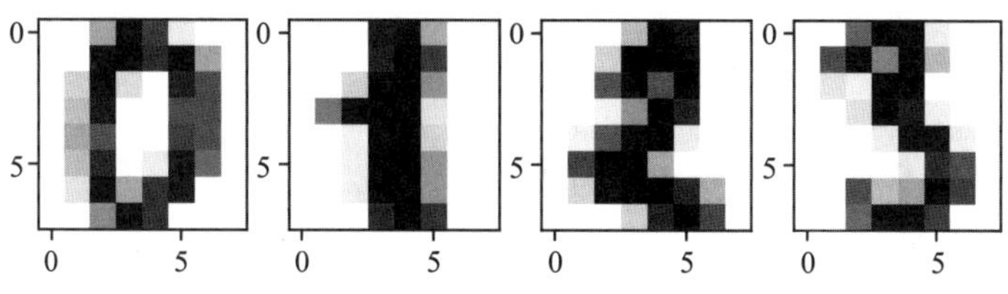

图 5.15　手写数字低分辨率图像

请注意，可以通过 digits.data 属性访问此数据集的表格版本，其中每行表示一个样本，每列代表一个像素值：

```
>>> digits.data.shape
(1797, 64)
```

接下来，将特征(像素)赋值给一个新变量 X_digits，并将标签赋值给另一个新变量 y_digits：

```
>>> y_digits = digits.target
>>> X_digits = digits.data
```

然后，从 Scikit-Learn 导入 *t*-SNE 类并初始化一个新的 tsne 对象。使用 fit_transform 即可一步完成 *t*-SNE 的拟合和数据变换：

```
>>> from sklearn.manifold import TSNE
>>> tsne = TSNE(n_components=2, init='pca',
...             random_state=123)
>>> X_digits_tsne = tsne.fit_transform(X_digits)
```

此代码将 64 维数据集投影到二维空间。设置参数 init='pca'，使用 PCA 初始化 *t*-SNE 嵌入。这种做法是在 Kobak 发表的论文中被推荐的(Dmitry Kobak, George C. Linderman. Initialization is critical for preserving global data structure in both *t*-SNE and UMAP, Nature Biotechnology Volume 39, 156-157, 2021, https://www.nature.com/articles/s41587-020-00809-z)。

请注意，*t*-SNE 中还包含其他超参数，例如，困惑度和学习率(通常被称为 epsilon)，在上述代码中省略了这些超参数的设置(使用了 Scikit-Learn 中的默认值)。在实践中，建议读者探索这些参数的用法。有关这些超参数及其对结果的影响，请参阅 Wattenberg、Viegas 和 Johnson 发表的论文(Martin Wattenberg, Fernanda Viegas, Ian Johnson. How to Use *t*-SNE Effectively, Distill, 2016, https://distill.pub/2016/misread-tsne/)。

最后，使用以下代码可视化 *t*-SNE 的二维嵌入结果：

```
>>> import matplotlib.patheffects as PathEffects
>>> def plot_projection(x, colors):

...     f = plt.figure(figsize=(8, 8))
...     ax = plt.subplot(aspect='equal')
...     for i in range(10):
...         plt.scatter(x[colors == i, 0],
...                     x[colors == i, 1])

...     for i in range(10):
...         xtext, ytext = np.median(x[colors == i, :], axis=0)
...         txt = ax.text(xtext, ytext, str(i), fontsize=24)
...         txt.set_path_effects([
...             PathEffects.Stroke(linewidth=5, foreground="w"),
...             PathEffects.Normal()])

>>> plot_projection(X_digits_tsne, y_digits)
>>> plt.show()
```

与 PCA 一样，*t*-SNE 是一种无监督方法。在上述代码中，使用颜色参数将类标签 `y_digits`(0~9)进行可视化。使用 Matplotlib 的 `PathEffects` 可以让类别标签显示在每个类别数据点的中心(通过 `np.median` 计算)，如图 5.16 所示。

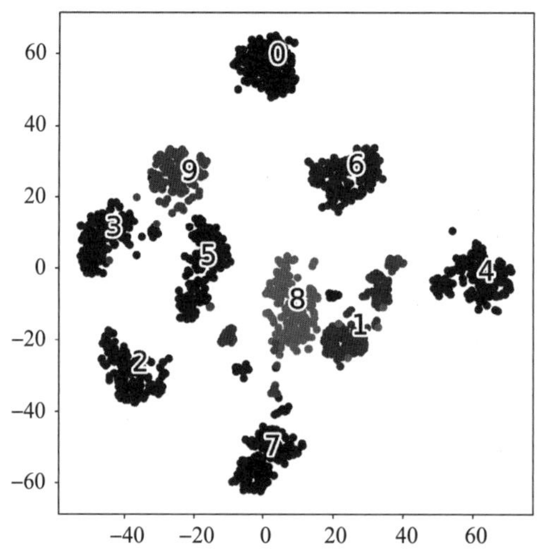

图 5.16　*t*-SNE 将手写数字图像嵌入到二维特征空间进行可视化

从图 5.16 可以看到，*t*-SNE 能够很好地分离不同的数字(类)，尽管并不完美。通过调整超参数可以实现不同类别样本更好的分离。实际上，由于图像中的笔迹难以辨认，某种程度的类别混淆不可避免。例如，通过检查图像，可以发现数字 3 的某些图像看起来更像数字 9。

统一流形逼近和投影

另一种流行的可视化方法是**统一流形逼近和投影**(Uniform Manifold Approximation and Projection，UMAP)。UMAP 可以产生与 *t*-SNE 类似的结果(例如，参见之前引用的 Kobak 和 Linderman 论文)，但通常速度更快，并且还可以用于投影新数据，这使得 UMAP 成为机器学习领域中一种更具吸引力的降维方法，类似于 PCA。有兴趣的读者可以阅读 McInnes 发表的论文学习 UMAP 算法(Leland McInnes, John Healy, James Melville. UMAP: Uniform manifest approximation and projection for dimension reduction, 2018, https://arxiv.org/abs/1802.03426)。可以在 https://umap-learn.readthedocs.io 找到与 Scikit-Learn 兼容的 UMAP 实现。

5.4　本章小结

本章介绍了两种用于特征提取的降维方法：PCA 和 LDA。PCA 将数据投影到低维子空间，在不使用数据类别标签的前提下，最大化主成分方向的方差。与 PCA 相比，LDA 是一种用于监督降维的方法，这意味着该方法会使用训练数据集中的类别标签。LDA 试图在线性特征空间中最大化类别的可分离性。最后，本章还介绍了 *t*-SNE 方法。*t*-SNE 是一种非线性特征提取方法，可用于在二维或三维空间中可视化数据。

掌握了 PCA 和 LDA 数据预处理方法后，我们可以进行下一章的学习了。下一章将介绍如何有效地综合使用不同的数据预处理方法、评估不同模型的性能。

CHAPTER6

第 6 章

模型评估和超参数调优的最佳实践

前几章学习了基本的机器学习分类算法，以及如何在数据输入算法之前进行数据预处理。本章将介绍如何通过算法调优和模型评估构建好的机器学习模型。

本章将介绍以下内容：

- 机器学习模型的性能评估；
- 机器学习算法中常见的问题；
- 机器学习模型调优；
- 使用多种性能指标评估预测模型性能。

6.1 使用 pipeline 方法简化工作流程

前面的章节使用了多种数据预处理技术，比如第 4 章介绍的用于特征缩放的数据标准化、第 5 章介绍的用于数据压缩的主成分分析。必须使用在训练数据拟合期间获得的参数来缩放和压缩新数据，比如测试数据集中的样本。本节将介绍一种非常好用的工具，即 Scikit-Learn 中的 `Pipeline` 类。使用 `Pipeline` 类可以拟合一个包含任意数量变换模块的模型，并且拟合后的模型可以用于新数据的预测。

6.1.1 加载威斯康星乳腺癌数据集

本章使用威斯康星乳腺癌数据集。该数据集包含 569 个肿瘤细胞样本，肿瘤细胞分为恶性和良性。数据集的前两列分别存储样本的 ID 号和诊断结果（`M` 表示恶性，`B` 表示良性）。第 3~32 列包含 30 个从细胞核图像中提取出来的实数值特征，可用于构建模型来预测肿瘤是良性还是恶性。威斯康星乳腺癌数据集已存放在 UCI 机器学习存储库中，可在 https://archive.ics.uci.edu/ml/datasets/Breast+Cancer+Wisconsin+(Diagnostic) 网站获得此数据集的详细信息。

获取威斯康星乳腺癌数据集

如果你是离线工作或者 UCI 服务器(https://archive.ics.uci.edu/ml/machine-learning-databases/breast-cancer-wisconsin/wdbc.data)宕机，可以在本书的代码包中找到威斯康星乳腺癌数据集(以及本书使用的所有其他数据集)。从本地目录加载数据集时，需要将下述代码：

```
df = pd.read_csv(
    'https://archive.ics.uci.edu/ml/'
    'machine-learning-databases'
    '/breast-cancer-wisconsin/wdbc.data',
    header=None
)
```

替换为

```
df = pd.read_csv(
    'your/local/path/to/wdbc.data',
    header=None
)
```

下述代码将读入数据集，并通过 3 个简单的步骤将数据集拆分为训练数据集和测试数据集：

1. 使用 pandas 直接从 UCI 网站中读取数据集：

```
>>> import pandas as pd
>>> df = pd.read_csv('https://archive.ics.uci.edu/ml/'
...                  'machine-learning-databases'
...                  '/breast-cancer-wisconsin/wdbc.data',
...                  header=None)
```

2. 接下来，将 30 个特征存入 NumPy 数组 `X`。使用 `LabelEncoder` 对象将类别标签从原始的字符串表示(`'M'`和`'B'`)转换为整数：

```
>>> from sklearn.preprocessing import LabelEncoder
>>> X = df.loc[:, 2:].values
>>> y = df.loc[:, 1].values
>>> le = LabelEncoder()
>>> y = le.fit_transform(y)
>>> le.classes_
array(['B', 'M'], dtype=object)
```

3. 对数组 `y` 中的类别标签(诊断结果)进行编码，恶性肿瘤表示为类别 `1`，良性肿瘤表示

为类别 `0`。调用拟合 `LabelEncoder` 的 `transform` 方法对两个虚拟类别标签做映射检查：

```
>>> le.transform(['M', 'B'])
array([1, 0])
```

4. 在构建第一个 pipeline 模型之前，先将数据集划分为训练数据集（80%的数据）和测试数据集（20%的数据）：

```
>>> from sklearn.model_selection import train_test_split
>>> X_train, X_test, y_train, y_test = \
...     train_test_split(X, y,
...                      test_size=0.20,
...                      stratify=y,
...                      random_state=1)
```

6.1.2 在 pipeline 中集成转换器和估计器

上一章介绍过，出于优化模型性能的目的，许多机器学习算法要求将输入的特征值缩放到相同范围内。由于威斯康星乳腺癌数据集中的特征测量单位不同，因此在将威斯康星乳腺癌数据集中的列提供给线性分类器（例如逻辑回归）之前，需要对特征进行标准化。此外，希望使用主成分分析（PCA）将数据从最初的 30 维压缩到较低的二维子空间。在第 5 章介绍过，PCA 是一种用于数据降维的特征提取方法。

我们把 `StandardScaler`、`PCA` 和 `LogisticRegression` 对象依次放到一个 pipeline 中，而不是在训练数据和测试数据上分别完成数据转换、模型拟合或模型预测：

```
>>> from sklearn.preprocessing import StandardScaler
>>> from sklearn.decomposition import PCA
>>> from sklearn.linear_model import LogisticRegression
>>> from sklearn.pipeline import make_pipeline
>>> pipe_lr = make_pipeline(StandardScaler(),
...                         PCA(n_components=2),
...                         LogisticRegression())
>>> pipe_lr.fit(X_train, y_train)
>>> y_pred = pipe_lr.predict(X_test)
>>> test_acc = pipe_lr.score(X_test, y_test)
>>> print(f'Test accuracy: {test_acc:.3f}')
Test accuracy: 0.956
```

`make_pipeline` 函数可以使用任意数量的 Scikit-Learn 转换器（支持 `fit` 和 `transform` 方法的对象），紧接着是一个带有 `fit` 和 `predict` 方法的 Scikit-Learn 估计器。上述代码使用了两个 Scikit-Learn 转换器（分别为 `StandardScaler` 和 `PCA`）和一个 `LogisticRegression` 估计器作为 `make_pipeline` 函数的输入。该函数以这些对象为基础构造一个 Scikit-Learn 的

Pipeline 对象。

可以将 Scikit-Learn 的 Pipeline 对象视为元估计器或包含转换器和估计器的封装。调用 Pipeline 的 fit 方法将依次传递数据并调用中间对象的 fit 和 transform，直到数据到达估计器对象（pipeline 中的最后一个元素）。然后用估计器拟合转换后的训练数据。

在前面的代码中，当对 pipe_lr 执行 fit 方法时，StandardScaler 首先使用训练数据并调用 fit 和 transform 方法。其次，转换后的训练数据被传递给 pipeline 的下一个对象，即 PCA。与上一步类似，PCA 对缩放的输入数据执行 fit 和 transform，并将结果传递给 pipeline 的最后一个对象，即估计器。

调用 StandardScaler 和 PCA 完成对训练数据转换后，用 LogisticRegression 估计器对转换后的数据进行拟合。同样，应该注意，pipeline 中的中间步骤没有数量限制。但是，如果想要将 pipeline 用于预测任务，则 pipeline 的最后一个对象必须是估计器。

类似于在 pipeline 上调用 fit 方法，如果 pipeline 的最后一步是估计器，那么 pipeline 也可以实现 predict 方法。如果把数据集输入 Pipeline 对象实例的 predict 方法，那么将调用 transform 方法完成数据转换。然后，在最后一步，使用转换后的数据，估计器对象给出预测结果。

Scikit-Learn 库的 pipeline 是一个非常有用的封装工具，本书的其余部分将经常使用 pipeline。为确保能很好地掌握 Pipeline 对象的工作原理，请仔细阅读图 6.1。图 6.1 总结了前面段落讨论的内容。

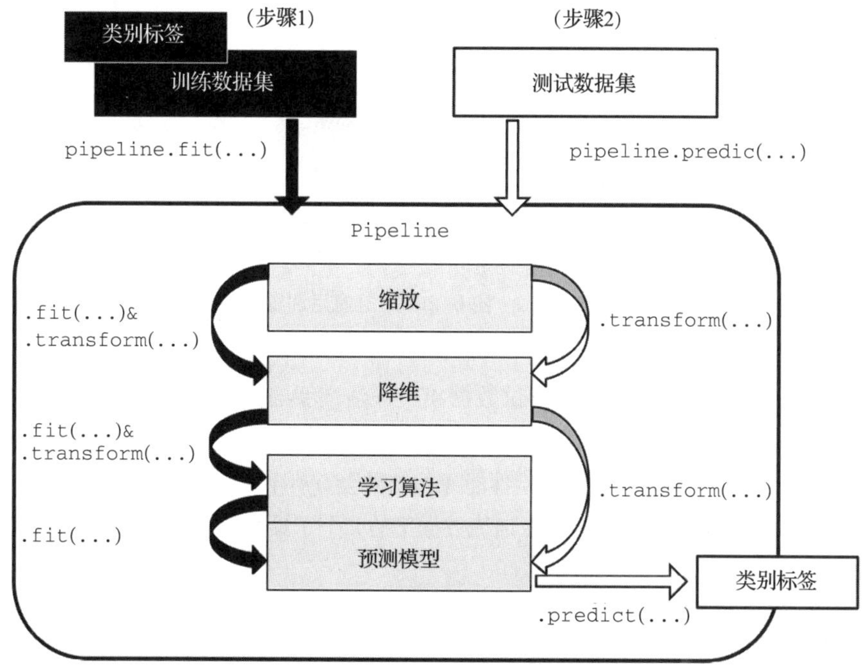

图 6.1　**Pipeline 对象的内部工作原理**

6.2　使用 *k* 折交叉验证评估模型性能

本节将介绍常用的交叉验证技术：holdout 交叉验证和 *k* 折交叉验证。交叉验证有助于可靠地评估模型泛化性能，即模型在未见过的数据上的表现。

6.2.1　holdout 交叉验证

holdout 交叉验证是一种广泛使用的经典方法，用于评估机器学习模型的泛化性能。holdout 方法将初始数据集分成独立的训练数据集和测试数据集——前者用于模型训练，后者用于评估模型的泛化性能。然而，机器学习应用更关注调优和比较参数的设置，以进一步提高模型在未见过的数据上的预测性能。此过程被称为**模型选择**，其目的在于找到机器学习分类算法中可调参数(也称为**超参数**)的最佳值。但是，如果在模型选择过程中反复使用相同的测试数据集，此测试数据集将成为训练数据的一部分，因此模型将更容易过拟合。尽管存在这个问题，但仍然有许多人使用测试数据集进行模型选择，这在机器学习实践中不是一个好的做法。

基于 holdout 方法进行模型选择还存在一种更好的方法，即将数据集分成三部分：训练数据集、验证数据集和测试数据集。训练数据集用于拟合模型，然后根据模型在验证数据集上的表现进行模型选择。这样在模型训练和模型选择阶段模型都未见过测试数据集，这样做的好处是在测试数据集上评估模型的泛化能力时偏差较小。图 6.2 阐述了 holdout 交叉验证的基本原理。在训练数据集上使用不同的超参数对模型进行训练，然后在验证数据集上评估模型的性能。一旦对某组超参数的值感到满意，就可以在测试数据集上评估模型的泛化性能。

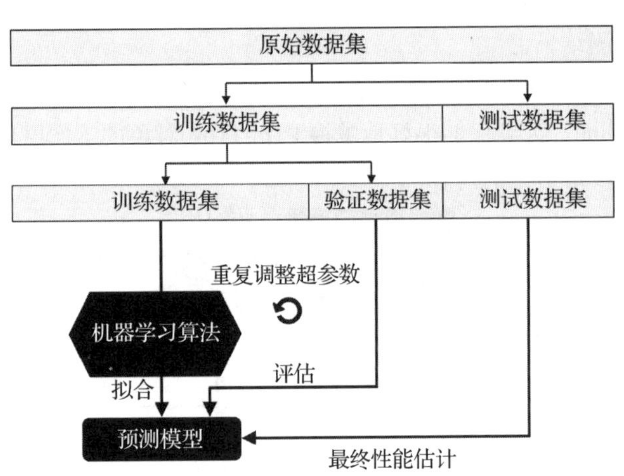

图 6.2　如何使用训练数据集、验证数据集和测试数据集

holdout 方法存在一个缺点，即模型的性能评估结果对训练数据集和验证数据集的划分方式非常敏感。使用不同划分的数据集，模型性能评估结果会有所不同。下一小节将介绍一种更强大的性能评估技术——*k* 折交叉验证，即在训练数据集的 *k* 个子集上使用 *k* 次 holdout 方法。

6.2.2　*k* 折交叉验证

在 *k* 折交叉验证中，我们将训练数据集不重叠地随机分成 *k* 个子集，每个子集称为一折(fold)。其中的 $k-1$ 折用于训练模型，被称为**训练折**；剩余 1 折，用于评估模型的性能，被称为**测试折**。此过程重复 k 次，便获得 k 次模型和性能估计。

有放回抽样和不放回抽样

第 3 章通过一个例子解释了有放回抽样和不放回抽样。如果没有读该章或想复习该章，请阅读 3.6.3 节名称为“有放回抽样和不放回抽样”的信息框。

基于不同的独立测试折计算模型的平均性能，以此获得评估结果。与 holdout 方法相比，k 折交叉的性能评估结果对训练数据集的拆分不敏感。k 折交叉验证通常用于模型调优，即寻找最佳的超参数使模型的泛化性能最佳，其中，使用测试折估计模型的泛化性能。

一旦找到了令人满意的超参数，就可以在完整的训练数据集上重新训练模型，并使用测试数据集获得模型的性能估计。在 k 折交叉验证后，使用整个训练数据集拟合模型，其基本原理是：首先，我们通常更关注最终的单个模型，而不是 k 个单独模型；其次，使用更多训练样本将使拟合后的模型更准确、更稳健。

k 折交叉验证是一种不放回抽样技术，这种方法的优点是：在每次迭代中，每个样本仅使用一次，并且训练折和测试折不相交，此外，所有测试折都不相交，也就是说，测试折之间没有样本重叠。图 6.3 总结了 k 折交叉验证的流程，其中 $k=10$。训练数据集被划分为 10 折，迭代 10 次，在每一次迭代中，9 折用于训练，1 折用于模型评估。

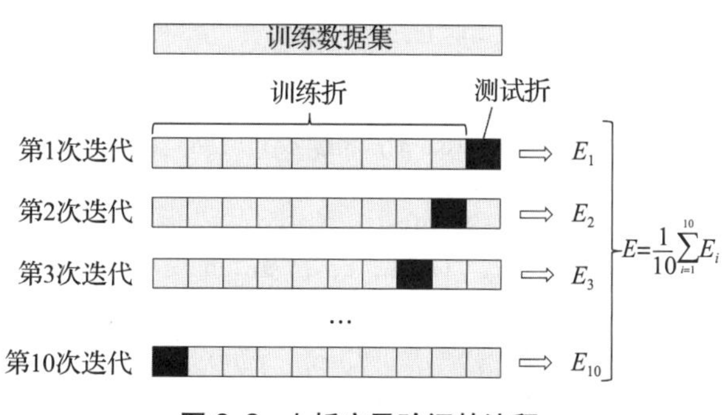

图 6.3　k 折交叉验证的流程

此外，使用模型在每个测试折上的性能估计 E_i（例如分类准确率或误差）来计算模型的平均性能估计 E。

总之，相比于使用验证数据集的 holdout 方法，k 折交叉验证更高效地利用了数据集，因为在 k 折交叉验证中，所有的数据点都被用于评估。

经验表明，k 折交叉验证中 k 的一个好的取值为 10。例如，Ron Kohavi 在各种数据集上的实验表明，10 折交叉验证在偏差和方差之间提供了最佳平衡（Ron Kohavi. A Study of Cross-Validation and Bootstrap for Accuracy Estimation and Model Selection, International Joint Conference on Artificial Intelligence (IJCAI), 14 (12): 1137-43, 1995, https://www.ijcai.org/Proceedings/95-2/Papers/016.pdf）。

但是，如果使用相对较小的训练集，那么增加折数会很有用。如果增加 k 的值，那么每次迭代将使用更多的训练数据，从而通过平均所有模型的性能估计，可以使模型泛化性能估计的偏差较小。然而，较大的 k 值也将增加交叉验证算法的运行时间并使估计方差变大，因为训练折彼此相似度变大。另一方面，如果处理的数据集较大，那么可以选择一个较小的 k 值，例如 $k=5$，这不但能降低在不同折上模型拟合和评估的计算成本，而且仍然可以准确估计模型的性能。

留一交叉验证

留一交叉验证(Leave-One-Out Cross Validation, LOOCV)方法是 k 折交叉验证的一个特例。该方法将 k 值设置为训练样本数($k=n$)，这样每次迭代只使用一个样本用于测试。当数据集非常小时，推荐使用留一交叉验证法。

细微改进标准 k 折交叉验证方法可以得到分层 k 折交叉验证。分层 k 折交叉验证估计值的偏差和方差更小，尤其是在类别比例不平衡的情况下，正如在本节前面提到的 Ron Kohavi 的研究显示的那样。在分层交叉验证中，类别标签的比例会保留在每个折中，以确保每个折都能代表训练数据集中类别的比例。下面通过使用 Scikit-Learn 中的 `StratifiedKFold` 迭代器来说明分层 k 折交叉验证：

```
>>> import numpy as np
>>> from sklearn.model_selection import StratifiedKFold
>>> kfold = StratifiedKFold(n_splits=10).split(X_train, y_train)
>>> scores = []
>>> for k, (train, test) in enumerate(kfold):
...     pipe_lr.fit(X_train[train], y_train[train])
...     score = pipe_lr.score(X_train[test], y_train[test])
...     scores.append(score)
...     print(f'Fold: {k+1:02d}, '
...           f'Class distr.: {np.bincount(y_train[train])}, '
...           f'Acc.: {score:.3f}')
Fold: 01, Class distr.: [256 153], Acc.: 0.935
Fold: 02, Class distr.: [256 153], Acc.: 0.935
Fold: 03, Class distr.: [256 153], Acc.: 0.957
Fold: 04, Class distr.: [256 153], Acc.: 0.957
Fold: 05, Class distr.: [256 153], Acc.: 0.935
Fold: 06, Class distr.: [257 153], Acc.: 0.956
Fold: 07, Class distr.: [257 153], Acc.: 0.978
Fold: 08, Class distr.: [257 153], Acc.: 0.933
Fold: 09, Class distr.: [257 153], Acc.: 0.956
Fold: 10, Class distr.: [257 153], Acc.: 0.956
>>> mean_acc = np.mean(scores)
>>> std_acc = np.std(scores)
>>> print(f'\nCV accuracy: {mean_acc:.3f} +/- {std_acc:.3f}')
CV accuracy: 0.950 +/- 0.014
```

首先，使用训练数据集中的 `y_train` 类别标签初始化 `sklearn.model_selection` 模块中

的 `StratifiedKFold` 迭代器，并通过 `n_splits` 参数指定折数(即 k 值)。当使用 `kfold` 迭代器循环遍历 k 折时，用 `train` 返回的索引来拟合在本章开头设置的逻辑回归 pipeline。使用名为 `pipe_lr` 的 pipeline，能确保样本在每次迭代时都能得到适当缩放(例如标准化)。然后，使用 `test` 索引计算模型的准确率得分，并将其存储在 `scores` 列表中，以此计算估计的平均准确率和标准差。

尽管前面的代码有助于说明 *k* 折交叉验证的工作原理，但 Scikit-Learn 还实现了一个 *k* 折交叉验证评分器。下面使用分层 *k* 折交叉验证来简洁地评估模型：

```
>>> from sklearn.model_selection import cross_val_score
>>> scores = cross_val_score(estimator=pipe_lr,
...                          X=X_train,
...                          y=y_train,
...                          cv=10,
...                          n_jobs=1)
>>> print(f'CV accuracy scores: {scores}')
CV accuracy scores: [ 0.93478261  0.93478261  0.95652174
                      0.95652174  0.93478261  0.95555556
                      0.97777778  0.93333333  0.95555556
                      0.95555556]
>>> print(f'CV accuracy: {np.mean(scores):.3f} '
...       f'+/- {np.std(scores):.3f}')
CV accuracy: 0.950 +/- 0.014
```

`cross_val_score` 方法有一个非常有用的功能，即可以将不同折的评估运算分布在计算机的多个中央处理单元(CPU)上。如果将 `n_jobs` 参数设置为 `1`，那么将只使用一个 CPU 来评估模型的性能，就像之前的 `StratifiedKFold` 例子一样。但是，如果设置 `n_jobs=2`，则可以将 10 个交叉验证任务分配给 2 个 CPU(如果计算机上存在 2 个 CPU)。当设置 `n_jobs=-1` 时，使用计算机上所有可用的 CPU 进行并行计算。

评估模型的泛化性能

请注意，虽然本文并未详细讨论交叉验证中如何评估模型的泛化性能，但是读者可以参考我曾经发表的一篇关于模型评估和交叉验证的文章“Model Evaluation, Model Selection, and Algorithm Selection in Machine Learning”，读者可以从 https://arxiv.org/abs/1811.12808 免费获取这篇文章。这篇文章还讨论了其他交叉验证方法，例如 .632 和 .632+bootstrap 交叉验证方法。

另外，M. Markatou 的论文也详细讨论了模型评估问题(M. Markatou, H. Tian, S. Biswas, G. M. Hripcsak. Analysis of Variance of Cross-validation Estimators of the Generalization Error, Journal of Machine Learning Research, 6: 1127-1168, 2005, https://www.jmlr.org/papers/v6/markatou05a.html)。

6.3 用学习曲线和验证曲线调试算法

本节将介绍两个非常简单但功能强大的方法，用于提高机器学习算法的性能：学习曲线和验证曲线。接下来的小节将介绍如何使用学习曲线来判断模型是否过拟合(大方差)或欠拟合(大偏差)。此外，还研究了验证曲线，帮助我们解决机器学习算法中的一些常见问题。

6.3.1 使用学习曲线解决偏差和方差问题

如果一个模型相对于训练数据集来说过于复杂——例如，一棵非常深的决策树——该模型往往会过拟合训练数据，并且不能很好地泛化从未见过的数据。通常，收集更多的训练样本有助于降低过拟合程度。

然而在实践中，收集更多的数据通常代价非常昂贵或根本不可行。将模型训练准确率和验证准确率看作训练数据集规模的函数，通过绘制其图像，可以轻松检测出模型是否存在大方差或大偏差，以及收集更多的数据是否有助于解决这个问题。

但在了解如何使用 Scikit-Learn 绘制学习曲线之前，先通过图 6.4 讨论两个常见的模型问题。

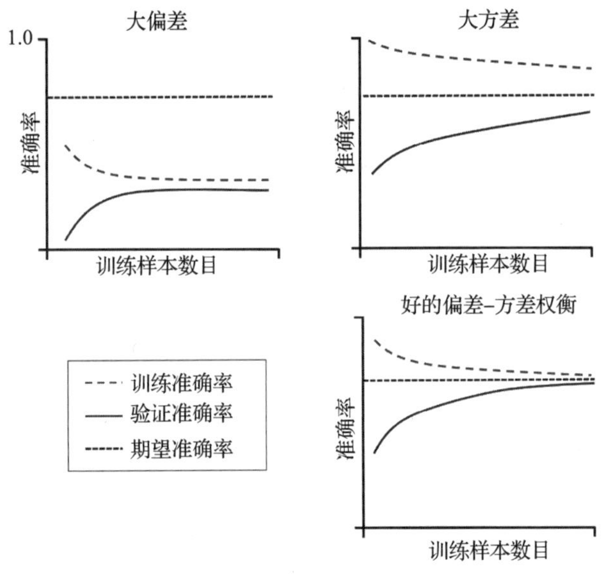

图 6.4　常见的模型问题

图 6.4 的左上角显示了一个具有大偏差的模型。该模型的训练准确率和验证准确率都较低，这表明模型对训练数据的拟合程度不足。解决此问题的常用方法是增加模型参数的数量，比如收集或构建更多特征，或者降低正则化程度，比如正则化支持向量机(SVM)或正则化逻辑回归分类器。

图 6.4 的右上角显示了一个具有大方差的模型，表明模型在训练准确率和验证准确率之间存在巨大差距，产生了过拟合。为了解决过拟合问题，可以收集更多的训练数据、降低模型的复杂度或者加大正则化强度。

对于没有使用正则化的模型，还可以通过特征选择(第 4 章)或特征提取(第 5 章)来减少特征的数量，从而降低过拟合程度。虽然通常增加训练数据会减少模型过拟合，但这种方法并非总有效。例如，在训练数据的噪声很大或者模型已经接近最优的情况下，增加训练数据用处不大。

下一小节将介绍如何使用验证曲线来解决这些模型问题。在此之前，需要了解如何使用 Scikit-Learn 的学习曲线函数来评估模型：

```
>>> import matplotlib.pyplot as plt
>>> from sklearn.model_selection import learning_curve
>>> pipe_lr = make_pipeline(StandardScaler(),
...                         LogisticRegression(penalty='l2',
...                                            max_iter=10000))
>>> train_sizes, train_scores, test_scores =\
...                 learning_curve(estimator=pipe_lr,
...                                X=X_train,
...                                y=y_train,
...                                train_sizes=np.linspace(
...                                            0.1, 1.0, 10),
...                                cv=10,
...                                n_jobs=1)
>>> train_mean = np.mean(train_scores, axis=1)
>>> train_std = np.std(train_scores, axis=1)
>>> test_mean = np.mean(test_scores, axis=1)
>>> test_std = np.std(test_scores, axis=1)
>>> plt.plot(train_sizes, train_mean,
...          color='blue', marker='o',
...          markersize=5, label='Training accuracy')
>>> plt.fill_between(train_sizes,
...                  train_mean + train_std,
...                  train_mean - train_std,
...                  alpha=0.15, color='blue')
>>> plt.plot(train_sizes, test_mean,
...          color='green', linestyle='--',
...          marker='s', markersize=5,
...          label='Validation accuracy')
>>> plt.fill_between(train_sizes,
...                  test_mean + test_std,
...                  test_mean - test_std,
...                  alpha=0.15, color='green')
>>> plt.grid()
>>> plt.xlabel('Number of training examples')
>>> plt.ylabel('Accuracy')
>>> plt.legend(loc='lower right')
>>> plt.ylim([0.8, 1.03])
>>> plt.show()
```

请注意，在实例化 `LogisticRegression` 对象时（默认使用 1000 次迭代），设置参数 `max_iter=10000`，以避免出现较小的数据集或极端正则化参数值而引起的收敛问题（在下一节中介绍）。运行上述代码后，将得到图 6.5 所示的学习曲线。

通过调整 `learning_curve` 函数中的 `train_sizes` 参数，可以控制用于生成学习曲线的训练样本的绝对或相对数量。这里使用 `train_sizes=np.linspace(0.1, 1.0, 10)`产生 10 个间隔

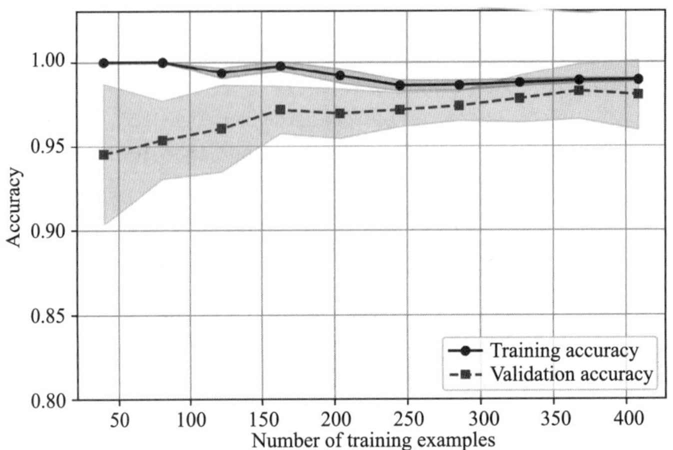

图 6.5　模型学习曲线为训练准确率和验证准确率随训练数据规模的变化

相同的数据作为训练数据集的大小。`learning_curve` 函数默认使用分层 k 折交叉验证来计算分类器交叉验证的准确率，这里通过设置 `cv` 参数 $k=10$ 进行 10 折分层交叉验证。

然后，根据这些大小不同的训练数据集返回的交叉验证训练和测试分数，计算平均准确率，并使用 Matplotlib 中的 `plot` 函数绘制图像。此外，我们还使用 `fill_between` 函数将平均准确率的标准差添加到图中，表示估计的方差。

正如图 6.5 所示，如果模型在训练期间使用 250 个以上样本，模型在训练数据集和验证数据集上的表现都非常好。还可以看到，使用小于 250 个样本的训练数据集，训练准确率会提高，但验证准确率和训练准确率之间的差距会扩大——这是过拟合程度增加的一个表现。

6.3.2　使用验证曲线解决过拟合和欠拟合问题

使用验证曲线可以解决模型过拟合或欠拟合问题，提高模型的性能。验证曲线与学习曲线相关，但并不像学习曲线那样将训练准确率和测试准确率绘制为样本量的函数。为了绘制验证曲线，改变模型参数的值，例如逻辑回归中的逆正则化参数 `C`，得到模型性能与参数值的关系。

让我们继续了解如何通过 Scikit-Learn 来创建验证曲线：

```
>>> from sklearn.model_selection import validation_curve
>>> param_range = [0.001, 0.01, 0.1, 1.0, 10.0, 100.0]
>>> train_scores, test_scores = validation_curve(
...                             estimator=pipe_lr,
...                             X=X_train,
...                             y=y_train,
...                             param_name='logisticregression__C',
...                             param_range=param_range,
...                             cv=10)
```

```
>>> train_mean = np.mean(train_scores, axis=1)
>>> train_std = np.std(train_scores, axis=1)
>>> test_mean = np.mean(test_scores, axis=1)
>>> test_std = np.std(test_scores, axis=1)
>>> plt.plot(param_range, train_mean,
...          color='blue', marker='o',
...          markersize=5, label='Training accuracy')
>>> plt.fill_between(param_range, train_mean + train_std,
...                  train_mean - train_std, alpha=0.15,
...                  color='blue')
>>> plt.plot(param_range, test_mean,
...          color='green', linestyle='--',
...          marker='s', markersize=5,
...          label='Validation accuracy')
>>> plt.fill_between(param_range,
...                  test_mean + test_std,
...                  test_mean - test_std,
...                  alpha=0.15, color='green')
>>> plt.grid()
>>> plt.xscale('log')
>>> plt.legend(loc='lower right')
>>> plt.xlabel('Parameter C')
>>> plt.ylabel('Accuracy')
>>> plt.ylim([0.8, 1.0])
>>> plt.show()
```

使用前面的代码，可以得到参数 C 的验证曲线图，如图 6.6 所示。

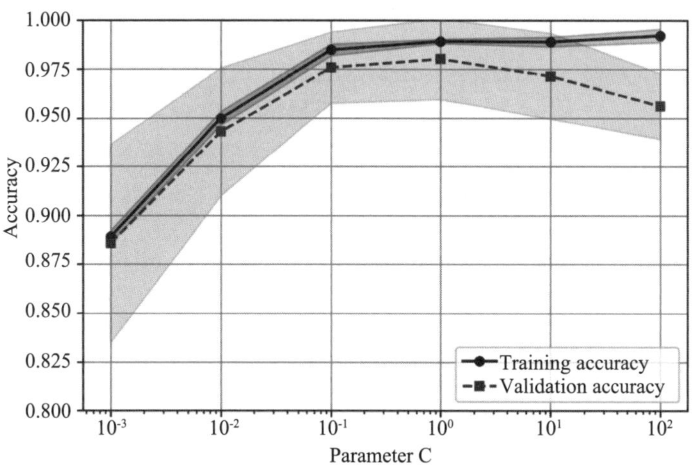

图 6.6 SVM 超参数 C 的验证曲线图

与 learning_curve 函数类似，validation_curve 函数默认使用分层 k 折交叉验证估计分类器的性能。validation_curve 函数指定了想要评估的参数。在上述例子中，参数是 C，即 LogisticRegression 分类器的正则化参数的倒数。这里将其写为'logisticregression__C'以访问 Scikit-Learn pipeline 内的 LogisticRegression 对象。通过 param_range 参数设置指定参数值的范围。与上一节中的学习曲线例子类似，我们绘制了平均训练准确率和平均交叉验证准确率以及相应的标准差。

尽管不同 C 值对应的准确率差异细微，但可以看到，当增加正则化强度(较小的 C 值)时，模型对数据略微表现出欠拟合现象。同时，较大的 C 值意味着降低正则化的强度，因此模型稍微倾向于过拟合。在这个例子中，最佳的 C 值在 0.01 和 0.1 之间。

6.4 通过网格搜索微调机器学习模型

机器学习有两种类型的参数：从训练数据中学习到的参数(如逻辑回归中的权重)，以及需要独立优化的学习算法的参数。后者是模型的调优参数(或超参数)，例如，逻辑回归中的正则化参数或决策树的最大深度参数。

上一节使用验证曲线通过调整模型的一个超参数来提高模型的性能。本节将介绍一种流行的超参数优化技术，即网格搜索。网格搜索可以找到一组最佳超参数，从而进一步提高模型的性能。

6.4.1 通过网格搜索调整超参数

网格搜索是一种暴力穷举搜索的方法，非常简单。我们为每个超参数指定一个列表，包含该超参数可能的取值。然后让计算机评估使用所有超参数所有组合模型的性能，从而获得超参数所有组合中的最优组合：

```
>>> from sklearn.model_selection import GridSearchCV
>>> from sklearn.svm import SVC
>>> pipe_svc = make_pipeline(StandardScaler(),
...                          SVC(random_state=1))
>>> param_range = [0.0001, 0.001, 0.01, 0.1,
...                1.0, 10.0, 100.0, 1000.0]
>>> param_grid = [{'svc__C': param_range,
...                'svc__kernel': ['linear']},
...               {'svc__C': param_range,
...                'svc__gamma': param_range,
...                'svc__kernel': ['rbf']}]
>>> gs = GridSearchCV(estimator=pipe_svc,
...                   param_grid=param_grid,
...                   scoring='accuracy',
...                   cv=10,
...                   refit=True,
...                   n_jobs=-1)
```

```
>>> gs = gs.fit(X_train, y_train)
>>> print(gs.best_score_)
0.9846153846153847
>>> print(gs.best_params_)
{'svc__C': 100.0, 'svc__gamma': 0.001, 'svc__kernel': 'rbf'}
```

上述代码从 sklearn.model_selection 模块中初始化了一个 GridSearchCV 对象，用于训练和调整 SVM pipeline。将 GridSearchCV 的 param_grid 参数设置为字典列表，以指定想要调整的参数。对于线性 SVM，只评估逆正则化参数 C；对于径向基函数(RBF)核 SVM，调整 svc_C 和 svc_gamma 参数。请注意，svc_gamma 参数只适用于使用核函数的 SVM。

GridSearchCV 使用 k 折交叉验证来比较使用不同超参数训练的模型。设置 cv=10，代码将执行 10 折交叉验证并计算这 10 折的平均准确率(通过 scoring='accuracy')来评估模型性能。设置 n_jobs=-1 以便 GridSearchCV 可以使用计算机所有的处理器，将模型并行拟合到不同的折来加速网格搜索。但是如果使用这个设置计算机出现问题，可以将设置更改为 n_jobs=None 使用单核处理器运算。

在使用训练数据进行网格搜索之后，通过 best_score_属性获得最佳性能模型的分数，并可以通过 best_params_属性访问最佳模型的参数。在本例中，svc__C=100.0 的 RBF 核 SVM 模型具有最佳 k 折交叉验证准确率 98.5%。

最后，使用测试数据集来估计最佳选择模型的性能。可以通过 GridSearchCV 对象的 best_estimator_属性完成：

```
>>> clf = gs.best_estimator_
>>> clf.fit(X_train, y_train)
>>> print(f'Test accuracy: {clf.score(X_test, y_test):.3f}')
Test accuracy: 0.974
```

注意，在完成网格搜索后，不需要通过 clf.fit(X_train, y_train)在训练数据集上手动拟合具有最佳设置(gs.best_estimator_)的模型。GridSearchCV 类有一个 refit 参数，如果设置 refit=True(默认)，它将自动在整个训练数据集上重新拟合 gs.best_estimator_。

6.4.2 通过随机搜索更广泛地探索超参数的配置

网格搜索是一种穷举搜索方法。如果指定的参数网格包含最优超参数，那么可以找到最优超参数。然而，使用较大的超参数网格会使网格搜索计算开销非常大。另一种参数组合采样方法为随机搜索。随机搜索从分布(或离散集)中随机抽取超参数。与网格搜索相比，随机搜索不会穷举搜索超参数空间，但仍能以更小的成本、更高的时间效率探索更广泛的超参数设置。图 6.7 显示了通过网格搜索和随机搜索采样的 9 个超参数设置：

虽然网格搜索只搜索用户指定的超参数离散取值集合，但如果搜索空间太稀疏，可能会

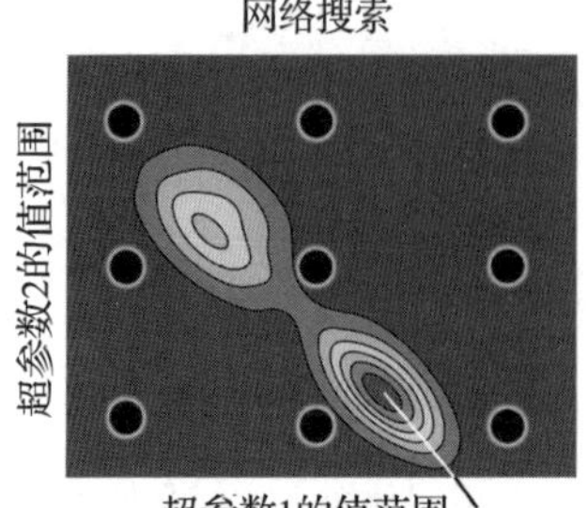

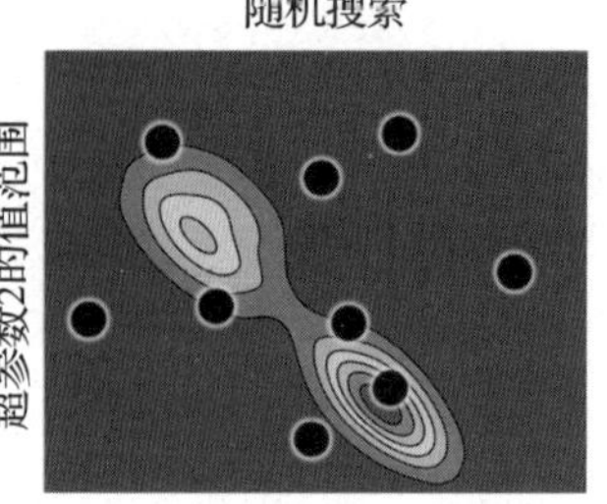

图 6.7 网格搜索和随机搜索采样的 9 个超参数设置的比较

错过好的超参数配置。感兴趣的读者可以阅读以下文章学习更多关于随机搜索的知识：J. Bergstra，Y. Bengio. Random Search for Hyper-Parameter Optimization，Journal of Machine Learning Research，13：281-305，2012，https://www.jmlr.org/papers/volume13/bergstra12a/bergstra12a。

接下来看下如何使用随机搜索调整 SVM 算法。Scikit-Learn 实现了一个 RandomizedSearchCV 类。RandomizedSearchCV 类似于上一小节中使用的 GridSearchCV。主要区别在于，RandomizedSearchCV 可以将分布指定为参数网格的一部分，并指定需要评估的超参数取值的总数。例如，在上一节的网格搜索例子中，可以设置 SVM 算法超参数的取值范围：

```
>>> import scipy.stats
>>> param_range = [0.0001, 0.001, 0.01, 0.1,
...                1.0, 10.0, 100.0, 1000.0]
```

请注意，虽然 RandomizedSearchCV 也可以使用离散值列表作为参数网格的输入（这在考虑分类超参数时是很有用的），但 RandomizedSearchCV 应该使用超参数的样本分布作为输入。例如，可以用 SciPy 产生的分布作为参数列表输入：

```
>>> param_range = scipy.stats.loguniform(0.0001, 1000.0)
```

例如，使用对数均匀分布而非均匀分布，当试验次数足够多时，从[0.0001，0.001]范围内抽取的超参数数量与从[10.0，100.0]范围内抽取的超参数数量相同。为了验证这一说法，通过 rvs(10)方法从这个分布中抽取 10 个随机样本，如下所示：

```
>>> np.random.seed(1)
>>> param_range.rvs(10)
array([8.30145146e-02, 1.10222804e+01, 1.00184520e-04, 1.30715777e-02,
       1.06485687e-03, 4.42965766e-04, 2.01289666e-03, 2.62376594e-02,
       5.98924832e-02, 5.91176467e-01])
```

指定分布

RandomizedSearchCV 类支持任何概率分布，只要可以调用 rvs()方法对其进行采样。可以通过 scipy.stats 库获得一系列概率分布。可以从网站

https://docs.scipy.org/doc/scipy/reference/stats.html#probability-distributions 查看具体概率分布的名称。

现在看下使用 RandomizedSearchCV 类如何调整 SVM 算法。整个流程与上一节中使用 GridSearchCV 类似：

```
>>> from sklearn.model_selection import RandomizedSearchCV
>>> pipe_svc = make_pipeline(StandardScaler(),
...                          SVC(random_state=1))
>>> param_grid = [{'svc__C': param_range,
...                'svc__kernel': ['linear']},
...               {'svc__C': param_range,
...                'svc__gamma': param_range,
...                'svc__kernel': ['rbf']}]
>>> rs = RandomizedSearchCV(estimator=pipe_svc,
...                         param_distributions=param_grid,
...                         scoring='accuracy',
...                         refit=True,
...                         n_iter=20,
...                         cv=10,
...                         random_state=1,
...                         n_jobs=-1)

>>> rs = rs.fit(X_train, y_train)
>>> print(rs.best_score_)
0.9670531400966184

>>> print(rs.best_params_)
{'svc__C': 0.05971247755848464, 'svc__kernel': 'linear'}
```

从上述代码可以看到 RandomizedSearchCV 的用法与 GridSearchCV 非常相似，不同之处在于 RandomizedSearchCV 可以使用概率分布指定超参数数值的范围，并设置 n_iter = 20 来指定迭代次数为 20。

6.4.3 连续减半超参数的搜索算法

基于随机搜索算法，Scikit-Learn 实现了 HalvingRandomSearchCV 类。HalvingRandomSearchCV 类每次迭代搜索范围减半，可以更有效地找到合适的超参数配置。在超参数候选配置众多的情况下，每次迭代搜索减半会抛弃不理想超参数配置，直到只剩下一个超参数配置。以下步骤总结了该过程：

1. 使用随机抽样产生大量超参数候选配置；
2. 使用有限的资源训练模型，例如，使用训练数据的一部分（而非整个训练数据集）；

3. 根据模型的预测结果，丢弃模型性能排在后 50%对应的超参数；

4. 返回第 2 步，并增加资源。

重复上述步骤，直到只剩下一个超参数配置。请注意，还有一个基于网格搜索的连续减半算法，为 HalvingGridSearchCV。在 HalvingGridSearchCV 中，步骤 1 使用所有指定的超参数配置，而非随机样本。

在 Scikit-Learn 1.0 中，HalvingRandomSearchCV 仍然在实验阶段，所以我们需要先启动 HalvingRandomSearchCV：

```
>>> from sklearn.experimental import enable_halving_search_cv
```

（上面的代码在未来的版本中可能不被允许或无法运行。）

完成启动后，可以使用连续减半的随机搜索，如下所示：

```
>>> from sklearn.model_selection import HalvingRandomSearchCV

>>> hs = HalvingRandomSearchCV(pipe_svc,
...                            param_distributions=param_grid,
...                            n_candidates='exhaust',
...                            resource='n_samples',
...                            factor=1.5,
...                            random_state=1,
...                            n_jobs=-1)
```

resource='n_samples'为默认设置，指定将训练数据集的大小视为各次迭代间我们改变的资源。通过设置 factor 参数，可以确定每次迭代抛弃多少超参数候选值。例如，设置 factor=2 每次迭代将抛弃一半超参数候选值；设置 factor=1.5 意味着只有 100%/1.5 ≈ 66% 的超参数候选值进入下一次迭代。n_candidates='exhaust'为默认设置，表示最后一次迭代使用所有资源（训练样本）。HalvingRandomSearchC 迭代次数不固定，而 RandomizedSearchCV 的迭代次数固定。

然后就可以运行类似于 RandomizedSearchCV 的超参数搜索：

```
>>> hs = hs.fit(X_train, y_train)
>>> print(hs.best_score_)
0.9617647058823529

>>> print(hs.best_params_)
{'svc__C': 4.934834261073341, 'svc__kernel': 'linear'}

>>> clf = hs.best_estimator_
>>> print(f'Test accuracy: {hs.score(X_test, y_test):.3f}')
Test accuracy: 0.982
```

比较前两小节的 `GridSearchCV` 和 `RandomizedSearchCV` 的结果与 `HalvingRandomSearchCV` 的结果，可以看到后者产生的模型在测试集上表现略好(使用 `GridSearchCV` 的准确率为 97.4%，而使用 `HalvingRandomSearchCV` 模型的准确率为 98.2%)。

使用 hyperopt 调整超参数

另一个流行的超参数优化库是 hyperopt(https://github.com/hyperopt/hyperopt)。hyperopt 实现了多种超参数优化方法，包括随机搜索和**树结构 Parzen 估计**(Tree-structured Parzen Estimator，TPE)方法。TPE 是一个基于概率模型的贝叶斯优化方法。TPE 方法不将超参数的每个数值视为独立数据，而是基于超参数的历史评估和当前性能得分不断更新超参数数值。可以阅读以下论文学习更多关于 TPE 的知识：Bergstra J，Bardenet R，Bengio Y，Kegl B.. Algorithms for Hyper-Parameter Optimization，NeurIPS 2011，2546-2554，https://dl.acm.org/doi/10.5555/2986459.2986743。

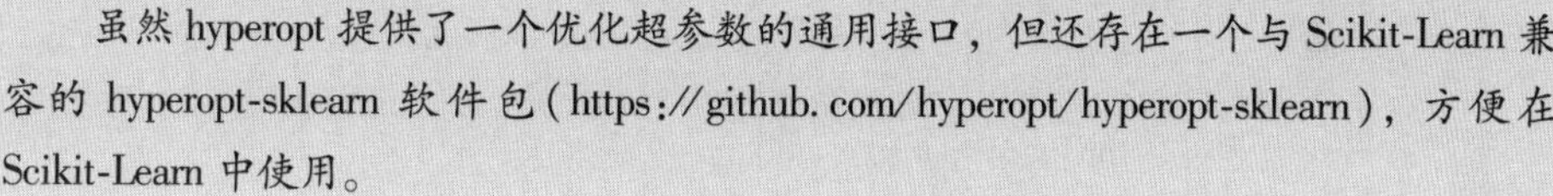

虽然 hyperopt 提供了一个优化超参数的通用接口，但还存在一个与 Scikit-Learn 兼容的 hyperopt-sklearn 软件包(https://github.com/hyperopt/hyperopt-sklearn)，方便在 Scikit-Learn 中使用。

6.4.4 嵌套交叉验证

正如在前面几小节所介绍的，使用 k 折交叉验证与网格搜索或随机搜索，可以选择模型的最优超参数，从而达到微调机器学习模型的目的。这是一种有用的方法，但如果想从多种不同的机器学习算法中选择一种，推荐使用嵌套交叉验证方法。在估计误差的偏差研究中，Sudhir Varma 和 Richard Simon 得出这样的结论：使用嵌套交叉验证时，在测试数据集上估计的误差几乎无偏(S. Varma，R. Simon. Bias in Error Estimation When Using Cross-Validation for Model Selection，BMC Bioinformatics，7(1)：91，2006，https://bmcbioinformatics.biomedcentral.com/articles/10.1186/1471-2105-7-91)。

在嵌套交叉验证中，有两层 k 折交叉验证：一个外层 k 折交叉验证，用于将数据拆分为训练折和测试折；一个内层 k 折交叉验证，用于在训练折上使用 k 折交叉验证选择模型。完成模型选择后，测试折用于评估模型性能。图 6.8 展示一个外层为 5 折和内层为 2 折的嵌套交叉验证。嵌套交叉验证方法在数据量很大和对模型性能要求高的情况下很有用。图 6.8 给出的嵌套交叉验证也称

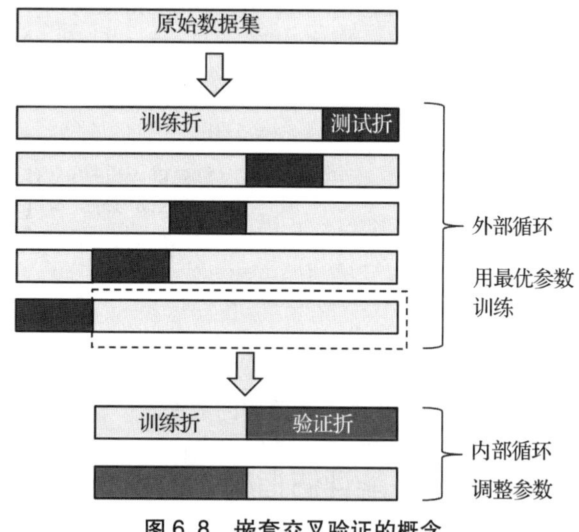

图 6.8 嵌套交叉验证的概念

为 5×2 交叉验证。

在 Scikit-Learn 中，可以使用网格搜索运行嵌套交叉验证算法，如下所示：

```
>>> param_range = [0.0001, 0.001, 0.01, 0.1,
...                1.0, 10.0, 100.0, 1000.0]
>>> param_grid = [{'svc__C': param_range,
...                'svc__kernel': ['linear']},
...               {'svc__C': param_range,
...                'svc__gamma': param_range,
...                'svc__kernel': ['rbf']}]
>>> gs = GridSearchCV(estimator=pipe_svc,
...                   param_grid=param_grid,
...                   scoring='accuracy',
...                   cv=2)
>>> scores = cross_val_score(gs, X_train, y_train,
...                          scoring='accuracy', cv=5)
>>> print(f'CV accuracy: {np.mean(scores):.3f} '
...       f'+/- {np.std(scores):.3f}')
CV accuracy: 0.974 +/- 0.015
```

当调整模型超参数或者使用模型预测未知数据时，返回的平均交叉验证准确率能够反映模型的性能。

例如，可以使用嵌套交叉验证方法比较 SVM 模型和简单的决策树分类器。为简单起见，只将决策树的深度作为可调整参数：

```
>>> from sklearn.tree import DecisionTreeClassifier
>>> gs = GridSearchCV(
...     estimator=DecisionTreeClassifier(random_state=0),
...     param_grid=[{'max_depth': [1, 2, 3, 4, 5, 6, 7, None]}],
...     scoring='accuracy',
...     cv=2
... )
>>> scores = cross_val_score(gs, X_train, y_train,
...                          scoring='accuracy', cv=5)
>>> print(f'CV accuracy: {np.mean(scores):.3f} '
...       f'+/- {np.std(scores):.3f}')
CV accuracy: 0.934 +/- 0.016
```

如上所示，SVM 模型的嵌套交叉验证准确率(97.4%)明显大于决策树的准确率(93.4%)。因此，当预测来自同一个总体的数据时，SVM 模型是更好的选择。

6.5　模型性能评估指标

前面的章节使用预测准确率评估机器学习模型。准确率是量化模型性能的一个有效的指标，但是还有其他指标可用于衡量模型的性能，例如，精度、召回率、F1 分数和 Matthews 相关系数(Matthews Correlation Coefficient，MCC)。

6.5.1 混淆矩阵

在介绍各种模型性能指标之前，先了解下混淆矩阵。混淆矩阵是一个展示机器学习算法性能的矩阵。

混淆矩阵是一个简单的方阵，用于展示分类器预测的结果，即真正(TP)、真负(TN)、假正(FP)、假负(FN)的个数，如图 6.9 所示。

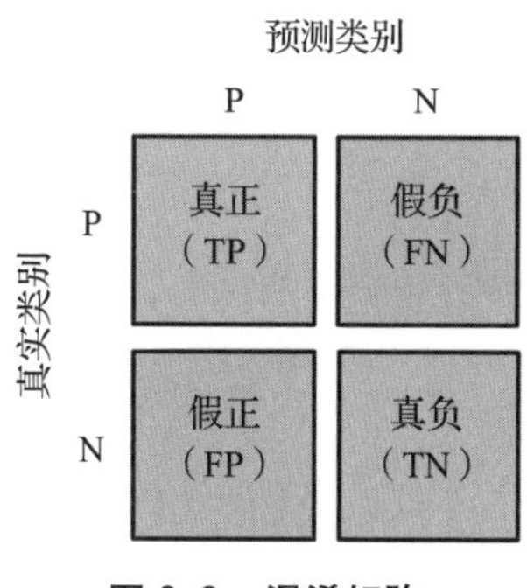

图 6.9　混淆矩阵

尽管可以使用真实类别标签和预测类别标签轻松计算这些指标，但 Scikit-Learn 提供了一个方便的 `confusion_matrix` 函数计算混淆矩阵，如下所示：

```
>>> from sklearn.metrics import confusion_matrix
>>> pipe_svc.fit(X_train, y_train)
>>> y_pred = pipe_svc.predict(X_test)
>>> confmat = confusion_matrix(y_true=y_test, y_pred=y_pred)
>>> print(confmat)
[[71  1]
 [ 2 40]]
```

运行上述代码后，返回的数组提供了分类器在测试数据集上的测试结果。可以使用 Matplotlib 的 `matshow` 函数将预测结果映射到图 6.9 的混淆矩阵上：

```
>>> fig, ax = plt.subplots(figsize=(2.5, 2.5))
>>> ax.matshow(confmat, cmap=plt.cm.Blues, alpha=0.3)
>>> for i in range(confmat.shape[0]):
...     for j in range(confmat.shape[1]):
...         ax.text(x=j, y=i, s=confmat[i, j],
...                 va='center', ha='center')
>>> ax.xaxis.set_ticks_position('bottom')
>>> plt.xlabel('Predicted label')
>>> plt.ylabel('True label')
>>> plt.show()
```

现在，图 6.10 给出了带有标签的混淆矩阵，使结果更易于解释。

假设在这个例子中类别 `1`(恶性肿瘤)是正类，而类别 `0`(良性肿瘤)是负类。从图 6.10 可以可看出，模型正确地分类了 71 个属于类别为 `0`(TN)的样本和 40 个类别为 `1`(TP)的样本。然而，模型也将类别为 `1` 中的两个样本错误地分类为类别 `0`(FN)，并且它把一个原本是良性肿瘤(FP)的样本预测为恶性。下一小节将学习如何使用这些信息计算各种误差指标。

6.5.2 精确率和召回率

预测误差(ERR)和准确率(ACC)都提供了误分类样本数量的相关信息。预测误差为错误预测样本数除以预测样本总数，而准确率为正确预测样本数除以预测样本总数。预测误差可以计算为

$$\mathrm{ERR}=\frac{\mathrm{FP}+\mathrm{FN}}{\mathrm{FP}+\mathrm{FN}+\mathrm{TP}+\mathrm{TN}}$$

根据预测误差，预测准确率可以计算为

$$\mathrm{ACC}=\frac{\mathrm{TP}+\mathrm{TN}}{\mathrm{FP}+\mathrm{FN}+\mathrm{TP}+\mathrm{TN}}=1-\mathrm{ERR}$$

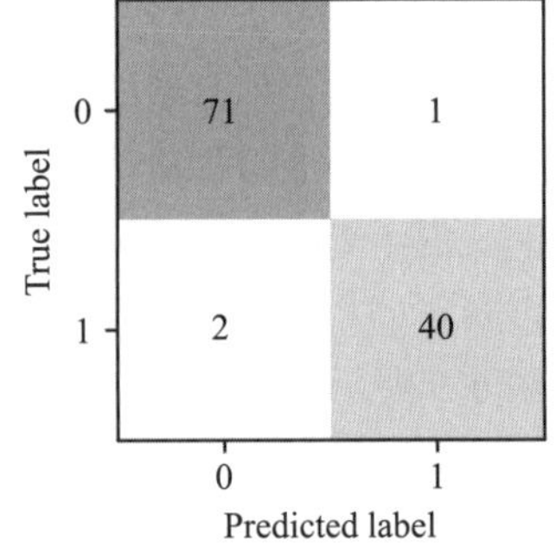

图 6.10 混淆矩阵

真正率(True Positive Rate，TPR)和假正率(False Positive Rate，FPR)是针对不平衡分类问题特别有效的性能指标，定义如下：

$$\mathrm{FPR}=\frac{\mathrm{FP}}{\mathrm{N}}=\frac{\mathrm{FP}}{\mathrm{FP}+\mathrm{TN}}$$

$$\mathrm{TPR}=\frac{\mathrm{TP}}{\mathrm{P}}=\frac{\mathrm{TP}}{\mathrm{FN}+\mathrm{TP}}$$

例如，在肿瘤诊断中，更关注对恶性肿瘤的检测，从而可以帮助患者有效治疗。然而，减小恶性肿瘤的误诊率(FP)对减少病人的不必要担忧也很重要。与 FPR 相比，TPR 表示所有正样本被预测为正类的比例，这一信息非常有用。

精确率(precision，PRE)和召回率(recall，REC)这两个性能指标与 TP 和 TN 有关。实际上，REC 是 TPR 的同一个意思，其定义如下：

$$\mathrm{REC}=\mathrm{TPR}=\frac{\mathrm{TP}}{\mathrm{P}}=\frac{\mathrm{TP}}{\mathrm{FN}+\mathrm{TP}}$$

换句话说，召回率量化了有多少正类(P)被预测为正类(TP)。精确率量化了被预测为正类(TP 和 FP 的总和)的样本中有多少是真正的正类(TP)，其定义如下：

$$\mathrm{PRE}=\frac{\mathrm{TP}}{\mathrm{TP}+\mathrm{FP}}$$

回顾恶性肿瘤检测的例子，提高召回率有助于最大限度地减小漏检恶性肿瘤的可能。然而，这是以误诊健康患者患有恶性肿瘤(大量 FP)为代价的。另一方面，如果提高精确率，就会更加关注诊断患恶性肿瘤的准确性。然而，这是以漏诊恶性肿瘤(大量 FN)为代价的。

为了平衡优化 PRE 和 REC，使用 PRE 和 REC 的调和均值，即 F1 分数，定义如下：

$$\mathrm{F1}=2\,\frac{\mathrm{PRE}\times\mathrm{REC}}{\mathrm{PRE}+\mathrm{REC}}$$

精确率与召回率的延伸阅读

如果有兴趣更加深入研究模型的性能指标，例如精确率和召回率，请阅读 David M. W. Powers 的论文(David M. W. Powers. Evaluation: From Precision,

Recall and F-Factor to ROC, Informedness, Markedness and Correlation, https://arxiv.org/abs/2010.16061)。

最后，总结混淆矩阵信息的一个度量是 MCC，在生物学研究中特别流行。MCC 计算如下：

$$\text{MCC}=\frac{\text{TP}\times\text{TN}-\text{FP}\times\text{FN}}{\sqrt{(\text{TP}+\text{FP})(\text{TP}+\text{FN})(\text{TN}+\text{FP})(\text{TN}+\text{FN})}}$$

与 PRE、REC 和 F1 分数相比，MCC 值介于-1 和 1 之间。与其他性能指标相比，MCC 考虑了混淆矩阵的所有元素，例如，F1 分数不涉及 TN。虽然比 F1 分数更难解释，但 MCC 被认为是一个衡量模型性能的优秀指标。下述论文阐述了 MCC 的优点：D. Chicco, G. Jurman. The advantages of the Matthews correlation coefficient (MCC) over F1 score and accuracy in binary classification evaluation, BMC Genomics, 281-305, 2012, https://bmcgenomics.biomedcentral.com/articles/10.1186/s12864-019-6413-7。

Scikit-Learn 实现了所有这些衡量模型性能的指标，需要从 `sklearn.metrics` 模块导入，如以下代码所示：

```
>>> from sklearn.metrics import precision_score
>>> from sklearn.metrics import recall_score, f1_score
>>> from sklearn.metrics import matthews_corrcoef

>>> pre_val = precision_score(y_true=y_test, y_pred=y_pred)
>>> print(f'Precision: {pre_val:.3f}')
Precision: 0.976
>>> rec_val = recall_score(y_true=y_test, y_pred=y_pred)
>>> print(f'Recall: {rec_val:.3f}')
Recall: 0.952
>>> f1_val = f1_score(y_true=y_test, y_pred=y_pred)
>>> print(f'F1: {f1_val:.3f}')
F1: 0.964
>>> mcc_val = matthews_corrcoef(y_true=y_test, y_pred=y_pred)
>>> print(f'MCC: {mcc_val:.3f}')
MCC: 0.943
```

此外，`GridSearchCV` 中可以使用包括准确率在内的各种模型度量指标作为 `scoring` 参数。http://scikit-learn.org/stable/modules/model_evaluation.html 给出了 `scoring` 参数可以设置的模型度量指标。

请记住，Scikit-Learn 中的正类是类别为 1 的类。如果想指定一个不同的正类标签，可以使用 `make_scorer` 函数构造自己的评分器，然后将此评分器作为参数提供给 `GridSearchCV` 中的 `scoring` 参数（在下述例子中，使用 `f1_score` 作为模型度量指标）：

```
>>> from sklearn.metrics import make_scorer
>>> c_gamma_range = [0.01, 0.1, 1.0, 10.0]
>>> param_grid = [{'svc__C': c_gamma_range,
...                'svc__kernel': ['linear']},
...               {'svc__C': c_gamma_range,
...                'svc__gamma': c_gamma_range,
...                'svc__kernel': ['rbf']}]
>>> scorer = make_scorer(f1_score, pos_label=0)
>>> gs = GridSearchCV(estimator=pipe_svc,
...                   param_grid=param_grid,
...                   scoring=scorer,
...                   cv=10)
>>> gs = gs.fit(X_train, y_train)
>>> print(gs.best_score_)
0.986202145696
>>> print(gs.best_params_)
{'svc__C': 10.0, 'svc__gamma': 0.01, 'svc__kernel': 'rbf'}
```

6.5.3　绘制 ROC 曲线

ROC(Receiver Operating Characteristic，ROC)图是根据 FPR 和 TPR 选择分类模型的有效工具。通常通过移动分类器的决策阈值来计算 ROC 图。ROC 图的对角线可以解释为随机猜测，低于对角线的分类模型被认为其性能比随机猜测的性能差。而一个完美的分类器将会落在图的左上角，其 TPR 为 1，FPR 为 0。基于 ROC 曲线，可以计算 ROC 曲线下的面积(ROC Area Under the Curve，ROC AUC)来描述分类模型的性能。

与 ROC 曲线类似，可以计算分类器在不同概率阈值下的精确率-召回率曲线。Scikit-Learn 也实现了绘制精确率-召回率曲线的函数。可以在网站 http://scikit-learn.org/stable/modules/generated/sklearn.metrics.precision_recall_curve.html 找到这些函数。

运行以下代码，将绘制一个分类器的 ROC 曲线，该分类器仅使用威斯康星乳腺癌数据集中的两个特征来预测肿瘤是良性还是恶性。尽管也使用了之前定义的逻辑回归 pipeline，但这里只使用数据集的两个特征。不使用包含更多有用信息的其他特征，而只使用两个特征使分类器在完成这个分类任务时更具挑战性，所以生成的 ROC 曲线会也变得更有趣。出于类似的原因，也将 `StratifiedKFold` 中参数 `k` 的值减小为 3。代码如下：

```
>>> from sklearn.metrics import roc_curve, auc
>>> from numpy import interp
>>> pipe_lr = make_pipeline(
...     StandardScaler(),
...     PCA(n_components=2),
...     LogisticRegression(penalty='l2', random_state=1,
...                        solver='lbfgs', C=100.0)
... )
>>> X_train2 = X_train[:, [4, 14]]
```

```
>>> cv = list(StratifiedKFold(n_splits=3).split(X_train, y_train))
>>> fig = plt.figure(figsize=(7, 5))
>>> mean_tpr = 0.0
>>> mean_fpr = np.linspace(0, 1, 100)
>>> all_tpr = []
>>> for i, (train, test) in enumerate(cv):
...     probas = pipe_lr.fit(
...         X_train2[train],
...         y_train[train]
...     ).predict_proba(X_train2[test])
...     fpr, tpr, thresholds = roc_curve(y_train[test],
...                                      probas[:, 1],
...                                      pos_label=1)
...     mean_tpr += interp(mean_fpr, fpr, tpr)
...     mean_tpr[0] = 0.0
...     roc_auc = auc(fpr, tpr)
...     plt.plot(fpr,
...              tpr,
...              label=f'ROC fold {i+1} (area = {roc_auc:.2f})')
>>> plt.plot([0, 1],
...          [0, 1],
...          linestyle='--',
...          color=(0.6, 0.6, 0.6),
...          label='Random guessing (area=0.5)')
>>> mean_tpr /= len(cv)
>>> mean_tpr[-1] = 1.0
>>> mean_auc = auc(mean_fpr, mean_tpr)
>>> plt.plot(mean_fpr, mean_tpr, 'k--',
...          label=f'Mean ROC (area = {mean_auc:.2f})', lw=2)
>>> plt.plot([0, 0, 1],
...          [0, 1, 1],
...          linestyle=':',
...          color='black',
...          label='Perfect performance (area=1.0)')
>>> plt.xlim([-0.05, 1.05])
>>> plt.ylim([-0.05, 1.05])
>>> plt.xlabel('False positive rate')
>>> plt.ylabel('True positive rate')
>>> plt.legend(loc='lower right')
>>> plt.show()
```

上述代码使用了 Scikit-Learn 中的 `StratifiedKFold` 类，并使用 `sklearn.metrics` 模块中的 `roc_curve` 函数计算了 `pipe_lr pipeline` 中 `LogisticRegression` 分类器每次迭代的 ROC 性能。此外，使用从 NumPy 导入的 `interp` 函数对三个曲线的平均 ROC 曲线插值，并通

过 auc 函数计算曲线下的面积。得到的 ROC 曲线表明使用不同的 k 值结果存在一定程度的差异，平均 ROC AUC 为 0.76，介于满分(1.0)和随机猜测(0.5)之间，如图 6.11 所示。

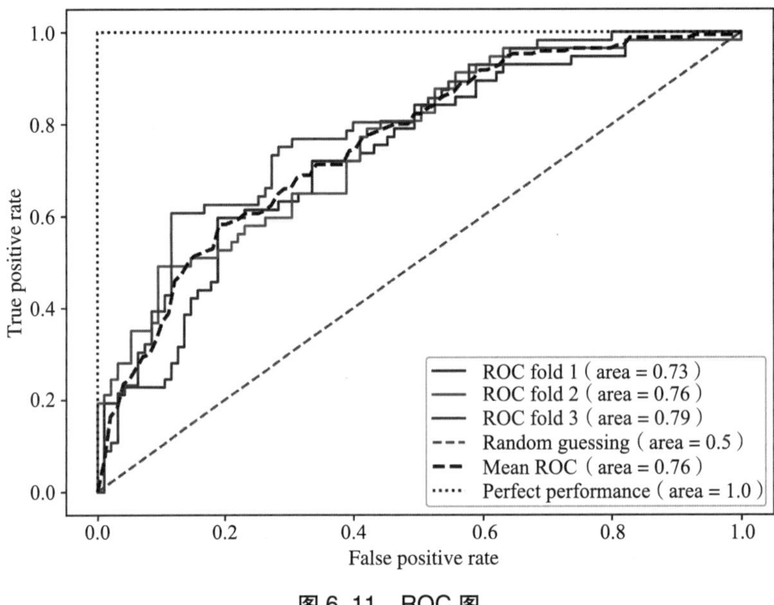

图 6.11　ROC 图

请注意，如果只对 ROC AUC 感兴趣，可以直接从 `sklearn.metrics` 子模块中导入 `roc_auc_score` 函数，该函数的使用方法与前几节介绍的评分函数(例如，`precision_score`)类似。

以 ROC AUC 来说明分类器的性能，可以进一步了解分类器在样本不平衡情况下的性能。然而，虽然准确率可以解释为 ROC 曲线上的一个截止点，但 A. P. Bradley 表明 ROC AUC 和准确率大多数情况下彼此一致：A. P. Bradley. The Use of the Area Under the ROC Curve in the Evaluation of Ma-chine Learning Algorithms, Pattern Recognition, 30(7): 1145-1159, 1997, https://reader.elsevier.com/reader/sd/pii/S0031320396001422。

6.5.4　多分类器评价指标

到目前为止，讨论的评价指标都是针对二分类模型。然而，Scikit-Learn 还实现了宏观和微观的平均方法，通过一对多(One-vs.-All，OvA)分类将这些评价指标推广到多分类问题。微观平均值是根据分类结果 TP、TN、FP 和 FN 计算得到的。例如，k 分类问题精确率的微观平均值计算如下：

$$\text{PRE}_{\text{micro}}=\frac{\text{TP}_1+\text{TP}_2+\cdots+\text{TP}_k}{\text{TP}_1+\text{TP}_2+\cdots+\text{TP}_k+\text{FP}_1+\text{FP}_2+\cdots+\text{FP}_k}$$

精确率的宏观平均值只简单计算所有分类器精确率的平均值：

$$\text{PRE}_{\text{macro}}=\frac{\text{PRE}_1+\text{PRE}_2+\cdots+\text{PRE}_k}{k}$$

如果想对所有样本或预测进行同等加权，那么微观平均值很有用。而宏观平均值对所有类别进行同等加权，从而估计分类器的整体性能。如果使用二分类模型的性能指标评价 Scikit-Learn 中的多分类模型，则默认使用归一化或者加权的宏观平均值。加权宏观平均值对每个类别标签的分数加权，权重为此类别正确预测的样本数。如果训练数据类别不均衡，即不同类别的样本数差别很大，那么加权宏观平均值很有用。

虽然加权宏观平均值是 Scikit-Learn 中多分类问题的默认选择，但是我们仍然可以设置评分函数中的 `average` 参数为想用的平均方法，其中评分函数是从 `sklearn.metrics` 模块导入的，例如，`precision_score` 或 `make_scorer` 函数：

```
>>> pre_scorer = make_scorer(score_func=precision_score,
...                          pos_label=1,
...                          greater_is_better=True,
...                          average='micro')
```

6.5.5 处理类别不均衡问题

本章多次提到类别不均衡问题，但没有讨论如何恰当地处理这个问题。现实中在处理数据时，类别不均衡是一个常见的问题。类别不均衡变现为数据集中的一个类或多个类的样本被过度表示。类别不均衡可能发生的情况包括垃圾邮件过滤、欺诈检测或疾病筛查。

回顾一下本章用过的威斯康星乳腺癌数据集，该数据集 90% 的样本为健康患者。在这种情况下，即使不使用监督机器学习算法，我们只要预测所有样本的类别为 0（良性肿瘤），就可以在测试数据集上达到 90% 的准确率。因此，在这个训练数据集上训练的模型，如果准确率只达到 90%，那么意味着模型没有从数据集中学到任何有用的东西。

本节将简要介绍一些处理数据集中类别不均衡的方法。在讨论这些方法之前，先用乳腺癌数据集创建一个不均衡的数据集。乳腺癌数据集包含 357 个良性肿瘤（类别 `0`）和 212 个恶性肿瘤（类别 `1`）：

```
>>> X_imb = np.vstack((X[y == 0], X[y == 1][:40]))
>>> y_imb = np.hstack((y[y == 0], y[y == 1][:40]))
```

上述代码选取了所有的良性肿瘤样本，共 357 个，并将它们与前 40 个恶性肿瘤样本拼接在一起，形成一个类别不均衡的数据集。如果一个模型预测结果永远是标签的众数，即类别标签 0（良性），那么模型的预测准确率大约为 90%，计算如下：

```
>>> y_pred = np.zeros(y_imb.shape[0])
>>> np.mean(y_pred == y_imb) * 100
89.92443324937027
```

因此，在这样的数据集上拟合分类器并比较不同模型时，无论在应用中最关注什么，不能只看准确率，而要关注其他更有意义的指标，如精确率、召回率或 ROC 曲线。例如，如果首要任务是找出患有恶性肿瘤的患者并推荐做额外的检查，应该选择召回率作为主要指标。在垃圾邮件过滤中，如果不想把分类算法不确定的电子邮件标记为垃圾邮件，那么精确率应该是更合适的度量指标。

除了评估机器学习模型外，类别不均衡还会影响模型拟合过程中的学习算法。由于机器学习算法通常会优化奖励函数或损失函数，而这些函数是所有的训练样本奖励函数或损失函数的总和，因此拟合的模型会更偏向于主要类别。

换句话说，机器学习算法隐式地学习到了一个模型，该模型使用数据中占多数的类别样本来优化模型参数，从而达到在训练期间最小化损失函数或最大化奖励函数的目的。

在模型拟合期间，一种处理类别不均衡的方法是加大对少数类别错误预测的惩罚。在 Scikit-Learn 中，实现这种惩罚非常简单，只需将 `class_weight` 参数设置为 `class_weight = 'balanced'`，这种方法适用于大多数分类器。

处理类别不均衡问题的其他常用方法包括对少数类别进行过采样、对多数类别进行欠采样以及生成合成的训练样本。不幸的是，不存在一个对所有问题都适用的最优解决方案。因此，在实践中建议针对实际问题尝试不同方法，根据模型评估结果选择最合适的方法。

Scikit-Learn 库有一个 `resample` 函数，该函数可以通过从数据集中有放回地抽取新样本，实现对少数类别进行过采样。下述代码将从不均衡的威斯康星乳腺癌数据集中提取出少数类别(类别为 `1`)的样本，并从中重复抽取得到新样本，直到新样本的数量与类别标签为 `0` 的样本数量相同：

```
>>> from sklearn.utils import resample
>>> print('Number of class 1 examples before:',
...       X_imb[y_imb == 1].shape[0])
Number of class 1 examples before: 40
>>> X_upsampled, y_upsampled = resample(
...         X_imb[y_imb == 1],
...         y_imb[y_imb == 1],
...         replace=True,
...         n_samples=X_imb[y_imb == 0].shape[0],
...         random_state=123)
>>> print('Number of class 1 examples after:',
...       X_upsampled.shape[0])
Number of class 1 examples after: 357
```

重采样后，将原始的类别为 `0` 样本与过采样类别为 `1` 样本进行拼接，得到一个均衡的数据集。代码如下所示：

```
>>> X_bal = np.vstack((X[y == 0], X_upsampled))
>>> y_bal = np.hstack((y[y == 0], y_upsampled))
```

这种情况下，多数投票预测规则只能达到50%的准确率：

```
>>> y_pred = np.zeros(y_bal.shape[0])
>>> np.mean(y_pred == y_bal) * 100
50
```

同样，可以通过删除训练样本来对多数类样本进行欠采样。为了调用 `resample` 函数进行欠采样，可以简单地将前面代码中的类别 `0` 标签与类别 `1` 标签进行交换。

生成新的训练数据以解决类别不均衡问题

另一种处理类别不均衡问题的方法是生成合成训练样本，但这种方法超出了本书的讨论范围。使用最广泛的生成合成训练样本的算法是生成少数类别的过采样技术(Synthetic Minority Over-sampling Technique，SMOTE)。想了解更多关于这种方法的信息，请阅读 Nitesh Chawla 等人发表的论文(Nitesh Chawla, et al. SMOTE: Synthetic Minority Over-sampling Technique, Journal of Artificial Intelligence Research, 16: 321-357, 2002, https://www.jair.org/index.php/jair/article/view/10302)。

强烈建议下载处理不均衡数据集的 Python 库 imbalanced-learn。imbalanced-learn 包括了 SMOTE 的实现。可以从网站 https://github.com/scikit-learn-contrib/imbalanced-learn 了解更多关于 imbalanced-learn 的信息。

6.6 本章小结

本章首先讨论了如何使用多个转换器和分类器构建 pipeline 模型，帮助我们有效地训练和评估机器学习模型；然后，使用 pipeline 模型执行 k 折交叉验证。k 折交叉验证是模型选择和评估的基本方法之一。使用 k 折交叉验证可以绘制学习曲线和验证曲线，用来诊断机器学习算法的常见问题，例如过拟合和欠拟合。

使用网格搜索、随机搜索和连续减半搜索，可以进一步微调模型。然后，我们可以使用混淆矩阵和各种模型性能指标评估和优化模型在特定任务中的性能。最后，我们讨论了多种处理不均衡数据的方法。不均衡数据是许多实际应用中的常见问题。现在，你已经学习构建用于分类的监督机器学习模型的基本方法。

下一章将介绍集成方法，即组合多个模型或分类算法来进一步提高机器学习系统的预测性能。

CHAPTER7

第 7 章

组合不同模型的集成学习

上一章介绍了如何调整和评估分类模型。本章将在这些方法的基础上，探索组合多个分类器的方法。组合多个分类器的模型比单个分类器模型具有更好的性能。

本章将介绍以下内容：

- 根据绝对多数投票的结果做出预测；
- 使用 bagging 方法减少模型过拟合；
- 使用 boosting 方法基于从错误中学习的弱学习器构建功能强大的模型。

7.1 集成学习

集成方法的目标是组合多个分类器形成一个比单个分类器具有更好泛化性能的元分类器。例如，假设收集了 10 位专家的预测结果，集成方法以某种策略组合这 10 位专家的预测，得出的最终预测比每位专家的预测更准确、更稳健。本章后续将介绍多种创建集成分类器的方法。本节将介绍集成学习的基本概念，包括集成学习的基本原理、集成分类器具有良好泛化性能的原因。

本章将重点介绍最常用的集成方法：**绝对多数投票**(majority voting)**方法**。绝对多数投票选择大多数分类器预测的类别标签，即此类别标签获得半数以上的投票。严格来讲，“绝对多数投票”仅适用于二分类问题。但很容易将绝对多数投票原则推广到多分类问题，即**相对多数投票**(plurality voting)。(在英国，人们分别通过“绝对”多数和“相对”多数来区分绝对多数投票和相对多数投票。)

绝对多数投票和相对多数投票都选择获得票数最多的类别标签。图 7.1 使用 10 个分类器集成说明绝对多数投票和相对多数投票的概念，其中每种符号(三角形、正方形和圆形)都代表一种类别标签：

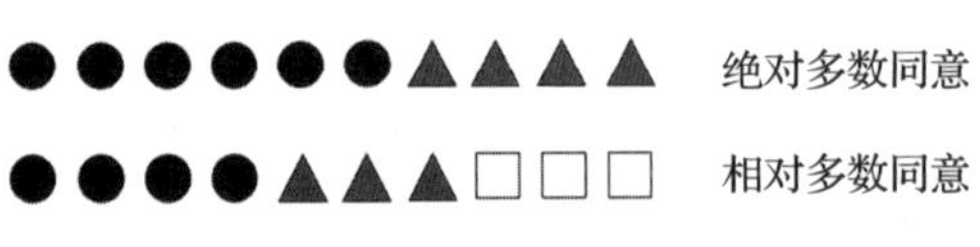

●●●●●●●●●● 一致同意

●●●●●●▲▲▲▲ 绝对多数同意

●●●●▲▲▲□□□ 相对多数同意

图 7.1 不同类型的投票

使用训练数据集合训练 m 个分类器（$C_1, C_2, \cdots, C_m$）。在绝对多数投票机制下，可以组合不同的分类算法，例如，决策树、支持向量机或逻辑回归分类器等。也可以使用相同的分类算法，分别拟合训练数据集的不同子集。随机森林算法是这种方法的典型应用。随机森林组合了不同的决策树分类器（第 3 章）。图 7.2 展示了常用的使用绝对多数投票的集成方法。

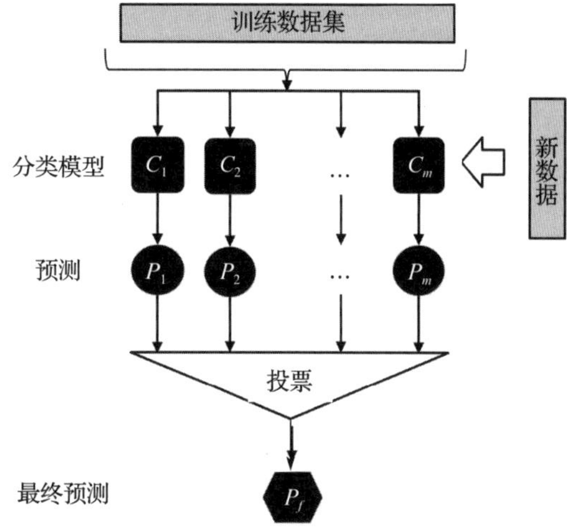

图 7.2　常用的使用绝对多数投票的集成方法

要想通过分类器的绝对多数或相对多数投票来预测类别标签，可以组合所有分类器预测的类别标签，并选择获得最多票的类别标签作为 $\hat{y}$：

$$\hat{y} = \text{mode}\{C_1(\boldsymbol{x}), C_2(\boldsymbol{x}), \cdots, C_m(\boldsymbol{x})\}$$

（在统计学中，众数是指在集合中出现次数最多的事件或结果。例如，$\text{mode}\{1,2,1,1,2,4,5,4\} = 1$。）

例如，在 class1 = −1 和 class2 = +1 的二分类任务中，绝对多数投票预测可以表示为

$$C(\boldsymbol{x}) = \text{sign}\left[\sum_j^m C_j(\boldsymbol{x})\right] = \begin{cases} 1 & \text{如果} \sum_j^m C_j(\boldsymbol{x}) \geqslant 0 \\ -1 & \text{其他} \end{cases}$$

下面使用组合学中的概念解释为什么集成学习分类器比单个分类器的效果更好。假设在二分类任务中，n 个分类器具有相同的分类错误率 ε。同时假设 n 个分类器相互独立并且错误率互不相关。由 n 个分类器组成集成分类器。在这些假设下，集成分类器的错误率服从二项式分布，其概率质量函数为

$$P(y \geqslant k) = \sum_k^n \left\langle \begin{matrix} n \\ k \end{matrix} \right\rangle \varepsilon^k (1-\varepsilon)^{n-k} = \varepsilon_{\text{ensemble}}$$

这里，$\left\langle \begin{matrix} n \\ k \end{matrix} \right\rangle$ 是二项式系数 n 选 k。换句话说，上式计算了集成分类器预测错误的概率。现有一个包含 11 个基分类器（$n=11$）的例子，其中每个分类器的错误率为 0.25（$\varepsilon=0.25$），则

$$P(y \geqslant k) = \sum_{k=6}^{11} \left\langle \begin{matrix} 11 \\ k \end{matrix} \right\rangle 0.25^k (1-0.25)^{11-k} \approx 0.034$$

二项式系数

二项式系数指的是从一个大小为 n 的集合中选择 k 个不同的无序元素子集的数量。因此，二项式系数通常被称为“n 选 k”。由于子集中的元素顺序不重要，二项式系数有时也被称为组合或组合数，表达式如下：

$$\frac{n!}{(n-k)!\,k!}$$

在这里，符号！代表阶乘，例如 $3!=3\times2\times1=6$。

如上所见，如果满足所有假设，集成分类器的错误率(约为 0.034)远低于单个分类器的错误率(0.25)。请注意，如果该例中的分类器的个数 n 为偶数，则分类结果会出现两类预测标签数量相等的情况，集成分类器无法给出最终预测标签，但出现这种情况的概率很小。为了比较上述集成分类器与基分类器的错误率，下述代码将在 Python 中实现集成分类器错误率的概率质量函数：

```
>>> from scipy.special import comb
>>> import math
>>> def ensemble_error(n_classifier, error):
...     k_start = int(math.ceil(n_classifier / 2.))
...     probs = [comb(n_classifier, k) *
...              error**k *
...              (1-error)**(n_classifier - k)
...              for k in range(k_start, n_classifier + 1)]
...     return sum(probs)
>>> ensemble_error(n_classifier=11, error=0.25)
0.03432750701904297
```

实现 ensemble_error 函数之后，可以计算基分类器错误率在 0.0 到 1.0 范围内集成分类器的错误率。然后可视化集成分类器的错误率和基分类器的错误率之间的关系：

```
>>> import numpy as np
>>> import matplotlib.pyplot as plt
>>> error_range = np.arange(0.0, 1.01, 0.01)
>>> ens_errors = [ensemble_error(n_classifier=11, error=error)
...               for error in error_range]
>>> plt.plot(error_range, ens_errors,
...          label='Ensemble error',
...          linewidth=2)
>>> plt.plot(error_range, error_range,
...          linestyle='--', label='Base error',
...          linewidth=2)
>>> plt.xlabel('Base error')
>>> plt.ylabel('Base/Ensemble error')
>>> plt.legend(loc='upper left')
>>> plt.grid(alpha=0.5)
>>> plt.show()
```

图 7.3 比较了基分类器的错误率(虚线)和集成分类器的错误率(实线)。正如在图 7.3 中

看到的那样，只要基分类器的性能优于随机猜测(ε<0.5)，集成分类器的错误概率总是低于单个基分类器的错误概率。

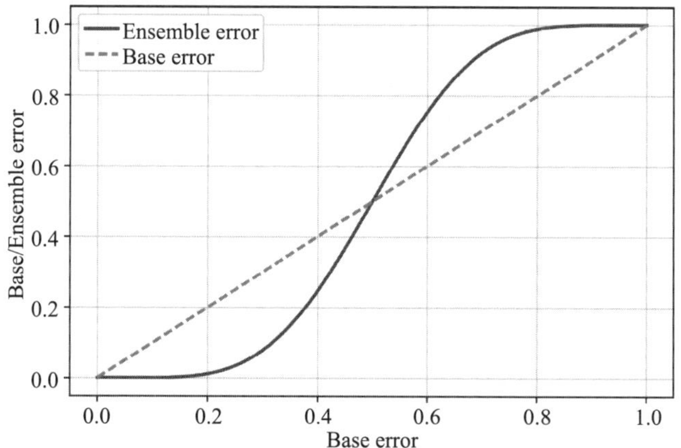

图 7.3　集成分类器错误率与基分类器错误率关系图

7.2　通过绝对多数投票组合分类器

上一节简单地介绍了集成学习，接下来我们在 Python 中实现一个基于绝对多数投票的集成分类器。

> **相对多数投票**
>
> 尽管可以根据相对多数投票原则将本节所讨论的绝对多数投票算法推广到多分类场景，但为了简单起见，我们使用文献常用的“绝对多数投票”这一术语指代相对多数投票。

7.2.1　实现一个简单的基于绝对多数投票的集成分类器

本节将使用置信度权重将各种分类算法组合在一起，从而建立一个强大的元分类器来克服单个分类器在特定数据集上的弱点。加权绝对多数投票表达式如下：

$$\hat{y} = \arg\max_{i} \sum_{j=1}^{m} w_j \chi_A(C_j(\boldsymbol{x}) = i)$$

这里，w_j 是基分类器 C_j 的权重；$\hat{y}$ 是集成分类器的预测类别标签；A 为所有 d 个类别标签的集合；χ_A(希腊字母 chi)是指示函数，如果第 j 个分类器的预测标签与 $i(C_j(\boldsymbol{x})=i)$ 相同则返回 1，否则返回 0。如果使用相同的权重，上述表达式可以化简如下：

$$\hat{y} = \text{mode}\{C_1(\boldsymbol{x}), C_2(\boldsymbol{x}), \cdots, C_m(\boldsymbol{x})\}$$

下面通过一个具体的例子来更好地理解基分类器的权重。假设有一个由三个基分类器组成的集成分类器 $C_j(\boldsymbol{x})(j\in\{1,2,3\})$，预测标签为 $C_j(\boldsymbol{x})\in\{0,1\}$。对于一个给定的样本 $\boldsymbol{x}$，前两个基分类器的预测标签为 0，而第三个基分类器预测标签为 1。如果对每个基分类器的预测结果进行同等加权，那么使用绝对多数投票准则，该样本被预测为类别 0：

$$C_1(\boldsymbol{x})\to 0,\ C_2(\boldsymbol{x})\to 0,\ C_3(\boldsymbol{x})\to 1$$

$$\hat{y}=\operatorname{mode}\{0,0,1\}=0$$

现在，假设给 C_3 分类器分配一个 0.6 的权重，而 C_1 和 C_2 的权重为 0.2：

$$\begin{aligned}\hat{y} &= \arg\max_i \sum_{j=1}^{m} w_j \chi_A(C_j(\boldsymbol{x})=i)\\ &= \arg\max_i [0.2\times i_0 + 0.2\times i_0 + 0.6\times i_1] = 1\end{aligned}$$

简单地说，由于 3×0.2=0.6，可以说 C_3 做出预测的权重是 C_1 或 C_2 预测的 3 倍，可以表示如下：

$$\hat{y}=\operatorname{mode}\{0,0,1,1,1\}=1$$

为了用 Python 代码实现加权绝对多数投票，可以使用 NumPy 的 `argmax` 和 `bincount` 函数，其中 `bincount` 计算每个类别标签的出现次数。`argmax` 函数返回最大计数的索引位置，即对应着绝对多数类别标签(假设类别标签从 0 开始)：

```
>>> import numpy as np
>>> np.argmax(np.bincount([0, 0, 1],
...           weights=[0.2, 0.2, 0.6]))
1
```

如在第 3 章中所描述的那样，Scikit-Learn 中的某些分类器也可以通过 `predict_proba` 方法返回预测类别标签的概率。如果集成分类器经过合适的处理，也可以使用预测的类别概率来代替类别标签进行绝对多数投票，这样效果更好。基于绝对多数投票准则使用分类概率预测类别标签可以表示为

$$\hat{y} = \arg\max_i \sum_{j=1}^{m} w_j p_{ij}$$

其中 p_{ij} 是第 j 个分类器给出类别标签为 i 的概率。

继续之前的例子，假设有一个二分类问题，其类别标签 $i\in\{0,1\}$，集成了三个分类器 $C_j(j\in\{1,2,3\})$。假设针对样本 $\boldsymbol{x}$，分类器 C_j 返回下述类别成员概率：

$$C_1(\boldsymbol{x})\to[0.9,0.1],\ C_2(\boldsymbol{x})\to[0.8,0.2],\ C_3(\boldsymbol{x})\to[0.4,0.6]$$

使用与之前相同的权重(0.2、0.2 和 0.6)可以计算各类别标签的概率，如下所示：

$$p(i_0\mid\boldsymbol{x})=0.2\times0.9+0.2\times0.8+0.6\times0.4=0.58$$

$$p(i_1\mid\boldsymbol{x})=0.2\times0.1+0.2\times0.2+0.6\times0.6=0.42$$

$$\hat{y}=\arg\max_i[p(i_0\mid\boldsymbol{x}),\ p(i_1\mid\boldsymbol{x})]=0$$

为了实现基于类概率的加权绝对多数投票方法，可以再次调用 NumPy 的 `np.average` 和 `np.argmax` 函数：

```
>>> ex = np.array([[0.9, 0.1],
...                [0.8, 0.2],
...                [0.4, 0.6]])
```

```
>>> p = np.average(ex, axis=0, weights=[0.2, 0.2, 0.6])
>>> p
array([0.58, 0.42])
>>> np.argmax(p)
0
```

综合前面讨论的内容，现在使用 Python 来实现 `MajorityVoteClassifier`：

```
from sklearn.base import BaseEstimator
from sklearn.base import ClassifierMixin
from sklearn.preprocessing import LabelEncoder
from sklearn.base import clone
from sklearn.pipeline import _name_estimators
import numpy as np
import operator
class MajorityVoteClassifier(BaseEstimator, ClassifierMixin):
    def __init__(self, classifiers, vote='classlabel', weights=None):

        self.classifiers = classifiers
        self.named_classifiers = {
            key: value for key,
            value in _name_estimators(classifiers)
        }
        self.vote = vote
        self.weights = weights

    def fit(self, X, y):
        if self.vote not in ('probability', 'classlabel'):
            raise ValueError(f"vote must be 'probability' "
                             f"or 'classlabel'"
                             f"; got (vote={self.vote})")
        if self.weights and
        len(self.weights) != len(self.classifiers):
            raise ValueError(f'Number of classifiers and'
                             f' weights must be equal'
                             f'; got {len(self.weights)} weights,'
                             f' {len(self.classifiers)} classifiers')
        # Use LabelEncoder to ensure class labels start
        # with 0, which is important for np.argmax
        # call in self.predict
        self.lablenc_ = LabelEncoder()
        self.lablenc_.fit(y)
        self.classes_ = self.lablenc_.classes_
        self.classifiers_ = []
        for clf in self.classifiers:
            fitted_clf = clone(clf).fit(X,
```

```
                        self.lablenc_.transform(y))
            self.classifiers_.append(fitted_clf)
        return self
```

我们在代码中添加了很多注释进行解释。在实现其余方法之前，先讨论一些看起来比较陌生的代码。首先，使用 BaseEstimator 和 ClassifierMixin 父类获得一些基础功能，包括设置和返回分类器参数的 get_params 和 set_params 方法，以及计算预测准确率的 score 方法。

接下来通过 vote = 'classlabel'初始化一个新的 MajorityVoteClassifier 对象，然后添加 predict 方法，predict 方法基于类别标签的绝对多数投票来预测类别标签。或者，使用 vote = 'probability'初始化集成分类器，根据类别成员概率来预测类别标签。此外，还要添加一个 predict_proba 方法来返回平均概率，这有助于计算 ROC AUC：

```
    def predict(self, X):
        if self.vote == 'probability':
            maj_vote = np.argmax(self.predict_proba(X), axis=1)
        else: # 'classlabel' vote

            # Collect results from clf.predict calls
            predictions = np.asarray([
                clf.predict(X) for clf in self.classifiers_
            ]).T

            maj_vote = np.apply_along_axis(
                lambda x: np.argmax(
                    np.bincount(x, weights=self.weights)
                ),
                axis=1, arr=predictions
            )
        maj_vote = self.lablenc_.inverse_transform(maj_vote)
        return maj_vote

    def predict_proba(self, X):
        probas = np.asarray([clf.predict_proba(X)
                             for clf in self.classifiers_])
        avg_proba = np.average(probas, axis=0,
                               weights=self.weights)
        return avg_proba

    def get_params(self, deep=True):
        if not deep:
            return super().get_params(deep=False)
        else:
            out = self.named_classifiers.copy()
            for name, step in self.named_classifiers.items():
```

```
            for key, value in step.get_params(
                    deep=True).items():
                out[f'{name}__{key}'] = value
        return out
```

此外，我们还定义了自己的 get_params 方法，以方便调用_name_ estimators 函数来访问集成分类器中各个分类器的参数。这看起来可能有点复杂，但是后续在使用网格搜索调优超参数时，自己定义的 get_params 方法很有用。

Scikit-Learn 中的 VotingClassifier

尽管本节实现的 MajorityVoteClassifier 在解释概念方面非常有用，但在本书代码实现的基础上，Scikit-Learn 中实现了一个更复杂的绝对多数投票分类器版本。在 Scikit-Learn 的 0.17 版本或更高版本中，集成分类器为 sklearn.ensemble.VotingClassifier。可以在 https://scikit-learn.org/stable/modules/generated/sklearn.ensemble.VotingClassifier.html 找到有关 VotingClassifier 的更多信息。

7.2.2 使用绝对多数投票原则进行预测

现在我们将在数据集上使用上一节实现的 MajorityVoteClassifier。首先，需要准备一个测试数据集。由于在前面章节中已经学会如何从 CSV 文件中加载数据集，这里我们从 Scikit-Learn 的数据集模块中直接加载鸢尾花数据集。然后，只选择萼片宽度和花瓣长度两个特征，这样会使得分类任务更具挑战性。虽然可以把这里的 MajorityVoteClassifier 推广到多分类问题，但是我们只对变色鸢尾和弗吉尼亚鸢尾进行分类，然后来计算 ROC AUC。代码如下：

```
>>> from sklearn import datasets
>>> from sklearn.model_selection import train_test_split
>>> from sklearn.preprocessing import StandardScaler
>>> from sklearn.preprocessing import LabelEncoder
>>> iris = datasets.load_iris()
>>> X, y = iris.data[50:, [1, 2]], iris.target[50:]
>>> le = LabelEncoder()
>>> y = le.fit_transform(y)
```

决策树给出的样本类别成员概率

请注意，Scikit-Learn 使用 predict_proba 方法(如果可用)计算 ROC AUC 分数。第 3 章介绍了在逻辑回归模型中如何计算类别概率。而在决策树中，将训练过程每个节点标签的频率作为类别标签的概率。在每个节点计算一个标签频率向量，该向量根据节点包含的样本计算每个类别标签的频率值，然后再把频率值归

一化，使其和为 1。同样，k 近邻算法也需要用所有近邻样本计算每个类别标签的频率并归一化。尽管决策树和 k 近邻分类器返回的归一化频率看起来与逻辑回归模型给出的概率类似，但必须注意实际上这些值并非来自概率质量函数。

接下来，将鸢尾花样本分成50%的训练数据集和50%的测试数据集：

```
>>> X_train, X_test, y_train, y_test =\
...     train_test_split(X, y,
...                      test_size=0.5,
...                      random_state=1,
...                      stratify=y)
```

使用训练数据集，现在训练三种不同类型的分类器：

- 逻辑回归分类器；
- 决策树分类器；
- k 近邻分类器。

然后通过对训练数据集进行 10 折交叉验证来评估每个分类器的模型性能，再将它们组合成一个集成分类器：

```
>>> from sklearn.model_selection import cross_val_score
>>> from sklearn.linear_model import LogisticRegression
>>> from sklearn.tree import DecisionTreeClassifier
>>> from sklearn.neighbors import KNeighborsClassifier
>>> from sklearn.pipeline import Pipeline
>>> import numpy as np
>>> clf1 = LogisticRegression(penalty='l2',
...                           C=0.001,
...                           solver='lbfgs',
...                           random_state=1)
>>> clf2 = DecisionTreeClassifier(max_depth=1,
...                               criterion='entropy',
...                               random_state=0)
>>> clf3 = KNeighborsClassifier(n_neighbors=1,
...                             p=2,
...                             metric='minkowski')
>>> pipe1 = Pipeline([['sc', StandardScaler()],
...                   ['clf', clf1]])
>>> pipe3 = Pipeline([['sc', StandardScaler()],
...                   ['clf', clf3]])
>>> clf_labels = ['Logistic regression', 'Decision tree', 'KNN']
>>> print('10-fold cross validation:\n')
>>> for clf, label in zip([pipe1, clf2, pipe3], clf_labels):
```

```
...     scores = cross_val_score(estimator=clf,
...                              X=X_train,
...                              y=y_train,
...                              cv=10,
...                              scoring='roc_auc')
...     print(f'ROC AUC: {scores.mean():.2f} '
...           f'(+/- {scores.std():.2f}) [{label}]')
```

分类器输出如下，可以看出各个分类器的预测性能几乎相等：

```
10-fold cross validation:
ROC AUC: 0.92 (+/- 0.15) [Logistic regression]
ROC AUC: 0.87 (+/- 0.18) [Decision tree]
ROC AUC: 0.85 (+/- 0.13) [KNN]
```

读者可能想知道为什么书中将逻辑回归和 k 近邻算法作为 pipeline 的一部分进行训练。其原因如第 3 章所讨论的那样，与决策树相比，逻辑回归和 k 近邻算法(使用欧氏距离度量)都不是尺度不变的。虽然鸢尾花数据集所有特征的单位(cm)相同，但是使用标准化后的特征是一个好习惯。

现在，调用 MajorityVoteClassifier 函数，通过集成分类器进行绝对多数投票决策：

```
>>> mv_clf = MajorityVoteClassifier(
...     classifiers=[pipe1, clf2, pipe3]
... )
>>> clf_labels += ['Majority voting']
>>> all_clf = [pipe1, clf2, pipe3, mv_clf]
>>> for clf, label in zip(all_clf, clf_labels):
...     scores = cross_val_score(estimator=clf,
...                              X=X_train,
...                              y=y_train,
...                              cv=10,
...                              scoring='roc_auc')
...     print(f'ROC AUC: {scores.mean():.2f} '
...           f'(+/- {scores.std():.2f}) [{label}]')
ROC AUC: 0.92 (+/- 0.15) [Logistic regression]
ROC AUC: 0.87 (+/- 0.18) [Decision tree]
ROC AUC: 0.85 (+/- 0.13) [KNN]
ROC AUC: 0.98 (+/- 0.05) [Majority voting]
```

如上所见，MajorityVotingClassifier 的性能在 10 折交叉验证评估中优于单个分类器。

7.2.3　评估和调整集成分类器

本节将基于测试数据集计算 ROC 曲线，检查 MajorityVoteClassifier 对从未见过的数据是否具有良好的泛化能力。必须记住，测试数据集不能用于模型选择。测试数据集的目的只是给出分类器泛化性能的无偏估计：

```
>>> from sklearn.metrics import roc_curve
>>> from sklearn.metrics import auc
>>> colors = ['black', 'orange', 'blue', 'green']
>>> linestyles = [':', '--', '-.', '-']
>>> for clf, label, clr, ls \
...     in zip(all_clf, clf_labels, colors, linestyles):
...     # assuming the label of the positive class is 1
...     y_pred = clf.fit(X_train,
...                      y_train).predict_proba(X_test)[:, 1]
...     fpr, tpr, thresholds = roc_curve(y_true=y_test,
...                                      y_score=y_pred)
...     roc_auc = auc(x=fpr, y=tpr)
...     plt.plot(fpr, tpr,
...              color=clr,
...              linestyle=ls,
...              label=f'{label} (auc = {roc_auc:.2f})')
>>> plt.legend(loc='lower right')
>>> plt.plot([0, 1], [0, 1],
...          linestyle='--',
...          color='gray',
...          linewidth=2)
>>> plt.xlim([-0.1, 1.1])
>>> plt.ylim([-0.1, 1.1])
>>> plt.grid(alpha=0.5)
>>> plt.xlabel('False positive rate (FPR)')
>>> plt.ylabel('True positive rate (TPR)')
>>> plt.show()
```

正如图 7.4 生成的 ROC 曲线所示，集成分类器在测试数据集上也有良好的表现(ROC AUC = 0.95)。但是可以看到，逻辑回归分类器在同一数据集上的表现同样出色，这可能是由小规模数据集存在的高方差所导致(在这个例子中，表现为对数据集的拆分方式敏感)：

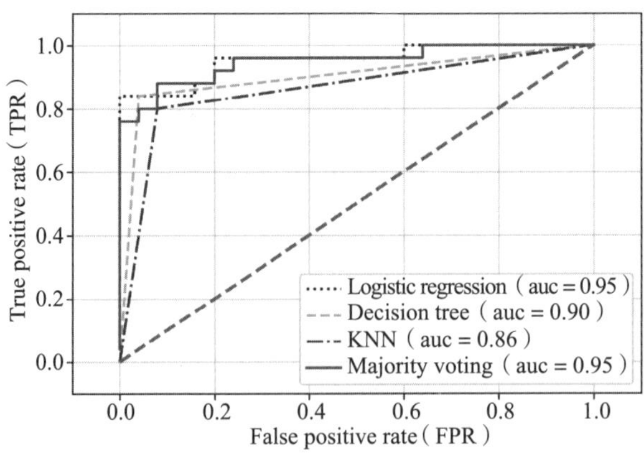

图 7.4　不同分类器的 ROC 曲线

由于只使用了数据集的两个特征，下面看下集成分类器的决策区域。

没有必要在模型拟合之前对训练特征进行标准化，因为 pipeline 中的逻辑回归和 k 近邻算法都带有特征标准化操作。但是为了让决策树的决策区域具有相同的缩放尺度，从而达到可视化的目的，我们还是对训练数据集进行标准化。具体代码如下：

```
>>> sc = StandardScaler()
>>> X_train_std = sc.fit_transform(X_train)
>>> from itertools import product
>>> x_min = X_train_std[:, 0].min() - 1
>>> x_max = X_train_std[:, 0].max() + 1
>>> y_min = X_train_std[:, 1].min() - 1
>>>
>>> y_max = X_train_std[:, 1].max() + 1
>>> xx, yy = np.meshgrid(np.arange(x_min, x_max, 0.1),
...                      np.arange(y_min, y_max, 0.1))
>>> f, axarr = plt.subplots(nrows=2, ncols=2,
...                         sharex='col',
...                         sharey='row',
...                         figsize=(7, 5))
>>> for idx, clf, tt in zip(product([0, 1], [0, 1]),
...                         all_clf, clf_labels):
...     clf.fit(X_train_std, y_train)
...     Z = clf.predict(np.c_[xx.ravel(), yy.ravel()])
...     Z = Z.reshape(xx.shape)
...     axarr[idx[0], idx[1]].contourf(xx, yy, Z, alpha=0.3)
...     axarr[idx[0], idx[1]].scatter(X_train_std[y_train==0, 0],
...                                   X_train_std[y_train==0, 1],
...                                   c='blue',
...                                   marker='^',
...                                   s=50)
...     axarr[idx[0], idx[1]].scatter(X_train_std[y_train==1, 0],
...                                   X_train_std[y_train==1, 1],
...                                   c='green',
...                                   marker='o',
...                                   s=50)
...     axarr[idx[0], idx[1]].set_title(tt)
>>> plt.text(-3.5, -5.,
...          s='Sepal width [standardized]',
...          ha='center', va='center', fontsize=12)
>>> plt.text(-12.5, 4.5,
...          s='Petal length [standardized]',
...          ha='center', va='center',
...          fontsize=12, rotation=90)
>>> plt.show()
```

正如预期那样，集成分类器的决策区域是各个分类器决策区域的混合体。绝对多数投票决策边界看起来像决策树的决策结果，对于萼片宽度≥1 的情况，决策边界与 y 轴正交。

但是，也注意到集成分类器的决策也混合了 k 近邻分类器的非线性边界，如图 7.5 所示。

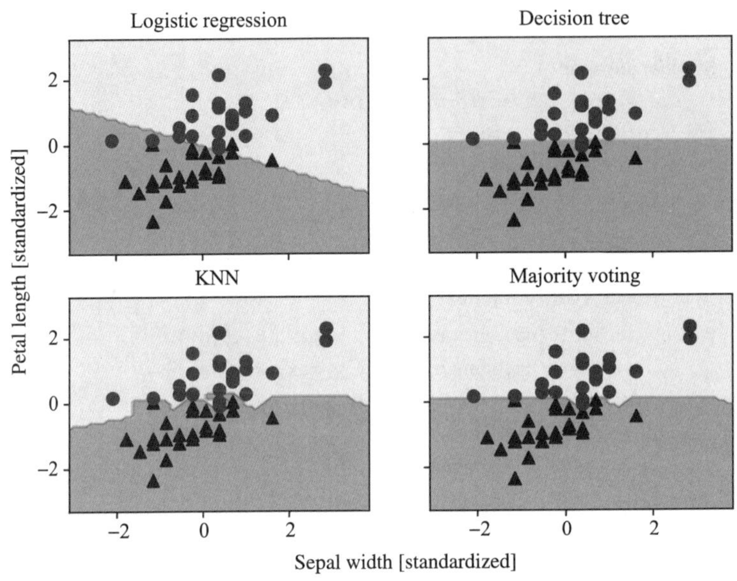

图 7.5　各种分类器的决策边界

在为集成分类调整单个分类器的参数之前，调用 `get_ params` 方法来了解一下如何在 `GridSearchCV` 对象中访问单个参数：

```
>>> mv_clf.get_params()
{'decisiontreeclassifier':
 DecisionTreeClassifier(class_weight=None, criterion='entropy',
                        max_depth=1, max_features=None,
                        max_leaf_nodes=None, min_samples_leaf=1,
                        min_samples_split=2,
                        min_weight_fraction_leaf=0.0,
                        random_state=0, splitter='best'),
 'decisiontreeclassifier__class_weight': None,
 'decisiontreeclassifier__criterion': 'entropy',
 [...]
 'decisiontreeclassifier__random_state': 0,
 'decisiontreeclassifier__splitter': 'best',
 'pipeline-1':
 Pipeline(steps=[('sc', StandardScaler(copy=True, with_mean=True,
                                       with_std=True)),
                ('clf', LogisticRegression(C=0.001,
```

```
                                                   class_weight=None,
                                                   dual=False,
                                                   fit_intercept=True,
                                                   intercept_scaling=1,
                                                   max_iter=100,
                                                   multi_class='ovr',
                                                   penalty='l2',
                                                   random_state=0,
                                                   solver='liblinear',
                                                   tol=0.0001,
                                                   verbose=0))]),
'pipeline-1__clf':
LogisticRegression(C=0.001, class_weight=None, dual=False,
                   fit_intercept=True, intercept_scaling=1,
                   max_iter=100, multi_class='ovr',
                   penalty='l2', random_state=0,
                   solver='liblinear', tol=0.0001, verbose=0),
'pipeline-1__clf__C': 0.001,
'pipeline-1__clf__class_weight': None,
'pipeline-1__clf__dual': False,
[...]
'pipeline-1__sc__with_std': True,
'pipeline-2':
Pipeline(steps=[('sc', StandardScaler(copy=True, with_mean=True,
                                      with_std=True)),
                ('clf', KNeighborsClassifier(algorithm='auto',
                                             leaf_size=30,
                                             metric='minkowski',
                                             metric_params=None,
                                             n_neighbors=1,
                                             p=2,
                                             weights='uniform'))]),
'pipeline-2__clf':
KNeighborsClassifier(algorithm='auto', leaf_size=30,
                     metric='minkowski', metric_params=None,
                     n_neighbors=1, p=2, weights='uniform'),
'pipeline-2__clf__algorithm': 'auto',
[...]
'pipeline-2__sc__with_std': True}
```

根据 get_params 方法返回的值，可以知道如何访问各个分类器的属性。现在使用网格搜索调整逻辑回归分类器的逆正则化参数 C 和决策树的深度：

```
>>> from sklearn.model_selection import GridSearchCV
>>> params = {'decisiontreeclassifier__max_depth': [1, 2],
```

```
...            'pipeline-1__clf__C': [0.001, 0.1, 100.0]}
>>> grid = GridSearchCV(estimator=mv_clf,
...                     param_grid=params,
...                     cv=10,
...                     scoring='roc_auc')
>>> grid.fit(X_train, y_train)
```

完成网格搜索超参数后，输出不同超参数组合以及 10 折交叉验证计算的平均 ROC AUC 分数，如下所示：

```
>>> for r, _ in enumerate(grid.cv_results_['mean_test_score']):
...     mean_score = grid.cv_results_['mean_test_score'][r]
...     std_dev = grid.cv_results_['std_test_score'][r]
...     params = grid.cv_results_['params'][r]
...     print(f'{mean_score:.3f} +/- {std_dev:.2f} {params}')
0.983 +/- 0.05 {'decisiontreeclassifier__max_depth': 1,
                'pipeline-1__clf__C': 0.001}
0.983 +/- 0.05 {'decisiontreeclassifier__max_depth': 1,
                'pipeline-1__clf__C': 0.1}
0.967 +/- 0.10 {'decisiontreeclassifier__max_depth': 1,
                'pipeline-1__clf__C': 100.0}
0.983 +/- 0.05 {'decisiontreeclassifier__max_depth': 2,
                'pipeline-1__clf__C': 0.001}
0.983 +/- 0.05 {'decisiontreeclassifier__max_depth': 2,
                'pipeline-1__clf__C': 0.1}
0.967 +/- 0.10 {'decisiontreeclassifier__max_depth': 2,
                'pipeline-1__clf__C': 100.0}
>>> print(f'Best parameters: {grid.best_params_}')
Best parameters: {'decisiontreeclassifier__max_depth': 1,
                  'pipeline-1__clf__C': 0.001}
>>> print(f'ROC AUC : {grid.best_score_:.2f}')
ROC AUC: 0.98
```

如上所示，当选择较高的正则化强度(`C=0.001`)时，会得到最好的交叉验证结果。而树的深度似乎不影响模型的性能，这表明决策树桩(单层决策树或高度为 1 的决策树)足以将数据分离。请注意，多次使用测试数据集进行模型评估是一种不好的做法，在本节中不准备评估调整超参数后模型的泛化性能。下一节将介绍另一种集成学习方法：bagging。

用 stacking 构建集成分类器

不要将本节实现的绝对多数投票方法与 stacking 混淆。可以将 stacking 算法理解为一个两级的集成分类器，其中第一级由多个分类器组成，每个分类器预测的结果提供给第二级。第二级包含另一个分类器(通常是逻辑回归)，拟合第一级分类器的预测结果，并做出最终预测。请阅读下面关于 stacking 的更多学习资源：

- David H. Wolpert 在论文中详细解释了 stacking 算法：David H. Wolpert. Stacked generalization，Neural Networks，5(2)：241-259，1992，https://www.sciencedirect.com/science/article/pii/S0893608005800231；
- Mlxtend 中与 Scikit-Learn 兼容的 stacking 分类器：http://rasbt.github.io/mlxtend/user_guide/classifier/StackingCVClassifier/；
- 此外，Scikit-Learn(0.22 及以上版本)最近添加了 `StackingClassifier`。请参阅官方网站获取更多信息：https://scikit-learn.org/stable/modules/generated/sklearn.ensemble.StackingClassifier.html。

7.3　bagging——基于 bootstrap 样本构建集成分类器

bagging 是一种集成学习方法，与上一节实现的 `MajorityVoteClassifier` 密切相关。然而 bagging 没有使用相同的训练数据集拟合集成分类器中的每个分类器，而是使用从初始训练数据集中抽取的 bootstrap 样本(有放回随机抽取样本)，这就是为什么 bagging 也称为 bootstrap 聚合。

图 7.6 描述了 bagging 的概念。

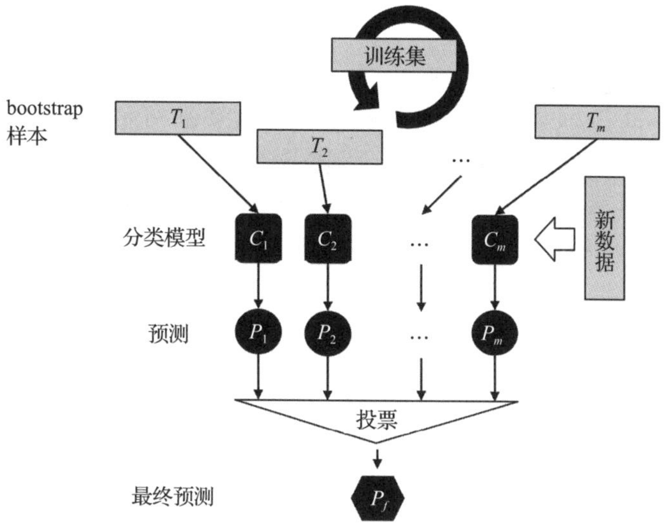

图 7.6　bagging 的概念

下面几小节将用 Scikit-Learn 实现葡萄酒分类来解释 bagging 方法。

7.3.1　bagging 简介

图 7.7 给出了一个具体的例子来说明 bagging 分类器是如何工作的。在这里，有 7 个不同

的训练样本(索引 1~7)。在每一轮 bagging 抽样中有放回地随机抽取样本。然后用每个 bootstrap 样本集合拟合一个分类器——通常为一棵未经剪枝的决策树。

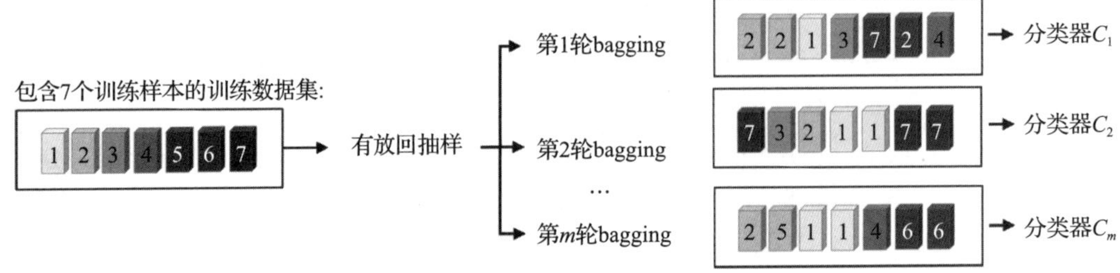

图 7.7　bagging 示例

从图 7.7 可以看出，每个分类器使用训练数据集的一个子集，子集包含训练数据集随机抽取的样本。我们将这种使用 bagging 抽样方法获得的随机样本记为第 1 轮 bagging 数据集、第 2 轮 bagging 数据集等。由于是有放回抽样，每个子集可能包含重复的样本，一些样本还可能根本不会出现在 bagging 数据集中。一旦每个分类器都拟合了 bootstrap 样本，就可以基于绝对多数投票原则进行预测。

bagging 与第 3 章介绍的随机森林分类器有关。事实上，随机森林是 bagging 的一种特殊情况。随机森林在拟合单棵决策树时也使用了特征集合的随机子集。

使用 bagging 集成模型

Leo Breiman 在 1994 年的技术报告中首先提出 bagging 方法。他在报告中证明了 bagging 可以提高不稳定模型的准确率，同时降低模型的过拟合程度。Breiman 发表的论文详细解释了 bagging 方法，强烈推荐读者阅读此论文(L. Breiman. Bagging predictors, Machine Learning, 24(2): 123-140, 1996)。

7.3.2　使用 bagging 对葡萄酒数据集中的样本进行分类

这里将使用第 4 章介绍的葡萄酒数据集创建一个更复杂的分类问题。在这里，只考虑类别 2 和类别 3 的葡萄酒，并只选择两个特征——酒精度(`Alcohol`)和稀释葡萄酒的 OD280/OD315(`OD280/OD315 of diluted wines`)：

```
>>> import pandas as pd
>>> df_wine = pd.read_csv('https://archive.ics.uci.edu/ml/'
...                       'machine-learning-databases/'
...                       'wine/wine.data',
...                       header=None)
>>> df_wine.columns = ['Class label', 'Alcohol',
...                    'Malic acid', 'Ash',
...                    'Alcalinity of ash',
```

```
...                     'Magnesium', 'Total phenols',
...                     'Flavanoids', 'Nonflavanoid phenols',
...                     'Proanthocyanins',
...                     'Color intensity', 'Hue',
...                     'OD280/OD315 of diluted wines',
...                     'Proline']
>>> # drop 1 class
>>> df_wine = df_wine[df_wine['Class label'] != 1]
>>> y = df_wine['Class label'].values
>>> X = df_wine[['Alcohol',
...                'OD280/OD315 of diluted wines']].values
```

接下来，将类别标签编码为二进制格式，并将数据集拆分成80%的训练数据集和20%的测试数据集：

```
>>> from sklearn.preprocessing import LabelEncoder
>>> from sklearn.model_selection import train_test_split
>>> le = LabelEncoder()
>>> y = le.fit_transform(y)
>>> X_train, X_test, y_train, y_test =\
...             train_test_split(X, y,
...                              test_size=0.2,
...                              random_state=1,
...                              stratify=y)
```

获取葡萄酒数据集

你可以从本书的代码网站(https://archive.ics.uci.edu/ml/machine-learning-databases/wine/wine.data)获取葡萄酒数据集(以及本书用到的其他数据集)，以备脱机工作或者 UCI 服务器宕机时使用。如果要从本地加载葡萄酒数据集，可以使用代码

```
df = pd.read_csv('your/local/path/to/wine.data',
                 header=None)
```

替换

```
df = pd.read_csv('https://archive.ics.uci.edu/ml/'
                 'machine-learning-databases'
                 '/wine/wine.data',
                 header=None)
```

Scikit-Learn 已经实现了 `BaggingClassifier` 算法，可以从 Scikit-Learn 的 `ensemble` 子模块中导入该算法。这里我们使用未剪枝的决策树作为基分类器，并创建一个包含 500 棵决策树的集

合，这些决策树将拟合训练数据集中的 bootstrap 样本：

```
>>> from sklearn.ensemble import BaggingClassifier
>>> tree = DecisionTreeClassifier(criterion='entropy',
...                               random_state=1,
...                               max_depth=None)
>>> bag = BaggingClassifier(base_estimator=tree,
...                         n_estimators=500,
...                         max_samples=1.0,
...                         max_features=1.0,
...                         bootstrap=True,
...                         bootstrap_features=False,
...                         n_jobs=1,
...                         random_state=1)
```

接下来，计算在训练和测试数据集上模型预测的准确率，从而可以比较 bagging 分类器与单棵未经剪枝决策树的分类性能：

```
>>> from sklearn.metrics import accuracy_score
>>> tree = tree.fit(X_train, y_train)
>>> y_train_pred = tree.predict(X_train)
>>> y_test_pred = tree.predict(X_test)
>>> tree_train = accuracy_score(y_train, y_train_pred)
>>> tree_test = accuracy_score(y_test, y_test_pred)
>>> print(f'Decision tree train/test accuracies '
...       f'{tree_train:.3f}/{tree_test:.3f}')
Decision tree train/test accuracies 1.000/0.833
```

根据给出的准确率，未剪枝的决策树正确地预测了训练数据集所有样本的类别标签。然而，较低的测试准确率表明决策树模型具有高方差（过拟合）：

```
>>> bag = bag.fit(X_train, y_train)
>>> y_train_pred = bag.predict(X_train)
>>> y_test_pred = bag.predict(X_test)
>>> bag_train = accuracy_score(y_train, y_train_pred)
>>> bag_test = accuracy_score(y_test, y_test_pred)
>>> print(f'Bagging train/test accuracies '
...       f'{bag_train:.3f}/{bag_test:.3f}')
Bagging train/test accuracies 1.000/0.917
```

尽管决策树和 bagging 分类器在训练数据集上的预测准确率相似（均为 100%），但从测试数据集上的准确率可以看到，bagging 分类器的泛化性能略好。接着再对比下决策树和 bagging 分类器的决策区域：

```
>>> x_min = X_train[:, 0].min() - 1
>>> x_max = X_train[:, 0].max() + 1
>>> y_min = X_train[:, 1].min() - 1
>>> y_max = X_train[:, 1].max() + 1
>>> xx, yy = np.meshgrid(np.arange(x_min, x_max, 0.1),
...                      np.arange(y_min, y_max, 0.1))
>>> f, axarr = plt.subplots(nrows=1, ncols=2,
...                         sharex='col',
...                         sharey='row',
...                         figsize=(8, 3))
>>> for idx, clf, tt in zip([0, 1],
...                         [tree, bag],
...                         ['Decision tree', 'Bagging']):
...     clf.fit(X_train, y_train)
...
...     Z = clf.predict(np.c_[xx.ravel(), yy.ravel()])
...     Z = Z.reshape(xx.shape)
...     axarr[idx].contourf(xx, yy, Z, alpha=0.3)
...     axarr[idx].scatter(X_train[y_train==0, 0],
...                        X_train[y_train==0, 1],
...                        c='blue', marker='^')
...     axarr[idx].scatter(X_train[y_train==1, 0],
...                        X_train[y_train==1, 1],
...                        c='green', marker='o')
...     axarr[idx].set_title(tt)
>>> axarr[0].set_ylabel('OD280/OD315 of diluted wines', fontsize=12)
>>> plt.tight_layout()
>>> plt.text(0, -0.2,
...          s='Alcohol',
...          ha='center',
...          va='center',
...          fontsize=12,
...          transform=axarr[1].transAxes)
>>> plt.show()
```

如图 7.8 所示，与决策树的分段线性决策边界相比，bagging 集成分类器的决策边界看起来更平滑。

本节通过一个简单例子介绍了 bagging 算法。在实践中，复杂的分类任务和高维数据集容易导致单棵决策树过拟合，这正是 bagging 算法可以真正发挥其优势的地方。最后，bagging 算法是一种减小模型方差的有效方法。但是，bagging 无法减小模型的偏差。大的偏差表现为模型无法很好地捕捉数据中的趋势，原因在于模型过于简单。这就是为什么要在 bagging 方法中使用多个具有小偏差的分类器(例如未剪枝的决策树)组成集成分类器。

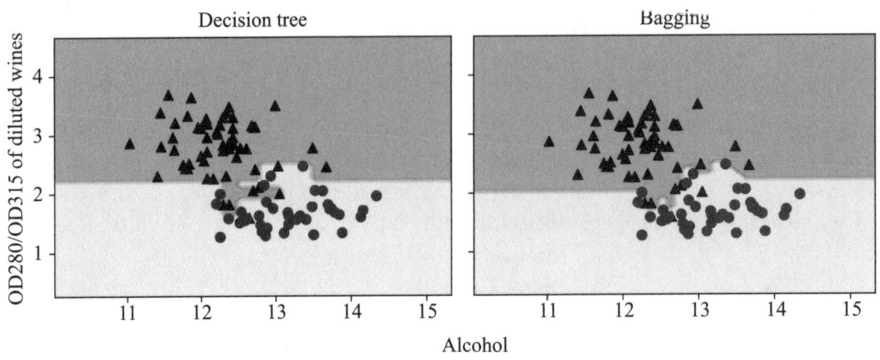

图 7.8　决策树的决策边界（左）与 bagging 分类器的决策边界（右）

7.4　通过自适应 boosting 提高弱学习器的性能

本节将介绍 boosting 算法，并重点介绍最常见的自适应提升算法（Adaptive Boosting，AdaBoost）。

AdaBoost 算法

AdaBoost 算法的最初想法是由 Robert E. Schapire 于 1990 年在论文“The Strength of Weak Learnability”[㊀]。（http://rob.schapire.net/papers/strengthofweak.pdf）中提出的。Robert E. Schapire 和 Yoav Freund 在 *Proceedings of the Thirteenth International Conference*（ICML 1996）中提出了 AdaBoost 算法。在此之后的几年内，AdaBoost 成为最广泛使用的集成算法[㊁]。2003 年，Freund 和 Schapire 因在提升算法领域的突破性工作获得了 Gödel 奖。Gödel 奖是计算机科学领域颇具声望的奖项，授予做出最杰出研究成果的研究者。

在 boosting 中，集成分类器由基分类器组成。通常基分类器被称为弱学习器，其性能仅比随机猜测略好。决策树桩是弱学习器的一个典型例子。boosting 的关键在于专注学习难以分类的样本，即让弱学习器从分类错误的训练样本中学习，以提高集成模型的性能。

以下小节将介绍 boosting 和 AdaBoost 算法。最后，用 Scikit-Learn 实现数据分类。

7.4.1　boosting 的工作原理

与 bagging 相比，最初的 boosting 算法是从训练数据集中无放回地随机抽取样本，并使用

㊀ Robert E. Schapire, The Strength of Weak Learnability, Machine Learning, 5(2): 197-227, 1990.
㊁ Y. Freund, R. E. Schapire, et al. Experiments with a New Boosting Algorithm, ICML, volume 96, 148-156, 1996.

这些样本训练模型。最初的 boosting 算法包括以下四个步骤：

1. 从训练数据集 D 中无放回地随机抽取训练样本，组成样本子集 d_1，用 d_1 训练弱学习器 C_1；

2. 从训练数据集 D 中无放回地随机抽取训练样本，组成样本子集 d_2。在子集 d_2 中加入子集 d_1 中被弱学习器 C_1 错误分类的样本的一半。用子集 d_2 训练弱学习器 C_2。

3. 在训练数据集 D 中找出 C_1 和 C_2 给出预测标签不同的样本，形成子集 d_3。使用子集 d_3 训练第三个弱学习器 C_3。

4. 通过绝对多数投票机制组合弱学习器 C_1、C_2 和 C_3。

Leo Breiman（“Bias, variance, and arcing classifiers”，1996）指出，与 bagging 模型相比，boosting 可以同时减小偏差和方差。然而，在实践中，诸如 AdaBoost 之类的 boosting 算法也存在高方差问题，即会过拟合训练数据（G. Raetsch, T. Onoda, K. R. Mueller. An improvement of AdaBoost to avoid overfitting, Proceedings of the International Conference on Neural Information Processing, 1998）。

与本文描述的原始 boosting 相比，AdaBoost 使用完整的训练数据集训练弱学习器，在每次迭代中重新定义训练样本的权重，并不断地从弱学习器的错误中学习，以此构建一个强学习器。

在深入了解 AdaBoost 算法的具体细节之前，先观察一下图 7.9，以便更好地理解 AdaBoost 的基本概念。

首先，从子图 1 开始了解 AdaBoost。这是一个二分类训练数据集，所有的训练样本具有相同的权重。使用该训练数据集训练决策树桩（决策边界为虚线），最小化损失函数（或者决策树集成特殊情况中的杂质度分数），从而完成对三角形和圆形两类样本的分类。

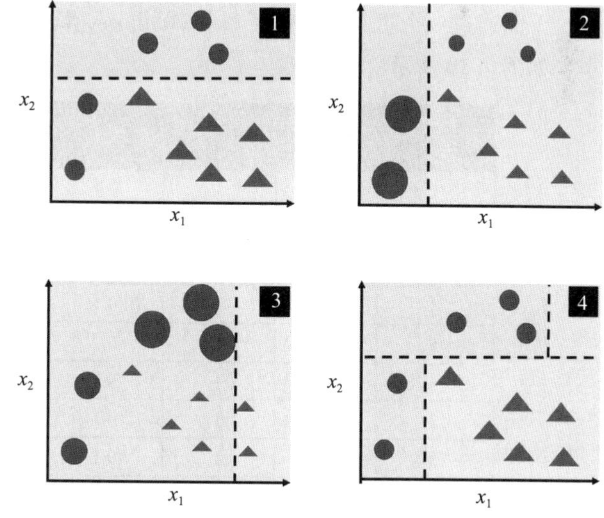

图 7.9　改进弱学习器的 AdaBoost

其次，在子图 2 中，为两个错误分类的样本（圆圈）分配更大的权重，并降低正确分类样本的权重。下一个决策树桩将更关注具有较大权重的训练样本，即难以分类的训练样本。

子图 2 中的弱学习器把三个圆形样本错误地分类成三角形，随后这三个圆形样本被赋予较大的权重，如子图 3 所示。

最后，假设这里的 AdaBoost 仅包含三轮 boosting。接下来可以通过加权绝对多数投票机制将三个在不同权重的训练子集上训练的弱学习器组合起来，如子图 4 所示。

现在，已经对 AdaBoost 的基本概念有了更好的理解，下面更详细地看一下 Adaboost 的伪代码。为表达得更清楚，用叉号(×)表示两个向量对应元素相乘，用点号(·)表示两个向量之间的点积：

1. 初始化权重向量 $\boldsymbol{w}$ 使其所有元素非负且数值相同，而且 $\sum_i w_i = 1$。

2. 运行以下 a~f 步骤 m 轮。在第 j 轮中完成：

a. 在加权训练数据集上训练弱学习器：$C_j = \text{train}(\boldsymbol{X}, \boldsymbol{y}, \boldsymbol{w})$；

b. 预测类别标签：$\hat{\boldsymbol{y}} = \text{predict}(C_j, \boldsymbol{X})$；

c. 计算加权错误率：$\varepsilon = \boldsymbol{w} \cdot (\hat{\boldsymbol{y}} \neq \boldsymbol{y})$；

d. 计算系数：$\alpha_j = 0.5\log\dfrac{1-\varepsilon}{\varepsilon}$；

e. 更新权重：$\boldsymbol{w} := \boldsymbol{w} \times \exp(-\alpha_j \times \hat{\boldsymbol{y}} \times \boldsymbol{y})$；

f. 归一化权重，使其和为 1：$\boldsymbol{w} := \dfrac{\boldsymbol{w}}{\sum_i w_i}$。

3. 计算最终的预测结果：

$$\hat{\boldsymbol{y}} = \left(\sum_{j=1}^{m}\left(\alpha_j \times \text{predict}(C_j, \boldsymbol{X})\right) > 0\right)$$

注意，步骤 2c 的表达式$(\hat{\boldsymbol{y}} \neq \boldsymbol{y})$为由 0 和 1 组成的二进制向量。如果预测结果不正确，则数值为 1；否则为 0。

下面通过一个更具体的例子解释 AdaBoost 算法。该例子的训练数据集只包含 10 个训练样本，如图 7.10 所示。

样本索引	x	y	权重	$\hat{y}(x \leqslant 3.0)$?	正确?	更新权重
1	1.0	1	0.1	1	是	0.072
2	2.0	1	0.1	1	是	0.072
3	3.0	1	0.1	1	是	0.072
4	4.0	−1	0.1	−1	是	0.072
5	5.0	−1	0.1	−1	是	0.072
6	6.0	−1	0.1	−1	是	0.072
7	7.0	1	0.1	−1	否	0.167
8	8.0	1	0.1	−1	否	0.167
9	9.0	1	0.1	−1	否	0.167
10	10.0	−1	0.1	−1	是	0.072

图 7.10　使用 10 个训练样本训练 AdaBoost 算法

图 7.10 的第一列为训练样本的索引；第二列为样本数据的特征值，假设这是一个一维数据集；第三列显示了训练样本 x_i 对应的真实标签 y_i，其中 $y_i \in \{1,-1\}$；第四列显示了初始权

重，权重值相同，并且和为 1。对于包含 10 个样本的训练数据集，权重向量 $\boldsymbol{w}$ 的每个元素 w_i 为 0.1。假设数据的分类准则为 $x \leqslant 3.0$，第五列给出了预测标签。最后一列显示了根据上述 AdaBoost 伪代码更新后的权重值。

由于更新权重的计算看起来有点儿复杂，因此现在一步一步地分解该计算过程。首先从计算步骤 2c 开始，计算加权错误率 ε：

```
>>> y = np.array([1, 1, 1, -1, -1, -1,  1,  1,  1, -1])
>>> yhat = np.array([1, 1, 1, -1, -1, -1, -1, -1, -1, -1])
>>> correct = (y == yhat)
>>> weights = np.full(10, 0.1)
>>> print(weights)
[0.1 0.1 0.1 0.1 0.1 0.1 0.1 0.1 0.1 0.1]
>>> epsilon = np.mean(~correct)
>>> print(epsilon)
0.3
```

correct 是由 True 和 False 值组成的布尔数组，其中 True 表示预测正确。通过 ~correct 对数组进行反转，然后使用 np.mean(~correct)计算错误预测的比例(True 计为值 1，False 计为值 0)，即分类错误率。

接着计算步骤 2d 中的系数 α_j。在后续步骤 2e 中(更新权重)以及第 3 步中(计算绝对多数投票)都会继续使用 α_j：

```
>>> alpha_j = 0.5 * np.log((1-epsilon) / epsilon)
>>> print(alpha_j)
0.42364893019360184
```

在计算了系数 α_j(alpha_j)之后，可以通过下面的公式更新权重向量：

$$\boldsymbol{w} := \boldsymbol{w} \times \exp(-\alpha_j \times \hat{\boldsymbol{y}} \times \boldsymbol{y})$$

其中，$\hat{\boldsymbol{y}} \times \boldsymbol{y}$ 是预测向量与真实标签向量对应元素相乘。因此，如果预测标签 $\hat{y}_i$ 是正确的，那么 $\hat{y}_i \times y_i$ 将会是一个正值，从而 α_j 也是正数，这样第 i 个权重将会减小：

```
>>> update_if_correct = 0.1 * np.exp(-alpha_j * 1 * 1)
>>> print(update_if_correct)
0.06546536707079771
```

同样，如果 $\hat{y}_i$ 预测不正确，则第 i 个权重将变大，如下所示：

```
>>> update_if_wrong_1 = 0.1 * np.exp(-alpha_j * 1 * -1)
>>> print(update_if_wrong_1)
0.1527525231651947
```

或者，如下所示：

```
>>> update_if_wrong_2 = 0.1 * np.exp(-alpha_j * -1 * 1)
>>> print(update_if_wrong_2)
0.1527525231651947
```

可以使用这些值来更新权重，如下所示：

```
>>> weights = np.where(correct == 1,
...                    update_if_correct,
...                    update_if_wrong_1)
>>> print(weights)
array([0.06546537, 0.06546537, 0.06546537, 0.06546537, 0.06546537,
       0.06546537, 0.15275252, 0.15275252, 0.15275252, 0.06546537])
```

上面的代码将 update_if_correct 分配给所有正确的预测，将 update_if_wrong_1 分配给所有错误的预测。为简单起见，这里未使用 update_if_wrong_2，因为它与 update_if_wrong_1 类似。

在更新了权重向量中的每个权重之后，对权重向量进行归一化，使向量所有元素和为 1（2f）：

$$\boldsymbol{w} := \frac{\boldsymbol{w}}{\sum_i w_i}$$

可以用以下代码实现：

```
>>> normalized_weights = weights / np.sum(weights)
>>> print(normalized_weights)
[0.07142857 0.07142857 0.07142857 0.07142857 0.07142857 0.07142857
 0.16666667 0.16666667 0.16666667 0.07142857]
```

因此，对于分类正确的样本，每个权重将从初始值 0.1 减少到 0.0714，然后进行下一轮 boosting。同样，对于分类错误的样本，权重将从 0.1 增加到 0.1667。

7.4.2　用 Scikit-Learn 实现 AdaBoost

上一小节简要介绍了 AdaBoost。本节通过 Scikit-Learn 训练一个 AdaBoost 集成分类器。使用之前训练 bagging 元分类器的葡萄酒数据子集来训练 AdaBoost。

通过设置 base_estimator 属性，在 500 个决策树桩上训练 AdaBoostClassifier：

```
>>> from sklearn.ensemble import AdaBoostClassifier
>>> tree = DecisionTreeClassifier(criterion='entropy',
...                               random_state=1,
...                               max_depth=1)
>>> ada = AdaBoostClassifier(base_estimator=tree,
...                          n_estimators=500,
```

```
...                             learning_rate=0.1,
...                             random_state=1)
>>> tree = tree.fit(X_train, y_train)
>>> y_train_pred = tree.predict(X_train)
>>> y_test_pred = tree.predict(X_test)
>>> tree_train = accuracy_score(y_train, y_train_pred)
>>> tree_test = accuracy_score(y_test, y_test_pred)
>>> print(f'Decision tree train/test accuracies '
...       f'{tree_train:.3f}/{tree_test:.3f}')
Decision tree train/test accuracies 0.916/0.875
```

如上所见，与上一节中的未剪枝决策树相比，决策树桩对训练数据欠拟合：

```
>>> ada = ada.fit(X_train, y_train)
>>> y_train_pred = ada.predict(X_train)
>>> y_test_pred = ada.predict(X_test)
>>> ada_train = accuracy_score(y_train, y_train_pred)
>>> ada_test = accuracy_score(y_test, y_test_pred)
>>> print(f'AdaBoost train/test accuracies '
...       f'{ada_train:.3f}/{ada_test:.3f}')
AdaBoost train/test accuracies 1.000/0.917
```

通过输出可以看到 AdaBoost 模型正确地预测了训练数据集的所有样本的类别标签，而且与决策树桩相比，AdaBoost 模型在测试数据集上的性能也略有提高。然而，也可以看到，AdaBoost 模型减小模型偏差的同时引入了额外的方差（模型在训练数据集和测试数据集上的性能差距变得更大）。

本节的例子表明了 AdaBoost 分类器比决策树桩性能好，并且达到了前一节所介绍的 bagging 分类器的分类准确率。但是，必须注意，重复使用测试数据集来选择模型不是一种好的做法。我们对模型泛化性能的估计可能过于乐观，第 6 章对此有更详细的讨论。

最后，查看一下分类器的决策区域：

```
>>> x_min = X_train[:, 0].min() - 1
>>> x_max = X_train[:, 0].max() + 1
>>> y_min = X_train[:, 1].min() - 1
>>> y_max = X_train[:, 1].max() + 1
>>> xx, yy = np.meshgrid(np.arange(x_min, x_max, 0.1),
...                      np.arange(y_min, y_max, 0.1))
>>> f, axarr = plt.subplots(1, 2,
...                         sharex='col',
...                         sharey='row',
...                         figsize=(8, 3))
>>> for idx, clf, tt in zip([0, 1],
...                         [tree, ada],
...                         ['Decision tree', 'AdaBoost']):
```

```
...     clf.fit(X_train, y_train)
...     Z = clf.predict(np.c_[xx.ravel(), yy.ravel()])
...     Z = Z.reshape(xx.shape)
...     axarr[idx].contourf(xx, yy, Z, alpha=0.3)
...     axarr[idx].scatter(X_train[y_train==0, 0],
...                        X_train[y_train==0, 1],
...                        c='blue',
...                        marker='^')
...     axarr[idx].scatter(X_train[y_train==1, 0],
...                        X_train[y_train==1, 1],
...                        c='green',
...                        marker='o')
...     axarr[idx].set_title(tt)
...     axarr[0].set_ylabel('OD280/OD315 of diluted wines', fontsize=12)
>>> plt.tight_layout()
>>> plt.text(0, -0.2,
...          s='Alcohol',
...          ha='center',
...          va='center',
...          fontsize=12,
...          transform=axarr[1].transAxes)
>>> plt.show()
```

通过查看决策区域，可以看到 AdaBoost 模型的决策边界比决策树桩的决策边界要复杂得多。另外，AdaBoost 模型划分特征空间的方式与上一节训练的 bagging 分类器非常相似，如图 7.11 所示。

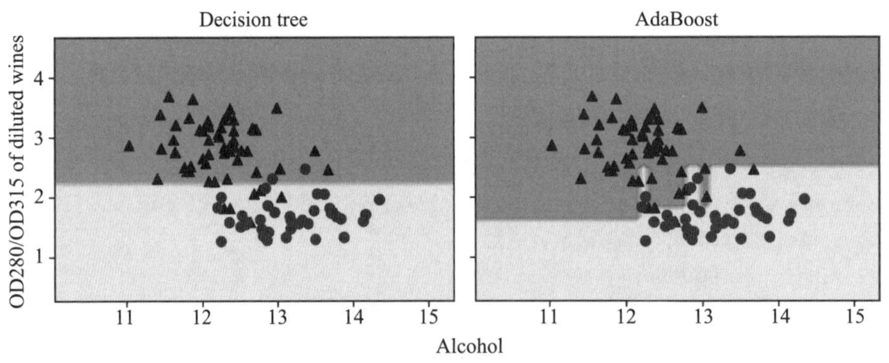

图 7.11　决策树与 AdaBoost 的决策边界

与单个分类器相比，集成学习的计算复杂度增加。因此，在实践中需要权衡是否要以增加计算成本为代价来换取模型预测性能的提高。

关于计算成本和预测性能之间的权衡问题有一个经典的例子，即著名的价值 100 万美元的 Netflix 奖。赢得该奖的算法就是集成方法。该算法的详细信息可从以下文档获得：A. Toescher,

M. Jahrer, R. M. Bell. The BigChaos Solution to the Netflix Grand Prize, Netflix Prize documentation, 2009, http://www.stat.osu.edu/~dmsl/GrandPrize2009_BPC_BigChaos.pdf。获胜的团队获得了 100 万美元的大奖。然而，由于模型的复杂性导致模型不能在实际中应用，因此 Netflix 从未使用过这个模型：

> “我们离线评估了一些新的方法，准确率有所提升，但与在工程中实现这些算法所花费的资源相比，这些准确率的提升并不值得。”
>
> http://techblog.netflix.com/2012/04/netflix-recommendations-beyond-5-stars.html

7.5 梯度 boosting——基于损失梯度训练集成分类器

梯度 boosting 是上一节介绍的 boosting 概念的一个变体，即依次训练弱学习器来组合成一个强学习器。因为梯度 boosting 已经成为常用的机器学习算法的基础，所以梯度 boosting 是一个极其重要的算法。因赢得 Kaggle 比赛而闻名的 XGBoost 算法就属于梯度 boosting 算法。

梯度 boosting 算法理解起来可能有点困难。在以下小节中，我们先概述 boosting 算法，接着逐步介绍梯度 boosting。然后，通过一个例子展示如何使用梯度 boosting 算法进行分类。最后在介绍完梯度 boosting 的基本概念后，我们将简要介绍常用的实现方法，例如 XGBoost，并介绍如何在实践中使用梯度 boosting。

7.5.1 比较 AdaBoost 与梯度 boosting

梯度 boosting 与本章前面讨论过的 AdaBoost 非常相似。AdaBoost 根据前一个决策树桩的误差来训练下一个决策树桩。特别地，AdaBoost 使用误差计算每一轮中的样本权重，以及集成单个树桩时每个决策树桩的分类器权重。一旦达到最大迭代次数(训练的决策树桩的数量达到预计的数量)就停止训练。梯度 boosting 与 AdaBoost 一样，利用了预测误差并以迭代方式拟合决策树。然而，梯度 boosting 树通常比决策树桩更深，最大深度通常为 3~6(或者叶子节点的最大数量为 8~64 个)。与 AdaBoost 不同的是，梯度 boosting 不使用预测误差来分配样本权重，预测误差被直接用作目标变量，用来拟合下一棵决策树。此外，不像 AdaBoost 那样为每棵决策树模型单独计算权重，梯度 boosting 使用每棵决策树更新下一棵决策树权重时使用全局学习率。

AdaBoost 和梯度 boosting 有一些相似之处，但在某些关键方面有所不同。后续小节将介绍梯度 boosting 算法。

7.5.2 通用的梯度 boosting 算法概述

本节将介绍用于分类的梯度 boosting。首先介绍一个简单的二分类例子。感兴趣的读者可以在 Friedman 在 2001 年发表的论文“Greedy function approximation: A gradient boosting machine”(https://projecteuclid.org/journals/annals-of-statistics/volume-29/issue-5/Greedy-function-approximation-A-gradient-boostingmachine/10.1214/aos/1013203451.full)的 4.6 节中找到将梯度 boosting 算法推广到基于逻辑回归的多分类算法。

梯度 boosting 回归

梯度 boosting 的实现过程比 AdaBoost 稍微复杂一些。为简洁起见，我们省略了 Friedman 论文中给出的回归的例子。

本质上，梯度 boosting 构建了一系列决策树，其中每棵树都拟合前一棵树的误差，该误差是真实标签与预测标签之间的差异。在每一轮中，随着每棵决策树向正确的方向小幅度更新，集成的决策树会得到改进。之所以被称为梯度 boosting，是因为这些更新是基于损失函数的梯度。

下面首先宏观介绍梯度 boosting 算法，然后详细地介绍算法的每一步，最后在下一小节使用一个例子阐释 boosting 算法。boosting 算法步骤如下：

1. 初始化模型，返回一个常量预测值。只使用决策树的根节点(决策树只有一个叶子节点)预测。将决策树返回的值写为 $\hat{y}$。通过最小化一个可微的损失函数 L 来得到预测值：

$$F_0(x) = \arg\min_{\hat{y}} \sum_{i=1}^{n} L(y_i, \hat{y})$$

这里，n 是数据集中训练样本的个数。

2. 对于每棵决策树 $m=1, 2, \cdots, M$(M 是用户指定的决策树总数)，运行以下计算：

a. 计算预测值 $F(x_i)=\hat{y}_i$ 和真实标签 y_i 之间的差值。该差值有时称为伪残差。可以将伪残差写为损失函数相对于预测值梯度的负数：

$$r_{im} = -\left[\frac{\partial L(y_i, F(x_i))}{\partial F(x_i)}\right]_{F(x)=F_{m-1}(x)}, \quad i=1,2,\cdots,n$$

请注意，在上面的符号中，$F(x)$ 是前一棵树的预测 $F_{m-1}(x)$。因此，在第一轮中，$F(x)$ 是来自步骤 1 中决策树(单个叶子节点)返回的常量值。

b. 使用决策树拟合伪残差 r_{im}。使用符号 R_{jm} 表示迭代 m 次后决策树第 $j=1,2,\cdots,J_m$ 个叶子节点。

c. 对于每个叶子节点 R_{jm}，计算以下输出值：

$$\gamma_{jm} = \arg\max_{\gamma} \sum_{x_i \in R_{jm}} L(y_i, F_{m-1}(x_i) + \gamma)$$

下一小节将深入探讨如何通过最小化损失函数来计算 γ_{jm}。由于叶子节点 R_{jm} 可能包含不止一个训练样本，因此需要对损失函数求和。

d. 将输出值 γ_m 添加到前一棵决策树，更新模型：

$$F_m(x) = F_{m-1}(x) + \eta\gamma_m$$

然而，并不是将当前树的预测值 γ_m 全部添加到前一棵树 F_{m-1} 中，而是使用学习率 η 对 γ_m 进行缩放。η 通常是介于 0.01 和 1 之间的一个数。为了避免过拟合，每次对模型更新一小步。

在理解了梯度 boosting 算法后，我们将介绍梯度 boosting 如何完成分类任务。

7.5.3　解释用于分类的梯度 boosting 算法

本小节将介绍实现二分类的梯度 boosting 算法。本节将使用第 3 章介绍的逻辑回归损失函数。对于单个训练样本，逻辑回归损失函数为

$$L_i = -y_i \log p_i + (1-y_i)\log(1-p_i)$$

第 3 章还介绍了 log(odds)：

$$\hat{y} = \log(\text{odds}) = \log\left(\frac{p}{1-p}\right)$$

使用 log(odds)重写逻辑函数，损失函数如下所示(此处省略中间步骤)：

$$L_i = \log(1+e^{\hat{y}_i}) - y_i\hat{y}_i$$

现在计算损失函数对 log(odds)的偏导数：

$$\frac{\partial L_i}{\partial \hat{y}_i} = \frac{e^{\hat{y}_i}}{1+e^{\hat{y}_i}} - y_i = p_i - y_i$$

在完成这些数学定义和数学计算后，针对二分类问题，重写梯度 boosting 算法的步骤如下：

1. 创建一个用于最小化逻辑回归损失函数的根节点。事实表明，如果根节点返回值是 log(odds)，即 $\hat{y}$，则损失函数为最小。

2. 对于每棵决策树 $m=1,2,\cdots,M$(其中 M 是用户指定的决策树总数)，运行以下步骤：

a. 使用逻辑回归算法(第 3 章)中的逻辑函数将 log(odds)转换为概率：

$$p = \frac{1}{1+e^{-\hat{y}}}$$

然后，计算伪残差。伪残差是损失函数对 log(odds)的偏导数的负数，结果为类别标签和预测概率之间的差值：

$$-\frac{\partial L_i}{\partial \hat{y}_i} = y_i - p_i$$

b. 创建一棵新的决策树拟合伪残差。

c. 对于每个叶子节点 R_{jm}，计算一个最小化逻辑损失函数的值 γ_{jm}。损失函数是叶子节点中所有训练样本损失函数的和：

$$\gamma_{jm} = \arg\min_{\gamma} \sum_{x_i \in R_{jm}} L(y_i, F_{m-1}(x_i) + \gamma) = \log(1 + e^{\hat{y}_i + \gamma}) - y_i(\hat{y}_i + \gamma)$$

跳过中间的数学细节，结果如下：

$$\gamma_{jm} = \frac{\sum_i y_i - p_i}{\sum_i p_i(i - p_i)}$$

注意，这里只是对叶子节点 R_{jm} 包含的样本进行求和，而不是对完整的训练集样本求和。

d. 使用步骤 2c 中的 γ_m 与学习率 η 来更新模型：

$$F_m(x)=F_{m-1}(x)+\eta\gamma_m$$

输出 log(odds)与概率

为什么决策树返回 log(odds)值而不是概率？这是因为不能把概率值相加得出有意义的结果。（所以，从技术上讲，用于分类的梯度 boosting 使用回归树。）

本节使用通用梯度 boosting 算法解决二分类问题，例如，将梯度 boosting 算法的损失函数替换为逻辑损失函数，将预测值替换为 log(odds)。然而，许多步骤可能看起来仍然很抽象，下一小节将给出一个具体的例子，应用这些步骤。

7.5.4　用梯度 boosting 分类的例子

前两小节简要介绍了用于二分类问题的梯度 boosting 算法的数学细节。为了让这些概念更清晰，这里将算法应用于一个具体的例子，即一个只包含三个样本的训练数据集，如图 7.12 所示。

	特征x_1	特征x_2	类别标签y
1	1.12	1.4	1
2	2.45	2.1	0
3	3.54	1.2	1

图 7.12　用于解释梯度 boosting 的数据集

从步骤 1 和步骤 2a 开始。步骤 1 构建根节点并计算 log(odds)；步骤 2a 将 log(odds)转换为类别成员概率并计算伪残差。请注意，根据在第 3 章中学到的知识，odds 等于成功次数除以失败次数。在这里，将标签 1 视为成功，将标签 0 视为失败，因此 odds 可计算为 odds = 2/1。执行步骤 1 和步骤 2a，得到图 7.13 所示的结果。

	特征x_1	特征x_2	类别标签y	步骤1：$\hat{y}$=log（odds）	步骤2a：$p=\frac{1}{1+e^{-\hat{y}}}$	步骤2a：$r=y-p$
1	1.12	1.4	1	0.69	0.67	0.33
2	2.45	2.1	0	0.69	0.67	−0.67
3	3.54	1.2	1	0.69	0.67	0.33

图 7.13　第一轮步骤 1 和步骤 2a 的结果

接下来，在步骤 2b 中，基于伪残差 r 拟合一棵新的决策树。然后，根据步骤 2c 计算这棵树的输出值 γ，如图 7.14 所示。

注意，这里限制决策树只有两个叶子节点，有助于说明如果叶子节点包含多个样本会发生什么。

然后，在最后步骤 2d 更新之前的模型和当前模型。假设学习率 $\eta=0.1$，则第一个训练样本的预测结果如图 7.15 所示。

现在已经完成了第一轮($m=1$)步骤 2a 到步骤 2d。可以继续执行第二轮($m=2$)步骤 2a 到步骤 2d。在第二轮中，使用更新后的模型返回的 log(odds)，例如，$F_1(x_1)=0.839$，作为步骤 2a 的输入。第二轮得到的结果如图 7.16 所示。

从图 7.16 可以看到，正类对应的预测概率值大，而负类对应的预测概率值小。因此，残差也越来越小。请注意，重复步骤 2a 到步骤 2d，直到拟合了 M 棵树或残差小于用户指定的阈值。一旦完成训练梯度 boosting 算法，就可以使用梯度 boosting 模型预测类别标签。使用方法是将最终模型 $F_M(x)$ 给出的概率值与 0.5 进行比较，就如第 3 章介绍的逻辑回归一样。然而，与逻辑回归相比，梯度 boosting 由多棵树组成，会产生非线性决策边界。下一节将展示梯度 boosting 的实际效果。

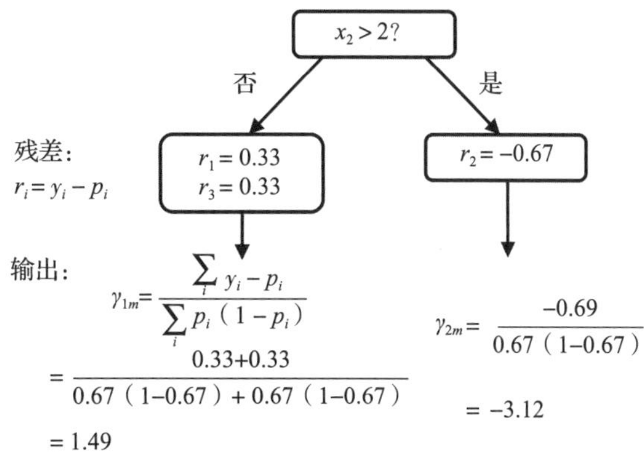

图 7.14 步骤 2b 和步骤 2c 的图解

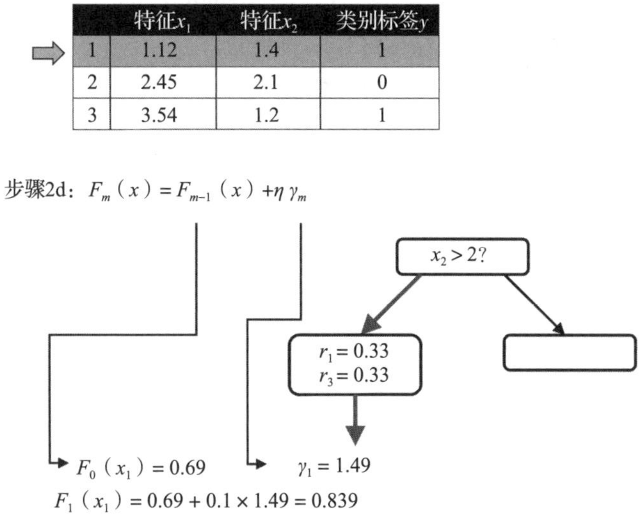

	特征x_1	特征x_2	类别标签y
1	1.12	1.4	1
2	2.45	2.1	0
3	3.54	1.2	1

步骤2d：$F_m(x) = F_{m-1}(x) + \eta\, \gamma_m$

$x_2 > 2?$

$r_1 = 0.33$
$r_3 = 0.33$

$F_0(x_1) = 0.69$ $\gamma_1 = 1.49$

$F_1(x_1) = 0.69 + 0.1 \times 1.49 = 0.839$

图 7.15 使用第一个训练样本和前一个模型更新模型

	x_1	x_2	y	步骤1：$F_0(x) = \hat{y}$ = log（odds）	步骤2a：$p = \frac{1}{1+e^{-\hat{y}}}$	步骤2a：$r = y - p$	新的 log（odds）$\hat{y} = F_1(x)$	步骤2a：p	步骤2a：r
1	1.12	1.4	1	0.69	0.67	0.33	0.839	0.698	0.302
2	2.45	2.1	0	0.69	0.67	−0.67	0.378	0.593	−0.593
3	3.54	1.2	1	0.69	0.67	0.33	0.839	0.698	0.302

第一轮$m = 1$ 第二轮$m = 2$

图 7.16 第一轮的结果与第二轮的结果

7.5.5 使用 XGBoost

在介绍了梯度 boosting 的基本原理和细节之后，我们了解下如何使用梯度 boosting 代码实现。

梯度 boosting 在 Scikit-Learn 中的实现为 sklearn. ensemble. Gradien tBoosting Classifier（参见 https://scikit-learn.org/stable/modules/generated/sklearn.ensemble.GradientBoostingClassifier.html 了解更多细节）。注意，梯度 boosting 是一个序贯过程，训练起来可能会很慢。然而，近来有一种更常用的梯度 boosting 的实现，即 XGBoost。

XGBoost 给出了一些技巧和近似方法，大大加快了梯度 boosting 的训练过程。因此，取名为 XGBoost，表示极快梯度 boosting。此外，使用这些近似方法和技巧也会让模型具有非常好的预测性能。事实上，XGBoost 已成为很多 Kaggle 比赛的获胜解决方法。

除了 XGBoost，还有其他常用的梯度 boosting 实现，例如，LightGBM 和 CatBoost。受 LightGBM 的启发，Scikit-Learn 现在还实现了 `HistGradientBoostingClassifier`，比原来的梯度 boosting 分类器（`GradientBoostingClassifier`）性能更好。

可以通过以下资源了解上述这些方法的详细信息：

- XGBoost：https://xgboost.readthedocs.io/en/stable/
- LightGBM：https://lightgbm.readthedocs.io/en/latest/
- CatBoost：https://catboost.ai
- `HistGradientBoostingClassifier`：https://scikit-learn.org/stable/modules/generated/sklearn.ensemble.HistGradientBoostingClassifier.html

然而，由于 XGBoost 仍然是最常用的梯度 boosting 实现之一，接下来将介绍如何在实践中使用 XGBoost。首先，需要安装 XGBoost，例如使用 `pip` 安装：

```
pip install xgboost
```

安装 XGBoost

本章使用了 XGBoost 1.5.0 版本，可以运行下述命令安装：

```
pip install XGBoost==1.5.0
```

有关安装的详细信息，请访问 https://xgboost.readthedocs.io/en/stable/install.html。

通过 Scikit-Learn API 调用 XGBoost 的 `XGBClassifier`：

```
>>> import xgboost as xgb
>>> model = xgb.XGBClassifier(n_estimators=1000, learning_rate=0.01,
...                           max_depth=4, random_state=1,
```

```
...                                    use_label_encoder=False)

>>> gbm = model.fit(X_train, y_train)
>>> y_train_pred = gbm.predict(X_train)
>>> y_test_pred = gbm.predict(X_test)

>>> gbm_train = accuracy_score(y_train, y_train_pred)
>>> gbm_test = accuracy_score(y_test, y_test_pred)
>>> print(f'XGboost train/test accuracies '
...       f'{gbm_train:.3f}/{gbm_test:.3f}')
XGboost train/test accuracies 0.968/0.917
```

在这里，我们使用 1000 棵树来拟合梯度 boosting 分类器，其中学习率设置为 0.01。通常建议使用数值介于 0.01 和 0.1 之间的学习率。请记住，学习率用于缩放在各轮的预测值。因此，学习率越低，实现准确预测所需的估计器就越多。

接下来，将单棵决策树的 `max_depth` 设置为 4。由于我们仍在提升弱学习器，因此 2 和 6 之间的值是合理的。有时根据数据集的规模，使用较大的值也可能得到很好的效果。

最后，`use_label_encoder=False` 禁用了一个警告消息，该信息通知用户 XGBoost 在默认情况下不再转换标签，并希望用户提供整数类型标签而且标签值从 0 开始。(这里没有什么可担心的，因为本书一直遵循这种格式。)

XGBoost 还有更多可用的设置，详细的讨论超出了本书的范围。感兴趣的读者可以阅读原始文档：https://xgboost.readthedocs.io/en/latest/python/python_api.html#xgboost.XGBClassifier。

7.6 本章小结

本章介绍了一些常用的集成学习方法。集成学习结合了不同的分类模型来抵消每个模型各自的弱点。使用集成学习方法通常会产生稳定且性能良好的模型，这在机器学习应用领域和工业界非常有吸引力。

在本章的开头，用 Python 实现了 `MajorityVoteClassifier`，它可以组合不同的算法完成分类任务。然后介绍了 bagging，通过从训练数据集中随机抽取 bootstrap 样本训练分类器，并使用绝对多数投票机制组合训练后的分类器。bagging 是一种用于减小模型方差的有用方法。最后，介绍了 boosting 算法及其衍生算法——AdaBoost 和梯度 boosting。boosting 算法从弱学习器的分类错误中学习。

前面的章节介绍了很多机器学习算法、调优和评估的知识。下一章将介绍基于机器学习的情感分析。情感分析已成为互联网和社交媒体时代的一个有趣话题。

CHAPTER8

第 8 章

用机器学习进行情感分析

在当今互联网和社交媒体蓬勃发展的时代，人们的意见、评论和建议已成为政治、科学和商业领域的宝贵资源。现代信息技术可以有效地收集和分析此类数据。本章将深入研究自然语言处理(Natural Language Processing，NLP)的一个分支，即情感分析。本章将学习如何使用机器学习算法根据作者所表达的情感对文档进行分类。本章使用互联网电影数据库(Internet Movie Database，IMDb)的 50 000 条电影评论作为数据集，构建一个可以区分正面情感和负面情感的电影评论预测器。

本章将介绍以下内容：

- 清洗和预处理文本数据；
- 根据文本文档构建特征向量；
- 训练机器学习模型区分正面和负面的影评；
- 使用核外学习方法处理大型文本数据集；
- 根据文档集合推断文本的主题。

8.1 对 IMDb 影评数据进行文本处理

情感分析也称为意见挖掘，是自然语言处理领域的一个重要分支。情感分析关注文档的情感倾向。情感分析领域中的一项主流任务是根据作者对特定主题所表达的观点或情感对文档进行分类。

本章将使用 Andrew Maas 等人收集的来自 IMDb 的大型影评数据集(A. L. Maas，R. E. Daly，P. T. Pham，D. Huang，A. Y. Ng，C. Potts. Learning Word Vectors for Sentiment Analysis，Proceedings of the 49th Annual Meeting of the Association for Computational Linguistics：Human Language Technologies，142-150，Portland，Oregon，USA，Association for Computational Linguistics，June 2011)。该数据集由 50 000 条带有情感倾向的电影评论组成，每条评论都被标记为正面评论或负面评论。其中，正面评论表示一部电影在 IMDb 上的评分多于或等于 6 颗星，而负面评论表

示一部电影在 IMDb 上的评分少于或等于 5 颗星。在接下来的几节中，我们将下载数据集，并将其预处理为机器学习可用的格式，然后从这些影评数据的子集中提取有用的信息，以此构建一个机器学习模型，预测某个评论者是否喜欢某部电影。

8.1.1　获取影评数据集

可以从 http://ai.stanford.edu/~amaas/data/sentiment/网站下载影评数据集的 gzip 压缩文件（大小为 84.1MB）：

- 如果使用的是 Linux 或 macOS 系统，可以打开一个新的终端窗口，通过 `cd` 操作进入下载目录，然后运行命令 `tar -zxf aclImdb_v1.tar.gz` 解压数据集；
- 如果使用的是 Windows 系统，可以先下载解压缩软件，例如 7-Zip（http://www.7-zip.org），然后使用解压缩软件解压下载的 gzip 压缩文件；
- 也可以直接在 Python 中解压 gzip 压缩文件，代码如下所示：

```
>>> import tarfile
>>> with tarfile.open('aclImdb_v1.tar.gz', 'r:gz') as tar:
...     tar.extractall()
```

8.1.2　将影评数据集预处理成更易使用的格式

在获取数据集之后，将解压后的所有文本文档复制到一个 CSV 文件中。下述代码把影评数据读入一个 pandas `DataFrame` 对象中。在一台标准的台式计算机上，此过程最多需要运行 10 分钟。

使用几年前研发的 Python 进度指示器包 PyPrind（https://pypi.python.org/pypi/PyPrind/），可以做到代码进度可视化和运行时间估计。可以通过运行 `pip install pyprind` 命令安装 PyPrind：

```
>>> import pyprind
>>> import pandas as pd
>>> import os
>>> import sys
>>> # change the 'basepath' to the directory of the
>>> # unzipped movie dataset
>>> basepath = 'aclImdb'
>>>
>>> labels = {'pos': 1, 'neg': 0}
>>> pbar = pyprind.ProgBar(50000, stream=sys.stdout)
>>> df = pd.DataFrame()
>>> for s in ('test', 'train'):
...     for l in ('pos', 'neg'):
...         path = os.path.join(basepath, s, l)
```

```
...         for file in sorted(os.listdir(path)):
...             with open(os.path.join(path, file),
...                       'r', encoding='utf-8') as infile:
...                 txt = infile.read()
...             df = df.append([[txt, labels[l]]],
...                            ignore_index=True)
...             pbar.update()
>>> df.columns = ['review', 'sentiment']
0%                          100%
[##############################] | ETA: 00:00:00
Total time elapsed: 00:00:25
```

上述代码首先初始化了一个新的进度条对象 pbar，然后定义了迭代次数为 50000，也就是读入的文档数为 50 000。使用嵌套的 for 循环，遍历 aclImdb 主目录中的 train 和 test 子目录，并从子目录 pos 和 neg 读取文本文件，这两个子目录下的文本文件及其对应的整数类别标签(1=正面和0=负面)最终被存入 pandas DataFrame 对象 df 中。

由于数据集中的类别标签是排好序的，使用 np.random 子模块中的 permutation 函数对 df 进行乱序操作——这有助于后期将数据集拆分为训练数据集和测试数据集。

为了方便起见，将乱序过的影评数据集存储在一个 CSV 文件中：

```
>>> import numpy as np
>>> np.random.seed(0)
>>> df = df.reindex(np.random.permutation(df.index))
>>> df.to_csv('movie_data.csv', index=False, encoding='utf-8')
```

由于本章稍后将使用此数据集，因此通过读取 CSV 文件并打印前三个样本的部分信息，快速验证数据是否以合适的格式保存：

```
>>> df = pd.read_csv('movie_data.csv', encoding='utf-8')
>>> # the following column renaming is necessary on some computers:
>>> df = df.rename(columns={"0": "review", "1": "sentiment"})
>>> df.head(3)
```

如果在 Jupyter Notebook 中运行上述代码，会看到数据集的前三个样本的部分信息，如图 8.1 所示。

	review	sentiment
0	In 1974, the teenager Martha Moxley (Maggie Gr...	1
1	OK... so... I really like Kris Kristofferson a...	0
2	***SPOIL ER*** Do not read this, if you think a...	0

图 8.1 影评数据集的前三个样本

最后再对数据做一个全面检查，再次确认 df 对象中包含 50 000 行：

```
>>> df.shape
(50000, 2)
```

8.2 词袋模型

在第 4 章中提到过，必须将类别数据(例如文本或单词)转换为数字，然后才能将其传递给机器学习算法。本节将介绍词袋模型。词袋模型将文本类型的特征转换为数值特征向量。词袋模型的原理很简单，可以总结为以下两个步骤：

1. 使用所有文本文档创建一个词汇表，包含多个不重复的 token，其中，token 可以是单词；

2. 为每个文档构造一个特征向量，特征向量包含每个单词在特定文档中出现的频率。

由于在每个文档中出现的单词仅是词袋模型词汇表中所有单词的一小部分，因此特征向量的大部分元素为零，故将词向量称为稀疏向量。这听起来有点抽象，但请不要担心，以下小节将逐步介绍词袋模型的概念和创建简单词袋模型的方法。

8.2.1 将单词转换为特征向量

可以使用 Scikit-Learn 中的 `CountVectorizer` 类，根据单词在所有文档中出现的频率构建一个词袋模型。以下代码首先通过 `CountVectorizer` 类创建一个对象 `count`，然后 `count` 接收一个代表文本数据(可以是文档或句子)的数组，最后构造词袋模型：

```
>>> import numpy as np
>>> from sklearn.feature_extraction.text import CountVectorizer
>>> count = CountVectorizer()
>>> docs = np.array(['The sun is shining',
...                  'The weather is sweet',
...                  'The sun is shining, the weather is sweet,'
...                  'and one and one is two'])
>>> bag = count.fit_transform(docs)
```

通过调用 `CountVectorizer` 上的 `fit_transform` 方法，构建词袋模型的词汇表，并将以下三个句子转换为稀疏特征向量：

- `'The sun is shining'`
- `'The weather is sweet'`
- `'The sun is shining, the weather is sweet, and one and one is two'`

打印词汇表的内容，可以更直观地理解词汇表：

```
>>> print(count.vocabulary_)
{'and': 0,
'two': 7,
```

```
'shining': 3,
'one': 2,
'sun': 4,
'weather': 8,
'the': 6,
'sweet': 5,
'is': 1}
```

在以上代码中，词汇表被存储在 Python 字典中，该字典将单词映射为整数索引。接下来，打印刚刚创建的特征向量：

```
>>> print(bag.toarray())
[[0 1 0 1 1 0 1 0 0]
 [0 1 0 0 0 1 1 0 1]
 [2 3 2 1 1 1 2 1 1]]
```

所打印的特征向量中的每个索引位置的值表示 `CountVectorizer` 词汇表对应单词出现的次数。例如，索引位置 0 处的特征值对应单词`'and'`的出现次数，可以看出`'and'`只出现在最后一个文档[⊖]中；而单词`'is'`在索引位置 1(第二个特征)处，表示在所有的文档中出现。特征向量中的这些值也称为原始词频，写为 tf(t, d)。原始词频表示单词 t 在文档中出现的次数 d。需要注意的是，在词袋模型中，句子或文档中单词出现的先后顺序不重要。在特征向量中词频顺序源自单词索引，这些索引通常与字母顺序相同。

n-gram 模型

在刚创建的词袋模型中，模型中的元素或 token 被称为 **1 元组**(1-gram)或者**单元组**(unigram)模型。词汇表中的每个元素或者每个 token 代表一个单词。从广义角度看，在 NLP 领域中，多个 token 构成的序列(即字母、单词或者符号)被称为 n 元组(n-gram)。在 n-gram 模型中，数量 n 取决于特定的应用场景。例如，Ioannis Kanaris 等人研究发现，在垃圾邮件过滤过程中，n-gram 模型的规模(即 n 的值)设置为 3 和 4 时性能最佳(Ioannis Kanaris, Konstantinos Kanaris, Ioannis Houvardas, Efstathios Stamatatos. Words versus character n-grams for anti-spam filtering, International Journal on Artificial Intelligence Tools, World Scientific Publishing Company, 16(06): 1047-1067, 2007)。

下面简要介绍 n-gram 的概念，第一个句子 "the sun is shining" 的 1-gram 和 2-gram 模型可以分别表示为：

- 1-gram："the"，"sun"，"is"，"shining"；
- 2-gram："the sun"，"sun is"，"is shining"。

⊖ 这里用句子代表文档。——译者注

通过设置 Scikit-Learn 中的 `CountVectorizer` 类的参数 `ngram_range`，可以使用不同的 *n*-gram 模型。虽然在默认情况下使用 1-gram，但可以通过设置参数 `ngram_range=(2,2)` 初始化一个 `CountVectorizer` 类，将其转换成 2-gram。

8.2.2　通过词频-逆文档频率评估单词的相关性

当实际分析文本数据时，经常会发现有些单词频繁地出现在各种类别的文档中。这些频繁出现的单词通常并不包含有用或判别性信息。本小节将介绍一种处理该问题的方法，称为**词频-逆文档频率**(term frequency-inverse document frequency，tf-idf)法。tf-idf 方法可以减少特征向量中频繁出现的词。tf-idf 定义为词频和文档频率倒数的乘积：

$$\text{tf-idf}(t,d)=\text{tf}(t,d)\times\text{idf}(t,d)$$

其中，tf(t,d)是上一节中提到的词频，idf(t,d)是逆文档频率，其表达式如下：

$$\text{idf}(t,d)=\log\frac{n_d}{1+\text{df}(d,t)}$$

其中，n_d 是文档总数，df(d,t)是包含单词 t 的文档数。请注意，分母中的 1 是非必需的，其目的是避免训练样本中没有文档包含单词 t 而导致分母 df(d,t)为零的情况；取对数的目的是防止低频率文档权重过大。

Scikit-Learn 库实现了一个具有上述功能的转换器，即 `TfidfTransformer` 类。`TfidfTransformer` 类将来自 `CountVectorizer` 类的原始词频作为输入，并将它们转换为 tf-idf 格式：

```
>>> from sklearn.feature_extraction.text import TfidfTransformer
>>> tfidf = TfidfTransformer(use_idf=True,
...                          norm='l2',
...                          smooth_idf=True)
>>> np.set_printoptions(precision=2)
>>> print(tfidf.fit_transform(count.fit_transform(docs))
...       .toarray())
[[ 0.   0.43 0.   0.56 0.56 0.   0.43 0.   0.  ]
 [ 0.   0.43 0.   0.   0.   0.56 0.43 0.   0.56]
 [ 0.5  0.45 0.5  0.19 0.19 0.19 0.3  0.25 0.19]]
```

正如在上一小节中所看到的，`'is'`一词在第三句中出现次数最多。然而，在将特征向量转换为 tf-idf 之后，单词`'is'`在第三句的 tf-idf 较小，为 0.45。这是因为`'is'`同时存在于第一句和第二句中，所以初步推断`'is'`不太可能包含太多有用的判别性信息。

然而如果手动计算特征向量中各个单词的 tf-idf，就会发现 `TfidfTransformer` 计算 tf-idf 的方式与之前提到的标准公式略有不同。在 Scikit-Learn 中，idf 的计算公式如下：

$$\mathrm{idf}(t,d)=\log\frac{1+n_d}{1+\mathrm{df}(d,t)}$$

同样，在 Scikit-Learn 中，tf-idf 的计算也与之前的定义略有不同：

$$\text{tf-idf}(t,d)=\mathrm{tf}(t,d)\times(\mathrm{idf}(t,d)+1)$$

注意，前面公式中的“+1”是由于前面代码设置了参数 `smooth_idf=True`，这有助于为在所有文档中都等频出现的单词分配零权重（即 $\mathrm{idf}(t,d)=\log(1)=0$）。

尽管经典做法是在计算 tf-idf 前归一化原始词频，但 `TfidfTransformer` 类直接对 tf-idf 进行归一化。由于默认参数 `norm='l2'`，Scikit-Learn 的 `TfidfTransformer` 类使用 L2 归一化。L2 归一化将一个向量 v 除以其 L2 范数，得到长度为 1 的特征向量：

$$v_{\text{norm}}=\frac{v}{\|v\|_2}=\frac{v}{\sqrt{v_1^2+v_2^2+\cdots+v_n^2}}=\frac{v}{\left(\sum_{i=1}^{n}v_i^2\right)^{1/2}}$$

通过一个例子，计算第三个文档中单词 `'is'` 的 tf-idf，从而可以更清晰地了解 `TfidfTransformer` 的工作原理。单词`'is'`在所有文档中的词频为 3（tf=3），同时该单词的文档频率也为 3，因为单词`'is'`出现在所有的文档中（df=3）。因此，可以用以下公式计算 idf：

$$\mathrm{idf}(\text{"is"},d_3)=\log\frac{1+3}{1+3}=0$$

现在，为了计算 tf-idf，只需简单地将 idf 加 1 并乘以词频：

$$\text{tf-idf}(\text{"is"},d_3)=3\times(0+1)=3$$

如果对第三个文档中的所有单词都进行这个计算，将获得一个 tf-idf 向量 `[3.39, 3.0, 3.39, 1.29, 1.29, 1.29, 2.0, 1.69, 1.29]`。但请注意，此特征向量中的值与之前使用的从 `TfidfTransformer` 获得的值不同。因为在这个 tf-idf 计算中缺少了最后一步，即 L2 归一化。L2 归一化计算如下：

$$\text{tf-idf}(d_3)_{\text{norm}}=\frac{[3.39,\ 3.0,\ 3.39,\ 1.29,\ 1.29,\ 1.29,\ 2.0,\ 1.69,\ 1.29]}{\sqrt{3.39^2+3.0^2+3.39^2+1.29^2+1.29^2+1.29^2+2.0^2+1.69^2+1.29^2}}$$

$$=[0.5,\ 0.45,\ 0.5,\ 0.19,\ 0.19,\ 0.19,\ 0.3,\ 0.25,\ 0.19]$$

$$\text{tf-idf}(\text{"is"},d_3)=0.45$$

可以看到，计算的结果与调用 Scikit-Learn 的 `TfidfTransformer` 返回的结果相同。现在我们了解了 tf-idf 的计算方式，接下来进入下一节的学习，将这些方法应用于影评数据集中。

8.2.3 文本数据清洗

前面介绍了词袋模型、词频和 tf-idf。然而，在构建词袋模型之前，首要步骤是清洗文本数据，去除所有不需要的字符。

为了说明这个步骤的重要性，下面将展示乱序后的影评数据集中第一个文档的最后 50 个字符：

```
>>> df.loc[0, 'review'][-50:]
'is seven.<br /><br />Title (Brazil): Not Available'
```

如上所示，文本包含了 HTML 标记、标点符号和其他非字母字符。HTML 标记不包含许多有用的语义。标点符号在某些自然语言处理场景中携带有用的信息。但为了简化问题，删除除了表情符号(如:))之外的所有标点符号。

使用 Python 的正则表达式(regex)库 re 可以删除不需要的文本，代码如下所示：

```
>>> import re
>>> def preprocessor(text):
...     text = re.sub('<[^>]*>', '', text)
...     emoticons = re.findall('(?::|;|=)(?:-)?(?:\)|\(|D|P)',
...                            text)
...     text = (re.sub('[\W]+', ' ', text.lower()) +
...             ' '.join(emoticons).replace('-', ''))
...     return text
```

前面代码中的第一个正则表达式<[^>]*>删除了电影评论中所有的 HTML 标记。尽管许多程序员通常不建议使用正则表达式解析 HTML，但这个正则表达式足以清洗这个数据集。由于这里仅需删除 HTML 标记，并且不打算进一步使用 HTML 标记，因此可以使用正则表达式完成这个工作。如果想使用复杂的工具从文本中删除 HTML 标记，可以查看 Python 的 HTML 解析器模块。https://docs.python.org/3/library/html.parser.html 网站描述了该模块。在删除 HTML 标记之后，我们使用一个稍微复杂的正则表达式查找表情符号，并将其临时存储。使用正则表达式[\W]+删除文本中的所有非单词字符，并将文本中的所有字母转换为小写字母。

处理大写字母

在此场景中，我们假定单词中的大写字母不包含任何与语义相关的信息，例如，出现在句子开头的单词首字母大写。然而，请注意，也有例外的情况，例如，部分专有名词以大写字母形式出现。在该场景下，上述假设(即字母的大小写不包含情感分析信息)是一个简化的假设。

最终，将临时存储的表情符号添加到处理后的文档字符串的末尾。此外，为了保持一致，从表情符号中删除表示鼻子的符号，即表情：-)中的-。

正则表达式

尽管正则表达式提供了一种高效便捷的方法来搜索字符串中的字符，但正则表达式的原理比较复杂，难以理解和上手。对正则表达式的深入讨论超出了本书的范围，感兴趣的读者可以阅读谷歌开发者平台上的优秀教程，网站链接为 https://developers.google.cn/edu/python/regular-expressions，或者通过 Python 官方文档 https://docs.python.org/3.9/library/re.html 学习 Python re 模块的相关信息。

尽管将表情字符添加到已清洗的文档字符串的末尾不是最好的方法，但必须注意如果每个单词都对应词汇表中的一个 token，那么在词袋模型中单词的顺序并不重要。在更深入地介绍如何将文档拆分为 token 或单词前，先确认 `preprocessor` 函数能够正常工作：

```
>>> preprocessor(df.loc[0, 'review'][-50:])
'is seven title brazil not available'
>>> preprocessor("</a>This :) is :( a test :-)!")
'this is a test :) :( :)'
```

最后，由于在接下来的部分中需要多次使用清洗过的文本数据，因此现在调用 `preprocessor` 函数处理 `Data Frame` 中的整个影评数据：

```
>>> df['review'] = df['review'].apply(preprocessor)
```

8.2.4　将文档处理成 token

在处理好影评数据集之后，现在需要考虑如何将文本数据集拆分成 token 集合，即分词。一种分词方法是使用空白字符将文档拆分成单词集合：

```
>>> def tokenizer(text):
...     return text.split()
>>> tokenizer('runners like running and thus they run')
['runners', 'like', 'running', 'and', 'thus', 'they', 'run']
```

在对单词进行分词方面，另一种有用的方法是词干提取。词干提取将单词转换为词干。使用词干提取，多个相关联的单词可能会被转换为相同的词干。1979 年，Martin F. Porter 开发了最初的词干提取算法，被称为 Porter stemmer 算法(Martin F. Porter. An algorithm for suffix stripping, Program: Electronic Library and Information Systems, 14(3): 130 -137, 1980)。Python 的自然语言工具包(Natural Language Toolkit, NLTK, http://www.nltk.org)实现了 Porter 词干提取算法，后续代码将会使用该算法。可以运行 `conda install nltk` 或 `pip install nltk` 命令安装 NLTK 包。

NLTK 在线书籍

尽管 NLTK 并不是本章的重点，但如果对自然语言处理中的高级应用感兴趣，强烈建议访问 NLTK 官方网站并阅读 NLTK 的书籍，你可以从 http://www.nltk.org/book/免费获取 NLTK 书籍。

以下代码展示了如何使用 Porter 词干提取算法：

```
>>> from nltk.stem.porter import PorterStemmer
>>> porter = PorterStemmer()
```

```
>>> def tokenizer_porter(text):
...     return [porter.stem(word) for word in text.split()]
>>> tokenizer_porter('runners like running and thus they run')
['runner', 'like', 'run', 'and', 'thu', 'they', 'run']
```

通过调用 `nltk` 包中的 `PorterStemmer` 函数，我们修改了 `tokenizer` 函数，将单词简化为词根形式。前面的例子展示了这一点，其中单词`'running'`被简化为其词根形式`'run'`。

词干提取算法

Porter 词干提取算法可能是最古老且最简单的词干提取算法。其他常见的词干提取算法包括较新提出的 Snowball stemmer（也被称为 Port2 算法或英文词干算法）和 Lancaster stemmer（Paice/Husk stemmer）。虽然在速度上 Snowball 和 Lancaster 词干提取算法都比 Porter 算法快，但 Lancaster 词干提取算法比 Porter 算法提取词干更为激进，这意味着使用 Lancaster 词干提取算法将会产生更短、更晦涩的词。可以通过 NLTK 包（http://www.nltk.org/api/nltk.stem.html）获取这些词干提取算法。

词干提取算法有时会创建出现实中不存在的单词，正如前面的例子中展示的`'thu'`（源于`'thus'`）。**词形还原**（lemmatization）是一种获得每个单词标准形式（语法上正确）的方法。每个单词的标准形式被称为 lemmas。然而，相比词干提取算法，词形还原算法的计算复杂度和计算成本都更高。实践证明，无论使用词形还原算法还是使用词干提取算法，在解决文本分类问题上效果差别不大（Michal Toman，Roman Tesar，Karel Jezek. Influence of Word Normalization on Text Classification，Proceedings of InSciT，354-358，2006）。

下一节将使用词袋模型训练机器学习模型。在此之前，需要简要讨论另一个需要注意的问题，即去除停用词。停用词指的是那些在文本中常见的词，但不含（或只含很少）区分文档类别的信息。常见的停用词有 is、and、has 和 like。tf-idf 已经降低了频繁出现的单词的权重。但如果使用的是原始或归一化的词频而不是 tf-idf，那么去除停用词会很有用。

通过调用 `nltk.download` 函数获得 NLTK 库提供的 127 个英语停用词，并去除影评中的停用词，代码如下：

```
>>> import nltk
>>> nltk.download('stopwords')
```

下载停用词集后，可以加载和应用英文停用词集，代码如下所示：

```
>>> from nltk.corpus import stopwords
>>> stop = stopwords.words('english')
>>> [w for w in tokenizer_porter('a runner likes'
...  ' running and runs a lot')
```

```
...    if w not in stop]
['runner', 'like', 'run', 'run', 'lot']
```

8.3 训练用于文档分类的逻辑回归模型

本节将基于词袋模型训练逻辑回归模型，并使用该模型将影评分类为正面评论或负面评论。首先，将清洗过的文本数据划分为 25 000 个训练文档和 25 000 个测试文档：

```
>>> X_train = df.loc[:25000, 'review'].values
>>> y_train = df.loc[:25000, 'sentiment'].values
>>> X_test = df.loc[25000:, 'review'].values
>>> y_test = df.loc[25000:, 'sentiment'].values
```

接下来，使用 GridSearchCV 对象，采用 5 折分层交叉验证方法得到逻辑回归模型的最佳参数：

```
>>> from sklearn.model_selection import GridSearchCV
>>> from sklearn.pipeline import Pipeline
>>> from sklearn.linear_model import LogisticRegression
>>> from sklearn.feature_extraction.text import TfidfVectorizer
>>> tfidf = TfidfVectorizer(strip_accents=None,
...                         lowercase=False,
...                         preprocessor=None)
>>> small_param_grid = [
...     {
...         'vect__ngram_range': [(1, 1)],
...         'vect__stop_words': [None],
...         'vect__tokenizer': [tokenizer, tokenizer_porter],
...         'clf__penalty': ['l2'],
...         'clf__C': [1.0, 10.0]
...     },
...     {
...         'vect__ngram_range': [(1, 1)],
...         'vect__stop_words': [stop, None],
...         'vect__tokenizer': [tokenizer],
...         'vect__use_idf':[False],
...         'vect__norm':[None],
...         'clf__penalty': ['l2'],
...         'clf__C': [1.0, 10.0]
...     },
... ]
>>> lr_tfidf = Pipeline([
...     ('vect', tfidf),
...     ('clf', LogisticRegression(solver='liblinear'))
```

```
... ])
>>> gs_lr_tfidf = GridSearchCV(lr_tfidf, small_param_grid,
...                            scoring='accuracy', cv=5,
...                            verbose=2, n_jobs=1)
>>> gs_lr_tfidf.fit(X_train, y_train)
```

请注意，在逻辑回归分类器中，设置参数 `solver='liblinear'`，对于相对较大的数据集，使用这个参数设置在性能上优于默认参数(`'lbfgs'`)。

通过设置参数 n_jobs 进行多核运算

请注意，强烈推荐设置参数 `n_jobs=-1`(而不是前面代码中的 `n_jobs=1`)，这样可以充分利用计算机的所有处理器内核来加快网格搜索速度。然而，有些 Windows 用户使用设置 `n_jobs=-1` 运行上述代码时遇到了问题，这些问题与 Windows 多核使用 `tokenizer` 函数和 `tokenizer_porter` 函数有关。为了避免这些问题，可以用[`str.split`]替换[`tokenizer, tokenizer_porter`]这两个函数。然而，需要注意替换后的 `str.split` 函数将不再支持词干提取。

当使用前面的代码初始化 `GridSearchCV` 对象及其参数网格时，由于特征向量和词汇数量很多，将导致网格搜索的计算成本变高，因此我们限制了参数组合的数量。最终，在标准的台式计算机上运行代码，网格搜索的时间是 5~10 分钟。

在前面的代码中，`CountVectorizer` 和 `TfidfTransformer` 被替换为 `TfidfVectorizer`。`TfidfVectorizer` 将 `CountVectorizer` 与 `TfidfTransformer` 组合在一起。`param_grid` 由两个参数字典组成。在第一个字典中，使用 `TfidfVectorizer` 及其默认设置(`use_idf=True`、`smooth_idf=True` 和 `norm='l2'`)计算 tf-idf；在第二个字典中，将这些参数设置为 `use_idf=False`、`smooth_idf=False` 和 `norm=None`，以便使用原始词频训练模型。此外，对于逻辑回归分类器，我们通过惩罚参数使用 L2 正则化训练模型，并通过定义逆正则化参数 `C` 的取值范围来比较不同的正则化强度。作为可选练习，将`'clf__penalty': ['l2']`更改为`'clf__penalty': ['l2', 'l1']`，以使用 L1 正则化。

完成网格搜索后，输出最佳参数集：

```
>>> print(f'Best parameter set: {gs_lr_tfidf.best_params_}')
Best parameter set: {'clf__C': 10.0, 'clf__penalty': 'l2', 'vect__ngram_range':
(1, 1), 'vect__stop_words': None, 'vect__tokenizer': <function tokenizer at
0x169932dc0>}
```

上述代码权使用前面定义的常规 `tokenizer` 函数，而没有使用 Porter 词干提取算法和停用词库。使用的特征为 tf-idf 特征，分类器为带有正则项的逻辑回归分类器。上述运行结果给出了最优网络搜索结果，即正则化超参数 `C` 的最优值为 `10.0`。

最后使用网格搜索获得的最佳模型，输出训练数据集上的 5 折交叉验证的平均准确率以及测试数据集上的分类准确率：

```
>>> print(f'CV Accuracy: {gs_lr_tfidf.best_score_:.3f}')
CV Accuracy: 0.897
>>> clf = gs_lr_tfidf.best_estimator_
>>> print(f'Test Accuracy: {clf.score(X_test, y_test):.3f}')
Test Accuracy: 0.899
```

结果表明，该机器学习模型能够以 90%的准确率预测影评是正面的还是负面的。

朴素贝叶斯分类器

朴素贝叶斯分类器是文本分类领域中非常流行的分类器，广泛应用于垃圾电子邮件过滤。朴素贝叶斯分类器具有易于实现、计算效率高、在小数据集上表现好等优点。虽然本书没有讨论朴素贝叶斯分类器，但感兴趣的读者可以在 arXiv 网上找到并阅读我写的关于朴素贝叶斯文本分类的文章[S. Raschka. Naive Bayes and Text Classification I——Introduction and Theory，Computing Research Repository (CoRR)，abs/1410.5329，2014，http://arxiv.org/pdf/1410.5329v3.pdf]。这篇论文中的各种朴素贝叶斯算法在 Scikit-Learn 中均有代码实现，你可以在官网查看相关信息：https://scikit-learn.org/stable/modules/naive_bayes.html。

8.4 处理更大的数据——在线算法和核外学习方法

在运行了上一节中的代码后，可以发现，在网格搜索期间，为 50 000 条影评数据构建特征向量的计算成本相当高。在许多实际应用中，经常是需要处理的数据集超出计算机内存的容量。由于不是每个人都使用高性能计算机，现在将介绍一种称为核外学习的方法。该方法将大数据集分解为多个小数据集并逐步拟合分类器。

使用循环神经网络进行文本分类

第 15 章将重新使用影评数据集训练一个基于深度学习的分类器(循环神经网络)对 IMDb 影评数据集进行分类。使用循环神经网络不需要构建词袋模型，但在训练过程中使用相同的核外方法，即随机梯度下降优化算法。

第 2 章介绍了随机梯度下降的概念。随机梯度下降是一种每次用一个样本更新模型权重的优化算法。本节将使用 Scikit-Learn 中 `SGDClassifier` 的 `partial_fit` 函数直接从本地硬盘获取流式文档，并使用小批量(mini-batch)文档训练逻辑回归模型。

首先定义一个 `tokenizer` 函数。从 `movie_data.csv` 文件(本章开头创建)读取文本数据后，`tokenizer` 函数依次完成文本清洗、文本数据分词、去除停用词步骤：

```
>>> import numpy as np
>>> import re
>>> from nltk.corpus import stopwords
>>> stop = stopwords.words('english')
>>> def tokenizer(text):
...     text = re.sub('<[^>]*>', '', text)
...     emoticons = re.findall('(?::|;|=)(?:-)?(?:\)|\(|D|P)',
...                            text)
...     text = re.sub('[\W]+', ' ', text.lower()) \
...                   + ' '.join(emoticons).replace('-', '')
...     tokenized = [w for w in text.split() if w not in stop]
...     return tokenized
```

接下来，定义一个生成器函数 stream_docs，每次读取并返回一个文档：

```
>>> def stream_docs(path):
...     with open(path, 'r', encoding='utf-8') as csv:
...         next(csv) # skip header
...         for line in csv:
...             text, label = line[:-3], int(line[-2])
...             yield text, label
```

为了验证 stream_docs 函数能否正常工作，我们先让它读取 movie_data.csv 文件中的第一个文档，结果应返回一个元组，包含评论文本和对应的类别标签：

```
>>> next(stream_docs(path='movie_data.csv'))
('"In 1974, the teenager Martha Moxley ... ',1)
```

现在定义一个函数 get_minibatch，它从 stream_docs 函数中获取一个文档数据流并返回由 size 参数指定的文档数量：

```
>>> def get_minibatch(doc_stream, size):
...     docs, y = [], []
...     try:
...         for _ in range(size):
...             text, label = next(doc_stream)
...             docs.append(text)
...             y.append(label)
...     except StopIteration:
...         return None, None
...     return docs, y
```

然而 CountVectorizer 并不能用于核外学习，因为它需要将完整的词汇表保存在内存中。同样，TfidfVectorizer 需要将训练数据集的所有特征向量保存在内存中，以此计算 idf。与这二者不同的是，Scikit-Learn 实现了另一个用于文本处理的向量化工具 `HashingVectorizer`。`HashingVectorizer` 与数据相互独立，并使用了 Austin Appleby 开发的基于哈希算法的 32 位 `MurmurHash3` 函数（有关 MurmurHash 函数的更多信息，请访问 https://en.wikipedia.org/wiki/MurmurHash）：

```
>>> from sklearn.feature_extraction.text import HashingVectorizer
>>> from sklearn.linear_model import SGDClassifier
>>> vect = HashingVectorizer(decode_error='ignore',
...                          n_features=2**21,
...                          preprocessor=None,
...                          tokenizer=tokenizer)
>>> clf = SGDClassifier(loss='log', random_state=1)
>>> doc_stream = stream_docs(path='movie_data.csv')
```

运行上述代码，通过 `tokenizer` 函数初始化 `HashingVectorizer` 并将特征数设为 `2**21`。此外，通过将 `SGDClassifier` 的损失参数设置为 `'log'` 来重新初始化逻辑回归分类器。请注意，在 `HashingVectorizer` 中选择大量特征数，可以降低哈希冲突机会，但同时也增加了逻辑回归模型参数的数量。

在完成所有函数调优后，可以使用下述代码开始核外学习：

```
>>> import pyprind
>>> pbar = pyprind.ProgBar(45)
>>> classes = np.array([0, 1])
>>> for _ in range(45):
...     X_train, y_train = get_minibatch(doc_stream, size=1000)
...     if not X_train:
...         break
...     X_train = vect.transform(X_train)
...     clf.partial_fit(X_train, y_train, classes=classes)
...     pbar.update()
0%                          100%
[##############################] | ETA: 00:00:00
Total time elapsed: 00:00:21
```

同样，这里使用 PyPrind 包估计机器学习算法的进度。使用 45 次迭代初始化进度条对象，在接下来的 `for` 循环中，迭代了 45 个小批量文档，其中每批包含 1000 个文档。在完成增量学习过程后，使用最后 5000 个文档评估模型的性能：

```
>>> X_test, y_test = get_minibatch(doc_stream, size=5000)
>>> X_test = vect.transform(X_test)
>>> print(f'Accuracy: {clf.score(X_test, y_test):.3f}')
Accuracy: 0.868
```

NoneType 错误

请注意，如果遇到 NoneType 错误，那么原因可能是运行了两次 X_test, y_test = get_minibatch(...)代码。上述循环有 45 次迭代，每次迭代获取 1000 个文档，所以正好剩下 5000 个文档用于测试，可以通过以下方式产生测试文档：

```
>>> X_test, y_test = get_minibatch(doc_stream, size=5000)
```

如果运行上述代码两次，则在运行第二次代码时由于生成器中没有足够数量的文档，所以 X_test 返回 None。因此，如果遇到 NoneType 错误，则必须再次从前面的 stream_docs(...)代码开始运行。

如上所见，模型的准确率约为 87%，略低于上一节使用的超参数网格搜索方法达到的准确率。但是，核外学习非常节省内存，在不到一分钟的时间里便可以完成学习过程。

最后，可以再使用 5000 个测试文档来更新模型：

```
>>> clf = clf.partial_fit(X_test, y_test)
```

word2vec 模型

word2vec 模型是词袋模型的替代算法，比词袋模型更现代化。word2vec 算法由谷歌于 2013 年发布（T. Mikolov, K. Chen, G. Corrado, J. Dean. Efficient Estimation of Word Representations in Vector Space, https://arxiv.org/abs/1301.3781）。

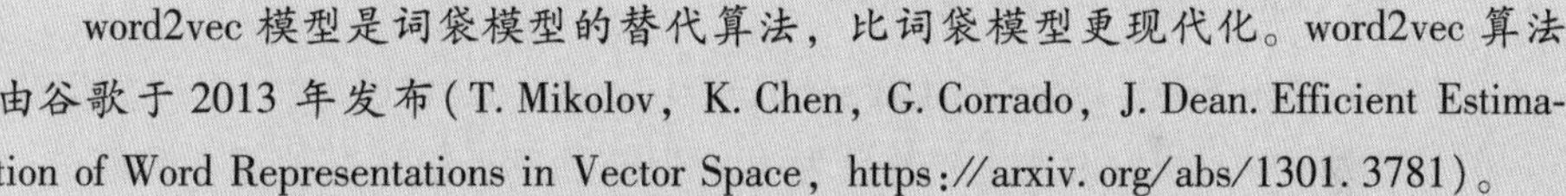

word2vec 算法是一种基于神经网络的无监督学习算法，试图自动学习单词之间的关系。word2vec 的背后逻辑是将意思相近的单词放入相同的簇中。考虑到向量间的距离，该模型可以使用简单的向量计算再现某些单词，例如，$king-man+woman=queen$。

8.5 用潜在狄利克雷分配实现主题建模

主题建模是指对无标签的文本数据进行聚类。无监督学习算法可以学习到文本数据集的主题（也可叫作类别）。主题建模的一个典型应用是对大型文本语料库（如报纸文章）中的文档进行聚类分析。主题建模的目标是给出这些文档的类别标签，例如，体育、金融、世界新闻、政治、地方新闻等。因此，主题建模在机器学习的范畴里属于聚类任务，属于无监督学习的一个分支。

本节将讨论一种常用的主题建模方法，即潜在狄利克雷分配（Latent Dirichlet Allocation, LDA）。请注意，虽然潜在狄利克雷分配通常缩写为 LDA，但不要与第 5 章介绍的线性判别分析混淆，线性判别分析是一种监督降维方法。

8.5.1 使用 LDA 分解文本文档

LDA 背后的数学原理相当复杂，并且需要贝叶斯推理的相关知识。我们仅从实践者的角度来探讨这个问题，并使用通俗易懂的语言解释 LDA。感兴趣的读者可以在以下论文中阅读更多关于 LDA 的信息：David M. Blei，Andrew Y. Ng，Michael I. Jordan. Latent Dirichlet Allocation，Journal of Machine Learning Research 3：993-1022，2003，https://www.jmlr.org/papers/volume3/blei03a/blei03a.pdf。

LDA 是一种概率生成模型，试图找出不同文档经常出现的单词。假设每个文档都是不同单词的混合体，那么这些频繁出现的单词可以代表主题。另外，LDA 的输入就是本章前面讨论的词袋模型。

给定一个词袋矩阵作为输入，LDA 将其分解为两个新矩阵：

- 文档主题矩阵；
- 单词主题矩阵。

LDA 分解词袋矩阵的方式是：将分解后的两个矩阵相乘，能够还原成原来输入的词袋矩阵，且误差尽可能小。在实践过程中，我们更关注 LDA 从词袋矩阵中发现的主题。LDA 唯一的缺点是必须事先给定主题的数量——主题的数量是 LDA 的超参数，需要手动给定。

8.5.2 用 Scikit-Learn 实现 LDA

本小节将调用 Scikit-Learn 的 `LatentDirichletAllocation` 类对影评数据集进行分解归类。在下述例子中，我们设置主题数目为 10，但鼓励读者使用其他超参数值进一步探索该数据集中的其他主题。

首先，将本章开头创建的影评数据集文件 `movie_data.csv` 加载到 pandas 的 `DataFrame` 所创建的 `df` 对象中：

```
>>> import pandas as pd
>>> df = pd.read_csv('movie_data.csv', encoding='utf-8')
>>> # the following is necessary on some computers:
>>> df = df.rename(columns={"0": "review", "1": "sentiment"})
```

接下来，使用已经熟悉的 `CountVectorizer` 类创建词袋矩阵作为 LDA 的输入。此外，通过设置参数 `stop_words='english'`，使用 Scikit-Learn 的内置英文停用词库：

```
>>> from sklearn.feature_extraction.text import CountVectorizer
>>> count = CountVectorizer(stop_words='english',
...                         max_df=.1,
...                         max_features=5000)
>>> X = count.fit_transform(df['review'].values)
```

请注意，这里将单词的最大文档频率设置为 `10% (max_df=.1)`，以此排除在文档中频繁出现的单词。因为这些频繁出现的单词可能是所有文档中都存在的常见词，不太可能与给定文档的特定主题类别相关，所以将它们删除。此外，将单词数量限制为出现频率最高的 5000 个单词(max_features=5000)，可以限制该数据集的维度从而加快 LDA 的计算速度。另外需要注意的是，max_df=.1 和 max_features=5000 均是超参数，鼓励读者对其进一步调优并比对结果。

以下代码展示了如何使用 LatentDirichletAllocation 估计器拟合词袋矩阵，并从文档中推断出 10 个不同的主题(请注意，在笔记本电脑或标准台式计算机上，模型完成拟合可能需要 5 分钟或更长时间)：

```
>>> from sklearn.decomposition import LatentDirichletAllocation
>>> lda = LatentDirichletAllocation(n_components=10,
...                                 random_state=123,
...                                 learning_method='batch')
>>> X_topics = lda.fit_transform(X)
```

通过设置参数 learning_method='batch'，可以让 LDA 估计器在一次迭代中使用所有可用的训练数据(词袋矩阵)进行估计，这比'online'学习方法速度慢，但会获得更准确的结果(设置 learning_method='online'类似于在线学习或小批量学习，在第 2 章以及本章前面讨论过在线学习)。

期望最大化算法

Scikit-Learn 中 LDA 的代码实现使用**期望最大化**(Expectation-Maximization，EM)算法估计并迭代更新参数。本章尚未讨论 EM 算法，如果想了解 EM 算法，请参阅维基百科对 EM 算法的介绍以及 Colorado Reed 讲解如何使用 LDA 的教程——Latent Dirichlet Allocation: Towards a Deeper Understanding(http://obphio.us/pdfs/lda_tutorial.pdf)。

在拟合 LDA 之后，现在可以访问 lda 实例的 components_属性，该属性存储一个矩阵，包含了每个主题内单词的重要程度(此处为 5000 个单词)，这 10 个主题每个都按单词重要程度升序排列：

```
>>> lda.components_.shape
(10, 5000)
```

为了分析结果，列出每个主题中 5 个最重要的单词。请注意，单词重要性按升序排列。因此，要列出 5 个最重要的单词，需要先对存储单词的数组进行逆序排列：

```
>>> n_top_words = 5
>>> feature_names = count.get_feature_names_out()
>>> for topic_idx, topic in enumerate(lda.components_):
...     print(f'Topic {(topic_idx + 1)}:')
```

```
...     print(' '.join([feature_names[i]
...                     for i in topic.argsort()\
...                     [:-n_top_words - 1:-1]]))
Topic 1:
worst minutes awful script stupid
Topic 2:
family mother father children girl
Topic 3:
american war dvd music tv
Topic 4:
human audience cinema art sense
Topic 5:
police guy car dead murder
Topic 6:
horror house sex girl woman
Topic 7:
role performance comedy actor performances
Topic 8:
series episode war episodes tv
Topic 9:
book version original read novel
Topic 10:
action fight guy guys cool
```

基于每个主题中 5 个最重要的单词，LDA 确定了以下主题：

1. 差的电影(不是真正的主题类别)；
2. 家庭电影；
3. 战争片；
4. 艺术电影；
5. 犯罪片；
6. 恐怖片；
7. 喜剧片；
8. 电视电影；
9. 根据书籍改编的电影；
10. 动作片。

为了验证基于评论的分类的合理性，我们从恐怖电影主题中选出三部电影(恐怖电影的索引位置为 5，属于类别 6)：

```
>>> horror = X_topics[:, 5].argsort()[::-1]
>>> for iter_idx, movie_idx in enumerate(horror[:3]):
...     print(f'\nHorror movie #{(iter_idx + 1)}:')
...     print(df['review'][movie_idx][:300], '...')
Horror movie #1:
House of Dracula works from the same basic premise as House of Frankenstein
```

```
from the year before; namely that Universal's three most famous monsters;
Dracula, Frankenstein's Monster and The Wolf Man are appearing in the movie
together. Naturally, the film is rather messy therefore, but the fact that ...
Horror movie #2:
Okay, what the hell kind of TRASH have I been watching now? "The Witches'
Mountain" has got to be one of the most incoherent and insane Spanish
exploitation flicks ever and yet, at the same time, it's also strangely
compelling. There's absolutely nothing that makes sense here and I even doubt
there ...
Horror movie #3:
<br /><br />Horror movie time, Japanese style. Uzumaki/Spiral was a total
freakfest from start to finish. A fun freakfest at that, but at times it was
a tad too reliant on kitsch rather than the horror. The story is difficult to
summarize succinctly: a carefree, normal teenage girl starts coming fac ...
```

前面的代码输出了前三部恐怖电影的前 300 个字符。可以看到，尽管并不知道这些电影的真实类别，但这些评论看起来与恐怖电影有关(有人可能会争辩说，Horror movie #2 也可能属于第一个主题，即差的电影)。

8.6　本章小结

本章介绍了情感分析的一项基本任务：根据文本文档的情感倾向对文档进行归类。我们不仅学习了如何使用词袋模型将文档编码转换为特征向量，还学习了如何使用 tf-idf 对词频进行加权处理。

由于在此过程中会创建大量的特征向量，处理文本数据的计算成本非常高。因此，介绍了如何使用核外学习或增量学习方法训练机器学习算法，从而无须将整个数据集都同时加载到计算机的内存中。

最后，介绍了主题建模的概念，并使用 LDA 以无监督的方式对影评数据集进行归类。

到目前为止介绍了很多概念，包括机器学习基本概念、用于分类的监督模型和用于模型训练的最佳实践。下一章将介绍监督学习的另一个分支——回归分析。回归分析可以预测连续数值类型的结果，这与预测离散标签的分类模型不同。

CHAPTER 9

第 9 章 预测连续目标变量的回归分析

前几章介绍了许多监督学习的概念，并针对分类任务训练了许多模型预测样本的类别。本章将研究另一种监督学习方法——回归分析。

回归分析主要用于预测连续型目标变量，在科研和工业界有广泛应用，比如预测、评估趋势、确定变量之间的关系等。一个典型例子为预测一家公司未来几个月的销售额。

本章将介绍与回归分析相关的主要概念，包含以下内容：

- 数据分析与可视化；
- 线性回归模型代码实现；
- 训练能够处理异常值的回归模型；
- 回归模型评估与常见问题诊断；
- 使用回归模型拟合非线性数据。

9.1 线性回归简介

线性回归的目标是建模特征与连续型目标变量之间的关系。与分类任务相比，回归分析的输出是连续的预测值，而不是离散的类别标签。

后续几节将介绍最基本的线性回归模型，即简单线性回归，并将简单线性回归与多元线性回归(使用多个特征的线性回归)建立联系。

9.1.1 简单线性回归

简单(单变量)线性回归的目标是建模单个特征(解释变量 x)和连续型目标变量(响应变量 y)之间的关系。只包含一个解释变量的线性回归模型定义如下：

$$y=w_1x+b$$

这里，参数 b(偏置项)表示 y 轴截距，w_1 是解释变量的权重。我们的目标是学习线性方程的权重和偏置项，以描述解释变量和目标变量之间的关系，从而可以预测不属于训练数据集的解释变量对应的响应。

基于前面定义的线性方程，线性回归可以理解为找到拟合训练样本的最佳拟合直线，如图 9.1 所示。

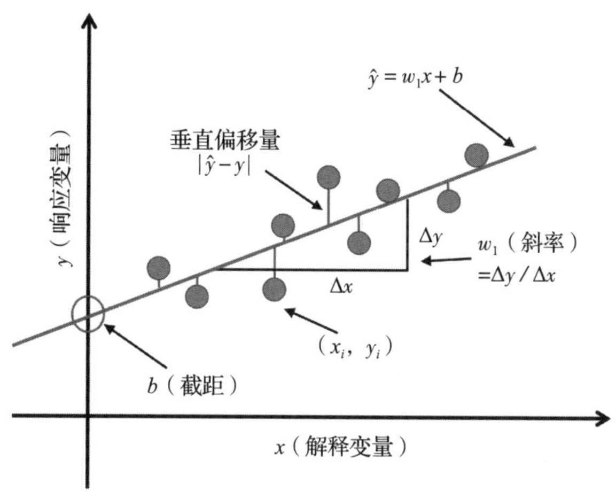

图 9.1　使用一个特征的线性回归模型

这条最佳拟合线也称为**回归线**，并且从回归线到训练样本的竖直距离称为**偏移量**或**残差**，即预测误差。

9.1.2　多元线性回归

上一节介绍的简单线性回归只包含一个解释变量，是线性回归的特例。线性回归模型还可以推广到包含多个解释变量的情况，即多元线性回归：

$$y = w_1x_1 + w_2x_2 + \cdots + w_mx_m + b = \sum_{i=1}^{m} w_ix_i + b = \boldsymbol{w}^{\mathrm{T}}\boldsymbol{x} + b$$

图 9.2 展示了具有两个特征的多元线性回归模型的三维拟合平面。

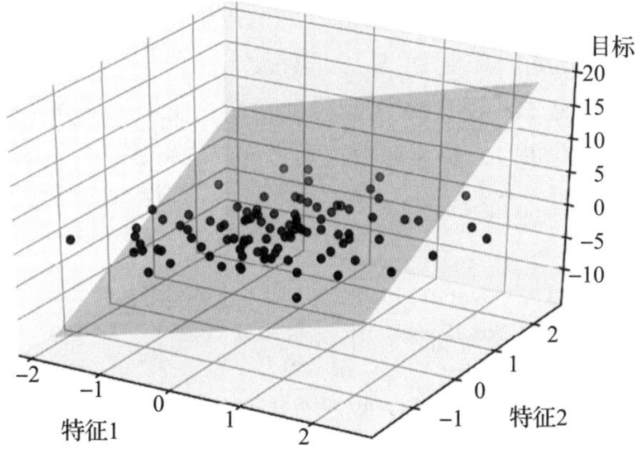

图 9.2　使用两个特征的多元线性回归模型

可以看到，在三维空间可视化多元线性回归(使用特征数量多于 2 个)超平面很困难。本章将主要给出简单线性回归的例子及其结果的可视化。不过，简单线性回归和多元线性回归的基本概念和评估方法相同，本章给出的代码同时适用这两种回归模型。

9.2 探索艾姆斯住房数据集

在实现第一个线性回归模型之前，先来认识一个新的数据集——艾姆斯住房数据集。艾姆斯住房数据集由 Dean De Cock 于 2011 年收集，包含了 2006 年至 2010 年艾奥瓦州艾姆斯地区个人住宅物业信息。可通过以下链接获得艾姆斯住房数据集的其他相关信息：

- 描述艾姆斯住房数据集的报告：http://jse.amstat.org/v19n3/decock.pdf；
- 描述数据集特征的文档：http://jse.amstat.org/v19n3/decock/DataDocumentation.txt；
- 以 tab 作为分隔符的数据集：http://jse.amstat.org/v19n3/decock/AmesHousing.txt。

在拿到新数据集后，第一件事就是使用简单的可视化方法探索数据，从而更好地了解该数据集。

9.2.1 将艾姆斯住房数据集加载到 DataFrame 中

本节将调用 pandas 的 `read_csv` 函数加载艾姆斯住房数据集。`read_csv` 函数快速且灵活，在读取以纯文本格式存储的表格数据时推荐使用该函数。

艾姆斯住房数据集包含 2 930 个样本和 80 个特征。为了简单起见，我们只处理所有特征的一个子集。如果对其他特征感兴趣，请打开本章开头给的网页链接，阅读完整的数据集描述，并在阅读本章后继续探索该数据集中的其他变量。

本小节将使用的特征及目标变量如下：

- `Overall Qual`：对房屋整体材料和完成程度的评分，分值从 1(非常差)到 10(优秀)；
- `Overall Cond`：对房屋整体状况的评分，分值从 1(非常差)到 10(优秀)；
- `Gr Liv Area`：地面及以上居住面积，以平方英尺为单位；
- `Central Air`：是否有中央空调(N=否，Y=是)；
- `Total Bsmt SF`：地下室总面积，以平方英尺为单位；
- `SalePrice`：销售价格，以美元($)为单位。

本章后续小节将销售价格 `SalePrice` 作为目标变量，使用上述 5 个特征中的一个或多个作为解释变量预测目标变量。在进一步探索此数据集之前，先将数据导入 pandas 的 `DataFrame`：

```
import pandas as pd

columns = ['Overall Qual', 'Overall Cond', 'Gr Liv Area',
           'Central Air', 'Total Bsmt SF', 'SalePrice']

df = pd.read_csv('http://jse.amstat.org/v19n3/decock/AmesHousing.txt',
                 sep='\t',
```

```
                 usecols=columns)

df.head()
```

为了确保数据已经正确加载，先显示数据集的前 5 行，如图 9.3 所示。

	Overall Qual	Overall Cond	Total Bsmt SF	Central Air	Gr Liv Area	SalePrice
0	6	5	1 080.0	Y	1 656	215 000
1	5	6	882.0	Y	896	105 000
2	6	6	1 329.0	Y	1 329	172 000
3	7	5	2 110.0	Y	2 110	244 000
4	5	5	928.0	Y	1 629	189 900

图 9.3　艾姆斯住房数据集的前 5 行

加载数据集后，检查 Data Frame 的维度，以确保数据集包含预期的行数：

```
>>> df.shape
(2930, 6)
```

可以看到，Data Frame 包含 2 930 行，符合预期。

注意，如图 9.3 所示，'Central Air'变量被编码为字符串类型。在第 4 章中介绍过，可以使用 .map 方法对 DataFrame 的列进行类型转换。以下代码将字符'Y'转换为整数 1，将字符'N'转换为整数 0：

```
>>> df['Central Air'] = df['Central Air'].map({'N': 0, 'Y': 1})
```

最后，检查 Data Frame 的列是否包含缺失值：

```
>>> df.isnull().sum()
Overall Qual     0
Overall Cond     0
Total Bsmt SF    1
Central Air      0
Gr Liv Area      0
SalePrice        0
dtype: int64
```

如上所示，特征变量 Total Bsmt SF 包含一个缺失值。由于数据集较大，所以处理这个缺失特征值的最简单方法是从数据集中删除相应样本（第 4 章给出了其他处理缺失值的方法）：

```
>>> df = df.dropna(axis=0)
>>> df.isnull().sum()
```

```
Overall Qual      0
Overall Cond      0
Total Bsmt SF     0
Central Air       0
Gr Liv Area       0
SalePrice         0
dtype: int64
```

9.2.2　可视化数据集的重要特征

探索性数据分析(Exploratory Data Analysis，EDA)是在训练机器学习模型之前十分重要的一个步骤。本节的后续部分将借助 EDA 图形工具箱中的一些简单且有用的方法处理数据，包括分析数据的分布、查看特征之间的关系、检测数据中的异常值等。

首先，介绍散点图矩阵(scatterplot matrix)。散点图矩阵能够可视化数据集中不同特征之间的相关性。为了绘制散点图矩阵，我们调用 mlxtend 库的 `scatterplotmatrix` 函数。mlxtend 库(http://rasbt.github.io/mlxtend/)是一个广泛用于机器学习和数据科学的 Python 库。

可以通过 `conda install mlxtend` 或者 `pip install mlxtend` 安装 `mlxtend` 软件包，本章使用的 `mlxtend` 为 0.19.0 版本。

完成安装后，导入软件包并创建散点图矩阵，如下所示：

```
>>> import matplotlib.pyplot as plt
>>> from mlxtend.plotting import scatterplotmatrix
>>> scatterplotmatrix(df.values, figsize=(12, 10),
...                   names=df.columns, alpha=0.5)
>>> plt.tight_layout()
plt.show()
```

如图 9.4 所示，散点图矩阵显示了数据集中特征间的关系。

使用散点图矩阵，可以快速查看数据的分布情况以及其中是否包含异常值。例如，从图 9.4 最后一行左数第 5 列可以看到，地面居住面积(`Gr Liv Area`)的大小与销售价格(`SalePrice`)之间存在某种线性关系。此外，从散点图矩阵右下角的直方图可以看出，由于存在异常值，`SalePrice` 分布偏向右侧。

线性回归的正态假设

请注意，不同于一般的想法，训练线性回归模型不要求解释变量或目标变量呈正态分布。只有某些假设检验和统计要求数据呈正态分布。数据正态分布的假设超出了本书的讨论范围，请阅读以下专著了解相关信息：Douglas C. Montgomery，Elizabeth A. Peck，G. Geoffrey. Introduction to Linear Regression Analysis Vining，Wiley，318-319，2012。

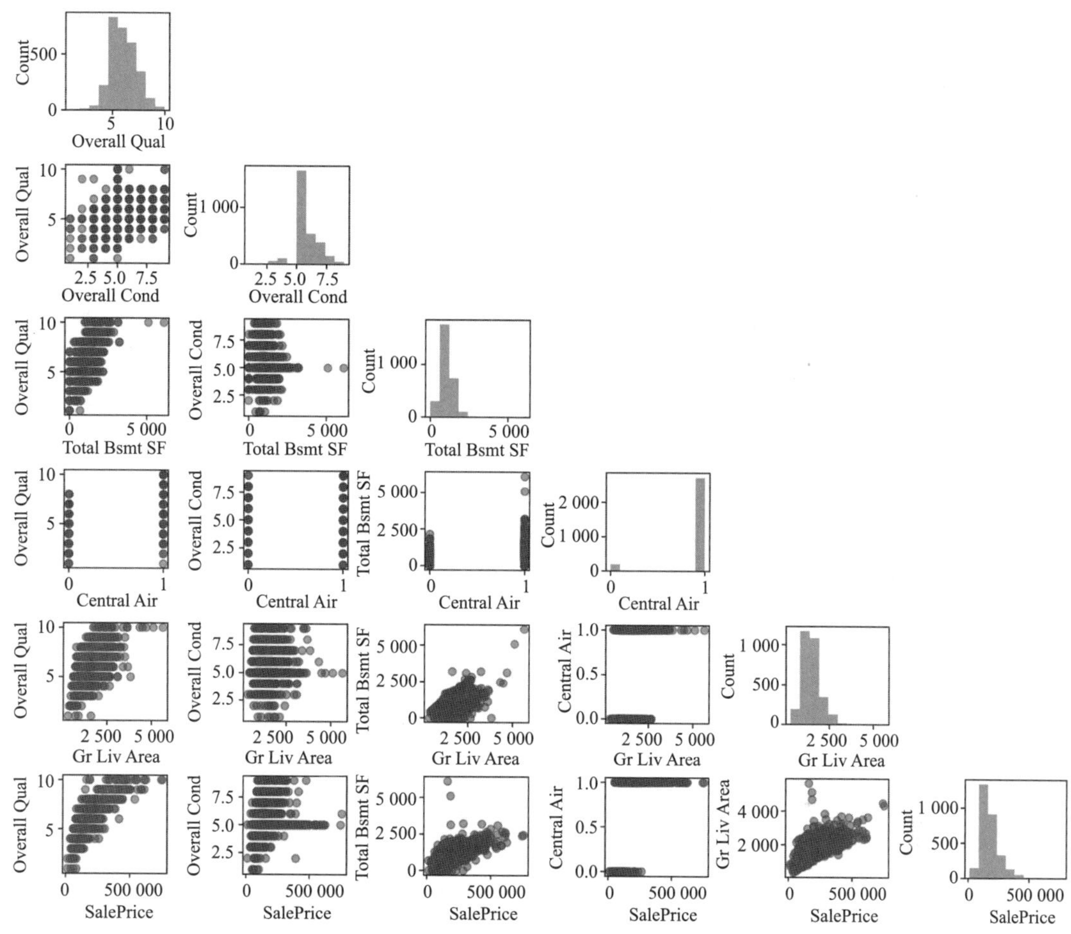

图 9.4　艾姆斯住房数据集散点图矩阵

9.2.3　使用相关矩阵查看相关性

在上一节中，我们使用直方图和散点图对艾姆斯住房数据集进行了可视化。接下来，将会创建相关矩阵来总结和量化变量之间的线性关系。相关矩阵与第 5 章介绍的协方差矩阵密切相关，可以理解为协方差矩阵的修正版本。事实上，相关矩阵与使用标准化后的特征计算得到的协方差矩阵相同。

相关矩阵是一个方阵，包含皮尔逊积矩相关系数(Pearson product-moment correlation coefficient)。皮尔逊积矩相关系数通常简写为皮尔逊 r，用于度量特征之间的线性相关性。相关系数 r 在-1 到 1 的范围内。如果 $r=1$，则说明这两个特征之间完全正相关；如果 $r=0$，则这两个特征不具有相关性；如果 $r=-1$，则这两个特征之间完全负相关。如上所述，皮尔逊相关系数可以简单地表示为两个特征(x 和 y)之间的协方差除以它们标准差的乘积：

$$r=\frac{\sum_{i=1}^{n}\left[\left(x^{(i)}-\mu_x\right)\left(y^{(i)}-\mu_y\right)\right]}{\sqrt{\sum_{i=1}^{n}\left(x^{(i)}-\mu_x\right)^2}\sqrt{\sum_{i=1}^{n}\left(y^{(i)}-\mu_y\right)^2}}=\frac{\sigma_{xy}}{\sigma_x\sigma_y}$$

其中 μ 表示对应特征的均值，σ_{xy} 是特征 x 和 y 之间的协方差，σ_x 和 σ_y 是对应特征的标准差。

标准化特征的协方差与相关性

可以证明，一对标准化特征之间的协方差等于它们的线性相关系数。为了证明这一点，首先标准化特征 x 和 y 来获得它们的 z 分数(z-score)，分别用 x' 和 y' 表示：

$$x'=\frac{x-\mu_x}{\sigma_x}\qquad y'=\frac{y-\mu_y}{\sigma_y}$$

计算两个特征之间的(总体)协方差：

$$\sigma_{xy}=\frac{1}{n}\sum_{i}^{n}\left(x^{(i)}-\mu_x\right)\left(y^{(i)}-\mu_y\right)$$

由于标准化后特征值的均值为零，所以标准化之后特征之间的协方差为

$$\sigma'_{xy}=\frac{1}{n}\sum_{i}^{n}\left(x'^{(i)}-0\right)\left(y'^{(i)}-0\right)$$

将 x' 和 y' 代入上式，得到下面的结果：

$$\sigma'_{xy}=\frac{1}{n}\sum_{i}^{n}\left(\frac{x-\mu_x}{\sigma_x}\right)\left(\frac{y-\mu_y}{\sigma_y}\right)$$

$$\sigma'_{xy}=\frac{1}{n\sigma_x\sigma_y}\sum_{i}^{n}\left(x^{(i)}-\mu_x\right)\left(y^{(i)}-\mu_y\right)$$

最后，上述等式的简化结果如下：

$$\sigma'_{xy}=\frac{\sigma_{xy}}{\sigma_x\sigma_y}$$

在下述代码中，将调用 NumPy 的 `corrcoef` 函数计算前面散点图矩阵中的 5 个特征之间的相关矩阵，并使用 mlxtend 的 `heatmap` 函数绘制对应的热度图：

```
>>> import numpy as np
>>> from mlxtend.plotting import heatmap


>>> cm = np.corrcoef(df.values.T)
>>> hm = heatmap(cm, row_names=df.columns, column_names=df.columns)
>>> plt.tight_layout()
>>> plt.show()
```

如图 9.5 所示，相关矩阵提供了另一个有用的汇总图，可以帮助我们根据各个特征之间的线性相关性进行特征选择。

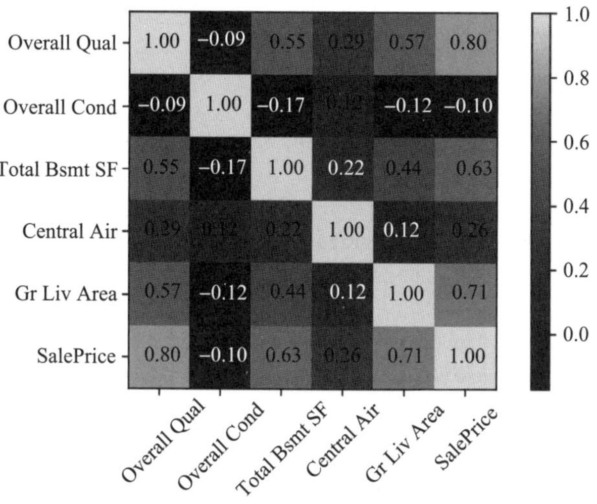

图 9.5　部分变量的相关矩阵

为了拟合线性回归模型，我们主要关注与目标变量高度相关的特征。从图 9.5 可以看出，`SalePrice` 与 `Gr Liv Area` 变量具有较大的相关性(`0.71`)。因此在下一节介绍简单线性回归模型时，我们将 `Gr Liv Area` 作为解释变量。

9.3　最小二乘线性回归模型的实现

本章开头部分提到，可以将线性回归理解为寻找拟合训练样本最佳的直线。不过，我们并没有定义什么是最佳拟合，也没有研究类似模型拟合的方法。以下小节将对这些问题进行研究：使用最小二乘法(Ordinary Least Square，OLS，有时也称为线性最小二乘)估计线性回归的参数，从而使训练样本到拟合直线的垂直距离(残差或误差)的平方和最小。

9.3.1　用梯度下降法求解回归参数

第 2 章实现了自适应线性神经元(Adaline)，人工神经元使用了一个线性激活函数，同时还定义了一个损失函数 $L(\boldsymbol{w})$，并通过梯度下降、随机梯度下降等优化算法最小化损失函数，达到权重学习的目的。

与 Adaline 相同，普通最小二乘回归也使用均方误差(Mean Squared Error，MSE)作为损失函数：

$$L(\boldsymbol{w},b)=\frac{1}{2n}\sum_{i=1}^{n}\left(y^{(i)}-\hat{y}^{(i)}\right)^2$$

其中 $\hat{y}$ 为预测值，表达式为 $\hat{y}=\boldsymbol{w}^{\mathrm{T}}\boldsymbol{x}+b$(注意上述公式中的 $\frac{1}{2}$ 是为了方便推导梯度下降的更新规

则而引入的）。

本质上，最小二乘回归可以理解为没有阈值函数的 Adaline，因此能够给出连续型目标变量而不只是值为 0 或 1 的类别标签。为了证明这一点，利用第 2 章中的 Adaline 梯度下降代码，删除其中的阈值函数部分，实现第一个线性回归模型：

```
class LinearRegressionGD:
    def __init__(self, eta=0.01, n_iter=50, random_state=1):
        self.eta = eta
        self.n_iter = n_iter
        self.random_state = random_state

    def fit(self, X, y):
        rgen = np.random.RandomState(self.random_state)
        self.w_ = rgen.normal(loc=0.0, scale=0.01, size=X.shape[1])
        self.b_ = np.array([0.])
        self.losses_ = []

        for i in range(self.n_iter):
            output = self.net_input(X)
            errors = (y - output)
            self.w_ += self.eta * 2.0 * X.T.dot(errors) / X.shape[0]
            self.b_ += self.eta * 2.0 * errors.mean()
            loss = (errors**2).mean()
            self.losses_.append(loss)
        return self

    def net_input(self, X):
        return np.dot(X, self.w_) + self.b_

    def predict(self, X):
        return self.net_input(X)
```

用梯度下降更新权重

如果需要了解如何更新权重，即反向梯度下降，请复习本书 2.3 节。

为了观察 LinearRegressionGD 回归器的具体运行状况，将艾姆斯住房数据集中的 Gr Liv Area 特征作为解释变量训练一个可以预测 SalePrice 的模型。此外，需要对变量进行标准化处理以保证梯度下降算法具有较好的收敛性。代码如下：

```
>>> X = df[['Gr Liv Area']].values
>>> y = df['SalePrice'].values
>>> from sklearn.preprocessing import StandardScaler
```

```
>>> sc_x = StandardScaler()
>>> sc_y = StandardScaler()
>>> X_std = sc_x.fit_transform(X)
>>> y_std = sc_y.fit_transform(y[:, np.newaxis]).flatten()
>>> lr = LinearRegressionGD(eta=0.1)
>>> lr.fit(X_std, y_std)
```

注意，代码中使用了 np.newaxis 和 flatten 函数来获得 y_std。Scikit-Learn 中的大多数数据预处理类都默认数据存储在二维数组中。上面的代码中用 y[:,np.newaxis]为数组添加了一个新维度。然后，在 StandardScaler 返回缩放变量后，用 flatten()方法将数据转换回原来的一维数组形式。

在第 2 章中讨论过，在使用优化算法(如梯度下降)时，最好将损失函数值绘制为关于训练数据集的 epoch 数的函数，以便检查算法是否收敛到最小值(此处指全局损失最小值)：

```
>>> plt.plot(range(1, lr.n_iter+1), lr.losses_)
>>> plt.ylabel('MSE')
>>> plt.xlabel('Epoch')
>>> plt.show()
```

如图 9.6 所示，梯度下降算法在第 10 个 epoch 后近似收敛。

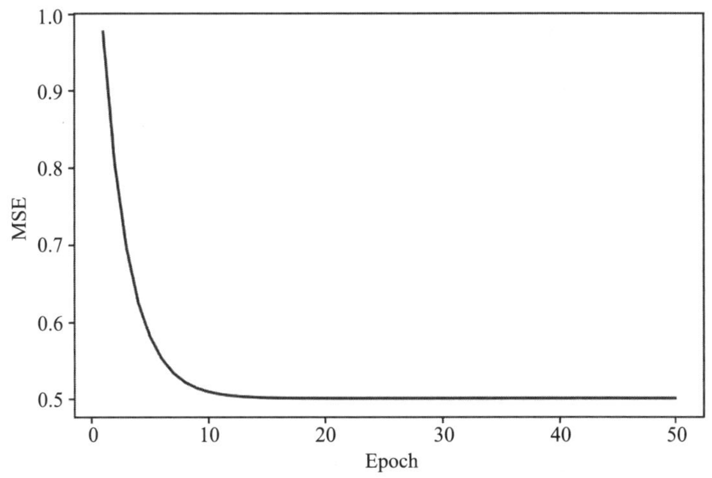

图 9.6 损失函数与 epoch 数的关系

接下来，对线性回归直线与训练数据的拟合程度进行可视化。为此，定义一个简单的辅助函数用于绘制训练样本的散点图，并在图中添加回归直线：

```
>>> def lin_regplot(X, y, model):
...     plt.scatter(X, y, c='steelblue', edgecolor='white', s=70)
...     plt.plot(X, model.predict(X), color='black', lw=2)
```

现在，使用定义的 lin_regplot 函数绘制特征 Gr Liv Area 与销售价格 SalePrice 之间的关系：

```
>>> lin_regplot(X_std, y_std, lr)
>>> plt.xlabel(' Living area above ground (standardized)')
>>> plt.ylabel('Sale price (standardized)')
>>> plt.show()
```

如图 9.7 所示，线性回归直线反映出了房价随着地面及以上居住面积的增大而增加的总体趋势。

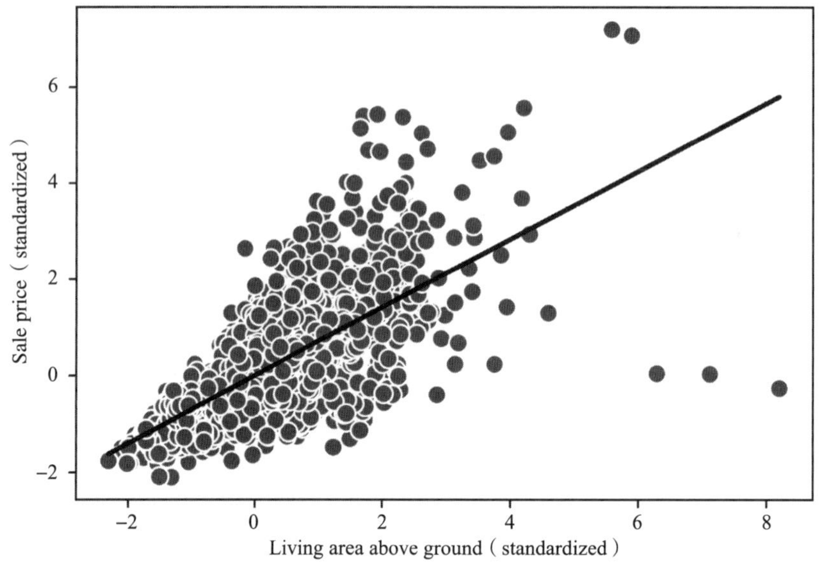

图 9.7 销售价格与居住面积大小的线性回归图

虽然这一观察结果有一定道理，但数据同样说明了在许多情况下，地面及以上居住面积并不能很好地解释房价。本章后续部分将讨论如何量化回归模型的性能。需要注意的是，在图 9.7 中还观察到几个异常值，例如，3 个标准化后居住面积大于 6 的数据点。本章后续部分也将讨论如何处理异常值。

在某些应用中，在原始区间上报告预测的结果变量也非常重要。通过调用 StandardScaler 的 inverse_transform 方法，可以将预测价格缩放回原始尺度区间，单位为美元：

```
>>> feature_std = sc_x.transform(np.array([[2500]]))
>>> target_std = lr.predict(feature_std)
>>> target_reverted = sc_y.inverse_transform(target_std.reshape(-1, 1))
>>> print(f'Sales price: ${target_reverted.flatten()[0]:.2f}')
Sales price: $292507.07
```

上面的代码使用了之前训练的线性回归模型预测居住面积为 2500 平方英尺房屋的价格。根据模型结果，该房子的价值为 292 507.07 美元。

另外值得注意的是，经过标准化处理后，无须再对截距参数(例如，偏置项 b)进行更新。因为在这种情况下，y 轴截距始终为 0。可以通过输出模型参数快速确认这一说法：

```
>>> print(f'Slope: {lr.w_[0]:.3f}')
Slope: 0.707
>>> print(f'Intercept: {lr.b_[0]:.3f}')
Intercept: -0.000
```

9.3.2 用 Scikit-Learn 估计回归模型的系数

上一节实现了一个回归分析模型。然而在实际应用中，更需要关注的是模型实现的高效性。例如，Scikit-Learn 中的许多回归估计器都使用了 SciPy 中的最小二乘方法(`scipy.linalg.lstsq`)，而 `scipy.linalg.lstsq` 使用代码高度优化的线性代数软件包(Linear Algebra Package，LAPACK)。因为 Scikit-Learn 中的线性回归不使用(随机)梯度下降优化算法，所以 Scikit-Learn 中的线性回归也可以使用未经标准化的数据(效果会更好)。因此，可以跳过数据标准化这一步骤：

```
>>> from sklearn.linear_model import LinearRegression
>>> slr = LinearRegression()
>>> slr.fit(X, y)
>>> y_pred = slr.predict(X)
>>> print(f'Slope: {slr.coef_[0]:.3f}')
Slope: 111.666
>>> print(f'Intercept: {slr.intercept_:.3f}')
Intercept: 13342.979
```

从上述代码可以看出，Scikit-Learn 的 `LinearRegression` 模型拟合了未标准化的 `Gr Liv Area` 和 `SalePrice` 变量，并产生了与之前不同的模型系数。然而，绘制 `SalePrice` 与 `Gr Liv Area` 的关系图，并与梯度下降实现进行定性比较，能够得出该模型同样好地拟合了数据：

```
>>> lin_regplot(X, y, slr)
>>> plt.xlabel('Living area above ground in square feet')
>>> plt.ylabel('Sale price in U.S. dollars')
>>> plt.tight_layout()
>>> plt.show()
```

如图 9.8 所示，总体预测结果与前面使用梯度下降的结果完全相同。

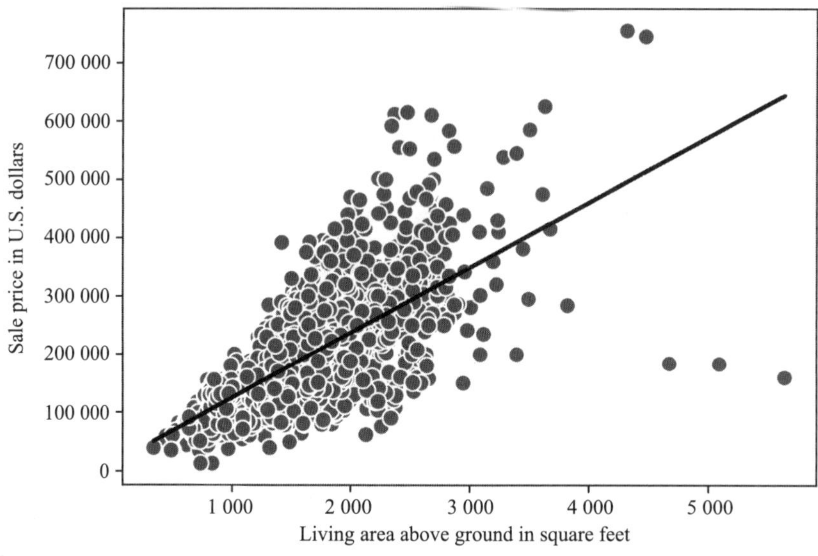

图 9.8 使用 Scikit-Learn 的线性回归图

线性回归的解析解

除了使用机器学习库这种方法，还有一种通过求解线性方程组得到最小二乘解析解的方法。这种方法在大多数统计教科书中都能够找到：

$$\boldsymbol{w}=(\boldsymbol{X}^{\mathrm{T}}\boldsymbol{X})^{-1}\boldsymbol{X}^{\mathrm{T}}\boldsymbol{y}$$

其 Python 代码实现如下：

```
# adding a column vector of "ones"
>>> Xb = np.hstack((np.ones((X.shape[0], 1)), X))
>>> w = np.zeros(X.shape[1])
>>> z = np.linalg.inv(np.dot(Xb.T, Xb))
>>> w = np.dot(z, np.dot(Xb.T, y))
>>> print(f'Slope: {w[1]:.3f}')
Slope: 111.666
>>> print(f'Intercept: {w[0]:.3f}')
Intercept: 13342.979
```

这种方法的优点是保证一定能找到最优的解析解。但是，如果需要处理的数据集非常大，那么该公式(也称为正规方程)中矩阵求逆的计算量就会非常大，或者由训练样本构成的矩阵可能是奇异矩阵(不可逆)。这就是为什么我们更喜欢使用迭代方法。

如果对正规方程有兴趣，请阅读莱斯特大学(University of Leicester) Stephen Pollock 博士讲义中“The Classical Linear Regression Model”这一章。从以下网址可以免费获得该讲义：http://www.le.ac.uk/users/dsgp1/COURSES/MESOMET/ECMETXT/06mesmet.pdf。

此外，可以使用 mlxtend 中的 `LinearRegression` 类（http://rasbt.github.io/mlxtend/user_guide/regressor/LinearRegression/）比较使用梯度下降、随机梯度下降、封闭解、QR 因式分解和奇异向量分解方法得到的线性回归的解。`LinearRegression` 类允许用户在不同的求解方法之间进行切换。另一个推荐使用的 Python 回归建模库是 statsmodels，它能实现更高级的线性回归模型，详情请参见 https://www.statsmodels.org/stable/examples/index.html#regression。

9.4　使用 RANSAC 拟合稳健回归模型

回归模型容易受异常值（outlier）影响。在某些情况下，某些小部分数据可能会对模型系数的估计产生巨大影响。目前，许多统计检测方法可用于检测异常值，但这部分内容超出了本书的讨论范围。不过，我们可以根据相关领域知识并结合自身判断来清除异常值。

本节将介绍随机抽样一致性算法（RANdom SAmple Consensus，RANSAC）。RANSAC 算法使用数据的一个子集（也被称为内点）拟合回归模型。RANSAC 算法是一种能够清除异常值的稳健回归算法。

RANSAC 算法是一个迭代算法，其工作流程如下所示：

1. 随机选择一定数量的样本作为内点拟合模型；

2. 使用拟合后的模型测试所有其他数据点，并将那些落在给定容差范围内的点添加到内点中；

3. 使用所有内点重新拟合模型；

4. 估计拟合模型在内点上的误差；

5. 如果模型性能达到某个预定的阈值或达到预定的迭代次数，则终止算法；否则继续执行步骤 1。

现在使用 Scikit-Learn 的 `RANSACRegressor` 类实现基于 RANSAC 算法的线性模型。

```
>>> from sklearn.linear_model import RANSACRegressor
>>> ransac = RANSACRegressor(
...     LinearRegression(),
...     max_trials=100, # default value
...     min_samples=0.95,
...     residual_threshold=None, # default value
...     random_state=123)
>>> ransac.fit(X, y)
```

将 `RANSACRegressor` 的最大迭代次数设置为 100，并设置 `min_samples=0.95`，指定随机选择的训练样本数量至少占数据集的 95%。

默认情况下（通过设置 `residual_threshold=None`），Scikit-Learn 使用 MAD 估计来选择内点阈值，其中 MAD（Median Absolute Deviation）代表目标值 `y` 的中位数绝对偏差。然而，内

点阈值与具体问题相关，这是 RANSAC 算法的一个缺点。

近年来出现了许多能够自动选择内点阈值的方法。可以阅读论文[R. Toldo, A. Fusiello. Automatic Estimation of the Inlier Threshold in Robust Multiple Structures Fitting, Springer, 2009 (Image Analysis and Processing ICIAP 2009, 123-131)]了解更多相关内容。

在拟合了 RANSAC 线性回归模型后，可以从中获取内点和异常值，并用线性拟合一起绘制图像：

```
>>> inlier_mask = ransac.inlier_mask_
>>> outlier_mask = np.logical_not(inlier_mask)
>>> line_X = np.arange(3, 10, 1)
>>> line_y_ransac = ransac.predict(line_X[:, np.newaxis])
>>> plt.scatter(X[inlier_mask], y[inlier_mask],
...             c='steelblue', edgecolor='white',
...             marker='o', label='Inliers')
>>> plt.scatter(X[outlier_mask], y[outlier_mask],
...             c='limegreen', edgecolor='white',
...             marker='s', label='Outliers')
>>> plt.plot(line_X, line_y_ransac, color='black', lw=2)
>>> plt.xlabel('Living area above ground in square feet')
>>> plt.ylabel('Sale price in U.S. dollars')
>>> plt.legend(loc='upper left')
>>> plt.tight_layout()
>>> plt.show()
```

如图 9.9 所示，线性回归模型是拟合检测出的内点（以圆形表示）得到的。

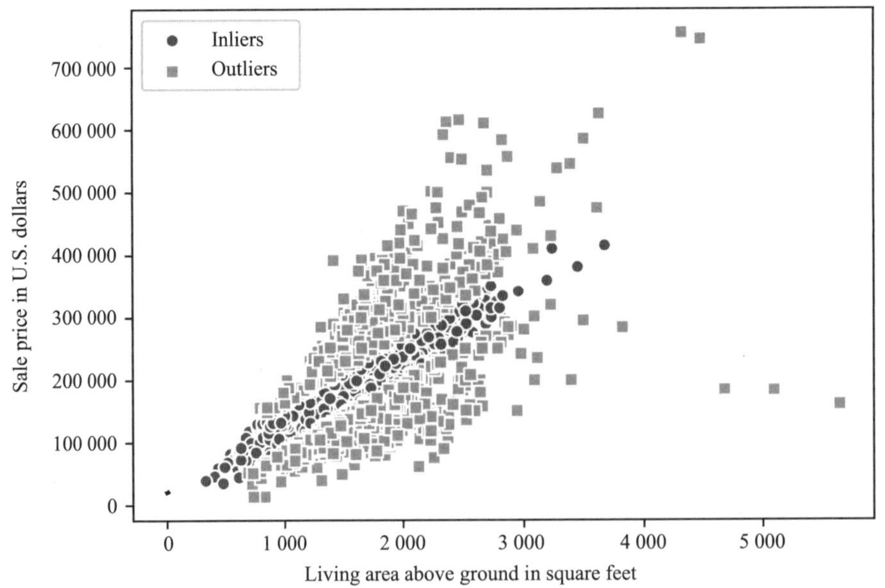

图 9.9 通过 RANSAC 线性回归模型识别的内点和异常值

运行下述代码输出模型的斜率和截距，可以看到结果与前一节中未使用 RANSAC 算法获得的拟合直线略有不同：

```
>>> print(f'Slope: {ransac.estimator_.coef_[0]:.3f}')
Slope: 106.348
>>> print(f'Intercept: {ransac.estimator_.intercept_:.3f}')
Intercept: 20190.093
```

由于前面将参数 residual_threshold 设为 None，因此 RANSAC 算法使用 MAD 来计算内点和异常值的阈值。下述代码能够计算该数据集的 MAD：

```
>>> def median_absolute_deviation(data):
...     return np.median(np.abs(data - np.median(data)))
>>> median_absolute_deviation(y)
37000.00
```

选择一个大于 MAD 的 residual_threshold 值能够减少被识别为异常值的样本数。图 9.10 显示了残差阈值为 65 000 的 RANSAC 线性回归模型识别出的内点和异常值。

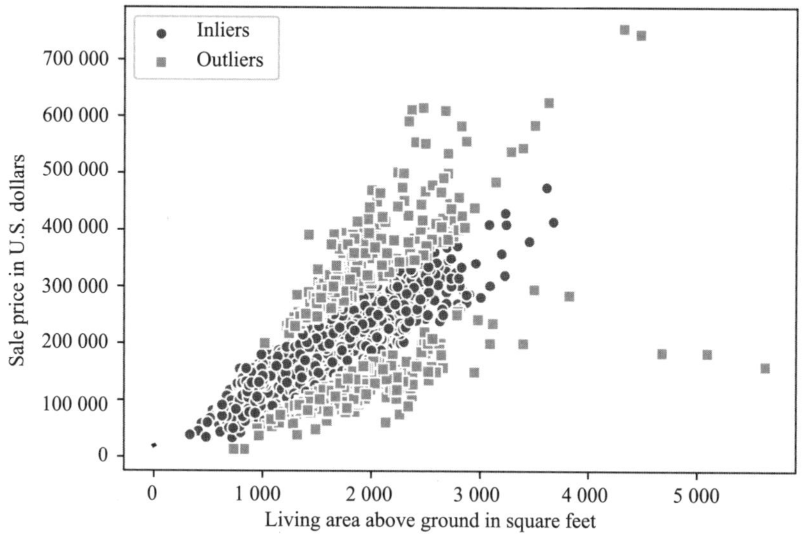

图 9.10　使用较大残差阈值的 RANSAC 线性回归模型确定的内点和异常值

虽然使用 RANSAC 算法能够减小数据集中异常值的影响，但无法确定这种方法在预测未知数据时的性能如何。因此，下一节将研究评估回归模型的方法。模型评估是构建预测模型的一个重要步骤。

9.5　评估线性回归模型的性能

上一节学习了如何在训练数据上拟合回归模型。然而，通过前面章节的学习我们了解到，为了得到模型泛化性能的无偏估计，在训练过程后使用未知数据对模型进行测试是非常重要的。

在第 6 章中，将数据集拆分为独立的训练数据集和测试数据集，前者用于拟合模型，后者用于评估模型在未知数据上的性能，或评估模型泛化性能。现在使用数据集中的所有特征（5 个）训练一个多元回归模型：

```
>>> from sklearn.model_selection import train_test_split
>>> target = 'SalePrice'
>>> features = df.columns[df.columns != target]
>>> X = df[features].values
>>> y = df[target].values
>>> X_train, X_test, y_train, y_test = train_test_split(
...     X, y, test_size=0.3, random_state=123)
>>> slr = LinearRegression()
>>> slr.fit(X_train, y_train)
>>> y_train_pred = slr.predict(X_train)
>>> y_test_pred = slr.predict(X_test)
```

由于模型使用了多个解释变量，所以无法在二维图中可视化线性回归直线（更准确地说是超平面），但是可以绘制预测值的残差（实际值和预测值之间的差异）图来评估回归模型。残差图作为评估回归模型的常用图形工具，有助于我们判断数据中是否存在异常值、特征与目标值是否有线性关系、误差是否随机分布。

运行下述代码绘制残差图，其中，残差值为预测值减真实目标变量值：

```
>>> x_max = np.max(
...     [np.max(y_train_pred), np.max(y_test_pred)])
>>> x_min = np.min(
...     [np.min(y_train_pred), np.min(y_test_pred)])

>>> fig, (ax1, ax2) = plt.subplots(
...     1, 2, figsize=(7, 3), sharey=True)

>>> ax1.scatter(
...     y_test_pred, y_test_pred - y_test,
...     c='limegreen', marker='s',
...     edgecolor='white',
...     label='Test data')
>>> ax2.scatter(
...     y_train_pred, y_train_pred - y_train,
...     c='steelblue', marker='o', edgecolor='white',
...     label='Training data')
>>> ax1.set_ylabel('Residuals')
```

```
>>> for ax in (ax1, ax2):
...     ax.set_xlabel('Predicted values')
...     ax.legend(loc='upper left')
...     ax.hlines(y=0, xmin=x_min-100, xmax=x_max+100,\
...         color='black', lw=2)
>>> plt.tight_layout()
>>> plt.show()
```

运行上述代码后，得到测试数据集和训练数据集的残差图如图 9.11 所示，其中包含穿过原点沿着 x 轴的直线。

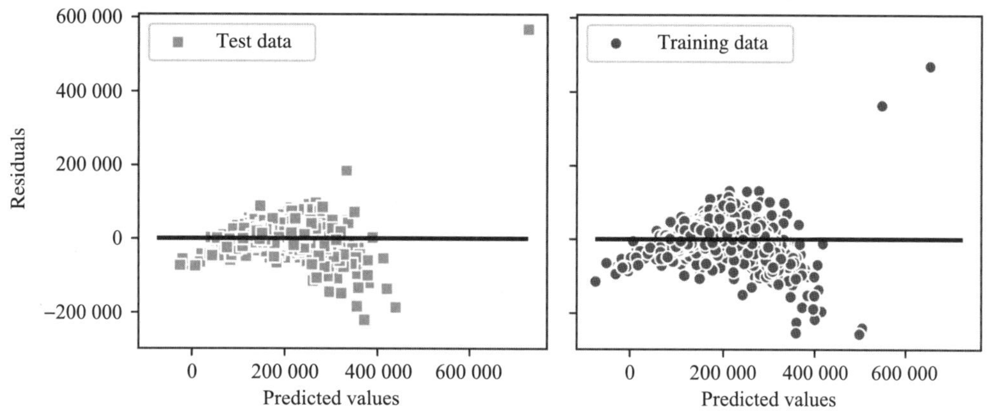

图 9.11　测试数据和训练数据的残差图

完美预测的残差结果为 0，但在实际应用中，这种情况可能永远不会发生。对于一个好的回归模型，我们期望误差是随机分布的，即残差是随机分散在中心线周围。如果能从残差图中找到某些规律，这就意味着模型遗漏了一些解释性信息并**泄漏到了残差值**中，如图 9.11 所示。除此之外，还能利用残差图检测异常值，即与中心线距离较大的点。

另一种模型性能的度量值为均方误差。前面讨论了最小化均方误差损失函数的最小二乘回归。以下是没有缩放因子$\frac{1}{2}$的均方误差公式，缩放因子通常只用于简化梯度下降中的损失导数：

$$\mathrm{MSE}=\frac{1}{n}\sum_{i=1}^{n}\left(y^{(i)}-\hat{y}^{(i)}\right)^{2}$$

与分类任务中的预测准确率类似，均方误差可以用于第 6 章提到过的交叉验证和模型选择。均方误差也使用样本量 n 进行归一化，这样就能比较不同数量样本训练的模型。

下述代码计算训练集和测试集的均方误差：

```
>>> from sklearn.metrics import mean_squared_error
>>> mse_train = mean_squared_error(y_train, y_train_pred)
>>> mse_test = mean_squared_error(y_test, y_test_pred)
```

```
>>> print(f'MSE train: {mse_train:.2f}')
MSE train: 1497216245.85
>>> print(f'MSE test: {mse_test:.2f}')
MSE test: 1516565821.00
```

可以看到，模型在训练数据集上的均方误差小于在测试集上的均方误差。这表明在这种情况下模型略微过拟合了训练数据。需要注意的是，在原始单位尺度上显示误差(此处为美元而非美元平方)通常会使结果更加直观(有时也会计算均方误差的平方根)。这就是为什么经常选择计算均方根误差(均方误差的平方根)或平均绝对误差(Mean Absolute Error，MAE)。平均绝对误差更少强调错误的预测：

$$\text{MAE}=\frac{1}{n}\sum_{i=1}^{n}\left|y^{(i)}-\hat{y}^{(i)}\right|$$

计算平均绝对误差的过程与计算均方误差类似：

```
>>> from sklearn.metrics import mean_absolute_error
>>> mae_train = mean_absolute_error(y_train, y_train_pred)
>>> mae_test = mean_absolute_error(y_test, y_test_pred)
>>> print(f'MAE train: {mae_train:.2f}')
MAE train: 25983.03
>>> print(f'MAE test: {mae_test:.2f}')
MAE test: 24921.29
```

根据测试集的平均绝对误差，可以说该模型的平均误差约为 25 000 美元。

需要注意的是，与分类准确率相比，均方误差或平均绝对误差是无边界的。换句话说，对平均绝对误差和均方根误差的理解取决于具体数据集和特征缩放。例如，如果使用的价格尺度以千计(表示为 K)，同样的模型给出的结果的 MAE 会变小。下面的式子解释了这一点：

$$|\$500\text{K}-550\text{K}|<|\$500\ 000-550\ 000|$$

在此情况下，决定系数(coefficient of determination)R^2 尤为重要，它可以理解为均方误差的标准化版本，能够更好地解释模型的性能。R^2 表示模型捕获到的响应变量方差中的比例，其定义如下：

$$R^2=1-\frac{\text{SSE}}{\text{SST}}$$

其中 SSE 是误差的平方和，类似于均方误差，但不包括归一化使用的样本量 n：

$$\text{SSE}=\sum_{i=1}^{n}\left(y^{(i)}-\hat{y}^{(i)}\right)^2$$

SST 是平方差的总和：

$$\text{SST}=\sum_{i=1}^{n}\left(y^{(i)}-\mu_y\right)^2$$

换句话说，SST 是响应变量的方差。

下式简要说明 R^2 实际上只是均方误差的一个修正版本：

$$R^2 = 1 - \frac{\frac{1}{n}SSE}{\frac{1}{n}SST} = \frac{\frac{1}{n}\sum_{i=1}^{n}\left(y^{(i)} - \hat{y}^{(i)}\right)^2}{\frac{1}{n}\sum_{i=1}^{n}\left(y^{(i)} - \mu_y\right)^2} = 1 - \frac{MSE}{Var(y)}$$

对于训练数据集，R^2 取值介于 0 和 1 之间，但对于测试数据集，其值可能为负。负的 R^2 值表示回归模型拟合数据的效果比使用样本响应变量均值效果还差。在实践中，这种情况通常出现在极端的过拟合，或者忘记将测试集与训练集以相同的方式进行缩放。如果 $R^2=1$，相应的 MSE=0，表示模型完美地拟合数据。

在训练数据上评估模型，得到 $R^2=0.77$，因为这里只使用了一小部分特征，所以这个结果不好不坏。测试数据集上的 $R^2=0.75$，比训练数据略小，表明该模型只是略微过拟合：

```
>>> from sklearn.metrics import r2_score
>>> train_r2 = r2_score(y_train, y_train_pred)
>>> test_r2 = r2_score(y_test, y_test_pred)
>>> print(f'R^2 train: {train_r2:.3f}, {test_r2:.3f}')
R^2 train: 0.77, test: 0.75
```

9.6　使用正则化方法进行回归

第 3 章中提到，正则化是一种在模型中添加额外信息来解决过拟合问题的方法，其引入的惩罚项虽然增加了模型的复杂度，但是能够使模型的参数值减小。线性回归中常用的正则化方法有岭回归、最小绝对收缩、选择算子(LASSO)和弹性网络(Elastic Net)等。

岭回归基于 L2 惩罚项，在均方误差损失函数上添加权重的平方和：

$$L(\boldsymbol{w})_{\text{Ridge}} = \sum_{i=1}^{n}\left(y^{(i)}-\hat{y}^{(i)}\right)^2+\lambda\|\boldsymbol{w}\|_2^2$$

其中，L2 定义如下：

$$\lambda\|\boldsymbol{w}\|_2^2=\lambda\sum_{j=1}^{m}w_j^2$$

增加超参数 λ 的值能够增强正则化强度，减小模型的权重。需要注意的是，在第 3 章中我们讨论过正则化不影响偏置项 b。

对于稀疏模型，LASSO 也是一种常用方法。增大正则化强度，模型的某些权重系数可能会变为零，这也使得 LASSO 成为很好的监督特征选择方法：

$$L(\boldsymbol{w})_{\text{Lasso}} = \sum_{i=1}^{n}\left(y^{(i)}-\hat{y}^{(i)}\right)^2+\lambda\|\boldsymbol{w}\|_1$$

LASSO 的 L1 惩罚项定义为模型权重的绝对值之和：

$$\lambda\|\boldsymbol{w}\|_1=\lambda\sum_{j=1}^{m}|w_j|$$

然而，在使用 LASSO 时存在一个限制，即如果 $m>n$，则模型最多只能选择 n 个特征，其中 n 是训练样本的数量。这在某些特征选择的应用中是不希望出现的。不过在具体实践中，LASSO 的这一特性通常是它的一个优势，因为它能够避免模型饱和。模型饱和是一种过度参数化现象，指的是训练样本的数量等于特征的数量。虽然饱和模型可以完美拟合训练数据，但这只是一种插值形式，不能很好地进行泛化。

弹性网络是岭回归和 LASSO 之间的折中方法，其中包含一个用于生成稀疏的 L1 惩罚项和一个能消除 LASSO 限制的 L2 惩罚项。因此，即使数据的 $m>n$，也可以选择 n 个以上的特征：

$$L(\boldsymbol{w})_{\text{Elastic Net}}=\sum_{i=1}^{n}(y^{(i)}-\hat{y}^{(i)})^2+\lambda_2\|\boldsymbol{w}\|_2^2+\lambda_1\|\boldsymbol{w}\|_1$$

上述正则化回归模型都可以通过 Scikit-Learn 获得，用法与常规的回归模型类似，但是需要通过设置参数 λ 指定正则化强度。例如，可以通过 k 折交叉验证对 λ 进行优化。

岭回归模型的初始化方法如下：

```
>>> from sklearn.linear_model import Ridge
>>> ridge = Ridge(alpha=1.0)
```

注意，正则化强度由参数 `alpha` 调节，该参数与参数 λ 类似。同样，可以从子模块 `linear_model` 中初始化 LASSO 回归器：

```
>>> from sklearn.linear_model import Lasso
>>> lasso = Lasso(alpha=1.0)
```

最后，`ElasticNet` 实现能够改变 L1 与 L2 的比率：

```
>>> from sklearn.linear_model import ElasticNet
>>> elanet = ElasticNet(alpha=1.0, l1_ratio=0.5)
```

例如，`l1_ratio=1.0` 时，`ElasticNet` 回归器等价于 LASSO 回归。有关线性回归不同实现的更多信息，请参阅 http://Scikit-Learn.org/stable/modules/linear_model.html。

9.7　将线性回归模型转化为曲线——多项式回归

在前面的几节中，假设解释变量和响应变量之间存在线性关系。而对于不符合线性假设的问题，常用的方法是添加多项式项，利用多项式回归模型解决问题：

$$y=w_1x+w_2x^2+\cdots+w_dx^d+b$$

其中，d 为多项式的次数。虽然使用多项式回归建模非线性关系，但由于线性回归系数 $\boldsymbol{w}$，多项式回归仍然被视为多重线性回归模型。在后续小节中，将介绍如何将此类多项式项添加到现有数据集中，并拟合一个多项式回归模型。

9.7.1 使用 Scikit-Learn 添加多项式项

下述代码使用 Scikit-Learn 中的 PolynomialFeatures 转换器将二次项($d=2$)添加到只包含一个解释变量的简单回归问题中，并且将多项式回归与线性回归进行比较。具体步骤如下：

1. 添加二次多项式项：

```
>>> from sklearn.preprocessing import PolynomialFeatures
>>> X = np.array([ 258.0, 270.0, 294.0, 320.0, 342.0,
...                368.0, 396.0, 446.0, 480.0, 586.0])\
...               [:, np.newaxis]
>>> y = np.array([ 236.4, 234.4, 252.8, 298.6, 314.2,
...                342.2, 360.8, 368.0, 391.2, 390.8])
>>> lr = LinearRegression()
>>> pr = LinearRegression()
>>> quadratic = PolynomialFeatures(degree=2)
>>> X_quad = quadratic.fit_transform(X)
```

2. 为了比较，拟合一个简单线性回归模型：

```
>>> lr.fit(X, y)
>>> X_fit = np.arange(250, 600, 10)[:, np.newaxis]
>>> y_lin_fit = lr.predict(X_fit)
```

3. 在多项式回归的变换特征上拟合多元回归模型：

```
>>> pr.fit(X_quad, y)
>>> y_quad_fit = pr.predict(quadratic.fit_transform(X_fit))
```

4. 绘制结果图：

```
>>> plt.scatter(X, y, label='Training points')
>>> plt.plot(X_fit, y_lin_fit,
...          label='Linear fit', linestyle='--')
>>> plt.plot(X_fit, y_quad_fit,
...          label='Quadratic fit')
>>> plt.xlabel('Explanatory variable')
>>> plt.ylabel('Predicted or known target values')
>>> plt.legend(loc='upper left')
>>> plt.tight_layout()
>>> plt.show()
```

如图 9.12 所示，与线性回归相比，多项式回归可以更好地反映响应变量和解释变量之间的关系。

接下来，计算评估指标 MSE 和 R^2：

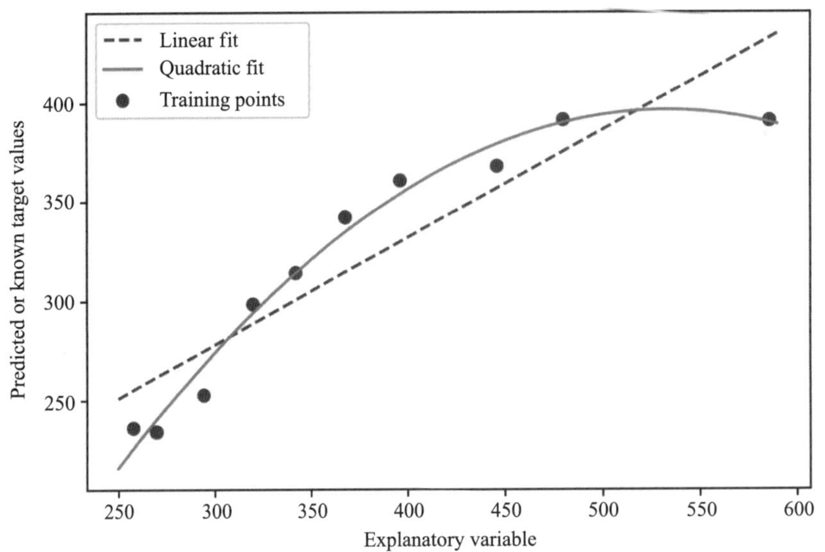

图 9.12　线性模型和二次模型的比较

```
>>> y_lin_pred = lr.predict(X)
>>> y_quad_pred = pr.predict(X_quad)
>>> mse_lin = mean_squared_error(y, y_lin_pred)
>>> mse_quad = mean_squared_error(y, y_quad_pred)
>>> print(f'Training MSE linear: {mse_lin:.3f}'
          f', quadratic: {mse_quad:.3f}')
Training MSE linear: 569.780, quadratic: 61.330
>>> r2_lin = r2_score(y, y_lin_pred)
>>> r2_quad = r2_score(y, y_quad_pred)
>>> print(f'Training R^2 linear: {r2_lin:.3f}'
          f', quadratic: {r2_quad:.3f}')
Training R^2 linear: 0.832, quadratic: 0.982
```

运行代码后可以看到，MSE 从 570(线性拟合)减少到 61(二次拟合)。同时，对这个特定问题，R^2 反映出二次模型拟合($R^2=0.982$)比线性拟合($R^2=0.832$)更加合适。

9.7.2　建模艾姆斯住房数据集中的非线性关系

前一小节学习了如何构造多项式特征来拟合非线性关系，现在来看其在艾姆斯住房数据集上的具体应用。运行下述代码，使用二次和三次多项式对销售价格和地面生活面积之间的关系进行建模，并与线性拟合进行比较。

首先去除图 9.8 中所示的地面居住面积大于 4 000 平方英尺的三个异常值，避免这些异常值的影响：

```
>>> X = df[['Gr Liv Area']].values
>>> y = df['SalePrice'].values
>>> X = X[(df['Gr Liv Area'] < 4000)]
>>> y = y[(df['Gr Liv Area'] < 4000)]
```

接下来，拟合回归模型：

```
>>> regr = LinearRegression()

>>> # create quadratic and cubic features
>>> quadratic = PolynomialFeatures(degree=2)
>>> cubic = PolynomialFeatures(degree=3)
>>> X_quad = quadratic.fit_transform(X)
>>> X_cubic = cubic.fit_transform(X)

>>> # fit to features
>>> X_fit = np.arange(X.min()-1, X.max()+2, 1)[:, np.newaxis]
>>> regr = regr.fit(X, y)
>>> y_lin_fit = regr.predict(X_fit)
>>> linear_r2 = r2_score(y, regr.predict(X))
>>> regr = regr.fit(X_quad, y)
>>> y_quad_fit = regr.predict(quadratic.fit_transform(X_fit))
>>> quadratic_r2 = r2_score(y, regr.predict(X_quad))
>>> regr = regr.fit(X_cubic, y)
>>> y_cubic_fit = regr.predict(cubic.fit_transform(X_fit))
>>> cubic_r2 = r2_score(y, regr.predict(X_cubic))

>>> # plot results
>>> plt.scatter(X, y, label='Training points', color='lightgray')
>>> plt.plot(X_fit, y_lin_fit,
...          label=f'Linear (d=1), $R^2$={linear_r2:.2f}',
...          color='blue',
...          lw=2,
...          linestyle=':')
>>> plt.plot(X_fit, y_quad_fit,
...          label=f'Quadratic (d=2), $R^2$={quadratic_r2:.2f}',
...          color='red',
...          lw=2,
...          linestyle='-')
>>> plt.plot(X_fit, y_cubic_fit,
...          label=f'Cubic (d=3), $R^2$={cubic_r2:.2f}',
...          color='green',
...          lw=2,
...          linestyle='--')
```

```
>>> plt.xlabel('Living area above ground in square feet')
>>> plt.ylabel('Sale price in U.S. dollars')
>>> plt.legend(loc='upper left')
>>> plt.show()
```

结果如图 9.13 所示。

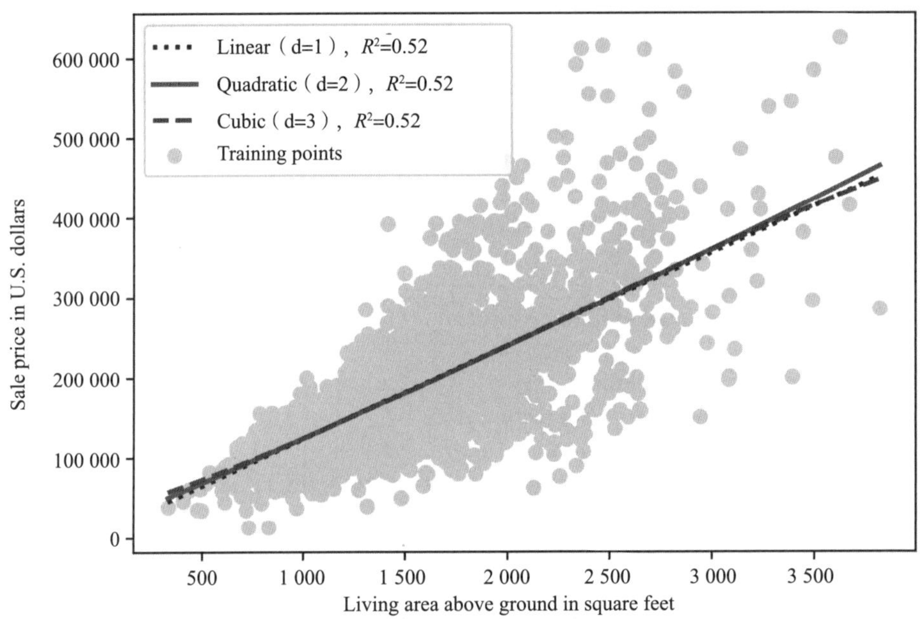

图 9.13 销售价格和居住面积的不同拟合曲线对比

可以看到，三种方法之间没用明显的差别，这是因为这两个变量之间的关系是线性的。下面来看另一个特征，`Overall Qual`。`Overall Qual` 是对房屋材料和装修的整体质量的评估，评分范围在 1 到 10 之间，其中 10 是最好的：

```
>>> X = df[['Overall Qual']].values
>>> y = df['SalePrice'].values
```

指定变量 `X` 和变量 `Y`，重新使用之前的代码并获得图 9.14。

如图 9.14 所示，与线性拟合相比，二次和三次拟合能够更好地反映销售价格和房屋整体质量之间的关系。但是需要注意，添加的多项式特征会使模型的复杂性增加，导致过拟合的可能性增大。在实际应用中，建议在独立的测试数据集上评估模型的性能，以估计其泛化性能。

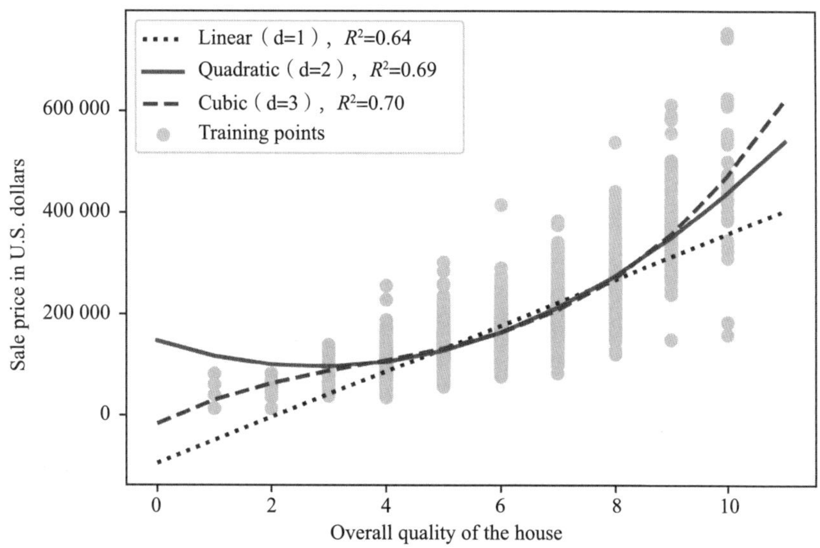

图 9.14　销售价格和房屋质量数据的线性、二次和三次拟合

9.8　使用随机森林处理非线性关系

本节将研究随机森林回归，它在概念上不同于本章先前提到的其他回归模型。与之前讨论的全局线性回归模型和多项式回归模型相比，随机森林回归是多棵决策树的集成，可以理解为分段线性函数的总和。换句话说，通过决策树算法能够将输入空间细分为更小的区域，使得其更易于管理。

9.8.1　决策树回归

决策树算法的一个优点是它适用于任意特征，并且在处理非线性数据时，不需要对特征进行任何转换。这是因为决策树一次只分析一个特征，而不考虑它们的加权组合。同样，决策树也不需要对特征进行归一化或标准化。在第 3 章中介绍过，决策树是通过不断对节点进行拆分来构建的，停止迭代的标志是所有子节点不含杂质，或者满足预设的终止条件。在使用决策树进行分类时，将熵定义为杂质的衡量标准，通过最大化信息增益(IG)的方法来对特征进行分割，由此可以定义如下二元拆分规则：

$$\mathrm{IG}(D_p,x_i)=I(D_p)-\frac{N_{\text{left}}}{N_p}I(D_{\text{left}})-\frac{N_{\text{right}}}{N_p}I(D_{\text{right}})$$

其中，x_i 是执行分割的特征，N_p 是父节点中的训练样本数，I 是杂质函数，D_p 是父节点中训练样本的子集，D_{left} 和 D_{right} 是拆分后左、右子节点上训练样本的子集。最终目标是找到能最大化信息增益的分割特征，换句话说，希望找到使得子节点中杂质最少的分割特征。在第 3 章中，我们讨论了将基尼杂质和熵作为杂质的度量，这两个指标都是有效的分类标准。然而，为了使用决策树进行回归，需要定义一个适用于连续变量的杂质度量，因此将节点 t 的杂质度量定义为均方误差：

$$I(t)=\mathrm{MSE}(t)=\frac{1}{N_t}\sum_{i\in D_t}(y^{(i)}-\hat{y}_t)^2$$

其中，N_t 是节点 t 处的训练样本数，D_t 是节点 t 处的训练子集，$y^{(i)}$ 是真实的目标值，$\hat{y}_t$ 是预测的目标值(样本均值)：

$$\hat{y}_t=\frac{1}{N_t}\sum_{i\in D_t}y^{(i)}$$

在决策树回归中，均方误差通常被称为**节点内方差**，这就是拆分标准也称为**方差缩减**的原因。

为了查看决策树的线性拟合情况，使用 Scikit-Learn 中实现的 `DecisionTreeRegressor` 来建模 `SalePrice` 和 `Gr Liv Area` 变量之间的关系。请注意，`SalePrice` 和 `Gr Liv Area` 不是非线性关系，但是这种特征组合仍然能够很好地展示决策树的通用性：

```
>>> from sklearn.tree import DecisionTreeRegressor
>>> X = df[['Gr Liv Area']].values
>>> y = df['SalePrice'].values
>>> tree = DecisionTreeRegressor(max_depth=3)
>>> tree.fit(X, y)
>>> sort_idx = X.flatten().argsort()
>>> lin_regplot(X[sort_idx], y[sort_idx], tree)
>>> plt.xlabel('Living area above ground in square feet')
>>> plt.ylabel('Sale price in U.S. dollars')>>> plt.show()
```

结果如图 9.15 所示，决策树反映了数据中的总体趋势。可以推测，决策树同样能够相对较好地反映非线性数据的趋势。然而，该模型的一个局限性是它无法进行连续和可微的预测。此外，还需要选择一个合适的决策树深度值来避免数据过拟合或欠拟合，在本例中选择为 3。

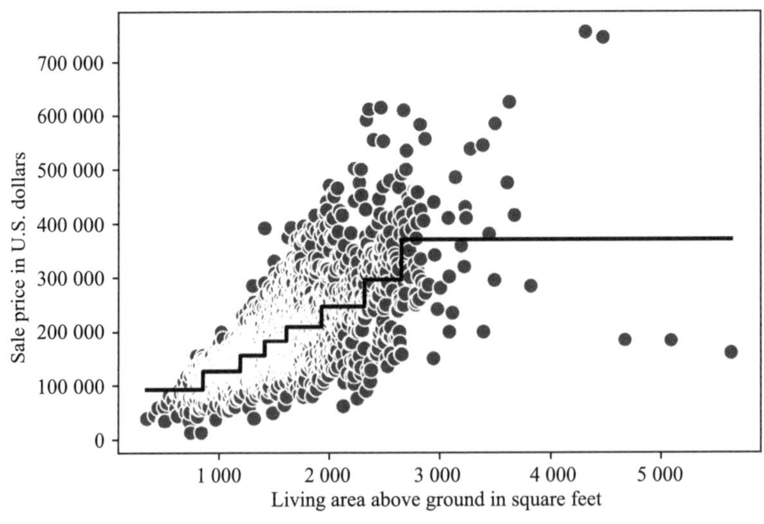

图 9.15 决策树回归图

你还可以尝试更深层次的决策树。Gr Liv Area 和 SalePrice 之间的关系是线性的，因此还建议将 Gr Liv Area 替换为 Overall Qual 变量。

下一节将研究一种更稳健的回归树拟合方法：随机森林回归。

9.8.2 随机森林回归

正如在第 3 章中所说的，随机森林算法是一种将多棵决策树结合在一起的集成方法。由于随机性，随机森林通常比单棵决策树具有更好的泛化性能，能够帮助减少模型的方差。随机森林的一个优点是它对数据集中的异常值不太敏感，并且不需要太多的参数调整。在随机森林中，只有决策树棵数一个参数需要通过实验获得。用于回归的基本随机森林算法与在第 3 章中讨论的用于分类的随机森林算法相似。两者之间的区别在于随机森林回归使用 MSE 准则来构建单棵决策树，并将所有决策树预测的平均值作为目标变量。

现在，使用艾姆斯住房数据集中的所有特征来训练一个随机森林回归模型，数据集中 70% 的样本用于拟合模型，并在剩余的 30% 上评估其性能。代码如下：

```
>>> target = 'SalePrice'
>>> features = df.columns[df.columns != target]
>>> X = df[features].values
>>> y = df[target].values
>>> X_train, X_test, y_train, y_test = train_test_split(
...     X, y, test_size=0.3, random_state=123)

>>> from sklearn.ensemble import RandomForestRegressor
>>> forest = RandomForestRegressor(
...     n_estimators=1000,
...     criterion='squared_error',
...     random_state=1,
...     n_jobs=-1)
>>> forest.fit(X_train, y_train)
>>> y_train_pred = forest.predict(X_train)
>>> y_test_pred = forest.predict(X_test)
>>> mae_train = mean_absolute_error(y_train, y_train_pred)
>>> mae_test = mean_absolute_error(y_test, y_test_pred)
>>> print(f'MAE train: {mae_train:.2f}')
MAE train: 8305.18
>>> print(f'MAE test: {mae_test:.2f}')
MAE test: 20821.77
>>> r2_train = r2_score(y_train, y_train_pred)
>>> r2_test =r2_score(y_test, y_test_pred)
>>> print(f'R^2 train: {r2_train:.2f}')
R^2 train: 0.98
>>> print(f'R^2 test: {r2_test:.2f}')
R^2 test: 0.85
```

可以看到随机森林会发生过拟合。但是，它能够相对较好地解释目标变量和解释变量之间的关系(测试数据集上的 $R^2=0.85$)。前面实现的线性模型与随机森林回归相比，虽然在同一数据集上的过拟合程度低，但其在测试集上的表现较差($R^2=0.75$)。

最后来看预测的残差：

```
>>> x_max = np.max([np.max(y_train_pred), np.max(y_test_pred)])
>>> x_min = np.min([np.min(y_train_pred), np.min(y_test_pred)])

>>> fig, (ax1, ax2) = plt.subplots(1, 2, figsize=(7, 3), sharey=True)

>>> ax1.scatter(y_test_pred, y_test_pred - y_test,
...             c='limegreen', marker='s', edgecolor='white',
...             label='Test data')
>>> ax2.scatter(y_train_pred, y_train_pred - y_train,
...             c='steelblue', marker='o', edgecolor='white',
...             label='Training data')
>>> ax1.set_ylabel('Residuals')

>>> for ax in (ax1, ax2):
...     ax.set_xlabel('Predicted values')
...     ax.legend(loc='upper left')
...     ax.hlines(y=0, xmin=x_min-100, xmax=x_max+100,
...               color='black', lw=2)

>>> plt.tight_layout()
>>> plt.show()
```

如图 9.16 所示，与比较 R^2 系数得到的结果一致，从 y 轴方向的异常值看出，模型对训练数据的拟合程度优于测试数据。此外，预测的残差并非完全随机分布在零中心点周围，这表明该模型无法捕获所有的解释性信息。与本章前面绘制的线性模型残差图相比，图 9.16 所示的残差图有了很大的改进。

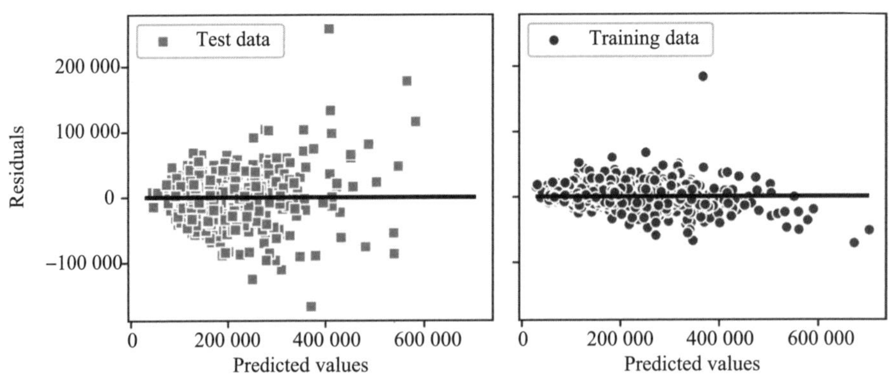

图 9.16　随机森林回归的残差

理想情况下，模型误差应该是随机的或不可预测的。换句话说，预测误差不应与解释变量中包含的任何信息相关，相反，它应该反映现实世界分布或规律的随机性。在检查残差图时，如果从预测误差中发现了规律则意味着残差包含了预测信息。一个常见的原因可能是一部分解释性信息泄漏到了残差中。

目前还没有一种能够处理残差图中非随机性的通用方法。但是基于可获得的数据，可以通过对变量进行变换、调整学习算法的超参数、选择更简单或更复杂的模型、删除异常值或者添加额外变量等方法来改善模型。

9.9　本章小结

本章开始，我们学习了如何使用简单回归模型对单个特征变量和连续目标变量之间的关系进行建模。然后，讨论了一种有效的解释性数据分析技术来查看数据中的规律和异常值，这是预测建模任务中很重要的一步。

基于梯度优化的方法，我们构建并实现了第一个线性回归模型。然后，本章还学习了如何利用 Scikit-Learn 的线性模型进行回归，并实现一个用于处理异常值的鲁棒回归方法（RANSAC）。为了评估回归模型的预测性能，我们计算了均方误差和相关的 R^2 指标。此外，还讨论了一种有用的评估诊断回归模型的图形方法：残差图。

为了降低模型复杂性和避免过拟合，本章探索了如何将正则化应用于回归模型中。此外还介绍了几种建模非线性关系的方法，其中包括多项式特征变换和随机森林回归器。

前面的章节详细讨论了监督学习的分类和回归分析。下一章将学习机器学习的另一个有趣的领域——无监督学习，即如何在没有目标变量的情况下使用聚类分析来查找数据中的隐藏结构。

CHAPTER 10

第 10 章 处理无标签数据的聚类分析

前面的章节使用监督学习方法建立了机器学习模型，其中训练数据的类别标签是已知的。本章将介绍聚类分析。聚类分析是一种无监督学习方法，可以在数据标签未知的情况下发现数据中的隐藏结构。聚类分析的目标是找到数据中的分组(簇)，保证来自同一簇的样本间相似度高于来自不同簇的样本间相似度。

本章将介绍以下内容：

- 使用 k 均值算法寻找相似样本的中心；
- 采用自底向上的方法构建层次聚类树；
- 基于密度聚类方法识别任意形状的数据集。

10.1 使用 k 均值算法对样本分组

本节将介绍最常用的聚类算法——k 均值算法。k 均值算法在学术界和工业界都有广泛的应用。聚类(或聚类分析)是一种对数据进行分组的方法，使组内的样本关系比组间样本的关系更密切。在商业领域，聚类的应用包括根据主题对文档、音乐、电影进行分组，根据购买行为识别具有相似兴趣的顾客并以此构建推荐系统。

10.1.1 用 Scikit-Learn 实现 k 均值聚类

因为 k 均值算法易于实现、计算效率高，所以与其他的聚类算法相比，k 均值算法是最常用的聚类算法。k 均值算法属于基于原型的聚类算法。

本章后续将介绍另外两类聚类算法，即分层聚类算法和基于密度的聚类算法。

基于原型的聚类算法假设能通过一组原型刻画聚类结构。如果样本特征值是连续的，原型指的是所有相似样本的质心(所有样本的平均)；如果样本的特征是类别特征(离散数值)，原型指的是所有相似样本的中心点，即组内最具代表性的样本或组内与其他样本距离最小的样本。k 均值算法擅长识别球形的簇，但缺点是必须指定簇的数量 k，其中 k 是先验值。如果

选择的 k 值不合适，则聚类效果不佳。本章的后续部分将介绍用于评估聚类质量的方法——肘方法(elbow method)和轮廓图(silhouette plot)，这两种方法能帮助确定最优的 k 值。

尽管 k 均值聚类算法可以应用于高维数据，但是为了方便可视化，这里使用简单的二维数据：

```
>>> from sklearn.datasets import make_blobs
>>> X, y = make_blobs(n_samples=150,
...                   n_features=2,
...                   centers=3,
...                   cluster_std=0.5,
...                   shuffle=True,
...                   random_state=0)
>>> import matplotlib.pyplot as plt
>>> plt.scatter(X[:, 0],
...             X[:, 1],
...             c='white',
...             marker='o',
...             edgecolor='black',
...             s=50)
>>> plt.xlabel('Feature 1')
>>> plt.ylabel('Feature 2')
>>> plt.grid()
>>> plt.tight_layout()
>>> plt.show()
```

如图 10.1 所示，刚刚创建的数据包含 150 个随机生成的样本，这些样本大致形成 3 个密集区域。图 10.1 通过二维散点图可视化了这些样本。

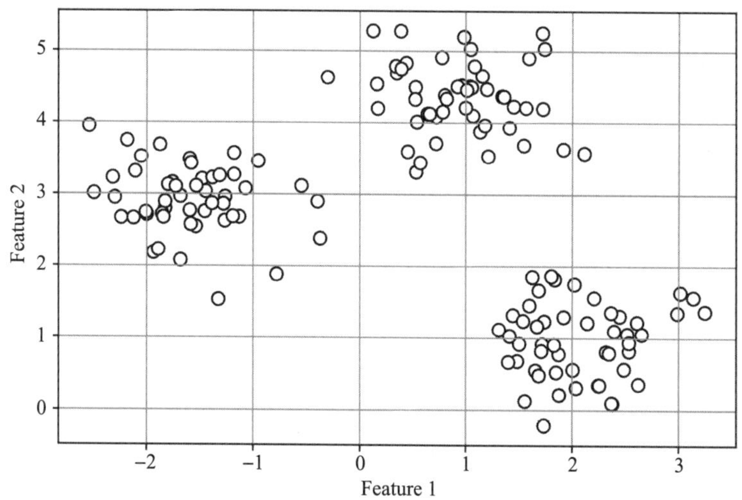

图 10.1　无标签数据集的散点图

在实际的聚类应用中，没有提供任何关于数据真实类别的信息。如果我们获得了样本的类别标签，那么问题将属于监督学习的范畴。因此，聚类的目标是根据特征的相似性对样本进行分组，可以通过 k 均值算法实现这个目标。可以将 k 均值算法总结为以下 4 个步骤：

1. 从所有样本中随机挑选 k 个样本质心作为初始簇的中心；
2. 将每个样本分配给最近的质心 $\boldsymbol{\mu}^{(j)}$，$j\in\{1,\cdots,k\}$；
3. 更新质心，新的质心为已分配样本的中心(假设样本特征值是连续的)；
4. 重复步骤 2 和步骤 3，直到每个样本的归属不再发生变化，或者迭代次数达到了用户定义的容差或最大迭代数。

为了度量样本间的相似性，可以把相似性定义为两个样本之间距离的倒数。对于具有连续特征值的样本，常用欧氏距离的平方表示两样本间的距离。例如，在 m 维空间中，样本 x 和 y 的距离为

$$d(\boldsymbol{x},\boldsymbol{y})^2=\sum_{j=1}^{m}(x_j-y_j)^2=\|\boldsymbol{x}-\boldsymbol{y}\|_2^2$$

注意，在前面的等式中，索引 j 是指样本 $\boldsymbol{x}$ 和样本 $\boldsymbol{y}$ 的第 j 维(特征列)。本节后续部分将用下标符号 i 和 j 分别代表样本(数据)索引和簇索引。

基于欧氏距离度量，可以把 k 均值算法理解为一种简单的优化问题。k 均值是一种迭代方法，用于最小化簇内误差平方和(Sum of Squared Error，SSE)。误差平方和有时也被称为簇惯性(cluster inertia)，定义如下：

$$\mathrm{SSE}=\sum_{i=1}^{n}\sum_{j=1}^{k}w^{(i,j)}\|\boldsymbol{x}^{(i)}-\boldsymbol{\mu}^{(j)}\|_2^2$$

其中 $\boldsymbol{\mu}^{(j)}$ 为簇 j 的质心。如果样本 $\boldsymbol{x}^{(i)}$ 在簇 j 中，则 $w^{(i,j)}=1$，否则为 $w^{(i,j)}=0$：

$$w^{(i,j)}=\begin{cases}1 & 如果\boldsymbol{x}^{(i)}\in j\\0 & 如果\boldsymbol{x}^{(i)}\notin j\end{cases}$$

现在已经介绍了简单的 k 均值算法是如何工作的，接下来使用 Scikit-Learn 的 `cluster` 模块中的 `KMeans` 类处理之前创建的样本数据集：

```
>>> from sklearn.cluster import KMeans
>>> km = KMeans(n_clusters=3,
...             init='random',
...             n_init=10,
...             max_iter=300,
...             tol=1e-04,
...             random_state=0)
>>> y_km = km.fit_predict(X)
```

上述代码设置簇的数目为 3。k 均值算法的一个局限性就是必须预先指定簇的数目。通过设置 `n_init=10`，独立运行 10 次 k 均值聚类算法，每次随机选取不同的质心，并选择误差平方和最小的模型作为最终模型。通过设置参数 `max_iter`，可以指定每次运行的最大迭代次数

（这里是 300）。值得注意的是，如果 k 均值算法在达到最大迭代值之前就已经收敛，那么 Scikit-Learn 实现的 k 均值算法就会提前停止计算。然而在特定运行过程中，k 均值算法有可能在迭代次数达到最大迭代次数时都无法收敛，但如果选择的 max_iter 值较大，那么计算成本会非常高。选择较大的 tol 值作为收敛标准可以解决收敛性问题，其中 tol 参数为一个容差，用于控制簇内误差平方和的变化。前面的代码选择的容差为 1e-04（=0.0001）。

k 均值算法存在一个问题，即其中一个或多个簇可能为空。Scikit-Learn 实现的 k 均值算法解决了这个问题：如果一个簇为空，该算法将搜索与空簇质心相距最远的样本。然后将质心重新分配给这个最远的点。请注意，在 k 质心算法或模糊 C 均值算法中并不存在这个问题，本节稍后将会介绍模糊 C 均值算法。

特征缩放

当使用基于欧氏距离度量的 k 均值算法处理真实数据时，要确保在相同尺度上度量特征，必要时可以使用 z 分数标准化或最小最大缩放处理。

在预测了簇标签 y_km 并解释了使用 k 均值算法过程中会出现的一些问题之后，现在对 k 均值算法识别的簇和簇的质心进行可视化。这些数据存储在拟合对象 Kmeans 的 cluster_centers_属性中：

```
>>> plt.scatter(X[y_km == 0, 0],
...             X[y_km == 0, 1],
...             s=50, c='lightgreen',
...             marker='s', edgecolor='black',
...             label='Cluster 1')
>>> plt.scatter(X[y_km == 1, 0],
...             X[y_km == 1, 1],
...             s=50, c='orange',
...             marker='o', edgecolor='black',
...             label='Cluster 2')
>>> plt.scatter(X[y_km == 2, 0],
...             X[y_km == 2, 1],
...             s=50, c='lightblue',
...             marker='v', edgecolor='black',
...             label='Cluster 3')
>>> plt.scatter(km.cluster_centers_[:, 0],
...             km.cluster_centers_[:, 1],
...             s=250, marker='*',
...             c='red', edgecolor='black',
...             label='Centroids')
>>> plt.xlabel('Feature 1')
>>> plt.ylabel('Feature 2')
>>> plt.legend(scatterpoints=1)
```

```
>>> plt.grid()
>>> plt.tight_layout()
>>> plt.show()
```

如图 10.2 所示，k 均值算法使三个簇的质心处于球形中心。对于提供的数据来说，这是一个合理的分组。

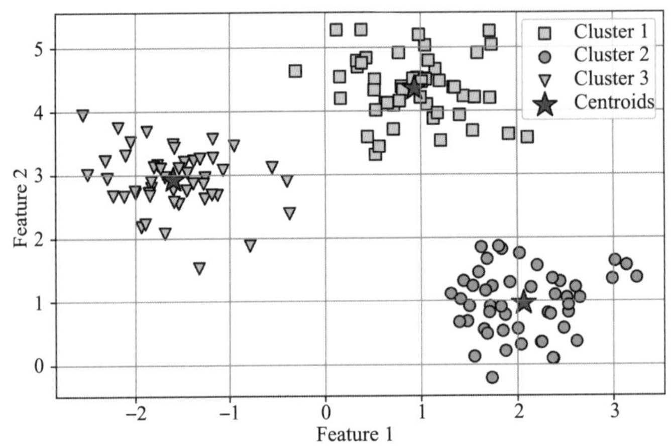

图 10.2　k 均值算法识别的簇和簇的质心

虽然 k 均值算法在这个小数据集上表现出色，但仍需要预先指定簇的数量 k。在实际应用中，簇的数量并不容易确定，特别是在处理无法可视化的高维数据时。k 均值算法还有一个性质，就是假设每个簇至少包含一个样本，而且簇与簇之间是不重叠且不分层的。本章后续部分将介绍另外几种类型的聚类算法——分层聚类和基于密度的聚类。这两种算法都不需要预先指定簇的数量或者假设数据中的簇是球形结构。

下一小节将介绍经典 k 均值算法的一个常用变体——k 均值++算法。虽然 k 均值++没有解决 k 均值算法的缺点，但 k 均值++通过更加精确地设置初始簇的质心，极大地提升了聚类的效果。

10.1.2　k 均值++——更聪明的簇初始化方法

前面介绍了经典的 k 均值算法，它随机选择样本初始化质心。但如果在初始化时没有选择合适的质心，就会导致聚类效果差或收敛速度慢。解决这个问题的一种方法是，在数据上多次运行 k 均值算法，并根据误差平方和选择性能最佳的模型。

另一种方法是通过 k 均值++算法，让每个簇的初始质心彼此尽可能地远离，从而达到比经典 k 均值算法效果更好且结果一致这一目的。详情可参考文献 D. Arthur，S. Vassilvitskii. *k*-means++：The Advantages of Careful Seeding，Proceedings of the eighteenth annual ACM-SIAM symposium on Discrete algorithms，1027-1035，Society for Industrial and Applied Mathematics，2007。

可以将 k 均值++算法的初始化过程总结如下：

1. 初始化空集 $\boldsymbol{M}$，用来存储 k 个质心；

2. 随机选择一个输入样本作为第一个质心 $\boldsymbol{\mu}^{(j)}$ 并存储在 $\boldsymbol{M}$ 中；

3. 对于不在 $\boldsymbol{M}$ 中的每一个样本 $\boldsymbol{x}^{(i)}$，计算其与 $\boldsymbol{M}$ 中所有质心距离平方最小的值，即 $d(\boldsymbol{x}^{(i)},\boldsymbol{M})^2$；

4. 根据权重概率分布随机选择下一个质心 $\boldsymbol{\mu}^{(p)}$，其中权重概率分布为 $\dfrac{d(\boldsymbol{\mu}^{(p)},\boldsymbol{M})^2}{\sum_i d(\boldsymbol{x}^{(i)},\boldsymbol{M})^2}$，例如，把所有样本都放在一个数组中，然后根据权重随机采样，使得距离平方越大的样本越可能被选为质心；

5. 重复步骤 3 和步骤 4，直至选出 k 个质心；

6. 继续运行经典的 k 均值算法。

在 Scikit-Learn 的 `KMeans` 对象上使用 k 均值++算法，只需将参数 `init` 设置成 `'k-means++'` 即可。事实上，`'k-means++'` 是参数 `init` 的默认值，实际应用中也强烈推荐这样使用。因为不想一次引入过多的概念，所以在前面的例子中没有使用 k 均值++算法。本节后续部分将使用 k 均值++算法代替 k 均值算法，但是鼓励读者使用这两种不同的算法(参数 `init='random'` 对应于经典的 k 均值算法；`init='k-means++'` 对应于 k 均值++算法)设置初始簇质心。

10.1.3　硬聚类与软聚类

硬聚类把每个样本都分配给一个具体的簇，如在本章前面介绍过的 k 均值算法和 k 均值++算法。而软聚类(有时也称为模糊聚类)可以把一个样本分配给一个或多个簇。常见的软聚类算法是模糊 C 均值(Fuzzy C-Mean，FCM)算法(也被称为软 k 均值算法或模糊 k 均值算法)。模糊 C 均值算法的最初想法可以追溯到 20 世纪 70 年代，Joseph C. Dunn 首次提出了一个早期版本的模糊聚类改进 k 均值算法(“A Fuzzy Relative of the ISODATA Process and Its Use in Detecting Compact Well-Separated Clusters”，1973)。大约 10 年后，James. C. Bedzek 发表了改进模糊聚类算法的文章，文章中提到的就是现在已知的模糊 C 均值算法(“Pattern Recognition with Fuzzy Objective Function Algorithms”，Springer Science+Business Media，2013)。

模糊 C 均值算法的流程与 k 均值算法的流程非常相似。与 k 均值算法不同的是，模糊 C 均值算法中的每一个样本以概率分布形式属于所有簇，而不是像 k 均值算法那样每个样本只属于一个簇。k 均值算法可以用二进制的稀疏向量表示一个样本 x 的隶属度关系：

$$\begin{bmatrix} x \in \mu^{(1)} \to w^{(i,j)} = 0 \\ x \in \mu^{(2)} \to w^{(i,j)} = 1 \\ x \in \mu^{(3)} \to w^{(i,j)} = 0 \end{bmatrix}$$

其中索引位置为 1 表明样本被分配到簇质心 $\boldsymbol{\mu}^{(j)}$ 中(假设 $k=3$，$j\in\{1,2,3\}$)。相反，模糊 C 均值算法中的成员向量可以表示为

$$\begin{bmatrix} x \in \mu^{(1)} \to w^{(i,j)} = 0.1 \\ x \in \mu^{(2)} \to w^{(i,j)} = 0.85 \\ x \in \mu^{(3)} \to w^{(i,j)} = 0.05 \end{bmatrix}$$

这里，每个隶属值的取值范围为[0,1]，代表样本属于对应簇的质心的成员概率。样本的成员概率之和等于 1。与 k 均值算法类似，可以将模糊 C 均值算法总结为 4 个关键步骤：

1. 指定质心数量 k，然后随机为每个样本分配隶属值。
2. 计算簇质心 $\boldsymbol{\mu}^{(j)}$，$j \in \{1,2,\cdots,k\}$。
3. 更新每个样本的隶属值。
4. 重复步骤 2 和步骤 3，直到隶属值不再变化，或者迭代次数达到用户定义的容差或最大迭代数。

模糊 C 均值算法的目标函数（缩写为 J_m）与 k 均值算法的簇内误差平方和目标函数非常类似：

$$J_m = \sum_{i=1}^{n} \sum_{j=1}^{k} w^{(i,j)^m} \left\| \boldsymbol{x}^{(i)} - \boldsymbol{\mu}^{(j)} \right\|_2^2$$

然而，值得注意的是，隶属值 $w^{(i,j)}$ 不再是 k 均值算法中的二进制值形式（$w^{(i,j)} \in \{0,1\}$），而是一个代表了隶属概率（$w^{(i,j)} \in [0,1]$）的实数。目标函数中的 $w^{(i,j)}$ 增加了一个指数 m，其中 m 为任何大于或者等于 1 的数（通常 $m=2$），它被称为模糊系数（或简称模糊器）。

模糊系数用于控制模糊的程度。m 值越大，隶属值 $w^{(i,j)}$ 就越小，簇就变得越模糊。计算隶属概率的公式如下所示：

$$w^{(i,j)} = \left[\sum_{c=1}^{k} \left(\frac{\left\| \boldsymbol{x}^{(i)} - \boldsymbol{\mu}^{(j)} \right\|_2}{\left\| \boldsymbol{x}^{(i)} - \boldsymbol{\mu}^{(c)} \right\|_2} \right)^{\frac{2}{m-1}} \right]^{-1}$$

如之前 k 均值算法例子那样，选择三个簇质心，可以计算出样本 $\boldsymbol{x}^{(i)}$ 属于簇 $\boldsymbol{\mu}^{(j)}$ 的隶属概率：

$$w^{(i,j)} = \left[\left(\frac{\left\| \boldsymbol{x}^{(i)} - \boldsymbol{\mu}^{(j)} \right\|_2}{\left\| \boldsymbol{x}^{(i)} - \boldsymbol{\mu}^{(1)} \right\|_2} \right)^{\frac{2}{m-1}} + \left(\frac{\left\| \boldsymbol{x}^{(i)} - \boldsymbol{\mu}^{(j)} \right\|_2}{\left\| \boldsymbol{x}^{(i)} - \boldsymbol{\mu}^{(2)} \right\|_2} \right)^{\frac{2}{m-1}} + \left(\frac{\left\| \boldsymbol{x}^{(i)} - \boldsymbol{\mu}^{(j)} \right\|_2}{\left\| \boldsymbol{x}^{(i)} - \boldsymbol{\mu}^{(3)} \right\|_2} \right)^{\frac{2}{m-1}} \right]^{-1}$$

簇的质心 $\boldsymbol{\mu}^{(j)}$ 是该簇内所有样本的加权平均，计算公式如下：

$$\boldsymbol{\mu}^{(j)} = \frac{\sum_{i=1}^{n} w^{(i,j)^m} \boldsymbol{x}^{(i)}}{\sum_{i=1}^{n} w^{(i,j)^m}}$$

只需看一下计算隶属概率的公式，就能发现模糊 C 均值算法每次迭代的成本都比 k 均值算法高，但模糊 C 均值算法通常只需要较少的迭代次数就能收敛。实践表明，k 均值算法和模糊 C 均值算法产生的聚类结果非常相似（S. Ghosh，S. K. Dubey. Comparative Analysis of k-means and Fuzzy C-Means Algorithms，IJACSA，4：35-38，2013）。Scikit-Learn 目前还没有实现模糊 C 均值算法。但感兴趣的读者可以尝试使用 scikit-fuzzy 包实现模糊 C 均值算法，该包可从

https://github.com/scikit-fuzzy/scikit-fuzzy 下载。

10.1.4　用肘方法求解最优簇的数量

无监督学习方法的一个主要问题是数据的真实信息未知。提供的数据集没有包含数据真实类别标签，而这些标签可以让我们使用第 6 章介绍的方法评估监督学习模型的性能。因此，为了量化聚类的质量，需要使用一些内在指标（比如，簇内误差平方和）来比较不同的 k 均值聚类模型的性能。

因为 Scikit-Learn 的 `KMeans` 模型具有 `inertia_` 属性，因此训练 Scikit-Learn 中 `KMeans` 后，只需要调用 `inertia_` 属性就可以计算簇内误差平方和。

```
>>> print(f'Distortion: {km.inertia_:.2f}')
Distortion: 72.48
```

根据簇内误差平方和，可以使用基于图形工具的肘方法估计簇的最优数量 k。直观地讲，如果 k 增大，那么失真将会减小。这是因为 k 值越大，每个样本将越接近所在簇的质心。肘方法的想法就是识别失真变化最迅速的拐点，从而确定 k 的值。如果绘制不同的 k 值对应的失真图，结果会更清晰。

```
>>> distortions = []
>>> for i in range(1, 11):
...     km = KMeans(n_clusters=i,
...                 init='k-means++',
...                 n_init=10,
...                 max_iter=300,
...                 random_state=0)
...     km.fit(X)
...     distortions.append(km.inertia_)
>>> plt.plot(range(1,11), distortions, marker='o')
>>> plt.xlabel('Number of clusters')
>>> plt.ylabel('Distortion')
>>> plt.tight_layout()
>>> plt.show()
```

如图 10.3 所示，肘部位于 $k=3$ 处，这就说明了 $k=3$ 是该数据集的最优簇数。

10.1.5　通过轮廓图量化聚类质量

评估聚类质量的另一个内在指标是轮廓分析（silhouette analysis）。轮廓分析可以用于除 k 均值算法以外的聚类算法，本章后续将介绍这些聚类算法。轮廓分析作为图形工具可以绘制簇内样本的密集程度。通过以下三个步骤可以计算数据集中单个样本的轮廓系数：

1. 计算簇内聚度（cluster cohesion）$a^{(i)}$，即样本 $\boldsymbol{x}^{(i)}$ 与簇内其他样本之间的平均距离；

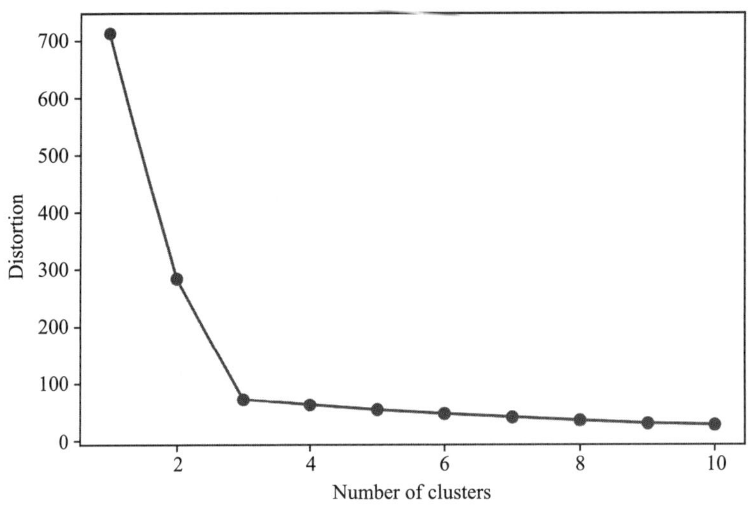

图 10.3　使用肘方法寻找最优簇数

2. 计算簇分离度(cluster separation)$b^{(i)}$，即样本$\boldsymbol{x}^{(i)}$与距离最近的簇的所有样本之间的平均距离；

3. 计算轮廓系数$s^{(i)}$，即簇内聚度与簇分离度之差除以两者中的最大值，公式如下：

$$s^{(i)}=\frac{b^{(i)}-a^{(i)}}{\max\left\{b^{(i)}, a^{(i)}\right\}}$$

轮廓系数在-1 到 1 的范围内。根据上述方程可知，如果簇分离度与簇内聚度相等($b^{(i)}=a^{(i)}$)，那么轮廓系数为 0。此外，如果$b^{(i)} \gg a^{(i)}$，则轮廓系数接近理想轮廓系数 1，其中$b^{(i)}$量化了一个样本与其他簇的样本的差异度，而$a^{(i)}$则表示了该样本与簇内其他样本的相似度。

在 Scikit-Learn 中，`metric` 模块中的 `silhouette_samples` 即为轮廓系数。为了方便起见，也可导入 `silhouette_scores` 函数。`silhouette_scores` 函数计算所有样本的平均轮廓系数，相当于 `numpy.mean(silhouette_samples(…))`。运行下述代码将会绘制一个 k 均值聚类($k=3$)的轮廓系数图：

```
>>> km = KMeans(n_clusters=3,
...             init='k-means++',
...             n_init=10,
...             max_iter=300,
...             tol=1e-04,
...             random_state=0)
>>> y_km = km.fit_predict(X)

>>> import numpy as np
>>> from matplotlib import cm
```

```
>>> from sklearn.metrics import silhouette_samples
>>> cluster_labels = np.unique(y_km)
>>> n_clusters = cluster_labels.shape[0]
>>> silhouette_vals = silhouette_samples(
...     X, y_km, metric='euclidean'
... )
>>> y_ax_lower, y_ax_upper = 0, 0
>>> yticks = []
>>> for i, c in enumerate(cluster_labels):
...     c_silhouette_vals = silhouette_vals[y_km == c]
...     c_silhouette_vals.sort()
...     y_ax_upper += len(c_silhouette_vals)
...     color = cm.jet(float(i) / n_clusters)
...     plt.barh(range(y_ax_lower, y_ax_upper),
...              c_silhouette_vals,
...              height=1.0,
...              edgecolor='none',
...              color=color)
...     yticks.append((y_ax_lower + y_ax_upper) / 2.)
...     y_ax_lower += len(c_silhouette_vals)
>>> silhouette_avg = np.mean(silhouette_vals)
>>> plt.axvline(silhouette_avg,
...             color="red",
...             linestyle="--")
>>> plt.yticks(yticks, cluster_labels + 1)
>>> plt.ylabel('Cluster')
>>> plt.xlabel('Silhouette coefficient')
>>> plt.tight_layout()
>>> plt.show()
```

通过观察轮廓图，可以快速确定每个簇的大小，并识别出包含异常值的簇，如图 10.4 所示。

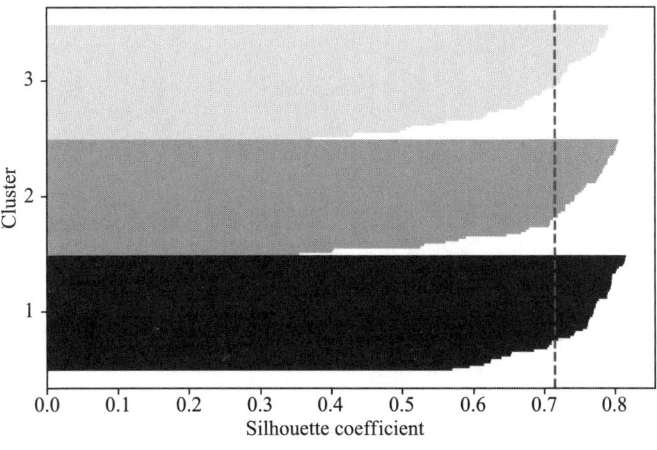

图 10.4　一个聚类效果良好的轮廓图

如图 10.4 所示，为了评估聚类的质量，在图中添加了平均轮廓系数(虚线)。在本例中，轮廓系数不接近于 0 且与平均轮廓系数的距离大致相等，这个结果说明聚类效果良好。

要想看一个聚类效果相对较差的轮廓图，可以在 k 均值算法中设置只有两个簇：

```
>>> km = KMeans(n_clusters=2,
...             init='k-means++',
...             n_init=10,
...             max_iter=300,
...             tol=1e-04,
...             random_state=0)
>>> y_km = km.fit_predict(X)
>>> plt.scatter(X[y_km == 0, 0],
...             X[y_km == 0, 1],
...             s=50, c='lightgreen',
...             edgecolor='black',
...             marker='s',
...             label='Cluster 1')
>>> plt.scatter(X[y_km == 1, 0],
...             X[y_km == 1, 1],
...             s=50,
...             c='orange',
...             edgecolor='black',
...             marker='o',
...             label='Cluster 2')
>>> plt.scatter(km.cluster_centers_[:, 0],
...             km.cluster_centers_[:, 1],
...             s=250,
...             marker='*',
...             c='red',
...             label='Centroids')
>>> plt.xlabel('Feature 1')
>>> plt.ylabel('Feature 2')
>>> plt.legend()
>>> plt.grid()
>>> plt.tight_layout()
>>> plt.show()
```

如图 10.5 所示，有一个质心落在数据中的两个球形区域之间。聚类的结果看起来是次优的。

请记住，因为实践中常常使用高维数据，所以无法在二维散点图中对数据进行可视化。接下来我们将通过创建轮廓图评估这个结果：

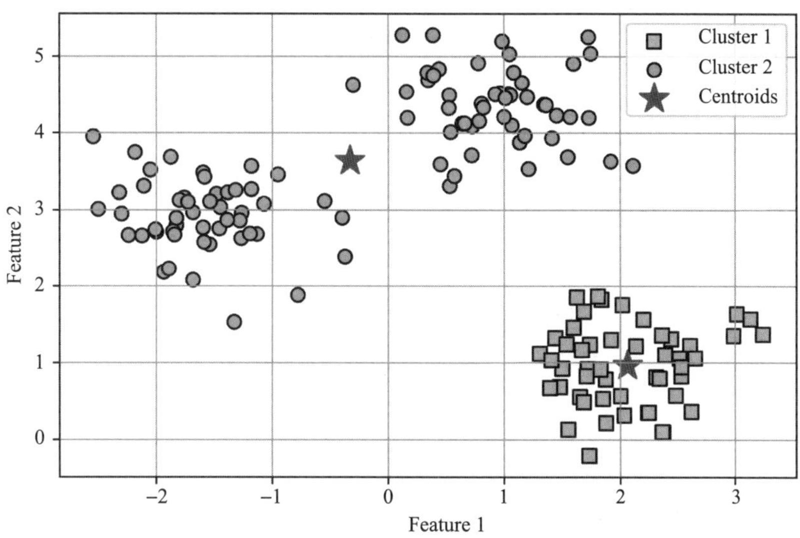

图 10.5　聚类的一个次优例子

```
>>> cluster_labels = np.unique(y_km)
>>> n_clusters = cluster_labels.shape[0]
>>> silhouette_vals = silhouette_samples(
...     X, y_km, metric='euclidean'
... )
>>> y_ax_lower, y_ax_upper = 0, 0
>>> yticks = []
>>> for i, c in enumerate(cluster_labels):
...     c_silhouette_vals = silhouette_vals[y_km == c]
...     c_silhouette_vals.sort()
...     y_ax_upper += len(c_silhouette_vals)
...     color = cm.jet(float(i) / n_clusters)
...     plt.barh(range(y_ax_lower, y_ax_upper),
...              c_silhouette_vals,
...              height=1.0,
...              edgecolor='none',
...              color=color)
...     yticks.append((y_ax_lower + y_ax_upper) / 2.)
...     y_ax_lower += len(c_silhouette_vals)
>>> silhouette_avg = np.mean(silhouette_vals)
>>> plt.axvline(silhouette_avg, color="red", linestyle="--")
>>> plt.yticks(yticks, cluster_labels + 1)
>>> plt.ylabel('Cluster')
>>> plt.xlabel('Silhouette coefficient')
>>> plt.tight_layout()
>>> plt.show()
```

从图 10.6 可以看到，不同轮廓之间的长度和宽度明显不同，这说明聚类效果相对较差或并不非最优。

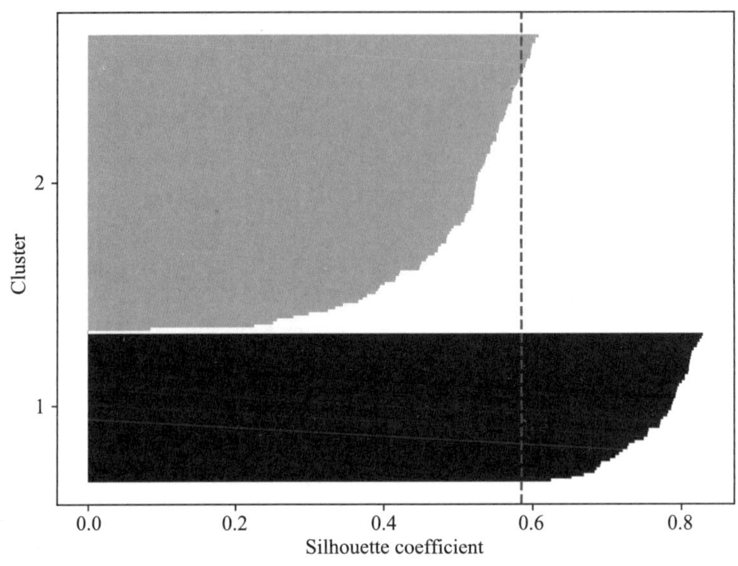

图 10.6 聚类为次优时的轮廓图

在很好地理解了聚类的工作原理之后，下一节将介绍 k 均值算法的替代方法，即分层聚类算法。

10.2 把簇组织成层次树

本节将介绍另一种基于原型的聚类方法——分层聚类。分层聚类算法有两个优点：一是它可以绘制树状图(二进制分层聚类的可视化)，通过创建有意义的分类系统解释结果；二是不需要预先指定簇的数量。

凝聚(agglomerative)分层聚类和分裂(divisive)分层聚类是分层聚类的两种主要方法。分裂分层聚类从一个包含所有样本的簇开始，然后每次逐步将簇分裂成更小的簇，直到每个簇只包含一个样本为止。本节将重点介绍与分裂聚类方法相反的凝聚聚类方法。凝聚聚类将每个样本作为一个单独的簇，然后合并距离最近的一对簇，直到只剩下一个簇为止。

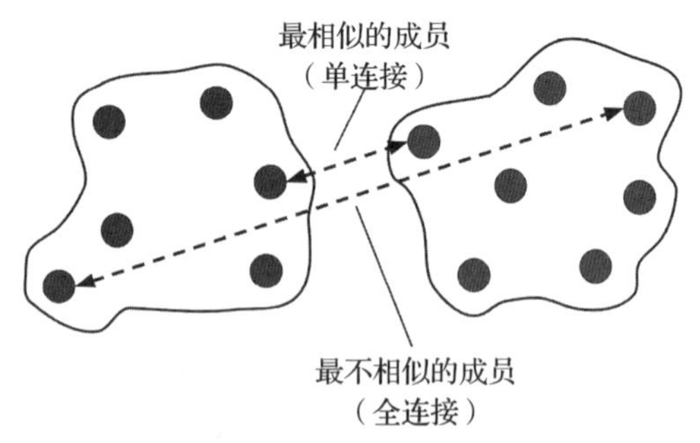

图 10.7 单连接和全连接

10.2.1 自底向上的聚类

单连接和全连接是凝聚分层聚类的两种标准算法。如图 10.7 所示，单连接算法用于计算两个簇中最相似成员(样本)之间的距离，并将此作为两个簇的距离。全连接类似于单连接，但不是寻找两个簇中最相似的成员，而是寻找两个簇中最不相似的成员，并将这两个成员的距离作为两个簇的距离。无论是使用单连接还是全连接，都合并距离最小的两个簇。

其他类型的连接

凝聚分层聚类算法中其他常用的连接方法包括平均连接和 Ward 连接。使用平均连接，将所有簇中两个平均距离最小的簇合并。使用 Ward 连接，选择两个簇合并，使合并后的簇内误差平方和增加最小。

本节将着重介绍基于全连接方法的凝聚分层聚类算法。凝聚分层聚类是一个迭代算法，其具体步骤如下：

1. 计算所有样本对，形成距离矩阵；
2. 将每个数据样本表示为一个簇；
3. 以两个簇中最不相似的样本距离作为两个簇的距离，合并距离最近的两个簇；
4. 更新簇的连接矩阵；
5. 重复步骤 2~4，直到只剩下一个簇。

接下来将介绍如何计算步骤 1 中的距离矩阵。首先生成一些随机数据样本：每一行代表一个观测样本（ID 0~4），每一列代表样本的一个特征（X、Y、Z）：

```
>>> import pandas as pd
>>> import numpy as np
>>> np.random.seed(123)
>>> variables = ['X', 'Y', 'Z']
>>> labels = ['ID_0', 'ID_1', 'ID_2', 'ID_3', 'ID_4']
>>> X = np.random.random_sample([5, 3])*10
>>> df = pd.DataFrame(X, columns=variables, index=labels)
>>> df
```

运行上述代码之后，生成随机的数据样本，如图 10.8 所示。

	X	Y	Z
ID_0	6.964 692	2.861 393	2.268 515
ID_1	5.513 148	7.194 690	4.231 065
ID_2	9.807 642	6.848 297	4.809 319
ID_3	3.921 175	3.431 780	7.290 497
ID_4	4.385 722	0.596 779	3.980 443

图 10.8　随机生成的数据样本

10.2.2 在距离矩阵上进行分层聚类

可以调用 SciPy 中 spatial.distance 子模块的 pdist 函数计算距离矩阵，距离矩阵是分层聚类算法的输入：

```
>>> from scipy.spatial.distance import pdist, squareform
>>> row_dist = pd.DataFrame(squareform(
...                         pdist(df, metric='euclidean')),
...                         columns=labels, index=labels)
>>> row_dist
```

运行上述代码，可以根据特征 X、Y、Z 计算数据集中每对输入样本之间的欧氏距离。

把压缩距离矩阵（由 pdist 返回）作为 squareform 函数的输入，以此创建对称的距离矩阵，结果如图 10.9 所示。

	ID_0	ID_1	ID_2	ID_3	ID_4
ID_0	0.000 000	4.973 534	5.516 653	5.899 885	3.835 396
ID_1	4.973 534	0.000 000	4.347 073	5.104 311	6.698 233
ID_2	5.516 653	4.347 073	0.000 000	7.244 262	8.316 594
ID_3	5.899 885	5.104 311	7.244 262	0.000 000	4.382 864
ID_4	3.835 396	6.698 233	8.316 594	4.382 864	0.000 000

图 10.9 计算数据的距离矩阵

接下来，调用 SciPy 中 cluster.hierarchy 子模块的 linkage 函数，在数据上应用全连接凝聚聚类方法，结果将返回一个连接矩阵。

在调用 linkage 函数之前，先仔细看看该函数的文档：

```
>>> from scipy.cluster.hierarchy import linkage
>>> help(linkage)
[...]
Parameters:
  y : ndarray
    A condensed or redundant distance matrix. A condensed
    distance matrix is a flat array containing the upper
    triangular of the distance matrix. This is the form
    that pdist returns. Alternatively, a collection of m
    observation vectors in n dimensions may be passed as
    an m by n array.

  method : str, optional
    The linkage algorithm to use. See the Linkage Methods
```

```
    section below for full descriptions.

  metric : str, optional
    The distance metric to use. See the distance.pdist
    function for a list of valid distance metrics.

  Returns:
  Z : ndarray
    The hierarchical clustering encoded as a linkage matrix.
[...]
```

基于这个函数的描述，可以将 `pdist` 函数返回的压缩距离矩阵(上三角矩阵)作为输入，也可以提供初始数据数组，并将 `linkage` 函数的参数设置为 `'euclidean'`。然而，因为使用先前定义的 `squareform` 距离矩阵会产生与预期不同的距离，所以不能使用 `squareform` 距离矩阵。综上所述，下面列出了三种可能的情况：

- 不正确的方法。运行下述代码，可以看到使用 `squareform` 距离矩阵会产生不正确的结果：

```
>>> row_clusters = linkage(row_dist,
...                        method='complete',
...                        metric='euclidean')
```

- 正确的方法。使用下面代码所示的压缩距离矩阵，将会产生正确的连接矩阵：

```
>>> row_clusters = linkage(pdist(df, metric='euclidean'),
...                        method='complete')
```

- 正确的方法。如下所示，使用完整的输入样本矩阵也会产生与第二种方法相同的连接矩阵：

```
>>> row_clusters = linkage(df.values,
...                        method='complete',
...                        metric='euclidean')
```

为了能更仔细地观察聚类结果，可以把这些结果转换成 pandas 的 `DataFrame`(最好是在 Jupyter Notebook 上看)，具体代码如下：

```
>>> pd.DataFrame(row_clusters,
...              columns=['row label 1',
...                       'row label 2',
...                       'distance',
...                       'no. of items in clust.'],
...              index=[f'cluster {(i + 1)}' for i in
...                     range(row_clusters.shape[0])])
```

如图 10.10 所示，连接矩阵由若干行组成，其中每一行代表一个合并的簇。第一列和第二列代表每个簇中最不相似的成员，第三列表示这些成员之间的距离。最后一列返回每个簇的成员数量。

	row label 1	row label 2	distance	no. of items in clust.
Cluster 1	0.0	4.0	3.835 396	2.0
Cluster 2	1.0	2.0	4.347 073	2.0
Cluster 3	3.0	5.0	5.899 885	3.0
Cluster 4	6.0	7.0	8.316 594	5.0

图 10.10　连接矩阵

计算连接矩阵后，现在可以用树状图显示结果：

```
>>> from scipy.cluster.hierarchy import dendrogram
>>> # make dendrogram black (part 1/2)
>>> # from scipy.cluster.hierarchy import set_link_color_palette
>>> # set_link_color_palette(['black'])
>>> row_dendr = dendrogram(
...     row_clusters,
...     labels=labels,
...     # make dendrogram black (part 2/2)
...     # color_threshold=np.inf
... )
>>> plt.tight_layout()
>>> plt.ylabel('Euclidean distance')
>>> plt.show()
```

如果运行上述代码，就会发现在生成的树状图中，分支以不同颜色显示。如图 10.11 所示，配色方案来自于 Matplotlib 的颜色列表，根据树的距离分配不同的颜色。如果要显示黑色树状图，可以去掉前面相应代码中的注释符号#。

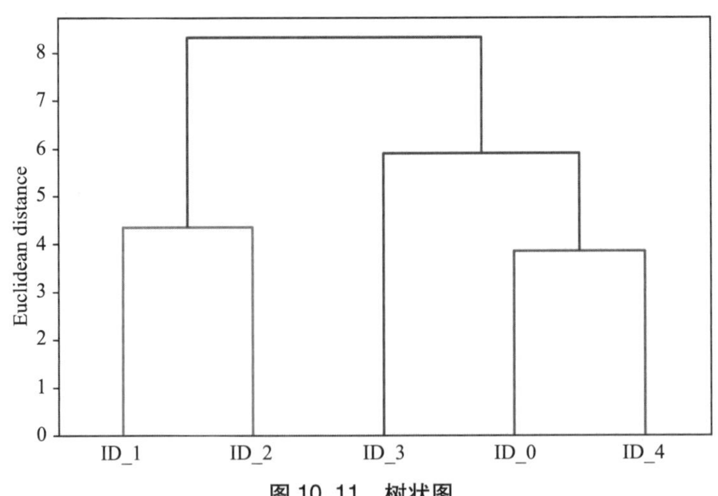

图 10.11　树状图

这样的树状图概括了在凝聚分层聚类过程中形成的不同的簇，例如，基于欧氏距离度量，样本 ID_0 和 ID_4 最为相似，接着是 ID_1 和 ID_2。

10.2.3 热度图与树状图结合

在实际应用中，分层聚类树状图通常与热度图结合使用，这使我们能够使用颜色表示单个训练样本。本节将介绍如何把树状图附加到热度图上，并对热度图中的行进行排序。

把树状图附加到热度图上的过程有点儿复杂，下面将分步完成这个过程：

1. 创建一个新的 figure 对象，并通过 add_axes 属性定义 x 轴和 y 轴的位置以及树状图的宽度和高度。此外，还需要将树状图逆时针旋转 90 度。代码如下：

```
>>> fig = plt.figure(figsize=(8, 8), facecolor='white')
>>> axd = fig.add_axes([0.09, 0.1, 0.2, 0.6])
>>> row_dendr = dendrogram(row_clusters,
...                        orientation='left')
>>> # note: for matplotlib < v1.5.1, please use
>>> # orientation='right'
```

2. 接着，根据从 dendrogram 对象中获得的聚类标签对初始 DataFrame 中的数据进行排序。dendrogram 对象在本质上是一个以 leaves 为键的 Python 字典。代码如下：

```
>>> df_rowclust = df.iloc[row_dendr['leaves'][::-1]]
```

3. 现在，根据排序后的 DataFrame 构建热度图，并将其放在树状图的旁边：

```
>>> axm = fig.add_axes([0.23, 0.1, 0.6, 0.6])
>>> cax = axm.matshow(df_rowclust,
...                   interpolation='nearest',
...                   cmap='hot_r')
```

4. 最后，删除轴刻度和隐藏轴线美化树状图。另外，我们添加了颜色条，并在 x 轴和 y 轴的刻度标签上分别标注特征和样本名称：

```
>>> axd.set_xticks([])
>>> axd.set_yticks([])
>>> for i in axd.spines.values():
...     i.set_visible(False)
>>> fig.colorbar(cax)
>>> axm.set_xticklabels([''] + list(df_rowclust.columns))
>>> axm.set_yticklabels([''] + list(df_rowclust.index))
>>> plt.show()
```

运行上述代码后，就能够得到如图 10.12 所示的热度图以及旁边附带的树状图。

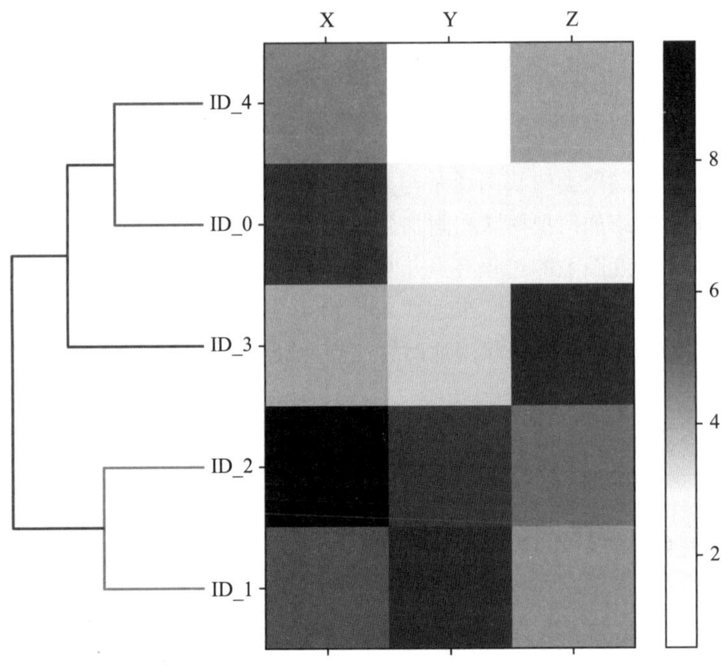

图 10.12 树状图和热度图

可以看到，热度图中行的顺序反映了树状图中样本的聚类情况。除了简单的树状图外，热度图中每个样本和特征的颜色同样为我们提供了数据集的总体情况。

10.2.4 通过 Scikit-Learn 进行凝聚聚类

上一小节介绍了如何使用 SciPy 进行凝聚分层聚类。然而，在 Scikit-Learn 中还有一个 AgglomerativeClustering，可以选择要返回的簇的数量。这对修剪层次聚类树很有用。

将参数 n_cluster 设置为 3，基于欧氏距离度量，我们现在可以采用与之前相同的全连接方法将输入样本聚集成 3 个簇：

```
>>> from sklearn.cluster import AgglomerativeClustering
>>> ac = AgglomerativeClustering(n_clusters=3,
...                              affinity='euclidean',
...                              linkage='complete')
>>> labels = ac.fit_predict(X)
>>> print(f'Cluster labels: {labels}')
Cluster labels: [1 0 0 2 1]
```

从预测的聚类标签可以看到，第 1 个样本和第 5 个样本（ID_0 和 ID_4）被分配到同一个簇（标签 1）中，样本 ID_1 和 ID_2 被分配到另一个簇（标签 0）中，样本 ID_3 被单独分配到一个簇（标签 2）中。该结果与我们从树状图中所观察到的结果一致。如图 10.11 所示，ID_3 与

ID_4、ID_0 的相似度比 ID_3 与 ID_1、ID_2 的相似度更高。但这在 Scikit-Learn 的聚类结果中并不明显。现在，设置 n_cluster=2，重新运行 AgglomerativeClustering，如下面的代码所示：

```
>>> ac = AgglomerativeClustering(n_clusters=2,
...                              affinity='euclidean',
...                              linkage='complete')
>>> labels = ac.fit_predict(X)
>>> print(f'Cluster labels: {labels}')
Cluster labels: [0 1 1 0 0]
```

如结果所示，在这个修剪过的分层聚类中，结果与预期一致，ID_3 的标签被分配到包含 ID_0 和 ID_4 的簇中。

10.3　通过 DBSCAN 定位高密度区域

这里将再介绍一种新的聚类方法，即基于密度空间的有噪声应用聚类(Density-Based Spatial Clustering of Applications with Noise，DBSCAN)。DBSCAN 算法不像 k 均值算法那样，假设簇呈球形，也不需要人为设定截止点，把数据集划分为层次结构。顾名思义，基于密度的聚类给数据样本的密集区域分配聚类标签。在 DBSCAN 中，密度被定义为指定半径为 ε 的球范围内包含的数据样本数量。

根据 DBSCAN 算法，将采用以下标准给每个样本(数据点)分配一个标签：

- 如果至少有指定数量(MinPts)的相邻样本落在以该样本为圆心、ε 为半径范围内，那么该样本为核心点。
- 在核心点的半径 ε 范围内，如果存在一个样本，以该样本为中心、ε 为半径范围内相邻样本数量小于 MinPts，那么该样本为边界点。
- 那些既不是核心点也不是边界点的样本就是噪声点。

在把所有的样本分别标记为核心点、边界点和噪声点之后，DBSCAN 算法可以概括为以下步骤：

1. 每个核心点或一组相连的核心点形成一个簇(如果核心点之间的距离小于 ε，则这些核心点被视为相连)；

2. 把每个边界点分配到其对应核心点的簇中。

在实现该算法之前，图 10.13 展示了核心点、边界点和噪声点。

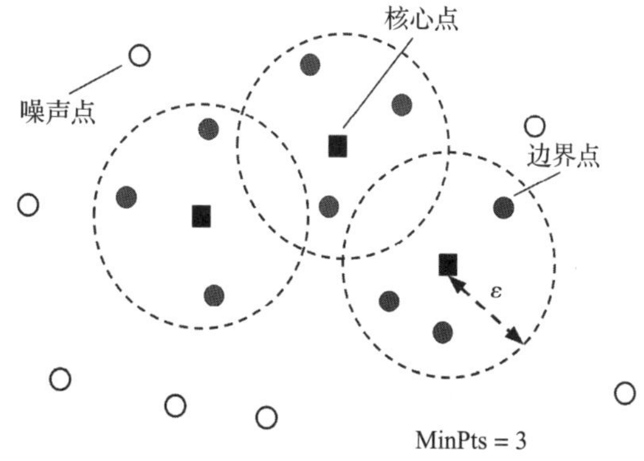

图 10.13　DBSCAN 的核心点、噪声点和边界点

DBSCAN 算法的一个主要优点是不像 k 均值算法那样假设簇呈球形。此外，不同于

k 均值算法和分层聚类算法，DBSCAN 算法能够去除噪声点，而不是把每个样本都分配到簇中。

为了给出一个更有说服力的例子，这里创建了一个新的半月形结构的数据集，比较 k 均值聚类算法、分层聚类算法和 DBSCAN 算法的聚类结果：

```
>>> from sklearn.datasets import make_moons
>>> X, y = make_moons(n_samples=200,
...                   noise=0.05,
...                   random_state=0)
>>> plt.scatter(X[:, 0], X[:, 1])
>>> plt.xlabel('Feature 1')
>>> plt.ylabel('Feature 2')
>>> plt.tight_layout()
>>> plt.show()
```

如图 10.14 所示，这里有两个半月形的簇，每个簇内包含 100 个样本。

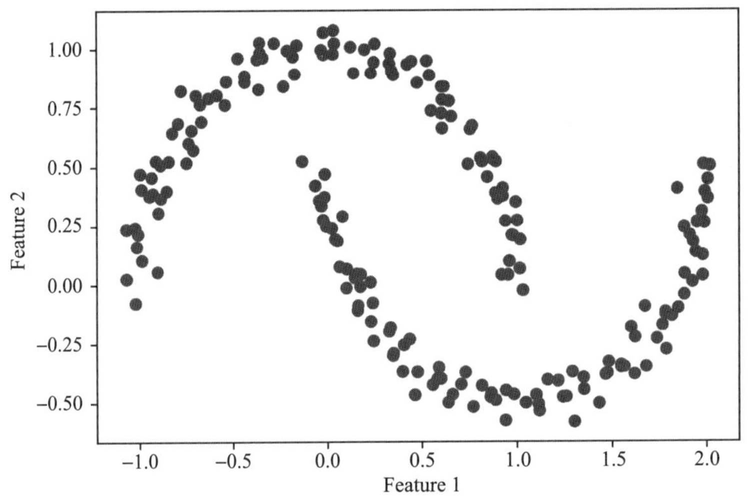

图 10.14 2 个特征呈半月形的数据集

先从 k 均值算法和全连接聚类算法开始，验证下这两个聚类算法是否能够成功识别出两个半月形的簇。代码如下：

```
>>> f, (ax1, ax2) = plt.subplots(1, 2, figsize=(8, 3))
>>> km = KMeans(n_clusters=2,
...             random_state=0)
>>> y_km = km.fit_predict(X)
>>> ax1.scatter(X[y_km == 0, 0],
...             X[y_km == 0, 1],
```

```
...             c='lightblue',
...             edgecolor='black',
...             marker='o',
...             s=40,
...             label='cluster 1')
>>> ax1.scatter(X[y_km == 1, 0],
...             X[y_km == 1, 1],
...             c='red',
...             edgecolor='black',
...             marker='s',
...             s=40,
...             label='cluster 2')
>>> ax1.set_title('K-means clustering')
>>> ax1.set_xlabel('Feature 1')
>>> ax1.set_ylabel('Feature 2')

>>> ac = AgglomerativeClustering(n_clusters=2,
...                              affinity='euclidean',
...                              linkage='complete')
>>> y_ac = ac.fit_predict(X)
>>> ax2.scatter(X[y_ac == 0, 0],
...             X[y_ac == 0, 1],
...             c='lightblue',
...             edgecolor='black',
...             marker='o',
...             s=40,
...             label='Cluster 1')
>>> ax2.scatter(X[y_ac == 1, 0],
...             X[y_ac == 1, 1],
...             c='red',
...             edgecolor='black',
...             marker='s',
...             s=40,
...             label='Cluster 2')
>>> ax2.set_title('Agglomerative clustering')
>>> ax2.set_xlabel('Feature 1')
>>> ax2.set_ylabel('Feature 2')
>>> plt.legend()
>>> plt.tight_layout()
>>> plt.show()
```

如图 10.15 所示，从聚类结果可以看到，k 均值算法和分层聚类算法无法将两个簇分开。

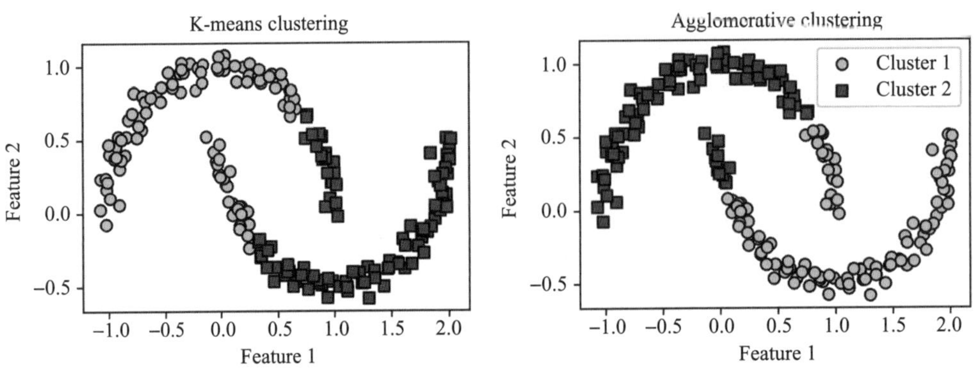

图 10.15 半月形数据集上的 *k* 均值聚类和凝聚聚类

最后，在该数据集上使用 DBSCAN 算法，验证下是否能使用基于密度的方法分辨出两个半月形的簇：

```
>>> from sklearn.cluster import DBSCAN
>>> db = DBSCAN(eps=0.2,
...             min_samples=5,
...             metric='euclidean')
>>> y_db = db.fit_predict(X)
>>> plt.scatter(X[y_db == 0, 0],
...             X[y_db == 0, 1],
...             c='lightblue',
...             edgecolor='black',
...             marker='o',
...             s=40,
...             label='Cluster 1')
>>> plt.scatter(X[y_db == 1, 0],
...             X[y_db == 1, 1],
...             c='red',
...             edgecolor='black',
...             marker='s',
...             s=40,
...             label='Cluster 2')
>>> plt.xlabel('Feature 1')
>>> plt.ylabel('Feature 2')
>>> plt.legend()
>>> plt.tight_layout()
>>> plt.show()
```

如图 10.16 所示，DBSCAN 算法成功地分辨出半月形状，这凸显出 DBSCAN 算法的优势：可以聚类任意形状的数据集。

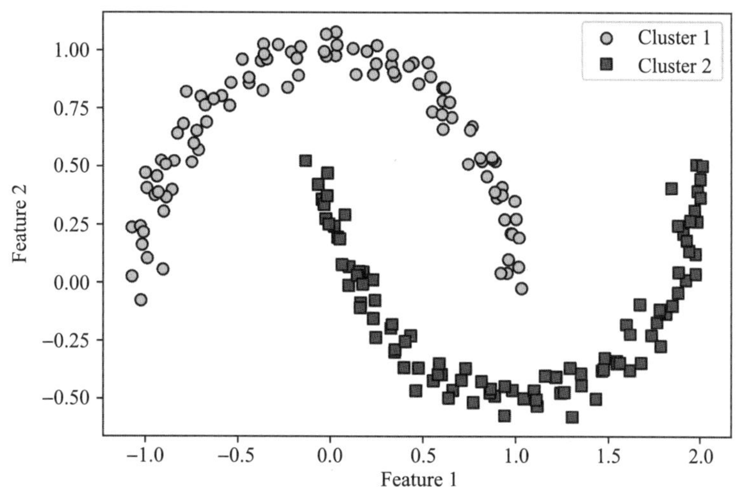

图 10.16　半月形数据集上的 DBSCAN 聚类

同时也要留意 DBSCAN 算法的一些缺点。在训练样本的数量保持不变的情况下，如果数据集的特征数量增加，算法的副作用就会出现，即发生维数灾难。特别是在使用欧氏距离度量时，这个问题会更加明显。然而，维数灾难问题并非 DBSCAN 算法独有，也会影响其他使用欧氏距离度量的聚类算法，例如，k 均值算法和分层聚类算法。此外，DBSCAN 算法有两个超参数(MinPts 和 ε)，需要优化这两个超参数以获得良好的聚类结果。如果数据集不同区域的密度差别相对较大，那么很难找到 MinPts 与 ε 的最优组合。

基于图的聚类算法

到目前为止，我们学习了三种最基本的聚类算法：基于原型的 k 均值算法、凝聚分层聚类算法以及基于密度的 DBSCAN 算法。此外，还有本章未介绍的第四种更高级的聚类算法：基于图的聚类算法。谱聚类算法是最著名的基于图的聚类算法。

尽管谱聚类算法有许多不同的实现方式，但是这些实现有一些共同点，即都使用相似矩阵或距离矩阵的特征向量获得簇之间的关系。因为谱聚类算法超出了本书的介绍范围，建议阅读 Ulrike von Luxburg 写的教程，以了解更多关于谱聚类算法的知识(Ulrike von Luxburg. A tutorial on spectral clustering, Statistics and Computing, 17(4): 395-416, 2007, http://arxiv.org/pdf/0711.0189v1.pdf)。

请注意，在实践中很难确定哪种聚类算法在数据上表现最佳，尤其是当数据样本来自高维空间时，很难甚至无法对数据进行可视化。另外，聚类的成功不仅取决于算法及其超参数，而且需要选择合适的距离度量以及使用相关领域的知识，这些领域知识可以帮助指导设置仿真条件。

因此，在存在维数灾难问题时，通常会在聚类之前使用降维方法。对无监督学习的数据而言，降维方法包括在第 5 章介绍过的主成分分析和 t-SNE 方法。另外，把数据压缩到二维子空间的情况也特别常见，这使得我们可以使用二维散点图可视化簇和标签，这对评估聚类的结果特别有帮助。

10.4 本章小结

本章介绍了三种聚类算法，用于发现数据中隐藏的结构或信息。首先介绍基于原型的 k 均值算法，该算法基于指定的簇的数量，把样本聚类成球形。聚类属于无监督学习方法，无法依靠真实标签评估模型性能。因此，我们采用内在性能指标（如肘方法或者轮廓分析方法）量化聚类的质量。

接着，我们介绍了另一种聚类方法，即凝聚分层聚类。分层聚类不要求预先指定簇的数量，而且可以采用树状图的形式对结果进行可视化，这有助于解释聚类的结果。本章最后介绍了 DBSCAN 算法——一种基于局部密度对样本进行分组的算法，能够处理异常值并发现非球状分布的簇。

接下来本书将介绍监督学习中一种最令人兴奋的机器学习算法：多层人工神经网络。随着近年来的发展，神经网络再次成为机器学习研究中最热门的话题。由于深度学习算法的出现，神经网络成为可以完成图像分类和语音识别等复杂任务的最先进的新式工具。在第 11 章中，我们将从零开始构建一个多层神经网络。第 12 章将介绍 PyTorch 库，该库可以利用图形处理单元有效地训练多层神经网络模型。

CHAPTER 11

第11章

从零开始实现多层人工神经网络

深度学习受到越来越广泛的关注，毫无疑问，这是机器学习领域最热门的一个话题。我们可以把深度学习理解为机器学习的一个分支，深度学习能够有效地训练多层人工**神经网络**(Neural Network，NN)。本章将介绍人工神经网络的概念，为接下来的章节做铺垫。后面的章节将介绍基于 Python 的先进深度学习库以及**深度神经网络**(Deep Neural Network，DNN)，这些网络特别适合应用于图像和文本分析等领域。

本章将介绍以下内容：

- 多层神经网络；
- 从零开始实现基础反向传播算法训练神经网络；
- 训练用于图像分类的多层神经网络。

11.1 用人工神经网络建立复杂函数模型

本书第 2 章从人工神经元入手介绍了机器学习算法。在介绍了人工神经元(人工神经网络的基石)后，本章开始介绍人工神经网络。

人工神经网络的基本概念是建立在人脑解决复杂问题的假设和模型基础上的。近几年人工神经网络得到了普及，但是神经网络的研究却要追溯到 20 世纪 40 年代，当时 Warren McCulloch 和 Walter Pitts 提出了神经元的工作原理(W. S. McCulloch，W. Pitts. A logical calculus of the ideas immanent in nervous activity，The Bulletin of Mathematical Biophysics，5(4)：115-133，1943)。

在 20 世纪 50 年代，首次实现了 McCulloch-Pitts 神经元模型——Rosenblatt 感知机。然而，在此后的几十年里，由于没有找到训练多层神经网络的方案，许多研究人员和机器学习实践者逐渐对神经网络失去了兴趣。直到 1986 年，D. E. Rumelhart、G. E. Hinton 和 R. J. Williams 发现反向传播算法(本章稍后会介绍)可以更高效地训练神经网络(D. E. Rumelhart，G. E. Hinton，R. J. Williams. Learning representations by backpropagating errors，Nature，323 (6088)：533-536，

1986）。对人工智能（AI）、机器学习和神经网络历史感兴趣的读者，可以去阅读维基百科的文章“AI winters”，该文章描述了 AI 处于“寒冬”的那段历史，在那段时间学术界对神经网络失去了兴趣。

然而，过去的十几年中，人们在神经网络方面取得了许多突破，形成了现在的深度学习算法和多层神经网络结构。神经网络不仅是学术研究的热门话题，也是大型科技公司研究的热门话题，Facebook、微软、亚马逊、优步、谷歌等公司都在人工神经网络和深度学习研究方面投入巨资。

时至今日，在图像识别和语音识别等复杂问题的求解中，深度学习算法驱动的复杂神经网络仍然是最先进的算法。最近的应用包括：

- 通过 X 射线预测 COVID-19 资源需求（https://arxiv.org/abs/2101.04909）。
- 病毒突变建模（https://science.sciencemag.org/content/371/6526/284）。
- 利用网络社交平台数据预测极端天气（https://onlinelibrary.wiley.com/doi/abs/10.1111/1468-5973.12311）。
- 用语音为盲人或视障人士描述照片（https://tech.fb.com/how-facebook-is-using-ai-to-improve-photo-descriptions-for-people-who-are-blind-or-visually-impaired/）。

11.1.1　单层神经网络

本章将介绍多层神经网络的工作原理，以及如何通过训练神经网络解决复杂问题。在深入介绍特定的多层神经网络结构之前，我们先回顾一下第 2 章中介绍过的单层神经网络，即**自适应线性神经元**（ADAptive LInear NEuron，Adaline）算法，如图 11.1 所示。

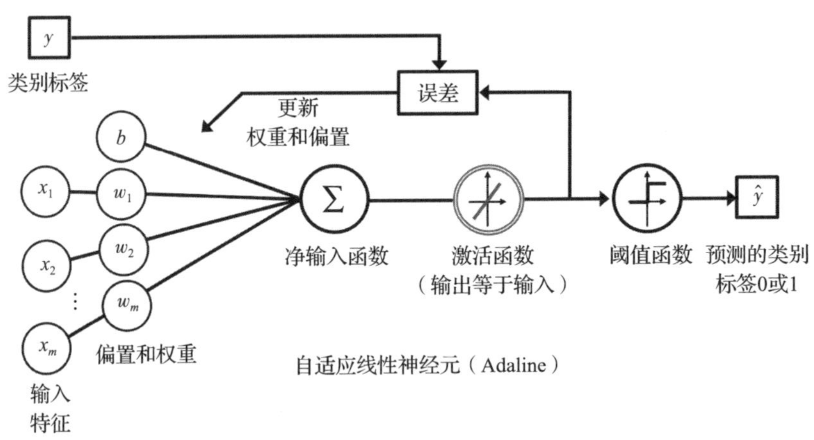

图 11.1　自适应线性神经元算法

第 2 章实现了用于二分类的自适应线性神经元算法，并使用梯度下降算法学习模型的权重。每次迭代采用以下规则更新权重向量 $\boldsymbol{w}$ 和偏置 b：

$$\boldsymbol{w}:=\boldsymbol{w}+\Delta\boldsymbol{w},\quad b:=b+\Delta b$$

其中，权重向量 $\boldsymbol{w}$ 中的权重 w_j 和偏置 b 的增量是 $\Delta w_j=-\eta\frac{\partial L}{\partial w_j}$，$\Delta b=-\eta\frac{\partial L}{\partial b}$。换句话说，使用所有训练数据计算梯度$\nabla L(\boldsymbol{w})$，然后沿着梯度相反的方向更新模型的权重(为简单起见，下面只关注权重而省略偏置，但偏置更新与权重更新类似)。为了找到模型的最优权重，需要优化**均方误差**(Mean of Squared Error，MSE)损失函数 $L(\boldsymbol{w})$。此外，在计算梯度乘以**学习率** η 时，必须慎重选择 η 以平衡学习速度和超越损失函数的全局最小值的风险。

在梯度下降的优化过程中，每次迭代都同时更新所有的权重。权重元素 w_j 的偏导数定义如下：

$$\frac{\partial L}{\partial w_j}=\frac{\partial}{\partial w_j}\frac{1}{n}\sum_i\left(y^{(i)}-a^{(i)}\right)^2=-\frac{2}{n}\left(y^{(i)}-a^{(i)}\right)x_j^{(i)}$$

其中，$y^{(i)}$为样本 $x^{(i)}$的类别标签，$a^{(i)}$为神经元的激活值，在自适应线性神经元中 $a^{(i)}$为线性函数。

另外，激活函数 $\sigma(\cdot)$定义如下：

$$\sigma(\cdot)=z=a$$

其中，净输入 z 是连接输入层和输出层的权重的线性组合：

$$z=\sum_j w_jx_j+b=\boldsymbol{w}^{\mathrm{T}}\boldsymbol{x}+b$$

当使用激活函数 $\sigma(\cdot)$更新梯度时，通过阈值函数把预测的连续输出值转换为二元类别标签：

$$\hat{y}=\begin{cases}1 & z\geqslant 0\\ 0 & z<0\end{cases}$$

单层命名规则

值得注意的是，虽然自适应线性神经元由输入层和输出层组成，但被称为单层网络，因为输入层和输出层之间是单一连接的。

此外，我们还学习了一种加速模型学习的方法，即**随机梯度下降**(Stochastic Gradient Descent，SGD)优化算法。随机梯度下降用单个训练样本(在线学习)的损失函数或小规模训练子集(小批量学习)的损失函数近似损失函数。本章稍后实现和训练**多层感知机**(MultiLayer Perceptron，MLP)时会用到上述优化算法。因为权重更新比梯度下降更频繁，所以模型学习速度更快。除此之外，在训练使用非线性激活函数(损失函数为非凸函数)的多层感知机时，随机梯度下降本身带有的噪声也有助于避免陷入损失函数局部最小的情况。本章后面将深入探讨这个问题。

11.1.2　多层神经网络结构

本节将介绍如何连接多个神经元形成多层前馈神经网络。这种全连接神经网络也被称为多层感知机。图 11.2 展示了一个双层感知机。

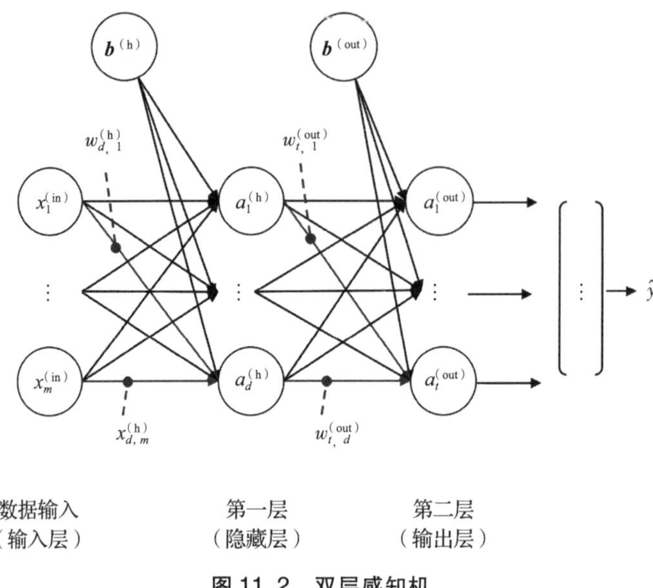

图 11.2　双层感知机

图 11.2 描述的双层感知机有一个输入层、一个隐藏层和一个输出层。隐藏层不但与输入层全连接，也与输出层全连接。如果网络有一个以上的隐藏层，则可以称为**深度神经网络**。（请注意，在某些文章中，输入层也被视为神经网络一层。在这种情况下，自适应线性神经元模型将变成双层神经网络，而不是单层神经网络，这与我们的直觉相悖）。

增加隐藏层

我们可以在多层感知机中添加任意数量的隐藏层，从而构建具有更多层的网络结构。实际上，我们可以把神经网络的层数和单元数作为要优化的超参数。第 6 章已介绍过如何使用交叉验证方法优化超参数。

梯度用来更新网络参数。随着网络层数的增加，通过反向传播计算损失函数的梯度变得越来越小，所以会出现梯度消失问题，使模型的训练变得更加困难。**深度学习**就是为训练深度神经网络而开发的。后面几章将继续介绍深度学习。

如图 11.2 所示，$a_i^{(l)}$ 表示第 l 层的第 i 个激活单元。为了使数学表示和代码实现更直观，我们不再使用数值表示各层，而是用上标符号 in 表示输入层，上标符号 h 表示隐藏层，上标符号 out 表示输出层。例如，$x_i^{(in)}$ 指第 i 个输入特征值，$a_i^{(h)}$ 指隐藏层的第 i 个单元，$a_i^{(out)}$ 指输出层的第 i 个单元。图 11.2 中的 b 代表偏置，实际上，$\boldsymbol{b}^{(h)}$ 和 $\boldsymbol{b}^{(out)}$ 都是向量，其元素个数等于它们在层中的神经元数。例如，$\boldsymbol{b}^{(h)}$ 存储着 d 个偏置项，其中 d 是隐藏层中的神经元数。这有点令人困惑，不过不用担心。在稍后的代码中，我们会初始化权重矩阵和偏置，届时你便会明白这个概念。

第 l 层中的每个神经元都会通过权重连接到第 $l+1$ 层中的所有神经元。例如，第 l 层中的第 k 个神经元与第 $l+1$ 层中的第 j 个神经元连接可以表示为 $w_{j,k}^{(l)}$。回顾图 11.2，我们把连接输入层和隐藏层的权重矩阵表示为$\boldsymbol{W}^{(\mathrm{h})}$，把连接隐藏层和输出层的权重矩阵表示为$\boldsymbol{W}^{(\mathrm{out})}$。

从图 11.2 可以看到一个基本的神经网络形式，输出层中的一个单元只能满足二分类任务，而神经网络使用一对多(One-versus-All，OvA)的泛化方法可以完成多分类任务。为了更好地理解神经网络的工作原理，可以先回忆一下第 4 章介绍的类别变量的独热表示。

例如，可以对鸢尾花数据集中的三个类别标签(0 = Setosa，1 = Versicolor，2 = Virginica)编码：

$$0=\begin{bmatrix}1\\0\\0\end{bmatrix},\quad 1=\begin{bmatrix}0\\1\\0\end{bmatrix},\quad 2=\begin{bmatrix}0\\0\\1\end{bmatrix}$$

可以使用这种独热向量表示分类任务中任意数量的标签。

如果你刚接触神经网络的表达方式，那么索引符号(下标和上标)乍看起来会有点儿复杂。那些初期看起来过于复杂的符号，对后续神经网络向量化很有帮助。像前面介绍的那样，我们用矩阵$\boldsymbol{W}^{(\mathrm{h})}\in\mathbb{R}^{d\times m}$ 表示连接输入层和隐藏层的权重，其中 d 为隐藏层的神经元数量，m 为输入层的神经元数量。

11.1.3　利用前向传播激活神经网络

本节将描述多层感知机模型的**前向传播**过程，该过程用于计算模型的输出。为了理解如何在多层感知机模型的学习过程中使用前向传播，我们将多层感知机的学习过程总结为以下三个简单步骤：

1) 从输入层开始，将训练数据输入网络，前向传播训练数据以生成输出数据。

2) 基于网络的输出，计算损失函数值。

3) 使用损失函数值计算反向传播，求出损失函数对网络中每个权重和偏置的导数，并更新模型参数。

最后，在经过上述三个步骤的多次迭代学习多层感知机的权重和偏置单元后，我们使用前向传播机制计算网络输出，并用阈值函数获得预测类别标签的独热表示。

接下来，我们遍历前向传播的各个步骤，使用训练数据生成输出数据。由于隐藏层的每个单元都与输入层的所有单元相连，因此先计算隐藏层的激活单元 $a_1^{(\mathrm{h})}$：

$$z_1^{(\mathrm{h})}=x_1^{(\mathrm{in})}w_{1,1}^{(\mathrm{h})}+x_2^{(\mathrm{in})}w_{1,2}^{(\mathrm{h})}+\cdots+x_m^{(\mathrm{in})}w_{1,m}^{(\mathrm{h})}$$

$$a_1^{(\mathrm{h})}=\sigma(z_1^{(\mathrm{h})})$$

其中，$z_1^{(\mathrm{h})}$ 为净输入，$\sigma(\cdot)$为激活函数。只有 $\sigma(\cdot)$可微，才能使用梯度下降方法学习与神经元连接的权重。为了能解决诸如图像分类这种复杂的问题，多层感知机模型需要使用非线性激活函数，例如 sigmoid 激活函数：

$$\sigma(z)=\frac{1}{1+\mathrm{e}^{-z}}$$

如图 11.3 所示，sigmoid 函数是一条 S 形的曲线，它将净输入 z 映射为 0~1 的值，$z=0$ 处曲线与 y 轴相交。

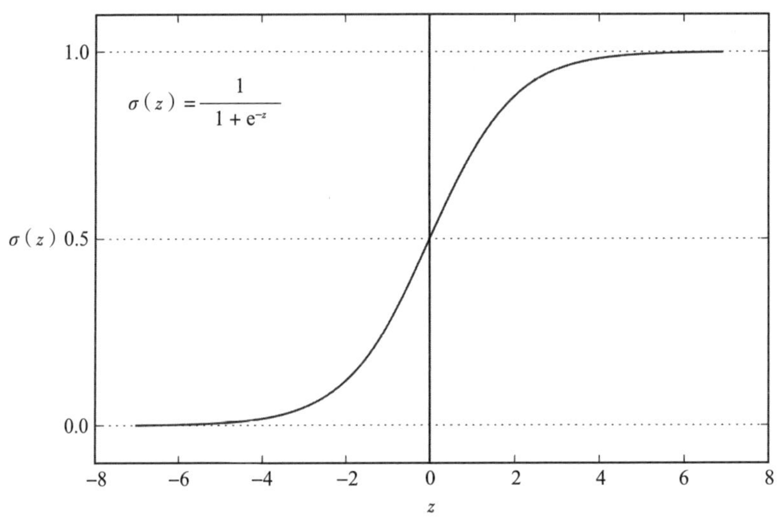

图 11.3　sigmoid 激活函数

多层感知机是前馈人工神经网络的一个典型例子。“前馈”一词指的是每一层的输出作为下一层的输入并且不循环，与本书后面介绍的循环神经网络(见第 15 章)相反。多层感知机这个名字听起来很怪，因为这个网络中的人工神经元是 sigmoid 单元，而非感知机。直观地讲，我们可以把多层感知机中的神经元看作逻辑回归单元，其返回值在 0~1 之间。

我们可以使用 NumPy 向量化代码中的数据，以更简单的形式表示激活值，这比使用 Python 的多嵌套 `for` 循环的成本要小很多(矩阵操作速度更快)，而且提高了代码的效率和可读性。以下使用线性代数的知识表示激活值：

$$\boldsymbol{z}^{(\mathrm{h})}=\boldsymbol{x}^{(\mathrm{in})}\boldsymbol{W}^{(\mathrm{h})\mathrm{T}}+\boldsymbol{b}^{(\mathrm{h})}$$

$$\boldsymbol{a}^{(\mathrm{h})}=\sigma(\boldsymbol{z}^{(\mathrm{h})})$$

其中，$\boldsymbol{z}^{(\mathrm{h})}$ 是 $1\times m$ 的特征向量。$\boldsymbol{W}^{(\mathrm{h})}$ 为 $d\times m$ 的权重矩阵，d 为隐藏层的单元个数。因此，$\boldsymbol{W}^{(\mathrm{h})\mathrm{T}}$ 是 $m\times d$ 的矩阵。偏置向量 $\boldsymbol{b}^{(\mathrm{h})}$ 包含了 d 个偏置项(隐藏层的每个神经元都对应一个偏置项)。矩阵与向量相乘之后，我们得到 $1\times d$ 的净输入向量 $z^{(\mathrm{h})}$，以此计算激活值 $\boldsymbol{a}^{(\mathrm{h})}$($\boldsymbol{a}^{(\mathrm{h})}\in\mathbb{R}^{1\times d}$)。此外，我们可以把这种形式进一步推广到训练数据集中的 n 个样本：

$$\boldsymbol{Z}^{(\mathrm{h})}=\boldsymbol{X}^{(\mathrm{in})}\boldsymbol{W}^{(\mathrm{h})\mathrm{T}}+\boldsymbol{b}^{(\mathrm{h})}$$

其中，$\boldsymbol{X}^{(\mathrm{in})}$ 是 $n\times m$ 的矩阵，矩阵相乘后得到一个 $n\times d$ 的净输入矩阵 $\boldsymbol{Z}^{(\mathrm{h})}$。最后，用激活函数 $\sigma(\cdot)$ 计算净输入矩阵中的每个值的输出，从而得到下一层(这里为输出层)的 $n\times d$ 激活矩阵 $\boldsymbol{A}^{(\mathrm{h})}$：

$$A^{(h)}=\sigma(Z^{(h)})$$

类似地，可以把多个样本的输出层的净输入写成向量形式：

$$Z^{(out)}=A^{(h)}W^{(out)T}+b^{(out)}$$

这里使用 $n\times d$ 的矩阵 $A^{(h)}$ 乘以 $t\times d$ 的矩阵（t 为输出单元的个数）$W^{(out)}$ 的转置，然后加上 t 维偏置向量 $b^{(out)}$，从而获得 $n\times t$ 的矩阵 $Z^{(out)}$（该矩阵的行代表各样本的输出）。最后，使用 sigmoid 激活函数获得网络的连续值输出：

$$A^{(out)}=\sigma(Z^{(out)})$$

与 $Z^{(out)}$ 相似，$A^{(out)}$ 也是一个 $n\times t$ 的矩阵。

11.2 识别手写数字

上一节介绍了很多关于神经网络的知识，如果你是初次接触这些知识，可能会有点儿不知所措。在继续介绍用于学习多层感知机模型权重的反向传播算法之前，我们先了解一下在实践中如何使用神经网络。

关于反向传播的更多资料

神经网络理论非常复杂，因此这里给大家推荐一些学习资料。这些资料对本章介绍的概念从不同角度做了更详细的阐述：

- I. Goodfellow, Y. Bengio, A. Courville, Deep Feedforward Networks, Deep Learning, MIT Press, 2016（可通过 http://www.deeplearningbook.org 免费获得手稿）的第 6 章。
- C. M. Bishop. Pattern Recognition and Machine Learning, Springer New York, 2006.
- Sebastian Raschka 主讲深度学习课程的视频和讲义：https://sebastianraschka.com/blog/2021/dl-course.html#l08-multinomial-logistic-regression--softmax-regression；https://sebastianraschka.com/blog/2021/dl-course.html#l09-multilayer-perceptrons-and-backpropration。

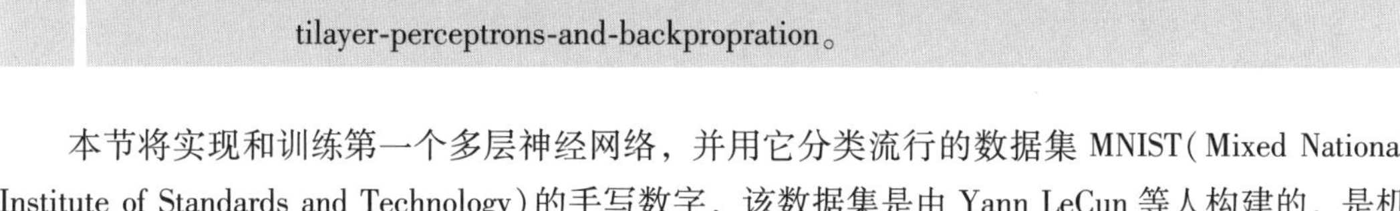

本节将实现和训练第一个多层神经网络，并用它分类流行的数据集 MNIST（Mixed National Institute of Standards and Technology）的手写数字，该数据集是由 Yann LeCun 等人构建的，是机器学习领域常用的基准数据集（Y. LeCun, L. Bottou, Y. Bengio, P. Haffner. Gradient-Based Learning Applied to Document Recognition, Proceedings of the IEEE, 86(11): 2278-2324, 1998）。

11.2.1 获取并准备 MNIST 数据集

我们可以从公开网站 http://yann.lecun.com/exdb/mnist/ 获得 MNIST 数据集，MNIST 数据集包括以下四个部分：

- 训练数据集图像：train-images-idx3-ubyte.gz(9.9MB，解压后 47MB，包含 6 万幅样本图像)。
- 训练数据集标签：train-labels-idx1-ubyte.gz(29KB，解压后 60KB，包含 6 万个标签)。
- 测试数据集图像：t10k-images-idx3-ubyte.gz(1.6MB，解压后 7.8MB，包含 1 万幅样本图像)。
- 测试数据集标签：t10k-labels-idx1-ubyte.gz(5KB，解压后 10KB，包含 1 万个标签)。

MNIST 数据集是由美国国家标准与技术研究院(NIST)提供的两个数据集组成的。训练数据集包含 250 个人的手写数字，其中 50%为高中生，剩下的 50%为美国人口普查局的职员。请注意，测试数据集中的手写数字也是由不同人员所写的，这些人员的比例与训练数据集人员的比例相同。

我们不需要自己下载 MNIST 数据集文件并将它们预处理成 NumPy 数组。通过调用 Scikit-Learn 中的 `fetch_openml` 函数，可以很轻松地下载 MNIST 数据集：

```
>>> from sklearn.datasets import fetch_openml
>>> X, y = fetch_openml('mnist_784', version=1,
...                     return_X_y=True)
>>> X = X.values
>>> y = y.astype(int).values
```

在 Scikit-Learn 中，`fetch_openml` 函数从 OpenML(https://www.openml.org/d/554)下载 MNIST 数据集，并用 pandas 的 `DataFrame` 保存，所以需要使用 `DataFrame` 中的 `values` 属性获得底层的 NumPy 数组(如果使用的 Scikit-Learn 低于 1.0 版本，`fetch_openml` 函数将直接下载 NumPy 数组形式存储的数据，不需要使用 `values` 属性)。$n \times m$ 的数组 `X` 由 70 000 幅图像组成，每幅图像有 784 个像素，而数组 `y` 存储了 70 000 幅图像对应的类别标签，这可以通过检查数组的维数确定：

```
>>> print(X.shape)
(70000, 784)
>>> print(y.shape)
(70000,)
```

MNIST 数据集中的图像由 784(28×28)个像素组成，每个像素的明亮程度由灰度值表示。`fetch_openml` 函数已经把 784 个像素展开为一个行向量，存储在数组 `X` 的行中(每行或图像有 784 个数据)。`fetch_openml` 函数返回的第二个数组 `y` 包含对应的目标变量，即手写数字的类别标签(整数 0~9)。

接下来，将 MNIST 数据集中的像素值(0~255)归一化至-1~1，代码如下：

```
>>> X = ((X / 255.) - .5) * 2
```

进行归一化的原因是基于梯度的优化算法使用归一化后的数据更稳定。请注意，这里对图像中的像素逐个缩放与前几章使用的特征缩放不同。

之前，我们从训练数据集中推导缩放参数，并使用这些参数缩放训练数据集和测试数据集的每一列。但在处理图像像素时，通常把所有特征中心归零并将每个特征值缩放至[-1,1]区间内，该方法在实践中很常见并且很有效。

为了对 MNIST 数据集中的图像有个直观印象，可以可视化数字 0~9 的样本。这需要将数据矩阵中包含 784 个像素的行向量重新转换成 28×28 像素的图像，并通过 Matplotlib 中的 **imshow** 函数绘制图像：

```
>>> import matplotlib.pyplot as plt
>>> fig, ax = plt.subplots(nrows=2, ncols=5,
...                        sharex=True, sharey=True)
>>> ax = ax.flatten()
>>> for i in range(10):
...     img = X[y == i][0].reshape(28, 28)
...     ax[i].imshow(img, cmap='Greys')
>>> ax[0].set_xticks([])
>>> ax[0].set_yticks([])
>>> plt.tight_layout()
>>> plt.show()
```

图 11.4 给出了 10 张图片，这 10 张图片展示了不同手写数字的代表性图像。

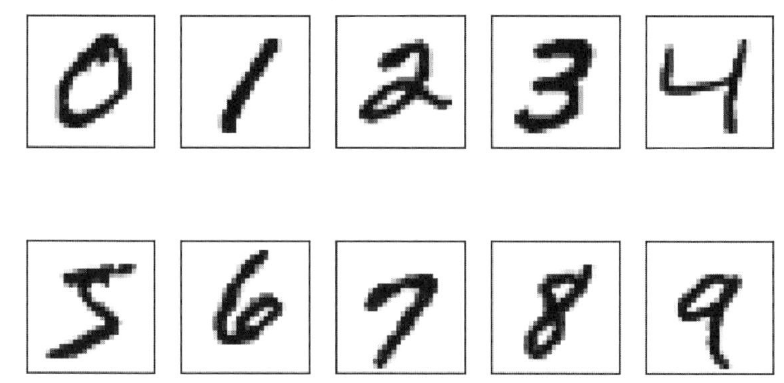

图 11.4 从每个类别中随机选取一个手写数字展示

此外，我们也可以绘制同一数字的多个手写样本，来比较这些笔迹的差异：

```
>>> fig, ax = plt.subplots(nrows=5,
...                        ncols=5,
...                        sharex=True,
...                        sharey=True)
>>> ax = ax.flatten()
```

```
>>> for i in range(25):
...     img = X[y == 7][i].reshape(28, 28)
...     ax[i].imshow(img, cmap='Greys')
>>> ax[0].set_xticks([])
>>> ax[0].set_yticks([])
>>> plt.tight_layout()
>>> plt.show()
```

运行上述代码，可以看到数字 7 对应的前 25 个样本，如图 11.5 所示。

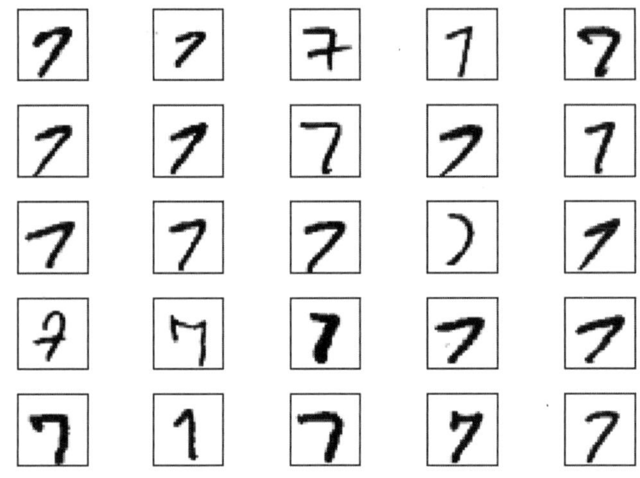

图 11.5　手写数字 7 的前 25 个样本

最后，将数据集划分为训练集、验证集和测试集。使用下面的代码拆分数据集，其中 55 000 幅图像用于训练，5000 幅图像用于验证，剩余 10 000 幅图像用于测试。

```
>>> from sklearn.model_selection import train_test_split
>>> X_temp, X_test, y_temp, y_test = train_test_split(
...     X, y, test_size=10000, random_state=123, stratify=y
... )
>>> X_train, X_valid, y_train, y_valid = train_test_split(
...     X_temp, y_temp, test_size=5000,
...     random_state=123, stratify=y_temp
... )
```

11.2.2　实现多层感知机

本节将从头开始实现一个多层感知机，并用多层感知机对 MNIST 数据集中的图像进行分类。为了简单起见，实现的多层感知机只包含一个隐藏层。尽管如此，这部分可能仍有些复杂，读者可以从 GitHub 官网（https://github.com/rasbt/machine-learning-book）直接下载本章的代码，这样就可以通过代码的注释更好地理解多层感知机的实现逻辑。

如果不是在附带的 Jupyter Notebook 中运行代码或者无法联网，那么建议把本章 NeuralNetMLP 的代码复制到计算机当前目录下的 Python 脚本文件（例如 neuralnet.py）中，然后再运行以下命令把代码导入当前的 Python 会话中：

```
from neuralnet import NeuralNetMLP
```

代码包含一些我们尚未介绍过的内容，例如反向传播算法。即使不太明白某些代码，也请别太担心，本章后后面将会解释这些代码。阅读这些代码可以更容易地理解接下来的知识。

下面将实现多层感知机。首先构造两个辅助函数，一个用于计算 sigmoid 激活函数，另一个则用于将整数类别标签转化为独热编码向量：

```
import numpy as np

def sigmoid(z):
    return 1. / (1. + np.exp(-z))


def int_to_onehot(y, num_labels):

    ary = np.zeros((y.shape[0], num_labels))
    for i, val in enumerate(y):
        ary[i, val] = 1

    return ary
```

接下来将实现多层感知机的 NeuralNetMLP 类。该类有 __init__()、forword() 和 backward() 三个类方法，我们将逐一介绍，先从 __init__ 方法开始：

```
class NeuralNetMLP:

    def __init__(self, num_features, num_hidden,
                 num_classes, random_seed=123):
        super().__init__()

        self.num_classes = num_classes

        # hidden
        rng = np.random.RandomState(random_seed)

        self.weight_h = rng.normal(
            loc=0.0, scale=0.1, size=(num_hidden, num_features))
        self.bias_h = np.zeros(num_hidden)

        # output
        self.weight_out = rng.normal(
            loc=0.0, scale=0.1, size=(num_classes, num_hidden))
        self.bias_out = np.zeros(num_classes)
```

__init__方法初始化了隐藏层和输出层的权重矩阵及偏置向量。以下代码说明了如何使用 forward 方法进行预测：

```
def forward(self, x):
    # Hidden layer

    # input dim: [n_examples, n_features]
    #        dot [n_hidden, n_features].T
    # output dim: [n_examples, n_hidden]
    z_h = np.dot(x, self.weight_h.T) + self.bias_h
    a_h = sigmoid(z_h)

    # Output layer
    # input dim: [n_examples, n_hidden]
    #        dot [n_classes, n_hidden].T
    # output dim: [n_examples, n_classes]
    z_out = np.dot(a_h, self.weight_out.T) + self.bias_out
    a_out = sigmoid(z_out)
    return a_h, a_out
```

forward 方法接收一个或多个训练样本，并返回预测结果。实际上，forward 方法将同时返回隐藏层的激活值 a_h 和输出层的激活值 a_out，其中 a_out 代表类别概率，可以转化成我们需要的类别标签。我们同样需要隐藏层的激活值 a_h，并用 a_h 优化隐藏层和输出层的权重以及偏置等参数。

最后是 backward 方法，它用于更新神经网络的权重和偏置参数：

```
def backward(self, x, a_h, a_out, y):

    #########################
    ### Output layer weights
    #########################

    # one-hot encoding
    y_onehot = int_to_onehot(y, self.num_classes)

    # Part 1: dLoss/dOutWeights
    ## = dLoss/dOutAct * dOutAct/dOutNet * dOutNet/dOutWeight
    ## where DeltaOut = dLoss/dOutAct * dOutAct/dOutNet
    ## for convenient re-use

    # input/output dim: [n_examples, n_classes]
    d_loss__d_a_out = 2.*(a_out - y_onehot) / y.shape[0]

    # input/output dim: [n_examples, n_classes]
    d_a_out__d_z_out = a_out * (1. - a_out) # sigmoid derivative
```

```
        # output dim: [n_examples, n_classes]
        delta_out = d_loss__d_a_out * d_a_out__d_z_out

        # gradient for output weights

        # [n_examples, n_hidden]
        d_z_out__dw_out = a_h

        # input dim: [n_classes, n_examples]
        #           dot [n_examples, n_hidden]
        # output dim: [n_classes, n_hidden]
        d_loss__dw_out = np.dot(delta_out.T, d_z_out__dw_out)
        d_loss__db_out = np.sum(delta_out, axis=0)

        #################################
        # Part 2: dLoss/dHiddenWeights
        ## = DeltaOut * dOutNet/dHiddenAct * dHiddenAct/dHiddenNet
        #    * dHiddenNet/dWeight

        # [n_classes, n_hidden]
        d_z_out__a_h = self.weight_out

        # output dim: [n_examples, n_hidden]
        d_loss__a_h = np.dot(delta_out, d_z_out__a_h)

        # [n_examples, n_hidden]
        d_a_h__d_z_h = a_h * (1. - a_h) # sigmoid derivative

        # [n_examples, n_features]
        d_z_h__d_w_h = x

        # output dim: [n_hidden, n_features]
        d_loss__d_w_h = np.dot((d_loss__a_h * d_a_h__d_z_h).T,
                               d_z_h__d_w_h)
        d_loss__d_b_h = np.sum((d_loss__a_h * d_a_h__d_z_h), axis=0)

        return (d_loss__dw_out, d_loss__db_out,
                d_loss__d_w_h, d_loss__d_b_h)
```

backward 方法实现了反向传播算法，该算法分别计算了损失函数关于权重和偏置的梯度。与自适应线性神经元类似，可以使用梯度下降算法更新网络参数。请注意，多层神经网络比单层网络更复杂。在介绍完代码后，下一节将介绍如何计算梯度。现在只需要知道 backward 方法是计算梯度的一种方式，计算的梯度可用于梯度下降中的参数更新。为简单起见，这里的损失函数与在自适应线性神经元算法中使用的均方误差损失函数相同。后面的章节将会介绍其他损失函数，如多元交叉熵损失函数，它可以将二元逻辑回归损失函数泛化到多元逻辑回归情况。

NeuralNetMLP 类的代码实现与之前熟悉的 Scikit-Learn 中的 API 不同，那些 API 的主要方法是 fit()方法和 predict()方法，而 NeuralNetMLP 类的主要方法是 forward()方法和 backward()方法。这背后有两个原因，一个原因是在这种实现中，forward()方法和 backward()方法更容易让我们理解信息在复杂神经网络中是如何传递的；另一个原因是这种实现与 PyTorch 等更高级的深度学习库的操作方式类似。接下来的章节将介绍 PyTorch，并使用 PyTorch 实现更复杂的神经网络。

在实现 NeuralNetMLP 类后，运行下面的代码，定义一个新的 NeuralNetMLP 对象：

```
>>> model = NeuralNetMLP(num_features=28*28,
...                      num_hidden=50,
...                      num_classes=10)
```

该模型(model)将接收 MNIST 数据集中 10 个整数类别(数字 0~9)的图像，注意，接收的图像事先已被转换成 784 维向量(采用之前定义的 X_train、X_valid 或者 X_test 格式)。隐藏层由 50 个节点组成。从前面定义的 forward()方法中可以看到，为了让模型更加简单，我们在第一个隐藏层和输出层中都使用 sigmoid 激活函数。后续章节将介绍可在隐藏层和输出层使用的其他激活函数。

图 11.6 总结了上述神经网络结构。

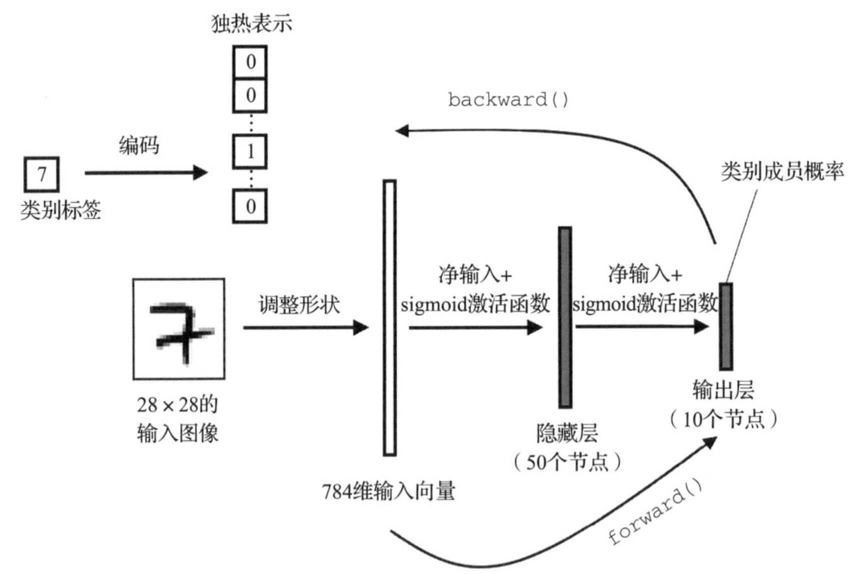

图 11.6　用于手写数字识别的神经网络结构

下一小节将实现训练函数，使用该函数可以在小批量数据集上通过反向传播训练此神经网络。

11.2.3　神经网络训练代码

上一小节已经实现了 NeuralNetMLP 类，并定义了一个模型，下一步便是训练该模型。我们将通过多个步骤解决这个问题。首先，定义一些加载数据的辅助函数。然后，把这些函数嵌入训练循环中，对数据进行多轮迭代。

第一个要定义的函数是小批量生成器，它可以接收数据集并将其分成所需尺寸的小批量数据，并在批数据上使用随机梯度下降算法训练模型，代码如下：

```
>>> import numpy as np
>>> num_epochs = 50
>>> minibatch_size = 100

>>> def minibatch_generator(X, y, minibatch_size):
...     indices = np.arange(X.shape[0])
...     np.random.shuffle(indices)
...     for start_idx in range(0, indices.shape[0] - minibatch_size
...                            + 1, minibatch_size):
...         batch_idx = indices[start_idx:start_idx + minibatch_size]
...         yield X[batch_idx], y[batch_idx]
```

在介绍下一个函数前，先确保小批量生成器能够按照预期工作，产生所需尺寸的小批量数据。下面的代码将遍历数据集，然后输出小批量数据的维度。请注意，之后的代码将删除 break 语句。代码如下：

```
>>> # iterate over training epochs
>>> for i in range(num_epochs):
...     # iterate over minibatches
...     minibatch_gen = minibatch_generator(
...         X_train, y_train, minibatch_size)
...     for X_train_mini, y_train_mini in minibatch_gen:
...         break
...     break
>>> print(X_train_mini.shape)
(100, 784)
>>> print(y_train_mini.shape)
(100,)
```

可以看到，神经网络按照预期返回大小为 100 的小批量数据。

接下来，定义损失函数和性能指标，它们可以用来监控模型的训练过程，评估模型。以下代码实现了均方误差损失函数及准确率函数：

```
>>> def mse_loss(targets, probas, num_labels=10):
...     onehot_targets = int_to_onehot(
```

```
...             targets, num_labels=num_labels
...         )
...     return np.mean((onehot_targets - probas)**2)

>>> def accuracy(targets, predicted_labels):
...     return np.mean(predicted_labels == targets)
```

为了测试上面两个函数，我们使用前一节定义的模型，计算模型在初始验证数据集上的均方误差和准确率：

```
>>> _, probas = model.forward(X_valid)
>>> mse = mse_loss(y_valid, probas)
>>> print(f'Initial validation MSE: {mse:.1f}')
Initial validation MSE: 0.3

>>> predicted_labels = np.argmax(probas, axis=1)
>>> acc = accuracy(y_valid, predicted_labels)
>>> print(f'Initial validation accuracy: {acc*100:.1f}%')
Initial validation accuracy: 9.4%
```

在此代码中，`model.forward()`返回隐藏层和输出层的激活值。请注意，输出层共有 10 个输出节点，每个节点对应一个类别标签。因此，在计算均方误差时，要先用`mse_loss()`函数将类别标签转化为独热编码形式。在实践中，先对平方差矩阵的行或列进行平均没有区别，调用`np.mean()`将返回一个标量。

由于我们使用了 sigmoid 函数，输出层的激活值将位于[0,1]区间。对于每个输入，输出层会产生 10 个[0,1]范围内的值，因此可以使用`np.argmax()`函数选择最大值的索引位置，从而产生预测的类别标签。然后，比对真实类别标签与预测类别标签，再使用已经定义的`accuracy()`函数计算模型准确率。从前面的输出可以看出，准确率不是很高。但是，考虑到这是一个包含 10 个类别的均衡数据集，而 10%左右的预测准确率正是一个未经训练的模型随机预测所产生的期望准确率。

运行上述代码，我们可以计算模型在整个训练数据集上的性能，例如，如果我们提供`y_train`作为真实标签，提供整个训练数据集`X_train`通过模型得到预测标签。然而，在实践中，计算机内存决定了模型在一次前向传播中可以处理的数据的大小（较大矩阵的乘法对内存有要求）。因此，基于之前的小批量数据生成器，我们定义了均方误差和准确率。下面定义的函数将通过迭代小批量数据逐步计算均方误差和准确率，从而提高内存效率，代码如下：

```
>>> def compute_mse_and_acc(nnet, X, y, num_labels=10,
...                         minibatch_size=100):
...     mse, correct_pred, num_examples = 0., 0, 0
...     minibatch_gen = minibatch_generator(X, y, minibatch_size)
...     for i, (features, targets) in enumerate(minibatch_gen):
```

```
...         _, probas = nnet.forward(features)
...         predicted_labels = np.argmax(probas, axis=1)
...         onehot_targets = int_to_onehot(
...             targets, num_labels=num_labels
...         )
...         loss = np.mean((onehot_targets - probas)**2)
...         correct_pred += (predicted_labels == targets).sum()
...         num_examples += targets.shape[0]
...         mse += loss
...     mse = mse/i
...     acc = correct_pred/num_examples
...     return mse, acc
```

在训练模型之前，先对函数进行测试，并使用前一节定义的模型计算其在验证数据集上的均方误差和准确率，确定函数能够按照预期工作：

```
>>> mse, acc = compute_mse_and_acc(model, X_valid, y_valid)
>>> print(f'Initial valid MSE: {mse:.1f}')
Initial valid MSE: 0.3
>>> print(f'Initial valid accuracy: {acc*100:.1f}%')
Initial valid accuracy: 9.4%
```

通过结果可以看出，基于小批量数据生成器的方法产生的结果与之前定义的均方误差函数和准确率函数产生的结果相同，其中均方误差有一个可以忽略的舍入误差(0.27 和 0.28)。

现在进入主要部分，即编写训练模型的代码：

```
>>> def train(model, X_train, y_train, X_valid, y_valid, num_epochs,
...           learning_rate=0.1):
...     epoch_loss = []
...     epoch_train_acc = []
...     epoch_valid_acc = []
...
...     for e in range(num_epochs):
...         # iterate over minibatches
...         minibatch_gen = minibatch_generator(
...             X_train, y_train, minibatch_size)
...         for X_train_mini, y_train_mini in minibatch_gen:
...             #### Compute outputs ####
...             a_h, a_out = model.forward(X_train_mini)

...             #### Compute gradients ####
...             d_loss__d_w_out, d_loss__d_b_out, \
...             d_loss__d_w_h, d_loss__d_b_h = \
...                 model.backward(X_train_mini, a_h, a_out,
```

```
...                                   y_train_mini)
...
...             #### Update weights ####
...             model.weight_h -= learning_rate * d_loss__d_w_h
...             model.bias_h -= learning_rate * d_loss__d_b_h
...             model.weight_out -= learning_rate * d_loss__d_w_out
...             model.bias_out -= learning_rate * d_loss__d_b_out
...
...         #### Epoch Logging ####
...         train_mse, train_acc = compute_mse_and_acc(
...             model, X_train, y_train
...         )
...         valid_mse, valid_acc = compute_mse_and_acc(
...             model, X_valid, y_valid
...         )
...         train_acc, valid_acc = train_acc*100, valid_acc*100
...         epoch_train_acc.append(train_acc)
...         epoch_valid_acc.append(valid_acc)
...         epoch_loss.append(train_mse)
...         print(f'Epoch: {e+1:03d}/{num_epochs:03d} '
...               f'| Train MSE: {train_mse:.2f} '
...               f'| Train Acc: {train_acc:.2f}% '
...               f'| Valid Acc: {valid_acc:.2f}%')
...
...     return epoch_loss, epoch_train_acc, epoch_valid_acc
```

整体来看，train()函数会迭代多轮。在每轮迭代中，使用之前定义的 minibatch_generator()函数以小批量的形式遍历整个训练数据集，通过随机梯度下降算法训练模型。在小批量生成器的 for 循环中，我们通过模型的 forward()方法获得输出 a_h 以及 a_out。然后，再通过模型的 backward()方法计算损失函数的梯度，这将在后面的小节中介绍。有了损失函数的梯度后，我们将负梯度乘以学习率并与权重相加以更新参数。这与之前介绍的自适应线性神经元的参数更新相同。例如，使用下面这行代码更新隐藏层的权重参数：

```
model.weight_h -= learning_rate * d_loss__d_w_h
```

对于单个权重 w_j，其对应的更新规则如下：

$$w_j := w_j - \eta \frac{\partial L}{\partial w_j}$$

前面代码的最后一部分，即计算训练数据集和测试数据集上的损失及准确率的代码，是用来追踪训练进度的。

现在，运行 train()函数，训练模型 50 轮，该过程可能需要几分钟：

```
>>> np.random.seed(123) # for the training set shuffling
>>> epoch_loss, epoch_train_acc, epoch_valid_acc = train(
...     model, X_train, y_train, X_valid, y_valid,
...     num_epochs=50, learning_rate=0.1)
```

在训练期间，可以看到以下输出：

```
Epoch: 001/050 | Train MSE: 0.05 | Train Acc: 76.17% | Valid Acc: 76.02%
Epoch: 002/050 | Train MSE: 0.03 | Train Acc: 85.46% | Valid Acc: 84.94%
Epoch: 003/050 | Train MSE: 0.02 | Train Acc: 87.89% | Valid Acc: 87.64%
Epoch: 004/050 | Train MSE: 0.02 | Train Acc: 89.36% | Valid Acc: 89.38%
Epoch: 005/050 | Train MSE: 0.02 | Train Acc: 90.21% | Valid Acc: 90.16%
...
Epoch: 048/050 | Train MSE: 0.01 | Train Acc: 95.57% | Valid Acc: 94.58%
Epoch: 049/050 | Train MSE: 0.01 | Train Acc: 95.55% | Valid Acc: 94.54%
Epoch: 050/050 | Train MSE: 0.01 | Train Acc: 95.59% | Valid Acc: 94.74%
```

之所以打印这些输出，是因为在神经网络训练过程中，我们需要判断该模型在提供的超参数和模型结构下是否表现出色，而比较训练准确率和验证准确率对此有很大的帮助。例如，如果训练准确率和验证准确率都比较低，那么要么是训练数据集存在问题，要么是超参数设置不理想。

一般而言，与迄今为止介绍过的其他模型相比，训练(深度)神经网络的成本相对较大。因此，我们希望在某些情况下尽早停止训练，然后设置不同的超参数再重新训练模型。此外，如果模型出现过拟合趋势(表现为模型在训练数据集和验证数据集上的性能差距不断变大)，也需要尽早停止训练。

下一小节将介绍神经网络的性能评估。

11.2.4　评估神经网络的性能

下一节将介绍反向传播，在此之前，我们先看一下上一节训练的模型的性能。

在 `train()` 函数中，我们计算了每轮迭代时训练数据集的损失函数值，以及训练数据集和验证数据集上的准确率。因此，可以使用 Matplotlib 将结果可视化。首先来看训练数据集的均方误差损失函数值：

```
>>> plt.plot(range(len(epoch_loss)), epoch_loss)
>>> plt.ylabel('Mean squared error')
>>> plt.xlabel('Epoch')
>>> plt.show()
```

上面的代码绘制了训练模型 50 次迭代的损失函数值，如图 11.7 所示。

从图 11.7 可以看到，损失在前 10 轮大幅下降，而在最后 10 轮中收敛速度变缓。然而，在第 40 轮和第 50 轮之间的小坡度表明，如果增加额外的训练轮数，损失将进一步降低。

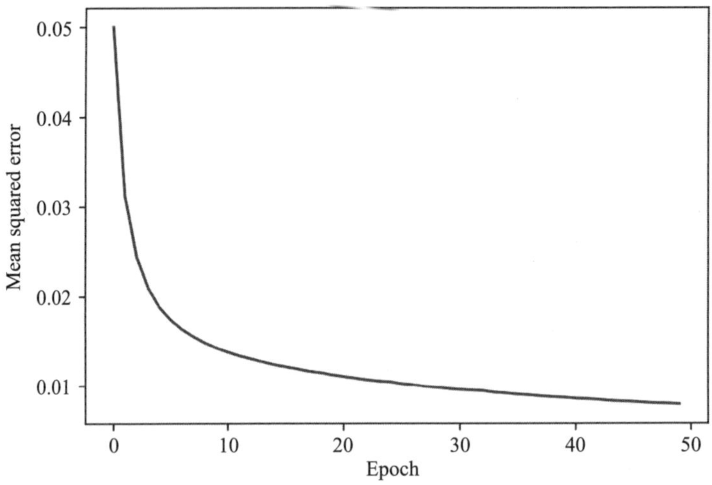

图 11.7 均方误差与训练轮数的关系

接下来，观察训练数据集上的准确率和验证数据集上的准确率：

```
>>> plt.plot(range(len(epoch_train_acc)), epoch_train_acc,
...          label='Training')
>>> plt.plot(range(len(epoch_valid_acc)), epoch_valid_acc,
...          label='Validation')
>>> plt.ylabel('Accuracy')
>>> plt.xlabel('Epochs')
>>> plt.legend(loc='lower right')
>>> plt.show()
```

上述代码绘制了前 50 轮的准确率变化情况，如图 11.8 所示。

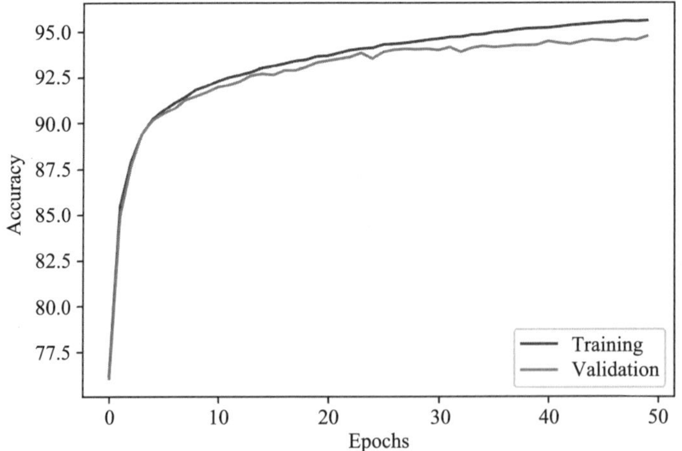

图 11.8 分类准确率与训练轮数的关系

如图 11.8 所示，随着训练轮数的增加，模型在训练数据集上的准确率和在验证数据集上的准确率之间的差距在不断增加。大约在第 25 轮时，训练数据集上的准确率和验证数据集上的准确率几乎相等，在此之后，网络对训练数据出现轻微的过拟合现象。

降低过拟合

降低过拟合的一种方法是第 3 章介绍过的增加 L2 正则化强度。另一种解决神经网络过拟合问题的方法是引入 dropout(见第 14 章)。

最后，通过计算模型在测试数据集上的预测准确率来评估模型的泛化性能：

```
>>> test_mse, test_acc = compute_mse_and_acc(model, X_test, y_test)
>>> print(f'Test accuracy: {test_acc*100:.2f}%')
Test accuracy: 94.51%
```

可以看到，模型在测试数据集上的准确率非常接近最后一轮对应的验证准确率(94.74%)，上一小节的训练中已经给出了该验证准确率。此外，此时的训练准确率为 95.59%，只比测试准确率高一点点，再次说明模型对训练数据只是略微过拟合。

为了进一步微调模型，我们可以改变隐藏层的单元数和学习率，也可以使用已经开发多年但未在本书讨论的其他技巧。第 14 章将介绍另一种神经网络结构，即卷积神经网络。卷积神经网络以在图像数据集上表现出色而著称。此外，该章还将介绍优化性能的其他方法，例如更复杂的基于随机梯度下降的优化算法和 dropout。

当然，还有一些本书未讨论的常用方法，包括：

- 添加跳跃连接，这是残差神经网络的主要贡献。(K. He, X. Zhang, S. Ren, J. Sun. Deep residual learning for image recognition, Proceedings of the IEEE Conference on Computer Vision and Pattern Recognition, 770-778, 2016)
- 使用学习率调度器在训练过程中改变学习率。(L. N. Smith. Cyclical learning rates for training neural networks, 2017 IEEE Winter Conference on Applications of Computer Vision (WACV), 464-472, 2017)
- 像流行的 Inception v3 那样，将损失函数附加到网络前面的层。(C. Szegedy, V. Vanhoucke, S. Ioffe, J. Shlens, Z. Wojna. Rethinking the Inception architecture for computer vision, Proceedings of the IEEE Conference on Computer Vision and Pattern Recognition, 2818-2826, 2016)

最后，提取并绘制模型在测试数据集上出现错误的前 25 个样本，查看这些多层感知机难以处理的图像：

```
>>> X_test_subset = X_test[:1000, :]
>>> y_test_subset = y_test[:1000]
>>> _, probas = model.forward(X_test_subset)
```

```
>>> test_pred = np.argmax(probas, axis=1)
>>> misclassified_images = \
...     X_test_subset[y_test_subset != test_pred][:25]
>>> misclassified_labels = test_pred[y_test_subset != test_pred][:25]
>>> correct_labels = y_test_subset[y_test_subset != test_pred][:25]

>>> fig, ax = plt.subplots(nrows=5, ncols=5,
...                        sharex=True, sharey=True,
...                        figsize=(8, 8))
>>> ax = ax.flatten()
>>> for i in range(25):
...     img = misclassified_images[i].reshape(28, 28)
...     ax[i].imshow(img, cmap='Greys', interpolation='nearest')
...     ax[i].set_title(f'{i+1}) '
...                     f'True: {correct_labels[i]}\n'
...                     f' Predicted: {misclassified_labels[i]}')

>>> ax[0].set_xticks([])
>>> ax[0].set_yticks([])
>>> plt.tight_layout()
>>> plt.show()
```

图 11.9 给出了测试数据集的 25 幅图像，每幅图像标题中的第一个数字代表图像的序号，第二个数字代表真实的类别标签(`True`)，第三个数字代表预测的类别标签(`Predicted`)。

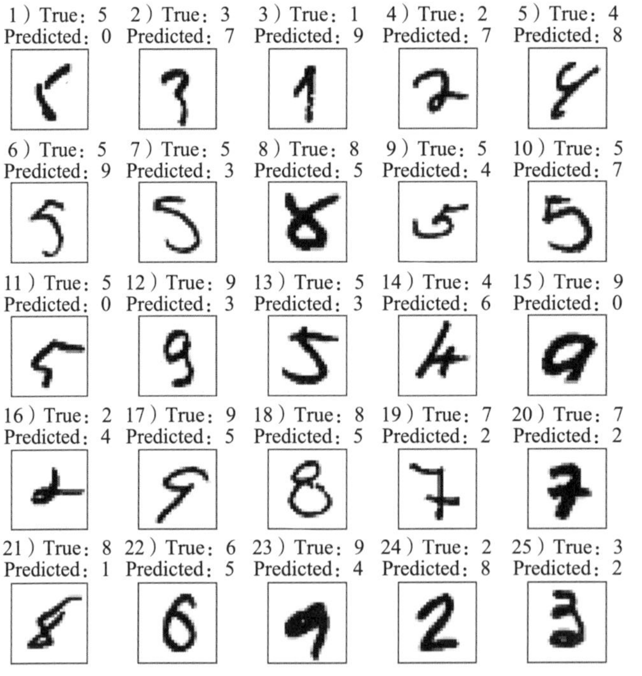

图 11.9　模型分类错误的手写数字

从图 11.9 可以看到，当数字 7 包含一条水平线(如样本 19 和样本 20)时，网络很难识别出数字 7。回顾一下本章前面绘制的数字 7 的训练样本，可以猜测在训练数据集中，带有水平线的手写数字 7 的样本不足，因此经常会出现分类错误的情况。

11.3 训练人工神经网络

现在，我们已经通过实践了解了神经网络，并通过代码了解了神经网络的基本工作原理。本节将介绍其中的一些概念，例如损失函数计算和用来在神经网络中学习参数的反向传播算法。

11.3.1 损失函数的计算

如前所述，因为对均方误差求导计算梯度更容易理解，所以我们使用均方误差损失函数训练多层神经网络。后面的章节将介绍其他损失函数，例如常用于训练神经网络分类器的多元交叉熵损失(二元逻辑回归损失函数的泛化)。

在上节中，我们实现了一个用于多类别分类的多层感知机，多层感知机将返回一个包含 t 个元素的向量，该向量需要与 t 维独热编码表示的目标向量进行比较。例如，使用多层感知机预测类别标签为 2 的输入图像，第三层的激活输出和目标向量如下：

$$\boldsymbol{a}^{(\text{out})}=\begin{bmatrix}0.1\\0.9\\\vdots\\0.3\end{bmatrix},\quad \boldsymbol{y}=\begin{bmatrix}0\\1\\\vdots\\0\end{bmatrix}$$

因此，均方误差损失除了要在数据集或批数据的 n 个样本间平均外，还必须在网络中的 t 个激活单元间平均。

$$L(\boldsymbol{W},\boldsymbol{b})=\frac{1}{n}\sum_{i=1}^{n}\frac{1}{t}\sum_{j=1}^{t}\left(y_j^{[i]}-a_j^{(\text{out})[i]}\right)^2$$

其中，上标符号$[i]$是训练数据集样本的索引。请记住，我们的目标是最小化损失函数 $L(\boldsymbol{W},\boldsymbol{b})$。因此，需要计算其关于参数 $\boldsymbol{W}$(网络中每一层权重)的偏导数：

$$\frac{\partial L}{\partial w_{j,l}^{(l)}}$$

下一节将介绍反向传播算法，它通过计算偏导数来最小化损失函数。请注意，$\boldsymbol{W}$ 由多个矩阵构成。在只有一个隐藏层的多层感知机中，权重矩阵 $\boldsymbol{W}^{(h)}$ 将输入层与隐藏层连接了起来，矩阵 $\boldsymbol{W}^{(\text{out})}$ 将隐藏层与输出层连接了起来。图 11.10 提供了三维张量 $\boldsymbol{W}$ 的可视化效果。

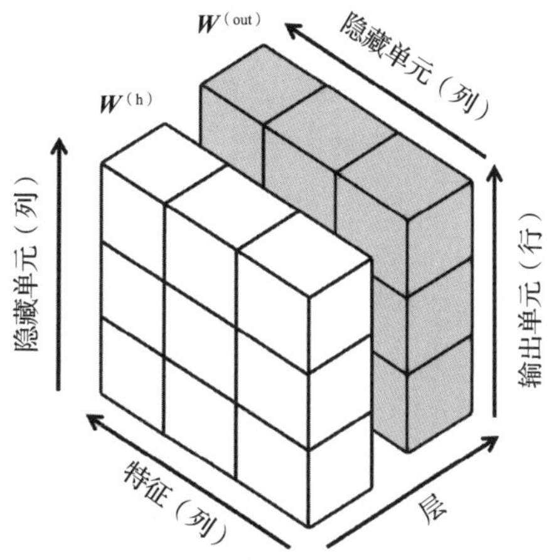

图 11.10　三维张量的可视化效果

除非在初始化多层感知机时设置隐藏层的神经元个数、输出层的神经元个数都与输入样本个数相同，否则图 11.10 的 $\boldsymbol{W}^{(h)}$ 和 $\boldsymbol{W}^{(out)}$ 不会有相同的行数和列数。

如果对此感到困惑，可以暂时先放到一边，等到下一节介绍反向传播时，我们再深入地介绍 $\boldsymbol{W}^{(h)}$ 和 $\boldsymbol{W}^{(out)}$ 的维度问题。另外，我们鼓励读者再次阅读 `NeuralNetMLP` 代码，其中添加了不少注释，有助于理解矩阵和向量相互转换时的维度问题。

11.3.2　理解反向传播

虽然反向传播算法在 30 多年前就被引入神经网络中（D. E. Rumelhart，G. E. Hinton，R. J. Williams . Learning representations by backpropagating errors，Nature，323：6088，533-536，1986），但它仍然是使用最广泛的算法之一，可以高效地训练人工神经网络。对反向传播算法历史感兴趣的读者，可以参阅文献：Juergen Schmidhuber. Who Invented Backpropagation?，http://people. idsia. ch/~juergen/who-invented-backpropagation. html。

在介绍反向传播的数学细节之前，本节将宏观地描述反向传播算法的工作原理并提供一个简单且直观的总结。本质上，可以把反向传播算法看作一种计算多层神经网络中非凸损失函数偏导数的有效方法。我们的目标是利用这些偏导数学习人工神经网络的权重参数。优化神经网络参数的困难在于需要处理大量高维特征空间中的模型参数。与自适应线性神经元和逻辑回归这样的单层神经网络的损失函数不同，神经网络损失函数的误差平面往往非凸、非光滑。高维空间的损失函数的误差平面有很多凸起和凹陷（局部最小值），我们必须解决陷入局部最小值的问题才能找到损失函数的全局最小值。

微积分课程中有链式法则的概念。链式法则是一种计算复杂嵌套函数［如 $f(g(x))$］导数的方法，如下所示：

$$\frac{\mathrm{d}}{\mathrm{d}x}[f(g(x))]=\frac{\mathrm{d}f}{\mathrm{d}g}\cdot\frac{\mathrm{d}g}{\mathrm{d}x}$$

类似地，可以用链式法则处理任数量嵌套的函数。例如，假设有 5 个函数 $f(x)$、$g(x)$、$h(x)$、$u(x)$ 和 $v(x)$，F 为这些函数的嵌套函数：$F(x)=f(g(h(u(v(x)))))$。应用链式法则，可以计算该函数的导数，如下所示：

$$\frac{\mathrm{d}F}{\mathrm{d}x}=\frac{\mathrm{d}}{\mathrm{d}x}F(x)=\frac{\mathrm{d}}{\mathrm{d}x}f(g(h(u(v(x)))))=\frac{\mathrm{d}f}{\mathrm{d}g}\cdot\frac{\mathrm{d}g}{\mathrm{d}h}\cdot\frac{\mathrm{d}h}{\mathrm{d}u}\cdot\frac{\mathrm{d}u}{\mathrm{d}v}\cdot\frac{\mathrm{d}v}{\mathrm{d}x}$$

在计算机代数的推动下，已经有一个有效的进行链式法则求导的方法，即所谓的**自动微分**。如果有兴趣了解更多自动微分在机器学习领域的应用的知识，请阅读下述论文：A. G. Baydin，B. A. Pearlmutter. Automatic Differentiation of Algorithms for Machine Learning，arXiv preprint arXiv：1404. 7456，2014，http://arxiv. org/pdf/1404. 7456. pdf。

自动微分有两种模式：正向模式和反向模式。反向传播是反向模式下自动微分的一种特殊情况。在正向模式下应用链式法则的计算成本可能会非常高，因为每层必须乘以一个大矩阵（雅可比矩阵），最终还要再乘以一个向量才能获得输出。

反向模式的诀窍是从右向左遍历链式法则：用一个向量乘以一个矩阵，产生另一个向量，然后再用产生的向量乘以下一个矩阵，以此类推。矩阵和向量的乘法在计算成本上要比矩阵和矩阵的乘法低得多，这就是反向传播在神经网络训练很流行的原因。

微积分基础回顾

为了充分理解反向传播，需要使用微分学中的一些概念和方法。本书不会介绍这些方法和概念。但是，你可以阅读作者创作的在线章节，其中包含了函数导数、偏导数、梯度、雅可比矩阵等基本概念，对理解本章内容非常有用。你可以从 https://sebastianraschka.com/pdf/books/dlb/appendix_d_calculus.pdf 免费获得在线章节。如果不熟悉微积分或需要简单复习一下微积分知识，在学习下一章之前，可以考虑阅读和学习该在线章节。

11.3.3 通过反向传播训练神经网络

本节将介绍反向传播所涉及的数学知识，以便读者理解如何高效地学习神经网络中的权重。

上一节介绍了如何计算损失函数，其中损失函数用于描述最后一层激活函数输出与目标类别标签之间的差异。现在将从数学角度介绍反向传播算法是如何更新多层感知机模型权重的，该算法可以在 `NeuralNetMLP()`类的 `backward()`方法中实现。正如本章开头提到的那样，首先应用前向传播以获得输出层的激活值，公式如下：

$$\boldsymbol{Z}^{(h)}=\boldsymbol{X}^{(in)}\boldsymbol{W}^{(h)T}+\boldsymbol{b}^{(h)} \quad \text{（隐藏层的净输入）}$$

$$\boldsymbol{A}^{(h)}=\sigma(\boldsymbol{Z}^{(h)}) \quad \text{（隐藏层的激活值）}$$

$$\boldsymbol{Z}^{(out)}=\boldsymbol{A}^{(h)}\boldsymbol{W}^{(out)T}+\boldsymbol{b}^{(out)} \quad \text{（输出层的净输入）}$$

$$\boldsymbol{A}^{(out)}=\sigma(\boldsymbol{Z}^{(out)}) \quad \text{（输出层的激活值）}$$

简单地说，使输入特征通过网络，计算网络各层的输出。图 11.11 给出了一个神经网络，该网络具有两个输入特征、三个隐藏节点和两个输出节点。

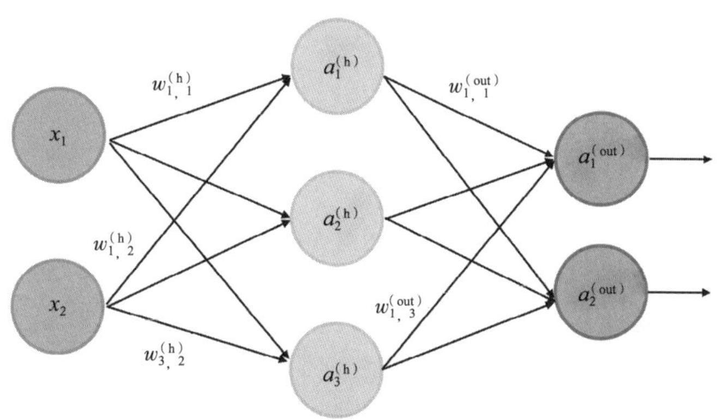

图 11.11 输入特征的前向传播(没有展示偏置单元)

在反向传播中，误差是从右向左传递的。我们可以把这看作将链式法则应用于前向传播，以此计算损失函数关于模型权重(以及偏置)的梯度。为了简单起见，这里只计算输出层权重矩阵中第一个权重的偏导数，反向传播的计算路径由图 11. 12 中的粗体箭头表示。

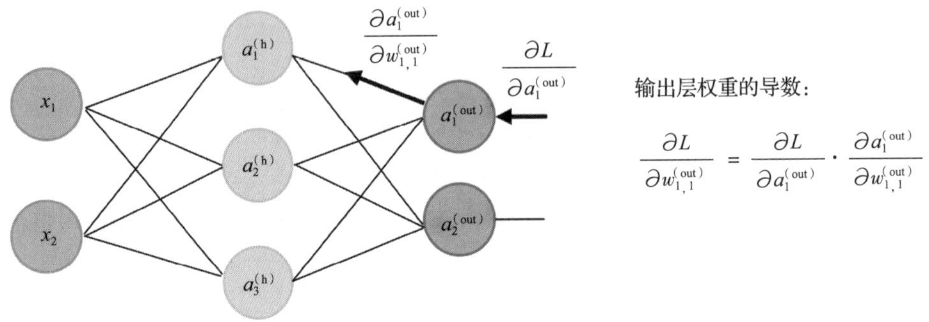

图 11. 12　反向传播误差

如果使用净输入 z，那么图 11. 12 中所示的偏导数计算可以展开成如下形式：

$$\frac{\partial L}{\partial w_{1,1}^{(out)}}=\frac{\partial L}{\partial a_1^{(out)}}\cdot\frac{\partial a_1^{(out)}}{\partial z_1^{(out)}}\cdot\frac{\partial z_1^{(out)}}{\partial w_{1,1}^{(out)}}$$

为了得到这个用于更新 $w_{1,1}^{(out)}$ 的偏导数，需要计算三个独立的偏导数，并将它们相乘。为了简便，这里省略了批数据中各个样本的平均值，因此下面的方程中去掉了平均项 $\frac{1}{n}\sum_{i=1}^{n}$。

先从 $\frac{\partial L}{\partial a_1^{(out)}}$ 开始，它是均方误差损失函数对第一个输出节点输出的偏导数(如果省略了批数据的维度，均方误差损失函数将简化成误差的平方)：

$$\frac{\partial L}{\partial a_1^{(out)}}=\frac{\partial}{\partial a_1^{(out)}}(y_1-a_1^{(out)})^2=2(a_1^{(out)}-y)$$

下一项是 sigmoid 激活函数的导数：

$$\frac{\partial a_1^{(out)}}{\partial z_1^{(out)}}=\frac{\partial}{\partial z_1^{(out)}}\frac{1}{1+e^{z_1^{(out)}}}=\cdots=\left(\frac{1}{1+e^{z_1^{(out)}}}\right)\left(1-\frac{1}{1+e^{z_1^{(out)}}}\right)=a_1^{(out)}(1-a_1^{(out)})$$

最后，计算净输入对权重的导数：

$$\frac{\partial z_1^{(out)}}{\partial w_{1,1}^{(out)}}=\frac{\partial}{\partial w_{1,1}^{(out)}}a_1^{(h)}w_{1,1}^{(out)}+b_1^{(out)}=a_1^{(h)}$$

把它相乘，可以得到：

$$\frac{\partial L}{\partial w_{1,1}^{(out)}}=\frac{\partial L}{\partial a_1^{(out)}}\cdot\frac{\partial a_1^{(out)}}{\partial z_1^{(out)}}\cdot\frac{\partial z_1^{(out)}}{\partial w_{1,1}^{(out)}}=2(a_1^{(out)}-y)\cdot a_1^{(out)}(1-a_1^{(out)})\cdot a_1^{(h)}$$

然后，使用得到的梯度，通过熟悉的随机梯度下降法更新权重，其中学习率为 η：

$$w_{1,1}^{(out)}=w_{1,1}^{(out)}-\eta\frac{\partial L}{\partial w_{1,1}^{(out)}}$$

在 NeuralNetMLP()的代码实现中，我们使用 backward()方法以向量化的形式实现了 $\frac{\partial L}{\partial w_{1,1}^{(out)}}$的计算，代码如下：

```
# Part 1: dLoss/dOutWeights
## = dLoss/dOutAct * dOutAct/dOutNet * dOutNet/dOutWeight
## where DeltaOut = dLoss/dOutAct * dOutAct/dOutNet for convenient re-use

# input/output dim: [n_examples, n_classes]
d_loss__d_a_out = 2.*(a_out - y_onehot) / y.shape[0]

# input/output dim: [n_examples, n_classes]
d_a_out__d_z_out = a_out * (1. - a_out) # sigmoid derivative

# output dim: [n_examples, n_classes]
delta_out = d_loss__d_a_out * d_a_out__d_z_out # "delta (rule)
                                               # placeholder"

# gradient for output weights

# [n_examples, n_hidden]
d_z_out__dw_out = a_h

# input dim: [n_classes, n_examples] dot [n_examples, n_hidden]
# output dim: [n_classes, n_hidden]
d_loss__dw_out = np.dot(delta_out.T, d_z_out__dw_out)
d_loss__db_out = np.sum(delta_out, axis=0)
```

上述代码创建了占位符变量“δ”：

$$\delta_1^{(out)} = \frac{\partial L}{\partial a_1^{(out)}} \cdot \frac{\partial a_1^{(out)}}{\partial z_1^{(out)}}$$

之所以使用 $\delta^{(out)}$，是因为它涉及隐藏层权重的偏导数(或梯度)的计算。

提到隐藏层的权重，图 11.13 展示了如何计算损失函数对隐藏层中第一个权重的偏导数：

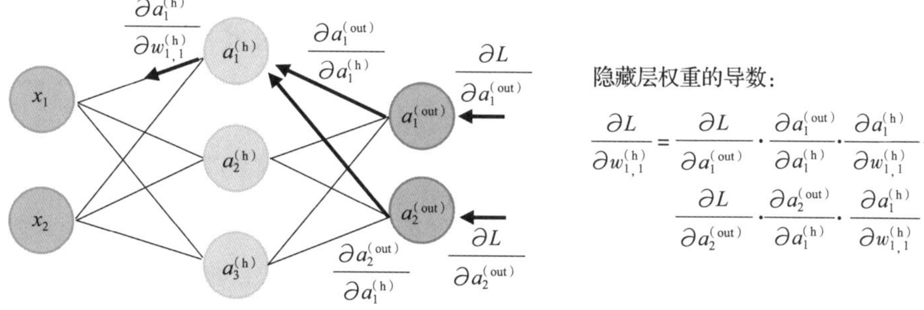

$$\frac{\partial L}{\partial w_{1,1}^{(h)}} = \frac{\partial L}{\partial a_1^{(out)}} \cdot \frac{\partial a_1^{(out)}}{\partial a_1^{(h)}} \cdot \frac{\partial a_1^{(h)}}{\partial w_{1,1}^{(h)}} + \frac{\partial L}{\partial a_2^{(out)}} \cdot \frac{\partial a_2^{(out)}}{\partial a_1^{(h)}} \cdot \frac{\partial a_1^{(h)}}{\partial w_{1,1}^{(h)}}$$

图 11.13　计算损失函数对隐藏层第一个权重的偏导数

需要强调的是，由于 $w_{1,1}^{(h)}$ 连接到两个输出节点，因此必须使用多变量链式法则，即需要计算图中两个粗箭头显示的路径之和。和前面一样，把求导公式展开成包含净输入 z 的形式，然后逐项计算：

$$\frac{\partial L}{\partial w_{1,1}^{(h)}}=\frac{\partial L}{\partial a_1^{(out)}}\cdot\frac{\partial a_1^{(out)}}{\partial z_1^{(out)}}\cdot\frac{\partial z_1^{(out)}}{\partial a_1^{(h)}}\cdot\frac{\partial a_1^{(h)}}{\partial z_1^{(h)}}\cdot\frac{\partial z_1^{(h)}}{\partial w_{1,1}^{(h)}}+\frac{\partial L}{\partial a_2^{(out)}}\cdot\frac{\partial a_2^{(out)}}{\partial z_2^{(out)}}\cdot\frac{\partial z_2^{(out)}}{\partial a_1^{(h)}}\cdot\frac{\partial a_1^{(h)}}{\partial z_1^{(h)}}\cdot\frac{\partial z_1^{(h)}}{\partial w_{1,1}^{(h)}}$$

注意，如果我们使用前面计算的 $\delta^{(out)}$，这个等式可以改写为

$$\frac{\partial L}{\partial w_{1,1}^{(h)}}=\delta_1^{(out)}\cdot\frac{\partial z_1^{(out)}}{\partial a_1^{(h)}}\cdot\frac{\partial a_1^{(h)}}{\partial z_1^{(h)}}\cdot\frac{\partial z_1^{(h)}}{\partial w_{1,1}^{(h)}}+\delta_2^{(out)}\cdot\frac{\partial z_2^{(out)}}{\partial a_1^{(h)}}\cdot\frac{\partial a_1^{(h)}}{\partial z_1^{(h)}}\cdot\frac{\partial z_1^{(h)}}{\partial w_{1,1}^{(h)}}$$

前面的项计算起来相对简单，和之前一样，这里没有涉及新的导数。例如，$\frac{\partial a_1^{(h)}}{\partial z_1^{(h)}}$为 sigmoid 激活函数的导数，即 $a_1^{(h)}(1-a_1^{(h)})$。剩余项的计算留作练习。

11.4　关于神经网络的收敛性

你可能想知道在训练神经网络识别手写数字集时，使用小批梯度下降而不使用传统的梯度下降的原因。回想一下前面关于使用随机梯度下降实现在线学习的介绍。在线学习基于单个训练样本($k=1$)计算梯度，并更新权重。虽然随机梯度下降是一个随机方法，但往往能给出精确的解，并且与传统梯度下降相比，其收敛速度更快。小批量学习是随机梯度下降的一种特殊形式，使用包含 k 个训练样本的子集计算梯度，其中 $1<k<n$。小批量学习比在线学习更有优势，它可以利用向量化方法提高计算效率，从而比传统梯度下降更快地更新权重。直观地讲，可以把小批量学习看作根据某组投票情况预测总统选举的结果，小批量学习只考察部分具有代表性的选民的投票情况，而不是对全体选民做调查(这相当于实际选举)。

多层神经网络比自适应线性神经元、逻辑回归或者支持向量机这样的简单算法更难训练。多层神经网络通常需要优化成百上千甚至数十亿个权重。不幸的是，如图 11.14 所示，损失函数的表面是粗糙的，优化算法很容易陷入局部最小值。

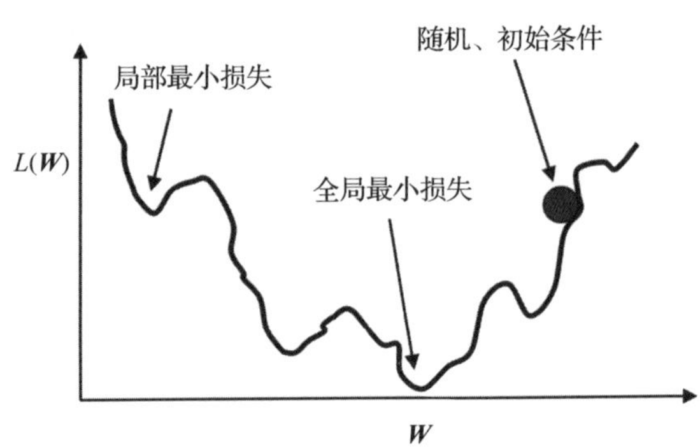

图 11.14　优化算法可能陷入局部最小值

请注意，图 11.14 是极其简化的，因为神经网络拥有许多维度，我们无法对实际的损失函数进行可视化。这里只显示了单个权重的损失函数表面。我们不希望算法陷入局部最小值。增加学习率可以避免出现这种陷入局部最小值的情况。但是，如果学习率太大，也会增加错过全局最小值的概率。此外，随机初始化的权重也会影响算法能否收敛于全局最小值。

11.5　关于神经网络实现的最后几句话

你可能会问，既然要识别手写数字，为什么不用开源的 Python 机器学习库，偏要学习这

些知识来实现一个简单的多层人工神经网络？事实上，下一章将介绍更复杂的网络模型，并使用开源的 PyTorch 库（https://www.pytorch.org）对其进行训练。

虽然从零实现看起来似乎有点儿乏味，但这有助于我们理解反向传播和神经网络训练的基础知识，而对算法的基本理解是成功运用机器学习方法的关键。

在了解前馈神经网络的工作原理后，下一步将准备使用 PyTorch 探索更复杂的深度神经网络，使用 PyTorch 可以更加高效地构建神经网络，这在第 12 章中将会详细介绍。

PyTorch 最初发布于 2016 年 9 月，受到了许多机器学习研究人员的欢迎。由于 PyTorch 能够利用**图形处理单元**来优化数学表达式，可用于多维数组计算，因此研究人员很喜欢使用 PyTorch 构建人工神经网络。

请注意，Scikit-Learn 也包含一个多层感知机的基础实现，即 `MLPClassifier`，详情请见 https://Scikit-Learn.org/stable/modules/generated/sklearn.neural_network.MLPClassifier.html。对于训练基本的多层感知机来说，虽然这种实现非常好用且方便，但我们还是强烈推荐使用专门的深度学习库（如 PyTorch）来构建和训练多层神经网络。

11.6　本章小结

本章介绍了多层人工神经网络的基本概念，神经网络是当前机器学习研究中最热门的课题。从第 2 章的单层神经网络开始，现在我们已经可以把多个神经元连接起来形成一个强大的神经网络中，神经网络可以解决诸如手写数字识别这样的复杂问题。此外，我们还揭开了流行的反向传播算法的神秘外衣，该算法是深度学习中众多神经网络模型学习的基础。在介绍了反向传播算法之后，本章已经为探索更复杂的深度神经网络做好了准备。本书剩下的几章将介绍更高级的深度学习知识以及开源库 PyTorch，该开源库可以让我们更高效地实现和训练多层神经网络。

CHAPTER 12

第 12 章 用 PyTorch 并行训练神经网络

本章将从机器学习和深度学习的数学基础转向 PyTorch。PyTorch 是目前最流行的深度学习库之一。使用 PyTorch 实现神经网络比之前任何基于 NumPy 实现神经网络的方法都更加高效。本章将开始使用 PyTorch，并介绍 PyTorch 如何提升模型的训练性能。

接下来将开启下一阶段机器学习和深度学习之旅。本章将探讨以下内容：

- PyTorch 如何提高模型的训练性能；
- 使用 PyTorch 的 `Dataset` 和 `DataLoader` 构建输入 pipeline，并实现高效的模型训练；
- 使用 PyTorch 编写机器学习代码；
- 使用 `torch.nn` 模块实现常见的深度学习结构；
- 为人工神经网络选择合适的激活函数。

12.1 PyTorch 和模型的训练性能

PyTorch 可以显著加快完成机器学习任务的速度。要想了解其原理，首先需要知道在硬件上执行计算时会遇到的性能挑战。然后，再深入了解 PyTorch 是什么，以及本章中将要学习的知识。

12.1.1 性能挑战

众所周知，近年来计算机处理器的性能一直在提升。这使得我们可以训练更强大和更复杂的学习系统，同时也意味着我们能够提高机器学习模型的预测性能。现如今，即使是最廉价的台式计算机也配备着多个内核处理单元。

从前面的章节中可以看到，Scikit-Learn 中有许多函数允许将计算分布在多个处理单元上。但是，由于**全局解释器锁**（Global Interpreter Lock，GIL）的存在，默认情况下，Python 只在一个内核上运行。尽管可以利用 Python 的多进程库将计算任务分布在多个内核上，但即使是最先进的台式计算机，也很少配备超过 8 个或 16 个内核的计算处理单元。

第 11 章实现了一个简单的**多层感知机**，它只包含一个由 100 个神经元组成的隐藏层。为了完成一个非常简单的图像分类任务，必须优化近 80 000 个权重参数(784×100+100+100×10+10=79 510)。MNIST 中的图像像素数量很少(28×28 个像素)。但如果添加额外的隐藏层或处理更多像素的图像，参数的数量将会爆炸式地增长。单个处理单元不可能处理这样的任务。那么，如何才能更有效地解决这些问题呢?

这个问题的解决方案是使用图形处理单元(Graphics Processing Unit，GPU)，即显卡。显卡可以被视为计算机内部的小型计算机集群。此外，与最先进的中央处理器(Central Processing Unit，CPU)相比，GPU 具有更高的性价比，这从图 12.1 中可以看到。

配置	Intel® Core™ i9-1 1900KB Processor	NVIDIA GeForce® RTX™ 3080 Ti
主频	3.3 GHz	1.37 GHz
内核数	16（32线程）	10 240
内存带宽	45.8 GB/s	912.1 GB/s
浮点计算量	742 GFLOPS	34.10 TFLOPS
价格	约$540.00	约$1200.00

图 12.1　最先进的 CPU 和最先进的 GPU 对比

图 12.1 中的信息来源于以下网站(访问日期：2021 年 7 月)：

- https://ark.intel.com/content/www/us/en/ark/products/215570/intel-core-i9-11900kb-processor-24m-cache-up-to-4-90-ghz.html。
- https://www.nvidia.com/en-us/geforce/graphics-cards/30-series/rtx-3080-3080ti/。

GPU 价格仅为 CPU 的 2.2 倍，但内核数量为 CPU 的 640 倍，浮点计算量大约是 CPU 的 46 倍。那么，是什么因素阻碍了 GPU 被用于机器学习任务中? 其难点在于，为 GPU 编写并运行代码不像在解释器中运行 Python 代码那么简单。有一些特殊的软件包，例如 CUDA 和 OpenCL，允许对 GPU 编程。但是，用 CUDA 或 OpenCL 编写代码并运行机器学习算法不便捷。而这正是研发 PyTorch 的目的所在。

12.1.2　什么是 PyTorch

PyTorch 是一个可扩展、跨平台的编程接口，用于实现和运行机器学习算法，而且它还包含用于深度学习的包装器。PyTorch 主要由 Facebook AI Research(FAIR)实验室的研究人员和工程师开发。机器学习社区也对 PyTorch 的发展做出了许多贡献。PyTorch 最初于 2016 年 9 月发布，根据修改后的 BSD 许可，PyTorch 是免费开源的。学术界和工业界的许多机器学习研究人员和从业者都使用 PyTorch 开发深度学习模型，例如特斯拉的 Autopilot、优步的 Pyro 和 Hugging Face 的 Transformers(https://pytorch.org/ecosystem)。

为了提高机器学习模型的性能，PyTorch 可以在 CPU、GPU 和 XLA 设备(如 TPU)上运行。但是，只有使用 GPU 和 XLA 设备才能发挥 PyTorch 的最大性能。PyTorch 支持 CUDA 和 ROCm

GPU。PyTorch 是基于 Torch 库(www.torch.ch)开发的。顾名思义，PyTorch 的开发重点是 Python 接口。

PyTorch 建立在由一组节点构成的计算图基础之上。每个节点代表一个操作，该操作可能有零个或多个输入及输出。PyTorch 提供了一个命令式编程环境，用于评估操作、执行计算并立即返回具体值。因此，PyTorch 中的计算图是隐式定义的，并不是在计算之前预先构建的。

在数学上，张量可以理解为标量、向量、矩阵的泛化。具体来说，标量可以定义为零阶张量，向量可以定义为一阶张量，矩阵可以定义为二阶张量，沿着第三个维度堆叠的多个矩阵可以定义为三阶张量。PyTorch 中的张量类似于 NumPy 中的数组，不同的是，张量经过优化，可用于自动微分，并且可以在 GPU 上运行。

为了更清楚地解释张量的概念，参考图 12.2。在图 12.2 中，第一行表示零阶张量和一阶张量，第二行表示二阶张量和三阶张量。

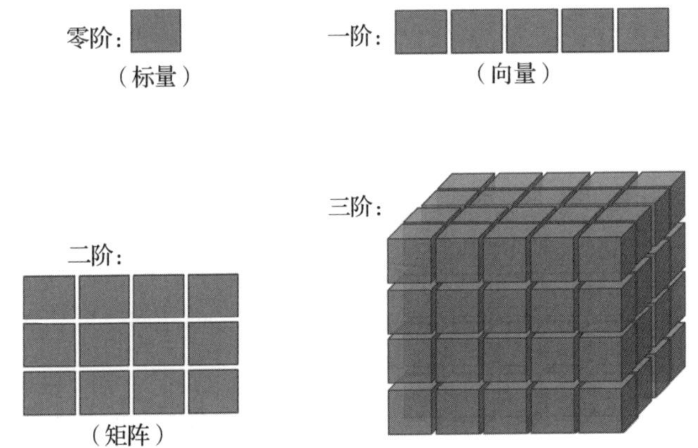

图 12.2　PyTorch 中不同类型的张量

在了解 PyTorch 后，接下来将学习如何使用 PyTorch。

12.1.3　如何学习 PyTorch

首先，我们将介绍 PyTorch 的编程方法，包括张量的创建和运算。然后，介绍如何加载数据并使用 `torch.utils.data` 模块，此模块能够有效地遍历数据集。此外，还将讨论并使用 `torch.utils.data.Dataset` 模块中现有的即用型数据集。

在介绍了这些基础知识之后，本章将继续介绍 PyTorch 中的 `torch.nn` 模块。然后，将构建机器学习模型，探讨如何构建和训练模型，以及如何将训练好的模型保存在硬盘上以供未来评估模型时使用。

12.2　学习 PyTorch 的第一步

第一步将从使用 PyTorch 的底层 API 开始。在介绍完 PyTorch 的安装之后，本节将介绍在

PyTorch 中创建和使用张量的方法，例如更改张量的形状，查看数据类型等。

12.2.1　安装 PyTorch

在安装 PyTorch 之前，建议阅读官方的最新说明（https://pytorch.org）。下面所述的安装 PyTorch 的步骤适用于大多数操作系统。

下面的代码命令取决于系统设置，通常只需使用 Python 的 pip 安装命令即可从 PyPI 中安装 PyTorch。在终端运行以下命令：

```
pip install torch torchvision
```

运行上述命令将安装最新的 PyTorch 稳定版本。在撰写本书时，使用的 PyTorch 版本为 1.9.0。为了保证兼容本书的代码，你可以同样安装 1.9.0 版本，上述命令修改如下：

```
pip install torch==1.9.0 torchvision==0.10.0
```

如果要使用 GPU(推荐)，则需要计算机具有支持 CUDA 和 cuDNN 的 NVIDIA 显卡。如果计算机符合要求，就可以安装支持 GPU 的 PyTorch。对于 CUDA 11.1，运行如下命令：

```
pip install torch==1.9.0+cu111 torchvision==0.10.0+cu111 -f https://download.
pytorch.org/whl/torch_stable.html
```

对于 CUDA 10.2(截至撰写本书时)，运行如下命令：

```
pip install torch==1.9.0 torchvision==0.10.0\  -f https://download.pytorch.org/
whl/torch_stable.html
```

由于 macOS 的二进制文件不支持 CUDA，因此需要利用源代码(https://pytorch.org/get-started/locally/#mac-from-source)安装 PyTorch。

有关安装和设置的更多信息，请参阅官方文档 https://pytorch.org/get-started/locally/。

请注意，PyTorch 还处于开发过程中，因此，每隔几个月就会发布新版本，其中往往包含重大改变。你可以在终端验证当前使用的 PyTorch 版本，命令如下：

```
python -c 'import torch; print(torch.__version__)'
```

安装 PyTorch 时的故障排除

如果在安装过程中遇到问题，请阅读关于具体系统和平台的推荐说明，网址为 https://pytorch.org/get-started/locally/。请注意，本章中的所有代码都可以在 CPU 上运行，但如果想充分发挥 PyTorch 的优势，推荐使用 GPU。例如，一些神经网络模型在 CPU 上训练也许需要花费一周的时间，然而在 GPU 上训练相同的模型可能只需几小时。如果你的电脑有显卡，请参考安装页面来进行适当的设

置。设置指南解释了如何在 Ubuntu 上安装 NVIDIA 显卡驱动、CUDA 和 cuDNN。在 GPU 上运行 PyTorch 时 Ubuntu 不是必需的，但推荐使用它。下面的网址有对 Ubuntu 的详细介绍：http://sebastianraschka.com/pdf/books/dlb/appendix_h_cloud-computing.pdf。此外，第 17 章将会提到，通过 Google Colab 可以免费使用 GPU 来训练网络模型。

12.2.2　在 PyTorch 中创建张量

本小节将介绍创建张量的几种不同方法，然后探讨张量的一些属性及张量的运算方式。torch.tensor 或 torch.from_numpy 函数可以通过列表或 NumPy 数组来创建张量，如下所示：

```
>>> import torch
>>> import numpy as np
>>> np.set_printoptions(precision=3)
>>> a = [1, 2, 3]
>>> b = np.array([4, 5, 6], dtype=np.int32)
>>> t_a = torch.tensor(a)
>>> t_b = torch.from_numpy(b)
>>> print(t_a)
>>> print(t_b)
tensor([1, 2, 3])
tensor([4, 5, 6], dtype=torch.int32)
```

运行上述代码，将会创建张量 t_a 和 t_b，属性均为 shape=(3,)和 dtype=int32。与 NumPy 数组类似，也可以通过下面的方式查看其属性：

```
>>> t_ones = torch.ones(2, 3)
>>> t_ones.shape
torch.Size([2, 3])
>>> print(t_ones)
tensor([[1., 1., 1.],
        [1., 1., 1.]])
```

此外，可以按如下方式创建包含随机值的张量：

```
>>> rand_tensor = torch.rand(2,3)
>>> print(rand_tensor)
tensor([[0.1409, 0.2848, 0.8914],
        [0.9223, 0.2924, 0.7889]])
```

12.2.3 对张量形状和数据类型进行操作

为了让张量能与模型的输入数据兼容，必须掌握张量的操作方法。本小节将介绍如何使用 PyTorch 的几个函数来对张量形状和数据类型进行操作，包括转换、重塑、转置和挤压(删除维度)。

torch.to()函数可以将张量的数据类型更改为所需的类型：

```
>>> t_a_new = t_a.to(torch.int64)
>>> print(t_a_new.dtype)
torch.int64
```

欲了解其他数据类型，请查看网站 https://pytorch.org/docs/stable/tensor_attributes.html。

在接下来的章节中，我们将会看到，某些操作要求输入张量具有一定数量的维度(阶)且相关的维度上应具有一定数量的元素(形状)。因此，需要改变张量的形状，比如添加一个新的维度或者删除一个不必要的维度。PyTorch 提供了可以实现这些操作的相关函数，例如 torch.transpose()、torch.reshape()和 torch.squeeze()。下面给出了一些例子：

- 张量转置：

```
>>> t = torch.rand(3, 5)
>>> t_tr = torch.transpose(t, 0, 1)
>>> print(t.shape, ' --> ', t_tr.shape)
torch.Size([3, 5])  -->  torch.Size([5, 3])
```

- 张量重塑(例如，把一维向量变为二维数组)：

```
>>> t = torch.zeros(30)
>>> t_reshape = t.reshape(5, 6)
>>> print(t_reshape.shape)
torch.Size([5, 6])
```

- 删除不必要的维度(最后一个尺寸为 1 的维度为不必要维度)：

```
>>> t = torch.zeros(1, 2, 1, 4, 1)
>>> t_sqz = torch.squeeze(t, 2)
>>> print(t.shape, ' --> ', t_sqz.shape)
torch.Size([1, 2, 1, 4, 1])  -->  torch.Size([1, 2, 4, 1])
```

12.2.4 张量数学运算

在构建大多数机器学习模型时，需要进行数学运算，特别是线性代数运算。本小节将介绍一些常用的线性代数运算，例如元素乘法、矩阵乘法以及张量的范数计算。

首先，初始化两个随机张量，一个在[-1, 1)区间上服从均匀分布，另一个服从标准正态分布：

```
>>> torch.manual_seed(1)
>>> t1 = 2 * torch.rand(5, 2) - 1
>>> t2 = torch.normal(mean=0, std=1, size=(5, 2))
```

请注意，torch.rand 返回一个张量，其元素为[0，1)区间均匀分布的随机数。

t1 和 t2 具有相同的形状。可以使用以下代码计算 t1 和 t2 的元素乘积：

```
>>> t3 = torch.multiply(t1, t2)
>>> print(t3)
tensor([[ 0.4426, -0.3114],
        [ 0.0660, -0.5970],
        [ 1.1249,  0.0150],
        [ 0.1569,  0.7107],
        [-0.0451, -0.0352]])
```

使用 torch.mean()、torch.sum() 和 torch.std() 可以计算沿某个轴(或多个轴)的均值、和，以及标准差。例如，使用以下代码可计算 t1 中每一列的均值：

```
>>> t4 = torch.mean(t1, axis=0)
>>> print(t4)
tensor([-0.1373,  0.2028])
```

torch.matmul() 函数可用于计算矩阵 t1 和矩阵 t2 的乘积(即 $\boldsymbol{t}_1 \times \boldsymbol{t}_2^{\mathrm{T}}$，其中上标 T 表示转置)：

```
>>> t5 = torch.matmul(t1, torch.transpose(t2, 0, 1))
>>> print(t5)
tensor([[ 0.1312,  0.3860, -0.6267, -1.0096, -0.2943],
        [ 0.1647, -0.5310,  0.2434,  0.8035,  0.1980],
        [-0.3855, -0.4422,  1.1399,  1.5558,  0.4781],
        [ 0.1822, -0.5771,  0.2585,  0.8676,  0.2132],
        [ 0.0330,  0.1084, -0.1692, -0.2771, -0.0804]])
```

此外，通过转置 t1 来计算 $\boldsymbol{t}_1^{\mathrm{T}} \times \boldsymbol{t}_2$，结果为一个 2×2 的数组：

```
>>> t6 = torch.matmul(torch.transpose(t1, 0, 1), t2)
>>> print(t6)
tensor([[ 1.7453,  0.3392],
        [-1.6038, -0.2180]])
```

最后，torch.linalg.norm() 函数对计算张量的 L^p 范数很有帮助。例如，可以如下计算张量 t1 的 L^2 范数：

```
>>> norm_t1 = torch.linalg.norm(t1, ord=2, dim=1)
>>> print(norm_t1)
tensor([0.6785, 0.5078, 1.1162, 0.5488, 0.1853])
```

为了验证上述代码计算的 t1 的 L^2 范数是否正确，可以将结果与 NumPy 函数 np.sqrt(np.sum(np.square(t1.numpy()), axis=1))的计算结果进行比较。

12.2.5　拆分、堆叠和连接张量

本小节将介绍在 PyTorch 中把一个张量拆分为多个张量的操作，以及把多个张量堆叠或连接成一个张量的操作。

假设我们想把一个张量拆分为两个或更多个张量。为此，PyTorch 提供了 torch.chunk()函数，可以将输入张量拆分为多个大小相同的张量。设置 chunks 参数，可以确定拆分的数量（整数）；通过 dim 参数，可以设置张量沿哪个维度进行拆分。在这种情况下，输入张量指定拆分维度的大小必须能被拆分数量整除。此外，也可以使用 torch.split()函数对输入张量进行拆分。这需要给 torch.split()函数提供一个列表，该列表包含拆分后张量的大小。下面给出了这两种方法的例子：

- 提供拆分数量：

```
>>> torch.manual_seed(1)
>>> t = torch.rand(6)
>>> print(t)
tensor([0.7576, 0.2793, 0.4031, 0.7347, 0.0293, 0.7999])
>>> t_splits = torch.chunk(t, 3)
>>> [item.numpy() for item in t_splits]
[array([0.758, 0.279], dtype=float32),
 array([0.403, 0.735], dtype=float32),
 array([0.029, 0.8  ], dtype=float32)]
```

在这个例子中，大小为 6 的张量被分成三个大小为 2 的张量，并存在一个列表中。如果张量大小不能被 chunks 整除，则最后一个张量的大小会稍小。

- 提供拆分后张量的大小：

除了拆分数，也可以指定拆分后每个张量的大小。下面的代码将大小为 5 的张量拆分为大小分别为 3 和 2 的张量：

```
>>> torch.manual_seed(1)
>>> t = torch.rand(5)
>>> print(t)
tensor([0.7576, 0.2793, 0.4031, 0.7347, 0.0293])
>>> t_splits = torch.split(t, split_size_or_sections=[3, 2])
```

```
>>> [item.numpy() for item in t_splits]
[array([0.758, 0.279, 0.403], dtype=float32),
 array([0.735, 0.029], dtype=float32)]
```

有时，需要将多个张量连接或堆叠成一个张量。PyTorch 中的 `torch.stack()`和 `torch.cat()`等函数可以完成多个张量的堆叠任务。例如：创建一个一维张量 `A`，包含三个值为 1 的元素；创建一个一维张量 `B`，包含两个零元素。下述代码可以将张量 `A` 和张量 `B` 连接成一个一维张量 `C`，`C` 包含了五个元素：

```
>>> A = torch.ones(3)
>>> B = torch.zeros(2)
>>> C = torch.cat([A, B], axis=0)
>>> print(C)
tensor([1., 1., 1., 0., 0.])
```

如果张量 `A` 和张量 `B` 都是大小为 `3` 的一维张量，则可以将它们堆叠成一个二维张量 `S`，代码如下：

```
>>> A = torch.ones(3)
>>> B = torch.zeros(3)
>>> S = torch.stack([A, B], axis=1)
>>> print(S)
tensor([[1., 0.],
        [1., 0.],
        [1., 0.]])
```

PyTorch API 提供了许多用于构建模型和处理数据的操作(函数)。但是本书只聚焦于最重要的函数，涵盖所有函数(操作)超出了本书的范围。这些函数(操作)的完整列表，可以参阅 PyTorch 文档(https://pytorch.org/docs/stable/index.html)。

12.3 在 PyTorch 中构建输入 pipeline

正如前几章所介绍的那样，在训练深度神经网络模型时，通常使用迭代优化算法(如随机梯度下降算法)来训练模型。

如本章开头所述，`torch.nn` 是用于构建神经网络模型的模块。如果训练数据集不大并且可以转换为张量加载到内存中，则可以直接使用转换后的张量来训练模型。然而，我们经常会遇到数据集太大而无法加载到计算机内存的情况，此时需要从主存储设备(例如，机械硬盘或固态硬盘)中分块加载数据，即分批加载数据(注意本章中使用术语“批”而不是“小批”，是为了遵循 PyTorch 的术语习惯)。此外，也需要构建一个数据处理 pipeline 对数据进行某些转换和预处理，例如均值居中和缩放以及添加噪声，从而增强训练数据并防止过拟合。

每次都手动搭建数据预处理 pipeline 非常麻烦，幸运的是，PyTorch 提供了一个特殊的类，可以用来高效便捷地构建数据预处理 pipeline。本节将概述如何在 PyTorch 中使用 `Dataset` 和 `DataLoader` 类，以及如何实现数据加载、乱序和批处理操作。

12.3.1 使用已有张量创建 PyTorch DataLoader

如果数据已经以张量、Python 列表或 NumPy 数组的结构存储，则可以使用 `torch.utils.data.DataLoader()` 类轻松创建数据集加载器。该数据集加载器将返回 `DataLoader` 类的一个对象，可以使用它来遍历输入数据集中的各个元素。下面给出了一个简单的例子，用包含 0 到 5 的列表创建一个数据集：

```
>>> from torch.utils.data import DataLoader
>>> t = torch.arange(6, dtype=torch.float32)
>>> data_loader = DataLoader(t)
```

我们可以轻松遍历数据集的每个元素，如下所示：

```
>>> for item in data_loader:
...     print(item)
tensor([0.])
tensor([1.])
tensor([2.])
tensor([3.])
tensor([4.])
tensor([5.])
```

如果想用这个数据集创建大小为 3 的批数据，那么可以设置 `batch_size` 参数来执行此操作，如下所示：

```
>>> data_loader = DataLoader(t, batch_size=3, drop_last=False)
>>> for i, batch in enumerate(data_loader, 1):
...     print(f'batch {i}:', batch)
batch 1: tensor([0., 1., 2.])
batch 2: tensor([3., 4., 5.])
```

上述代码将利用该数据集创建两批数据，其中第一批数据包含前三个元素，第二批数据包含其余元素。参数 `drop_last` 为可选参数，在张量中的元素数量不能被批处理数据大小整除的情况下很有用。可以将 `drop_last` 设置为 `True` 来删除最后一个不完整的批处理数据，`drop_last` 参数的默认值为 `False`。

虽然可以直接遍历数据集，但正如前面看到的，`DataLoader` 为数据集提供了自动且可定制的批处理操作。

12.3.2 将两个张量组合成一个联合数据集

通常，可能存在两个(或多个)张量数据集，例如，一个存储特征张量，另一个存储标签张量。在这种情况下，我们需要构建一个组合了这些张量的数据集，新数据集中的张量对以元组形式存储。

假设有两个张量 t_x 和 t_y，张量 t_x 保存特征值，特征个数为 3，t_y 存储类别标签。对于这个例子，可以按如下方式创建这两个张量：

```
>>> torch.manual_seed(1)
>>> t_x = torch.rand([4, 3], dtype=torch.float32)
>>> t_y = torch.arange(4)
```

现在，把这两个张量组合成一个联合数据集。首先需要创建一个 Dataset 类，如下所示：

```
>>> from torch.utils.data import Dataset
>>> class JointDataset(Dataset):
...     def __init__(self, x, y):
...         self.x = x
...         self.y = y
...
...     def __len__(self):
...         return len(self.x)
...
...     def __getitem__(self, idx):
...         return self.x[idx], self.y[idx]
```

自定义 Dataset 类必须包含以下方法，供后续数据加载器使用：

- __init__()：初始化方法，例如读取现有数组，加载文件，过滤数据等。
- __getitem__()：返回给定索引对应的样本。

然后使用自定义 Dataset 类创建包含 t_x 和 t_y 的联合数据集，如下所示：

```
>>> from torch.utils.data import TensorDataset
>>> joint_dataset = TensorDataset(t_x, t_y)
```

最后，打印联合数据集的每个样本，如下所示：

```
>>> for example in joint_dataset:
...     print('  x: ', example[0], '  y: ', example[1])
  x:  tensor([0.7576, 0.2793, 0.4031])   y:  tensor(0)
  x:  tensor([0.7347, 0.0293, 0.7999])   y:  tensor(1)
  x:  tensor([0.3971, 0.7544, 0.5695])   y:  tensor(2)
  x:  tensor([0.4388, 0.6387, 0.5247])   y:  tensor(3)
```

如果第二个数据集带有类别标签，且是以张量形式保存的，也可以直接使用 torch.utils.data.TensorDataset 类创建联合数据集。运行下面的代码创建一个联合数据集：

```
>>> joint_dataset = TensorDataset(t_x, t_y)
```

一个经常遇到的错误是：样本特征(x)和标签(y)的对应关系丢失(例如，特征数据集和标签数据集分别被打乱)。但是，一旦将两个数据集合并到一个数据集中，乱序等操作就不会使特征和标签的对应关系丢失。

如果要创建的数据集来自硬盘，则可以定义一个函数来从硬盘的文件加载数据。本章后续部分将介绍在数据集中进行多次转换操作的例子。

12.3.3 乱序、批处理和重复

正如第 2 章所述，当使用随机梯度下降算法训练神经网络时，将训练数据进行乱序处理是非常重要的。前面已经介绍过，在使用数据加载器时，应如何设置参数 batch_size 来指定批处理数据的样本个数。除了批处理数据的创建，本小节还将介绍如何对数据集进行乱序操作，以及如何遍历数据集。这里将继续使用之前创建的联合数据集进行演示。

首先，利用 joint_dataset 数据集创建一个乱序的数据加载器：

```
>>> torch.manual_seed(1)
>>> data_loader = DataLoader(dataset=joint_dataset, batch_size=2, shuffle=True)
```

批处理数据的每个样本包含两种数据，即特征(x)和对应的标签(y)。现在遍历数据加载器中的每个元素，如下所示：

```
>>> for i, batch in enumerate(data_loader, 1):
...     print(f'batch {i}:', 'x:', batch[0],
            '\n         y:', batch[1])
batch 1: x: tensor([[0.4388, 0.6387, 0.5247],
        [0.3971, 0.7544, 0.5695]])
         y: tensor([3, 2])
batch 2: x: tensor([[0.7576, 0.2793, 0.4031],
        [0.7347, 0.0293, 0.7999]])
         y: tensor([0, 1])
```

数据中的行被乱序操作打乱，但 x 和 y 之间的对应关系没有被破坏。

此外，当对模型训练多轮时，在每轮开始前都需要对数据进行乱序操作。下述代码使批数据训练两轮：

```
>>> for epoch in range(2):
>>>     print(f'epoch {epoch+1}')
>>>     for i, batch in enumerate(data_loader, 1):
...         print(f'batch {i}:', 'x:', batch[0],
                '\n         y:', batch[1])
epoch 1
```

```
batch 1: x: tensor([[0.7347, 0.0293, 0.7999],
         [0.3971, 0.7544, 0.5695]])
          y: tensor([1, 2])
batch 2: x: tensor([[0.4388, 0.6387, 0.5247],
         [0.7576, 0.2793, 0.4031]])
          y: tensor([3, 0])
epoch 2
batch 1: x: tensor([[0.3971, 0.7544, 0.5695],
         [0.7576, 0.2793, 0.4031]])
          y: tensor([2, 0])
batch 2: x: tensor([[0.7347, 0.0293, 0.7999],
         [0.4388, 0.6387, 0.5247]])
          y: tensor([1, 3])
```

运行上述代码，得到的结果为两组不同的批处理数据。在第一次迭代后，第一个批处理数据包含类别标签[y=1, y=2]，第二个批处理数据包含类别标签[y=3, y=0]。在第二次迭代后，两个批处理数据包含的类别标签分别为[y=2, y=0]和[y=1, y=3]。每次迭代时，批处理数据中的元素都会被打乱。

12.3.4 用存储在本地硬盘的文件创建数据集

本小节将利用存储在硬盘上的图像构建数据集。本章的在线内容有一个存储图像的文件夹，下载此文件夹后，可以看到 6 幅 JPEG 格式的猫狗图像。

本小节利用这个小数据集展示如何用存储的文件构建数据集。为此，需要调用 PyTorch 的两个模块，即 PIL 中用于读取图像文件的 Image 模块和 torchvision 中用于解码图像内容并调整图像大小的 transforms 模块。

PIL.Image 和 torchvision.transforms 模块提供了许多有用的功能，然而这超出了本书的范围。建议读者浏览官方文档来了解更多有关这些功能的信息。PIL.Image 的官方文档见 https://pillow.readthedocs.io/en/stable/reference/Image.html。torchvision.transforms 的网址为 https://pytorch.org/vision/stable/transforms.html。

在开始之前，我们先查看下这些图像文件。下面将使用 pathlib 库来生成一个图像文件列表：

```
>>> import pathlib
>>> imgdir_path = pathlib.Path('cat_dog_images')
>>> file_list = sorted([str(path) for path in
... imgdir_path.glob('*.jpg')])
```

```
>>> print(file_list)
['cat_dog_images/dog-03.jpg', 'cat_dog_images/cat-01.jpg', 'cat_dog_images/cat-02.jpg', 'cat_dog_images/cat-03.jpg', 'cat_dog_images/dog-01.jpg', 'cat_dog_images/dog-02.jpg']
```

接下来，使用 Matplotlib 可视化这些图像：

```
>>> import matplotlib.pyplot as plt
>>> import os
>>> from PIL import Image
>>> fig = plt.figure(figsize=(10, 5))
>>> for i, file in enumerate(file_list):
...     img = Image.open(file)
...     print('Image shape:', np.array(img).shape)
...     ax = fig.add_subplot(2, 3, i+1)
...     ax.set_xticks([]); ax.set_yticks([])
...     ax.imshow(img)
...     ax.set_title(os.path.basename(file), size=15)
>>> plt.tight_layout()
>>> plt.show()
Image shape: (900, 1200, 3)
Image shape: (900, 1200, 3)
Image shape: (900, 1200, 3)
Image shape: (900, 742, 3)
Image shape: (800, 1200, 3)
Image shape: (800, 1200, 3)
```

图 12.3 展示了 6 幅图像。

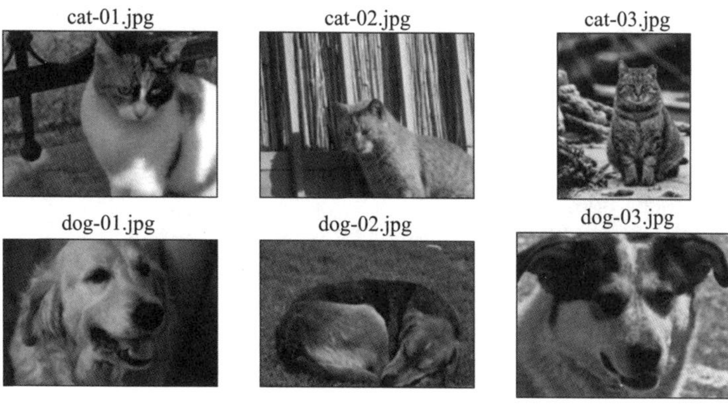

图 12.3 猫狗图像

从图 12.3 可以看到，图像具有不同的宽高比。如果打印这些图像的宽高比（或数据数组形状），会看到一些图像高 900 像素、宽 1200 像素（900×1200 像素），一些则是 800×1200 像素，还有一个是 900×742 像素。稍后，我们会将这些图像预处理为大小一致的图像。另外需要考虑的是，这些图像文件名隐含着图像内容的标签信息。因此，可以从文件名列表中提取类别标签，将标签 1 分配给狗，标签 0 分配给猫：

```
>>> labels = [1 if 'dog' in
...           os.path.basename(file) else 0
...                   for file in file_list]
>>> print(labels)
[0, 0, 0, 1, 1, 1]
```

现在得到了两个列表：文件名列表(或每个图像的路径)和标签列表。上一小节介绍了如何用两个数组创建联合数据集。在这里，运行以下代码：

```
>>> class ImageDataset(Dataset):
...     def __init__(self, file_list, labels):
...         self.file_list = file_list
...         self.labels = labels
...
...     def __getitem__(self, index):
...         file = self.file_list[index]
...         label = self.labels[index]
...         return file, label
...
...     def __len__(self):
...         return len(self.labels)

>>> image_dataset = ImageDataset(file_list, labels)
>>> for file, label in image_dataset:
...     print(file, label)


cat_dog_images/cat-01.jpg 0
cat_dog_images/cat-02.jpg 0
cat_dog_images/cat-03.jpg 0
cat_dog_images/dog-01.jpg 1
cat_dog_images/dog-02.jpg 1
cat_dog_images/dog-03.jpg 1
```

该联合数据集包含了文件名和标签。

接下来，需要对这个数据集执行转换操作，具体步骤为：从文件路径加载原始图像，解码原始图像，将其调整为所需的大小(例如 80×120 像素)。如前所述，使用 `torchvision.transforms` 模块来调整图像大小并将加载的图像转换为张量，如下所示：

```
>>> import torchvision.transforms as transforms
>>> img_height, img_width = 80, 120
```

```
>>> transform = transforms.Compose([
...     transforms.ToTensor(),
...     transforms.Resize((img_height, img_width)),
... ])
```

现在，用刚刚定义的 `transform` 更新 `ImageDataset` 类：

```
>>> class ImageDataset(Dataset):
...     def __init__(self, file_list, labels, transform=None):
...         self.file_list = file_list
...         self.labels = labels
...         self.transform = transform
...
...     def __getitem__(self, index):
...         img = Image.open(self.file_list[index])
...         if self.transform is not None:
...             img = self.transform(img)
...         label = self.labels[index]
...         return img, label
...
...     def __len__(self):
...         return len(self.labels)
>>>
>>> image_dataset = ImageDataset(file_list, labels, transform)
```

最后，使用 Matplotlib 可视化这些转换后的图像：

```
>>> fig = plt.figure(figsize=(10, 6))
>>> for i, example in enumerate(image_dataset):
...     ax = fig.add_subplot(2, 3, i+1)
...     ax.set_xticks([]); ax.set_yticks([])
...     ax.imshow(example[0].numpy().transpose((1, 2, 0)))
...     ax.set_title(f'{example[1]}', size=15)
...
>>> plt.tight_layout()
>>> plt.show()
```

图 12.4 展示了转换后的 6 幅图像及其标签。

`ImageDataset` 类中的`__getitem__`方法使用一个函数包装了四个步骤，包括加载原始数据(图像和标签)、调整图像大小以及将图像转换为张量。该函数返回一个数据集，我们可以迭代此数据集，还可以通过数据加载器应用前面介绍的其他操作，例如乱序操作和批处理。

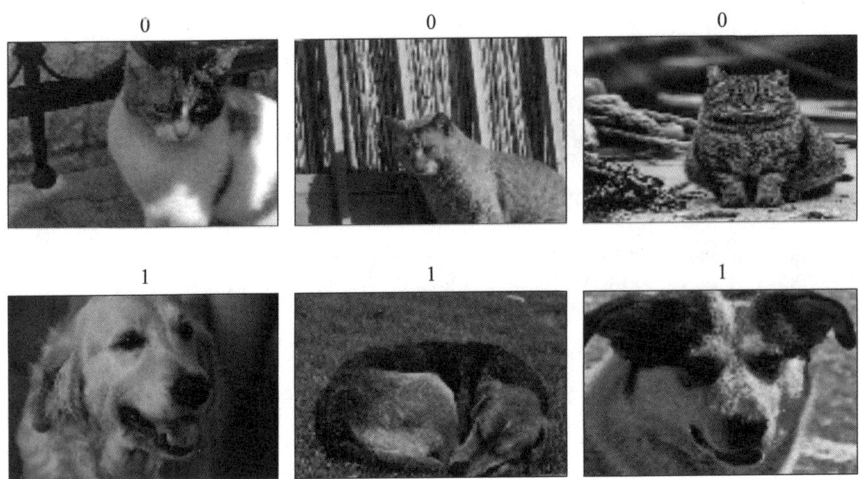

图 12.4　图像及其标签

12.3.5　从 torchvision.datasets 库中获取数据集

`torchvision.datasets` 库提供了许多免费的图像数据集，可用于训练或评估深度学习模型。同样，`torchtext.datasets` 库为自然语言提供数据集。这里以 `torchvision.datasets` 为例。

`torchvision` 中的数据集（https://pytorch.org/vision/stable/datasets.html）格式精美，并带有信息描述，其中包括特征和标签的格式、类型和维度，以及数据集的原始来源。此外，这些数据集都是 `torch.utils.data.Dataset` 的子类，因此可以直接使用前面介绍的函数。那么，让我们看看如何使用这些数据集。

首先，如果没有安装 `torchvision` 和 PyTorch，则运行下面的命令，通过 `pip` 安装 `torchvision` 库：

```
pip install torchvision
```

你可以在网站 https://pytorch.org/vision/stable/datasets.html 上查看可用的数据集。

在此介绍两个数据集：CelebA（`celeb_a`）和 MNIST 手写数字数据集。

首先来看 CelebA 数据集（http://mmlab.ie.cuhk.edu.hk/projects/CelebA.html）。在 PyTorch 中可以通过 `torchvision.datasets.CelebA` 类（https://pytorch.org/vision/stable/datasets.html#celeba）获取 CelebA 数据集。`torchvision.datasets.CelebA` 的数据描述提供了关于此数据的有用信息：

- 该数据集具有三个子集，分别为 `'train'`、`'valid'` 和 `'test'`。可以选择一个子集，或使用 `split` 参数加载所有子集。
- 图像以 `PIL.Image` 格式存储。允许使用自定义的转换函数，例如 `transforms.ToTensor` 或者 `transforms.Resize`。

- 有不同类型的类别标签可供选择，包括'attributes'、'identity'和'landmarks'。'attributes'是图像中人的 40 个面部特征，例如面部表情、妆容、发质等；'identity'是图像中人的身份；而'landmarks'是指提取的面部关键点，例如眼睛、鼻子等位置。

接下来，调用 torchvision.datasets.CelebA 类下载数据，将其存储在硬盘中指定的文件夹下，然后将其加载到 torch.utils.data.Dataset 对象中：

```
>>> import torchvision
>>> image_path = './'
>>> celeba_dataset = torchvision.datasets.CelebA(
...     image_path, split='train', target_type='attr', download=True
... )
1443490838/? [01:28<00:00, 6730259.81it/s]
26721026/? [00:03<00:00, 8225581.57it/s]
3424458/? [00:00<00:00, 14141274.46it/s]
6082035/? [00:00<00:00, 21695906.49it/s]
12156055/? [00:00<00:00, 12002767.35it/s]
2836386/? [00:00<00:00, 3858079.93it/s]
```

在此过程中可能会遇到一些错误，例如 BadZipFile: File is not a zip file 或 RuntimeError: The daily quota of the file img_align_celeba.zip is exceeded and it cannot be downloaded; This is a limitation of Google Drive and can only be overcome by trying again later。这些错误只是意味着 CelebA 文件超过了 Google Drive 的每日最大配额，这是 Google Drive 的限制。想要解决这个问题，可以手动下载源文件（http://mmlab.ie.cuhk.edu.hk/projects/CelebA.html）。将源文件下载到文件夹 celeba/.中，解压 img_align_celeba.zip 文件。image_path 是文件夹 celeba/的根目录。如果之前已经下载过文件，可以设置 download=False 以避免重复下载。如需更多信息和指导，建议查看网站 https://github.com/rasbt/machine-learning-book/blob/main/ch12/ch12_part1.ipynb。

现在已经获得了数据集，下面的代码将检查数据对象是否属于 torch.utils.data.Dataset 类：

```
>>> assert isinstance(celeba_dataset, torch.utils.data.Dataset)
```

如前所述，数据集包含训练数据集、测试数据集和验证数据集。这里只加载训练数据集，而且只使用'attributes'作为标签。运行以下代码查看训练数据集中的样本：

```
>>> example = next(iter(celeba_dataset))
>>> print(example)
(<PIL.JpegImagePlugin.JpegImageFile image mode=RGB size=178x218 at
0x120C6C668>, tensor([0, 1, 1, 0, 0, 0, 0, 0, 0, 0, 0, 1, 0, 0, 0, 0, 0, 0, 1,
1, 0, 1, 0, 0, 1, 0, 0, 1, 0, 0, 0, 1, 1, 0, 1, 0, 1, 0, 0, 1]))
```

请注意，此数据集中的样本以(PIL.Image,attributes)元组形式存储。如果想将此数据集传递给监督深度学习模型，必须将数据转换为新的格式，即(特征张量，标签)元组形式。我们将使用 attributes 中第 31 个元素“微笑”（smiling)作为数据样本的标签。

最后，选取前 18 个样本，使用“微笑”标签将图像可视化：

```
>>> from itertools import islice
>>> fig = plt.figure(figsize=(12, 8))
>>> for i, (image, attributes) in islice(enumerate(celeba_dataset), 18):
...     ax = fig.add_subplot(3, 6, i+1)
...     ax.set_xticks([]); ax.set_yticks([])
...     ax.imshow(image)
...     ax.set_title(f'{attributes[31]}', size=15)
>>> plt.show()
```

图 12.5 展示了 celeba_dataset 样本和标签。

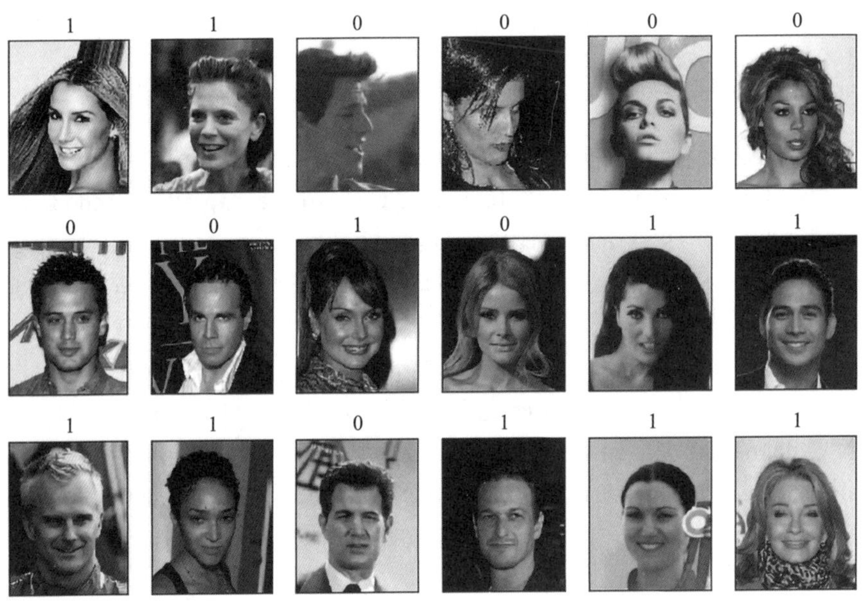

图 12.5　CelebA 图像和标签

至此，我们获取并处理了 CelebA 图像数据集。

接下来，处理来自 torchvision.datasets.MNIST(https://pytorch.org/vision/stable/datasets.html#mnist)的数据集，即 MNIST 手写数字数据集。下面将介绍如何获取 MNIST 手写数字数据集：

- 数据集有两个子集，即训练数据子集('train')和测试数据子集('test')。我们需要选择加载特定的子集。
- 图像以 PIL.Image 格式存储。可以使用自定义的转换函数，例如 transforms.

ToTensor 和 transforms.Resize，来获得转换后的数据。

- 共有 10 个类别，类别标签为从 0 到 9 的整数。

现在下载'train'数据集，将元素转换为元组形式，并可视化前 10 个样本：

```
>>> mnist_dataset = torchvision.datasets.MNIST(image_path, 'train',
download=True)
>>> assert isinstance(mnist_dataset, torch.utils.data.Dataset)
>>> example = next(iter(mnist_dataset))
>>> print(example)
(<PIL.Image.Image image mode=L size=28x28 at 0x126895B00>, 5)
>>> fig = plt.figure(figsize=(15, 6))
>>> for i, (image, label) in  islice(enumerate(mnist_dataset), 10):
...     ax = fig.add_subplot(2, 5, i+1)
...     ax.set_xticks([]); ax.set_yticks([])
...     ax.imshow(image, cmap='gray_r')
...     ax.set_title(f'{label}', size=15)
>>> plt.show()
```

图 12.6 展示了训练数据集中的 10 个样本。

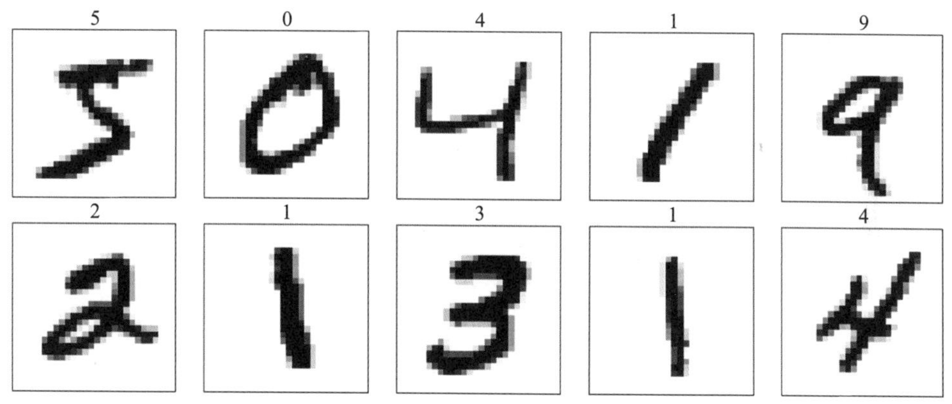

图 12.6　手写数字图像和标签

到目前为止，我们介绍了如何构建、处理数据集，以及如何从 torchvision.datasets 中获取数据集。接下来，我们将探讨如何在 PyTorch 中构建神经网络模型。

12.4　在 PyTorch 中构建神经网络模型

到目前为止，我们已经介绍了 PyTorch 的基本组件，用于计算张量并将数据组织成可以在训练期间进行迭代的格式。本节将在 PyTorch 中实现第一个预测模型。因为 PyTorch 比 Scikit-Learn 等机器学习库更加灵活，但也更复杂，所以本节将从简单的线性回归模型开始。

12.4.1 PyTorch 神经网络模块

torch.nn 是一个设计精美的模块，旨在帮助创建和训练神经网络。使用 torch.nn，只需要几行代码就可以轻松地进行模型原型设计以及构建复杂模型。

如果要充分利用模块的功能并针对问题进行模型定制，我们需要了解 torch.nn 功能。为了理解 torch.nn，首先在人工数据集上训练一个基本的线性回归模型。这里只使用 PyTorch 中的张量操作来实现这个模型，而不使用 torch.nn 模块。

然后，逐步在模型的实现中添加 torch.nn 和 torch.optim 的功能，这些模块使构建神经网络模型变得非常容易。我们还将充分利用 PyTorch 支持的数据集 pipeline 功能，例如 Dataset 和 DataLoader，上一节中已经介绍了这些功能。最终，将使用 torch.nn 模块来构建神经网络模型。

使用 nn.Module 构建神经网络是 PyTorch 中最常用的方法，它允许多层堆叠，以此搭建网络。这样，可以更好地控制前向传播。本节后面将展示使用 nn.Module 类构建神经网络模型的例子。

最后，将介绍如何保存并重新加载训练后的模型，以供将来使用。

12.4.2 构建线性回归模型

本小节将构建一个简单的模型来解决线性回归问题。首先，在 NumPy 中创建一个人工数据集并将其可视化：

```
>>> X_train = np.arange(10, dtype='float32').reshape((10, 1))
>>> y_train = np.array([1.0, 1.3, 3.1, 2.0, 5.0,
...                     6.3, 6.6,7.4, 8.0,
...                     9.0], dtype='float32')
>>> plt.plot(X_train, y_train, 'o', markersize=10)
>>> plt.xlabel('x')
>>> plt.ylabel('y')
>>> plt.show()
```

图 12.7 给出了训练样本的散点图。

接下来，对特征进行归一化处理（均值居中后除以标准差），为训练数据集创建 PyTorch Dataset 和相应的 DataLoader：

```
>>> from torch.utils.data import TensorDataset
>>> X_train_norm = (X_train - np.mean(X_train)) / np.std(X_train)
>>> X_train_norm = torch.from_numpy(X_train_norm)
>>> y_train = torch.from_numpy(y_train).float()
>>> train_ds = TensorDataset(X_train_norm, y_train)
```

```
>>> batch_size = 1
>>> train_dl = DataLoader(train_ds, batch_size, shuffle=True)
```

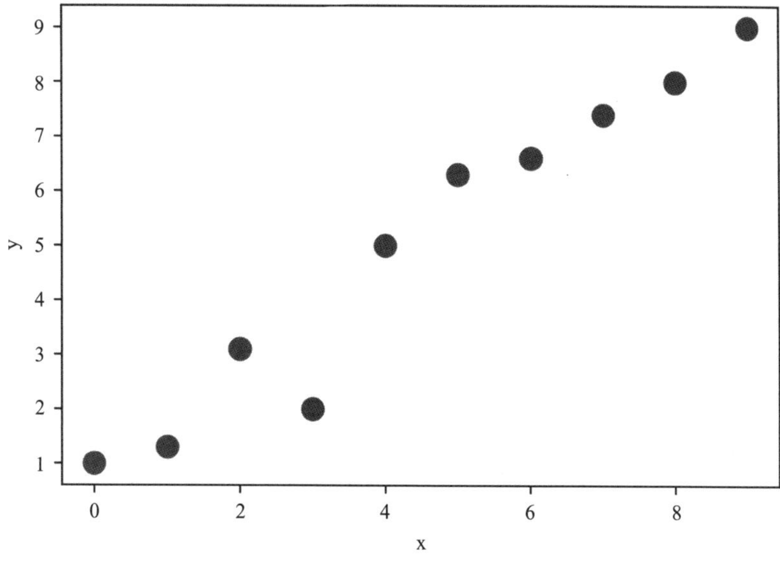

图 12.7　训练样本散点图

这里将 DataLoader 的批处理数据大小设置为 1。

将线性回归模型定义为 $z=wx+b$。后续将使用 torch.nn 模块。torch.nn 模块提供了用于构建复杂神经网络模型的预定义层，但我们先介绍在不使用 torch.nn 的情况下，如何从头开始实现线性回归模型。本章后面将展示如何使用这些预定义层实现线性回归模型。

针对这个回归问题，我们将从头开始定义线性回归模型。定义模型的参数 weight 和 bias，分别对应权重参数和偏置参数。定义 model()函数，用于描述模型如何使用输入数据来生成输出数据：

```
>>> torch.manual_seed(1)
>>> weight = torch.randn(1)
>>> weight.requires_grad_()
>>> bias = torch.zeros(1, requires_grad=True)
>>> def model(xb):
...     return xb @ weight + bias
```

定义好模型后，继续定义用来寻找模型最优权重的损失函数。这里选择均方误差(MSE)函数作为损失函数：

```
>>> def loss_fn(input, target):
...     return (input-target).pow(2).mean()
```

此外，这里使用随机梯度下降算法学习模型的权重参数。本小节使用我们自己实现的随机梯度下降算法完成模型训练，但下一小节将使用优化包 torch.optim 中的 SGD 方法来训练模型。

为了实现随机梯度下降算法，需要计算损失函数的梯度。在此使用 PyTorch 中的 torch.autograd.backward 函数计算梯度，而不是手动计算梯度。第 13 章将介绍 torch.autograd 及其用于实现自动微分的类和函数。

现在，可以设置学习率并训练模型进行 200 次迭代。使用批处理数据训练模型的代码如下：

```
>>> learning_rate = 0.001
>>> num_epochs = 200
>>> log_epochs = 10
>>> for epoch in range(num_epochs):
...     for x_batch, y_batch in train_dl:
...         pred = model(x_batch)
...         loss = loss_fn(pred, y_batch.long())
...         loss.backward()
...     with torch.no_grad():
...         weight -= weight.grad * learning_rate
...         bias -= bias.grad * learning_rate
...         weight.grad.zero_()
...         bias.grad.zero_()
...     if epoch % log_epochs==0:
...         print(f'Epoch {epoch}  Loss {loss.item():.4f}')
Epoch 0  Loss 5.1701
Epoch 10  Loss 30.3370
Epoch 20  Loss 26.9436
Epoch 30  Loss 0.9315
Epoch 40  Loss 3.5942
Epoch 50  Loss 5.8960
Epoch 60  Loss 3.7567
Epoch 70  Loss 1.5877
Epoch 80  Loss 0.6213
Epoch 90  Loss 1.5596
Epoch 100  Loss 0.2583
Epoch 110  Loss 0.6957
Epoch 120  Loss 0.2659
Epoch 130  Loss 0.1615
Epoch 140  Loss 0.6025
Epoch 150  Loss 0.0639
Epoch 160  Loss 0.1177
Epoch 170  Loss 0.3501
Epoch 180  Loss 0.3281
Epoch 190  Loss 0.0970
```

现在来考察训练好的模型。创建一个 NumPy 数组作为测试样本输入，其中数组中的值在 0 到 9 之间均匀分布。由于对训练数据进行了归一化处理，因此测试数据也需要进行归一化处理：

```
>>> print('Final Parameters:', weight.item(), bias.item())
Final Parameters:  2.669806480407715 4.879569053649902
>>> X_test = np.linspace(0, 9, num=100, dtype='float32').reshape(-1, 1)
>>> X_test_norm = (X_test - np.mean(X_train)) / np.std(X_train)
>>> X_test_norm = torch.from_numpy(X_test_norm)
>>> y_pred = model(X_test_norm).detach().numpy()
>>> fig = plt.figure(figsize=(13, 5))
>>> ax = fig.add_subplot(1, 2, 1)
>>> plt.plot(X_train_norm, y_train, 'o', markersize=10)
>>> plt.plot(X_test_norm, y_pred, '--', lw=3)
>>> plt.legend(['Training examples', 'Linear reg.'], fontsize=15)
>>> ax.set_xlabel('x', size=15)
>>> ax.set_ylabel('y', size=15)
>>> ax.tick_params(axis='both', which='major', labelsize=15)
>>> plt.show()
```

图 12.8 展示了训练样本的散点图和训练好的线性回归模型。

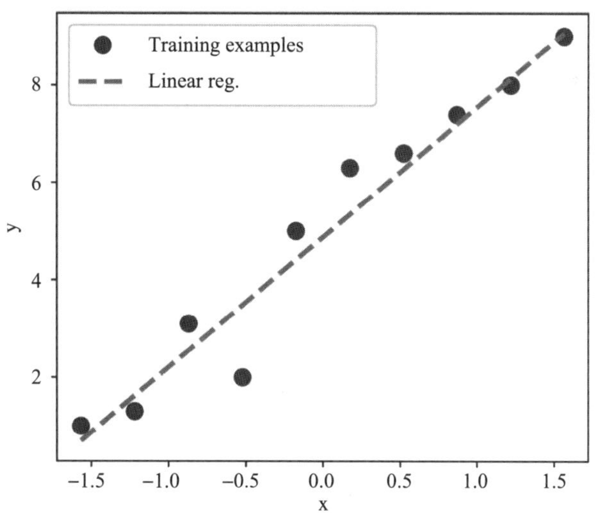

图 12.8　线性回归模型很好地拟合了训练数据

12.4.3　使用 torch.nn 和 torch.optim 模块训练模型

前面的例子展示了如何编写自定义损失函数 `loss_fn()`以及如何随机梯度下降算法来训练模型。但是，不同项目的损失函数和梯度下降算法可能是雷同的。`torch.nn` 模块提供了一组损失函数。torch.optim 支持常用的优化算法，调用这些优化算法可以根据梯度更新模型的参数。为了理解它们的工作原理，下面的代码将创建一个新的 MSE 损失函数和一个随机梯度下降优化器：

```
>>> import torch.nn as nn
>>> loss_fn = nn.MSELoss(reduction='mean')
>>> input_size = 1
>>> output_size = 1
>>> model = nn.Linear(input_size, output_size)
>>> optimizer = torch.optim.SGD(model.parameters(), lr=learning_rate)
```

请注意，这里调用 torch.nn.Linear 类实现线性层，而不是自己编写代码实现。

现在，可以调用 optimizer 的 step()方法来训练模型。下面将给模型传递一个批数据（例如前面例子中创建的 train_dl）：

```
>>> for epoch in range(num_epochs):
...     for x_batch, y_batch in train_dl:
...         # 1. Generate predictions
...         pred = model(x_batch)[:, 0]
...         # 2. Calculate loss
...         loss = loss_fn(pred, y_batch)
...         # 3. Compute gradients
...         loss.backward()
...         # 4. Update parameters using gradients
...         optimizer.step()
...         # 5. Reset the gradients to zero
...         optimizer.zero_grad()
...     if epoch % log_epochs==0:
...         print(f'Epoch {epoch}  Loss {loss.item():.4f}')
```

模型经过训练之后，对结果进行可视化，以确保该结果与前面例子的结果一致。可以运行以下代码获得权重和偏置参数：

```
>>> print('Final Parameters:', model.weight.item(), model.bias.item())
Final Parameters: 2.646660089492798 4.883835315704346
```

12.4.4　构建多层感知机对鸢尾花数据集分类

前面的例子展示了如何手动编写代码来从头构建模型，并使用随机梯度下降算法训练该模型。可以看到，即使模型非常简单，从头编写代码实现模型也是很复杂的，这并不是一种好的做法。相反，PyTorch 的 torch.nn 定义了线性层，这些层可以用作神经网络模型的构建模块。本小节将介绍如何使用 torch.nn 模块来构建一个两层感知机，用于完成鸢尾花数据集的分类任务（识别三种鸢尾花）。首先，从 sklearn.datasets 中获取数据：

```
>>> from sklearn.datasets import load_iris
>>> from sklearn.model_selection import train_test_split
>>> iris = load_iris()
>>> X = iris['data']
>>> y = iris['target']
>>> X_train, X_test, y_train, y_test = train_test_split(
...     X, y, test_size=1./3, random_state=1)
```

这里随机选择 100 个样本(2/3)进行训练，50 个样本(1/3)进行测试。

接下来，将数据特征归一化(均值居中后除以标准差)，并为训练集创建 PyTorch `Dataset` 和对应的 `DataLoader`：

```
>>> X_train_norm = (X_train - np.mean(X_train)) / np.std(X_train)
>>> X_train_norm = torch.from_numpy(X_train_norm).float()
>>> y_train = torch.from_numpy(y_train)
>>> train_ds = TensorDataset(X_train_norm, y_train)
>>> torch.manual_seed(1)
>>> batch_size = 2
>>> train_dl = DataLoader(train_ds, batch_size, shuffle=True)
```

这里将 `DataLoader` 的批数据大小设置为 2。

现在可以使用 `torch.nn` 模块来高效地构建模型了。使用 `nn.Module` 类，可以堆叠多个层来构建一个神经网络。你可以在网站 https://pytorch.org/docs/stable/nn.html 上查看所有类型的层。对于鸢尾花分类问题，只需使用线性层即可。线性层也被称为全连接层或稠密层，用 $f(\boldsymbol{wx}+\boldsymbol{b})$ 表示，其中 $\boldsymbol{x}$ 表示输入的特征张量，$\boldsymbol{w}$ 和 $\boldsymbol{b}$ 分别是权重矩阵和偏置向量，f 是激活函数。

神经网络中的每一层都从前一层接收输入。因此，它的维度(阶或形状)是固定的。通常，在设计神经网络时，只需要关注输出层的维度。在这里，我们想构建一个具有两个隐藏层的模型。第一个隐藏层接收 4 个特征作为输入，并将输入传递给 16 个神经元。第二个隐藏层接收前一层的输出(大小为 16)并将其传递给 3 个输出神经元，因为共有 3 个类别标签。代码如下：

```
>>> class Model(nn.Module):
...     def __init__(self, input_size, hidden_size, output_size):
...         super().__init__()
...         self.layer1 = nn.Linear(input_size, hidden_size)
...         self.layer2 = nn.Linear(hidden_size, output_size)
...     def forward(self, x):
...         x = self.layer1(x)
...         x = nn.Sigmoid()(x)
...         x = self.layer2(x)
...         return x
>>> input_size = X_train_norm.shape[1]
```

```
>>> hidden_size = 16
>>> output_size = 3
>>> model = Model(input_size, hidden_size, output_size)
```

在这里，对第一层使用 sigmoid 激活函数，对最后一层（输出层）使用 softmax 激活函数。最后一层的 softmax 激活函数用于支持多分类任务，因为鸢尾花数据集有 3 个类别标签（这就是输出层有 3 个神经元的原因）。本章后面将讨论其他激活函数及其应用。

接下来，使用交叉熵作为损失函数，并使用 Adam 作为优化器：

```
>>> learning_rate = 0.001
>>> loss_fn = nn.CrossEntropyLoss()
>>> optimizer = torch.optim.Adam(model.parameters(), lr=learning_rate)
```

Adam 优化器是一个稳定的、基于梯度的优化算法，第 14 章将详细讨论 Adam 优化器。

现在，对模型进行训练，并指定训练 100 轮。训练鸢尾花分类模型的代码如下：

```
>>> num_epochs = 100
>>> loss_hist = [0] * num_epochs
>>> accuracy_hist = [0] * num_epochs
>>> for epoch in range(num_epochs):
...     for x_batch, y_batch in train_dl:
...         pred = model(x_batch)
...         loss = loss_fn(pred, y_batch)
...         loss.backward()
...         optimizer.step()
...         optimizer.zero_grad()
...         loss_hist[epoch] += loss.item()*y_batch.size(0)
...         is_correct = (torch.argmax(pred, dim=1) == y_batch).float()
...         accuracy_hist[epoch] += is_correct.sum()
...     loss_hist[epoch] /= len(train_dl.dataset)
...     accuracy_hist[epoch] /= len(train_dl.dataset)
```

`loss_hist` 列表和 `accuracy_hist` 列表将在每轮训练后保存训练损失和训练准确率。可以使用它们来可视化模型的学习曲线，如下所示：

```
>>> fig = plt.figure(figsize=(12, 5))
>>> ax = fig.add_subplot(1, 2, 1)
>>> ax.plot(loss_hist, lw=3)
>>> ax.set_title('Training loss', size=15)
>>> ax.set_xlabel('Epoch', size=15)
>>> ax.tick_params(axis='both', which='major', labelsize=15)
```

```
>>> ax = fig.add_subplot(1, 2, 2)
>>> ax.plot(accuracy_hist, lw=3)
>>> ax.set_title('Training accuracy', size=15)
>>> ax.set_xlabel('Epoch', size=15)
>>> ax.tick_params(axis='both', which='major', labelsize=15)
>>> plt.show()
```

图 12.9 给出了模型训练时的学习曲线(训练损失和训练准确率)。

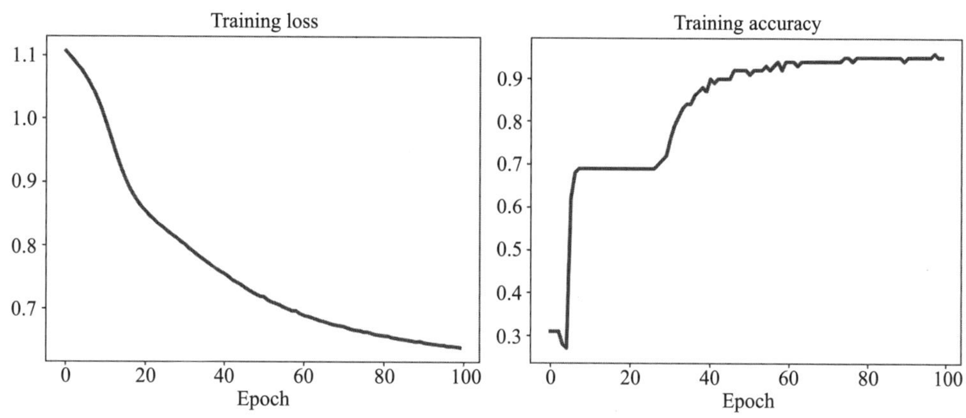

图 12.9 训练损失和训练准确率

12.4.5 在测试数据集上评估训练好的模型

在测试数据集上评估训练好的模型的分类准确率:

```
>>> X_test_norm = (X_test - np.mean(X_train)) / np.std(X_train)
>>> X_test_norm = torch.from_numpy(X_test_norm).float()
>>> y_test = torch.from_numpy(y_test)
>>> pred_test = model(X_test_norm)
>>> correct = (torch.argmax(pred_test, dim=1) == y_test).float()
>>> accuracy = correct.mean()
>>> print(f'Test Acc.: {accuracy:.4f}')
Test Acc.: 0.9800
```

由于之前对训练数据做了归一化处理，因此也要对测试数据做相同的归一化处理。运行以上代码可以得到，模型在测试数据上的分类准确率为 0.98(即 98%)。

12.4.6 保存和重新加载训练好的模型

训练好的模型可以保存在硬盘上，以备将来使用，这可以按如下方式完成:

```
>>> path = 'iris_classifier.pt'
>>> torch.save(model, path)
```

调用 save(model)将保存模型结构以及所有训练好的参数。作为一种常见的约定，可以使用'pt'或'pth'文件扩展名来保存模型。

现在，重新加载保存的模型。由于之前已经保存了模型结构和权重，因此只需一行代码就可以轻松地重新加载参数并重构模型：

```
>>> model_new = torch.load(path)
```

调用 model_new.eval()来验证模型结构：

```
>>> model_new.eval()
Model(
  (layer1): Linear(in_features=4, out_features=16, bias=True)
  (layer2): Linear(in_features=16, out_features=3, bias=True)
)
```

最后，评估这个重新加载的模型在测试数据集上的性能，以验证结果是否与之前的结果相同：

```
>>> pred_test = model_new(X_test_norm)
>>> correct = (torch.argmax(pred_test, dim=1) == y_test).float()
>>> accuracy = correct.mean()
>>> print(f'Test Acc.: {accuracy:.4f}')
Test Acc.: 0.9800
```

如果只想保存模型的参数，那么可以使用 save(model.state_dict())，如下所示：

```
>>> path = 'iris_classifier_state.pt'
>>> torch.save(model.state_dict(), path)
```

要想重新加载保存的参数，首先需要像之前一样构建相同的模型，然后将加载的参数提供给模型：

```
>>> model_new = Model(input_size, hidden_size, output_size)
>>> model_new.load_state_dict(torch.load(path))
```

12.5　为多层神经网络选择激活函数

为了简单起见，到目前为止，我们只讨论了多层前馈神经网络使用的 sigmoid 激活函数。第 11 章实现的 MLP 的隐藏层和输出层同样使用了 sigmoid 激活函数。

请注意，为简洁起见，在本书中 S 形逻辑函数 $\sigma(z)=\frac{1}{1+e^{-z}}$被称为 sigmoid 函数，这在机器学习文献中很常见。下面将介绍多种非线性函数，用于实现多层神经网络。

从理论上讲，只要函数是可微的，就可以作为多层神经网络的激活函数。我们甚至可以使用线性函数作为激活函数，例如第 2 章中的 Adaline 算法。但是在实践中，在隐藏层和输出层同时使用线性激活函数意义不大，因为我们想在人工神经网络中引入非线性功能，以解决复杂问题，而多个线性函数串起来还是一个线性函数。

第 11 章使用的 sigmoid 激活函数可能最接近大脑神经元的功能，可以将函数值视为神经元触发的概率。但是，如果输入绝对值较大的负值，sigmoid 函数的输出将接近于零，这时 sigmoid 激活函数可能会出现问题。如果 sigmoid 函数返回值接近于零，神经网络的参数、学习速度将变得非常缓慢，并且在训练期间有可能陷入损失函数的局部最小值。这就是人们通常更喜欢用双曲正切函数作为隐藏层激活函数的原因。

在讨论双曲正切函数之前，我们先简要回顾一下逻辑函数或 sigmoid 函数的一些基础知识，并将其推广到多分类问题上。

12.5.1 回顾逻辑函数

正如本节提到的那样，逻辑函数实际上是 sigmoid 函数的一个特例。在第 3 章关于逻辑回归的部分，我们使用逻辑函数来对二分类任务中样本 x 属于正类(类别 1)的概率进行建模。

净输入 z 的表达式为

$$z=w_0x_0+w_1x_1+\cdots+w_mx_m=\sum_{i=0}^{m}w_ix_i=\boldsymbol{w}^{\mathrm{T}}\boldsymbol{x}$$

逻辑(sigmoid)函数表达式为

$$\sigma_{\text{logistic}}(z)=\frac{1}{1+\mathrm{e}^{-z}}$$

注意，w_0 是偏置单元(y 轴截距，这意味着 $x_0=1$)。举个更具体的例子，建立二维数据点 x 和权重为 w 的模型：

```
>>> import numpy as np
>>> X = np.array([1, 1.4, 2.5]) ## first value must be 1
>>> w = np.array([0.4, 0.3, 0.5])
>>> def net_input(X, w):
...     return np.dot(X, w)
>>> def logistic(z):
...     return 1.0 / (1.0 + np.exp(-z))
>>> def logistic_activation(X, w):
...     z = net_input(X, w)
...     return logistic(z)
>>> print(f'P(y=1|x) = {logistic_activation(X, w):.3f}')
P(y=1|x) = 0.888
```

利用给定的样本特征 x 和模型权重 w，计算净输入(z)并激活逻辑神经元，将会得到一个 0.888 的值。我们可以将其解释为该特定样本 x 属于正类的概率为 88.8%。

第 11 章使用独热编码技术来表示多类别数据的真实标签，并设计了由多个逻辑激活单元组成的输出层。但是，如下面的代码所示，由多个逻辑激活单元组成的输出层不会产生有意义的、可解释的概率值：

```
>>> # W : array with shape = (n_output_units, n_hidden_units+1)
>>> #     note that the first column are the bias units
>>> W = np.array([[1.1, 1.2, 0.8, 0.4],
...               [0.2, 0.4, 1.0, 0.2],
...               [0.6, 1.5, 1.2, 0.7]])
>>> # A : data array with shape = (n_hidden_units + 1, n_samples)
>>> #     note that the first column of this array must be 1
>>> A = np.array([[1, 0.1, 0.4, 0.6]])
>>> Z = np.dot(W, A[0])
>>> y_probas = logistic(Z)
>>> print('Net Input: \n', Z)
Net Input:
[1.78  0.76  1.65]
>>> print('Output Units:\n', y_probas)
Output Units:
[ 0.85569687  0.68135373  0.83889105]
```

从输出的结果可以看到，结果不能解释为三分类问题的类别概率，因为三个值的总和不等于 1。但是，如果模型仅用于预测类别标签而不是类别概率，那么这并不是一个大问题，因为可以使用输出的最大值的位置预测类别标签：

```
>>> y_class = np.argmax(Z, axis=0)
>>> print('Predicted class label:', y_class)
Predicted class label: 0
```

在某些情况下，对于多分类预测任务，计算类别标签概率很有用。下一小节将介绍逻辑函数的一种泛化形式——softmax 函数。softmax 函数可以给出模型对类别标签的预测概率。

12.5.2 使用 softmax 函数估计多分类中的类别概率

上一小节介绍了如何使用 argmax 函数获取预测的类别标签。之前在 12.4.4 节中，我们对 MLP 模型的最后一层使用了 `activation='softmax'`。实际上，softmax 函数是 argmax 函数的软形式。softmax 函数不给出单个类的索引，而是给出了每个类的预测概率。因此，使用 softmax 函数可以在多分类模型(多项式逻辑回归)中计算预测类别的概率。

在 softmax 中，通过归一化分母(指数函数的和)，可以计算净输入为 z 的样本属于第 i 类的概率：

$$p(z)=\sigma(z)=\frac{e^{z_i}}{\sum_{j=1}^{M} e^{z_j}}$$

可以用 Python 编写代码来查看 softmax 函数的实际效果：

```
>>> def softmax(z):
...     return np.exp(z) / np.sum(np.exp(z))
>>> y_probas = softmax(Z)
>>> print('Probabilities:\n', y_probas)
Probabilities:
[ 0.44668973  0.16107406  0.39223621]
>>> np.sum(y_probas)
1.0
```

运行以上代码，正如我们所期望的那样，现在所有预测类别概率总和为 1。值得注意的是，预测的类别标签与上一节中使用 argmax 函数得到的结果相同。

可以将 softmax 函数的输出视为多个逻辑函数输出的归一化结果，这对多分类任务中预测类别概率很有意义。因此，当在 PyTorch 中构建多分类模型时，可以使用 `torch.softmax()`函数来估计输入的批数据中每个样本的类别概率。为了了解如何在 PyTorch 中使用 `torch.softmax()` 激活函数，我们在以下代码中将 `Z` 转换为张量，并增加了一个维度表示批处理数据大小：

```
>>> torch.softmax(torch.from_numpy(Z), dim=0)
tensor([0.4467, 0.1611, 0.3922], dtype=torch.float64)
```

12.5.3 使用双曲正切函数拓宽输出范围

双曲正切函数(通常称为 tanh 函数)是另一个 S 形函数，常用于神经网络的隐藏层中。我们可以将双曲正切函数解释为尺度缩放后的逻辑函数：

$$\sigma_{\text{logistic}}(z)=\frac{1}{1+\mathrm{e}^{-z}}$$

$$\sigma_{\tanh}(z)=2\times\sigma_{\text{logistic}}(2z)-1=\frac{\mathrm{e}^{z}-\mathrm{e}^{-z}}{\mathrm{e}^{z}+\mathrm{e}^{-z}}$$

与逻辑函数相比，双曲正切函数的优点在于函数的值域为(-1，1)，范围更宽，这有助于提高反向传播算法的收敛性(C. M. Bishop. Neural Networks for Pattern Recognition，Oxford University Press，500-501，1995)。

相比之下，逻辑函数返回一个值在(0，1)区间的输出信号。为了直观地比较逻辑函数和双曲正切函数，下面的代码将绘制这两个 S 形函数的图像：

```
>>> import matplotlib.pyplot as plt
>>> def tanh(z):
...     e_p = np.exp(z)
...     e_m = np.exp(-z)
...     return (e_p - e_m) / (e_p + e_m)
>>> z = np.arange(-5, 5, 0.005)
```

```
>>> log_act = logistic(z)
>>> tanh_act = tanh(z)
>>> plt.ylim([-1.5, 1.5])
>>> plt.xlabel('net input $z$')
>>> plt.ylabel('activation $\phi(z)$')
>>> plt.axhline(1, color='black', linestyle=':')
>>> plt.axhline(0.5, color='black', linestyle=':')
>>> plt.axhline(0, color='black', linestyle=':')
>>> plt.axhline(-0.5, color='black', linestyle=':')
>>> plt.axhline(-1, color='black', linestyle=':')
>>> plt.plot(z, tanh_act,
...          linewidth=3, linestyle='--',
...          label='tanh')
>>> plt.plot(z, log_act,
...          linewidth=3,
...          label='logistic')
>>> plt.legend(loc='lower right')
>>> plt.tight_layout()
>>> plt.show()
```

图 12.10 展示了逻辑函数和双曲正切函数的图像，两条曲线都是 S 形的，形状看起来非常相似。但是，双曲正切函数的输出范围是逻辑函数的两倍。

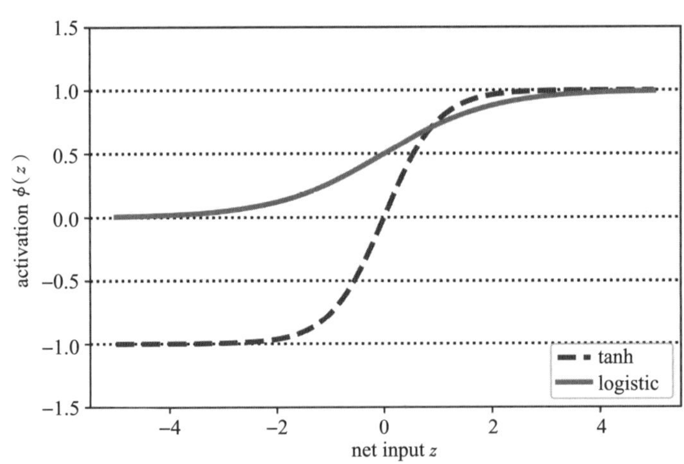

图 12.10　双曲正切函数和逻辑函数

请注意，前面详细地用代码实现逻辑函数和双曲正切函数，是为了能清楚说明其概念。在实践中，可以使用 NumPy 的 `tanh` 函数。

在构建神经网络模型时，在 PyTorch 中使用 `torch.tanh(x)`可取得相同的结果：

```
>>> np.tanh(z)
array([-0.9999092 , -0.99990829, -0.99990737, ...,  0.99990644,
        0.99990737,  0.99990829])
>>> torch.tanh(torch.from_numpy(z))
tensor([-0.9999, -0.9999, -0.9999,  ...,  0.9999,  0.9999,  0.9999],
       dtype=torch.float64)
```

此外，SciPy 的 `special` 模块也提供了逻辑函数：

```
>>> from scipy.special import expit
>>> expit(z)
array([0.00669285, 0.00672617, 0.00675966, ..., 0.99320669, 0.99324034,
       0.99327383])
```

同样，可以使用 PyTorch 中的 `torch.sigmoid()` 函数进行相同的计算，如下所示：

```
>>> torch.sigmoid(torch.from_numpy(z))
tensor([0.0067, 0.0067, 0.0068,  ..., 0.9932, 0.9932, 0.9933],
       dtype=torch.float64)
```

请注意，使用 `torch.sigmoid(x)` 会产生与 `torch.nn.Sigmoid()(x)` 相同的结果。`torch.nn.Sigmoid` 是一个类，之前已使用过，我们可以通过初始化参数构造对象并控制对象行为。`torch.sigmoid` 是一个函数。

12.5.4 整流线性单元

整流线性单元(Rectified Linear Unit，ReLU)是另一种激活函数，常用于深度神经网络。在深入研究 ReLU 之前，我们先解释一下使用双曲正切函数和逻辑函数作为激活函数而导致的梯度消失问题。

为了理解这个问题，假设净输入初始值为 $z_1=20$，之后增加为 $z_2=25$。计算其双曲正切函数值，可以得到 $\sigma(z_1)=1.0$ 和 $\sigma(z_2)=1.0$，这表明函数的输出值并没有变化(由双曲正切函数的渐近性和数值误差导致)。

这意味着激活函数关于净输入的导数随着 z 变大而减小。因此，在模型训练阶段，由于梯度项可能接近于零，因此此时权重的学习变得非常缓慢。而 ReLU 激活函数解决了这个问题。ReLU 的数学定义如下：

$$\sigma(z)=\max(0,z)$$

ReLU 函数仍然是一个非线性函数，有利于神经网络学习复杂函数。除此之外，ReLU 函数对正值输入的导数始终为 1。因此，ReLU 函数解决了梯度消失问题，更适用于深度神经网络。在 PyTorch 中，可以按如下方式使用 ReLU 激活函数 `torch.relu()`：

```
>>> torch.relu(torch.from_numpy(z))
tensor([0.0000, 0.0000, 0.0000,  ..., 4.9850, 4.9900, 4.9950],
       dtype=torch.float64)
```

下一章将使用 ReLU 激活函数作为多层卷积神经网络的激活函数。

现在已经介绍了人工神经网络中常用的激活函数。图 12.11 列出了本书迄今为止遇到的所有激活函数。

激活函数	表达式	示例	一维图
线性函数	$\sigma(z)=z$	Adaline，线性回归	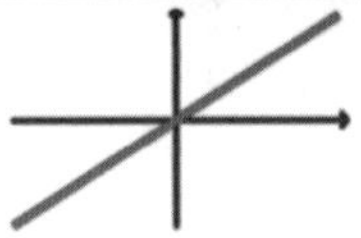
单位阶跃函数（Heaviside函数）	$\sigma(z)=\begin{cases}0 & z<0\\0.5 & z=0\\1 & z>0\end{cases}$	感知机变体	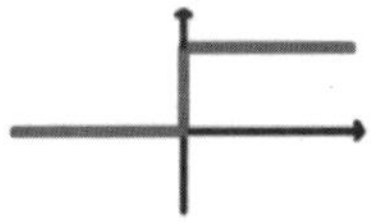
Sign（符号函数）	$\sigma(z)=\begin{cases}-1 & z<0\\0 & z=0\\1 & z>0\end{cases}$	感知机变体	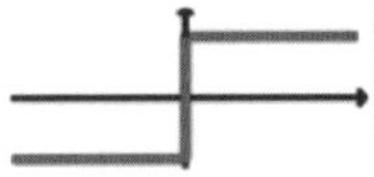
分段线性函数	$\sigma(z)=\begin{cases}0 & z\leqslant-\frac{1}{2}\\z+\frac{1}{2} & -\frac{1}{2}\leqslant z\leqslant\frac{1}{2}\\1 & z\geqslant\frac{1}{2}\end{cases}$	支持向量机	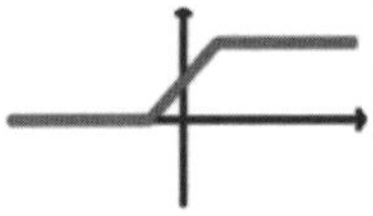
逻辑函数（sigmoid）	$\sigma(z)=\frac{1}{1+e^{-z}}$	逻辑回归，多层NN	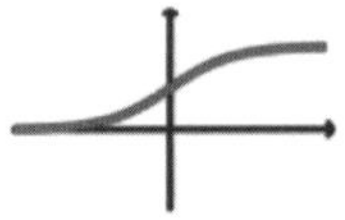
双曲正切函数（tanh）	$\sigma(z)=\frac{e^{z}-e^{-z}}{e^{z}+e^{-z}}$	多层NN，PNN	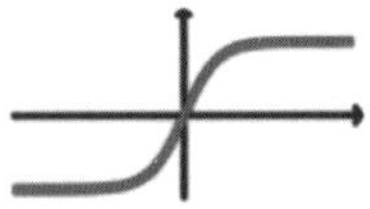
ReLU	$\sigma(z)=\begin{cases}0 & z\leqslant0\\z & z>0\end{cases}$	多层NN，CNN	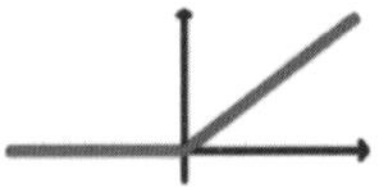

图 12.11　本书介绍的激活函数

我们可以在网站 https://pytorch.org/docs/stable/nn.functional.html#non-linear-activation-functions 上找到 `torch.nn` 模块中所有可用的激活函数。

12.6 本章小结

本章介绍了如何使用深度学习开源库 PyTorch。由于支持 GPU，因此给 PyTorch 带来了一些复杂的运算。尽管相比于 NumPy，PyTorch 用起来并不方便，但使用 PyTorch 可以非常高效地定义和训练大型多层神经网络模型。

此外，本章还介绍了如何使用 `torch.nn` 模块来构建、训练、评估复杂的机器学习和神经网络模型。通过基本的 PyTorch 张量函数从头开始定义模型，探索了 PyTorch 的模型构建方法。从头开始编程实现模型时，进行矩阵向量乘法并定义每个操作细节会很乏味。但是，这样做的好处是开发人员能够组合这些基本操作，从而构建更复杂的模型。之后，继续探索了 `torch.nn` 模块，使用此模块构建神经网络模型要比从头开始实现容易得多。

最后，本章介绍了不同的激活函数并探讨了其定义和应用。具体来说，本章重点介绍了双曲正切函数、softmax 函数和 ReLU 函数。

下一章将继续深入研究 PyTorch，我们将接触到 PyTorch 计算图和自动微分包，同时将学习许多新的概念，如梯度计算等。

CHAPTER 13

第 13 章 深入探讨 PyTorch 的工作原理

第 12 章介绍了如何定义和操作张量，以及如何使用 `torch.utils.data` 模块构建模型的输入 pipeline。本章将使用 PyTorch 的神经网络模块(`torch.nn`)构建和训练多层感知机，并使用该模型对鸢尾花数据集分类。

我们已经有一些使用 PyTorch 训练神经网络的实践经验。本章将深入研究 PyTorch 库，并探索其丰富的功能，帮助我们在后续章节实现更高级的深度学习模型。

本章将使用 PyTorch 的各种 API 实现神经网络，并且本章将再次使用 `torch.nn` 模块，该模块提供了多种抽象的神经网络层，使实现标准神经网络更方便。PyTorch 还允许用户自定义神经网络层，这对需要自定义网络层的科研项目非常有用。

本章借助经典的异或(XOR)问题，展现 `torch.nn` 模块构建模型的不同方式。首先使用 `Sequential` 类构建多层感知机，然后使用其他方法(如 `nn.Module` 子类)定义自定义层，最后应用构建好的神经网络完成两个项目，每个项目都包括从输入到预测的所有步骤。

本章将介绍以下内容:

- 理解并使用 PyTorch 计算图。
- 使用 PyTorch 张量。
- 解决经典的 XOR 问题并介绍模型的容量。
- 使用 PyTorch 的 `Sequential` 类和 `nn.Module` 类构建复杂的神经网络模型。
- 使用自动微分和 `torch.autograd` 计算梯度。

13.1 PyTorch 的主要功能

上一章提到 PyTorch 提供了一个用于实现和运行机器学习算法的可扩展、跨平台的编程接口。继 2016 年首次发布和 2018 年推行 1.0 版本之后，PyTorch 已经发展成最受欢迎的深度学习框架之一。PyTorch 使用动态计算图。与静态图相比，动态计算图更灵活、易于调试，并且 PyTorch 还允许交错进行图声明和图评估。使用 PyTorch 用户可以逐行运行代码，同时拥有访问所有变量的权限。PyTorch 让开发和训练神经网络变得非常方便，这是一个非常重要的优点。

PyTorch 是一个开源的库，每个人都可以免费使用，它是由 Facebook 资助和支持开发的。这涉及一个庞大的软件工程师团队，他们不断地扩展和改进 PyTorch 库。由于 PyTorch 是一个开源库，因此还得到了 Facebook 公司以外的开发人员的支持，例如贡献代码、提供用户反馈等。这使得 PyTorch 库对研究人员和开发人员而言都很有用。这些因素促使 PyTorch 有大量的文档和教程来帮助新用户入门。

PyTorch 的另一个优点是能够在单个或多个**图形处理单元**(GPU)上运行。这使得用户可以在大型数据集和大规模系统上有效地训练深度学习模型。

最后，PyTorch 支持移动端部署，这使其成为适合模型应用的工具。

下一节将介绍 PyTorch 中的张量和函数如何通过计算图互联。

13.2 PyTorch 的计算图

PyTorch 基于**有向无环图**(Directed Acyclic Graph，DAG)来执行计算。本节将介绍如何为简单的计算定义计算图。然后，将介绍动态图范例，以及如何在 PyTorch 中动态地创建图。

13.2.1 理解计算图

PyTorch 的核心是构建计算图。PyTorch 使用计算图建立输入张量与输出张量之间的关系。假设有 0 阶张量(标量)a、b 和 c，想要计算 $z=2(a-b)+c$。这个数学表达式的计算图如图 13.1 所示。

如图 13.1 所示，计算图是一个包含多个节点的网络。每个节点类似于一个运算或函数。提供一个或多个输入张量，运算将返回零个或多个输出张量。PyTorch 构建计算图并根据计算图计算梯度。下一小节将介绍一些使用 PyTorch 创建计算图的例子。

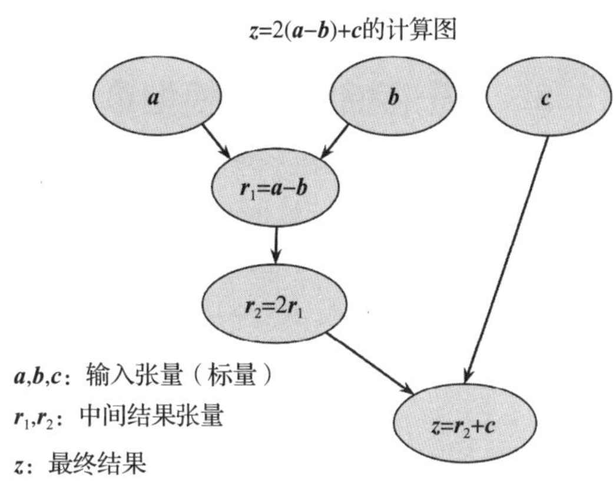

图 13.1　计算图的工作原理

13.2.2 在 PyTorch 中创建计算图

我们通过一个例子来说明如何在 PyTorch 中创建计算图并使用计算图计算 $z=2(a-b)+c$，如图 13.1 所示。变量 a、b 和 c 都是标量，我们将之定义为 PyTorch 张量。在创建计算图之前，需要定义一个 Python 函数，其中 a、b、c 作为函数的输入，代码如下：

```
>>> import torch
>>> def compute_z(a, b, c):
...     r1 = torch.sub(a, b)
...     r2 = torch.mul(r1, 2)
...     z = torch.add(r2, c)
...     return z
```

可以使用张量作为函数输入参数。请注意，PyTorch 中的函数，例如 add、sub（或 subtract）和 mul（或 multiply），也允许使用 PyTorch 高阶张量作为输入。在以下代码中，使用的输入张量分别为标量（0 阶）以及 1 阶和 2 阶张量：

```
>>> print('Scalar Inputs:', compute_z(torch.tensor(1),
...       torch.tensor(2), torch.tensor(3)))
Scalar Inputs: tensor(1)
>>> print('Rank 1 Inputs:', compute_z(torch.tensor([1]),
...       torch.tensor([2]), torch.tensor([3])))
Rank 1 Inputs: tensor([1])
>>> print('Rank 2 Inputs:', compute_z(torch.tensor([[1]]),
...       torch.tensor([[2]]), torch.tensor([[3]])))
Rank 2 Inputs: tensor([[1]])
```

可以看到，在 PyTorch 中创建计算图非常简单。接下来，将介绍可用于存储和更新模型参数的 PyTorch 张量。

13.3 用于存储和更新模型参数的 PyTorch 张量

在 PyTorch 中，存在一种特殊的、可以计算梯度的张量（第 12 章已经介绍了张量）。使用这种可以计算梯度的张量允许模型在训练期间存储和更新模型的参数。只需将张量的参数 requires_grad 设置为 True 即可创建可微张量。截至目前（2021 年），只有浮点数和复数张量（dtype = float32 或 dtype = complex）才可以计算梯度。下面的代码将创建 float32 类型的张量：

```
>>> a = torch.tensor(3.14, requires_grad=True)
>>> print(a)
tensor(3.1400, requires_grad=True)
>>> b = torch.tensor([1.0, 2.0, 3.0], requires_grad=True)
>>> print(b)
tensor([1., 2., 3.], requires_grad=True)
```

请注意，requires_grad 默认值为 False。这个值可以通过运行张量的 requires_grad_() 方法设置为 True。

method_()是 PyTorch 中的一种不复制输入张量的类方法。

例如：

```
>>> w = torch.tensor([1.0, 2.0, 3.0])
>>> print(w.requires_grad)
False
>>> w.requires_grad_()
>>> print(w.requires_grad)
True
```

随机初始化神经网络模型参数是非常重要的，这可以打破反向传播期带来的对称性，否则，多层神经网络不会比以逻辑回归为代表的单层神经网络更有用。在创建 PyTorch 张量时，依然可以使用随机参数初始化张量。PyTorch 可以基于各种概率分布产生随机数(参见 https://pytorch.org/docs/stable/torch.html#random-sampling)。下面的例子介绍了一个在 `torch.nn.init` 模块中也可用的标准初始化方法(参见 https://pytorch.org/docs/stable/nn.init.html)。

Glorot 参数初始化方法是由 Xavier Glorot 和 Yoshua Bengio 提出的经典随机初始化方法。下面介绍如何使用 Glorot 方法初始化张量。首先，创建一个全为零的张量和一个名为 `init` 的 `GlorotNormal` 类的对象。然后，通过调用 `xavier_normal_()`方法初始化这个全为零的张量。下面的例子初始化了一个形状为 2×3 的张量：

```
>>> import torch.nn as nn
>>> torch.manual_seed(1)
>>> w = torch.empty(2, 3)
>>> nn.init.xavier_normal_(w)
>>> print(w)
tensor([[ 0.4183,  0.1688,  0.0390],
        [ 0.3930, -0.2858, -0.1051]])
```

Xavier(或 Glorot)初始化

在深度学习的发展初期，人们观察到根据均匀分布或正态分布进行权重初始化往往会导致模型在训练中表现不佳。

2010 年，Glorot 和 Bengio 研究了初始化网络参数对模型性能的影响，并提出了一种新的、更稳健的初始化方案来促进深度网络的训练。Xavier 初始化背后的思想是大致平衡网络不同层之间梯度的方差。若不考虑该不同层之间梯度的差异，在训练过程中一些层可能会得到太多的关注，而其他层则不受到关注。

根据 Glorot 和 Bengio 的研究论文，如果以均匀分布的方式初始化权重，均匀分布的区间应如下所示：

$$W \sim \mathrm{Uniform}\left(-\frac{\sqrt{6}}{\sqrt{n_{\mathrm{in}}+n_{\mathrm{out}}}},\frac{\sqrt{6}}{\sqrt{n_{\mathrm{in}}+n_{\mathrm{out}}}}\right)$$

这里，n_{in} 是输入神经元的数量，n_{out} 是下一层的输出神经元的数量。若根据高斯(正态)分布初始化权重，建议高斯分布的标准差为

$$\sigma=\frac{\sqrt{2}}{\sqrt{n_{\mathrm{in}}+n_{\mathrm{out}}}}$$

PyTorch 支持根据均匀分布和正态分布进行权重 Xavier 初始化。关于 Xavier 初始化的更多信息，例如初始化原理和数学动机，推荐阅读论文原文(Xavier Glorot，Yoshua Bengio. Understanding the difficulty of deep feedforward neural networks，2010，http://proceedings.mlr.press/v9/glorot10a/glorot10a.pdf)。

下面用一个例子来展示 Xavier 初始化，以及如何在 `nn.Module` 的子类中定义两个张量：

```
>>> class MyModule(nn.Module):
...     def __init__(self):
...         super().__init__()
...         self.w1 = torch.empty(2, 3, requires_grad=True)
...         nn.init.xavier_normal_(self.w1)
...         self.w2 = torch.empty(1, 2, requires_grad=True)
...         nn.init.xavier_normal_(self.w2)
```

我们可以把这两个张量看作权重，使用自动微分计算其梯度。

13.4 通过自动微分计算梯度

优化神经网络模型需要计算损失函数关于神经网络权重的梯度，这是随机梯度下降(SGD)等优化算法所必需的。此外，梯度还有其他方面的应用，例如利用梯度诊断神经网络以找出模型对测试样本做出特定预测的原因。因此，本节将介绍如何自动计算梯度。

13.4.1 计算损失函数关于可微变量的梯度

PyTorch 支持自动微分，自动微分可以视为利用链式法则计算嵌套函数的梯度。请注意，本书将偏导数和梯度统称为梯度。

偏导数和梯度

偏导数$\frac{\partial f}{\partial x_1}$可以理解为多元函数(有多个输入的函数)$f(x_1,x_2,\cdots)$相对于其中一个输入($x_1$)的变化率。函数的梯度($\nabla f$)是由所有输入的偏导数组成的向量$\nabla f=\left(\frac{\partial f}{\partial x_1},\frac{\partial f}{\partial x_1},\cdots\right)$。

当定义一系列产生输出张量或者中间张量的操作时，PyTorch 提供了一种用于计算这些张量相对于自变量的梯度的方法。我们可以调用 `torch.autograd` 模块中的 `backward` 方法来计算给定张量相对于计算图中叶子节点（终端节点）的梯度。

这里举一个简单的例子，例如计算 $z=wx+b$，将损失函数定义为真实标签 y 和预测标签 z 的平方误差 $\text{Loss}=(y-z)^2$。在通常情况下，可能有多个预测标签和真实标签，损失函数为平方误差之和，即 $\text{Loss}=\sum_i (y_i-z_i)^2$。为了在 PyTorch 中实现这种计算，定义模型参数 w 和 b 为变量（设置 `requires_gradient` 属性为 `True`），定义 x 和 y 为叶子节点张量。然后，计算损失张量并计算此张量相对于模型参数 w 和 b 的梯度，代码如下所示：

```
>>> w = torch.tensor(1.0, requires_grad=True)
>>> b = torch.tensor(0.5, requires_grad=True)
>>> x = torch.tensor([1.4])
>>> y = torch.tensor([2.1])
>>> z = torch.add(torch.mul(w, x), b)
>>> loss = (y-z).pow(2).sum()
>>> loss.backward()
>>> print('dL/dw : ', w.grad)
>>> print('dL/db : ', b.grad)
dL/dw :  tensor(-0.5600)
dL/db :  tensor(-0.4000)
```

首先通过神经网络的前向传播计算 z 值，然后使用反向传播方法 `backward` 计算损失张量 `loss` 的梯度 $\frac{\partial \text{Loss}}{\partial w}$ 和 $\frac{\partial \text{Loss}}{\partial b}$。可以看到，$\frac{\partial \text{Loss}}{\partial w}=2x(wx+b-y)$，接着我们来验证计算的梯度是否与之前获得的梯度相同，代码如下：

```
>>> # verifying the computed gradient
>>> print(2 * x * ((w * x + b) - y))
tensor([-0.5600], grad_fn=<MulBackward0>)
```

这里将损失张量相对于 b 的梯度的验证作为练习留给读者。

13.4.2 自动微分

自动微分是一种用于计算梯度的算法，可用于计算任意数学表达式的梯度。在计算过程中，重复应用链式法则积累中间结果，从而得到最终梯度。为了更好地理解自动微分，我们来看一个计算嵌套函数梯度的例子，函数为 $y=f(g(h(x)))$，输入为 x，输出为 y。这个运算可以分解为一系列运算：

- $u_0=x$
- $u_1=h(x)$
- $u_2=g(u_1)$

- $u_3=f(u_2)=y$

可以通过两种不同的方法计算导数$\frac{\mathrm{d}y}{\mathrm{d}x}$，即前向累加法$\frac{\mathrm{d}u_3}{\mathrm{d}x}=\frac{\mathrm{d}u_3}{\mathrm{d}u_2}\frac{\mathrm{d}u_2}{\mathrm{d}u_0}$和后向累加法$\frac{\mathrm{d}y}{\mathrm{d}u_0}=\frac{\mathrm{d}y}{\mathrm{d}u_1}\frac{\mathrm{d}u_1}{\mathrm{d}u_0}$。PyTorch 使用后向累加法，因为这更有利于实现反向传播。

13.4.3 对抗样本

计算损失函数相对于输入样本的梯度可以用于生成对抗样本（或对抗攻击）。在计算机视觉领域，对抗样本（adversarial example）是通过向输入样本添加一些小的、不易察觉的噪声（或扰动）而生成的样本。对抗样本会导致深度神经网络将对抗样本错误分类。对抗样本不在本书的讨论范围，如果有兴趣，可以阅读 Christian Szegedy 等人发表的论文“Intriguing properties of neural networks”（https://arxiv.org/pdf/1312.6199.pdf）。

13.5 使用 torch.nn 模块简化常见结构

我们已经学习了如何构建前馈神经网络模型（例如，多层感知机）以及如何使用 `nn.Module` 类定义多个网络层。在更深入地研究 `nn.Module` 之前，我们先学习另一种使用 `nn.Sequential` 构建神经网络的方法。

13.5.1 使用 nn.Sequential 实现模型

使用 `nn.Sequential`（https://pytorch.org/docs/master/generated/torch.nn.Sequential.html#sequential），网络层以级联的方式连接形成模型。在下面的例子中，我们将构建一个有两个全连接层的网络模型：

```
>>> model = nn.Sequential(
...     nn.Linear(4, 16),
...     nn.ReLU(),
...     nn.Linear(16, 32),
...     nn.ReLU()
... )
>>> model
Sequential(
  (0): Linear(in_features=4, out_features=16, bias=True)
  (1): ReLU()
  (2): Linear(in_features=16, out_features=32, bias=True)
  (3): ReLU()
)
```

首先定义网络层，然后将各网络层传递给 `nn.Sequential` 类再实例化 `model`。第一个全连接层的输出作为第一个 ReLU 的输入。第一个 ReLU 的输出作为第二个全连接层的输入。第二个全连接层的输出作为第二个 ReLU 的输入。

我们还可以进一步配置这些网络层，例如，使用不同的激活函数、初始化方法或正则化方法。以下官方文档中给出了完整的神经网络配置说明：

- 激活函数的选择见 https://pytorch.org/docs/stable/nn.html#non-linear-activations-weighted-sum-nonlinearity。
- 使用 nn.init 初始化网络层参数，见 https://pytorch.org/docs/stable/nn.init.html。
- 使用 torch.optim 中一些优化器的参数 weight_decay 实现网络层参数的 L2 正则化（防止过拟合），见 https://pytorch.org/docs/stable/optim.html。
- 在损失函数中添加 L1 惩罚项实现网络层参数 L1 正则化（防止过拟合）。接下来将实现 L1 正则化。

下面的代码将通过指定权重的初始值分布来初始化第一个全连接层。然后对第二个全连接层权重进行 L1 正则化：

```
>>> nn.init.xavier_uniform_(model[0].weight)
>>> l1_weight = 0.01
>>> l1_penalty = l1_weight * model[2].weight.abs().sum()
```

上述代码使用 Xavier 初始化方法来初始化第一个线性层的权重。然后计算第二个线性层权重的 L1 范数。

此外，还可以指定优化器的类型和损失函数类型。同样，这些都可以在官方文档中找到：

- 使用 torch.optim 优化模型，见 https://pytorch.org/docs/stable/optim.html#algorithms。
- 损失函数的选择见 https://pytorch.org/docs/stable/nn.html#loss-functions。

13.5.2 选择损失函数

在优化算法的选择上，SGD 和 Adam 是最常用的优化算法。损失函数的选择取决于具体任务，例如，在回归问题中可以使用均方误差作为损失函数。

交叉熵损失函数是分类任务损失函数的常用选择之一，第 14 章将对此进行深入讨论。

此外，还可以使用前几章（例如第 6 章）介绍的方法，选择合适的度量标准来评估分类模型。例如，精确率、召回率、准确率、曲线下面积（AUC）以及假负率和假正率都是可选择的度量标准。

在本例中，我们将使用 SGD 优化器和交叉熵损失函数进行二分类：

```
>>> loss_fn = nn.BCELoss()
>>> optimizer = torch.optim.SGD(model.parameters(), lr=0.001)
```

接着来看一个例子：经典的 XOR 分类问题。首先，使用 nn.Sequential()类来构建模型。在此过程中，我们将探讨模型处理非线性决策边界的能力。然后，介绍如何通过 nn.Module 构建模型，这将使我们能更加灵活地控制网络层。

13.5.3 解决 XOR 分类问题

XOR 分类问题是一个经典问题，常用于分析模型捕获两类数据非线性决策边界的能力。我们生成一个包含 200 个训练样本的数据集，其中两个特征(x_0,x_1)均在[-1,1)内服从均匀分布。然后，根据以下规则为训练样本 i 分配真实标签：

$$y^{(i)}=\begin{cases}0 & x_0^{(i)}x_1^{i}<0\\1 & 其他\end{cases}$$

我们将一半数据(100 个训练样本)用于训练，将另一半数据用于验证。以下代码将生成数据，并将数据拆分为训练数据和验证数据：

```
>>> import matplotlib.pyplot as plt
>>> import numpy as np
>>> torch.manual_seed(1)
>>> np.random.seed(1)
>>> x = np.random.uniform(low=-1, high=1, size=(200, 2))
>>> y = np.ones(len(x))
>>> y[x[:, 0] * x[:, 1]<0] = 0
>>> n_train = 100
>>> x_train = torch.tensor(x[:n_train, :], dtype=torch.float32)
>>> y_train = torch.tensor(y[:n_train], dtype=torch.float32)
>>> x_valid = torch.tensor(x[n_train:, :], dtype=torch.float32)
>>> y_valid = torch.tensor(y[n_train:], dtype=torch.float32)
>>> fig = plt.figure(figsize=(6, 6))
>>> plt.plot(x[y==0, 0], x[y==0, 1], 'o', alpha=0.75, markersize=10)
>>> plt.plot(x[y==1, 0], x[y==1, 1], '<', alpha=0.75, markersize=10)
>>> plt.xlabel(r'$x_1$', size=15)
>>> plt.ylabel(r'$x_2$', size=15)
>>> plt.show()
```

运行上述代码可以生成训练样本和验证样本的散点图(见图 13.2)，图中不同符号代表不同的类别标签。

上一小节介绍了在 PyTorch 中实现分类器所需的基本工具。现在需要根据任务和数据集决定选择什么样的网络结构。一般而言，神经网络层数越多且每一层的神经元越多，模型的容量就越大。在这里，我们可以认为模型容量是衡量模型逼近复杂函数难易程度的指标。虽然拥有更多参数意味着网络可以拟合更复杂的函数，但是更大的模型通常也更难训练(并且容易过拟合)。在实践中，最好先选一个简单的模型作为基线模型，例如像逻辑回归这样的单层神经网络：

```
>>> model = nn.Sequential(
...     nn.Linear(2, 1),
```

```
...     nn.Sigmoid()
... )
>>> model
Sequential(
  (0): Linear(in_features=2, out_features=1, bias=True)
  (1): Sigmoid()
)
```

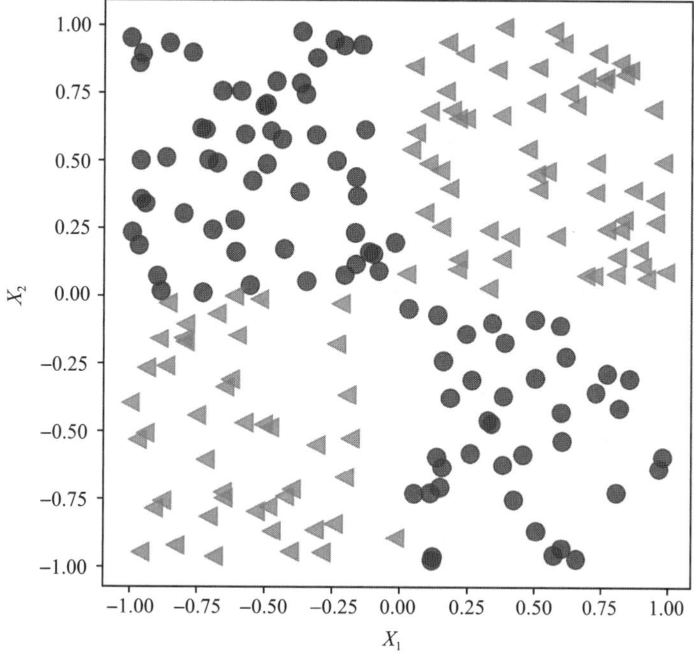

图 13.2 训练样本和验证样本的散点图

定义完模型后，选择并初始化交叉熵损失函数作为二分类的损失函数，并选择 SGD 作为优化器：

```
>>> loss_fn = nn.BCELoss()
>>> optimizer = torch.optim.SGD(model.parameters(), lr=0.001)
```

接下来，创建一个数据加载器，训练过程的 batch 大小为 2：

```
>>> from torch.utils.data import DataLoader, TensorDataset
>>> train_ds = TensorDataset(x_train, y_train)
>>> batch_size = 2
>>> torch.manual_seed(1)
>>> train_dl = DataLoader(train_ds, batch_size, shuffle=True)
```

现在将模型训练 200 轮并记录每轮的训练历史：

```
>>> torch.manual_seed(1)
>>> num_epochs = 200
>>> def train(model, num_epochs, train_dl, x_valid, y_valid):
...     loss_hist_train = [0] * num_epochs
...     accuracy_hist_train = [0] * num_epochs
...     loss_hist_valid = [0] * num_epochs
...     accuracy_hist_valid = [0] * num_epochs
...     for epoch in range(num_epochs):
...         for x_batch, y_batch in train_dl:
...             pred = model(x_batch)[:, 0]
...             loss = loss_fn(pred, y_batch)
...             loss.backward()
...             optimizer.step()
...             optimizer.zero_grad()
...             loss_hist_train[epoch] += loss.item()
...             is_correct = ((pred>=0.5).float() == y_batch).float()
...             accuracy_hist_train[epoch] += is_correct.mean()
...         loss_hist_train[epoch] /= n_train/batch_size
...         accuracy_hist_train[epoch] /= n_train/batch_size
...         pred = model(x_valid)[:, 0]
...         loss = loss_fn(pred, y_valid)
...         loss_hist_valid[epoch] = loss.item()
...         is_correct = ((pred>=0.5).float() == y_valid).float()
...         accuracy_hist_valid[epoch] += is_correct.mean()
...     return loss_hist_train, loss_hist_valid, \
...            accuracy_hist_train, accuracy_hist_valid
>>> history = train(model, num_epochs, train_dl, x_valid, y_valid)
```

训练过程的历史数据包括训练损失和验证损失以及训练准确率和验证准确率，这些数据有利于在训练后对模型的表现进行可视化检查。下面的代码将绘制模型的学习曲线，包括训练损失、验证损失，以及训练准确率和验证准确率。

以下代码可用于绘制模型的训练性能：

```
>>> fig = plt.figure(figsize=(16, 4))
>>> ax = fig.add_subplot(1, 2, 1)
>>> plt.plot(history[0], lw=4)
>>> plt.plot(history[1], lw=4)
>>> plt.legend(['Train loss', 'Validation loss'], fontsize=15)
>>> ax.set_xlabel('Epochs', size=15)
>>> ax = fig.add_subplot(1, 2, 2)
>>> plt.plot(history[2], lw=4)
>>> plt.plot(history[3], lw=4)
```

```
>>> plt.legend(['Train acc.', 'Validation acc.'], fontsize=15)
>>> ax.set_xlabel('Epochs', size=15)
```

运行上述代码将绘制图 13.3，其中左图为损失图，右图为准确率图。

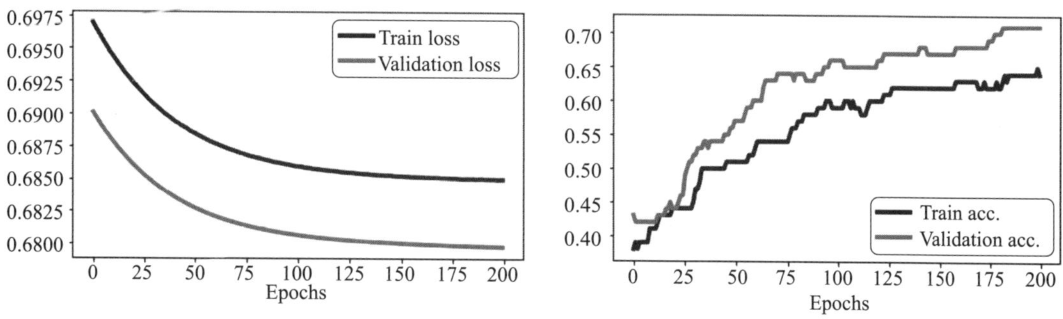

图 13.3　损失和准确率

可以看到，没有隐藏层的简单模型只给出线性决策边界，无法解决 XOR 问题。我们观察到训练数据和验证数据的损失函数值都非常大，而且分类准确率非常低。

为了得到非线性决策边界，可以添加一个或多个包含非线性激活函数的隐藏层。全局逼近定理指出，具有包含较多神经元的单一隐藏层的前馈神经网络可以较好地近似任意连续函数。因此，一种解决 XOR 问题的方法是添加一个隐藏层，并尝试在隐藏层上使用不同数量的神经元，直到模型在验证数据集上取得令人满意的结果。增加隐藏层神经元的个数相当于增加隐藏层的宽度。

我们还可以添加更多的隐藏层，这将使模型变深。使网络变深而不是变宽的好处是，实现相当容量的模型需要的参数更少。

然而，深度模型(相对于宽度模型)的一个缺点是容易出现梯度消失问题和梯度爆炸问题，这会使训练神经网络模型变得困难。

作为练习，请尝试添加一个、两个、三个和四个隐藏层，每个隐藏层都有四个隐藏神经元。下面的代码实现了一个有两个隐藏层的前馈神经网络：

```
>>> model = nn.Sequential(
...     nn.Linear(2, 4),
...     nn.ReLU(),
...     nn.Linear(4, 4),
...     nn.ReLU(),
...     nn.Linear(4, 1),
...     nn.Sigmoid()
... )
>>> loss_fn = nn.BCELoss()
>>> optimizer = torch.optim.SGD(model.parameters(), lr=0.015)
>>> model
```

```
Sequential(
  (0): Linear(in_features=2, out_features=4, bias=True)
  (1): ReLU()
  (2): Linear(in_features=4, out_features=4, bias=True)
  (3): ReLU()
  (4): Linear(in_features=4, out_features=1, bias=True)
  (5): Sigmoid()
)
>>> history = train(model, num_epochs, train_dl, x_valid, y_valid)
```

重复运行前面的可视化代码，可以得到图 13.4 所示的结果。

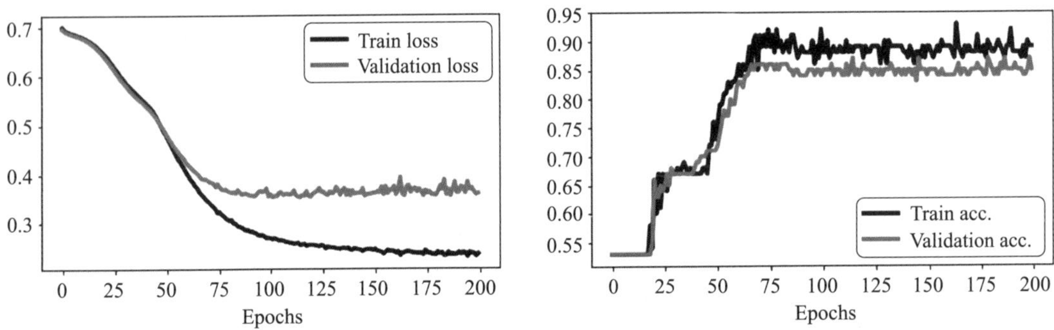

图 13.4 添加两个隐藏层后模型的损失和准确率

可以看到，该模型能够根据 XOR 数据推导出非线性决策边界，并且在训练数据集上达到了 90%的准确率。在验证数据集上的准确率约为 85%，这表明该模型略微过拟合。

13.5.4 使用 nn.Module 灵活构建模型

前面的例子使用 PyTorch `Sequential` 类创建了具有多个网络层的全连接神经网络。这是一种常用的模型构建方法。然而使用 `Sequential` 类无法创建具有多个输入、多个输出或多个中间网络分支的复杂模型。这就是需要 `nn.Module` 的原因。

构建复杂模型的另一种方法是继承 `nn.Module` 类。这种方法创建了一个继承 `nn.Module` 的子类，并定义`__init__()`方法作为构造函数。在构造函数`__init__()`中，将网络层定义为类的属性，这样就可以通过 `self` 属性进行访问。使用 `forward()`方法指定前向传播。在 `forward()`方法中，指定在神经网络前向传播中如何使用已定义的网络层。以下代码将定义一个新的类来实现之前的模型：

```
>>> class MyModule(nn.Module):
...     def __init__(self):
...         super().__init__()
...         l1 = nn.Linear(2, 4)
...         a1 = nn.ReLU()
```

```
...         l2 = nn.Linear(4, 4)
...         a2 = nn.ReLU()
...         l3 = nn.Linear(4, 1)
...         a3 = nn.Sigmoid()
...         l = [l1, a1, l2, a2, l3, a3]
...         self.module_list = nn.ModuleList(l)
...
...     def forward(self, x):
...         for f in self.module_list:
...             x = f(x)
...         return x
```

请注意，上述代码将所有网络层都放在 nn.ModuleList 对象中，这个对象是一个由 nn.Module 对象组成的列表对象。这使代码更具可读性，更容易理解。

一旦定义了这个新类的实例，就可以像之前一样训练这个模型：

```
>>> model = MyModule()
>>> model
MyModule(
  (module_list): ModuleList(
    (0): Linear(in_features=2, out_features=4, bias=True)
    (1): ReLU()
    (2): Linear(in_features=4, out_features=4, bias=True)
    (3): ReLU()
    (4): Linear(in_features=4, out_features=1, bias=True)
    (5): Sigmoid()
  )
)
>>> loss_fn = nn.BCELoss()
>>> optimizer = torch.optim.SGD(model.parameters(), lr=0.015)
>>> history = train(model, num_epochs, train_dl, x_valid, y_valid)
```

接下来，除了训练阶段的历史数据，我们还将使用 mlxtend 库来可视化验证数据和决策边界。我们可以通过 conda 或 pip 安装 mlxtend，如下所示：

```
conda install mlxtend -c conda-forge
pip install mlxtend
```

为了计算模型的决策边界，需要在 MyModule 类中添加一个 predict()方法：

```
>>>     def predict(self, x):
...         x = torch.tensor(x, dtype=torch.float32)
...         pred = self.forward(x)[:, 0]
...         return (pred>=0.5).float()
```

predict 方法会返回样本的预测类别(0 或 1)。

下面的代码将给出模型的训练性能以及决策区域：

```
>>> from mlxtend.plotting import plot_decision_regions
>>> fig = plt.figure(figsize=(16, 4))
>>> ax = fig.add_subplot(1, 3, 1)
>>> plt.plot(history[0], lw=4)
>>> plt.plot(history[1], lw=4)
>>> plt.legend(['Train loss', 'Validation loss'], fontsize=15)
>>> ax.set_xlabel('Epochs', size=15)
>>> ax = fig.add_subplot(1, 3, 2)
>>> plt.plot(history[2], lw=4)
>>> plt.plot(history[3], lw=4)
>>> plt.legend(['Train acc.', 'Validation acc.'], fontsize=15)
>>> ax.set_xlabel('Epochs', size=15)
>>> ax = fig.add_subplot(1, 3, 3)
>>> plot_decision_regions(X=x_valid.numpy(),
...                       y=y_valid.numpy().astype(np.integer),
...                       clf=model)
>>> ax.set_xlabel(r'$x_1$', size=15)
>>> ax.xaxis.set_label_coords(1, -0.025)
>>> ax.set_ylabel(r'$x_2$', size=15)
>>> ax.yaxis.set_label_coords(-0.025, 1)
>>> plt.show()
```

运行上述代码可以得到图 13.5，分别为损失函数值(左图)、准确率(中间)和验证数据散点图及决策边界(右图)。

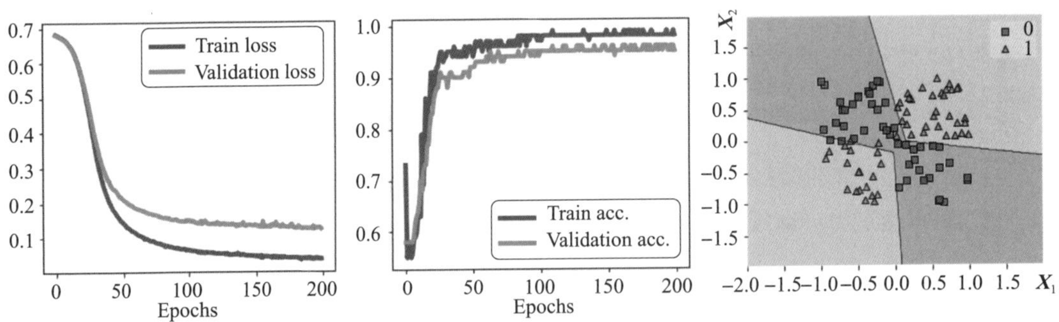

图 13.5　损失函数值(左图)、准确率(中间)、验证数据散点图及决策边界(右图)

13.5.5　使用 PyTorch 编写自定义层

如果想要定义 PyTorch 尚不支持的新网络层，则可以定义一个继承 nn.Module 类的子类。这在设计新网络层或自定义现有网络层时特别有用。

我们举一个简单的例子来说明如何实现自定义网络层。假设我们想要定义一个新的线性层来计算 $w(x+\epsilon)+b$(随机变量 ϵ 称为噪声变量)。为了实现这种计算，需要定义一个 nn.Module 的子类。这个子类必须同时定义构造函数__init__()和 forward()方法。在构造函数中，为自定义网络层定义变量和其他所需的张量。如果将 input_size 提供给构造函数，则可以在构造函数中创建变量并对其进行初始化。我们也可以延迟变量的初始化(例如，事先不知道输入数据的形状时)并将初始化工作交给另一个方法，以在后期创建变量。

接下来用代码实现上一段中提到的 $w(x+\epsilon)+b$，定义一个名为 NoisyLinear 的新层：

```
>>> class NoisyLinear(nn.Module):
...     def __init__(self, input_size, output_size,
...                  noise_stddev=0.1):
...         super().__init__()
...         w = torch.Tensor(input_size, output_size)
...         self.w = nn.Parameter(w)  # nn.Parameter is a Tensor
...                                   # that's a module parameter.
...         nn.init.xavier_uniform_(self.w)
...         b = torch.Tensor(output_size).fill_(0)
...         self.b = nn.Parameter(b)
...         self.noise_stddev = noise_stddev
...
...     def forward(self, x, training=False):
...         if training:
...             noise = torch.normal(0.0, self.noise_stddev, x.shape)
...             x_new = torch.add(x, noise)
...         else:
...             x_new = x
...         return torch.add(torch.mm(x_new, self.w), self.b)
```

在构造函数中，添加参数 noise_stddev，它代表 ϵ 的标准差，ϵ 服从高斯分布。此外，forward()方法使用了一个附加参数，即 training=False，该参数用来区分网络层是用于训练期间还是仅用于预测(有时也称为推理)或评估。某些方法在训练过程和预测过程中表现为不同的模式，例如接下来的章节中介绍的 Dropout。在前面的代码中，我们指定仅在训练过程生成和使用随机向量 ϵ，它不在推理或评估过程中使用。

在进一步使用自定义 NoisyLinear 层之前，我们先用简单例子测试一下。

(1) 使用下面的代码定义一个 NoisyLinear 层对象，并输入一个张量，然后，将同一个张量传递给模型 2 次：

```
>>> torch.manual_seed(1)
>>> noisy_layer = NoisyLinear(4, 2)
>>> x = torch.zeros((1, 4))
>>> print(noisy_layer(x, training=True))
tensor([[ 0.1154, -0.0598]], grad_fn=<AddBackward0>)
```

```
>>> print(noisy_layer(x, training=True))
tensor([[ 0.0432, -0.0375]], grad_fn=<AddBackward0>)
>>> print(noisy_layer(x, training=False))
tensor([[0., 0.]], grad_fn=<AddBackward0>)
```

请注意，前两次模型的输出不同，因为 NoisyLinear 层向输入张量中添加了随机噪声。第三次模型输出[0, 0]，因为这次指定 training=False，表示没有添加噪声。

（2）创建一个与上一个模型类似的新模型来解决 XOR 分类任务。和以前一样，使用 nn.Module 类构建模型。但这次我们使用自定义的 NoisyLinear 层作为多层感知机的第一个隐藏层。代码如下：

```
>>> class MyNoisyModule(nn.Module):
...     def __init__(self):
...         super().__init__()
...         self.l1 = NoisyLinear(2, 4, 0.07)
...         self.a1 = nn.ReLU()
...         self.l2 = nn.Linear(4, 4)
...         self.a2 = nn.ReLU()
...         self.l3 = nn.Linear(4, 1)
...         self.a3 = nn.Sigmoid()
...
...     def forward(self, x, training=False):
...         x = self.l1(x, training)
...         x = self.a1(x)
...         x = self.l2(x)
...         x = self.a2(x)
...         x = self.l3(x)
...         x = self.a3(x)
...         return x
...
...     def predict(self, x):
...         x = torch.tensor(x, dtype=torch.float32)
...         pred = self.forward(x)[:, 0]
...         return (pred>=0.5).float()
...
>>> torch.manual_seed(1)
>>> model = MyNoisyModule()
>>> model
MyNoisyModule(
  (l1): NoisyLinear()
```

```
  (a1): ReLU()
  (l2): Linear(in_features=4, out_features=4, bias=True)
  (a2): ReLU()
  (l3): Linear(in_features=4, out_features=1, bias=True)
  (a3): Sigmoid()
)
```

(3) 同样，可以像以前一样训练模型。为了计算模型在训练数据上的预测结果，我们使用 `pred=model(x_batch, True)[:, 0]`而非 `pred=model(x_batch)[:, 0]`：

```
>>> loss_fn = nn.BCELoss()
>>> optimizer = torch.optim.SGD(model.parameters(), lr=0.015)
>>> torch.manual_seed(1)
>>> loss_hist_train = [0] * num_epochs
>>> accuracy_hist_train = [0] * num_epochs
>>> loss_hist_valid = [0] * num_epochs
>>> accuracy_hist_valid = [0] * num_epochs
>>> for epoch in range(num_epochs):
...     for x_batch, y_batch in train_dl:
...         pred = model(x_batch, True)[:, 0]
...         loss = loss_fn(pred, y_batch)
...         loss.backward()
...         optimizer.step()
...         optimizer.zero_grad()
...         loss_hist_train[epoch] += loss.item()
...         is_correct = (
...             (pred>=0.5).float() == y_batch
...         ).float()
...         accuracy_hist_train[epoch] += is_correct.mean()
...     loss_hist_train[epoch] /= n_train/batch_size
...     accuracy_hist_train[epoch] /= n_train/batch_size
...     pred = model(x_valid)[:, 0]
...     loss = loss_fn(pred, y_valid)
...     loss_hist_valid[epoch] = loss.item()
...     is_correct = ((pred>=0.5).float() == y_valid).float()
...     accuracy_hist_valid[epoch] += is_correct.mean()
```

(4) 完成模型训练后，我们可以绘制损失函数值、准确率和决策边界：

```
>>> fig = plt.figure(figsize=(16, 4))
>>> ax = fig.add_subplot(1, 3, 1)
>>> plt.plot(loss_hist_train, lw=4)
>>> plt.plot(loss_hist_valid, lw=4)
```

```
>>> plt.legend(['Train loss', 'Validation loss'], fontsize=15)
>>> ax.set_xlabel('Epochs', size=15)
>>> ax = fig.add_subplot(1, 3, 2)
>>> plt.plot(accuracy_hist_train, lw=4)
>>> plt.plot(accuracy_hist_valid, lw=4)
>>> plt.legend(['Train acc.', 'Validation acc.'], fontsize=15)
>>> ax.set_xlabel('Epochs', size=15)
>>> ax = fig.add_subplot(1, 3, 3)
>>> plot_decision_regions(
...     X=x_valid.numpy(),
...     y=y_valid.numpy().astype(np.integer),
...     clf=model
... )
>>> ax.set_xlabel(r'$x_1$', size=15)
>>> ax.xaxis.set_label_coords(1, -0.025)
>>> ax.set_ylabel(r'$x_2$', size=15)
>>> ax.yaxis.set_label_coords(-0.025, 1)
>>> plt.show()
```

（5）图 13.6 展示了运行上述代码的结果。

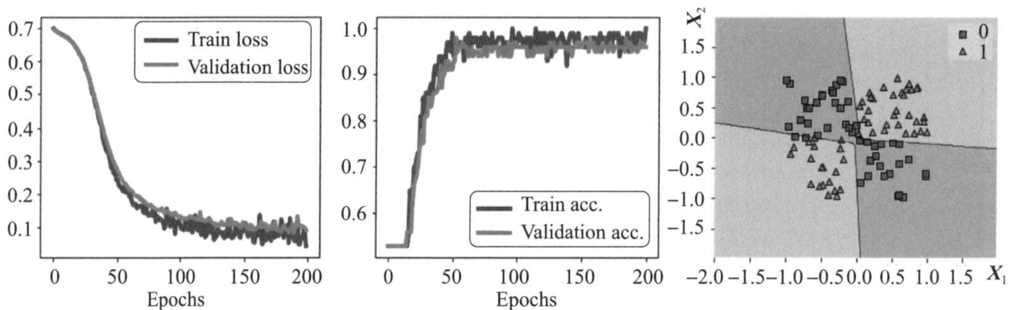

图 13.6　使用 **NoisyLinear** 作为第一个隐藏层的结果

在这里，我们的目标是学习如何定义一个继承 nn.Module 类的自定义层，然后像使用其他 torch.nn 网络层一样使用这个自定义层。尽管在这个例子中，NoisyLinear 并没有提高模型的性能，但要记住，我们的主要目标是学习如何从零开始编写自定义层。通常，在实际应用中自定义网络层很有用，例如，开发使用不同于现有网络层的神经网络。

13.6　项目 1：预测汽车的燃油效率

到目前为止，本章主要关注的是 torch.nn 模块。起初为了简单起见，我们使用 nn.Sequential 来构建模型。之后，使用更灵活的 nn.Module 构建模型，实现了前馈神经网络，并在神经网络中添加了自定义层。本节将研究一个真实的项目，即预测汽车的燃油效率，其单位为 miles/gal ㊀(Miles Per Gallon，MPG)。本节将介绍机器学习任务中的基本步骤，包括数据预处理、特征工程、模型训练、模型预测(推理)和模型评估。

13.6.1　使用特征列

在机器学习和深度学习应用中，我们会遇到各种类型的特征，如连续数值特征、无序类别特征(标称数值)和有序类别特征(序数值)。第 4 章介绍了不同类型的特征以及如何处理每种类型的特征。请注意，虽然数值数据可以是连续的，也可以是离散的，但在 PyTorch 中，数值数据特指浮点类型的连续数据。

有时候，特征集是由不同特征类型混合组成的。例如，考虑有 7 个不同特征的情况，如图 13.7 所示。

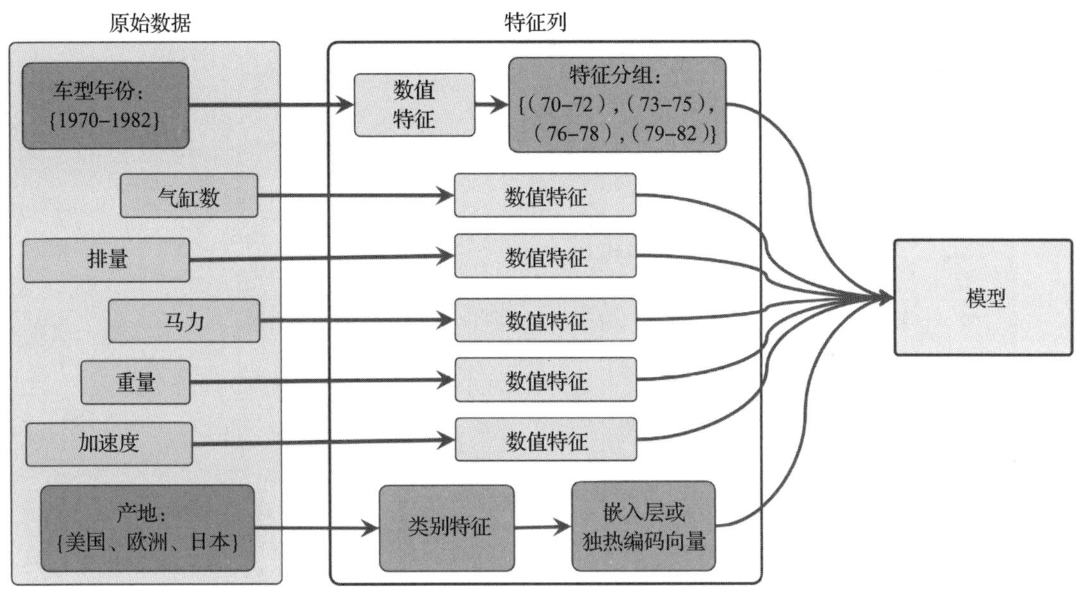

图 13.7　Auto MPG 数据结构

图 13.7 中显示的特征(车型年份、气缸数、排量、马力、重量、加速度和产地)来自 Auto MPG 数据集。Auto MPG 数据集是一个常见的机器学习基准数据集，用于预测汽车的燃油效率。完整的数据集及其描述可从 UCI 的机器学习仓库中获得，网址为 https://archive.ics.uci.edu/ml/datasets/auto+mpg。

我们把 Auto MPG 数据集中的 5 个特征(气缸数、排量、马力、重量和加速度)视为“数值”(这里是连续的)特征。车型年份可以看作有序类别(序数)特征。最后，将产地视为一个有 1、2 和 3(分别对应美国、欧洲和日本)三种离散值的无序类别(标称)特征。

㊀　1mile = 1609.344m，1USgal = 3.78541dm^2。——编辑注

首先加载数据并运行必要的数据预处理步骤，包括删除不完整的行，将数据集划分为训练数据集和测试数据集，以及归一化连续特征等：

```
>>> import pandas as pd
>>> url = 'http://archive.ics.uci.edu/ml/' \
...       'machine-learning-databases/auto-mpg/auto-mpg.data'
>>> column_names = ['MPG', 'Cylinders', 'Displacement', 'Horsepower',
...                 'Weight', 'Acceleration', 'Model Year', 'Origin']
>>> df = pd.read_csv(url, names=column_names,
...                  na_values = "?", comment='\t',
...                  sep=" ", skipinitialspace=True)
>>>
>>> ## drop the NA rows
>>> df = df.dropna()
>>> df = df.reset_index(drop=True)
>>>
>>> ## train/test splits:
>>> import sklearn
>>> import sklearn.model_selection
>>> df_train, df_test = sklearn.model_selection.train_test_split(
...     df, train_size=0.8, random_state=1
... )
>>> train_stats = df_train.describe().transpose()
>>>
>>> numeric_column_names = [
...     'Cylinders', 'Displacement',
...     'Horsepower', 'Weight',
...     'Acceleration'
... ]
>>> df_train_norm, df_test_norm = df_train.copy(), df_test.copy()
>>> for col_name in numeric_column_names:
...     mean = train_stats.loc[col_name, 'mean']
...     std  = train_stats.loc[col_name, 'std']
...     df_train_norm.loc[:, col_name] = \
...         (df_train_norm.loc[:, col_name] - mean)/std
...     df_test_norm.loc[:, col_name] = \
...         (df_test_norm.loc[:, col_name] - mean)/std
>>> df_train_norm.tail()
```

运行上述代码会得到图 13.8 所示的结果。

上述代码创建的 pandas `DataFrame` 包含五列，特征都为 `float` 类型。这些列的特征都是连续特征。

接下来，对细粒度的车型年份(`ModelYear`)信息分组，以此简化模型。具体来说，我们把车的年份分成 4 组，如下所示：

	MPG	Cylinders	Displacement	Horsepower	Weight	Acceleration	ModelYear	Origin
393	27.0	4	140.0	86.0	2790.0	15.6	82	1
394	44.0	4	97.0	52.0	2130.0	24.6	82	2
395	32.0	4	135.0	84.0	2295.0	11.6	82	1
396	28.0	4	120.0	79.0	2625.0	18.6	82	1
397	31.0	4	119.0	82.0	2720.0	19.4	82	1

图 13.8　预处理后的 Auto MPG 数据

$$\text{成年份分组}=\begin{cases}0 & \text{年份}<73\\1 & 73\leqslant\text{年份}<76\\2 & 76\leqslant\text{年份}<79\\3 & \text{年份}\geqslant 79\end{cases}$$

这里年份间隔是任意选取的，仅为了解释“分组”的概念。首先，定义车型年份的 3 个截止值 73、76、79 将汽车分组。这些截止值用于指定半封闭区间，例如$(-\infty,73)$、$[73,76)$、$[76,79)$和$[79,\infty)$。然后，将原始数值特征传递给 `torch.bucketize` 函数（https://pytorch.org/docs/stable/generated/torch.bucketize.html）生成组的索引。代码如下：

```
>>> boundaries = torch.tensor([73, 76, 79])
>>> v = torch.tensor(df_train_norm['Model Year'].values)
>>> df_train_norm['Model Year Bucketed'] = torch.bucketize(
...     v, boundaries, right=True
... )
>>> v = torch.tensor(df_test_norm['Model Year'].values)
>>> df_test_norm['Model Year Bucketed'] = torch.bucketize(
...     v, boundaries, right=True
... )
>>> numeric_column_names.append('Model Year Bucketed')
```

我们将分组后的特征列添加到 Python 列表 `numeric_column_names` 中。

接下来，为无序类别特征 `Origin` 定义一个列表。在 PyTorch 中，有两种方法可以处理类别特征：使用通过 `nn.Embedding`（https://pytorch.org/docs/stable/generated/torch.nn.Embedding.html）创建的嵌入层或使用独热编码向量。在独热编码向量中，索引 0 将被编码为[1,0,0]，索引 1 将被编码为[0,1,0]，依此类推。而嵌入层将每个索引映射到可以训练的 `float` 类型的随机数向量（我们可以将嵌入层视为独热编码与可训练权重矩阵相乘，这样代码实现更有效）。

当类别较多时，使用维数比类别数小的嵌入层可以提高模型的性能。

下面的代码将对类别特征进行独热编码：

```
>>> from torch.nn.functional import one_hot
>>> total_origin = len(set(df_train_norm['Origin']))
>>> origin_encoded = one_hot(torch.from_numpy(
...     df_train_norm['Origin'].values) % total_origin)
>>> x_train_numeric = torch.tensor(
...     df_train_norm[numeric_column_names].values)
>>> x_train = torch.cat([x_train_numeric, origin_encoded], 1).float()
>>> origin_encoded = one_hot(torch.from_numpy(
...     df_test_norm['Origin'].values) % total_origin)
>>> x_test_numeric = torch.tensor(
...     df_test_norm[numeric_column_names].values)
>>> x_test = torch.cat([x_test_numeric, origin_encoded], 1).float()
```

将类别特征编码为三维向量后，我们将其与上一步处理的数值特征串联起来。最后，根据真实的 MPG 值创建标签张量，如下所示：

```
>>> y_train = torch.tensor(df_train_norm['MPG'].values).float()
>>> y_test = torch.tensor(df_test_norm['MPG'].values).float()
```

本节介绍了 PyTorch 中预处理数据和创建特征最常用的方法。

13.6.2　训练 DNN 回归模型

在构建必要的特征和标签之后，创建一个数据加载器，将批数据的大小设置为 8：

```
>>> train_ds = TensorDataset(x_train, y_train)
>>> batch_size = 8
>>> torch.manual_seed(1)
>>> train_dl = DataLoader(train_ds, batch_size, shuffle=True)
```

接下来，构建有 2 个全连接层的神经网络模型，其中第一个隐藏层有 8 个神经元，第二个隐藏层有 4 个神经元：

```
>>> hidden_units = [8, 4]
>>> input_size = x_train.shape[1]
>>> all_layers = []
>>> for hidden_unit in hidden_units:
...     layer = nn.Linear(input_size, hidden_unit)
...     all_layers.append(layer)
...     all_layers.append(nn.ReLU())
...     input_size = hidden_unit
```

```
>>> all_layers.append(nn.Linear(hidden_units[-1], 1))
>>> model = nn.Sequential(*all_layers)
>>> model
Sequential(
  (0): Linear(in_features=9, out_features=8, bias=True)
  (1): ReLU()
  (2): Linear(in_features=8, out_features=4, bias=True)
  (3): ReLU()
  (4): Linear(in_features=4, out_features=1, bias=True)
)
```

定义完模型之后，使用均方误差(MSE)作为回归问题的损失函数，使用随机梯度下降进行优化：

```
>>> loss_fn = nn.MSELoss()
>>> optimizer = torch.optim.SGD(model.parameters(), lr=0.001)
```

现在将模型训练 200 轮，每 20 轮打印一次训练损失函数值：

```
>>> torch.manual_seed(1)
>>> num_epochs = 200
>>> log_epochs = 20
>>> for epoch in range(num_epochs):
...     loss_hist_train = 0
...     for x_batch, y_batch in train_dl:
...         pred = model(x_batch)[:, 0]
...         loss = loss_fn(pred, y_batch)
...         loss.backward()
...         optimizer.step()
...         optimizer.zero_grad()
...         loss_hist_train += loss.item()
...     if epoch % log_epochs==0:
...         print(f'Epoch {epoch}  Loss '
...               f'{loss_hist_train/len(train_dl):.4f}')

Epoch 0  Loss 536.1047
Epoch 20  Loss 8.4361
Epoch 40  Loss 7.8695
Epoch 60  Loss 7.1891
Epoch 80  Loss 6.7062
Epoch 100  Loss 6.7599
Epoch 120  Loss 6.3124
Epoch 140  Loss 6.6864
Epoch 160  Loss 6.7648
Epoch 180  Loss 6.2156
```

在 200 轮之后，训练损失函数值约为 6。现在，评估模型在测试数据集上的回归性能，将新样本的特征提供给模型以获取预测标签值：

```
>>> with torch.no_grad():
...     pred = model(x_test.float())[:, 0]
...     loss = loss_fn(pred, y_test)
...     print(f'Test MSE: {loss.item():.4f}')
...     print(f'Test MAE: {nn.L1Loss()(pred, y_test).item():.4f}')
Test MSE: 9.6130
Test MAE: 2.1211
```

模型测试集上的均方误差为 9.6，**平均绝对误差(MAE)**为 2.1。完成这个回归项目后，下一节将探讨分类项目。

13.7 项目 2：分类 MNIST 手写数字

这个项目将对 MNIST 手写数字进行分类。上一节详细介绍了 PyTorch 机器学习的四个基本步骤。本节也需要重复这些步骤。

第 12 章介绍了从 `torchvision` 模块加载数据集的方法。首先，我们使用 `torchvision` 模块加载 MNIST 数据集。

(1) 在参数设置步骤中，需要加载数据集、设置超参数值(训练数据集和测试数据集的大小以及批数据的大小)：

```
>>> import torchvision
>>> from torchvision import transforms
>>> image_path = './'
>>> transform = transforms.Compose([
...     transforms.ToTensor()
... ])
>>> mnist_train_dataset = torchvision.datasets.MNIST(
...     root=image_path, train=True,
...     transform=transform, download=False
... )
>>> mnist_test_dataset = torchvision.datasets.MNIST(
...     root=image_path, train=False,
...     transform=transform, download=False
... )
>>> batch_size = 64
>>> torch.manual_seed(1)
>>> train_dl = DataLoader(mnist_train_dataset,
...                       batch_size, shuffle=True)
```

上述代码构建了一个批数据大小为 64 的数据加载器。接下来，我们将对加载的数据集进行预处理。

（2）预处理输入特征和标签。在步骤 1 中读取的图像像素为本项目的特征。使用 torchvision.transforms.Compose 定义一个自定义转换方法。在这个简单的例子中，转换方法只包含 ToTensor()方法。ToTensor()方法将像素特征转换为浮点型张量，并将像素值从[0,255]归一化到[0,1]。第 14 章将介绍其他的数据转换方法，它们可处理更复杂的图像数据集。标签为 0 到 9 的整数，代表 0～9 的 10 个数字。因此，不需要对标签进行任何缩放或转换处理。请注意，我们可以使用 data 属性访问原始像素，但不要忘记将像素值缩放到[0,1]内。

完成数据预处理后，下一步将构建模型。

（3）构建神经网络模型：

```
>>> hidden_units = [32, 16]
>>> image_size = mnist_train_dataset[0][0].shape
>>> input_size = image_size[0] * image_size[1] * image_size[2]
>>> all_layers = [nn.Flatten()]
>>> for hidden_unit in hidden_units:
...     layer = nn.Linear(input_size, hidden_unit)
...     all_layers.append(layer)
...     all_layers.append(nn.ReLU())
...     input_size = hidden_unit
>>> all_layers.append(nn.Linear(hidden_units[-1], 10))
>>> model = nn.Sequential(*all_layers)
>>> model
Sequential(
  (0): Flatten(start_dim=1, end_dim=-1)
  (1): Linear(in_features=784, out_features=32, bias=True)
  (2): ReLU()
  (3): Linear(in_features=32, out_features=16, bias=True)
  (4): ReLU()
  (5): Linear(in_features=16, out_features=10, bias=True)
)
```

请注意，该模型以一个扁平化层开始，该层将输入图像转换为一维张量。这是因为输入图像的形状是[1,28,28]。该模型有 2 个隐藏层，它们分别有 32 和 16 个神经元。最后是由 10 个神经元组成的输出层，代表 10 个类别，由 softmax 函数激活。下一步，我们将在训练集上训练模型并在测试集上评估模型。

（4）模型的训练、评估和预测：

```
>>> loss_fn = nn.CrossEntropyLoss()
>>> optimizer = torch.optim.Adam(model.parameters(), lr=0.001)
```

```
>>> torch.manual_seed(1)
>>> num_epochs = 20
>>> for epoch in range(num_epochs):
...     accuracy_hist_train = 0
...     for x_batch, y_batch in train_dl:
...         pred = model(x_batch)
...         loss = loss_fn(pred, y_batch)
...         loss.backward()
...         optimizer.step()
...         optimizer.zero_grad()
...         is_correct = (
...             torch.argmax(pred, dim=1) == y_batch
...         ).float()
...         accuracy_hist_train += is_correct.sum()
...     accuracy_hist_train /= len(train_dl.dataset)
...     print(f'Epoch {epoch}  Accuracy '
...           f'{accuracy_hist_train:.4f}')
Epoch 0  Accuracy 0.8531
...
Epoch 9  Accuracy 0.9691
...
Epoch 19  Accuracy 0.9813
```

选择交叉熵函数作为损失函数，并选择 Adam 优化器进行梯度下降。第 14 章将详细介绍 Adam 优化器。模型训练 20 轮，并展示了每轮的训练准确率。模型最终在训练集上取得了 98.1%的准确率。下面的代码将评估模型在测试集上的性能：

```
>>> pred = model(mnist_test_dataset.data / 255.)
>>> is_correct = (
...     torch.argmax(pred, dim=1) ==
...     mnist_test_dataset.targets
... ).float()
>>> print(f'Test accuracy: {is_correct.mean():.4f}')
Test accuracy: 0.9645
```

模型在测试数据上的准确率约为 96.5%。至此，我们已经探讨完了如何使用 PyTorch 解决分类问题。

13.8 高级 PyTorch API：PyTorch Lightning 简介

近年来，PyTorch 社区在 PyTorch 基础之上开发了很多库和 API，包括 fastai（https://docs.fast.ai/）、Catalyst（https://github.com/catalyst-team/catalyst）、PyTorch Lightning（https://www.pytorchlightning.ai，https://Lightning-flash.readthedocs.io/en/latest/quickstart.html）和 PyTorch-Ignite（https://github.com/pytorch/ignite）。

本节将介绍 PyTorch Lightning（简称 Lightning）。PyTorch Lightning 是一个广泛使用的 PyTorch 库，这个库通过删除大部分代码模板，使训练深度神经网络变得更简单。虽然 Lightning 灵活、简单，但也有许多高级功能，例如支持多 GPU 并行运算和快速低精度的模型训练。你可以通过官方文档（https://pytorch-lightning.rtfd.io/en/latest/）了解 PyTorch Lightning 的更多功能。

关于 PyTorch-Ignite 的介绍见网站 https://github.com/rasbt/machine-learning-book/blob/main/ch13/ch13_part4_ignite.ipynb。

13.7 节实现了一个多层感知机，用于对 MNIST 数据集中的手写数字进行分类。下面的各小节将使用 Lightning 重新实现这个分类器。

安装 PyTorch Lightning

Lightning 可以通过 pip 或 conda 安装。使用 pip 安装 Lightning 的命令如下：

```
pip install pytorch-lightning
```

使用 conda 安装 Lightning 的命令如下：

```
conda install pytorch-lightning -c conda-forge
```

下面各小节的代码基于 PyTorch Lightning 1.5 版本。上述命令中的 `pytorch-lightning` 替换成 `pytorch-lightning==1.5` 即可安装 PyTorch Lightning 1.5 版本。

13.8.1　构建 PyTorch Lightning 模型

本小节构建模型，下一小节将训练本小节构建的模型。由于 Lightning 是基于 Python 和 PyTorch 开发的，因此定义 Lightning 模型相对简单。实现 Lightning 模型只需使用 `LightningModule` 代替对应的 PyTorch 模块。为了使用 PyTorch 便捷的功能，例如模型训练 API、自动日志记录功能等，我们也定义了几个类似的方法。以下代码使用 PyTorch Lightning 实现模型：

```
import pytorch_lightning as pl
import torch
import torch.nn as nn

from torchmetrics import Accuracy

class MultiLayerPerceptron(pl.LightningModule):
    def __init__(self, image_shape=(1, 28, 28), hidden_units=(32, 16)):
        super().__init__()
```

```
        # new PL attributes:
        self.train_acc = Accuracy()
        self.valid_acc = Accuracy()
        self.test_acc = Accuracy()

        # Model similar to previous section:
        input_size = image_shape[0] * image_shape[1] * image_shape[2]
        all_layers = [nn.Flatten()]
        for hidden_unit in hidden_units:
            layer = nn.Linear(input_size, hidden_unit)
            all_layers.append(layer)
            all_layers.append(nn.ReLU())
            input_size = hidden_unit

        all_layers.append(nn.Linear(hidden_units[-1], 10))
        self.model = nn.Sequential(*all_layers)

    def forward(self, x):
        x = self.model(x)
        return x

    def training_step(self, batch, batch_idx):
        x, y = batch
        logits = self(x)
        loss = nn.functional.cross_entropy(self(x), y)
        preds = torch.argmax(logits, dim=1)
        self.train_acc.update(preds, y)
        self.log("train_loss", loss, prog_bar=True)
        return loss

    def training_epoch_end(self, outs):
        self.log("train_acc", self.train_acc.compute())

    def validation_step(self, batch, batch_idx):
        x, y = batch
        logits = self(x)
        loss = nn.functional.cross_entropy(self(x), y)
        preds = torch.argmax(logits, dim=1)
        self.valid_acc.update(preds, y)
        self.log("valid_loss", loss, prog_bar=True)
        self.log("valid_acc", self.valid_acc.compute(), prog_bar=True)
        return loss

    def test_step(self, batch, batch_idx):
        x, y = batch
        logits = self(x)
```

```
        loss = nn.functional.cross_entropy(self(x), y)
        preds = torch.argmax(logits, dim=1)
        self.test_acc.update(preds, y)
        self.log("test_loss", loss, prog_bar=True)
        self.log("test_acc", self.test_acc.compute(), prog_bar=True)
        return loss

    def configure_optimizers(self):
        optimizer = torch.optim.Adam(self.parameters(), lr=0.001)
        return optimizer
```

现在依次介绍代码中的各个方法。`__init__`构造函数的代码与上一小节中的构造函数代码基本相同。唯一的区别是这里添加了准确率属性，如 `self.train_acc = Accuracy()`，这样就可以查看模型在训练期间的准确率。`Accuracy` 是从 `torchmetrics` 模块导入的，该模块在安装 Lightning 时自动安装。如果无法导入 `torchmetrics`，那么可以尝试运行 `pip install torchmetrics` 命令安装 `torchmetrics`。更多关于 `torchmetrics` 模块的信息见 https://torchmetrics.readthedocs.io/en/latest/pages/quickstart.html。

把输入数据输入模型时，`forward` 方法会实现简单的前向传播，并返回 logits 值（softmax 层之前，模型最后一个全连接层的输出）。通过 `forward` 方法计算的 logits 值用于训练、验证和测试步骤，后续将对此进行讨论。

`training_step`、`training_epoch_end`、`validation_step`、`test_step` 和 `configure_optimizers` 方法都是 Lightning 独有的方法。例如，`training_step` 定义了训练期间的单个前向传播，同时跟踪准确率和训练损失函数值，以供后续分析使用。请注意，`self.train_acc.update(preds,y)`计算了准确率，但没有保存准确率。在训练过程中，`training_step` 方法每次使用单独的批数据。`training_epoch_end` 方法（在每一轮训练结束时运行）根据训练过程积累的准确率计算训练数据集的准确率。

与 `training_step` 方法类似，`validation_step` 和 `test_step` 方法定义了在验证集和测试集上模型的评估过程。与 `training_step` 类似，每个 `validation_step` 和 `test_step` 每次只输入一批数据，这就是需要记录准确率的 `Accuracy` 属性的原因。然而，`validation_step` 只在特定的时间段被调用，例如，在每轮训练之后。这就是在验证步骤中记录验证准确率的原因。而对于训练准确率，需要在每轮训练完成之后记录，否则，后期绘制的训练准确率曲线会有很多噪声。

最后，我们在 `configure_optimizers` 方法中指定训练时使用的优化器。下面的两个小节将讨论如何加载数据集以及如何训练模型。

13.8.2　为 Lightning 设置数据加载器

我们可以通过以下三种方式为 Lightning 准备数据集：

- 使数据集成为模型的一部分。

- 像之前那样设置数据加载器，并将数据加载器提供给 Lightning `Trainer`（见 13.8.3 节）的 `fit` 方法。
- 创建一个 `LightningDataModule`。

这里我们使用 `LightningDataModule`。使用 `LightningDataModule` 是一种最有条理的方法。`LightningDataModule` 由 5 个主要方法组成，如下所示：

```
from torch.utils.data import DataLoader
from torch.utils.data import random_split
from torchvision.datasets import MNIST
from torchvision import transforms

class MnistDataModule(pl.LightningDataModule):
    def __init__(self, data_path='./'):
        super().__init__()
        self.data_path = data_path
        self.transform = transforms.Compose([transforms.ToTensor()])

    def prepare_data(self):
        MNIST(root=self.data_path, download=True)

    def setup(self, stage=None):
        # stage is either 'fit', 'validate', 'test', or 'predict'
        # here note relevant
        mnist_all = MNIST(
            root=self.data_path,
            train=True,
            transform=self.transform,
            download=False
        )

        self.train, self.val = random_split(
             mnist_all, [55000, 5000], generator=torch.Generator().manual_
seed(1)
        )

        self.test = MNIST(
            root=self.data_path,
            train=False,
            transform=self.transform,
            download=False
        )

    def train_dataloader(self):
        return DataLoader(self.train, batch_size=64, num_workers=4)
```

```
    def val_dataloader(self):
        return DataLoader(self.val, batch_size=64, num_workers=4)

    def test_dataloader(self):
        return DataLoader(self.test, batch_size=64, num_workers=4)
```

prepare_data 方法定义了加载数据集的常用步骤，如下载数据集的步骤。setup 方法定义了用于训练、验证和测试的数据集。MNIST 没有专门的验证数据集，所以我们使用 random_split 函数将 60 000 个训练样本拆分成 55 000 个用于训练的样本和 5000 个用于验证的样本。

数据加载器定义了加载各数据集的方法。下面初始化数据加载模块，然后在后面的小节中使用它对模型进行训练、验证和测试：

```
torch.manual_seed(1)
mnist_dm = MnistDataModule()
```

13.8.3　使用 PyTorch Lightning Trainer 类训练模型

本小节将使用 Lightning 数据模块和之前建立的模型。Lightning 实现了一个 Trainer 类，用于处理训练过程的所有中间步骤，例如调用 zero_grad()、backward()和 optimizer.step()等，从而使模型训练变得非常简单。此外，利用 Lightning 还可以指定使用一个或多个 GPU 来训练模型：

```
mnistclassifier = MultiLayerPerceptron()

if torch.cuda.is_available(): # if you have GPUs
    trainer = pl.Trainer(max_epochs=10, gpus=1)
else:
    trainer = pl.Trainer(max_epochs=10)

trainer.fit(model=mnistclassifier, datamodule=mnist_dm)
```

上述代码对多层感知机进行了 10 轮训练。训练期间会在屏幕打印进度条，用于展示正在进行第几轮训练和当前模型的核心指标，如训练损失函数值、验证损失函数值等：

```
Epoch 9: 100% 939/939 [00:07<00:00, 130.42it/s, loss=0.1, v_num=0, train_
loss=0.260, valid_loss=0.166, valid_acc=0.949]
```

完成模型训练后，我们可以详细地检查训练过程中记录的指标，这些将在下一小节中讨论。

13.8.4 使用TensorBoard评估模型

在上一小节中，我们体验到了使用`Trainer`类的便利。Lightning还有一个非常方便的功能，即日志记录功能。之前我们在Lightning模型中设定了几个`self.log`。这样，在训练结束之后甚至在训练期间，我们可以在TensorBoard中可视化记录的信息（Lightning也支持其他记录器，详情请参阅官方文档https://pytorch-lightning.readthedocs.io/en/latest/common/loggers.html）。

安装TensorBoard

TensorBoard可以通过pip或conda安装。例如，通过pip安装TensorBoard的命令如下：

```
pip install tensorboard
```

以下是通过conda安装TensorBoard的命令：

```
conda install tensorboard -c conda-forge
```

本小节的代码基于TensorBoard 2.4版本。在上述命令中用`tensorboard==2.4`替换`tensorboard`即可安装2.4版本。

默认情况下，Lightning在名为`Lightning_logs`的子文件夹中存储了模型训练的跟踪信息。在命令行终端中运行以下代码以可视化训练跟踪信息，运行完命令后将在浏览器中打开TensorBoard：

```
tensorboard --logdir lightning_logs/
```

另一种方法是将以下代码添加到Jupyter Notebook的一个单元中（如果计算机安装了Jupyter Notebook），运行代码后将显示TensorBoard界面：

```
%load_ext tensorboard
%tensorboard --logdir lightning_logs/
```

图13.9展示了TensorBoard界面以及记录的训练准确率和验证准确率。注意，左下角有一个`version_0`切换键。如果多次运行训练代码，Lightning会创建相应的子文件夹进行跟踪，如`version_0`、`version_1`、`version_2`等。

通过图13.9给出的训练准确率和验证准确率可以看到，增加模型训练的轮数能够提高模型的性能。

Lightning可以加载经过训练的模型并继续对其进行训练。如前所述，Lightning使用子文件夹跟踪模型的训练过程。图13.10展示了`version_0`子文件夹的内容，包含日志文件和用于重新加载模型的`checkpoints`文件。

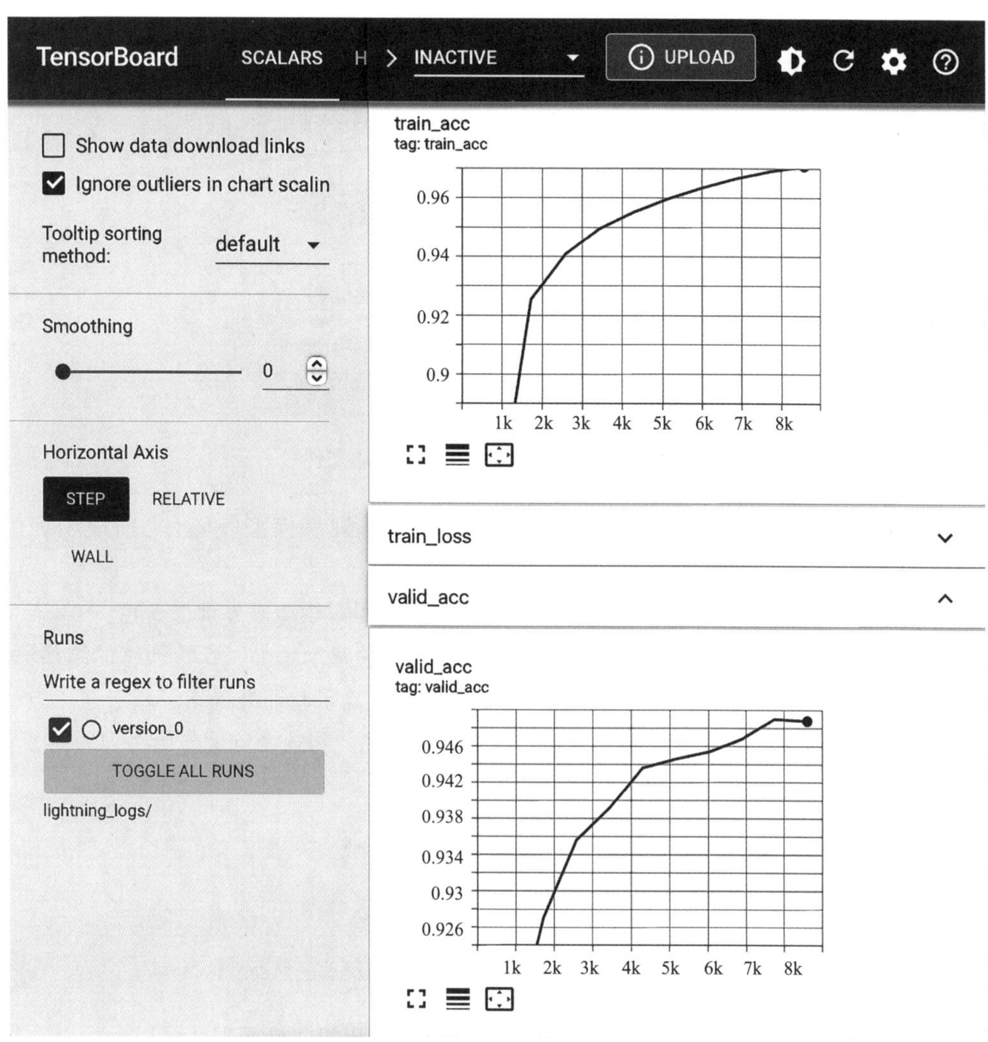

图 13.9　TensorBoard 界面

例如，可以使用以下代码从该文件夹中加载最新模型的 checkpoint，并通过 fit 训练模型：

```
if torch.cuda.is_available(): # if you have GPUs
    trainer = pl.Trainer(max_epochs=15, resume_from_checkpoint='./lightning_
logs/version_0/checkpoints/epoch=8-step=7739.ckpt', gpus=1)
else:
    trainer = pl.Trainer(max_epochs=15, resume_from_checkpoint='./lightning_
logs/version_0/checkpoints/epoch=8-step=7739.ckpt')

trainer.fit(model=mnistclassifier, datamodule=mnist_dm)
```

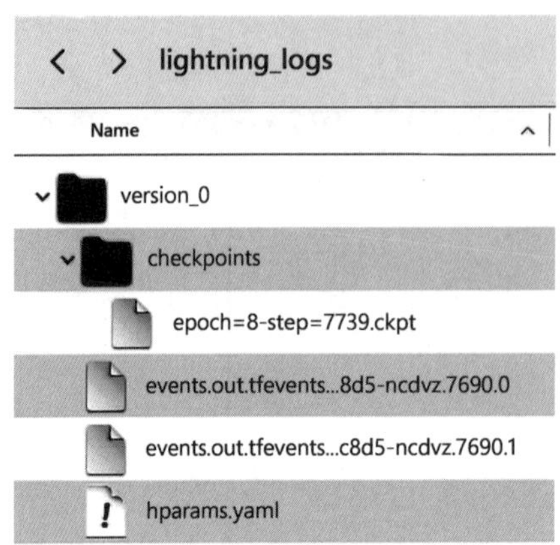

图 13.10　PyTorch Lightning 日志文件

这里将 `max_epochs` 设置为 15，同之前相比，将额外训练模型 5 轮（之前模型训练了 10 轮）。

通过图 13.11 所示的 TensorBoard 界面可以看出是否值得对模型额外训练 5 轮。

如图 13.11 所示，TensorBoard 在之前 `version_0` 的旁边显示增加了 5 轮训练的结果（`version_1`），这个功能非常实用。事实上，多训练 5 轮确实提高了验证准确率。基于这一点，我们认为如果继续增加训练轮数，模型的效果可能会更好，在此将这个问题作为练习留给读者。

完成模型训练后，运行以下代码在测试集上评估模型：

```
trainer.test(model=mnistclassifier, datamodule=mnist_dm)
```

在训练 15 轮后，模型在测试集上的准确率约为 95%：

```
[{'test_loss': 0.14912301301956177, 'test_acc': 0.9499600529670715}]
```

PyTorch Lightning 还能自动保存模型。如果想在以后重新使用该模型，可以运行以下代码加载模型：

```
model = MultiLayerPerceptron.load_from_checkpoint("path/to/checkpoint.ckpt")
```

了解更多关于 PyTorch Lightning 的信息

要了解更多关于 Lightning 的信息，请访问其官方网站（https://pytorch-lightning.readthedocs.io），网站包含教程和示例。

Lightning 在 Slack 上也有一个活跃的社区，欢迎新用户和贡献者加入。要了解更多信息，请访问 Lightning 的官方网站（https://www.pytorchlightning.ai）。

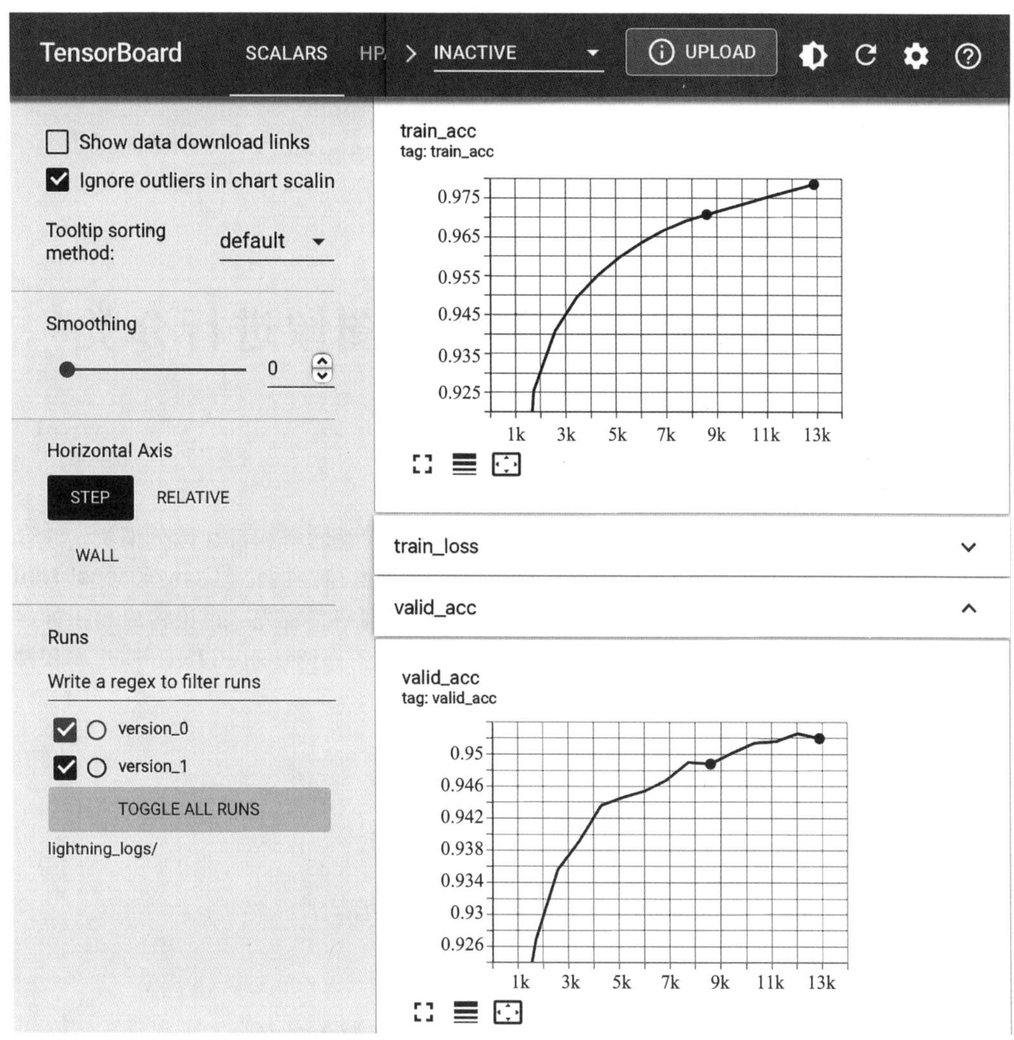

图 13.11　训练 15 轮后的 TensorBoard 界面

13.9　本章小结

本章介绍了 PyTorch 最基本、最有用的功能。首先讨论了 PyTorch 的动态计算图，它使计算变得非常方便。然后介绍了如何将 PyTorch 张量定义为模型参数。

在介绍了如何计算任意函数的偏导数和梯度之后，本章还详细地介绍了 `torch.nn` 模块。`torch.nn` 模块提供了一个用于构建复杂深度神经网络模型的用户友好型接口。最后，使用前面介绍的知识来解决回归和分类问题。

现在，我们已经介绍了 PyTorch 的核心方法，第 14 章将介绍深度学习领域的卷积神经网络。卷积神经网络是一种功能强大的模型，在计算机视觉领域表现尤其出色。

C H A P T E R 14

第 14 章 使用深度卷积神经网络对图像进行分类

第 13 章介绍了张量及相关函数，深入探讨了 PyTorch 神经网络和自动微分模块，并介绍了 `torch.nn` 模块的用法。本章将介绍用于图像分类的卷积神经网络（Convolutional Neural Network，CNN）。本章采用自下而上的方法介绍卷积神经网络。首先，讨论构成卷积神经网络的基本模块；然后，深入研究卷积神经网络的架构；最后，介绍使用 PyTorch 构建卷积神经网络的方法。本章将介绍以下内容：

- 一维卷积和二维卷积；
- 构成卷积神经网络的模块；
- 使用 PyTorch 构建深度卷积神经网络的方法；
- 用于提高模型泛化能力的数据增广技术；
- 实现用于识别人是否微笑的卷积神经网络分类器的方法。

14.1 卷积神经网络的组成模块

卷积神经网络包含一系列模型。卷积神经网络最初的灵感来自人类大脑视觉皮层在识别物体时的工作原理。卷积神经网络的发展可以追溯到 20 世纪 90 年代，当时 Yann LeCun 和他的同事提出了一种新颖的神经网络架构，用于识别图像中的手写数字（Y. LeCun，B. Boser，J. S. Denker et al. Handwritten Digit Recognition with a Back-Propagation Network，Neural Information Processing Systems Conference，1989）。

大脑视觉皮层

David H. Hubel 和 Torsten Wiesel 于 1959 年首次发现了大脑视觉皮层的工作原理。当时，他们将微电极插入被麻醉的猫的初级视觉皮层区域，然后观察到，猫的大脑神经元对眼前投射不同模式的图像会做出不同的反应。最终，他们发现视觉皮层存在不同的层。初级层主要负责检测图像中的边缘和直线，而高级层则侧重于提取图像中复杂的形状和图案。

由于在图像分类中出色的表现，卷积神经网络获得了广泛的关注，促进了计算机视觉和机器学习的发展。2019 年，Yann LeCun 获得了图灵奖(计算机科学领域最负盛名的奖项)，以表彰他在人工智能领域做出的杰出贡献。同时获奖的还有 Yoshua Bengio 和 Geoffrey Hinton。

本章后面将全面介绍卷积神经网络的基本原理以及卷积结构通常被描述为“特征提取层”的原因。然后，将深入研究卷积神经网络中常用的卷积运算类型，并介绍一维卷积运算和二维卷积运算的例子。

14.1.1　了解卷积神经网络和层次特征

机器学习算法性能取决于是否能够从样本中提取显著(相关)的特征。传统机器学习模型依赖于输入特征。输入特征由领域专家提供，或使用特征提取技术从样本中提取。

某些类型的神经网络，例如卷积神经网络，可以自动从原始数据中提取对特定任务最有用的特征。因此，我们通常将卷积神经网络层作为特征提取器：底层(靠近输入层)从原始数据中提取低级特征，而顶层(通常是全连接层，如多层感知机的全连接层)利用这些特征预测类别标签或连续的目标值。

某些类型的多层神经网络，特别是卷积神经网络，使用逐层组合的方式将低级特征组合成高级特征，从而构建层次特征。例如在处理图像时，将底层提取的低级特征(如边缘和斑点)组合起来形成高级特征。这些高级特征可以组成复杂的形状，例如猫的轮廓、狗的轮廓或建筑物的轮廓等。

如图 14.1 所示，卷积神经网络根据输入图像计算特征图，特征图的每个元素都来自输入图像中的某局部区域或局部像素块。

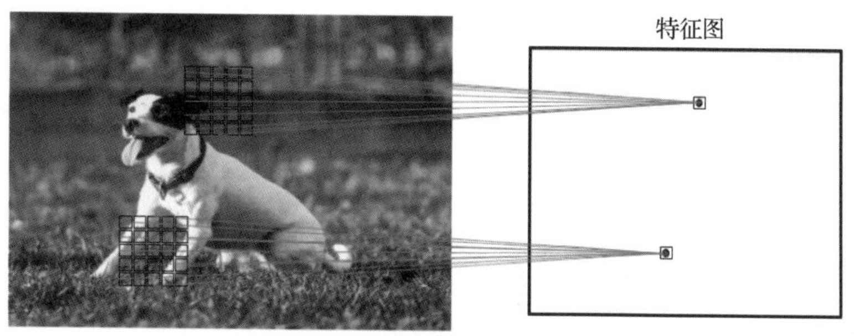

图 14.1　根据图像创建特征图(Alexander Dummer 在 Unsplash 上发表的照片)

局部像素块被称为局部感受野。卷积神经网络通常在与图像相关的任务上表现非常好，这主要是因为卷积神经网络具有以下两个重要特性：

- **稀疏连接**：特征图中的每个元素仅与图像的一个小的像素块连接(这与连接整幅图像不同，例如多层感知机的隐藏层的每个特征与整幅输入图像连接。第 11 章介绍过与整幅图像连接的全连接神经网络)。
- **参数共享**：输入图像的不同区域使用相同的权重。

由于这两个特性，用卷积层替换神经网络的全连接层极大地减小了神经网络的权重(参数)数量，提高了网络捕获数据中显著特征的能力。在图像数据中，距离较近的像素比距离较远的像素相关性更强这一假设是合理的。

卷积神经网络通常包含卷积层和下采样(subsampling)层，最后几层是全连接层。全连接层本质上是一个全连接层层感知机，其中输入神经元 i 以权重 ω_{ij} 连接到输出神经元 j。

请注意，下采样层又被称为池化层。池化层没有任何需要学习的参数。例如，池化层中没有权重或偏置项。然而，卷积层和全连接层都有权重和偏置项，这些参数在训练时可以被优化。

本章后面将详细地介绍卷积层和池化层。为了理解卷积运算，我们先从一维卷积运算开始。一维卷积运算有时用于处理序列数据，例如文本数据。在介绍完一维卷积运算之后，我们将介绍用于处理图像的二维卷积运算。

14.1.2　离散卷积

离散卷积是卷积神经网络的基本运算单元。因此，了解离散卷积运算的工作原理非常重要。本小节将介绍离散卷积运算的数学定义和基本计算方法，包括一维张量(向量)和二维张量(矩阵)的卷积运算。

本小节介绍的公式和概念仅用于理解卷积运算在卷积神经网络中的工作原理。本章后续会提到，PyTorch 已经实现了高效的卷积运算。

数学符号

本章使用下标表示多维数组(张量)的大小，例如 $\boldsymbol{A}_{n_1 \times n_2}$ 代表大小为 $n_1 \times n_2$ 的二维数组。用方括号[ ]表示多维数组的索引，例如 $\boldsymbol{A}[i, j]$ 表示矩阵 $\boldsymbol{A}$ 中第 i 行第 j 列元素。此外，本章用符号 $*$ 表示两个向量或矩阵的卷积运算。注意，不要将卷积运算符号与 Python 中的乘法运算符 * 混淆。

一维离散卷积

首先，介绍基本的定义和符号。向量 $\boldsymbol{x}$ 和向量 $\boldsymbol{\omega}$ 的离散卷积可表示为 $\boldsymbol{y}=\boldsymbol{x} * \boldsymbol{\omega}$，其中向量 $\boldsymbol{x}$ 是输入(有时称为信号)，$\boldsymbol{\omega}$ 是滤波器或核函数。离散卷积的数学定义如下：

$$\boldsymbol{y} = \boldsymbol{x} * \boldsymbol{\omega} \rightarrow \boldsymbol{y}[i] = \sum_{k=-\infty}^{k=+\infty} \boldsymbol{x}[i-k]\boldsymbol{\omega}[k]$$

如前所述，方括号[ ]表示向量元素的索引。索引 i 遍历输出向量 $\boldsymbol{y}$ 的每个元素。公式中有两个需要说明的地方：从 $-\infty$ 到 $+\infty$ 的索引和 $\boldsymbol{x}$ 的负索引。

从 $-\infty$ 到 $+\infty$ 遍历索引求和看起来很奇怪，因为在机器学习领域中，处理的向量通常长度有限。例如，如果 $\boldsymbol{x}$ 有 10 个特征(10 个值)，其索引为 $0,1,2,\cdots,8,9$，则索引 $-\infty \sim -1$ 和 $10 \sim +\infty$ 就超出了 $\boldsymbol{x}$ 的索引范围。因此，为了正确计算公式中的求和运算，需要用零填充 $\boldsymbol{x}$ 和

$\boldsymbol{\omega}$。这将产生一个无限长的输出向量 $\boldsymbol{y}$，其中绝大多数元素为零。由于在实际情况下这种假设没有意义，因此在 $\boldsymbol{x}$ 中仅填充有限数量的零。

这个在向量中填充零元素的过程被称为零填充或简单填充。向量每边填充零的数量用 p 表示。一维向量 $\boldsymbol{x}$ 的零填充示例如图 14.2 所示。

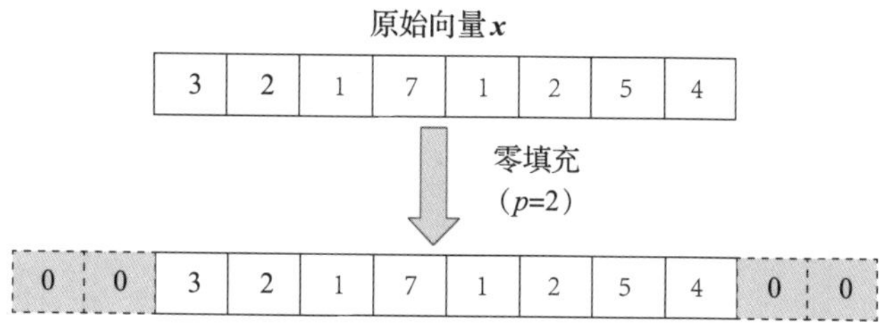

图 14.2　零填充示例

假设原始向量 $\boldsymbol{x}$ 和滤波器 $\boldsymbol{\omega}$ 分别有 n 个和 m 个元素，其中 $m \leqslant n$，那么填充后的向量 $\boldsymbol{x}^p$ 的长度为 $n+2p$。计算离散卷积的公式可以写为

$$\boldsymbol{y} = \boldsymbol{x} * \boldsymbol{\omega} \rightarrow \boldsymbol{y}[i] = \sum_{k=0}^{k=m-1} \boldsymbol{x}^p[i+m-k]\boldsymbol{\omega}[k]$$

现在，我们已经解决了从 $-\infty$ 到 $+\infty$ 的索引问题，第二个问题是 $\boldsymbol{x}$ 的索引为 $i+m-k$。要注意 $\boldsymbol{x}$ 和 $\boldsymbol{\omega}$ 在求和过程中的索引方向不同。在求和时，一个序列（即 $\boldsymbol{x}^p$）的索引反向，这等价于在填充完向量 $\boldsymbol{x}$ 和 $\boldsymbol{\omega}$ 后，翻转其中一个向量，再沿着两个向量的正向索引计算。最后，多次计算两个向量的点积。如果把滤波器 $\boldsymbol{\omega}$ 翻转为 $\boldsymbol{\omega}^r$，那么可以计算 $\boldsymbol{x}[i:i+m]$ 与 $\boldsymbol{\omega}^r$ 的点积，获得元素 $\boldsymbol{y}[i]$，其中 $\boldsymbol{x}[i:i+m]$ 是向量 $\boldsymbol{x}$ 中长度为 m 的子向量。卷积运算就像滑动窗口那样，通过反复不断的计算得到所有输出元素。

图 14.3 以 $\boldsymbol{x}=[3\ 2\ 1\ 7\ 1\ 2\ 5\ 4]$ 和 $\boldsymbol{\omega}=\left[\frac{1}{2}\ \frac{3}{4}\ 1\ \frac{1}{4}\right]$ 为例，计算卷积结果的前三个元素。

可以看到，这个例子中的填充长度为零（$p=0$）。翻转后的滤波器 $\boldsymbol{\omega}^r$ 每次移动两个单元。这里，每次移动的长度是卷积运算的另一个参数，即步长 s。本例中，步长为 2，即 $s=2$。步长必须是正数，而且要小于输入向量长度。稍后将详细地介绍填充和步长。

互相关

用 $\boldsymbol{y}=\boldsymbol{x} * \boldsymbol{\omega}$ 表示输入向量 $\boldsymbol{x}$ 和滤波器 $\boldsymbol{\omega}$ 之间的互相关（或简称相关）。互相关与卷积运算非常类似，但稍有差别：在互相关运算中，乘法是在同一方向上进行的。因此，不需要翻转滤波器 $\boldsymbol{\omega}$。互相关的数学定义如下：

$$\boldsymbol{y} = \boldsymbol{x} * \boldsymbol{\omega} \rightarrow \boldsymbol{y}[i] = \sum_{k=-\infty}^{k=+\infty} \boldsymbol{x}[i+k]\boldsymbol{\omega}[k]$$

互相关运算也有填充操作和步长概念。请注意，大多数深度学习框架（包括 PyTorch）都实现了互相关运算，但都将其称为卷积运算，这是深度学习领域的命名约定。

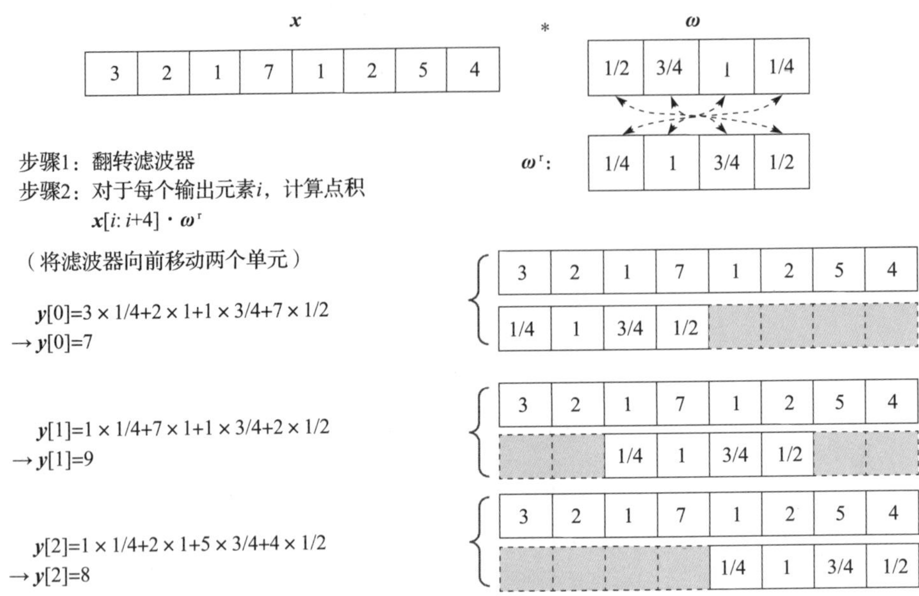

图 14.3 计算离散卷积的步骤

填充输入以控制输出特征图的大小

我们已经介绍了如何在卷积运算中使用零填充功能，并计算有限长度的输出向量。填充长度参数 p 应该满足 $p \geqslant 0$。使用不同的 p 值，向量 $\boldsymbol{x}$ 中边界元素与中间元素的处理方式不同。

当 $n=5$，$m=3$ 时，若 $p=0$，则 $\boldsymbol{x}[0]$ 仅用于计算一个输出元素（即 $\boldsymbol{y}[0]$），而 $\boldsymbol{x}[1]$ 用于计算两个输出元素（$\boldsymbol{y}[0]$ 和 $\boldsymbol{y}[1]$）。从这个例子可以看到，向量 $\boldsymbol{x}$ 中的不同元素处理方式不同。$\boldsymbol{x}[2]$ 参与更多输出元素的计算，这可以理解为中间元素 $\boldsymbol{x}[2]$ 被重点关注。如果选择 $p=2$，那么 $\boldsymbol{x}$ 的每个元素都将参与 $\boldsymbol{y}$ 中三个元素的计算，避免了 $\boldsymbol{x}$ 中不同元素处理方式不同这个问题。

此外，输出向量 $\boldsymbol{y}$ 的长度也取决于所选择的填充策略。常用的填充模式有三种：完全填充模式、相同填充模式和有效填充模式。

在完全填充模式下，填充参数 p 设置为 $p=m-1$。完全填充增加了输出向量的长度，因此卷积神经网络很少使用完全填充。相同填充模式可以保证输出向量 $\boldsymbol{y}$ 与输入向量 $\boldsymbol{x}$ 有相同的长度，其填充参数 p 根据滤波器长度以及输入和输出长度的要求而确定。最后，有效填充模式是指 $p=0$（无填充）的情况。

图 14.4 展示了输入向量长度为 5、使用三种不同填充模式的卷积计算，其中滤波器长度为 3，步长为 1。

卷积神经网络最常用的填充模式是相同填充模式。与其他填充模式相比，相同填充模式的优点有：在处理计算机视觉相关任务时，相同填充使得输出向量的长度保持不变（输出图像的高度和宽度保持不变），这使网络结构设计更加方便。

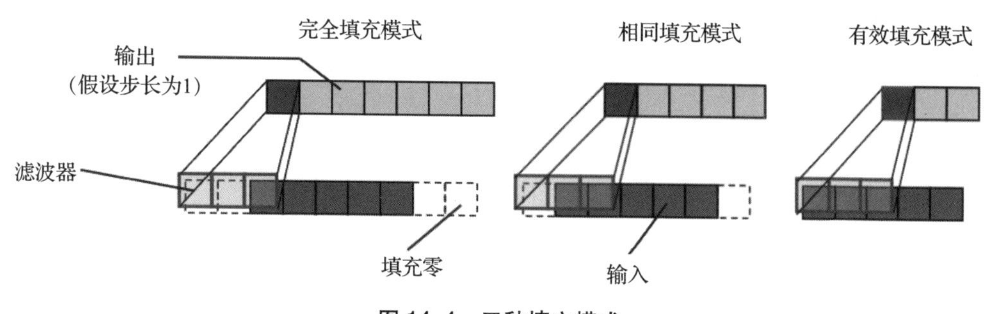

图 14.4　三种填充模式

与其他填充模式相比，有效填充模式的缺点在于：在多层神经网络中，张量的尺寸将不断减小，这会降低网络的性能。在实践中，常对卷积层使用相同填充来维持特征图的尺寸，并通过池化层或步长为 2 的卷积层来减小特征图的尺寸(Jost Tobias Springenberg，Alexey Dosovitskiy，Thomas Brox，Martin Riedmiller. Striving for Simplicity：The All Convolutional Net，2014，https://arxiv.org/abs/1412.6806)。

完全填充将导致输出尺寸大于输入尺寸。因为信号处理需要降低边界效应，所以完全填充通常用于信号处理领域。不过在深度学习领域，边界效应通常不成问题，因此很少在实际中使用完全填充。

确定卷积输出的大小

卷积运算的输出长度由滤波器 $\boldsymbol{\omega}$ 移动的总次数和输入向量决定。假设输入向量的长度为 n，滤波器大小为 m，填充长度为 p，步长为 s，那么输出向量 $\boldsymbol{y}=\boldsymbol{x}*\boldsymbol{\omega}$ 的长度为

$$o=\left\lfloor\frac{n+2p-m}{s}\right\rfloor+1$$

其中，$\lfloor\cdot\rfloor$ 表示向下取整运算。

向下取整运算

向下取整运算返回等于或小于输入值的最大整数，例如：

$$\text{floor}(1.77)=\lfloor 1.77\rfloor=1$$

考虑以下两种情况：

- 若输入向量长度为 10，滤波器大小为 5，填充长度为 2，步长为 1，则输出向量长度为

  $$o=\left\lfloor\frac{10+2\times2-5}{1}\right\rfloor+1=10$$

  在这种情况下，因为输出长度与输入长度相同，故使用的是相同填充模式。

- 若使用相同的输入向量和填充长度，但滤波器大小为 3，步长为 2，那么输出长度为

  $$o=\left\lfloor\frac{10+2\times2-3}{2}\right\rfloor+1=6$$

如果有兴趣了解更多关于卷积运算输出长度的信息，推荐阅读以下论文：Vincent Dumoulin，Francesco Visin. A guide to convolution arithmetic for deep learning，2016，https://arxiv.org/abs/1603.07285。

为了更深入地学习一维卷积计算，可以使用 Python 编写计算一维卷积的代码，并将结果与 numpy.convolve 函数的结果进行比较，代码如下：

```
>>> import numpy as np
>>> def conv1d(x, w, p=0, s=1):
...     w_rot = np.array(w[::-1])
...     x_padded = np.array(x)
...     if p > 0:
...         zero_pad = np.zeros(shape=p)
...         x_padded = np.concatenate([
...             zero_pad, x_padded, zero_pad
...         ])
...     res = []
...     for i in range(0, int((len(x_padded) - len(w_rot))) + 1, s):
...         res.append(np.sum(x_padded[i:i+w_rot.shape[0]] * w_rot))
...     return np.array(res)
>>> ## Testing:
>>> x = [1, 3, 2, 4, 5, 6, 1, 3]
>>> w = [1, 0, 3, 1, 2]
>>> print('Conv1d Implementation:',
...       conv1d(x, w, p=2, s=1))
Conv1d Implementation: [ 5. 14. 16. 26. 24. 34. 19. 22.]
>>> print('NumPy Results:',
...       np.convolve(x, w, mode='same'))
NumPy Results: [ 5 14 16 26 24 34 19 22]
```

到目前为止，我们已经介绍了向量的卷积(即一维卷积)。通过学习一维卷积，卷积概念变得更加容易理解。下面将介绍二维卷积运算。二维卷积是处理图像任务的卷积神经网络的基础模块。

二维离散卷积

我们可以很容易将一维卷积运算推广到二维空间。在处理二维输入数据时，假设输入矩阵为$\boldsymbol{X}_{n_1 \times n_2}$，滤波器矩阵为$\boldsymbol{W}_{m_1 \times m_2}$，其中 $m_1 \leqslant n_1$，$m_2 \leqslant n_2$，那么 $\boldsymbol{X}$ 和 $\boldsymbol{W}$ 的二维卷积结果为 $\boldsymbol{Y} = \boldsymbol{X} * \boldsymbol{W}$，其具体定义如下：

$$\boldsymbol{Y} = \boldsymbol{X} * \boldsymbol{W} \rightarrow \boldsymbol{Y}[i,j] = \sum_{k_1=-\infty}^{k_1=+\infty} \sum_{k_2=-\infty}^{k_2=+\infty} \boldsymbol{X}[i-k_1, j-k_2] \boldsymbol{W}[k_1, k_2]$$

上式中若忽略其中一个维度，则剩下的部分与之前介绍的一维卷积完全相同。事实上，只要将一维卷积独立地扩展到两个维度，那么前面提到的方法，例如零填充、滤波器翻转和步长等操作，都适用于二维卷积。图 14.5 展示了使用零填充($p=1$)的二维卷积运算，其中输入矩阵的尺寸为 8×8、滤波器（或核函数）尺寸为 3×3。最后得到的二维卷积的输出尺寸也为 8×8。

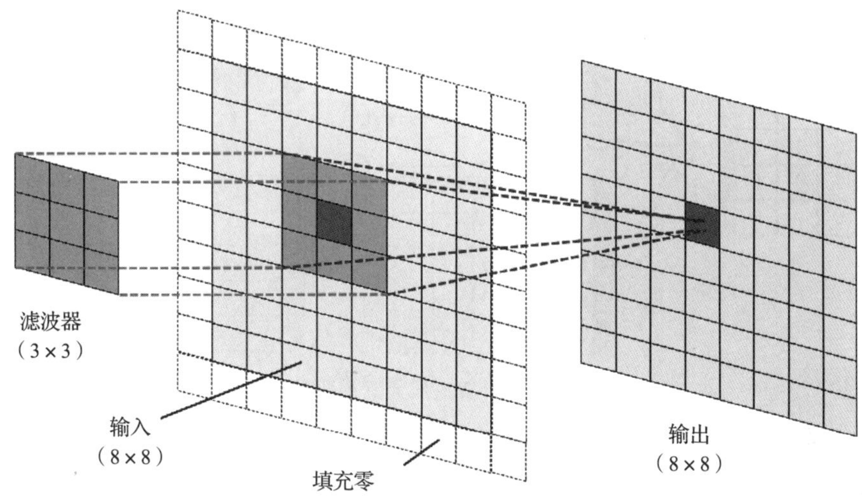

图 14.5　二维卷积运算的输出

以下例子演示了输入矩阵$\boldsymbol{X}_{3\times3}$ 和滤波器矩阵$\boldsymbol{W}_{3\times3}$ 之间的二维卷积计算，其中填充参数 $p=(1,1)$，步长 $s=(2,2)$。根据指定的填充模式，在输入矩阵的每一侧都添加一排 0，得到的填充矩阵$\boldsymbol{X}_{5\times5}^{\text{padded}}$ 如图 14.6 所示。

X

0	0	0	0	0
0	2	1	2	0
0	5	0	1	0
0	1	7	3	0
0	0	0	0	0

*

W

0.5	0.7	0.4
0.3	0.4	0.1
0.5	1	0.5

图 14.6　计算输入矩阵和滤波器矩阵之间的二维卷积

翻转图 14.6 中的滤波器矩阵，可得：

$$\boldsymbol{W}^{\mathrm{r}}=\begin{bmatrix}0.5 & 1 & 0.5\\ 0.1 & 0.4 & 0.3\\ 0.4 & 0.7 & 0.5\end{bmatrix}$$

注意矩阵翻转与矩阵转置不同。在 NumPy 中翻转滤波器，可以表达为 `W_rot=W[::-1,::-1]`。接着，在填充后的输入矩阵 $\boldsymbol{X}^{\text{padded}}$ 上像滑动窗口一样移动翻转后的滤波器矩阵，并计算对应元素乘积（表示为图 14.7 中的⊙运算符）的和。

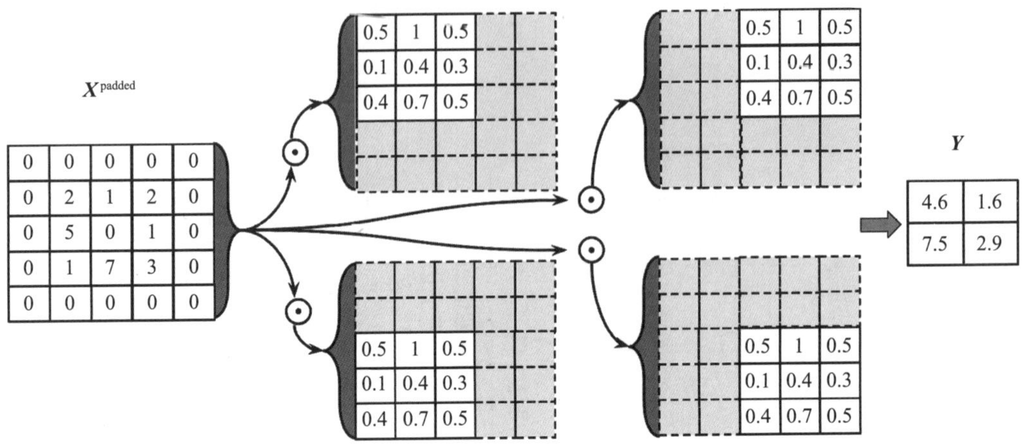

图 14.7　计算对应元素乘积的和

最终得到的结果是尺寸为 2×2 的矩阵 $\boldsymbol{Y}$。scipy.signal 包提供的 scipy.signal.convolve2d 函数可以计算二维卷积。下面的算法实现二维卷积运算：

```
>>> import numpy as np
>>> import scipy.signal
>>> def conv2d(X, W, p=(0, 0), s=(1, 1)):
...     W_rot = np.array(W)[::-1,::-1]
...     X_orig = np.array(X)
...     n1 = X_orig.shape[0] + 2*p[0]
...     n2 = X_orig.shape[1] + 2*p[1]
...     X_padded = np.zeros(shape=(n1, n2))
...     X_padded[p[0]:p[0]+X_orig.shape[0],
...              p[1]:p[1]+X_orig.shape[1]] = X_orig
...
...     res = []
...     for i in range(0,
...             int((X_padded.shape[0] - \
...             W_rot.shape[0])/s[0])+1, s[0]):
...         res.append([])
...         for j in range(0,
...                 int((X_padded.shape[1] - \
...                 W_rot.shape[1])/s[1])+1, s[1]):
...             X_sub = X_padded[i:i+W_rot.shape[0],
...                              j:j+W_rot.shape[1]]
...             res[-1].append(np.sum(X_sub * W_rot))
...     return(np.array(res))
>>> X = [[1, 3, 2, 4], [5, 6, 1, 3], [1, 2, 0, 2], [3, 4, 3, 2]]
>>> W = [[1, 0, 3], [1, 2, 1], [0, 1, 1]]
```

```
>>> print('Conv2d Implementation:\n',
...       conv2d(X, W, p=(1, 1), s=(1, 1)))
Conv2d Implementation:
[[ 11.  25.  32.  13.]
 [ 19.  25.  24.  13.]
 [ 13.  28.  25.  17.]
 [ 11.  17.  14.   9.]]
>>> print('SciPy Results:\n',
...       scipy.signal.convolve2d(X, W, mode='same'))
SciPy Results:
[[11 25 32 13]
 [19 25 24 13]
 [13 28 25 17]
 [11 17 14  9]]
```

计算卷积的高效算法

为了理解二维卷积的概念，我们根据上述算法实现了一个简单的二维卷积运算。但此实现在内存使用和计算复杂度上的效率很低，因此无法在神经网络中应用。

一方面，在包括 PyTorch 在内的大多数工具中，计算卷积时并没有翻转滤波器矩阵；另一方面，近年来已经开发了使用傅里叶变换计算卷积的高效算法。除此之外，在使用卷积神经网络的场景中，卷积核(滤波器矩阵)的尺寸通常远小于输入图像的尺寸。例如，目前卷积神经网络常用的卷积核尺度为 1×1、3×3 或 5×5，基于这些卷积核设计的高效算法，如 Winograd 最小滤波算法，可以更高效地完成卷积运算。不过，这些算法不在本书的讨论范围，如果有兴趣了解更多信息，可以阅读由 Andrew Lavin 和 Scott Gray 于 2015 年撰写的论文 “Fast Algorithms for Convolutional Neural Networks” (https://arxiv.org/abs/1509.09308)。

池化(或下采样)是卷积神经网络经常使用的另一个重要操作。下一节将讨论池化层或下采样层。

14.1.3　下采样层

卷积神经网络使用的下采样操作或池化操作通常有两种形式：最大池化和平均池化。池化层通常表示为 $\boldsymbol{P}_{n_1 \times n_2}$，这里的下标决定了池化层处理的区域大小(即每个维度中相邻像素的数量)，区域大小也被称为池化大小。

如图 14.8 所示，最大池化操作从区域的所有像素中提取像素的最大值，而平均池化则计算区域像素的平均值。

池化操作有以下两个优点：

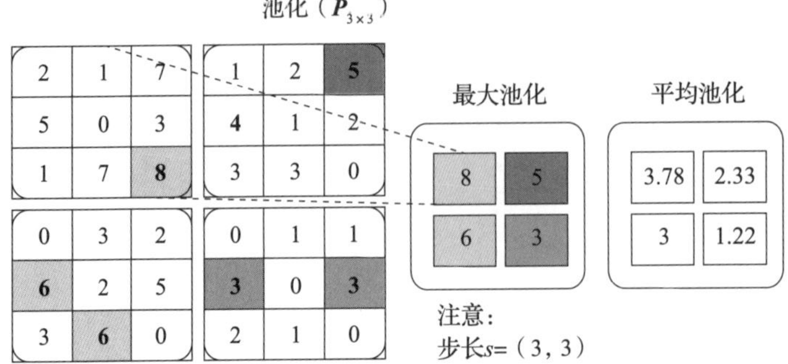

图 14.8　最大池化和平均池化示例

- 最大池化(max-pooling)引入了局部不变性，这意味着输入矩阵的局部微小变化不会改变最大池化的结果，因此有助于生成不受输入数据噪声影响的、更稳健的特征。下面的例子给出了两个不同输入矩阵 $\boldsymbol{X}_1$ 和 $\boldsymbol{X}_2$，但最大池化产生相同的输出：

$$\left.\begin{aligned}\boldsymbol{X}_1=\begin{bmatrix}10&255&125&0&170&100\\70&255&105&25&25&70\\255&0&150&0&10&10\\0&255&10&10&150&20\\70&15&200&100&95&0\\35&25&100&20&0&60\end{bmatrix}\\ \boldsymbol{X}_2=\begin{bmatrix}100&100&100&50&100&50\\95&255&100&125&125&170\\80&40&10&10&125&150\\255&30&150&20&120&125\\30&30&150&100&70&70\\70&30&100&200&70&95\end{bmatrix}\end{aligned}\right\}\xrightarrow{\text{最大池化 }\boldsymbol{P}_{2\times2}}\begin{bmatrix}255&125&170\\255&150&150\\70&200&95\end{bmatrix}$$

- 池化减少了特征的数量，可以提高计算效率，并且也可以降低过拟合程度。

重叠池化与非重叠池化

传统上一般假设池化区域不重叠。如果要在不重叠的区域上进行池化操作，通常可以让步长等于池化区域的大小。例如，不重叠的池化层 $\boldsymbol{P}_{n_1\times n_2}$ 要求步长参数为 $s=(n_1, n_2)$。但是，如果步长小于池化区域大小，则会出现重叠池化的情况。卷积神经网络使用重叠池化的例子见相关论文(A. Krizhevsky, I. Sutskever, G. Hinton. ImageNet Classification with Deep Convolutional Neural Networks, 2012, https://papers.nips.cc/paper/4824-imagenet-classificationwith-deep-convolutional-neural-networks)。

虽然池化层仍然是许多卷积神经网络结构的重要组成部分，但目前也开发出了一些不使用池化层的卷积神经网络。这些网络没有使用池化层来减少特征的数量，而是通过步长为 2 的卷积层达到减少特征数量的目的。

从某种意义上讲，我们可以将步长为 2 的卷积层视为带有权重参数的池化层。如果对卷积神经网络是否应该使用池化层这一问题感兴趣，可以阅读相关论文(Jost Tobias Springenberg，Alexey Dosovitskiy，Thomas Brox，Martin Riedmiller. Striving for Simplicity：The All Convolutional Net，2014，https://arxiv.org/abs/1412.6806)。

14.2　构建卷积神经网络

到目前为止，我们已经介绍了卷积神经网络的基本模块，本章所阐述的概念并不比传统的多层神经网络更难理解。传统神经网络中最重要的运算是矩阵乘法，例如我们使用矩阵乘法来计算预激活值(或净输入)，即 $\boldsymbol{z}=\boldsymbol{W}\boldsymbol{x}+b$。这里 $\boldsymbol{x}$ 是一个列向量($\mathbb{R}^{n\times 1}$ 矩阵)，包含所有像素值，$\boldsymbol{W}$ 是权重矩阵，它将输入的像素连接到隐藏层的每个神经元。

不过在卷积神经网络中，矩阵乘法运算由卷积运算代替，即 $\boldsymbol{Z}=\boldsymbol{W}*\boldsymbol{X}+\boldsymbol{b}$，其中 $\boldsymbol{X}$ 为包含所有像素的矩阵。在这两种情况下，净输入值都被传递给隐藏层的激活函数，从而生成激活值，即 $\boldsymbol{A}=\sigma(\boldsymbol{Z})$，其中 σ 表示激活函数。除此之外，下采样层是构建卷积神经网络的另一个模块，如前所述，它通常以池化操作形式出现。

14.2.1　处理多个输入通道

卷积层的输入包含一个或多个大小为 $N_1\times N_2$ 的矩阵(例如用矩阵表示灰度图像，矩阵中的每个元素为图像中对应的像素)。这些大小为 $N_1\times N_2$ 的矩阵被称为**通道**。卷积层的输入通常是一个三阶张量或三维数组，如$\boldsymbol{X}_{N_1\times N_2\times C_{in}}$，其中 C_{in} 是输入通道的数量。假设将图像作为卷积神经网络第一层的输入，如果图像是彩色图像，那么 $C_{in}=3$(对应彩色图像中的红色、绿色和蓝色三个通道)。如果是灰度图像，那么 $C_{in}=1$，即仅存在一个通道，表示图像像素值。

读入图像文件

在处理图像时，可以用 8 位无符号整型(`uint8`)数据将图像保存在 NumPy 数组中。与 16 位、32 位或 64 位整型数据相比，使用 8 位整型数据可以减少内存的使用量。

8 位无符号整型数据的取值范围为[0，255]。因为图像像素值也在相同的范围内取值，所以这些值足以存储彩色图像中的像素信息。

第 12 章提到 PyTorch 提供了一个加载、存储和计算图像的模块 `torchvision`。这里回顾一下如何使用该模块读取图像数据(本例使用的彩色图像存储在本章的代码文件夹中)：

```
>>> import torch
>>> from torchvision.io import read_image
>>> img = read_image('example-image.png')
>>> print('Image shape:', img.shape)
Image shape: torch.Size([3, 252, 221])
>>> print('Number of channels:', img.shape[0])
Number of channels: 3
>>> print('Image data type:', img.dtype)
Image data type: torch.uint8
>>> print(img[:, 100:102, 100:102])
tensor([[[179, 182],
         [180, 182]],

        [[134, 136],
         [135, 137]],

        [[110, 112],
         [111, 113]]], dtype=torch.uint8)
```

请注意，在使用 torchvision 时，输入和输出图像张量的格式为 Tensor [channels,image_height,image_width]。

在熟悉了输入数据结构后，下一个要思考的问题是如何使用上述卷积神经网络处理多通道输入数据。常用的处理方式是独立地对每个通道进行卷积运算，然后使用矩阵求和的方法将结果相加。每个通道(c)的卷积都有自己的滤波器矩阵 $\boldsymbol{W}[:,:,c]$。使用下面的公式计算预激活值或净输入值：

$$\begin{array}{l}\text{给定样本}\boldsymbol{X}_{n_1\times n_2\times C_{\text{in}}},\\ \text{滤波器矩阵}\boldsymbol{W}_{m_1\times m_2\times C_{\text{in}}},\\ \text{偏置项 } b\end{array}\Rightarrow\begin{cases}\boldsymbol{Z}^{\text{Conv}}=\sum\limits_{c=-\infty}^{C_{\text{in}}}\boldsymbol{W}[:,:,c]*\boldsymbol{X}[:,:,c]\\ \text{预激活值}:\boldsymbol{Z}=\boldsymbol{Z}^{\text{Conv}}+b_c\\ \text{特征图}:\boldsymbol{A}=\sigma(\boldsymbol{Z})\end{cases}$$

最终的结果 $\boldsymbol{A}$ 表示特征图。通常，卷积神经网络的每个卷积层都会给出多个特征图，此时滤波器张量维数为 4：width×height×C_{in}×C_{out}，其中 width×height 表示滤波器矩阵的大小，C_{in} 是输入通道的数量，C_{out} 是输出特征图(输出通道)的数量。我们可以在前面的公式中加入输出特征图的数量，更新后的公式如下：

$$\begin{array}{l}\text{给定样本}\boldsymbol{X}_{n_1\times n_2\times C_{\text{in}}},\\ \text{滤波器矩阵}\boldsymbol{W}_{m_1\times m_2\times C_{\text{in}}\times C_{\text{out}}},\\ \text{偏置项}\boldsymbol{b}_{C_{\text{out}}}\end{array}\Rightarrow\begin{cases}\boldsymbol{Z}^{\text{Conv}}[:,:,k]=\sum\limits_{c=1}^{C_{\text{in}}}\boldsymbol{W}[:,:,c,k]*\boldsymbol{X}[:,:,c]\\ \text{预激活值}:\boldsymbol{Z}[:,:,k]=\boldsymbol{Z}^{\text{Conv}}[:,:,k]+\boldsymbol{b}[k]\\ \text{特征图}:\boldsymbol{A}[:,:,k]=\sigma(\boldsymbol{Z}[:,:,k])\end{cases}$$

在结束讨论卷积计算之前，首先观察图 14.9 中的例子。图 14.9 给出了一个卷积层和一个池化层。在本例中，输入有 3 个通道，滤波器张量为四阶张量。每个输入通道对应一个滤波器矩阵，其大小均为 $m_1 \times m_2$。共有 5 个这样的滤波器矩阵，分别对应 5 个输出特征图。最后还有一个对特征图下采样的池化层。

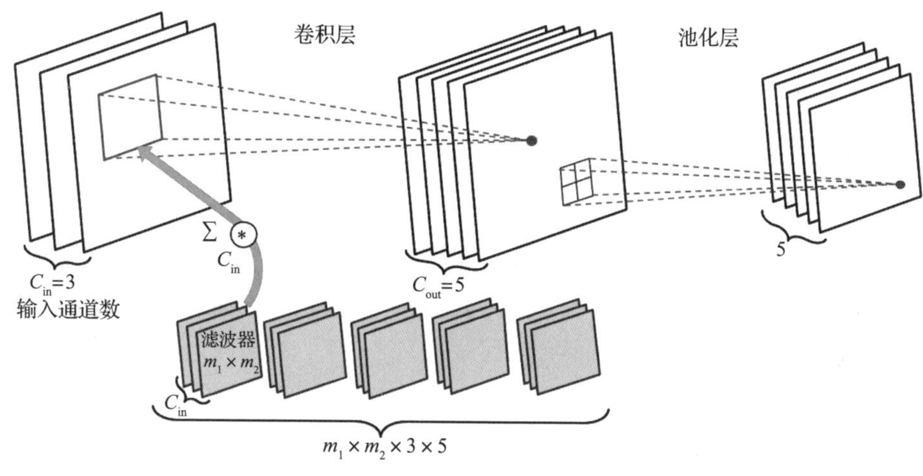

图 14.9　卷积神经网络例子

上面的例子中模型参数的数量

下面通过一个例子来解释卷积在**参数共享**和**稀疏连接**方面的优势。图 14.9 的网络中卷积层是一个四阶张量，所以有 $m_1 \times m_2 \times 3 \times 5$ 个参数。此外，卷积层的输出特征图还对应一个偏置向量。此偏置向量的长度为 5。池化层无可训练参数，所以参数总数为

$$m_1 \times m_2 \times 3 \times 5 + 5$$

如果输入张量的大小为 $n_1 \times n_2 \times 3$，假设采用相同填充模式，那么输出特征图大小为 $n_1 \times n_2 \times 5$。但如果不用卷积层而用全连接层，那么参数会多很多。对于全连接层的情况，要达到同样规模的输出，参数数量将为

$$(n_1 \times n_2 \times 3) \times (n_1 \times n_2 \times 5) = (n_1 \times n_2)^2 \times 3 \times 5$$

此外，偏置向量的长度为 $n_1 \times n_2 \times 5$（即每个输出神经元都对应一个偏置项）。假设 $m_1 < n_1$，$m_2 < n_2$，可以看到，两种网络在参数数量方面存在着巨大的差异。

通常，我们把具有多个颜色通道的输入图像视为多个矩阵。如图 14.9 所示，进行卷积运算时，分别对每个矩阵进行卷积运算，然后将结果合并。如果使用的是三维数据集，那么也可以将卷积扩展到三维。请阅读相关论文学习更多关于三维卷积的知识（Daniel Maturana, Sebastian Scherer. VoxNet：A 3D Convolutional Neural Network for Real-Time Object Recognition,

2015，https://www.ri.cmu.edu/pub_files/2015/9/voxnet_maturana_scherer_iros15.pdf）。

下一节将介绍神经网络正则化。

14.2.2 使用 L2 范数和 dropout 对神经网络正则化

无论处理传统的全连接神经网络还是卷积神经网络，网络的规模的选择一直都是一个具有挑战性的问题。具体而言，需要探索如何调整权重矩阵的大小和网络层数以获得模型的最佳预测性能。

回顾第 13 章，不含隐藏层的简单网络只能形成线性决策边界，不足以处理类似异或（XOR）这样的问题。通过训练或学习，神经网络可以逼近复杂函数，网络的容量指的是所逼近函数的复杂程度。小型网络或参数数量较少的网络容量较低。使用小型网络，由于无法学习到复杂数据集的底层结构，因此很可能会出现欠拟合的情况，导致模型性能不佳。然而使用大型网络，由于网络会记住训练数据，因此可能会出现过拟合问题，即模型在训练数据集上表现出色，但在测试数据集上表现不佳。问题的关键在于，在实际训练模型时，我们无法预知网络应有的参数数量。

一种解决该问题的方法是构建容量相对较大的网络（即在实际应用中选择一个容量比所需容量稍大的网络），以确保模型在训练数据集上表现出色。然后为了防止过拟合，可以使用一种或多种正则化方法，确保模型在新数据（例如测试数据集）上具有良好的泛化性能。

第 3 章和第 4 章介绍了 L1 正则化和 L2 正则化。这两种方法都在训练损失函数上增加惩罚项，从而在训练期间减小权重值，防止过拟合。虽然 L1 正则化和 L2 正则化都可用于神经网络，但是 L2 正则化更常用。另外，还有其他神经网络正则化方法，例如本节将介绍的 dropout 方法。但在介绍 dropout 方法之前，我们先在卷积神经网络或全连接神经网络（可以调用 PyTorch 中的 `torch.nn.Linear` 实现全连接层）中使用 L2 正则化。在 PyTorch 中，我们可以将指定层的 L2 惩罚项添加到损失函数中，代码如下：

```
>>> import torch.nn as nn
>>> loss_func = nn.BCELoss()
>>> loss = loss_func(torch.tensor([0.9]), torch.tensor([1.0]))
>>> l2_lambda = 0.001
>>> conv_layer = nn.Conv2d(in_channels=3,
...                        out_channels=5,
...                        kernel_size=5)
>>> l2_penalty = l2_lambda * sum(
...     [(p**2).sum() for p in conv_layer.parameters()]
... )
>>> loss_with_penalty = loss + l2_penalty
>>> linear_layer = nn.Linear(10, 16)
```

```
>>> l2_penalty = l2_lambda * sum(
...     [(p**2).sum() for p in linear_layer.parameters()]
... )
>>> loss_with_penalty = loss + l2_penalty
```

权重衰减与 L2 正则化

使用 L2 正则化的另一种方法是将 PyTorch 优化器中的 weight_decay 参数设置为一个正数，例如：

```
optimizer = torch.optim.SGD(
    model.parameters(),
    weight_decay=l2_lambda,
    ...
)
```

虽然 L2 正则化和 weight_decay 并不完全相同，但可以证明在使用**随机梯度下降法**时它们是等价的。感兴趣的读者可以阅读论文(Ilya Loshchilov, Frank Hutter. Decoupled Weight Decay Regularization, 2019, https://arxiv.org/abs/1711.05101)。

近年来，dropout 是一种常用的神经网络正则化方法，可以避免过拟合，从而提高模型的泛化能力(N. Srivastava, G. Hinton, A. Krizhevsky, I. Sutskever, R. Salakhutdinov. Dropout: A Simple Way to Prevent Neural Networks from Overfitting, Journal of Machine Learning Research15.1, 1929-1958, 2014, http://www.jmlr.org/papers/volume15/srivastava14a/srivastava14a.pdf)。dropout 通常应用于网络中的高层，其工作原理如下：在神经网络的训练阶段，在每次迭代中以概率 p_{drop} 随机丢弃(或以概率 $p_{keep}=1-p_{drop}$ 随机保留)一部分隐藏层神经元。丢弃概率由用户决定，通常选择 $p=0.5$(可以参考之前提供的 Nitish Srivastava 等人 2014 年发表的论文)。当丢弃某些神经元时，剩余神经元的权重会重新调整以补偿被丢弃的神经元的功能。

这种随机丢弃神经元的影响是，网络被迫学习以冗余的方式表征数据。网络不能只依赖任何一组神经元，因为神经元在训练期间可能随时被丢弃。因此，网络被迫从数据中学习更通用的、更稳健的数据表征模式。

dropout 可以有效地防止过拟合。图 14.10 展示了一个在训练阶段应用 dropout($p=0.5$)的例子，其中一半的神经元被随机地设置为不活跃状态(即在每次训练中随机丢弃一半神经元)，但是在预测期间所有神经元都用于计算下一层的净输入值。

如图 14.10 所示，dropout 方法的关键在于仅在训练期间随机丢弃隐藏层神经元，而在预测或推理阶段，隐藏层的所有神经元必须处于活跃状态(即 $p_{drop}=0$ 或 $p_{keep}=1$)。为了确保在训练和预测期间所有激活函数的输出都处于相同数量级，在预测阶段必须适当地调整神经元的输出值(如果将丢弃概率设置为 $p=0.5$，则预测阶段每个神经元的输出值需要减半)。

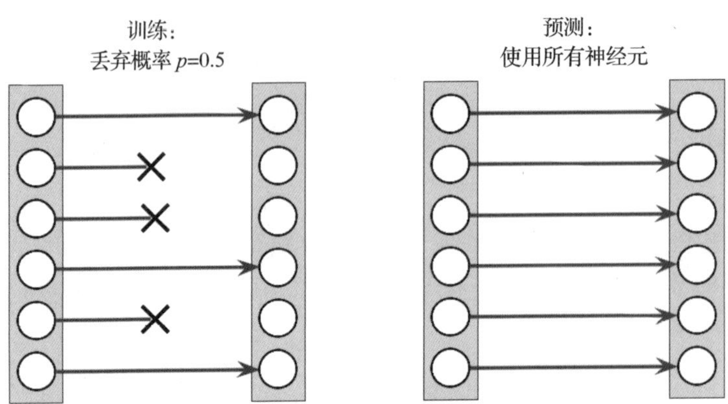

图 14.10　在训练阶段应用 dropout

但是，由于在预测阶段调整神经元输出值很不方便，因此 PyTorch 等工具会在训练阶段调整神经元的输出值(例如，如果将丢弃概率设置为 $p=0.5$，则训练阶段神经元的输出值加倍)。这种做法通常被称为反向 dropout。

虽然与集成学习的关系并非显而易见，但是我们可以把 dropout 解释为一组模型预测结果的组合(平均)。第 7 章提到过，集成学习在训练阶段独立训练多个模型，而在预测阶段组合所有模型的预测结果并将之作为最终预测结果。正因如此，通常集成模型的表现比单一模型要好。然而在深度学习中，训练多个模型、组合(平均)多个模型输出结果的计算成本很高。dropout 提供了一种解决方案，可以一次训练多个模型，并在预测时计算多个模型预测结果的平均值。

如前所述，dropout 和集成模型之间的关系并不明显。使用 dropout，模型前向传播时部分权重被随机置零，那么每次输入的批数据均使用不同的模型。在批数据集合上迭代，相当于在 $M=2^h$ 个模型上进行采样并训练，其中 h 是隐藏层神经元的数量。与集成模型的最大区别在于使用 dropout 权重被“不同模型”共享，即可以把 dropout 看作正则化的一种形式。在推理期间(如预测测试样本的标签)，需要计算“所有模型”预测结果的平均值，但是直接使用这种方法计算成本很高。

计算所有模型结果的平均值，即计算所有模型返回的第 i 个类别概率的几何平均值，公式如下：

$$p_{\text{Ensemble}} = \left[\prod_{j=1}^{M} p^{(i)} \right]^{\frac{1}{M}}$$

使用 dropout 方法的好处在于，训练过程中最后一次使用 dropout 后神经网络的预测值乘以 $1/(1-p)$ 近似等于上述 M 个模型预测结果的几何均值。但使用 dropout 方法的计算成本要远低于按照上述方程计算几何均值的计算成本。事实上，如果模型是线性模型，则使用 dropout 的神经网络的预测结果乘以 $1/(1-p)$ 完全等于 M 个模型预测结果的几何均值。

14.2.3　分类任务的损失函数

第 12 章介绍了激活函数，例如 ReLU、sigmoid 和 tanh。ReLU 主要用于神经网络的中间

(隐藏)层，增加模型的非线性；sigmoid(用于二分类任务)和 softmax(用于多分类任务)应用在输出层，使模型输出类别概率。如果输出层不包含 sigmoid 或 softmax 激活函数，则模型给出的是 logits 值而非类别概率。

分类问题需要根据问题类型(二分类与多分类)和输出类型(logits 与类别概率)选择合适的损失函数。如果问题是二分类(具有单个输出神经元)问题，则应该选择**二元交叉熵**损失函数；如果问题是多分类问题，则应该选择**多元交叉熵**损失函数。在 `torch.nn` 模块中，多元交叉熵损失函数使用整数表示真实标签(例如，$y=2$ 代表标签是 0、1、2 三分类问题的一个标签)。

图 14.11 描述了 `torch.nn` 模块处理二分类问题和多分类问题的损失函数。这两个损失函数都支持 logits 形式的预测值和类别概率形式的预测值。

损失函数	用途	示例 (使用类别概率)	示例 (使用Logits)
*BCELoss*或 *BCEWithLogitsLoss*	二分类	*BCELoss* *y_true*: 1 *y_pred*: 0.69	*BCEWithLogitsLoss* *y_true*: 1 *y_pred*: 0.8
NLLLoss 或 *Cross EntropyLoss*	多分类	*NLLLoss* *y_true*: 2 *y_pred*: 0.30 0.15 0.55	*Cross EntropyLoss* *y_true*: 2 *y_pred*: 1.5 0.8 2.1

图 14.11　PyTorch 中的两个损失函数

考虑到交叉熵损失函数数值计算的稳定性，最好选择 logits 值作为输入。对于二分类问题，损失函数 `nn.BCEWithLogitsLoss()`的输入值为 logits 值，损失函数 `nn.BCELoss()`的输入值是使用 logits 计算的类别概率。对于多分类问题，损失函数 `nn.CrossEntropyLoss()`的输入是 logits 值，负对数似然损失函数 `nn.NLLLoss()`的输入是根据 logits 值计算的对数概率。

下面的代码展示了如何使用 logits 值和类别概率作为损失函数的输入：

```
>>> ####### Binary Cross-entropy
>>> logits = torch.tensor([0.8])
>>> probas = torch.sigmoid(logits)
>>> target = torch.tensor([1.0])
>>> bce_loss_fn = nn.BCELoss()
>>> bce_logits_loss_fn = nn.BCEWithLogitsLoss()
>>> print(f'BCE (w Probas): {bce_loss_fn(probas, target):.4f}')
BCE (w Probas): 0.3711
>>> print(f'BCE (w Logits): '
...       f'{bce_logits_loss_fn(logits, target):.4f}')
BCE (w Logits): 0.3711
```

```
>>> ####### Categorical Cross-entropy
>>> logits = torch.tensor([[1.5, 0.8, 2.1]])
>>> probas = torch.softmax(logits, dim=1)
>>> target = torch.tensor([2])
>>> cce_loss_fn = nn.NLLLoss()
>>> cce_logits_loss_fn = nn.CrossEntropyLoss()
>>> print(f'CCE (w Probas): '
...       f'{cce_logits_loss_fn(logits, target):.4f}')
CCE (w Probas): 0.5996
>>> print(f'CCE (w Logits): '
...       f'{cce_loss_fn(torch.log(probas), target):.4f}')
CCE (w Logits): 0.5996
```

有时候，我们会遇到将多元交叉熵损失函数用于二分类问题的情况。在二分类问题中，模型通常为每个样本返回一个输出值。这个输出值通常是将样本预测为正类(如类别 1)的概率，即 $P(\text{class}=1 \mid \boldsymbol{x})$。在二分类问题中，可以通过 $P(\text{class}=0 \mid \boldsymbol{x})=1-P(\text{class}=1 \mid \boldsymbol{x})$ 计算将样本预测为负类的概率，因此不需要输出第二个值。然而，有时需要模型返回所有类别的概率，例如 $P(\text{class}=0 \mid \boldsymbol{x})$ 和 $P(\text{class}=1 \mid \boldsymbol{x})$。在这种情况下，建议使用 softmax 函数(而非逻辑函数 sigmoid)对输出进行归一化，并选择多元交叉熵函数作为损失函数。

14.3　使用 PyTorch 实现深度卷积神经网络

第 13 章使用 `torch.nn` 模块实现了一个有两个线性隐藏层的全连接神经网络，该网络在手写数字识别问题上达到了约 96.5%的准确率。

本节将搭建一个卷积神经网络，并将之与之前的全连接神经网络进行比较，观察卷积神经网络是否有更好的预测性能。需要注意的是，第 13 章介绍的全连接神经网络虽然能够很好地解决手写数字识别问题，但是在某些应用中，即便是微小的识别错误也可能会带来巨大的损失，例如识别手写体银行账号。因此需要尽可能降低模型的分类错误率。

14.3.1　多层卷积神经网络结构

图 14.12 展示了我们将要实现的卷积神经网络结构。输入是大小为 28×28 的灰度图像。颜色通道数为 1(灰度图像)，批数据大小为 batchsize，输入张量的维数是 batchsize×28×28×1。

输入数据会通过两个卷积层，每个卷积层使用的滤波器大小是 5×5。第一个卷积层输出 32 个特征图，第二个卷积层输出 64 个特征图。每个卷积层后面都跟着一个大小为 2×2 的池化层，该层使用最大池化操作。然后，通过一个全连接层将池化层的输出传递给最后一个全连接层，最后的全连接层为 softmax 层，为最终的输出层。

每层张量的维数如下：

- 输入：[batchsize×28×28×1]。
- Conv_1：[batchsize×28×28×32]。

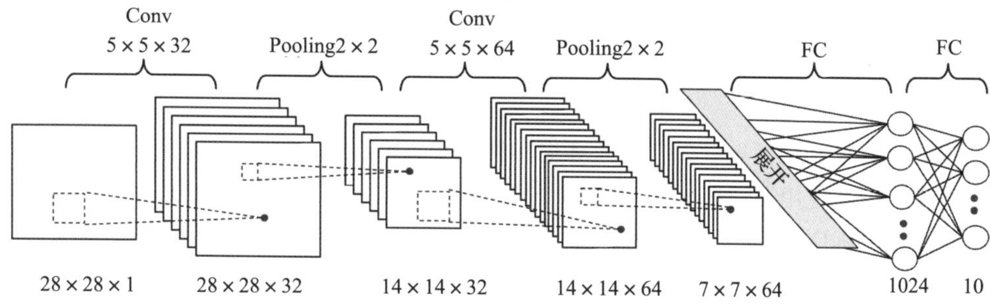

图 14.12　深度卷积神经网络结构

- Pooling_1：[batchsize×14×14×32]。
- Conv_2：[batchsize×14×14×64]。
- Pooling_2：[batchsize×7×7×64]。
- FC_1：[batchsize×1024]。
- FC_2 和 softmax 层：[batchsize×10]。

设置卷积运算的步长为 `strides=1`，以保证卷积层输出的特征图的维数和输入的维数相同。设置池化层滤波器大小为 `kernelsize=2`，从而达到缩小输出特征图大小的目的。下面将使用 PyTorch 中的神经网络模块构建上述卷积神经网络。

14.3.2　数据加载和预处理

首先使用 `torchvision` 模块加载 MNIST 数据集并创建训练数据集和测试数据集：

```
>>> import torchvision
>>> from torchvision import transforms
>>> image_path = './'
>>> transform = transforms.Compose([
...     transforms.ToTensor()
... ])
>>> mnist_dataset = torchvision.datasets.MNIST(
...     root=image_path, train=True,
...     transform=transform, download=True
... )
>>> from torch.utils.data import Subset
>>> mnist_valid_dataset = Subset(mnist_dataset,
...                              torch.arange(10000))
>>> mnist_train_dataset = Subset(mnist_dataset,
...                              torch.arange(
...                                  10000, len(mnist_dataset)
...                              ))
>>> mnist_test_dataset = torchvision.datasets.MNIST(
```

```
...     root=image_path, train=False,
...     transform=transform, download=False
... )
```

MNIST 数据集已经预先被拆分为训练集和测试集，但我们需要从训练集中拆分出一部分作为验证集，因此使用训练集的前 10 000 个样本作为验证数据集。请注意，数据集中的图像并非按类别标签排序，因此不必担心拆分出的图像均来自同一类别。

接下来，分别为训练集和验证集构建一个批数据大小为 64 的数据加载器：

```
>>> from torch.utils.data import DataLoader
>>> batch_size = 64
>>> torch.manual_seed(1)
>>> train_dl = DataLoader(mnist_train_dataset,
...                       batch_size,
...                       shuffle=True)
>>> valid_dl = DataLoader(mnist_valid_dataset,
...                       batch_size,
...                       shuffle=False)
```

代码读取的数据特征值在[0，1]范围内，并且已经将图像转换为张量。数据集中的标签是从 0 到 9 的整数，分别代表 10 个数字，因此不需要再对数据做进一步处理。在准备好数据集后，就可以开始创建卷积神经网络了。

14.3.3 使用 torch.nn 模块实现卷积神经网络

在 PyTorch 中实现卷积神经网络需要使用 `torch.nn` 模块的 `Sequential` 类来组合各种网络层，如卷积层、池化层、dropout 层及全连接层。`torch.nn` 模块为每种层都提供了对应的类，例如 `nn.Conv2d` 实现了二维卷积层，`nn.MaxPool2d` 和 `nn.AvgPool2d` 分别对应最大池化层和平均池化层，`nn.Dropout` 实现了 dropout 正则化。接下来将详细地介绍这些类。

在 PyTorch 中配置卷积神经网络层

使用 `Conv2d` 类构造卷积层时，需要指定滤波器大小和输出通道的数量（相当于输出特征图的数量），此外还需要设置一些卷积层的参数。最常用的参数是步长（在 x 和 y 轴上的默认值都是 1）和填充参数。其他参数的配置见官方文档（https://pytorch.org/docs/stable/generated/torch.nn.Conv2d.html）。

在读取图像时，默认张量的第一个维度（如果考虑批数据维度，那就是第二个维度）是通道数。`Conv2d` 的输入采用 NCHW 格式，其中 N 代表批数据中图像的数量，C 代表通道数，H 和 W 分别代表图像的高度和宽度。

请注意，`Conv2d` 类默认的输入格式是 NCHW 格式（其他工具如 TensorFlow，则默认使用 NHWC 格式）。如果遇到最后一位代表通道数的数据，则需要调整数据的维度，将通道维度移动到第一个维度(存在批数据维度的情况下，需要将通道维度移动到第二个维度)。在构建好二维卷积层后，可以给该层提供一个四维张量，第一个维度是批中样本数量，第二个维度是通道数，其他两个维度代表图像的空间维度。

在我们将要创建的卷积神经网络模型中，每个卷积层后都跟着一个执行下采样操作的池化层(用于减小特征图的大小)。MaxPool2d 和 AvgPool2d 类分别用于构建最大池化层和平均池化层。kernel_size 参数为池化运算的窗口(或区域)大小。此外，池化层还有一个步长参数，已在前面讨论过。

最后，Dropout 类实现了正则化 dropout 层，参数 p 表示随机丢弃神经元的概率 p_{drop}。调用 dropout 层时，需要通过 model.train()和 model.eval()命令指定模型是在训练期间还是在推理期间调用 dropout 层，以此控制 dropout 的使用。在使用 dropout 时，需要正确设置 model.train()模式和 model.eval()模式以确保正确使用 dropout，例如神经元只能在训练期间被随机丢弃，而不能在预测(推理)期间被随机丢弃。

使用 PyTorch 构建卷积神经网络

在了解这些类后，我们开始构建卷积神经网络。下面的代码使用 Sequential 类添加卷积层和池化层：

```
>>> model = nn.Sequential()
>>> model.add_module(
...     'conv1',
...     nn.Conv2d(
...         in_channels=1, out_channels=32,
...         kernel_size=5, padding=2
...     )
... )
>>> model.add_module('relu1', nn.ReLU())
>>> model.add_module('pool1', nn.MaxPool2d(kernel_size=2))
>>> model.add_module(
...     'conv2',
...     nn.Conv2d(
...         in_channels=32, out_channels=64,
...         kernel_size=5, padding=2
...     )
... )
>>> model.add_module('relu2', nn.ReLU())
>>> model.add_module('pool2', nn.MaxPool2d(kernel_size=2))
```

到目前为止，我们已经在模型中添加了两个卷积层。每个卷积层使用大小为 5×5 的滤波器，填充参数为 padding＝2。如前所述，使用相同填充模式可以保持特征图的空间维度(高度和宽度)不变，使得输入和输出具有相同的高度和宽度(通道数可能会不同，这取决于使用的滤波器的数量)。输出特征图的空间维数由下面的公式计算：

$$o=\left\lfloor \frac{n+2p-m}{s} \right\rfloor+1$$

其中，n 是输入特征图的空间维数，p、m 和 s 分别表示填充参数、滤波器大小以及步长。这里令 $p=2$ 以实现 $o=n$。

池化大小为 2×2，步长为 2，因此最大池化层使得空间维数减半（注意，如果 `MaxPool2d` 中没有设定步长参数，则默认步长等于池化大小）。虽然可以手动计算特征图大小，但 PyTorch 提供了一种更方便的计算方法，代码如下：

```
>>> x = torch.ones((4, 1, 28, 28))
>>> model(x).shape
torch.Size([4, 64, 7, 7])
```

在本例中，输入数据形状为`(4,1,28,28)`（每批 4 幅图像，1 个通道，每幅图像大小为 28×28），得到的输出形状为`(4,64,7,7)`，表示特征图具有 64 个通道，空间大小为 7×7。第一个维度对应批数据包含的图像数量，手动设置为 4。

下一个需要添加的网络层是全连接层。全连接层在卷积层和池化层之后，用于实现分类功能。全连接层的输入必须是二维的，即形状是[batch_size×input_units]。为了满足全连接层的这个要求，需要展平池化层的输出：

```
>>> model.add_module('flatten', nn.Flatten())
>>> x = torch.ones((4, 1, 28, 28))
>>> model(x).shape
torch.Size([4, 3136])
```

从输出形状可以看出，全连接层的输入大小完全正确。接下来添加两个全连接层，并在它们中间设置一个 dropout 层：

```
>>> model.add_module('fc1', nn.Linear(3136, 1024))
>>> model.add_module('relu3', nn.ReLU())
>>> model.add_module('dropout', nn.Dropout(p=0.5))
>>> model.add_module('fc2', nn.Linear(1024, 10))
```

最后一个全连接层名为`'fc2'`，有 10 个输出神经元，它们分别对应 MNIST 数据集的 10 个类别标签。在实际应用中，通常使用 softmax 激活函数来获得每个输入样本的类别概率。通常假设类别之间是互斥的，因此一个样本的所有类别概率总和为 1（这意味着一个样只能属于一个类别）。PyTorch 的 `CrossEntropyLoss` 损失函数已经包含了 softmax 激活函数，因此不需要在输出层之后额外添加 softmax 激活函数。以下代码创建了损失函数和优化器：

```
>>> loss_fn = nn.CrossEntropyLoss()
>>> optimizer = torch.optim.Adam(model.parameters(), lr=0.001)
```

Adam 优化器

请注意，上述代码使用 torch.optim.Adam 类训练卷积神经网络。Adam 优化器是一个基于梯度的稳健型优化方法，适合解决机器学习中的非凸优化问题。另外，还有其他受 Adam 启发的优化方法，如 RMSProp 算法和 AdaGrad 算法。

Adam 算法的优势在于能够根据梯度变化的平均值更新步长。请阅读下述论文学习 Adam 算法：Diederik P. Kingma，Jimmy Lei Ba. Adam：A Method for Stochastic Optimization，2014，https://arxiv.org/abs/1412.6980。

现在，我们定义以下函数来训练模型：

```
>>> def train(model, num_epochs, train_dl, valid_dl):
...     loss_hist_train = [0] * num_epochs
...     accuracy_hist_train = [0] * num_epochs
...     loss_hist_valid = [0] * num_epochs
...     accuracy_hist_valid = [0] * num_epochs
...     for epoch in range(num_epochs):
...         model.train()
...         for x_batch, y_batch in train_dl:
...             pred = model(x_batch)
...             loss = loss_fn(pred, y_batch)
...             loss.backward()
...             optimizer.step()
...             optimizer.zero_grad()
...             loss_hist_train[epoch] += loss.item()*y_batch.size(0)
...             is_correct = (
...                 torch.argmax(pred, dim=1) == y_batch
...             ).float()
...             accuracy_hist_train[epoch] += is_correct.sum()
...         loss_hist_train[epoch] /= len(train_dl.dataset)
...         accuracy_hist_train[epoch] /= len(train_dl.dataset)
...
...         model.eval()
...         with torch.no_grad():
...             for x_batch, y_batch in valid_dl:
...                 pred = model(x_batch)
...                 loss = loss_fn(pred, y_batch)
...                 loss_hist_valid[epoch] += \
...                     loss.item()*y_batch.size(0)
...                 is_correct = (
...                     torch.argmax(pred, dim=1) == y_batch
...                 ).float()
...                 accuracy_hist_valid[epoch] += is_correct.sum()
```

```
...         loss_hist_valid[epoch] /= len(valid_dl.dataset)
...         accuracy_hist_valid[epoch] /= len(valid_dl.dataset)
...
...         print(f'Epoch {epoch+1} accuracy: '
...               f'{accuracy_hist_train[epoch]:.4f} val_accuracy: '
...               f'{accuracy_hist_valid[epoch]:.4f}')
...     return loss_hist_train, loss_hist_valid, \
...         accuracy_hist_train, accuracy_hist_valid
```

在训练模型时添加 `model.train()`，在测试模型时添加 `model.eval()`，这样可以自动设置 dropout 层的模式并自动缩放网络的输出，因此无须因为 dropout 层的存在而手动调整网络的输出。接下来将训练卷积神经网络模型并评估模型的准确率：

```
>>> torch.manual_seed(1)
>>> num_epochs = 20
>>> hist = train(model, num_epochs, train_dl, valid_dl)
Epoch 1 accuracy: 0.9503 val_accuracy: 0.9802
...
Epoch 9 accuracy: 0.9968 val_accuracy: 0.9892
...
Epoch 20 accuracy: 0.9979 val_accuracy: 0.9907
```

在完成 20 轮训练后，可视化学习曲线（见图 14.13）：

```
>>> import matplotlib.pyplot as plt
>>> x_arr = np.arange(len(hist[0])) + 1
>>> fig = plt.figure(figsize=(12, 4))
>>> ax = fig.add_subplot(1, 2, 1)
>>> ax.plot(x_arr, hist[0], '-o', label='Train loss')
>>> ax.plot(x_arr, hist[1], '--<', label='Validation loss')
>>> ax.legend(fontsize=15)
>>> ax = fig.add_subplot(1, 2, 2)
>>> ax.plot(x_arr, hist[2], '-o', label='Train acc.')
>>> ax.plot(x_arr, hist[3], '--<',
...         label='Validation acc.')
>>> ax.legend(fontsize=15)
>>> ax.set_xlabel('Epoch', size=15)
>>> ax.set_ylabel('Accuracy', size=15)
>>> plt.show()
```

在测试数据集上评估训练好的模型：

```
>>> pred = model(mnist_test_dataset.data.unsqueeze(1) / 255.)
>>> is_correct = (
...     torch.argmax(pred, dim=1) == mnist_test_dataset.targets
```

```
... ).float()
>>> print(f'Test accuracy: {is_correct.mean():.4f}')
Test accuracy: 0.9914
```

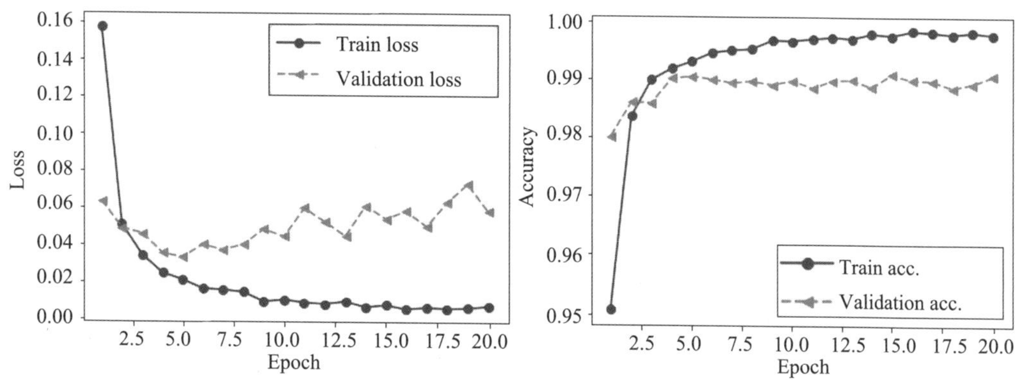

图 14.13　训练数据和验证数据上的损失函数值及模型准确率

这里训练的卷积神经网络的预测准确率达到了 99.14%。然而，在第 13 章中，在只使用全连接神经网络的情况下，仅获得了大约 95%的准确率。

最后，我们得到类别概率形式的预测结果，通过 `torch.argmax` 函数找到类别概率的最大值，并将其转换为预测标签。下面对一个包含 12 个样本的批数据执行预测标签操作，并将模型的输入标签和预测标签进行可视化：

```
>>> fig = plt.figure(figsize=(12, 4))
>>> for i in range(12):
...     ax = fig.add_subplot(2, 6, i+1)
...     ax.set_xticks([]); ax.set_yticks([])
...     img = mnist_test_dataset[i][0][0, :, :]
...     pred = model(img.unsqueeze(0).unsqueeze(1))
...     y_pred = torch.argmax(pred)
...     ax.imshow(img, cmap='gray_r')
...     ax.text(0.9, 0.1, y_pred.item(),
...             size=15, color='blue',
...             horizontalalignment='center',
...             verticalalignment='center',
...             transform=ax.transAxes)
>>> plt.show()
```

图 14.14 展示了输入的手写数字图像及其预测标签。

如图 14.14 所示，所有的预测标签均准确无误。正如第 11 章中所介绍的那样，还可以编写代码找出错误分类的数字图像，这个问题作为练习留给读者完成。

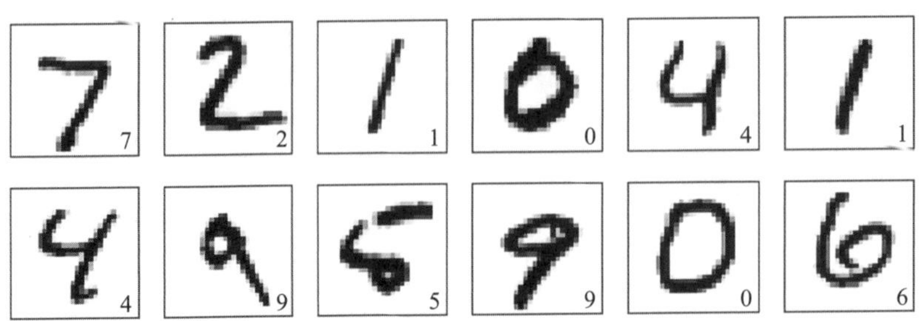

图 14.14 手写数字图像的预测标签

14.4 使用卷积神经网络对人脸图像进行微笑分类

本节将使用 CelebA 数据集训练一个卷积神经网络，让该网络根据人的面部图像判断人是否在微笑。CelebA 数据集中包含 202 599 幅名人面部图像，每幅图像都有 40 个二元属性，包括人是否在微笑（是或否），以及人的年龄区间（年龄大或年龄小），CelebA 数据集的介绍见第 12 章。

本节的目标是训练一个卷积神经网络模型，预测这些图像中的人是否在微笑。为了加快训练过程，这里仅选用一小部分数据（16 000 个训练样本）参与训练。本章将使用数据增广方法，以提高模型的泛化能力，降低模型对数据集的过拟合程度。

14.4.1 加载 CelebA 数据集

首先加载 CelebA 数据集（加载方法与加载 MNIST 数据集的方法相同），然后将 CelebA 数据集拆分为训练集、验证集和测试集。接下来，统计每个数据集中样本的个数：

```
>>> image_path = './'
>>> celeba_train_dataset = torchvision.datasets.CelebA(
...     image_path, split='train',
...     target_type='attr', download=True
... )
>>> celeba_valid_dataset = torchvision.datasets.CelebA(
...     image_path, split='valid',
...     target_type='attr', download=True
... )
>>> celeba_test_dataset = torchvision.datasets.CelebA(
...     image_path, split='test',
...     target_type='attr', download=True
... )
>>>
>>> print('Train set:', len(celeba_train_dataset))
Train set:  162770
>>> print('Validation set:', len(celeba_valid_dataset))
Validation: 19867
>>> print('Test set:', len(celeba_test_dataset))
Test set:   19962
```

加载 CelebA 数据集的另一种方法

CelebA 数据集相对较大(大约 1.5GB)，而且 torchvision 下载链接非常不稳定。如果在运行上述代码时遇到问题，那么可以从 CelebA 官方网站(https://mmlab.ie.cuhk.edu.hk/projects/CelebA.html)或本书提供的下载链接(https://drive.google.com/file/d/1m8-EBPgi5MRubrm6iQjafK2QMHDBMSfJ/view?usp=sharing)手动下载数据。使用本书提供的链接将下载一个名为 celeba.zip 的压缩文件，你需要在存储代码的文件夹中解压该文件。此外，在下载并解压缩 celeba 文件夹中的 img_align_celeba.zip 文件后，重新运行上述的代码，但需要设置 download=False 而非 download=True。如果在使用此方法时遇到问题，可以在网站 https://github.com/rasbt/machine-learning-book 开启一个新的问题或讨论主题，我们会尽快回复。

接下来我们将介绍数据增广方法，该方法可以提高深度神经网络的性能。

14.4.2 图像转换和数据增广

数据增广方法主要用于解决数据有限的问题。例如，某些数据增广方法通过修改已有的数据甚至人工合成更多数据，从而避免模型过拟合，提高机器学习或深度学习模型的性能。虽然数据增广方法不只适用于图像数据，但有些独特的转换仅适用于图像数据，如裁剪图像、翻转图像、调整图像对比度/亮度/饱和度。使用 torchvision.transforms 模块可以进行上述转换。在以下代码中使用上述转换，首先从 celeba_train_dataset 数据集中获取 5 个样本，并分别应用 5 种不同类型的转换：1) 用一个边界框裁剪图像；2) 水平翻转图像；3) 调整对比度；4) 调整亮度；5) 裁剪中心图像并将生成的图像调整为原始大小，即(218,178)。运行以下代码，可视化这些转换的结果，并将转换后的结果按列排列，方便比较。

```
>>> fig = plt.figure(figsize=(16, 8.5))
>>> ## Column 1: cropping to a bounding-box
>>> ax = fig.add_subplot(2, 5, 1)
>>> img, attr = celeba_train_dataset[0]
>>> ax.set_title('Crop to a \nbounding-box', size=15)
>>> ax.imshow(img)
>>> ax = fig.add_subplot(2, 5, 6)
>>> img_cropped = transforms.functional.crop(img, 50, 20, 128, 128)
>>> ax.imshow(img_cropped)
>>>
>>> ## Column 2: flipping (horizontally)
>>> ax = fig.add_subplot(2, 5, 2)
>>> img, attr = celeba_train_dataset[1]
>>> ax.set_title('Flip (horizontal)', size=15)
>>> ax.imshow(img)
```

```
>>> ax = fig.add_subplot(2, 5, 7)
>>> img_flipped = transforms.functional.hflip(img)
>>> ax.imshow(img_flipped)
>>>
>>> ## Column 3: adjust contrast
>>> ax = fig.add_subplot(2, 5, 3)
>>> img, attr = celeba_train_dataset[2]
>>> ax.set_title('Adjust constrast', size=15)
>>> ax.imshow(img)
>>> ax = fig.add_subplot(2, 5, 8)
>>> img_adj_contrast = transforms.functional.adjust_contrast(
...     img, contrast_factor=2
... )
>>> ax.imshow(img_adj_contrast)
>>>
>>> ## Column 4: adjust brightness
>>> ax = fig.add_subplot(2, 5, 4)
>>> img, attr = celeba_train_dataset[3]
>>> ax.set_title('Adjust brightness', size=15)
>>> ax.imshow(img)
>>> ax = fig.add_subplot(2, 5, 9)
>>> img_adj_brightness = transforms.functional.adjust_brightness(
...     img, brightness_factor=1.3
... )
>>> ax.imshow(img_adj_brightness)
>>>
>>> ## Column 5: cropping from image center
>>> ax = fig.add_subplot(2, 5, 5)
>>> img, attr = celeba_train_dataset[4]
>>> ax.set_title('Center crop\nand resize', size=15)
>>> ax.imshow(img)
>>> ax = fig.add_subplot(2, 5, 10)
>>> img_center_crop = transforms.functional.center_crop(
...     img, [0.7*218, 0.7*178]
... )
>>> img_resized = transforms.functional.resize(
...     img_center_crop, size=(218, 178)
... )
>>> ax.imshow(img_resized)
>>> plt.show()
```

图 14.15 展示了上述代码的运行结果。

如图 14.15 所示，原始图像显示在第一行，转换后的图像显示在第二行。请注意，对于第一个转换(最左列)，图像的边界框由四个数字决定：边界框左上角的坐标(这里为 $x=20$，$y=50$)、边界框的宽度和高度(宽度 = 128，高度 = 128)。此外，在 PyTorch(以及其他软件包，如 `imageio`)中，图像的原点(位置坐标为(0, 0)的点)是图像的左上角。

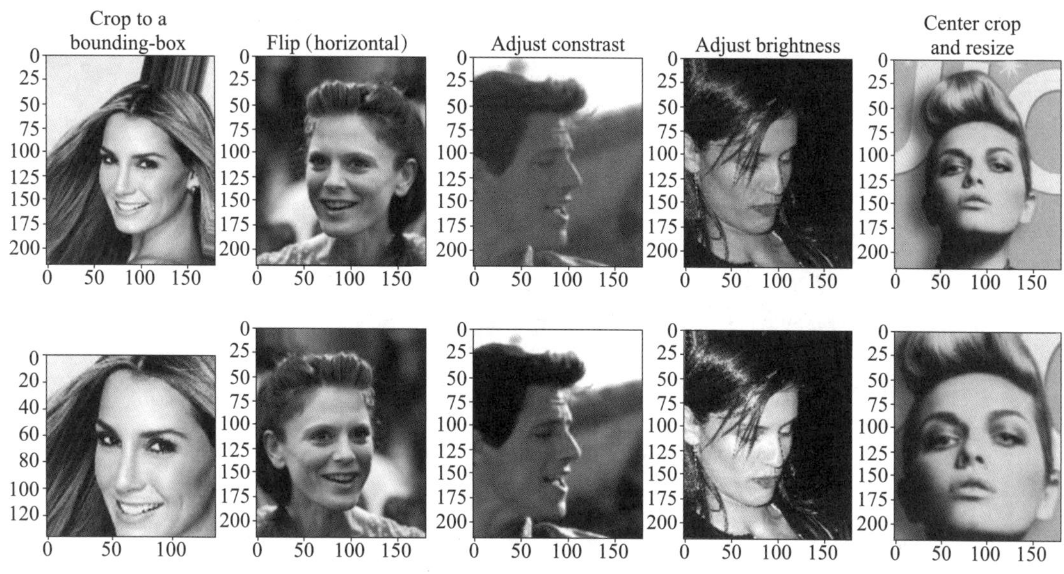

图 14.15 不同类型的图像转换

上述代码对图像的转换是确定的，我们也可以随机转换图像。建议在模型训练期间使用随机图像转换这种数据增广方法。例如，可以使用随机边界框(左上角的坐标是随机选择的)裁剪图像，以相同概率沿着水平轴或竖直轴翻转图像，或者从某均匀分布中随机选择一个数作为图像的对比度。

除此之外，还可以创建转换图像的 pipeline。例如，我们可以先对图像进行随机裁剪，然后随机翻转图像，最后将图像调整为所需的大小。代码如下(这里使用固定值的随机种子，以确保实验可复现)：

```
>>> torch.manual_seed(1)
>>> fig = plt.figure(figsize=(14, 12))
>>> for i, (img, attr) in enumerate(celeba_train_dataset):
...     ax = fig.add_subplot(3, 4, i*4+1)
...     ax.imshow(img)
...     if i == 0:
...         ax.set_title('Orig.', size=15)
...
...     ax = fig.add_subplot(3, 4, i*4+2)
...     img_transform = transforms.Compose([
...         transforms.RandomCrop([178, 178])
...     ])
...     img_cropped = img_transform(img)
...     ax.imshow(img_cropped)
...     if i == 0:
```

```
...         ax.set_title('Step 1: Random crop', size=15)
...
...     ax = fig.add_subplot(3, 4, i*4+3)
...     img_transform = transforms.Compose([
...         transforms.RandomHorizontalFlip()
...     ])
...     img_flip = img_transform(img_cropped)
...     ax.imshow(img_flip)
...     if i == 0:
...         ax.set_title('Step 2: Random flip', size=15)
...
...     ax = fig.add_subplot(3, 4, i*4+4)
...     img_resized = transforms.functional.resize(
...         img_flip, size=(128, 128)
...     )
...     ax.imshow(img_resized)
...     if i == 0:
...         ax.set_title('Step 3: Resize', size=15)
...     if i == 2:
...         break
>>> plt.show()
```

图 14.16 展示了三幅图像样本的随机转换结果。

注意每次遍历这三个样本时，由于转换的随机性，得到的图像都略有不同。为了方便起见，在数据集加载期间，定义转换函数实现上述数据增广 pipeline。下面的代码定义函数 `get_smile`，它将从 `attributes` 列表中提取微笑标签：

```
>>> get_smile = lambda attr: attr[31]
```

接下来定义生成转换图像的 `transform_train` 函数（首先对图像进行随机裁剪，然后随机翻转图像，最后将图像调整为所需的 64×64 大小）：

```
>>> transform_train = transforms.Compose([
...     transforms.RandomCrop([178, 178]),
...     transforms.RandomHorizontalFlip(),
...     transforms.Resize([64, 64]),
...     transforms.ToTensor(),
... ])
```

我们仅在模型的训练阶段使用数据增广方法，在模型的验证或测试阶段不使用数据增广方法。验证集或测试集的转换函数如下（这里只是简单地裁剪图像，并将其调整为所需的 64×64 大小）：

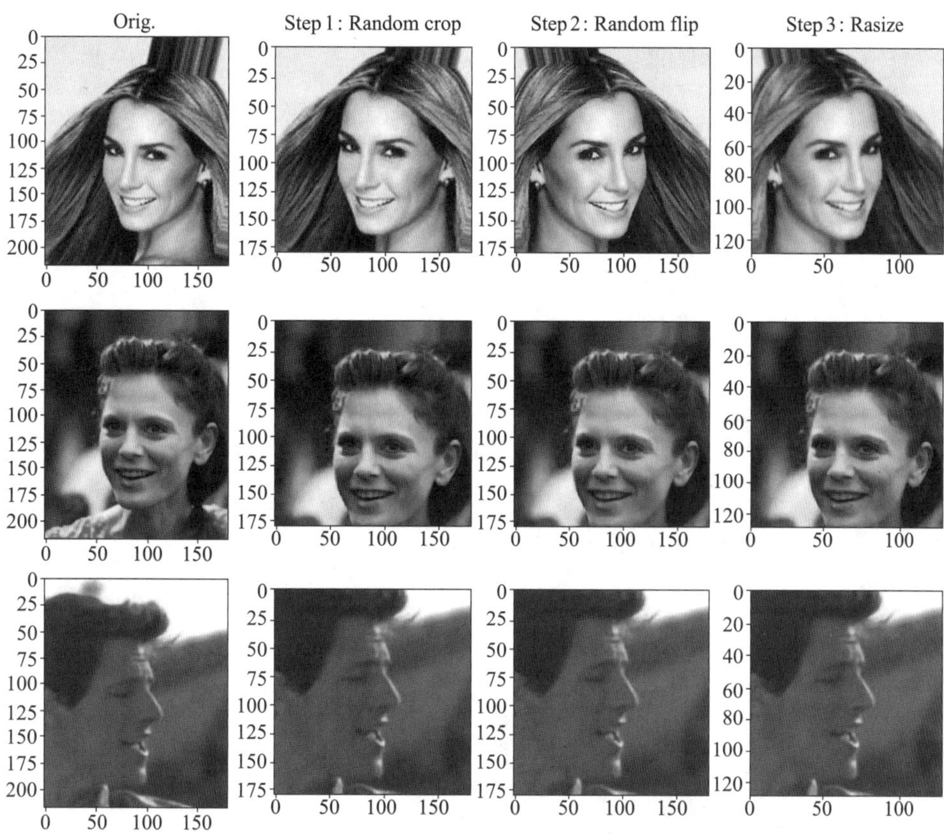

图 14.16　图像的随机转换结果

```
>>> transform = transforms.Compose([
...     transforms.CenterCrop([178, 178]),
...     transforms.Resize([64, 64]),
...     transforms.ToTensor(),
... ])
```

调用 `transform_train` 函数处理训练数据集，然后对训练集迭代 5 次，查看使用数据增广方法的效果：

```
>>> from torch.utils.data import DataLoader
>>> celeba_train_dataset = torchvision.datasets.CelebA(
...     image_path, split='train',
...     target_type='attr', download=False,
...     transform=transform_train, target_transform=get_smile
... )
>>> torch.manual_seed(1)
```

```
>>> data_loader = DataLoader(celeba_train_dataset, batch_size=2)
>>> fig = plt.figure(figsize=(15, 6))
>>> num_epochs = 5
>>> for j in range(num_epochs):
...     img_batch, label_batch = next(iter(data_loader))
...     img = img_batch[0]
...     ax = fig.add_subplot(2, 5, j + 1)
...     ax.set_xticks([])
...     ax.set_yticks([])
...     ax.set_title(f'Epoch {j}:', size=15)
...     ax.imshow(img.permute(1, 2, 0))
...
...     img = img_batch[1]
...     ax = fig.add_subplot(2, 5, j + 6)
...     ax.set_xticks([])
...     ax.set_yticks([])
...     ax.imshow(img.permute(1, 2, 0))
>>> plt.show()
```

图 14.17 展示了对两幅图像样本进行数据增广的 5 个结果。

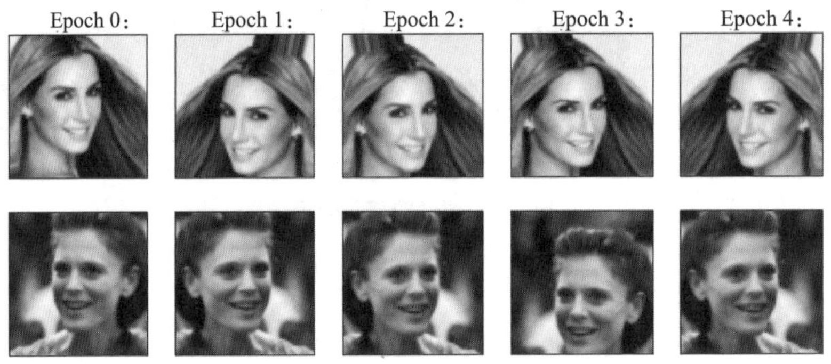

图 14.17　图像 5 次转换的结果

接下来，使用 `transform` 函数处理验证集和测试集：

```
>>> celeba_valid_dataset = torchvision.datasets.CelebA(
...     image_path, split='valid',
...     target_type='attr', download=False,
...     transform=transform, target_transform=get_smile
... )
>>> celeba_test_dataset = torchvision.datasets.CelebA(
...     image_path, split='test',
...     target_type='attr', download=False,
...     transform=transform, target_transform=get_smile
... )
```

由于本节的目标是使用一个小的数据集训练模型，因此只用了 16 000 个训练样本和 1000 个验证样本，并没有使用完整的训练集和验证集：

```
>>> from torch.utils.data import Subset
>>> celeba_train_dataset = Subset(celeba_train_dataset,
...                               torch.arange(16000))
>>> celeba_valid_dataset = Subset(celeba_valid_dataset,
...                               torch.arange(1000))
>>> print('Train set:', len(celeba_train_dataset))
Train set: 16000
>>> print('Validation set:', len(celeba_valid_dataset))
Validation set: 1000
```

这里为三个数据集创建数据加载器：

```
>>> batch_size = 32
>>> torch.manual_seed(1)
>>> train_dl = DataLoader(celeba_train_dataset,
...                       batch_size, shuffle=True)
>>> valid_dl = DataLoader(celeba_valid_dataset,
...                       batch_size, shuffle=False)
>>> test_dl = DataLoader(celeba_test_dataset,
...                      batch_size, shuffle=False)
```

到此为止数据加载器已经准备就绪，接下来我们将构建卷积神经网络，对其进行训练和评估。

14.4.3 训练卷积神经网络微笑分类器

至此，使用 torch.nn 模块构建并训练模型应该很简单了。本节的卷积神经网络结构如下：卷积神经网络的输入是 3×64×64 的图像(即图像具有 3 个颜色通道)。输入数据经过 4 个卷积层，分别生成 32、64、128 和 256 个特征图，卷积层使用的滤波器大小均为 3×3，且采用相同填充模式，填充参数设置为 $p=1$。前三个卷积层后面都跟着一个最大池化层 $P_{2\times2}$，此外模型还包含了两个用于正则化的 dropout 层：

```
>>> model = nn.Sequential()
>>> model.add_module(
...     'conv1',
...     nn.Conv2d(
...         in_channels=3, out_channels=32,
...         kernel_size=3, padding=1
...     )
... )
```

```
>>> model.add_module('relu1', nn.ReLU())
>>> model.add_module('pool1', nn.MaxPool2d(kernel_size=2))
>>> model.add_module('dropout1', nn.Dropout(p=0.5))
>>>
>>> model.add_module(
...     'conv2',
...     nn.Conv2d(
...         in_channels=32, out_channels=64,
...         kernel_size=3, padding=1
...     )
... )
>>> model.add_module('relu2', nn.ReLU())
>>> model.add_module('pool2', nn.MaxPool2d(kernel_size=2))
>>> model.add_module('dropout2', nn.Dropout(p=0.5))
>>>
>>> model.add_module(
...     'conv3',
...     nn.Conv2d(
...         in_channels=64, out_channels=128,
...         kernel_size=3, padding=1
...     )
... )
>>> model.add_module('relu3', nn.ReLU())
>>> model.add_module('pool3', nn.MaxPool2d(kernel_size=2))
>>>
>>> model.add_module(
...     'conv4',
...     nn.Conv2d(
...         in_channels=128, out_channels=256,
...         kernel_size=3, padding=1
...     )
... )
>>> model.add_module('relu4', nn.ReLU())
```

为了观察输出特征图的形状，生成 4 个与图像尺寸一样的张量，并输入模型中：

```
>>> x = torch.ones((4, 3, 64, 64))
>>> model(x).shape
torch.Size([4, 256, 8, 8])
```

可以看到，卷积层的输出是 256 个大小为 8×8 的特征图(或 256 个通道)。现在，我们可以添加一个全连接层。如果展平所有特征图，那么这个全连接层输入元素的个数是 8×8×256=16 384。因此，为了减少全连接层输入元素的数量，在最后一个卷积层之后添加一个全局平均池化层，该层分别计算每个特征图的平均值，从而将全连接层的神经元数量减少到 256 个，然后在该层之后再添加一个全连接层。尽管我们没有介绍过全局平均池化层，但在概念上全局平均池化层与其他池化层类似。实际上，当池化大小等于输入特征图的大小时，全局平均池化层可以看作平均池化层的一个特例。

要理解这一点，请参考图 14.18。图 14.18 展示了形状为 batchsize×64×64×8 的输入特征图。通道编号为 $k=0,1,\cdots,7$。全局平均池化层计算每个通道的平均值，在此之后，压缩全局平均池化层的输出，最终得到的输出的形状为[batchsize×8]。

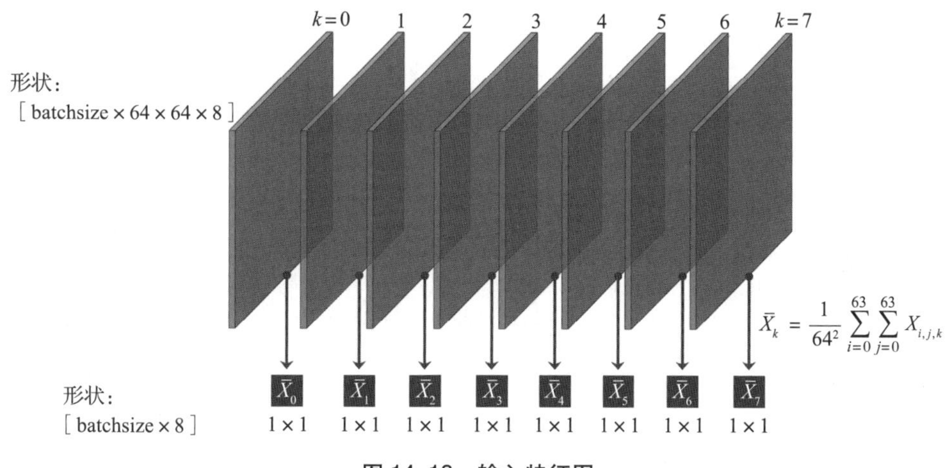

图 14.18　输入特征图

在不压缩输出的情况下，形状将是[batchsize×8×1×1]，因为全局平均池化层会将 64×64 的空间维度减少到 1×1。

最后一个卷积层输出的特征图的形状为[batchsize×256×8×8]，我们希望每个样本只给出 256 个输出单元，也就是说，我们希望输出形状是[batchsize×256]。在最后一个卷积层之后添加全局平均池化层，并计算该层输出的形状：

```
>>> model.add_module('pool4', nn.AvgPool2d(kernel_size=8))
>>> model.add_module('flatten', nn.Flatten())
>>> x = torch.ones((4, 3, 64, 64))
>>> model(x).shape
torch.Size([4, 256])
```

最后，我们添加一个全连接层，输出一个数。在本例中，通常使用 sigmoid 激活函数：

```
>>> model.add_module('fc', nn.Linear(256, 1))
>>> model.add_module('sigmoid', nn.Sigmoid())
>>> x = torch.ones((4, 3, 64, 64))
>>> model(x).shape
torch.Size([4, 1])
>>> model
```

```
Sequential(
  (conv1): Conv2d(3, 32, kernel_size=(3, 3), stride=(1, 1), padding=(1, 1))
  (relu1): ReLU()
  (pool1): MaxPool2d(kernel_size=2, stride=2, padding=0, dilation=1, ceil_
mode=False)
  (dropout1): Dropout(p=0.5, inplace=False)
  (conv2): Conv2d(32, 64, kernel_size=(3, 3), stride=(1, 1), padding=(1, 1))
  (relu2): ReLU()
  (pool2): MaxPool2d(kernel_size=2, stride=2, padding=0, dilation=1, ceil_
mode=False)
  (dropout2): Dropout(p=0.5, inplace=False)
  (conv3): Conv2d(64, 128, kernel_size=(3, 3), stride=(1, 1), padding=(1, 1))
  (relu3): ReLU()
  (pool3): MaxPool2d(kernel_size=2, stride=2, padding=0, dilation=1, ceil_
mode=False)
  (conv4): Conv2d(128, 256, kernel_size=(3, 3), stride=(1, 1), padding=(1, 1))
  (relu4): ReLU()
  (pool4): AvgPool2d(kernel_size=8, stride=8, padding=0)
  (flatten): Flatten(start_dim=1, end_dim=-1)
  (fc): Linear(in_features=256, out_features=1, bias=True)
  (sigmoid): Sigmoid()
)
```

下一步需要创建损失函数和优化器(这里需要再次使用 Adam 优化器)。对于仅有一个输出概率的二分类问题，我们使用 `BCELoss` 作为损失函数：

```
>>> loss_fn = nn.BCELoss()
>>> optimizer = torch.optim.Adam(model.parameters(), lr=0.001)
```

然后，定义以下函数并训练模型：

```
>>> def train(model, num_epochs, train_dl, valid_dl):
...     loss_hist_train = [0] * num_epochs
...     accuracy_hist_train = [0] * num_epochs
...     loss_hist_valid = [0] * num_epochs
...     accuracy_hist_valid = [0] * num_epochs
...     for epoch in range(num_epochs):
...         model.train()
...         for x_batch, y_batch in train_dl:
...             pred = model(x_batch)[:, 0]
...             loss = loss_fn(pred, y_batch.float())
...             loss.backward()
...             optimizer.step()
...             optimizer.zero_grad()
...             loss_hist_train[epoch] += loss.item()*y_batch.size(0)
```

```
...                 is_correct = ((pred>=0.5).float() == y_batch).float()
...                 accuracy_hist_train[epoch] += is_correct.sum()
...             loss_hist_train[epoch] /= len(train_dl.dataset)
...             accuracy_hist_train[epoch] /= len(train_dl.dataset)
...
...             model.eval()
...             with torch.no_grad():
...                 for x_batch, y_batch in valid_dl:
...                     pred = model(x_batch)[:, 0]
...                     loss = loss_fn(pred, y_batch.float())
...                     loss_hist_valid[epoch] += \
...                         loss.item() * y_batch.size(0)
...                     is_correct = \
...                         ((pred>=0.5).float() == y_batch).float()
...                     accuracy_hist_valid[epoch] += is_correct.sum()
...             loss_hist_valid[epoch] /= len(valid_dl.dataset)
...             accuracy_hist_valid[epoch] /= len(valid_dl.dataset)
...
...             print(f'Epoch {epoch+1} accuracy: '
...                   f'{accuracy_hist_train[epoch]:.4f} val_accuracy: '
...                   f'{accuracy_hist_valid[epoch]:.4f}')
...         return loss_hist_train, loss_hist_valid, \
...                accuracy_hist_train, accuracy_hist_valid
```

接着，训练该卷积神经网络模型 30 轮，并使用验证数据集监控学习进度：

```
>>> torch.manual_seed(1)
>>> num_epochs = 30
>>> hist = train(model, num_epochs, train_dl, valid_dl)
Epoch 1 accuracy: 0.6286 val_accuracy: 0.6540
...
Epoch 15 accuracy: 0.8544 val_accuracy: 0.8700
...
Epoch 30 accuracy: 0.8739 val_accuracy: 0.8710
```

现在将学习曲线可视化(见图 14.19)，并比较每轮后训练集和验证集的损失函数值及模型的准确率：

```
>>> x_arr = np.arange(len(hist[0])) + 1
>>> fig = plt.figure(figsize=(12, 4))
>>> ax = fig.add_subplot(1, 2, 1)
>>> ax.plot(x_arr, hist[0], '-o', label='Train loss')
>>> ax.plot(x_arr, hist[1], '--<', label='Validation loss')
>>> ax.legend(fontsize=15)
>>> ax = fig.add_subplot(1, 2, 2)
```

```
>>> ax.plot(x_arr, hist[2], '-o', label='Train acc.')
>>> ax.plot(x_arr, hist[3], '--<',
...         label='Validation acc.')
>>> ax.legend(fontsize=15)
>>> ax.set_xlabel('Epoch', size=15)
>>> ax.set_ylabel('Accuracy', size=15)
>>> plt.show()
```

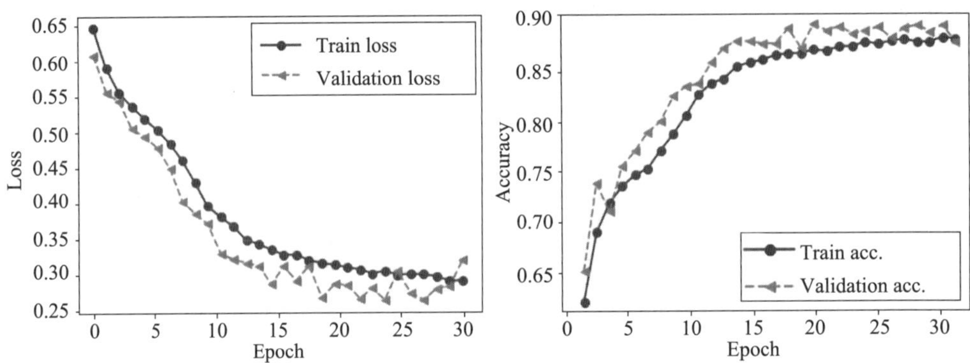

图 14.19　训练结果和验证结果的比较

一旦对学习曲线感到满意，就可以在测试集上评估模型的性能：

```
>>> accuracy_test = 0
>>> model.eval()
>>> with torch.no_grad():
...     for x_batch, y_batch in test_dl:
...         pred = model(x_batch)[:, 0]
...         is_correct = ((pred>=0.5).float() == y_batch).float()
...         accuracy_test += is_correct.sum()
>>> accuracy_test /= len(test_dl.dataset)
>>> print(f'Test accuracy: {accuracy_test:.4f}')
Test accuracy: 0.8446
```

之前已经介绍过如何使用测试样本获得模型的预测结果。下面的代码将从测试数据集（`test_dl`，经过预处理）的最后一个批次中选取 10 个样本，然后计算每个样本来自类别 1（该类别对应于微笑）的概率，并将样本连同其真实标签和预测概率一起可视化：

```
>>> pred = model(x_batch)[:, 0] * 100
>>> fig = plt.figure(figsize=(15, 7))
>>> for j in range(10, 20):
...     ax = fig.add_subplot(2, 5, j-10+1)
...     ax.set_xticks([]); ax.set_yticks([])
...     ax.imshow(x_batch[j].permute(1, 2, 0))
```

```
...     if y_batch[j] == 1:
...         label='Smile'
...     else:
...         label = 'Not Smile'
...     ax.text(
...         0.5, -0.15,
...         f'GT: {label:s}\nPr(Smile)={pred[j]:.0f}%',
...         size=16,
...         horizontalalignment='center',
...         verticalalignment='center',
...         transform=ax.transAxes
...     )
>>> plt.show()
```

图 14.20 展示了 10 个图像样本及真实标签和模型给出的属于类别 1(微笑)的概率。

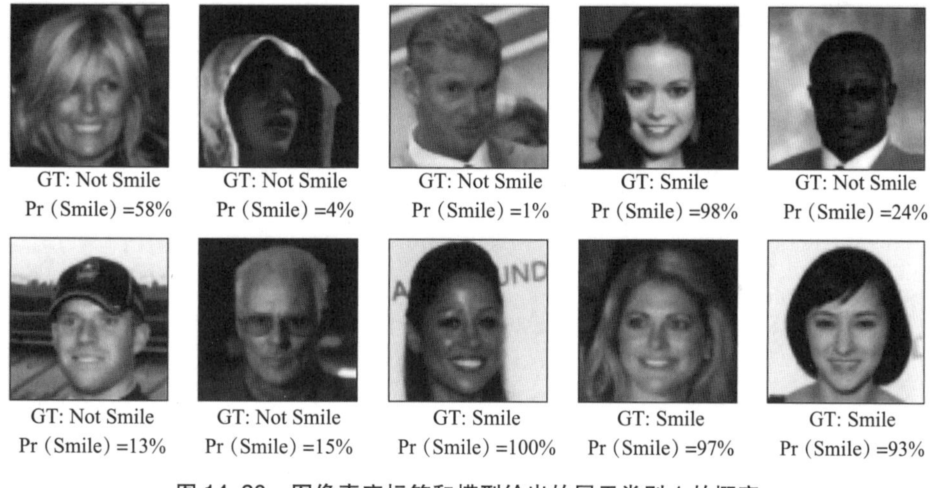

图 14.20　图像真实标签和模型给出的属于类别 1 的概率

如图 14.20 所示，每个图像下方均给出了真实标签和模型给出的属于微笑类别的概率。训练的模型在这 10 个测试样本上的预测完全准确。

作为练习，我们鼓励读者使用整个训练数据集训练神经网络模型。此外，还可以更改卷积神经网络的结构，例如调整每个卷积层的丢弃概率或者滤波器的数量。同样，也可以使用全连接层替换全局平均池化层。如果使用整个训练数据集训练卷积神经网络，最终的预测准确率应该能在 90%以上。

14.5　本章小结

本章介绍了卷积神经网络及其主要构成。我们从卷积运算开始，研究了一维卷积运算和二维卷积运算，然后介绍了卷积神经网络中常用的一种网络层：下采样层(又称池化层)。我们介绍了两种常见的池化层：最大池化层和平均池化层。

接着，我们将所有概念放在一起，使用 `torch.nn` 模块搭建了一个卷积神经网络。然后，训练此卷积神经网络，用于识别（预测）MNIST 手写数字数据集。

然后，使用由人脸图像组成的更复杂的数据集训练了第二个卷积神经网络，用于识别图像中的人物是否微笑。在此过程中，我们还介绍了数据增广方法和不同的图像转换（可以调用 `torchvision.transforms` 模块实现图像转换）。

第 15 章将讨论循环神经网络（Recurrent Neural Network，RNN）。循环神经网络常用于学习序列模式的数据，它们的经典应用包括语言翻译、图像字幕处理等。

CHAPTER 15

第 15 章 用循环神经网络对序列数据建模

第 14 章围绕卷积神经网络(Convolutional Neural Network，CNN)展开，讨论了卷积神经网络的构建模块以及如何在 PyTorch 中实现卷积神经网络，介绍了如何用卷积神经网络进行图像分类。本章将探讨循环神经网络(Recurrent Neural Network，RNN)并介绍其在序列数据建模中的应用。

本章将介绍以下内容：

- 序列数据；
- 用于序列数据建模的循环神经网络；
- 长短期记忆(Long Short-Term Memory，LSTM)网络；
- 截断时序反向传播(Truncated BackPropagation Through Time，TBPTT)；
- 在 PyTorch 中实现用于序列建模的多层循环神经网络；
- 项目 1：基于 IMDb 影评数据集的 RNN 情感分析；
- 项目 2：基于 The Mysterious Island 文本数据集的 LSTM 字符级语言建模；
- 避免梯度爆炸问题的梯度裁剪方法。

15.1 序列数据

序列数据通常也被称为序列。本章将研究序列数据不同于其他类型数据的特性，然后探讨如何表示序列数据，如何使用各种模型中输入和输出的关系建模序列数据，这些都有助于理解本章探讨的序列数据和循环神经网络。

15.1.1 序列数据建模

与其他类型的数据相比，序列数据中的元素按特定顺序排列，彼此之间不独立。监督机器学习算法往往假定输入数据独立同分布(Independent and Identically Distributed，IID)，即训练样本之间相互独立而且服从相同的概率分布。基于该假设，训练样本以何种顺序输入模型无关紧要。例如，假设样本空间包括 n 个训练样本$\boldsymbol{x}^{(1)},\boldsymbol{x}^{(2)},\cdots,\boldsymbol{x}^{(n)}$，则在训练机器学习算法时，数据的顺序不会影响最终结果。之前使用过的鸢尾花数据集就是一个好例子，数据集中的每朵花都独立测量，一朵花的测量结果不会影响另一朵花的测量结果。

但是，独立同分布这个假设对序列数据无效。样本顺序对于序列数据而言至关重要。例如，假设有一个包含 n 个样本的训练数据集，其中每个样本表示某只股票在某一天的价格。如果要预测某只股票在未来三天的市场价格，相比于以随机顺序使用这些训练样本，将股票价格按日期排序后再推导股票价格的未来走势会更有意义。

15.1.2　序列数据与时间序列数据

时间序列数据是一种与时间相关的序列数据，每个样本都是在某个特定时刻采集的，时间维度确定了数据样本之间的顺序。股票价格、语音或讲话记录都是典型的时间序列数据。

并非所有序列数据都有时间维度，例如文本数据或 DNA 序列。本章后面将重点介绍自然语言处理和文本建模的例子，这两个例子使用的都不是时间序列数据，但是其中涉及的概念和方法同样适用于时间序列数据。

15.1.3　序列数据的表示

样本的顺序对于序列数据非常重要，因而需要找到一种能够在机器学习模型中利用这些顺序信息的方法。本章把长度为 T 的序列数据表示为$<\boldsymbol{x}^{(1)},\boldsymbol{x}^{(2)},\cdots,\boldsymbol{x}^{(T)}>$，上标表示样本的顺序。对于序列数据，例如时间序列数据，每个样本$\boldsymbol{x}^{(t)}$都来自某个特定时刻 t。图 15.1 展示了一个时间序列数据例子，其中输入特征 $\boldsymbol{x}$ 和目标标签 $\boldsymbol{y}$ 都按时间顺序排列。

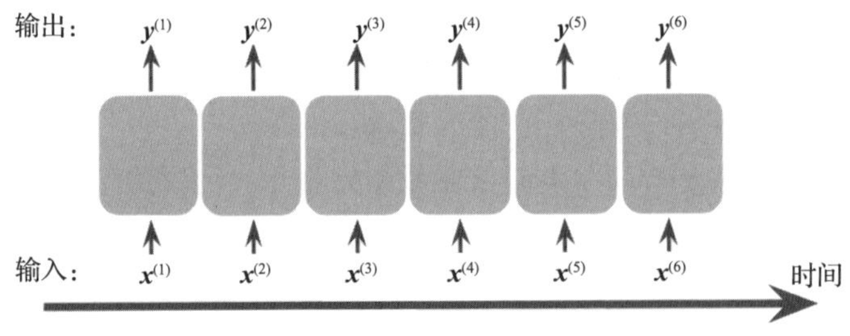

图 15.1　时间序列数据

本书之前介绍的神经网络模型，包括多层感知机（MLP）和用于图像数据的卷积神经网络，都假设训练样本彼此之间相互独立，即不包含训练样本的顺序信息。也就是说，这些模型不会记住以前见过的训练样本。例如，在进行前向传播和反向传播，或者进行权重更新时，不需要考虑训练样本顺序的影响。

相比之下，循环神经网络用于建模序列数据，能够记住处理过的样本的信息并据此处理新的样本，这种能力使循环神经网络在处理序列数据时具有显著优势。

15.1.4 序列建模方法

序列建模有许多应用，例如语言翻译（将英文翻译成德文）、图像字幕自动生成、文本生成等。为了选择适当的网络结构和处理方法，首先需要了解并区分不同类型的序列建模任务。基于 Karpathy 的解释（Andrej Karpathy. The Unreasonable Effectiveness of Recurrent Neural Networks，2015，http://karpathy.github.io/2015/05/21/rnn-effectiveness/），图 15.2 总结了几种常见的序列建模任务，它们之间的区别主要在于输入数据和输出数据之间的关系。

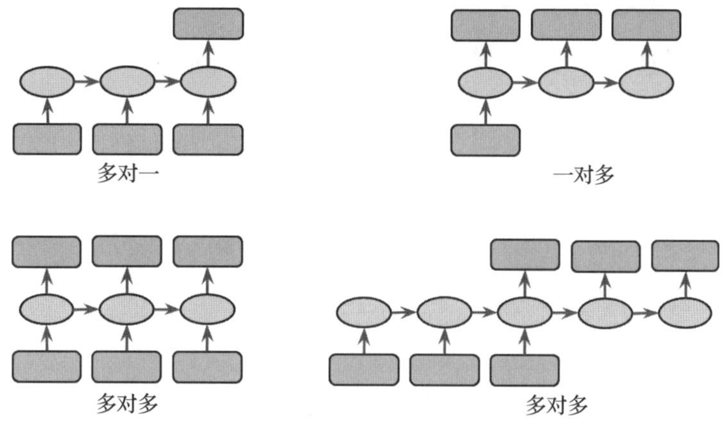

图 15.2　常见的序列建模任务

接着，我们来详细地讨论图 15.2 给出的序列建模任务。如果输入数据和输出数据都不是序列数据，即处理的是标准数据，那么可以直接使用多层感知机（或本书前面介绍的其他分类模型）对数据进行建模。但是，如果输入数据或输出数据是序列数据，那么建模任务就可能属于以下某种：

- **多对一**：输入是序列数据，输出不是序列数据，而是一个标量或固定大小的向量。例如，在情感分析中，输入是文本序列数据（例如影评数据），而输出是类别标签（例如表示影评者是否喜欢该影片的标签）。
- **一对多**：输入不是序列数据，但输出是序列数据，例如图像字幕自动生成，它的输入为一幅图像而输出是一句概述该图像内容的文字。
- **多对多**：输入和输出都是序列数据。在此基础上，根据输入数据和输出数据是否同步，还可以进一步划分：视频分类任务需要对视频中的每一帧都进行标注，是一个同步的多对多建模任务；语言翻译任务则是延迟的（delayed）多对多建模任务。例如，将英文句子翻译成德文之前，机器必须先读取整个句子再处理。

在总结了三类序列数据建模任务之后，我们将讨论循环神经网络的结构。

15.2 用于序列数据建模的循环神经网络

在用 PyTorch 实现循环神经网络之前，本节先介绍循环神经网络的主要概念。我们首先介绍循环神经网络的典型结构，包括用于建模序列的循环组件，然后介绍如何在典型的循环神经网络中计算神经元激活函数值，最后针对训练循环神经网络时出现的问题进行讨论，介绍常用的解决方法，如长短期记忆网络和门控循环单元(Gated Recurrent Unit，GRU)。

15.2.1 循环神经网络的循环机制

我们首先来研究循环神经网络的结构。图 15.3 展示了标准前馈神经网络和循环神经网络在处理数据时的区别。

图 15.3　标准前馈神经网络和循环神经网络处理数据时的区别

这里的前馈神经网络和循环神经网络都只有一个隐藏层，并且输入层($\boldsymbol{x}$)、隐藏层($\boldsymbol{h}$)和输出层($\boldsymbol{o}$)都包含多个神经元。

循环神经网络的输出类型

这种通用的循环神经网络结构可以应用于两种序列建模任务，其中网络的输入数据是序列数据，循环层要么返回一个序列数据，即$<\boldsymbol{o}^{(0)},\boldsymbol{o}^{(1)},\cdots,\boldsymbol{o}^{(T)}>$，要么只返回此序列数据的最后一个值$\boldsymbol{o}^{(T)}$。对应的建模任务为多对多任务或多对一任务(使用循环层生成序列数据的最后一个元素$\boldsymbol{o}^{(T)}$作为最终输出)。

后面将介绍如何使用 PyTorch 中的 `torch.nn` 模块处理不用的序列任务，这将帮助我们理解循环神经网络如何产生输出序列。

在标准前馈神经网络中，信息从输入层流向隐藏层，再从隐藏层流向输出层。而在循环神经网络中，隐藏层的输入来自当前时刻的输入层和前一时刻的隐藏层的输出。

相邻时刻隐藏层信息的流动使神经网络可以记住过去的信息。通常用回路来表示相邻时刻隐藏层信息的流动。在表示循环神经网络的图中，这个回路也被称为**循环边**，这也是循环神经网络名称的由来。

与多层感知机类似，循环神经网络可以包含多个隐藏层。通常将只有一个隐藏层的循环神经网络称为单层循环神经网络(注意和没有隐藏层的单层神经网络——如 Adaline 或逻辑回归——进行区分)。图 15.4 展示了单层循环神经网络和双层循环神经网络。

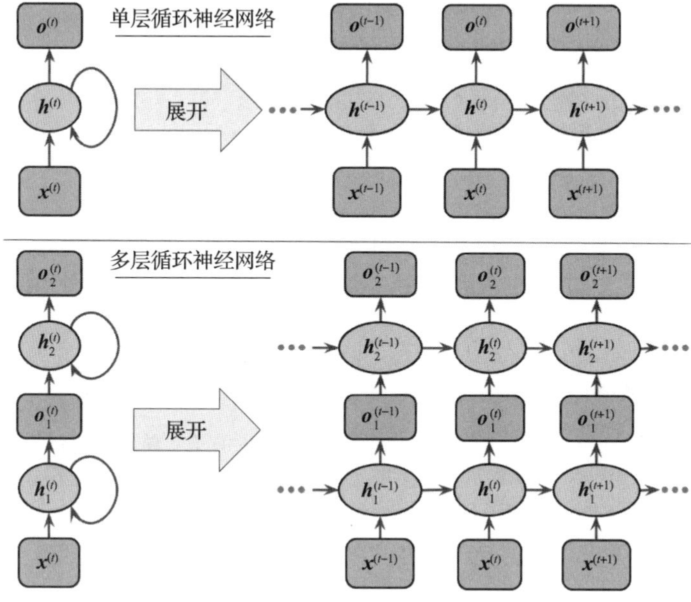

图 15.4 单层循环神经网络和双层循环神经网络

图 15.4 右侧展开了左侧循环神经网络的紧凑表示，以便分析循环神经网络的结构和信息的流动方式。

在常规神经网络中，隐藏层的输入为输入层的输出。而在循环神经网络中，隐藏层的输入由两部分组成：输入层的输出和 $t-1$ 时刻隐藏层的输出。例如，在 $t=0$ 时刻，隐藏层的输出被初始化为零向量或数值较小的随机向量。在 $t>0$ 时刻，隐藏层的输入包括当前时刻的输入数据$\boldsymbol{x}^{(t)}$和 $t-1$ 时刻同一个隐藏层的输出值$\boldsymbol{h}^{(t-1)}$。类似地，可以将多层循环神经网络的信息流动概述如下：

- 第一个隐藏层$\boldsymbol{h}_1^{(t)}$，其输入为数据$\boldsymbol{x}^{(t)}$和前一时刻同一隐藏层的输出$\boldsymbol{h}_1^{(t-1)}$；
- 第二个隐藏层$\boldsymbol{h}_2^{(t)}$，其输入为当前时刻前一个输出层输出$\boldsymbol{o}_1^{(t)}$ 和前一时刻同一隐藏层的输出$\boldsymbol{h}_2^{(t-1)}$。

在这种情况下，每个循环层的输入数据都是序列数据。除了最后一个循环层，其他循环层都必须返回序列数据(设置 `return_sequences=True`)。最后一个循环层输出的数据类型取决于具体任务类型。

15.2.2 循环神经网络激活值计算

在了解了循环神经网络的结构和信息流动方式后，接下来将计算隐藏层和输出层的激活值。为了简单起见，下面以单层循环神经网络为例进行介绍，但基本概念和方法同样适用于多层循环神经网络。

图 15.4 中的每条有向边(两个方框之间的连线)都关联一个权重矩阵。这些不依赖于时间 t 的权重可以在不同时刻共享。单层循环神经网络所有的权重矩阵如下：

- $\boldsymbol{W}_{xh}$：输入层$\boldsymbol{x}^{(t)}$和隐藏层 $\boldsymbol{h}$ 之间的权重矩阵；
- $\boldsymbol{W}_{hh}$：与循环边相关联的权重矩阵；
- $\boldsymbol{W}_{ho}$：隐藏层与输出层之间的权重矩阵。

图 15.5 展示了这些权重矩阵。

在某些实现中，权重矩阵$\boldsymbol{W}_{xh}$ 和 $\boldsymbol{W}_{hh}$ 可能会组合成一个矩阵，记为$\boldsymbol{W}_h = [\boldsymbol{W}_{xh};\ \boldsymbol{W}_{hh}]$，本节后面也将使用这种表示方式。

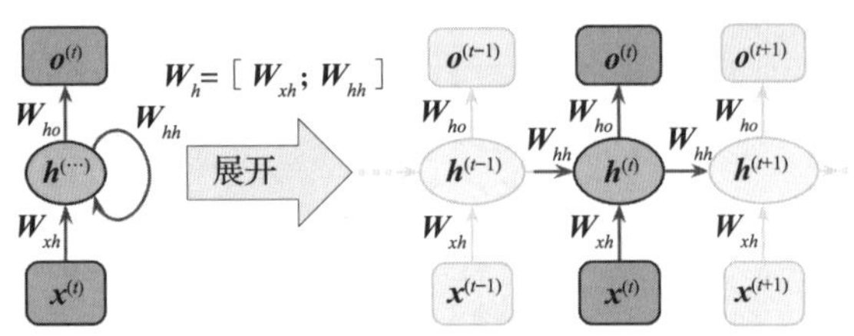

图 15.5 单层 RNN 的权重矩阵

循环神经网络计算激活值的步骤与多层感知机以及其他前馈神经网络类似。对于隐藏层，通过输入值的线性组合计算净输入$\boldsymbol{z}_h$，即计算两个权重矩阵与对应输入向量的乘法的和，再加上偏置单元$\boldsymbol{b}_h$：

$$\boldsymbol{z}_h^{(t)} = \boldsymbol{W}_{xh}\boldsymbol{x}^{(t)} + \boldsymbol{W}_{hh}\boldsymbol{h}^{(t-1)} + \boldsymbol{b}_h$$

然后，计算隐藏层在 t 时刻的激活值：

$$\boldsymbol{h}^{(t)} = \sigma_h(\boldsymbol{z}_h^{(t)}) = \sigma_h(\boldsymbol{W}_{xh}\boldsymbol{x}^{(t)} + \boldsymbol{W}_{hh}\boldsymbol{h}^{(t-1)} + \boldsymbol{b}_h)$$

其中，$\sigma_h(\cdot)$为隐藏层的激活函数。

若使用组合权重矩阵$\boldsymbol{W}_h = [\boldsymbol{W}_{xh};\ \boldsymbol{W}_{hh}]$，那么公式将变为

$$\boldsymbol{h}^{(t)} = \sigma_h\left([\boldsymbol{W}_{xh};\boldsymbol{W}_{hh}]\begin{bmatrix}\boldsymbol{x}^{(t)}\\ \boldsymbol{h}^{(t-1)}\end{bmatrix} + \boldsymbol{b}_h\right)$$

在获得当前时刻隐藏层的激活值后，就可以计算输出层的激活值：

$$\boldsymbol{o}^{(t)} = \sigma_o(\boldsymbol{W}_{ho}\boldsymbol{h}^{(t)} + \boldsymbol{b}_o)$$

图 15.6 展示了使用上述两个公式计算激活值的过程。

使用时序反向传播算法训练循环神经网络

循环神经网络的学习算法于 20 世纪 90 年代被提出(Paul Werbos. Backpropagation Through Time：What It Does and How to Do It，Proceedings of IEEE，78(10)：1550-1560，1990)。

循环神经网络梯度的推导过程比较复杂，其基本思想是计算从 $t=1$ 到 $t=T$ 的所有损失函数值之和：

$$L = \sum_{t=1}^{T} L^{(t)}$$

t 时刻总损失函数值 L 与隐藏层 1~t 时刻的损失有关，因此梯度计算如下：

$$\frac{\partial L^{(t)}}{\partial \boldsymbol{W}_{hh}}=\frac{\partial L^{(t)}}{\partial \boldsymbol{o}^{(t)}}\times\frac{\partial \boldsymbol{o}^{(t)}}{\partial \boldsymbol{h}^{(t)}}\times\left(\sum_{k=1}^{t}\frac{\partial \boldsymbol{h}^{(t)}}{\partial \boldsymbol{h}^{(k)}}\times\frac{\partial \boldsymbol{h}^{(k)}}{\partial \boldsymbol{W}_{hh}}\right)$$

其中，$\frac{\partial \boldsymbol{h}^{(t)}}{\partial \boldsymbol{h}^{(k)}}$为多个时刻的导数乘积：

$$\frac{\partial \boldsymbol{h}^{(t)}}{\partial \boldsymbol{h}^{(k)}}=\prod_{i=k+1}^{t}\frac{\partial \boldsymbol{h}^{(i)}}{\partial \boldsymbol{h}^{(i-1)}}$$

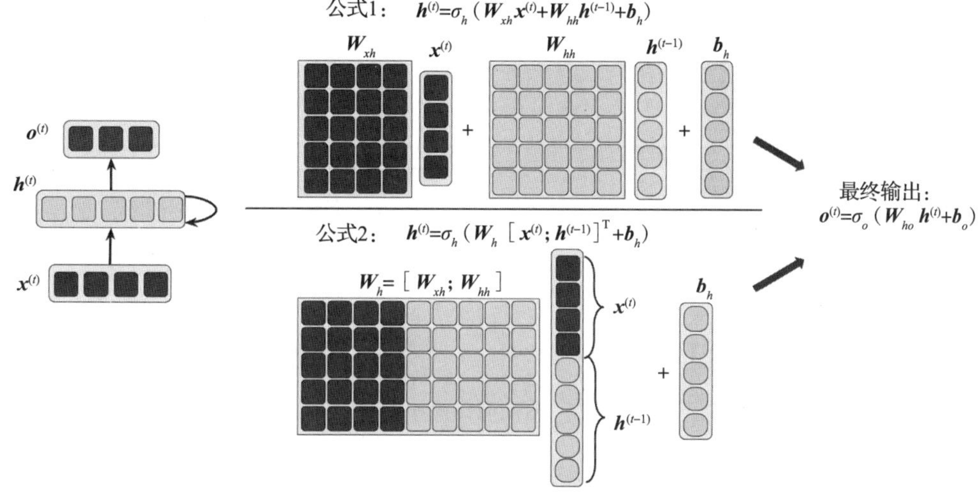

图 15.6 计算单层循环神经网络隐藏层和输出层的激活值

15.2.3 隐藏层循环与输出层循环

前面我们介绍了隐藏层循环连接，除隐藏层循环连接之外，还有输出层循环连接。当存在输出层循环连接时，前一时刻输出层的激活值($\boldsymbol{o}^{(t-1)}$)可以通过以下两种方式循环：

- 添加到当前时刻的隐藏层$\boldsymbol{h}^{(t)}$(见图 15.7 中的输出层到隐藏层循环)；
- 添加到当前时刻的输出层$\boldsymbol{o}^{(t)}$(见图 15.7 中的输出层到输出层循环)。

图 15.7 展示了三种循环连接结构。根据本章采用的表示法，隐藏层到隐藏层的循环连接的权重表示为$\boldsymbol{W}_{hh}$，输出层到隐藏层的循环连接的权重表示为$\boldsymbol{W}_{oh}$，输出层到输出层的循环连接的权重表示为$\boldsymbol{W}_{oo}$。在某些文献中，循环连接的权重表示为$\boldsymbol{W}_{\text{rec}}$。

为了更深入地理解循环神经网络的工作方式，以下代码将使用 RNN 函数创建一个循环层，输入序列长度为 3，计算输出序列<$\boldsymbol{o}^{(0)},\boldsymbol{o}^{(1)},\boldsymbol{o}^{(2)}$>，并与手动计算得到的输出序列进行比较。

首先，创建循环层，并获取权重矩阵和偏置向量用于手动计算循环神经网络的输出：

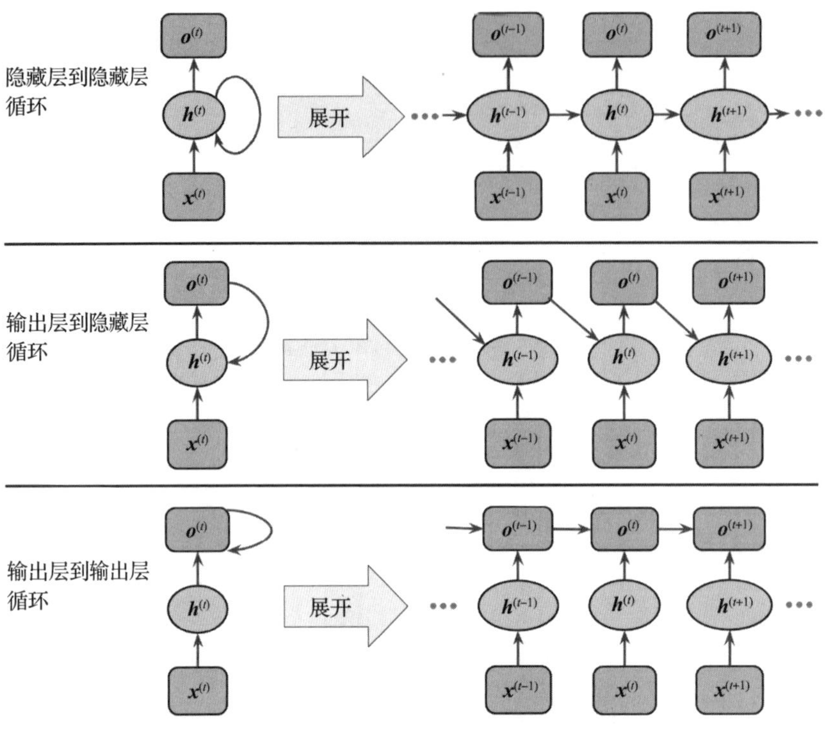

图 15.7　不同循环连接模型

```
>>> import torch
>>> import torch.nn as nn
>>> torch.manual_seed(1)
>>> rnn_layer = nn.RNN(input_size=5, hidden_size=2,
...                    num_layers=1, batch_first=True)
>>> w_xh = rnn_layer.weight_ih_l0
>>> w_hh = rnn_layer.weight_hh_l0
>>> b_xh = rnn_layer.bias_ih_l0
>>> b_hh = rnn_layer.bias_hh_l0
>>> print('W_xh shape:', w_xh.shape)
>>> print('W_hh shape:', w_hh.shape)
>>> print('b_xh shape:', b_xh.shape)
>>> print('b_hh shape:', b_hh.shape)
W_xh shape: torch.Size([2, 5])
W_hh shape: torch.Size([2, 2])
b_xh shape: torch.Size([2])
b_hh shape: torch.Size([2])
```

该层的输入的形状为(batch_size, sequence_size, 5)，其中第一个维度是批数据维度（因为设置了 batch_first=True），第二个维度是序列长度，最后一个维度是特征数量。此外，RNN 默认为单层，可以通过设置 num_layers 将多个循环神经网络堆叠在一起，构成多层循环神经网络。

调用 rnn_layer 计算前向传播，并与手动计算的输出进行比较：

```
>>> x_seq = torch.tensor([[1.0]*5, [2.0]*5, [3.0]*5]).float()
>>> ## output of the simple RNN:
>>> output, hn = rnn_layer(torch.reshape(x_seq, (1, 3, 5)))
>>> ## manually computing the output:
>>> out_man = []
>>> for t in range(3):
...     xt = torch.reshape(x_seq[t], (1, 5))
...     print(f'Time step {t} =>')
...     print('   Input           :', xt.numpy())
...
...     ht = torch.matmul(xt, torch.transpose(w_xh, 0, 1)) + b_xh
...     print('   Hidden          :', ht.detach().numpy())
...
...     if t > 0:
...         prev_h = out_man[t-1]
...     else:
...         prev_h = torch.zeros((ht.shape))
...     ot = ht + torch.matmul(prev_h, torch.transpose(w_hh, 0, 1)) \
...             + b_hh
...     ot = torch.tanh(ot)
...     out_man.append(ot)
...     print('   Output (manual) :', ot.detach().numpy())
...     print('   RNN output      :', output[:, t].detach().numpy())
...     print()
Time step 0 =>
   Input           : [[1. 1. 1. 1. 1.]]
   Hidden          : [[-0.4701929  0.5863904]]
   Output (manual) : [[-0.3519801   0.52525216]]
   RNN output      : [[-0.3519801   0.52525216]]

Time step 1 =>
   Input           : [[2. 2. 2. 2. 2.]]
   Hidden          : [[-0.88883156  1.2364397 ]]
   Output (manual) : [[-0.68424344  0.76074266]]
   RNN output      : [[-0.68424344  0.76074266]]

Time step 2 =>
   Input           : [[3. 3. 3. 3. 3.]]
   Hidden          : [[-1.3074701  1.886489 ]]
   Output (manual) : [[-0.8649416   0.90466356]]
   RNN output      : [[-0.8649416   0.90466356]]
```

在手动计算前向传播时，我们选取了与 RNN 默认激活函数相同的双曲正切函数。比较两个结果会发现，手动计算的输出序列与上述 RNN 的输出序列完全相同。希望这项实践任务能让你了解循环神经网络的奥秘。

15.2.4　远距离学习面临的问题

前面提到的时序反向传播算法会产生一些问题：使用连乘计算损失函数梯度$\frac{\partial \boldsymbol{h}^{(t)}}{\partial \boldsymbol{h}^{(k)}}$时，可能会出现梯度消失或梯度爆炸问题。图 15.8 解释了这些问题，为了简单起见，这里只考虑单层循环神经网络。

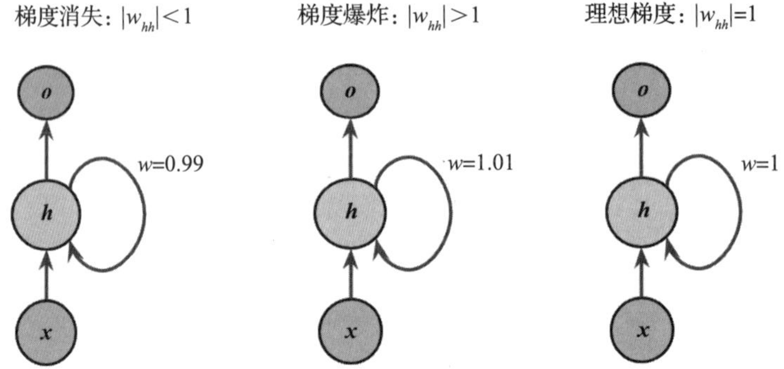

图 15.8　计算损失函数梯度时出现的问题

一般来说，计算$\frac{\partial \boldsymbol{h}^{(t)}}{\partial \boldsymbol{h}^{(k)}}$要进行 $t-k$ 次乘法运算，将权重 w 相乘 $t-k$ 次得到 w^{t-k}。如果 $|w|<1$，而且序列具有远距离依赖关系，即 $t-k$ 很大，w^{t-k} 就会变得非常小。反之，如果 $|w|>1$，w^{t-k} 就会变得非常大。因此，保证 $|w|=1$ 是最直接、最简单的解决方案。更多关于梯度消失或梯度爆炸的相关信息，请阅读论文(Razvan Pascanu，Tomas Mikolov，Yoshua Bengio. On the difficulty of training recurrent neural networks，Proceedings of the 30th International Conference on International Conference on Machine Learning，Volume 28 (ICML' 13)，2013，https://arxiv.org/pdf/1211.5063.pdf)。

在实践中，解决序列中远距离依赖问题常用的三种解决方案如下：

- 梯度裁剪；
- 截断时序反向传播(TBPTT)；
- 长短期记忆网络。

梯度裁剪是指为梯度设定一个截止值或阈值，如果梯度超过该值则将梯度设为此截止值。而 TBPTT 限制反向传播时刻数量。例如，即使序列有 100 个元素(时刻)，我们也限制反向传播在最近的 20 个时刻内。

虽然梯度裁剪和 TBPTT 都可以解决梯度爆炸问题，但 TBPTT 会限制反向传播计算梯度的时刻总数，从而影响权重更新。除上述两种方法外，还有 1997 年 Sepp Hochreiter 和 Jürgen Schmidhuber 提出的长短期记忆网络解决方法。长短期记忆网络利用记忆单元建模序列中的远距离依赖关系，有效地缓解了梯度消失与梯度爆炸问题带来的影响。下面将对长短期记忆网络进行更详细的讨论。

15.2.5 长短期记忆网络

如前所述，长短期记忆网络被引入以解决序列中的远距离依赖关系问题(S. Hochreiter, J. Schmidhuber. Long Short-Term Memory, Neural Computation, 9(8): 1735-1780, 1997)。长短期记忆网络的基本组成部分是记忆单元，记忆单元类似于循环神经网络中的隐藏层。

每个记忆单元都有一个循环边，边的权重为 $w=1$，用于解决梯度消失或梯度爆炸问题。循环边对应的输入和输出统称为**单元状态**。图 15.9 展示了长短期记忆网络单元的内部结构。

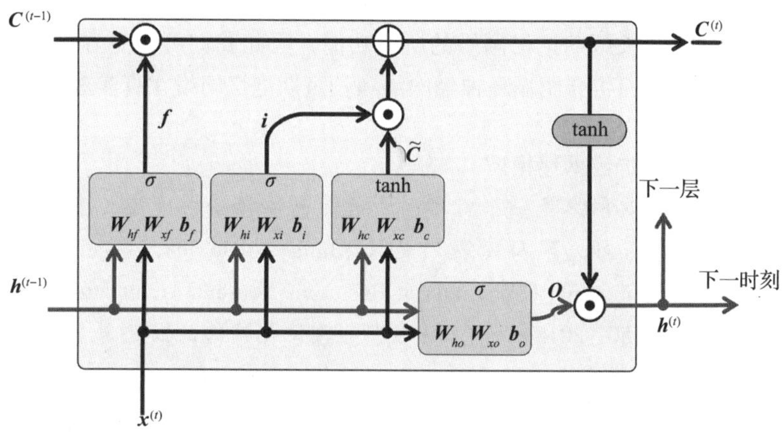

图 15.9 长短期记忆网络单元的内部结构

在长短期记忆网络中，前一时刻的单元状态$\boldsymbol{C}^{(t-1)}$直接参与当前时刻单元状态$\boldsymbol{C}^{(t)}$的计算。记忆单元中的信息流由多个计算单元(通常称为门)控制。在图 15.9 中，$\boldsymbol{x}^{(t)}$表示 t 时刻的输入数据，$\boldsymbol{h}^{(t-1)}$表示 $t-1$ 时刻隐藏层输出。图中有 4 个框，每个框内给出了激活函数(sigmoid 函数 σ 或双曲正切函数 tanh)、权重和偏置项。在每个框中，需要计算$\boldsymbol{h}^{(t-1)}$和$\boldsymbol{x}^{(t)}$向量与矩阵的乘积加上 $\boldsymbol{b}^{(t)}$，再通过激活函数得到输出值。输出的值经过⊙运算(称为一个门)。⊙代表两个向量对应元素相乘，⊕代表两个向量对应元素相加。

长短期记忆网络有 3 种不同类型的门，分别为遗忘门、输入门和输出门。

遗忘门($\boldsymbol{f}_t$)可以重置单元状态，以防状态无限增长。事实上，遗忘门的任务就是决定保留哪部分信息，遗忘哪部分信息。$\boldsymbol{f}_t$ 的计算公式如下：

$$\boldsymbol{f}_t=\sigma(\boldsymbol{W}_{xf}\,\boldsymbol{x}^{(t)}+\boldsymbol{W}_{hf}\,\boldsymbol{h}^{(t-1)}+\boldsymbol{b}_f)$$

遗忘门并非原始长短期记忆网络单元的组成部分，而是在原始模型提出几年后为优化模型而添加的(F. Gers, J. Schmidhuber , F. Cummins . Learning to Forget: Continual Prediction with LSTM, Neural Computation12, 2451-2471, 2000)。

输入门($\boldsymbol{i}_t$)和**候选值**$\widetilde{\boldsymbol{C}}_t$ 负责更新单元状态，计算公式如下：

$$\boldsymbol{i}_t=\sigma(\boldsymbol{W}_{xi}\boldsymbol{x}^{(t)}+\boldsymbol{W}_{hi}\boldsymbol{h}^{(t-1)}+\boldsymbol{b}_i)$$

$$\widetilde{\boldsymbol{C}}_t=\tanh(\boldsymbol{W}_{xc}\boldsymbol{x}^{(t)}+\boldsymbol{W}_{hc}\boldsymbol{h}^{(t-1)}+\boldsymbol{b}_c)$$

t 时刻的单元状态计算如下：

$$\boldsymbol{C}^{(t)}=(\boldsymbol{C}^{(t-1)}\odot\boldsymbol{f}_t)\oplus(\boldsymbol{i}_t\odot\widetilde{\boldsymbol{C}}_t)$$

输出门($\boldsymbol{o}_t$)决定如何更新隐藏层的值：

$$\boldsymbol{o}_t=\sigma(\boldsymbol{W}_{xo}\boldsymbol{x}^{(t)}+\boldsymbol{W}_{ho}\boldsymbol{h}^{(t-1)}+\boldsymbol{b}_o)$$

综上所述，当前时刻隐藏层的输出计算如下：

$$\boldsymbol{h}^{(t)}=\boldsymbol{o}_t\odot\tanh(\boldsymbol{C}^{(t)})$$

长短期记忆网络结构及其底层计算乍看起来很复杂且难以实现。然而，PyTorch 中经过优化的封装函数已经实现了长短期记忆网络的所有功能，因此我们可以更容易、更高效地定义长短期记忆网络。本章后面将介绍循环神经网络和长短期记忆网络在真实数据集中的应用。

其他循环神经网络模型

长短期记忆网络是一个对序列中远距离依赖关系建模的基本方法。除此之外，Rafal Jozefowicz 等人发表的论文(Rafal Jozefowicz, Wojciech Zaremba, Ilya Sutskever. An Empirical Exploration of Recurrent Network Architectures, Proceedings of ICML, 2342-2350, 2015)介绍了许多长短期记忆网络的改进算法。值得注意的是2014 提出的一种更先进的方法，即门控循环单元(Gated Recurrent Unit, GRU)。门控循环单元的结构比长短期循环网络简单，因此计算效率更高，但在完成诸如音乐建模之类的任务时，其性能与长短期记忆网络相当。如果想了解更多关于门控循环单元的内容，请参阅论文(Junyoung Chung, Caglar Gulcehre, KyungHyun Cho, Yoshua Bengio. Empirical Evaluation of Gated Recurrent Neural Networks on Sequence Modeling, NIPS 2014 Workshop on Deep Learning, 2014, https://arxiv.org/pdf/1412.3555v1.pdf)。

15.3　在 PyTorch 中实现循环神经网络

在介绍了循环神经网络的基本理论后，下面将讨论更为实用的部分，即如何在 PyTorch 中实现循环神经网络。本节将把循环神经网络应用到两个常见的问题：情感分析和语言建模。

15.3.1　项目 1：基于 IMDb 影评进行情感分析

第 8 章已经介绍过，情感分析是指通过分析一个句子或一个文本文档预测所表达的情感观点。本小节将实现一个多对一结构的多层循环神经网络，用于分析 IMDb 电影评论中的情感。

准备影评数据

这里需要对数据进行预处理和清洗操作。首先，导入必要的模块，并从 torchtext（可以运行命令 pip install torchtext 安装 torchtext，本书使用的是 0.10.0 版本）中读入数据。读入数据的代码如下：

```
>>> from torchtext.datasets import IMDB
>>> train_dataset = IMDB(split='train')
>>> test_dataset = IMDB(split='test')
```

每个数据集有 25 000 个样本，每个样本由影评文本和情绪标签组成。其中，影评文本是单词序列，情绪标签是我们想要预测的目标标签（neg 代表负面情绪，pos 代表正面情绪）。循环神经网络的目标是将每个序列分类为正面的或负面的评论。

在把数据提供给循环神经网络之前，先进行以下数据预处理步骤：

1）把训练数据集拆分为训练子集和验证子集；

2）找出训练数据集中独特的单词；

3）把每个独特的单词映射为一个唯一的整数，并将影评文本转换为一串整数；

4）把数据集分割成小批量数据，作为模型的输入。

首先完成第一步：将之前读取的 train_dataset 拆分为训练子集和验证子集：

```
>>> ## Step 1: create the datasets
>>> from torch.utils.data.dataset import random_split
>>> torch.manual_seed(1)
>>> train_dataset, valid_dataset = random_split(
...     list(train_dataset), [20000, 5000])
```

训练数据集包含 25 000 个样本，我们随机选取 20 000 个样本用于训练，余下的 5000 个样本用于验证。

接下来将神经网络的输入数据编码成数值形式，对应上述步骤 2 和步骤 3。首先在训练数据集中找到独特的单词或词元（token）。可以使用 collections 库中的 Counter 类完成这个任务，其中 collections 是 Python 标准库的一部分。

以下代码将定义一个新的 Counter 对象（token_counts）来统计每个词元出现的次数。请注意在这个应用中（使用不同于词袋的模型），我们只对词元集合感兴趣，不需要知道每个词元出现的次数。为了将句子分割为词元，我们使用第 8 章定义的 tokenizer 函数，这个函数可以删除 HTML 标记、标点符号和其他非字母字符。以下代码完成词元集合的创建：

```
>>> ## Step 2: find unique tokens (words)
>>> import re
>>> from collections import Counter, OrderedDict
>>>
>>> def tokenizer(text):
...     text = re.sub('<[^>]*>', '', text)
...     emoticons = re.findall(
...         '(?::|;|=)(?:-)?(?:\)|\(|D|P)', text.lower()
...     )
...     text = re.sub('[\W]+', ' ', text.lower()) +\
...         ' '.join(emoticons).replace('-', '')
...     tokenized = text.split()
...     return tokenized
>>>
>>> token_counts = Counter()
>>> for label, line in train_dataset:
...     tokens = tokenizer(line)
...     token_counts.update(tokens)
>>> print('Vocab-size:', len(token_counts))
Vocab-size: 69023
```

如果想学习更多关于 Counter 的知识，请阅读相关文档(https://docs.python.org/3/library/collections.html#collections.Counter)。

接下来，需要将每个词元映射成一个整数。我们可以用 Python 字典完成这个任务，字典的键对应词元，每个键对应的值是一个整数(一般是按词元出现次数降序排列的索引值)。也可以使用 torchtext 库提供的 Vocab 类完成这个任务。Vocab 能够创建上述映射并对整个数据集编码。首先，初始化一个 vocab 对象，初始化参数为一个有序字典(有序字典为按词元出现次数降序排列的 token_counts 对象)，然后，在 vocab 对象中添加两个特殊词元——填充词元和未知词元：

```
>>> ## Step 3: encoding each unique token into integers
>>> from torchtext.vocab import vocab
>>> sorted_by_freq_tuples = sorted(
...     token_counts.items(), key=lambda x: x[1], reverse=True
... )
>>> ordered_dict = OrderedDict(sorted_by_freq_tuples)
>>> vocab = vocab(ordered_dict)
>>> vocab.insert_token("<pad>", 0)
>>> vocab.insert_token("<unk>", 1)
>>> vocab.set_default_index(1)
```

为了展示如何使用 vocab 对象，下面的代码将一个输入文本转换为整数列表：

```
>>> print([vocab[token] for token in ['this', 'is',
...      'an', 'example']])
[11, 7, 35, 457]
```

需要注意的是，验证数据集或测试数据集中可能存在一些没有在训练数据中出现过的词元。将不在 token_counts 内的词元对应的整数设置为 1。换句话说，整数 1 表示未知词元。另一个特殊的整数为 0，表示填充词元，用于调整序列的长度。后面使用 PyTorch 构建循环神经网络模型时，将详细地介绍整数 0 的用法。

接下来，定义 text_pipeline 函数来转换数据中的所有文本，并定义 label_pipeline 函数将标签转换为值为 0 或 1 的整数：

```
>>> ## Step 3-A: define the functions for transformation
>>> text_pipeline =\
...      lambda x: [vocab[token] for token in tokenizer(x)]
>>> label_pipeline = lambda x: 1. if x == 'pos' else 0.
```

使用 DataLoader 生成批数据，将之前定义的 text_pipeline 函数和 label_pipeline 函数封装到 collate_batch 函数中，并将 collate_batch 函数传递给 DataLoader 的参数 collate_fn：

```
>>> ## Step 3-B: wrap the encode and transformation function
... def collate_batch(batch):
...     label_list, text_list, lengths = [], [], []
...     for _label, _text in batch:
...         label_list.append(label_pipeline(_label))
...         processed_text = torch.tensor(text_pipeline(_text),
...                                       dtype=torch.int64)
...         text_list.append(processed_text)
...         lengths.append(processed_text.size(0))
...     label_list = torch.tensor(label_list)
...     lengths = torch.tensor(lengths)
...     padded_text_list = nn.utils.rnn.pad_sequence(
...         text_list, batch_first=True)
...     return padded_text_list, label_list, lengths
>>>
>>> ## Take a small batch
>>> from torch.utils.data import DataLoader
>>> dataloader = DataLoader(train_dataset, batch_size=4,
...                         shuffle=False, collate_fn=collate_batch)
```

到目前为止，词元序列被转换成整数序列，pos 或 neg 标签分别被转换为值为 1 或 0 的整数。但是，还有一个需要解决的问题，即每个序列的长度不同。尽管循环神经网络能够处理长度不同的序列，但为了保证能使用张量高效存储序列样本，一般情况下需要确保批数据中的所有序列长度相同。

PyTorch 提供的 pad_sequence()能够自动高效地为序列填充整数 0，从而使批数据中的所有序列长度相同。上述代码使用训练数据集创建了一个批数据大小为 4 的数据加载器，并使用定义好的 collate_batch 函数，其中 collate_batch 函数调用了 pad_sequence()函数。

为进一步说明填充的工作原理，这里选取第一个批数据，并打印这个批数据中各个元素的维度，代码如下：

```
>>> text_batch, label_batch, length_batch = next(iter(dataloader))
>>> print(text_batch)
tensor([[   35,  1742,     7,   449,   723,     6,   302,     4,
...
0,     0,     0,     0,     0,     0,     0,     0]],
>>> print(label_batch)
tensor([1., 1., 1., 0.])
>>> print(length_batch)
tensor([165,  86, 218, 145])
>>> print(text_batch.shape)
torch.Size([4, 218])
```

从打印的张量形状可以观察到，第一个批数据的列数为 218，这是因为当把前四个序列样本合并到一个批数据时，使用所有四个序列样本中序列最大的长度作为批数据的列数，即批数据中其他三个样本（长度分别为 165、86 和 145）都需要被填充。

最后，为训练数据集、验证数据集、测试数据集分别创建批数据大小为 32 的数据加载器：

```
>>> batch_size = 32
>>> train_dl = DataLoader(train_dataset, batch_size=batch_size,
...                       shuffle=True, collate_fn=collate_batch)
>>> valid_dl = DataLoader(valid_dataset, batch_size=batch_size,
...                       shuffle=False, collate_fn=collate_batch)
>>> test_dl = DataLoader(test_dataset, batch_size=batch_size,
...                      shuffle=False, collate_fn=collate_batch)
```

现在，数据的格式已经符合循环神经网络的要求，下一步将实现循环神经网络模型。但在此之前，我们将讨论一种降低词元向量维度的方法，即特征嵌入（feature embedding）。虽然并非必须使用特征嵌入方法，但我们强烈推荐使用该方法处理数据。

用于句子编码的嵌入层

前面介绍的数据准备过程产生了长度相同的序列，序列中的元素都是与词元对应的整数（对应词元的索引）。我们可以使用几种不同的方法转换输入的整数特征。最简单的方法是通过独热编码将整数转换为由 0 和 1 组成的向量。这样，所有词元都将被映射为长度相等的向量，向量的长度等于整个数据集词元的数量。由于词元数量（词汇表的大小）和输入特征的数

量可以达到 $10^4 \sim 10^5$ 的规模，因此，使用独热编码特征训练的模型可能会出现**维数诅咒**问题。此外，独热编码特征非常稀疏，向量中除了某个元素为 1，其他元素全为 0。

更有效的方法是，将每个词元都映射为一个包含实数元素(不一定是整数)且大小固定的向量。与独热编码向量不同，这种方法可以使用有限长度的向量来表示无限个词元。

上述编码方式就是嵌入方法的背后逻辑。嵌入方法是一种特征学习方法，能自动学习数据集词元的显著特征。假设词元的类别数为 n_{words}，嵌入向量的长度(即嵌入向量的维度)可以远小于词元的类别数(embedding_dim$\ll n_{\text{words}}$)，从而将整个词汇表转换为一组嵌入向量。

与独热编码相比，嵌入向量的优点如下：

- 减少了特征空间的维数，减轻了维数诅咒的影响；
- 可以提取数据的显著特征，因为可以利用训练数据优化或学习神经网络中的嵌入层。

图 15.10 展示了如何将词元索引映射到可训练的嵌入矩阵。

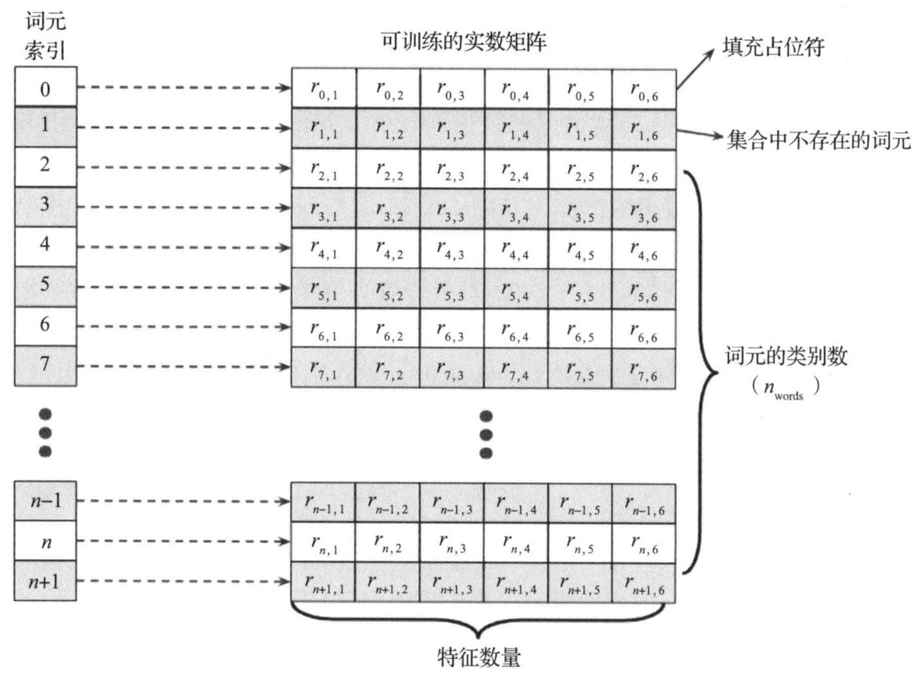

图 15.10　将词元索引表示转换为嵌入向量的过程

给定大小为 $n+2$ 的词元集合(n 为词元集合的大小，索引 0 代表填充词元，索引 1 代表集合中不存在的词元)，创建一个大小为 $(n+2)\times$embedding_dim 的嵌入矩阵，矩阵的每一行代表对应词元的嵌入向量。因此，使用嵌入方法时，将整数 i 作为输入，将返回矩阵的第 i 行向量。嵌入矩阵通常用作神经网络模型的输入层。在使用 PyTorch 时，可以调用 `nn.Embedding` 创建嵌入层。下面的代码将创建一个嵌入层，并使用嵌入层处理一个批数据，该数据只包含两个序列样本：

```
>>> embedding = nn.Embedding(
...     num_embeddings=10,
...     embedding_dim=3,
...     padding_idx=0)
>>> # a batch of 2 samples of 4 indices each
>>> text_encoded_input = torch.LongTensor([[1,2,4,5],[4,3,2,0]])
>>> print(embedding(text_encoded_input))
tensor([[[-0.7027,  0.3684, -0.5512],
         [-0.4147,  1.7891, -1.0674],
         [ 1.1400,  0.1595, -1.0167],
         [ 0.0573, -1.7568,  1.9067]],

        [[ 1.1400,  0.1595, -1.0167],
         [-0.8165, -0.0946, -0.1881],
         [-0.4147,  1.7891, -1.0674],
         [ 0.0000,  0.0000,  0.0000]]], grad_fn=<EmbeddingBackward>)
```

上述代码中嵌入层的输入必须是二维数据，大小为 batchsize×input_length，其中 input_length 是序列的长度(这里 input_length=4)。例如，输入序列可以是<1,5,9,2>(该序列中的每个元素都是词元的索引)。输出的维度为 batchsize×input_length×embedding_dim，其中 embedding_dim 为嵌入向量的长度(这里设置为 3)。嵌入层的另一个参数为 `num_embeddings`，是模型的输入(整数)的类别数(例如可以为 n+2，此处设置为 10)。因此，本例中，嵌入矩阵的大小为 10×3。

`padding_idx` 表示填充词元的索引(这里是 0)，它在训练期间的梯度更新中不起作用。在本例中，第二个样本序列的原始长度为 3，使用整数 0 填充序列，使得序列长度变为 4。填充元素的嵌入向量为[0,0,0]。

构建循环神经网络模型

现在已经做好了构建循环神经网络模型的准备。使用 `nn.Module` 类就可以把嵌入层、循环层、全连接层组合到一起。对于循环层，可以用以下方法中的任意一种来实现：

- `RNN`：常规的循环神经网络层，即全连接的循环层。
- `LSTM`：长短期记忆网络，能够捕获远距离依赖关系。
- `GRU`：具有门控循环单元的循环层，详见论文“Learning Phrase Representations Using RNN Encoder-Decoder for Statistical Machine Translation”(https://arxiv.org/abs/1406.1078v3)，可作为长短期记忆网络的替代方法。

为了了解如何使用循环层构建多层循环神经网络模型，下面将创建一个双层循环神经网络模型，其中循环层为 `RNN` 类型。最后再添加一个非循环全连接层作为输出层，它将返回单个输出作为预测值，代码如下：

```
>>> class RNN(nn.Module):
...     def __init__(self, input_size, hidden_size):
...         super().__init__()
...         self.rnn = nn.RNN(input_size, hidden_size, num_layers=2,
...                           batch_first=True)
...         # self.rnn = nn.GRU(input_size, hidden_size, num_layers,
...         #                   batch_first=True)
...         # self.rnn = nn.LSTM(input_size, hidden_size, num_layers,
...         #                    batch_first=True)
...         self.fc = nn.Linear(hidden_size, 1)
...
...     def forward(self, x):
...         _, hidden = self.rnn(x)
...         out = hidden[-1, :, :] # we use the final hidden state
...                                # from the last hidden layer as
...                                # the input to the fully connected
...                                # layer
...         out = self.fc(out)
...         return out
>>>
>>> model = RNN(64, 32)
>>> print(model)
>>> model(torch.randn(5, 3, 64))
RNN(
  (rnn): RNN(64, 32, num_layers=2, batch_first=True)
  (fc): Linear(in_features=32, out_features=1, bias=True)
)
tensor([[ 0.0010],
        [ 0.2478],
        [ 0.0573],
        [ 0.1637],
        [-0.0073]], grad_fn=<AddmmBackward>)
```

可以看到，使用循环层构建循环神经网络模型非常简单。

构建情感分析循环神经网络模型

因为样本序列很长，所以选择使用长短期记忆网络来解决远距离依赖问题。创建循环神经网络模型，从产生特征大小为 20(`embed_dim=20`)的词向量的嵌入层开始，然后加入一个长短期记忆网络作为循环层；最后，加入两个全连接层，一个作为隐藏层，另一个作为输出层。经过 sigmoid 激活函数，输出层将返回一个类别概率作为预测值：

```
>>> class RNN(nn.Module):
...     def __init__(self, vocab_size, embed_dim, rnn_hidden_size,
...                  fc_hidden_size):
...         super().__init__()
```

```
...         self.embedding = nn.Embedding(vocab_size,
...                                       embed_dim,
...                                       padding_idx=0)
...         self.rnn = nn.LSTM(embed_dim, rnn_hidden_size,
...                            batch_first=True)
...         self.fc1 = nn.Linear(rnn_hidden_size, fc_hidden_size)
...         self.relu = nn.ReLU()
...         self.fc2 = nn.Linear(fc_hidden_size, 1)
...         self.sigmoid = nn.Sigmoid()
...
...     def forward(self, text, lengths):
...         out = self.embedding(text)
...         out = nn.utils.rnn.pack_padded_sequence(
...             out, lengths.cpu().numpy(), enforce_sorted=False, batch_first=True
...         )
...         out, (hidden, cell) = self.rnn(out)
...         out = hidden[-1, :, :]
...         out = self.fc1(out)
...         out = self.relu(out)
...         out = self.fc2(out)
...         out = self.sigmoid(out)
...         return out
>>>
>>> vocab_size = len(vocab)
>>> embed_dim = 20
>>> rnn_hidden_size = 64
>>> fc_hidden_size = 64
>>> torch.manual_seed(1)
>>> model = RNN(vocab_size, embed_dim,
                rnn_hidden_size, fc_hidden_size)
>>> model
RNN(
  (embedding): Embedding(69025, 20, padding_idx=0)
  (rnn): LSTM(20, 64, batch_first=True)
  (fc1): Linear(in_features=64, out_features=64, bias=True)
  (relu): ReLU()
  (fc2): Linear(in_features=64, out_features=1, bias=True)
  (sigmoid): Sigmoid()
)
```

现在开始编写 `train` 函数，使用给定的数据集训练模型一轮，并返回分类准确率和损失函数值：

```
>>> def train(dataloader):
...     model.train()
```

```
...     total_acc, total_loss = 0, 0
...     for text_batch, label_batch, lengths in dataloader:
...         optimizer.zero_grad()
...         pred = model(text_batch, lengths)[:, 0]
...         loss = loss_fn(pred, label_batch)
...         loss.backward()
...         optimizer.step()
...         total_acc += (
...             (pred >= 0.5).float() == label_batch
...         ).float().sum().item()
...         total_loss += loss.item()*label_batch.size(0)
...     return total_acc/len(dataloader.dataset), \
...            total_loss/len(dataloader.dataset)
```

同样，用 evaluate 函数来衡量模型在给定数据集上的性能：

```
>>> def evaluate(dataloader):
...     model.eval()
...     total_acc, total_loss = 0, 0
...     with torch.no_grad():
...         for text_batch, label_batch, lengths in dataloader:
...             pred = model(text_batch, lengths)[:, 0]
...             loss = loss_fn(pred, label_batch)
...             total_acc += (
...                 (pred>=0.5).float() == label_batch
...             ).float().sum().item()
...             total_loss += loss.item()*label_batch.size(0)
...     return total_acc/len(dataloader.dataset), \
...            total_loss/len(dataloader.dataset)
```

下一步是创建损失函数和优化器（Adam 优化器）。对于只有单类别概率输出的二分类问题，我们使用二元交叉熵函数（BCELoss）作为损失函数：

```
>>> loss_fn = nn.BCELoss()
>>> optimizer = torch.optim.Adam(model.parameters(), lr=0.001)
```

接下来训练模型 10 轮，并显示模型在训练数据集和验证数据集上的性能：

```
>>> num_epochs = 10
>>> torch.manual_seed(1)
>>> for epoch in range(num_epochs):
...     acc_train, loss_train = train(train_dl)
...     acc_valid, loss_valid = evaluate(valid_dl)
...     print(f'Epoch {epoch} accuracy: {acc_train:.4f}'
...           f' val_accuracy: {acc_valid:.4f}')
```

```
Epoch 0 accuracy: 0.5843 val_accuracy: 0.6240
Epoch 1 accuracy: 0.6364 val_accuracy: 0.6870
Epoch 2 accuracy: 0.8020 val_accuracy: 0.8194
Epoch 3 accuracy: 0.8730 val_accuracy: 0.8454
Epoch 4 accuracy: 0.9092 val_accuracy: 0.8598
Epoch 5 accuracy: 0.9347 val_accuracy: 0.8630
Epoch 6 accuracy: 0.9507 val_accuracy: 0.8636
Epoch 7 accuracy: 0.9655 val_accuracy: 0.8654
Epoch 8 accuracy: 0.9765 val_accuracy: 0.8528
Epoch 9 accuracy: 0.9839 val_accuracy: 0.8596
```

使用测试数据对模型进行评估：

```
>>> acc_test, _ = evaluate(test_dl)
>>> print(f'test_accuracy: {acc_test:.4f}')
test_accuracy: 0.8512
```

该模型在测试数据上只有 85% 的准确率。与最先进的模型相比，该模型在 IMDb 数据上取得的结果并非最佳，但是很好地展示了使用 PyTorch 实现循环神经网络的过程。

双向循环神经网络

当把 LSTM 的 bidirectional 参数设置为 True 时，输入序列可以从两个方向通过循环层：从头到尾，从尾到头。

```
>>> class RNN(nn.Module):
...     def __init__(self, vocab_size, embed_dim,
...                  rnn_hidden_size, fc_hidden_size):
...         super().__init__()
...         self.embedding = nn.Embedding(
...             vocab_size, embed_dim, padding_idx=0
...         )
...         self.rnn = nn.LSTM(embed_dim, rnn_hidden_size,
...                            batch_first=True, bidirectional=True)
...         self.fc1 = nn.Linear(rnn_hidden_size*2, fc_hidden_size)
...         self.relu = nn.ReLU()
...         self.fc2 = nn.Linear(fc_hidden_size, 1)
...         self.sigmoid = nn.Sigmoid()
...
...     def forward(self, text, lengths):
...         out = self.embedding(text)
...         out = nn.utils.rnn.pack_padded_sequence(
...             out, lengths.cpu().numpy(), enforce_sorted=False, batch_first=True
...         )
...         _, (hidden, cell) = self.rnn(out)
...         out = torch.cat((hidden[-2, :, :],
...                          hidden[-1, :, :]), dim=1)
```

```
...         out = self.fc1(out)
...         out = self.relu(out)
...         out = self.fc2(out)
...         out = self.sigmoid(out)
...         return out
>>>
>>> torch.manual_seed(1)
>>> model = RNN(vocab_size, embed_dim,
...             rnn_hidden_size, fc_hidden_size)
>>> model
RNN(
  (embedding): Embedding(69025, 20, padding_idx=0)
  (rnn): LSTM(20, 64, batch_first=True, bidirectional=True)
  (fc1): Linear(in_features=128, out_features=64, bias=True)
  (relu): ReLU()
  (fc2): Linear(in_features=64, out_features=1, bias=True)
  (sigmoid): Sigmoid()
)
```

双向循环神经网络对每个输入序列进行两次传递：正向传递和反向传递(注意不要与反向传播计算梯度时的前向传播和反向传播混淆)。通常将正向传递产生的向量和反向传递产生的向量拼接成一个隐藏状态向量。合并这两个向量的方法还包括求和、乘法(两个向量逐元素相乘)和取平均(两个向量的平均向量)。

除了常规的 RNN，也可以使用其他类型的循环层。然而事实证明，使用常规循环层构建的模型无法取得良好的预测效果(即使是在训练数据上)。例如，若尝试使用单向 nn.RNN 层替换前面代码中的双向 LSTM 层，并用整个序列训练模型，那么可能会观察到，在训练期间损失函数值甚至不会减小。这是因为数据集中的序列太长，只有一个 RNN 层的模型无法学习到序列中的远距离依赖关系，从而导致出现梯度消失或梯度爆炸问题。

15.3.2　项目 2：在 PyTorch 中实现字符级语言建模

语言建模是一个极具吸引力的应用，能够帮助机器完成与人类语言相关的任务，如英语语句生成等。该领域的一个典型研究见以下文献：Ilya Sutskever, James Martens, Geoffrey E. Hinton. Generating Text with Recurrent Neural Networks, Proceedings of the 28th International Conference on Machine Learning (ICML-11), 2011, https://pdfs.semanticscholar.org/93c2/0e38c85b69fc2d2eb314b3c1217913f7db11.pdf。

在这类问题中，模型的输入为文本文档，例如一本书或一段计算机代码程序。模型的目标是生成与输入文本风格类似的新文本。

在字符级语言建模中，输入被分解为一系列字符，并将它们逐个输入网络中。网络将处理每个字符，并结合对之前字符的记忆来预测下一个字符。图 15.11 展示了一个字符级语言建模的例子(EOS 代表序列结束)。

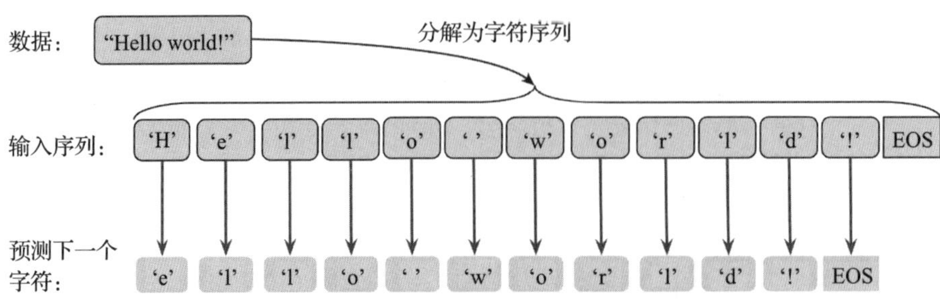

图 15.11 字符级语言建模

我们可以使用 3 个步骤实现字符级语言建模：准备数据、构建循环神经网络模型、预测下一个字符以生成新文本。

准备数据

本小节将为字符级语言建模准备数据。Project Gutenberg 网站（https://www.gutenberg.org/）提供了数以千计的免费电子书，这些电子书可以作为训练模型的数据。例如，可以下载 Jules Verne 于 1874 年出版的小说 *The Mysterious Island*（http://www.gutenberg.org/files/1268/1268-0.txt）的纯文本。

请注意，单击该链接将直接跳转到下载页面。如果计算机系统是 macOS 或 Linux 操作系统，则可以在终端上运行以下命令来下载文件：

```
curl -O https://www.gutenberg.org/files/1268/1268-0.txt
```

如果该资源不可用，也可以从本书的代码目录下载该文件（https://github.com/rasbt/machine-learning-book）。

运行以下代码，可以直接从下载的文件中读取文本，并删除开头和结尾处的部分（开头和结尾部分包含 Project Gutenberg 的描述）。然后创建一个 Python 变量 `char_set`，该变量表示包含文本中不重复字符的集合：

```
>>> import numpy as np
>>> ## Reading and processing text
>>> with open('1268-0.txt', 'r', encoding="utf8") as fp:
...     text=fp.read()
>>> start_indx = text.find('THE MYSTERIOUS ISLAND')
>>> end_indx = text.find('End of the Project Gutenberg')
>>> text = text[start_indx:end_indx]
>>> char_set = set(text)
>>> print('Total Length:', len(text))
Total Length: 1112350
>>> print('Unique Characters:', len(char_set))
Unique Characters: 80
```

下载文本并对文本进行预处理后，将会得到一个由 1 112 350 个字符组成的序列，该序列包含 80 个独特的字符。大多数神经网络和循环神经网络都无法处理字符串格式的输入数据，因此我们必须把文本数据转换为数字格式。为此，我们创建一个 Python 字典 `char2int`，将每个字符映射为一个整数。同时还需要一个反向映射把模型的输出结果转换成文本。虽然可以使用键为整数、值为字符的字典进行逆映射，但是使用 NumPy 数组索引实现此反向映射更高效。图 15.12 展示了如何将单词 `Hello` 和 `world` 中的字符转换为整数以及相应的反向转换。

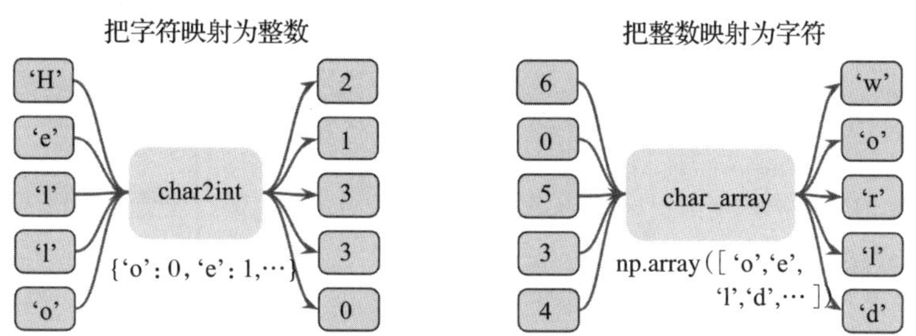

图 15.12 字符和整数之间的映射

下面的代码构建字典来将字符映射为整数，并通过 NumPy 数组索引进行反向映射：

```
>>> chars_sorted = sorted(char_set)
>>> char2int = {ch:i for i,ch in enumerate(chars_sorted)}
>>> char_array = np.array(chars_sorted)
>>> text_encoded = np.array(
...     [char2int[ch] for ch in text],
...     dtype=np.int32
... )
>>> print('Text encoded shape:', text_encoded.shape)
Text encoded shape: (1112350,)
>>> print(text[:15], '== Encoding ==>', text_encoded[:15])
>>> print(text_encoded[15:21], '== Reverse ==>',
...       ''.join(char_array[text_encoded[15:21]]))
THE MYSTERIOUS == Encoding ==> [44 32 29  1 37 48 43 44 29 42 33 39 45 43  1]
[33 43 36 25 38 28] == Reverse ==> ISLAND
```

NumPy 数组 `text_encoded` 包含了文本中所有字符的编码值。数组中前 5 个字符及其映射如下：

```
>>> for ex in text_encoded[:5]:
...     print('{} -> {}'.format(ex, char_array[ex]))
44 -> T
32 -> H
29 -> E
1 ->
37 -> M
```

从宏观角度来讲，可以把文本生成任务看作分类任务。

假设有一组不完整的文本字符序列，如图15.13所示。

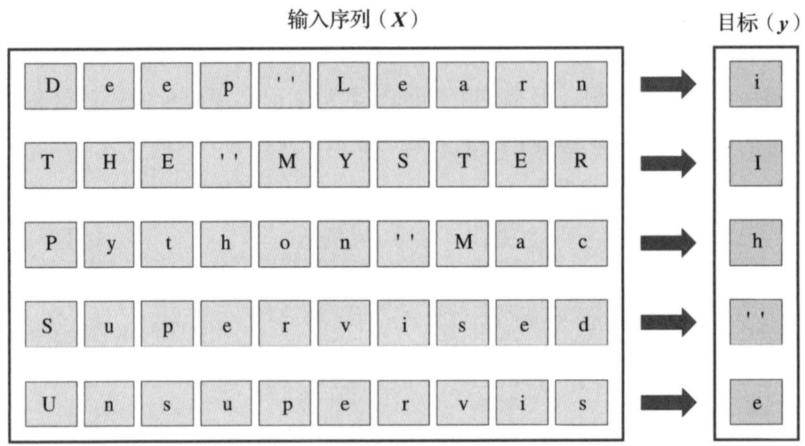

图15.13　预测文本序列的下一个字符

图15.13左侧显示的不完整的文本序列是模型的输入，设计的模型需要预测输入文本的下一个字符。例如，当看到“Deep Learn”几个字符时，模型应能预测出下一个字符为“i”。由于共有80种字符，这个问题就变成了一个多分类任务。

从长度为1的序列(即单个字母)开始，我们使用多分类方法迭代地生成文本，如图15.14所示。

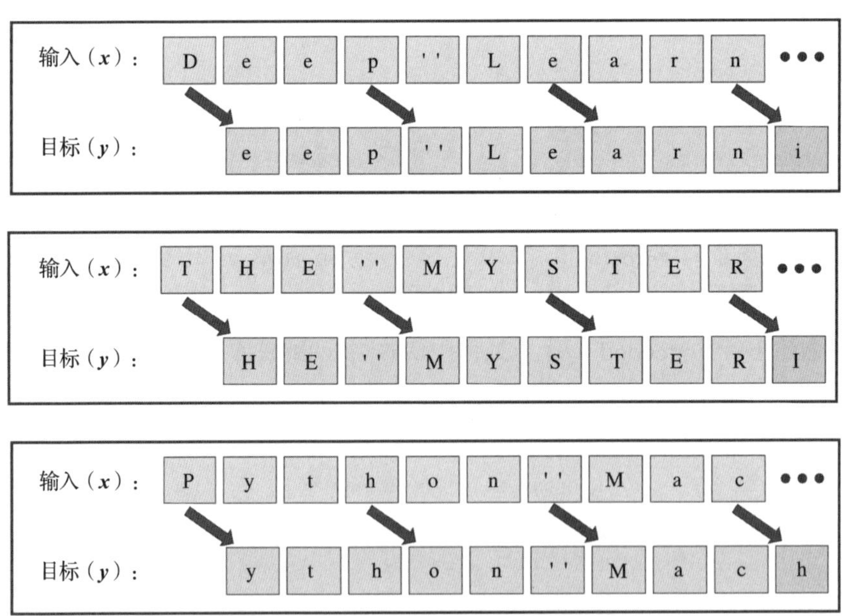

图15.14　基于多分类方法生成新文本

为了使用 PyTorch 实现文本生成任务，要先将序列的长度裁剪为 40，即输入张量 $\boldsymbol{x}$ 由 40 个词元组成。在实践中，序列的长度会影响生成的文本的质量，使用较长的序列可以产生更有意义的句子。使用较短的序列，模型可能会专注于正确地预测单个单词，而忽略上下文信息。尽管使用较长的序列通常会生成更有意义的句子，但使用较长的序列循环神经网络模型在捕获序列中远距离依赖关系时会遇到问题。因此在实践中，找到合适的序列长度是一个超参数优化问题，需要根据经验进行调整。对于一般的问题，序列长度 40 是一个很好的选择。

从图 15.14 可以看到，输入序列 $\boldsymbol{x}$ 右移一个位置便是目标序列 $\boldsymbol{y}$。因此，将文本拆分成大小为 41 的数据块：前 40 个字符为输入序列 $\boldsymbol{x}$，后 40 个字符为目标序列 $\boldsymbol{y}$。

我们将按原始顺序存储在 `text_encoded` 中的编码文本分割成文本块，每个文本块包含 41 个字符。如果最后一个文本块包含的字符数小于 41，则删除此文本块。因此，在生成的 `text_chunks` 分块数据中，每个序列长度都为 41。使用包含 41 个字符的文本块构造输入序列 $\boldsymbol{x}$ 和目标序列 $\boldsymbol{y}$，$\boldsymbol{x}$ 和 $\boldsymbol{y}$ 都包含 40 个字符。序列 $\boldsymbol{x}$ 由索引为$[0,1,\cdots,39]$的 40 个字符组成。因为序列 $\boldsymbol{y}$ 相对于序列 $\boldsymbol{x}$ 向右移动了一个位置，所以序列 $\boldsymbol{y}$ 对应的索引为$[1,2,\cdots,40]$。最后，将结果通过自定义的 `Dataset` 类转换为 `Dataset` 对象：

```
>>> import torch
>>> from torch.utils.data import Dataset
>>> seq_length = 40
>>> chunk_size = seq_length + 1
>>> text_chunks = [text_encoded[i:i+chunk_size]
...                for i in range(len(text_encoded)-chunk_size+1)]
>>> from torch.utils.data import Dataset
>>> class TextDataset(Dataset):
...     def __init__(self, text_chunks):
...         self.text_chunks = text_chunks
...
...     def __len__(self):
...         return len(self.text_chunks)
...
...     def __getitem__(self, idx):
...         text_chunk = self.text_chunks[idx]
...         return text_chunk[:-1].long(), text_chunk[1:].long()
>>>
>>> seq_dataset = TextDataset(torch.tensor(text_chunks))
```

下面的代码查看了转换后数据集中的一些序列样本：

```
>>> for i, (seq, target) in enumerate(seq_dataset):
...     print(' Input (x): ',
...           repr(''.join(char_array[seq])))
...     print('Target (y): ',
```

```
...             repr(''.join(char_array[target])))
...     print()
...     if i == 1:
...         break
 Input (x): 'THE MYSTERIOUS ISLAND ***\n\n\n\n\nProduced b'
Target (y): 'HE MYSTERIOUS ISLAND ***\n\n\n\n\nProduced by'

 Input (x): 'HE MYSTERIOUS ISLAND ***\n\n\n\n\nProduced by'
Target (y): 'E MYSTERIOUS ISLAND ***\n\n\n\n\nProduced by '
```

数据准备阶段的最后一步是将数据集拆分为小批量数据：

```
>>> from torch.utils.data import DataLoader
>>> batch_size = 64
>>> torch.manual_seed(1)
>>> seq_dl = DataLoader(seq_dataset, batch_size=batch_size,
...                     shuffle=True, drop_last=True)
```

构建循环神经网络模型

准备完数据集后，就可以构建循环神经网络模型了，其步骤相对简单：

```
>>> import torch.nn as nn
>>> class RNN(nn.Module):
...     def __init__(self, vocab_size, embed_dim, rnn_hidden_size):
...         super().__init__()
...         self.embedding = nn.Embedding(vocab_size, embed_dim)
...         self.rnn_hidden_size = rnn_hidden_size
...         self.rnn = nn.LSTM(embed_dim, rnn_hidden_size,
...                            batch_first=True)
...         self.fc = nn.Linear(rnn_hidden_size, vocab_size)
...
...     def forward(self, x, hidden, cell):
...         out = self.embedding(x).unsqueeze(1)
...         out, (hidden, cell) = self.rnn(out, (hidden, cell))
...         out = self.fc(out).reshape(out.size(0), -1)
...         return out, hidden, cell
...
...     def init_hidden(self, batch_size):
...         hidden = torch.zeros(1, batch_size, self.rnn_hidden_size)
...         cell = torch.zeros(1, batch_size, self.rnn_hidden_size)
...         return hidden, cell
```

需要注意的是，为了抽取模型的预测结果用于生成新文本，模型的输出应该为 logits。后面将介绍抽样方法。

接下来，初始化模型参数，创建循环神经网络模型：

```
>>> vocab_size = len(char_array)
>>> embed_dim = 256
>>> rnn_hidden_size = 512
>>> torch.manual_seed(1)
>>> model = RNN(vocab_size, embed_dim, rnn_hidden_size)
>>> model
RNN(
  (embedding): Embedding(80, 256)
  (rnn): LSTM(256, 512, batch_first=True)
  (fc): Linear(in_features=512, out_features=80, bias=True)
)
```

下一步是确定损失函数和优化器（Adam 优化器）。对于多分类问题（本例中 `vocab_size = 80`），模型输出 logits，因此使用 `CrossEntropyLoss` 作为损失函数：

```
>>> loss_fn = nn.CrossEntropyLoss()
>>> optimizer = torch.optim.Adam(model.parameters(), lr=0.005)
```

使用下面的代码训练模型 10 000 轮。在每轮训练中，不使用所有数据训练模型，只从数据加载器 `seq_dl` 中随机选取一批数据训练模型。每训练模型 500 轮打印一次损失函数值：

```
>>> num_epochs = 10000
>>> torch.manual_seed(1)
>>> for epoch in range(num_epochs):
...     hidden, cell = model.init_hidden(batch_size)
...     seq_batch, target_batch = next(iter(seq_dl))
...     optimizer.zero_grad()
...     loss = 0
...     for c in range(seq_length):
...         pred, hidden, cell = model(seq_batch[:, c], hidden, cell)
...         loss += loss_fn(pred, target_batch[:, c])
...     loss.backward()
...     optimizer.step()
...     loss = loss.item()/seq_length
...     if epoch % 500 == 0:
...         print(f'Epoch {epoch} loss: {loss:.4f}')
Epoch 0 loss: 1.9689
Epoch 500 loss: 1.4064
Epoch 1000 loss: 1.3155
Epoch 1500 loss: 1.2414
Epoch 2000 loss: 1.1697
Epoch 2500 loss: 1.1840
Epoch 3000 loss: 1.1469
Epoch 3500 loss: 1.1633
Epoch 4000 loss: 1.1788
```

```
Epoch 4500 loss: 1.0828
Epoch 5000 loss: 1.1164
Epoch 5500 loss: 1.0821
Epoch 6000 loss: 1.0764
Epoch 6500 loss: 1.0561
Epoch 7000 loss: 1.0631
Epoch 7500 loss: 0.9904
Epoch 8000 loss: 1.0053
Epoch 8500 loss: 1.0290
Epoch 9000 loss: 1.0133
Epoch 9500 loss: 1.0047
```

接下来，给模型提供一小段字符，模型就可以生成一段新文本。下面将定义一个函数，用于评估该模型的性能。

评估文本生成模型

前面训练的循环神经网络模型每输入一个字符就返回一个包含 80 个值的 logits 向量，logits 向量中的每个值对应一个字符。使用 softmax 函数可以将此 logits 向量转换为概率向量，表示下一个字符的概率。logits 向量中值最大的元素对应下一个概率最大的字符，即模型的预测结果。但是，选择概率最大的字符会使模型始终生成相同的字符，因此需要对输出的结果进行(随机)抽样。PyTorch 提供了一个根据类别分布概率进行随机抽样的类，即 `torch.distributions.categorical.Categorical` 类。为了解此类的工作原理，设输入 logits 向量为 [1,1,1]，根据 logits 从三个类别[0,1,2]中随机抽取一个样本，代码如下：

```
>>> from torch.distributions.categorical import Categorical
>>> torch.manual_seed(1)
>>> logits = torch.tensor([[1.0, 1.0, 1.0]])
>>> print('Probabilities:',
...       nn.functional.softmax(logits, dim=1).numpy()[0])
Probabilities: [0.33333334 0.33333334 0.33333334]
>>> m = Categorical(logits=logits)
>>> samples = m.sample((10,))
>>> print(samples.numpy())
[[0]
 [0]
 [0]
 [0]
 [1]
 [0]
 [1]
 [2]
 [1]
 [1]]
```

从生成的 logits 可以看到，每个类别具有相同的概率。因此，如果样本规模较大（num_samples→∞），每个类别的样本出现的次数约为所有样本数量的 1/3。若将 logits 向量改为[1,1,3]，那么从该分布抽取大量样本时，类别 2 出现的次数更多：

```
>>> torch.manual_seed(1)
>>> logits = torch.tensor([[1.0, 1.0, 3.0]])
>>> print('Probabilities:', nn.functional.softmax(logits, dim=1).numpy()[0])
Probabilities: [0.10650698 0.10650698 0.78698605]
>>> m = Categorical(logits=logits)
>>> samples = m.sample((10,))
>>> print(samples.numpy())
[[0]
 [2]
 [2]
 [1]
 [2]
 [1]
 [2]
 [2]
 [2]
 [2]]
```

根据模型计算的 logits，可以调用 `Categorical` 生成样本。

接下来将定义一个 `sample()` 函数，在给定较短的起始字符串 `starting_str` 作为输入时，该函数将生成一个新字符串 `generated_str`。`generated_str` 最初被初始化为输入字符串 `starting_str`（被编码为一个整数序列 `encoded_input`）。`encoded_input` 作为循环神经网络模型的输入，每次提供给模型一个字符用于更新网络的隐藏状态。当把 `encoded_input` 的前一个字符传递给模型时，模型会生成后一个字符。模型的输出是后一个字符对应的 logits 向量（这里 logits 向量是一个长度为 80 的向量，其中 80 是字符种类的数量）。

我们这里只使用模型输出的 `logits` 向量（即 $\boldsymbol{o}^{\langle T\rangle}$），并将其传递给 `Categorical` 类生成新的样本。生成的新样本被转换为字符后添加到生成的字符串 `generated_text` 的末尾，同时生成的字符串的长度增加 1。重复此过程，直到生成的字符串长度达到所需的长度。使用生成的序列作为模型的输入来产生新元素的过程被称为自回归（autoregression）。`sample()` 函数的代码如下：

```
>>> def sample(model, starting_str,
...            len_generated_text=500,
...            scale_factor=1.0):
...     encoded_input = torch.tensor(
...         [char2int[s] for s in starting_str]
...     )
```

```
...     encoded_input = torch.reshape(
...         encoded_input, (1, -1)
...     )
...     generated_str = starting_str
...
...     model.eval()
...     hidden, cell = model.init_hidden(1)
...     for c in range(len(starting_str)-1):
...         _, hidden, cell = model(
...             encoded_input[:, c].view(1), hidden, cell
...         )
...
...     last_char = encoded_input[:, -1]
...     for i in range(len_generated_text):
...         logits, hidden, cell = model(
...             last_char.view(1), hidden, cell
...         )
...         logits = torch.squeeze(logits, 0)
...         scaled_logits = logits * scale_factor
...         m = Categorical(logits=scaled_logits)
...         last_char = m.sample()
...         generated_str += str(char_array[last_char])
...
...     return generated_str
```

运行下面的代码可以生成一些新文本：

```
>>> torch.manual_seed(1)
>>> print(sample(model, starting_str='The island'))
The island had been made
and ovylore with think, captain?" asked Neb; "we do."

It was found, they full to time to remove. About this neur prowers, perhaps
ended? It is might be
rather rose?"

"Forward!" exclaimed Pencroft, "they were it? It seems to me?"

"The dog Top--"

"What can have been struggling sventy."

Pencroft calling, themselves in time to try them what proves that the sailor
and Neb bounded this tenarvan's feelings, and then
still hid head a grand furiously watched to the dorner nor his only
```

可以看到，模型生成的单词基本正确，在某些情况下，生成的句子是有意义的。还可以进一步调整训练参数对模型进行优化，例如调整输入序列的长度、模型的结构等。

此外，为了控制生成样本的可预测性(即按照从训练文本中学习到的模式生成文本，而不是增加生成文本的随机性)，在将循环神经网络模型输出的 logits 向量传递给 `Categorical` 之前，可以对 logits 向量进行缩放。缩放因子 α 类似于物理学中的温度。较高温度将导致更多的熵或随机性，而在较低的温度下行为变得可预测。使用 $\alpha<1$ 对 logits 进行缩放能够使 softmax 函数计算出的概率更加均匀，代码如下：

```
>>> logits = torch.tensor([[1.0, 1.0, 3.0]])
>>> print('Probabilities before scaling:        ',
...       nn.functional.softmax(logits, dim=1).numpy()[0])
>>> print('Probabilities after scaling with 0.5:',
...       nn.functional.softmax(0.5*logits, dim=1).numpy()[0])
>>> print('Probabilities after scaling with 0.1:',
...       nn.functional.softmax(0.1*logits, dim=1).numpy()[0])
Probabilities before scaling:         [0.10650698 0.10650698 0.78698604]
Probabilities after scaling with 0.5: [0.21194156 0.21194156 0.57611688]
Probabilities after scaling with 0.1: [0.31042377 0.31042377 0.37915245]
```

可以看到，$\alpha=0.1$ 时，缩放 logits 向量会得到值几乎一致的概率[0.31,0.31,0.38]。定义 $\alpha=2.0$ 和 $\alpha=0.5$，对生成的文本进行比较：

- $\alpha=2.0$ 时，可预测性更好：

```
>>> torch.manual_seed(1)
>>> print(sample(model, starting_str='The island',
...              scale_factor=2.0))
The island is one of the colony?" asked the sailor, "there is not to be
able to come to the shores of the Pacific."
"Yes," replied the engineer, "and if it is not the position of the
forest, and the marshy way have been said, the dog was not first on the
shore, and
found themselves to the corral.
The settlers had the sailor was still from the surface of the sea, they
were not received for the sea. The shore was to be able to inspect the
windows of Granite House.
The sailor turned the sailor was the hor
```

- $\alpha=0.5$ 时，随机性更强：

```
>>> torch.manual_seed(1)
>>> print(sample(model, starting_str='The island',
...              scale_factor=0.5))
The island
```

```
deep incomele.
Manyl's', House, won's calcon-sglenderlessly," everful ineriorouins.,
pyra" into
truth. Sometinivabes, iskumar gave-zen."

Bleshed but what cotch quadrap which little cedass
fell oprely
by-andonem. Peditivall--"i dove Gurgeon. What resolt-eartnated to him
ran trail.

Withinhe)tiny turns returned, after owner plan bushelsion lairs; they
were
know? Whalerin branch I
pites, Dougg!-iteun," returnwe aid masses atong thoughts! Dak,
Hem-arches yone, Veay wantzer? Woblding,
Herbert, omep
```

结果表明，使用 $\alpha=0.5$ 缩放 logits 向量所生成的文本随机性更强。需要选择合适的 α 值，较好地平衡生成文本的新颖性与正确性。

本节介绍了如何实现字符级文本生成任务，此类任务属于序列到序列(seq2seq)建模任务。虽然本章的字符级文本生成模型在实际中用处不大，但是类似的序列到序列模型有着广阔的应用前景，例如，训练循环神经网络模型构建聊天机器人，帮助用户完成简单的查询任务。

15.4　本章小结

本章首先介绍了序列数据的特点，这些特点使序列数据有别于其他类型的数据(如结构化数据或图像数据)；然后，介绍了循环神经网络基础，探讨了循环神经网络模型的基本工作原理，并讨论了其在处理序列数据中远距离依赖关系问题时局限性；接着，介绍了长短期记忆网络，长短期记忆网络使用门控机制，能够较好地解决梯度爆炸和梯度消失问题。

在讨论了循环神经网络的主要概念后，我们使用 PyTorch 实现了多个循环神经网络模型，每个循环神经网络模型具有不同的循环层。我们还实现了用于情感分析和文本生成的循环神经网络模型。

第 16 章将介绍循环神经网络中使用注意力机制，用于处理序列数据中存在的远距离依赖关系问题，这种问题在翻译任务中经常出现。此外，还将介绍一种新的神经网络模型，即 transformer 模型。最近几年，transformer 模型极大地推动了自然语言处理的发展。

CHAPTER16

第 16 章

transformer：利用注意力机制改善自然语言处理效果

第 15 章介绍了循环神经网络，并通过情感分析项目探讨了循环神经网络在自然语言处理中的应用。近些年出现了一种新的网络结构，即 transformer 模型，它在多个自然语言处理任务中的表现优于序列到序列的模型(基于循环神经网络结构)。

transformer 模型不仅使自然语言处理发生了革命性的变化，而且在其他领域也有显著成效，例如在自动语言翻译、蛋白质序列特性模拟(https://www.pnas.org/content/118/15/e2016239118.short)及自动编写代码的人工智能程序等方面。

本章首先介绍注意力机制和自注意力机制，以及如何基于自注意力机制构建 transformer 模型，其次介绍 transformer 模型的工作原理，然后介绍基于 transformer 模型开发的自然语言处理模型及如何在 PyTorch 中使用大规模语言模型——BERT 模型。

本章将介绍以下内容：

- 注意力机制对循环神经网络模型的改善；
- 自注意力机制；
- transformer 结构；
- 基于 transformer 的大规模语言模型；
- BERT 微调(用于情感分类)。

16.1 带有注意力机制的循环神经网络

注意力机制能够帮助模型关注输入序列的某些部分。本节将探讨注意力机制的基本原理，并介绍如何在循环神经网络中使用注意力机制。本节将从头开始介绍注意力机制。如果感觉本节中的数学公式费解，可以跳过这些公式，因为 16.2 节介绍的自注意力机制并不需要这些数学公式。16.2 节是本章的重点，将解释 transformer 中的自注意力机制。

16.1.1 帮助循环神经网络获取信息的注意力机制

为了理解注意力机制，需要了解机器翻译任务中使用的序列到序列循环神经网络结构。如图 16.1 所示，序列到序列模型在翻译之前会解析整个输入序列(例如一个或多个句子)。

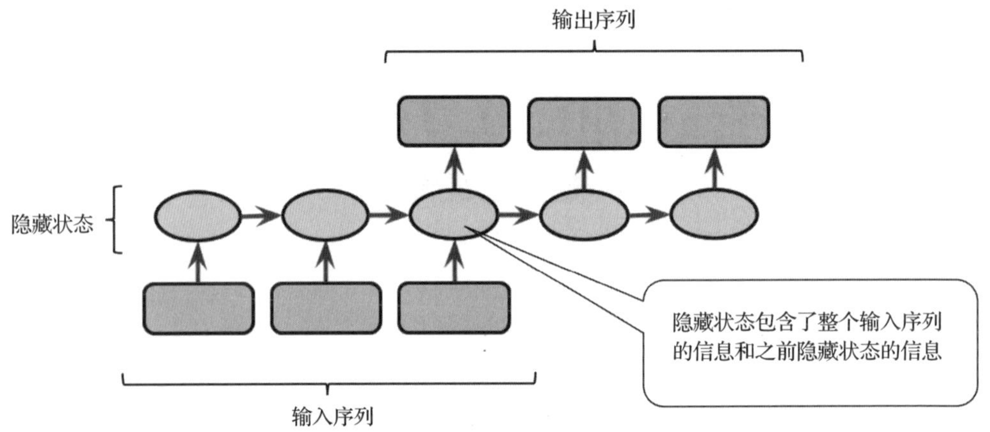

图 16.1 循环神经网络编码器解码器结构建模序列到序列模型

如图 16.2 所示，因为逐字翻译会导致语法错误，所以循环神经网络在输出第一个单词之前需解析整个输入句子。

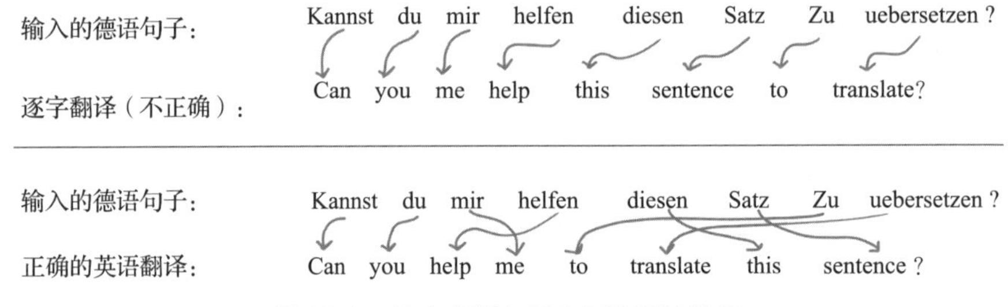

图 16.2 逐字翻译句子会导致语法错误

如图 16.2 所示，序列到序列方法有一个局限性，即循环神经网络在翻译之前会使用一个隐藏单元(向量)记住整个输入序列的信息。输入序列的所有信息被压缩到一个隐藏单元中，当输入序列是长序列时，会出现信息丢失情况。因此，类似于人翻译句子的方式，我们希望翻译每一个单词时都要考虑整个输入序列的意思。

与常规循环神经网络相比，注意力机制让循环神经网络在每个时间点都能使用输入序列所有元素的信息。然而，使用输入序列所有元素的信息并不意味着需要序列中每个元素的信息。因此，为了使循环神经网络能够专注于输入序列中最相关的部分，注意力机制会为输入序列中的每个元素分配一个权重，称为注意力权重。注意力权重定义了输入序列中每个元素在特定输出时间点的重要性或相关性。例如，在图 16.2 中，输入序列中的“mir, helfen, zu”与输出“help”的相关性比“Kannst, du, Satz”与“help”的相关性更强。

下面将介绍一个带有注意力机制的循环神经网络模型，该模型可以处理机器翻译时输入序列过长而产生的问题。

16.1.2　循环神经网络中最初的注意力机制

本小节将介绍最初为机器翻译开发的注意力机制。该注意力机制在以下论文中首次提出：Dzmitry Bahdanau, Kyunghyun Cho, Yoshua Bengio. Neural Machine Translation by Jointly Learning to Align and Translate, 2014, https://arxiv.org/abs/1409.0473。

给定一个输入序列 $\boldsymbol{x}=(\boldsymbol{x}^{(1)},\boldsymbol{x}^{(2)},\cdots,\boldsymbol{x}^{(T)})$，注意力机制为输入序列的每个元素 $\boldsymbol{x}^{(i)}$ 分配一个权重(更确切地讲，是为序列的隐藏表示分配权重)，帮助模型关注输入序列中应该关注的部分。例如，假设输入是一个句子，权重越大的单词对理解句子意思的帮助越大。图 16.3 展示了带有注意力机制的循环神经网络如何产生第二个输出元素。

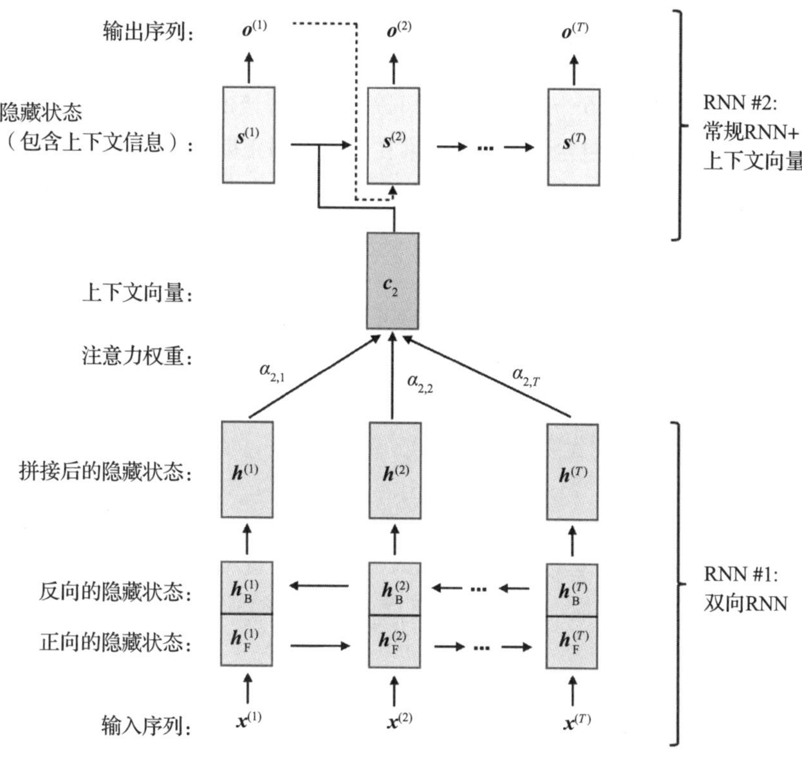

图 16.3　带有注意力机制的循环神经网络

图 16.3 描述的基于注意力机制的结构由两个循环神经网络模型组成，下面将详细解释这个网络结构。

16.1.3　用双向循环神经网络模型处理输入数据

图 16.3 中带有注意力机制的循环神经网络的第一个循环神经网络(RNN#1)是一个双向循环神经网络。RNN#1 产生上下文向量 $\boldsymbol{c}_i$。我们可以把上下文向量看作输入向量 $\boldsymbol{x}^{(i)}$ 的增强版，换句话说，$\boldsymbol{c}_i$ 通过注意力机制整合了其他输入元素的信息。如图 16.3 所示，第二个循环神经网络 RNN#2，需要使用 RNN#1 输出的上下文向量 $\boldsymbol{c}_i$。本小节将介绍 RNN#1 的工作原理，下一小节将详细介绍 RNN#2。

双向循环神经网络 RNN#1 从正向 $(1,\cdots,T)$ 和反向 $(T,\cdots,1)$ 两个方向处理输入序列 $\boldsymbol{x}$。反向解析序列类似于倒着阅读句子，其效果与反转输入序列相同。这样做是为了更好地捕捉序列内的信息，因为当前输入元素可能与句子中出现在它前面或后面的元素相关，或者与前后元素都相关。

因此，RNN#1 两次读取输入序列(分别为正向读取序列和反向读取序列)，输入序列的每个元素都对应两个隐藏状态，每个隐藏状态都是一个向量。例如，对于输入序列的第二个元素 $\boldsymbol{x}^{(2)}$，正向读取输入序列得到的隐藏状态为 $\boldsymbol{h}_F^{(2)}$，反向读取输入序列得到的隐藏状态为 $\boldsymbol{h}_B^{(2)}$。将这两个隐藏状态拼接，形成新的隐藏状态 $\boldsymbol{h}^{(2)}$。如果 $\boldsymbol{h}_F^{(2)}$ 和 $\boldsymbol{h}_B^{(2)}$ 都是 128 维的向量，那么拼接后的隐藏状态 $\boldsymbol{h}^{(2)}$ 将包含 256 个元素。我们可以把这个拼接的隐藏状态视为第二个元素 $\boldsymbol{x}^{(2)}$ 的“注释”，因为该隐藏状态包含了第二个元素在输入序列正反两个方向上的信息。

下面将介绍 RNN#2 如何进一步处理和使用拼接后的隐藏状态，从而得到输出序列。

16.1.4　根据上下文向量得到输出

如图 16.3 所示，RNN#2 产生输出序列。除了使用自身的隐藏状态外，RNN#2 还使用上下文向量作为输入。前面我们介绍了如何拼接 RNN#1 产生的正反两个方向的隐藏状态，从而得到隐藏状态 $\boldsymbol{h}^{(1)},\cdots,\boldsymbol{h}^{(T)}$。上下文向量 $\boldsymbol{c}_i$ 是隐藏状态 $\boldsymbol{h}^{(1)},\cdots,\boldsymbol{h}^{(T)}$ 的加权版本。输入序列第 i 个元素的上下文向量 $\boldsymbol{c}_i$ 的计算公式为

$$\boldsymbol{c}_i = \sum_{j=1}^{T} \alpha_{ij} \boldsymbol{h}^{(j)}$$

其中，α_{ij} 表示输入序列第 i 个上下文向量中输入序列第 j 个元素的注意力权重，$j=1,\cdots,T$。注意，输入序列的每个元素都对应一个上下文向量，包含一组独特的注意力权重。下一小节将介绍注意力权重 α_{ij} 的计算。

下面将解释图 16.3 中的 RNN#2 如何使用上下文向量。与常规循环神经网络一样，RNN#2 也使用隐藏状态。考虑到 RNN#1 拼接的隐藏状态和 RNN#2 输出之间的隐藏层，我们把 i 时刻的隐藏状态表示为 $\boldsymbol{s}^{(i)}$。RNN#2 在 i 时刻接收上下文向量 $\boldsymbol{c}_i$ 作为输入。

从图 16.3 可以看出，隐藏状态 $\boldsymbol{s}^{(i)}$ 取决于之前的隐藏状态 $\boldsymbol{s}^{(i-1)}$、目标词 $\boldsymbol{y}^{(i-1)}$ 和上下文向量 $\boldsymbol{c}^{(i)}$，使用它们可以预测 i 时刻目标词 $\boldsymbol{y}^{(i)}$ 的输出 $\boldsymbol{o}^{(i)}$。请注意，在训练期间目标序列 $\boldsymbol{y}$ 是可用的，表示输入序列 $\boldsymbol{x}$ 的正确翻译。如图 16.3 所示，在模型训练期间，真实标签(词) $\boldsymbol{y}^{(i)}$ 作为

输入的一部分用于产生下一个状态 $s^{(i+1)}$。因为在预测（推理）阶段无法获得并使用真实标签，所以在预测阶段使用预测的输出 $o^{(i)}$ 代替真实标签 $y^{(i)}$。

综上所述，基于注意力机制的循环神经网络由两个循环神经网络组成。RNN#1 使用输入序列产生上下文向量，RNN#2 以上下文向量为输入产生最终输出。上下文向量是输入序列对应的隐藏向量的加权和，其中权重为注意力权重 α_{ij}。

16.1.5 计算注意力权重

作为本节的最后部分，这里将介绍注意力权重的计算方法。因为这些权重参与计算上下文向量，连接模型的输入序列和输出序列，所以每个注意力权重 α_{ij} 的下标都有两个值：j 表示输入索引位置，i 表示输出索引位置。注意力权重 α_{ij} 是对齐得分 e_{ij} 的归一化版本，其中对齐得分评估位置 j 的输入与位置 i 的输出的匹配程度。具体来讲，归一化对齐得分便是注意力权重：

$$\alpha_{ij}=\frac{\exp(e_{ij})}{\sum_{k=1}^{T}e_{ik}}$$

这个等式类似于 softmax 函数，详见 12.5.2 节。因此，所有注意力权重 $\alpha_{i1},\cdots,\alpha_{iT}$ 的和为 1。

综上所述，我们可以把基于注意力机制的循环神经网络模型分成三个部分：第一部分使用双向循环神经网络计算输入序列的双向隐藏表示；第二部分也使用循环神经网络，与常规循环神经网络相比，第二部分的循环神经网络使用上下文向量而非输入向量作为输入；第三部分计算注意力权重和上下文向量，注意力权重和上下文向量描述了输入元素和输出元素之间的关系。

transformer 模型也使用注意力机制。但与上述用于循环神经网络的注意力机制不同，transformer 使用自注意力机制，而且不包含循环神经网络使用的循环结构。换句话说，transformer 模型是一次性处理整个输入序列，而不是按顺序每次读取并处理输入序列的一个元素。16.2 节将介绍自注意力机制的基本形式，16.3 节将介绍 transformer 的结构。

16.2 自注意力机制

如前所述，注意力机制可以帮助循环神经网络在处理长序列时记住上下文信息。16.3 将介绍 transformer 的结构。transformer 是一个完全基于注意力机制的神经网络架构，不需要使用循环神经网络中的循环层。为了更好地理解 transformer，在详细介绍 transformer 前，我们先介绍一下 transformer 中使用的自注意力机制。

transformer 乍一看可能有点复杂。因此，在讨论 transformer 之前，我们先学习 transformer 中使用的自注意力机制。事实上，与注意力机制相比，自注意力机制只是风格不同而已。我们可以把前面介绍的注意力机制看作连接编码器和解码器的操作。自注意力机制不连接两个模块，只关注输入序列，捕捉输入元素之间的依赖关系。

我们首先介绍不带可学习参数的自注意力机制。这种形式的自注意力机制与输入数据预处理类似。然后，再介绍 transformer 中经常使用的、带有可学习参数的自注意力机制。

16.2.1　自注意力机制的基本形式

假设有一个长度为 T 的输入序列 $\boldsymbol{x}^{(1)},\cdots,\boldsymbol{x}^{(T)}$ 和一个长度也为 T 的输出序列 $\boldsymbol{z}^{(1)},\boldsymbol{z}^{(2)},\cdots,\boldsymbol{z}^{(T)}$。为了避免混淆，我们把 $\boldsymbol{o}$ 作为整个 transformer 模型的最终输出，$\boldsymbol{z}$ 作为自注意力层的输出。注意，自注意力层是模型的一个中间层。

这些序列中的每个元素 $\boldsymbol{x}^{(i)}$ 和 $\boldsymbol{z}^{(i)}$ 都是长度为 d 的向量（即 $\boldsymbol{x}^{(i)}\in\mathbf{R}^{d}$），表示位置 i 处输入的特征信息，这一点与循环神经网络类似。对于序列到序列任务，自注意力机制的目标是计算当前输入元素与其他输入元素间的依赖关系。为了实现这一点，自注意力机制的计算包含三个阶段。首先，根据当前元素和序列中其他元素的相似性计算其他元素的权重；其次，使用 softmax 函数将权重归一化；最后，使用这些权重求其他元素的加权和，计算自注意力值。

更确切地说，自注意力层输出的 $\boldsymbol{z}^{(i)}$ 是输入序列所有元素 $\boldsymbol{x}^{(j)}(j=1,\cdots,T)$ 的加权和。例如，对于第 i 个输入元素，用以下公式计算自注意力值：

$$\boldsymbol{z}^{(i)}=\sum_{j=1}^{T}\alpha_{ij}\boldsymbol{x}^{(j)}$$

我们可以把 $\boldsymbol{z}^{(i)}$ 看作输入向量 $\boldsymbol{x}^{(i)}$ 的上下文嵌入（context-aware embedding）向量，这个嵌入向量是所有输入元素的加权和，权重为 α_{ij}，权重是根据当前输入元素 $\boldsymbol{x}^{(i)}$ 与其他输入元素的相似性计算得到的。具体来讲，计算自注意力权重需要两步。

首先，计算当前输入元素 $\boldsymbol{x}^{(i)}$ 与序列中其他元素 $\boldsymbol{x}^{(j)}$ 的点积：

$$\omega_{ij}=\boldsymbol{x}^{(i)\mathrm{T}}\boldsymbol{x}^{(j)}$$

在归一化 ω_{ij} 得到自注意力权重 α_{ij} 之前，我们用下面的代码演示如何计算 ω_{ij}。假设输入句子为“can you help me to translate this sentence”，已通过字典映射将每个单词转换为整数：

```
>>> import torch
>>> sentence = torch.tensor(
>>>     [0, # can
>>>      7, # you
>>>      1, # help
>>>      2, # me
>>>      5, # to
>>>      6, # translate
>>>      4, # this
>>>      3] # sentence
>>> )

>>> sentence
tensor([0, 7, 1, 2, 5, 6, 4, 3])
```

下面的代码通过嵌入层将句子中每个单词转换为实数向量。其中，嵌入层大小是 16，字典大小是 10。运行下面的代码将生成 8 个单词的嵌入向量：

```
>>> torch.manual_seed(123)
>>> embed = torch.nn.Embedding(10, 16)
>>> embedded_sentence = embed(sentence).detach()
>>> embedded_sentence.shape
torch.Size([8, 16])
```

现在，我们可以计算第 i 个嵌入向量和第 j 个嵌入向量的内积，作为 ω_{ij} 的值。利用 `for` 循环计算所有内积，代码如下：

```
>>> omega = torch.empty(8, 8)
>>> for i, x_i in enumerate(embedded_sentence):
>>>     for j, x_j in enumerate(embedded_sentence):
>>>         omega[i, j] = torch.dot(x_i, x_j)
```

虽然上述代码很容易阅读和理解，但 `for` 循环效率很低，所以可以使用矩阵乘法计算所有 ω_{ij}：

```
>>> omega_mat = embedded_sentence.matmul(embedded_sentence.T)
```

用 `torch.allclose` 函数检查矩阵乘法是否达到了预期。如果输入的两个张量包含相同的值，那么 `torch.allclose` 函数返回 `True`。以下代码证明了两种方法计算的结果相同：

```
>>> torch.allclose(omega_mat, omega)
True
```

我们已经介绍了如何基于相似性计算序列中所有输入元素($\boldsymbol{x}^{(1)},\cdots,\boldsymbol{x}^{(T)}$)相对于第 i 个输入元素的权重，这些权重暂时被称为“原始”权重，记为($\omega_{i1},\cdots,\omega_{iT}$)。通过 softmax 函数归一化 ω_{ij} 即可得到自注意力权重 α_{ij}，计算公式如下：

$$\alpha_{ij}=\frac{\exp(\omega_{ij})}{\sum_{j=1}^{T}\exp(\omega_{ij})}=\mathrm{softmax}([\omega_{ij}]_{j=1,\cdots,T})$$

请注意，分母的求和涉及所有输入元素($1,\cdots,T$)。因此，在使用了 softmax 函数之后，权重被归一化，总和为 1，即：

$$\sum_{j=1}^{T}\alpha_{ij}=1$$

可以使用 PyTorch 的 softmax 函数计算自注意力权重，代码如下：

```
>>> import torch.nn.functional as F
>>> attention_weights = F.softmax(omega, dim=1)
>>> attention_weights.shape
torch.Size([8, 8])
```

变量 attention_weights 是一个 8×8 矩阵，其中每个元素都代表一个注意力权重 α_{ij}。例如，如果正在处理第 i 个输入单词，那么 attention_weights 矩阵的第 i 行包含句子中所有单词相对第 i 个单词的自注意力权重。这些自注意力权重表示句子中每个单词与第 i 个单词的相关性。因此，自注意力矩阵中的每行总和为 1，这可以通过以下代码验证：

```
>>> attention_weights.sum(dim=1)
tensor([1.0000, 1.0000, 1.0000, 1.0000, 1.0000, 1.0000, 1.0000, 1.0000])
```

现在我们已经了解了如何计算自注意力权重，计算自注意力的三个主要步骤(见图 16.4)如下：

(1) 对于输入元素 $\boldsymbol{x}^{(i)}$，计算与其他元素的点积 $\boldsymbol{x}^{(i)\mathrm{T}}\boldsymbol{x}^{(j)}$，其中 j 属于集合 $\{1,\cdots,T\}$；

(2) 使用 softmax 函数归一化所有点积，获得自注意力权重 α_{ij}；

(3) 计算整个输入序列的加权和 $\boldsymbol{z}^{(i)} = \sum_{j=1}^{T} \alpha_{ij}\boldsymbol{x}^{(j)}$，将其作为输出。

图 16.4 进一步说明了这些步骤：

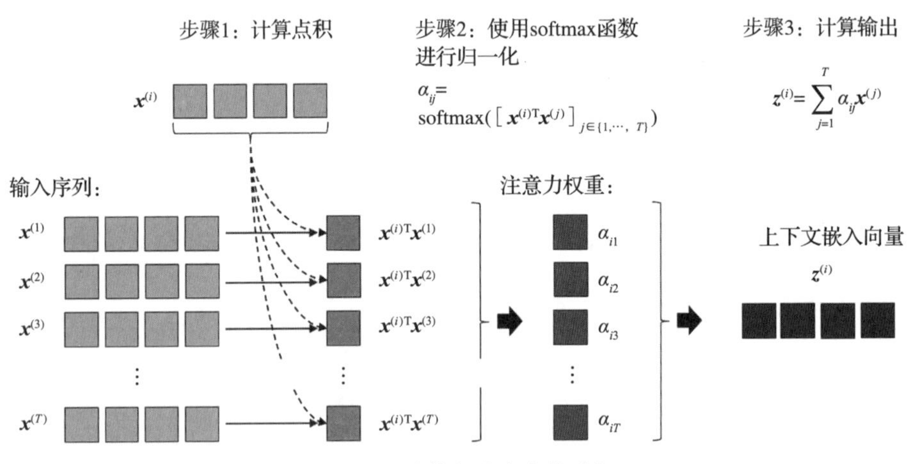

图 16.4　计算自注意力的过程

$\boldsymbol{z}^{(i)}$ 为输入的自注意力加权和(见图 16.4 中的步骤 3)，接下来实现计算上下文向量 $\boldsymbol{z}^{(i)}$ 的代码。以下代码计算第二个输入单词的上下文向量，即 $\boldsymbol{z}^{(2)}$：

```
>>> x_2 = embedded_sentence[1, :]
>>> context_vec_2 = torch.zeros(x_2.shape)
>>> for j in range(8):
...     x_j = embedded_sentence[j, :]
...     context_vec_2 += attention_weights[1, j] * x_j
>>> context_vec_2
tensor([-9.3975e-01, -4.6856e-01,  1.0311e+00, -2.8192e-01,  4.9373e-01,
-1.2896e-02, -2.7327e-01, -7.6358e-01,  1.3958e+00, -9.9543e-01,
-7.1288e-04,  1.2449e+00, -7.8077e-02,  1.2765e+00, -1.4589e+00,
-2.1601e+00])
```

同样，可以使用矩阵乘法高效地计算上下文向量。以下代码计算 8 个输入单词的上下文向量：

```
>>> context_vectors = torch.matmul(
...     attention_weights, embedded_sentence)
```

与存储在 embedded_sentence 中的输入单词嵌入向量类似，context_vectors 是 8×16 的矩阵。该矩阵的第二行包含第二个输入单词的上下文向量，再次使用 torch.allclose()验证上述两种方法计算结果是否相同：

```
>>> torch.allclose(context_vec_2, context_vectors[1])
True
```

从上述结果可以看出，使用 for 循环和使用矩阵相乘计算得到的结果相同。

我们已经使用代码实现了基本的自注意力机制。下面将使用可学习参数矩阵修改上述代码，并在神经网络训练期间优化这些参数。

16.2.2 自注意力机制的参数化：缩放点积注意力

既然已经了解了自注意力的基本概念，下面我们将介绍更高级的自注意力机制，即 transformer 模型中使用的缩放点积注意力。请注意，前面计算输出时没有涉及任何可学习的参数。换言之，如果使用上面介绍的自注意力机制，给定一个输入序列，由于无法在模型训练期间更新或学习自注意力权重，因此 transformer 模型性能相当有限。为了使自注意力机制更加灵活、更易于优化模型，这里引入 3 个权重矩阵。在模型训练期间，这 3 个权重矩阵作为模型参数被优化。这 3 个权重矩阵为 $\boldsymbol{U}_q$、$\boldsymbol{U}_k$ 和 $\boldsymbol{U}_v$，它们分别将输入向量投影为查询(query)向量、键(key)向量和值(value)向量，如下所示：

- 查询序列：$\boldsymbol{q}^{(i)}=\boldsymbol{U}_q\boldsymbol{x}^{(i)}$，$i\in[1,T]$。
- 键序列：$\boldsymbol{k}^{(i)}=\boldsymbol{U}_k\boldsymbol{x}^{(i)}$，$i\in[1,T]$。
- 值序列：$\boldsymbol{v}^{(i)}=\boldsymbol{U}_v\boldsymbol{x}^{(i)}$，$i\in[1,T]$。

图 16.5 演示了如何使用这三个矩阵和输入序列计算与第二个输入元素对应的上下文嵌入向量。

查询、键和值的命名

受到信息检索系统和数据库的启发，首先提出 transformer 模型的论文使用了查询、键和值等术语。例如，输入一个查询，查询将匹配到一个键，返回键对应的值。

这里的 $\boldsymbol{q}^{(i)}$ 和 $\boldsymbol{k}^{(i)}$ 都是长度为 d_k 的向量。因此，投影矩阵 $\boldsymbol{U}_q$ 和 $\boldsymbol{U}_k$ 的形状为 $d_k\times d$，但 $\boldsymbol{U}_v$ 的形状为 $d_v\times d$(注意 d 是嵌入向量 $\boldsymbol{x}^{(i)}$ 的维数)。为了简单起见，可以设计这些向量长度相同，

即 $d_k=d_v=d$。为了直观地说明这些问题，可以使用以下代码初始化这三个投影矩阵：

```
>>> torch.manual_seed(123)
>>> d = embedded_sentence.shape[1]
>>> U_query = torch.rand(d, d)
>>> U_key = torch.rand(d, d)
>>> U_value = torch.rand(d, d)
```

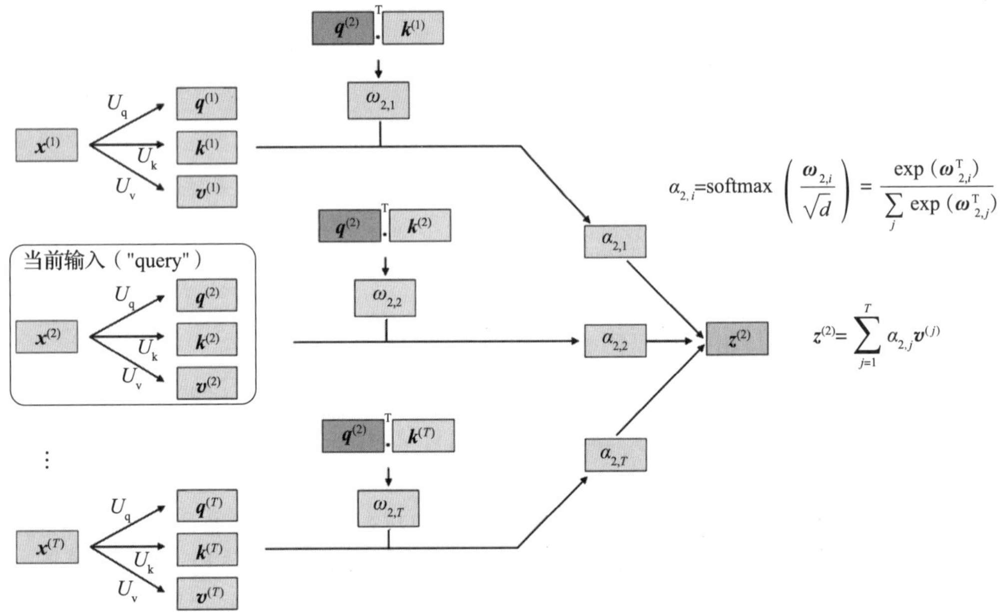

图 16.5　计算输入序列第二个元素的上下文嵌入向量

使用查询投影矩阵，可以计算查询向量。在本例中，图 16.5 中第二个输入元素 $\boldsymbol{x}^{(2)}$ 的查询向量的计算如下：

```
>>> x_2 = embedded_sentence[1]
>>> query_2 = U_query.matmul(x_2)
```

用类似的方式，我们可以计算第二个输入元素的键向量和值向量，即 $\boldsymbol{k}^{(2)}$ 和 $\boldsymbol{v}^{(2)}$：

```
>>> key_2 = U_key.matmul(x_2)
>>> value_2 = U_value.matmul(x_2)
```

如图 16.5 所示，还需要计算所有输入元素的键向量和值向量，这可以用以下代码计算：

```
>>> keys = U_key.matmul(embedded_sentence.T).T
>>> values = U_value.matmul(embedded_sentence.T).T
```

键矩阵的第 i 行对应第 i 个输入元素的键向量，值矩阵也类似。用 `torch.allclose()` 验证上述两种方法计算的第二个元素的键向量和值向量结果是否相同，运行以下代码应该返回 True：

```
>>> keys = U_key.matmul(embedded_sentence.T).T
>>> torch.allclose(key_2, keys[1])
>>> values = U_value.matmul(embedded_sentence.T).T
>>> torch.allclose(value_2, values[1])
```

在基本自注意力机制中，我们计算非归一化权重 ω_{ij}，ω_{ij} 为输入序列元素 $\boldsymbol{x}^{(i)}$ 与输入序列第 j 个元素 $\boldsymbol{x}^{(j)}$ 之间的点积。在带有参数的自注意力机制中，ω_{ij} 为第 i 个输入元素的查询向量与第 j 个输入元素的键向量之间的点积：

$$\omega_{ij}=\boldsymbol{q}^{(i)\mathrm{T}}\boldsymbol{k}^{(j)}$$

例如，以下代码计算非归一化的注意力权重 ω_{23}，即第二个输入元素的查询向量与第三个输入元素键向量之间的点积：

```
>>> omega_23 = query_2.dot(keys[2])
>>> omega_23
tensor(14.3667)
```

由于以后还需要类似的计算，因此我们将上述计算扩展到所有的键序列：

```
>>> omega_2 = query_2.matmul(keys.T)
>>> omega_2
tensor([-25.1623,   9.3602,  14.3667,  32.1482,  53.8976,  46.6626,  -1.2131,
-32.9391])
```

计算自注意力的下一步是使用 softmax 函数将非归一化的自注意力权重 ω_{ij} 转换为归一化的自注意力权重 α_{ij}。在使用 softmax 函数归一化之前，将 ω_{ij} 缩小为原来的 $1/\sqrt{m}$，如下所示：

$$\alpha_{ij}=\operatorname{softmax}\left(\frac{\omega_{ij}}{\sqrt{m}}\right)$$

通常，$m=d_{\mathrm{k}}$。将 ω_{ij} 缩小为原来的 $1/\sqrt{m}$ 可以确保在不同 m 值条件下权重向量 ω 的欧氏长度大致在相同范围内。

以下代码将实现上述归一化，即计算输入序列所有元素对于第二个输入元素的自注意力权重：

```
>>> attention_weights_2 = F.softmax(omega_2 / d**0.5, dim=0)
>>> attention_weights_2
tensor([2.2317e-09, 1.2499e-05, 4.3696e-05, 3.7242e-03, 8.5596e-01, 1.4025e-01,
8.8896e-07, 3.1936e-10])
```

最后，输出是值序列的加权和，即 $\boldsymbol{z}^{(i)}=\sum_{j=1}^{T}\alpha_{ij}\boldsymbol{v}^{(j)}$，代码如下：

```
>>> context_vector_2 = attention_weights_2.matmul(values)
>>> context_vector_2
tensor([-1.2226, -3.4387, -4.3928, -5.2125, -1.1249, -3.3041,
-1.4316, -3.2765, -2.5114, -2.6105, -1.5793, -2.8433, -2.4142,
-0.3998, -1.9917, -3.3499])
```

本小节介绍了一种带有可训练参数的自注意力机制，该机制允许使用所有输入元素计算某个输入元素的上下文嵌入向量。16.3 节将介绍以自注意力机制为中心的 transformer 模型。

16.3　注意力是唯一需要的：最初的 transformer

最初的 transformer 基于循环神经网络所用的注意力机制。最开始使用注意力机制的目的是提高循环神经网络在处理长输入句子时的文本生成能力。然而，在对循环神经网路的注意力机制实验几年后，研究人员发现，当删除循环层时，基于注意力机制的语言模型变得更强大。于是，便产生了 transformer。

Vaswani 和同事在 2017 年 NeurIPS 国际会议上发表的论文“Attention Is All You Need”（https://arxiv.org/abs/1706.03762）首次提出 transformer 结构。由于使用了自注意力机制，transformer 模型可以捕获输入序列元素之间的长距离依赖关系。如果输入序列是自然语言处理领域中的句子，自注意力机制可以帮助模型更好地“理解”句子的意思。

虽然起初设计 transformer 是为了完成机器翻译任务，但是我们可以推广 transformer 来完成其他任务，如句法分析、文本生成、文本分类等。稍后，我们将介绍基于 transformer 开发的 BERT 和 GPT 等非常流行的语言模型。图 16.6 是根据上述论文改编的 transformer。

下面，我们将 transformer 模型分解为编码器和解码器两个模块。编码器接收输入序列，并使用多头自注意力模块对嵌入向量编码；解码器接收经过处理的输入，并使用掩码自注意力输出结果序列（例如，翻译的句子）。

16.3.1　通过多头注意力编码上下文嵌入向量

编码器的目标是将接收的输入序列 $\boldsymbol{X}=(\boldsymbol{x}^{(1)},\boldsymbol{x}^{(2)},\cdots,\boldsymbol{x}^{(T)})$ 映射为连续表征向量序列 $\boldsymbol{Z}=(\boldsymbol{z}^{(1)},\boldsymbol{z}^{(2)},\cdots,\boldsymbol{z}^{(T)})$，并将其传递给解码器。

编码器由 6 个相同的层堆叠而成。层的个数 6 只是来源于 transformer 论文中的一个超参数，而且可以调整。每层结构相同，都有两个子层：一个子层计算多头自注意力；另一个子层是全连接层。

对本章前面介绍的缩放点积注意力进行简单修改即可得到多头自注意力。在缩放点积注意力中，我们使用 3 个矩阵（查询矩阵、键矩阵和值矩阵）转换输入序列。将这 3 个矩阵视为一个注意力头，多头注意力中存在多个这样的头（查询矩阵、键矩阵和值矩阵的集合），类似于卷积神经网络有多个滤波器。

下面详细解释多头注意力概念。假设有 h 个注意力头，可以按以下步骤计算多头注意力。

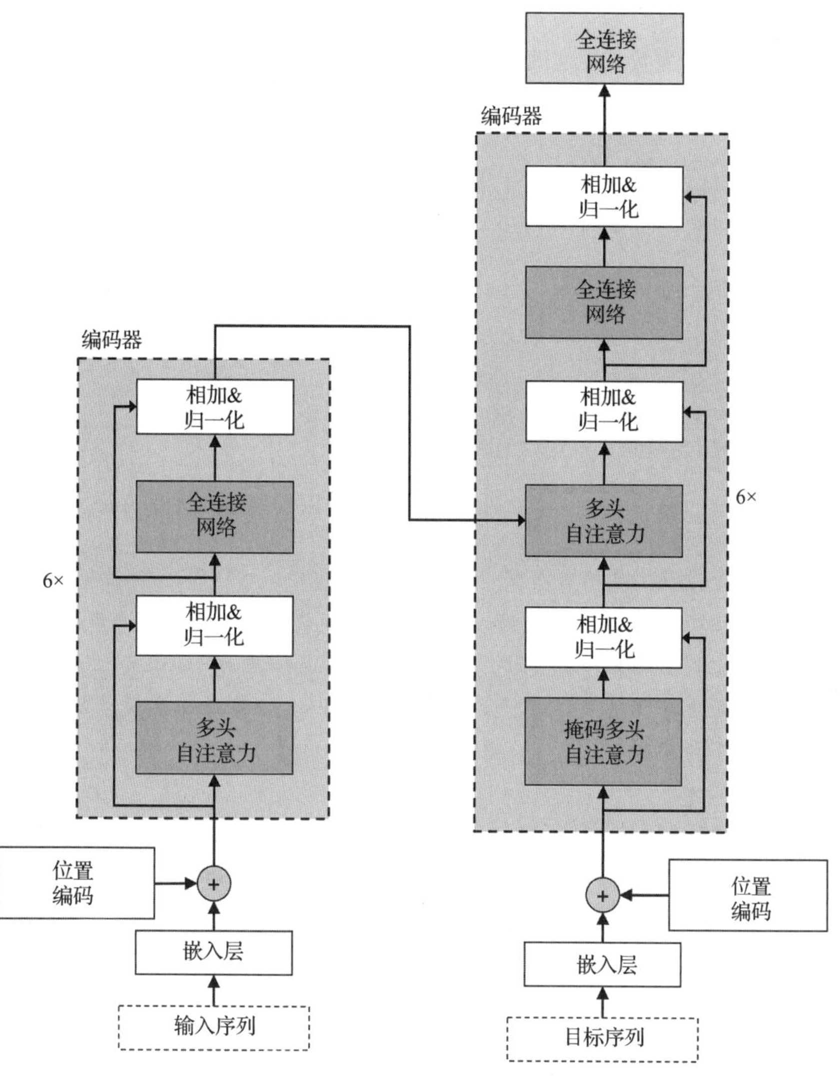

图 16.6　transformer

首先，读入输入序列 $\boldsymbol{X}=(\boldsymbol{x}^{(1)},\boldsymbol{x}^{(2)},\cdots,\boldsymbol{x}^{(T)})$。假设可以将每个输入元素转换为长度为 d 的嵌入向量。通过 $T\times d$ 嵌入矩阵将输入元素转换为嵌入向量。然后，创建 h 个查询矩阵、键矩阵和值矩阵的集合：

- U_{q_1},U_{k_1},U_{v_1}
- U_{q_2},U_{k_2},U_{v_2}

  ⋮
- U_{q_h},U_{k_h},U_{v_h}

因为要使用这些权重矩阵投影每个元素 $\boldsymbol{x}^{(i)}$ 并计算向量内积，所以投影后的向量和维数必须要匹配。因此，$\boldsymbol{U}_{q_j}$ 和 $\boldsymbol{U}_{k_j}$ 形状为 $d_k \times d$，$\boldsymbol{U}_{v_j}$ 维度为 $d_v \times d$。因此，查询向量和键向量的长度均为 d_k，值向量的长度为 d_v。在实践中，为了简单起见，经常选择 $d_k = d_v = m$。

为了在代码中定义多头自注意力机制，首先回想一下 16.2.2 节是如何创建查询投影矩阵的：

```
>>> torch.manual_seed(123)
>>> d = embedded_sentence.shape[1]
>>> one_U_query = torch.rand(d, d)
```

现在，假设有 8 个与 transformer 类似的注意力头，即 $h=8$：

```
>>> h = 8
>>> multihead_U_query = torch.rand(h, d, d)
>>> multihead_U_key = torch.rand(h, d, d)
>>> multihead_U_value = torch.rand(h, d, d)
```

如上述代码所示，只需添加一个额外的维度，就可以实现多个注意力头。

多个注意力头拆分数据

实际上，transforme 使用一个矩阵表示所有的注意力头，而不是每个注意力头使用一个单独的矩阵。然后，在矩阵中使用逻辑掩码表示每个注意力头。这样可以更高效地实现多头注意力，因为可以用一次矩阵乘法实现多次矩阵乘法。然而，为了简单起见，本节省略了这种实现的细节。

在初始化投影矩阵后，可以用类似缩放点积注意力的方式计算投影序列。现在，不只需要计算一组查询向量、键向量和值向量，而是需要计算 h 组。因此，可以按以下方式计算第 j 个头中第 i 个输入序列元素的查询投影向量：

$$\boldsymbol{q}_j^{(i)} = \boldsymbol{U}_{q_j} \boldsymbol{x}^{(i)}$$

然后，重复此过程，计算所有头 $j \in \{1, \cdots, h\}$ 的查询投影向量。

下面的代码计算第二个输入元素的查询投影向量：

```
>>> multihead_query_2 = multihead_U_query.matmul(x_2)
>>> multihead_query_2.shape
torch.Size([8, 16])
```

`multihead_query_2` 矩阵有 8 行，每行对应一个注意力头。

类似地，可以计算每个头的键向量和值向量：

```
>>> multihead_key_2 = multihead_U_key.matmul(x_2)
>>> multihead_value_2 = multihead_U_value.matmul(x_2)
>>> multihead_key_2[2]
tensor([-1.9619, -0.7701, -0.7280, -1.6840, -1.0801, -1.6778,  0.6763,  0.6547,
         1.4445, -2.7016, -1.1364, -1.1204, -2.4430, -0.5982, -0.8292, -1.4401])
```

上述代码的输出为第三个注意力头中的第二个输入元素的键向量。

然而请记住，不光要计算输入序列第二个元素的键向量和值向量，还要计算输入序列所有元素对应的键向量和值向量，后续需要这些值来计算自注意力。一个简单的方法是将输入序列的维度扩展到三维，其中第一个维度是 8(注意力头数量)。可以使用 repeat()方法实现维度扩展，如下所示：

```
>>> stacked_inputs = embedded_sentence.T.repeat(8, 1, 1)
>>> stacked_inputs.shape
torch.Size([8, 16, 8])
```

然后，使用 torch.bmm()进行批量矩阵乘法操作，计算所有的注意力头的键向量：

```
>>> multihead_keys = torch.bmm(multihead_U_key, stacked_inputs)
>>> multihead_keys.shape
torch.Size([8, 16, 8])
```

运行上述代码，结果是一个张量。张量第一维的 8 指有 8 个注意力头。第二维和第三维分别指嵌入向量的大小和单词的数量。交换第二维和第三维可以使键值更容易理解，也就是说，键的维度与原始输入序列 embedded_sentence 维度含义相同：

```
>>> multihead_keys = multihead_keys.permute(0, 2, 1)
>>> multihead_keys.shape
torch.Size([8, 8, 16])
```

重新排列后，可以访问第二个注意力头的第二个键向量，如下所示：

```
>>> multihead_keys[2, 1]
tensor([-1.9619, -0.7701, -0.7280, -1.6840, -1.0801, -1.6778,  0.6763,  0.6547,
         1.4445, -2.7016, -1.1364, -1.1204, -2.4430, -0.5982, -0.8292, -1.4401])
```

可以看到，这与之前通过 multihead_key_2[2]得到的键向量相同，这表明通过矩阵计算获得的结果正确。下面用类似步骤计算值序列：

```
>>> multihead_values = torch.matmul(
        multihead_U_value, stacked_inputs)
>>> multihead_values = multihead_values.permute(0, 2, 1)
```

按照单头注意力的计算步骤计算上下文向量。为了简洁起见，这里跳过中间的计算步骤，并假设已经计算了第二个输入元素的查询向量和 8 个注意力头的上下文向量。8 个注意力头的上下文向量表示为随机矩阵 multihead_z_2：

```
>>> multihead_z_2 = torch.rand(8, 16)
```

注意，第一维的索引代表 8 个注意力头。上下文向量与输入句子类似，都是 16 维向量。

如果这还是看起来很复杂，那么可以把 `multihead_z_2` 想象成图 16.5 所示的 $z^{(2)}$ 的 8 个副本。也就是说，8 个注意力头中的每一个头都有一个 $z^{(2)}$。

然后，如图 16.7 所示，把这些向量拼接成一个长度为 $d_v \times h$ 的长向量，并使用线性投影（通过全连接层）将其映射回长度为 d_v 的向量。

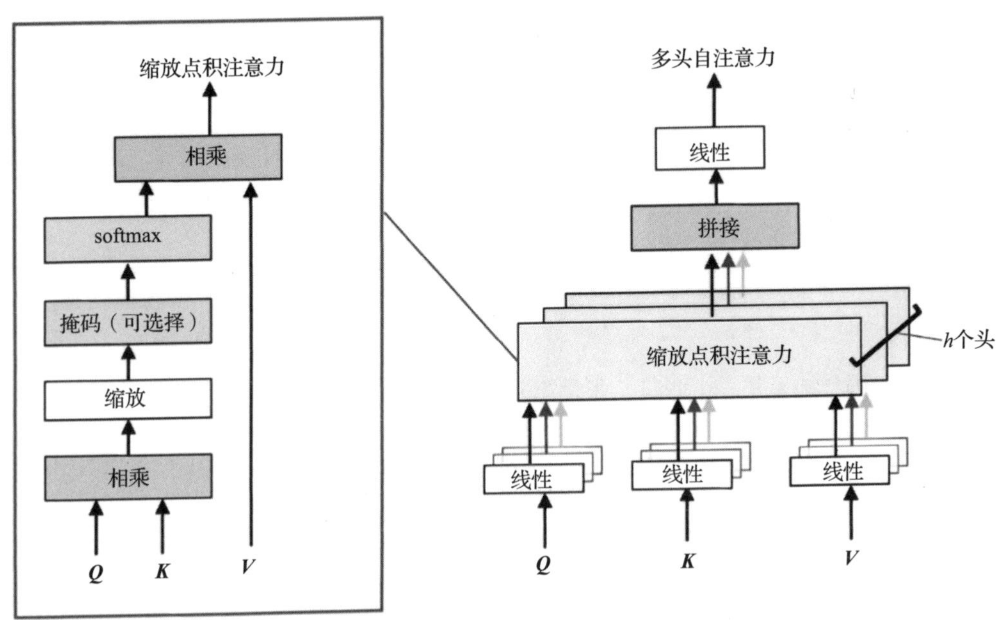

图 16.7 将缩放点积注意力向量拼接成一个长向量并进行线性投影操作

可以运行以下代码实现上述向量拼接和线性投影：

```
>>> linear = torch.nn.Linear(8*16, 16)
>>> context_vector_2 = linear(multihead_z_2.flatten())
>>> context_vector_2.shape
torch.Size([16])
```

综上所述，多头自注意力机制实际上并行重复计算缩放点积注意力，并连接结果向量。多头注意力机制在实践中表现出色，因为多个头可以帮助模型捕获输入序列不同位置的信息，这类似于卷积网络使用多个滤波器生成多个通道，以捕获图片中不同的特征信息。最后，虽然计算多头注意力听起来计算量很大，但由于多头注意力之间没有依赖关系，因此可以并行计算。

16.3.2 学习语言模型：解码器和掩码多头注意力

与编码器类似，解码器也包含多个相同结构的层。在解码器的每一层中，除了多头自注意力层和全连接层两个子层，还包含一个掩码多头注意力子层。

掩码注意力是原始注意力机制的一种变体。使用掩码注意力，在将输入序列传递到模型中时，通过“遮掩”一部分单词将有限的单词传入模型。例如，如果我们正在构建一个机器翻译模型，在模型训练过程中，当翻译到输入序列的位置 i 时，最多可以知道输入位置 $1,\cdots,i-1$ 对应的正确输出单词。后续位置对应的正确的输出单词(例如，当前位置之后正确翻译的单词)都对模型隐藏，以防止模型“作弊”。这也符合文本生成的本质，即虽然在训练期间我们知道翻译的结果，但在实践中模型对正确的翻译一无所知。因此，我们只能向模型提供它在输入序列位置 i 之前已经翻译的单词。

图 16.8 展示了解码器的层结构。

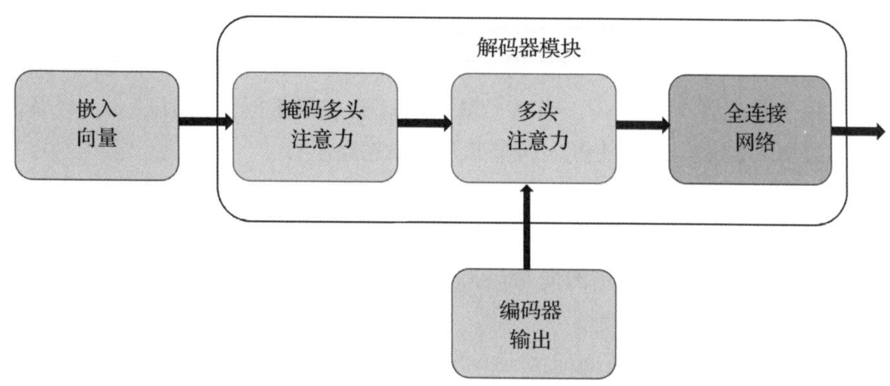

图 16.8　解码器的层结构图

首先，将之前输出的词(嵌入向量)传递到掩码多头注意力层；然后，第二层，即多头注意力层，接收来自编码器的输出和掩码多头注意力层的输出；最后，将多头注意力层的输出传递给全连接层，该层生成整个模型的输出，即所有单词对应的概率。

请注意，基于这些概率，可以使用 argmax 函数获得预测的单词，这与第 15 章中循环神经网络使用的方法类似。

对比解码器与编码器，它们的主要区别在于处理序列元素的范围不同。在编码器中，对于每个单词，使用句子中的所有单词计算注意力向量，可以将此视为双向输入解析的一种形式；编码器的“双向输入解析”的结果也会传递给解码器。然而，当涉及输出序列时，解码器仅使用当前位置之前的元素，可以理解为单向输入解析的一种形式。

16.3.3　实现细节：位置编码和层归一化

本小节将介绍实现 transformer 的一些细节。

首先，考虑图 16.6 中 transformer 的位置编码。位置编码有助于模型捕获输入序列元素的位置信息。位置编码是 transformer 的关键部分，因为缩放点积注意力层和全连接层都不提取输入单词的位置信息。这意味着如果没有位置编码，单词的位置信息将被忽略，单词位置对基于注意力的编码没有任何影响。但是，我们知道单词的位置对理解句子至关重要。例如，考虑以下两个句子：

(1) 玛丽送给约翰一朵花。

(2) 约翰送给玛丽一朵花。

两个句子中出现的单词完全相同，但两个句子的含义却截然不同。

transformer 通过在编码器和解码器的输入嵌入向量中添加一个特别小的向量，使不同位置的相同单词具有略微不同的编码。transformer 使用正弦编码，定义如下：

$$PE_{(pos,2i)} = \sin(pos/10\,000^{2i/d\text{model}})$$

$$PE_{(pos,2i+1)} = \cos(pos/10\,000^{2i/d\text{model}})$$

其中，pos 表示单词的位置，i 表示编码向量的长度。设 i 与输入单词嵌入向量维数相同，以便位置编码向量和嵌入向量可以相加。使用正弦、余弦函数是为了防止位置编码元素值过大。例如，如果使用绝对位置 $1,2,3,\cdots,n$ 作为位置编码，则位置编码元素值过大，与单词嵌入向量相加时将主导嵌入向量元素，使嵌入向量元素的值忽略不计。

一般来说，有两种类型的位置编码，一种是绝对位置编码，另一种是相对位置编码。绝对位置编码会记录单词的绝对位置，对句子中单词位置变化非常敏感。也就是说，使用绝对位置编码每个位置都对应一个固定的向量。另外，相对位置编码只保持单词的相对位置，句子整体移位后位置编码仍保持不变。

论文“Layer Normalization”（https://arxiv.org/abs/1607.06450）首次提出了层归一化机制。第 17 章将详细地介绍批归一化。虽然批归一化是计算机视觉领域常用的方法，但在自然语言处理领域由于句子长度不同，因此层归一化才是首选。

图 16.9 展示了层归一化和批归一化的主要区别。

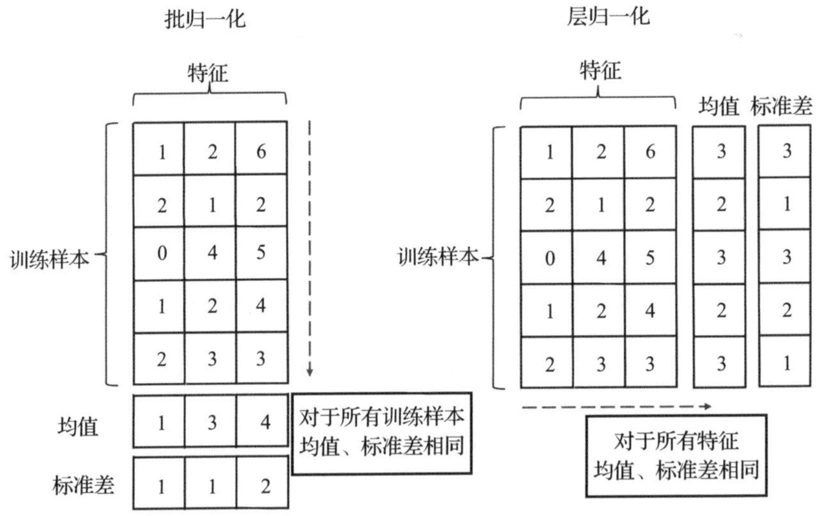

图 16.9　批归一化和层归一化的比较

传统的数据归一化针对数据的每个特征，即归一化指定特征的所有元素。transformer 使用的层归一化拓展了归一化这一概念。层归一化针对每个训练样本，对每个样本不同时间点的元素进行归一化。

层归一化放松了对批数据样本个数的约束，计算每个训练样本所有特征的均值和标准差。与批归一化相比，层归一化可以应用于小批量和长度不同的数据。但是请注意，transformer 并没有可变长度的输入(使用填充操作使所有输入的长度达到要求的长度)，而且也不同于循环神经网络，transformer 没有循环操作。那么，如何证明层归一化优于批归一化呢？通常使用庞大的文本语料库训练 transformer，训练过程需要并行计算。在这种情况下，很难实现批归一化，因为如果使用批归一化，一个批数据内的训练样本就会存在依赖关系。然而，层归一化只处理一个文本样本，不存在上述问题，因此对于 transformer 来说层归一化是更好的选择。

16.4 利用未标注的数据构建大型语言模型

本节将介绍基于 transformer 改进的大型 transformer 模型。这些模型的一个共同点是都使用非常庞大的、未标注的数据集进行了预训练，然后才针对特定任务进行微调。本节首先介绍大型 transformer 模型的一般训练流程，并解释其与之前介绍的 transformer 的区别；然后，将重点介绍常用的几个大型语言模型，包括 GPT(Generative Pre-trained Transformer)、BERT(Bidirectional Encoder Representations from Transformer)，以及 BART(Bidirectional and Auto-Regressive Transformer)等。

16.4.1 预训练和微调 transformer 模型

16.3 节介绍了应用于机器翻译的 transformer。机器翻译是一项有监督学习任务，需要有标签的数据集。获取有标签数据集成本非常高。在深度学习领域，缺少大规模有标签数据集是一个长期存在的问题，尤其对于训练大型 transformer 模型而言，因为它比其他深度学习任务需要更多的数据。然而，全世界每天都会生成大量的文本(如书籍、网站和社交媒体帖子等)，一个有趣的问题是如何使用这些未标注的数据改进模型的训练。

对于能否利用未标注数据训练 transformer 模型这一问题，答案是肯定的。诀窍是使用自监督学习方法：使用文本本身生成“标签”。例如，给定一个大型未标注的文本语料库，训练一个模型去预测下一个单词，这使得模型能够学习到单词的概率分布，并为形成强大的语言模型奠定基础。

传统上，自监督学习也被称为无监督预训练，自监督学习是大型 transformer 模型成功的关键。无监督预训练中的“无监督”是指使用未标注的数据；然而，预训练过程也会使用标签，不过标签是基于数据的结构生成的(例如，前面提到的下一个单词预测任务)，因此模型训练过程仍然是一个有监督学习过程。

下面将进一步阐述无监督预训练和预测下一个单词的工作原理。如果有一个包含 n 个单词的句子，预训练过程可以分解为以下三个步骤：

(1) 输入真实单词，序号分别为 $1,\cdots,i-1$；

(2) 使用模型预测位置 i 处的单词，并比较预测结果与真实单词；

(3) 更新模型，更新 i，$i=i+1$。返回步骤 1 并重复步骤 2、步骤 3，直至处理完序列中的所有单词。

请注意，每次迭代中总是向模型提供真实、正确的单词，而不是提供模型在上一次迭代中预测的单词。

预训练的主要思想是首先使用纯文本训练模型，然后迁移、微调模型，从而完成一些训练数据集比较小的任务。现在有许多类型的预训练技巧。例如，前面提到的预测下一个单词可以被认为是一种单向的预训练方法。稍后，我们将介绍其他语言模型使用的预训练方法。

基于 transformer 模型的完整训练过程包括两部分：(1)使用大规模未标注的数据集预训练模型；(2)使用有标签数据集针对具体任务训练(即微调)模型。在第一步中，预训练模型不是为某个特定任务设计的，而是作为“通用”语言模型被训练；在第二步中，使用有标签数据集进行常规的有监督学习，对模型进行推广，以完成任意特定任务。

使用预训练模型给出的样本表示，主要有两种策略可以将模型迁移到特定任务上：(1)基于特征的方法；(2)微调方法。我们将模型最后一个隐藏层输出的向量看作样本的表示。

基于特征的方法使用预训练模型给出的样本表示作为样本附加特征。这需要学习如何使用预训练模型提取输入句子的特征。早期以特征提取而闻名的模型是 ELMo(Embeddings from Language Model)。ELMo 模型由 Peters 及其同事在论文“Deep Contextualized Word Representations”(https://arxiv.org/abs/1802.05365)中提出。ELMo 是一个可用于预训练的双向语言模型，在预训练时以一定的比例屏蔽部分单词。具体来讲，在模型预训练期间，随机屏蔽 15%的输入单词，模型的任务就是填补这些被屏蔽的单词，即预测缺失(被屏蔽)的单词。这与之前介绍的单向方法不同，单向方法在时间点 i 隐藏所有在时间点 i 之后的单词。双向模型能够从两端读取句子，从而能够捕获句子的全局信息。经过预训练的 ELMo 可以生成句子高质量的表示，这些表示可以作为后续某些任务的输入特征。换句话说，我们可以把这种使用模型提取输入序列的方法看作基于模型的特征提取方法，类似于第 5 章介绍的主成分分析。

微调方法以有监督学习的方式通过反向传播更新预训练好的模型参数。与基于特征的方法不同，微调方法通常还会在预训练模型中添加一个全连接层，以完成某些特定的任务(如文本分类)，然后根据模型在有标签数据集上的性能更新整个模型。一个常用的微调模型是 BERT 模型。BERT 模型是一个双向大型 transformer 预训练语言模型。稍后，我们将介绍 BERT 模型。此外，16.5 节将通过代码实例说明如何微调 BERT 模型对影评数据集进行情感分类，其中影评数据集已经在第 8 章和第 15 章使用过。

下一节将介绍常用的基于 transformer 的语言模型。图 16.10 总结了训练 transformer 模型的两个方法，并说明了基于特征的方法和微调方法的区别。

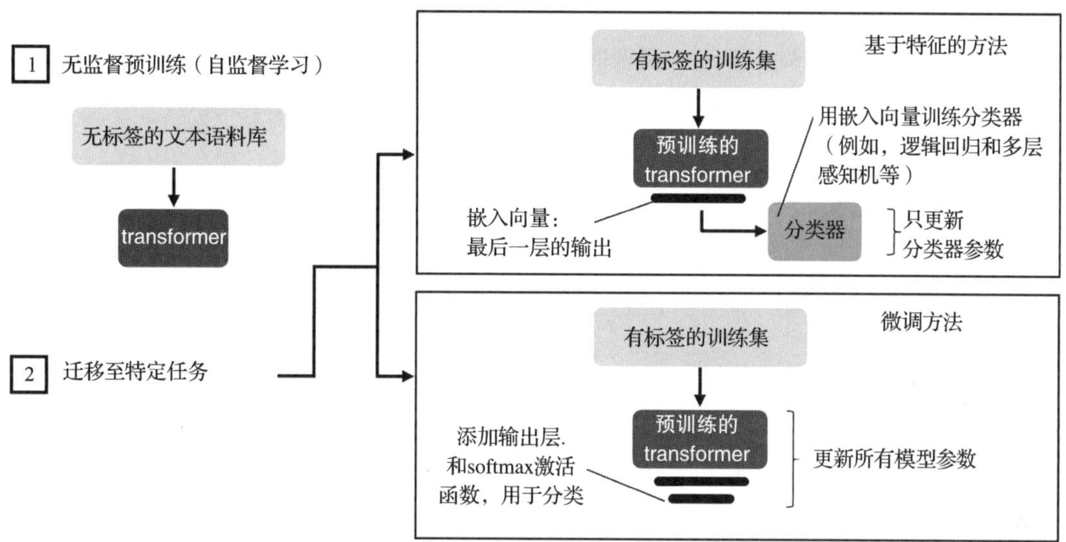

图 16.10 使用预训练 transformer 模型完成具体任务的两种主要方法

16.4.2 使用未标注数据的 GPT 模型

GPT（Generative Pre-trained Transformer）是由 OpenAI 公司发布的一系列用于文本生成的大型语言模型。截至本书英文版完稿时，最新的模型为 2020 年 5 月发布的 GPT-3（Tom B. Brown. Language Models are Few-Shot Learners，2020，https://arxiv.org/abs/2005.14165），该模型的性能令人惊叹。GPT-3 生成的文本质量可以与人工生成的文本质量相媲美。本小节将从宏观上介绍 GPT 模型的工作原理，以及多年来 GPT 模型的发展脉络。

表 16.1 给出了三代 GPT 模型发布时间、参数数量和对应的论文。可以看出，GPT 系列模型一个明显的变化是参数数量。

表 16.1 GPT 系列模型

模型	发布时间	参数数量	论文名称	论文链接
GPT-1	2018 年	1.1 亿	Improving Language Understanding by Generative PreTraining	https://www.cs.ubc.ca/~amuham01/LING530/papers/radford2018improving.pdf
GPT-2	2019 年	15 亿	Language Models are Unsupervised Multitask Learners	https://www.semanticscholar.org/paper/Language-Models-are-Unsupervised-Multitask-Learners-Radford-Wu/9405cc0d6169988371b2755e573cc28650d14dfe
GPT-3	2020 年	1750 亿	Language Models are Few-Shot Learners	https://arxiv.org/pdf/2005.14165.pdf

首先研究 2018 年发布的 GPT-1 模型，其训练过程可以分解为两个阶段：

（1）使用大量无标签纯文本数据预训练模型；

(2) 使用有标签数据以有监督学习模式微调模型。

如图 16.11(改编自发表 GPT-1 模型的论文)所示，可以将 GPT-1 看作由解码器(无编码器)和附加层组成的 transformer 模型，通过微调该附加层可以使模型完成具体任务。

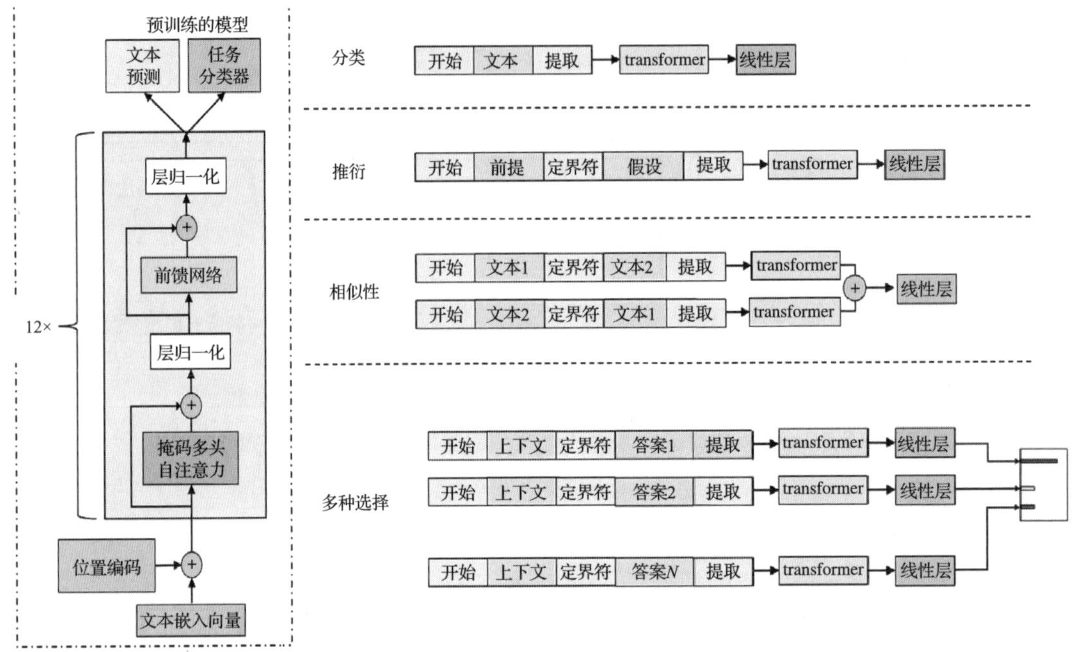

图 16.11 GPT-1 transformer 模型

请注意，如果任务是文本预测任务(预测下一个单词)，那么在模型预训练之后，便可直接完成该任务。如果任务与分类或回归有关，则需要使用有监督学习微调模型。

在预训练期间，GPT-1 使用了 transformer 解码器结构。给模型提供一个单词位置，模型仅根据这个位置之前的单词预测这个位置的单词。GPT-1 利用单向自注意力机制，而不是 BERT 模型(本章后面将介绍 BERT 模型)使用的双向自注意力机制，这是因为 GPT-1 专注于文本生成任务而非文本分类任务。在文本生成过程中，GPT-1 以从左到右的方向逐个生成单词。这里有一个值得强调的地方，即在训练过程中，对于每个位置，模型输入为此位置之前正确的单词；在推理过程中，模型生成的任何单词都将作为模型的输入，以生成新的文本[㊀]。

在获得预训练模型(图 16.11 中标记为 transformer 的部分)之后，将其插入输入数据预处理模块和线性层之间，其中线性层为输出层(类似于本书前面介绍的深度神经网络模型)。对于分类任务，微调模型非常简单，首先对输入文本进行分词，然后将分词后的文本传递到预训练的模型中，预训练模型的输出作为线性层的输入，最后将线性层的输出作为 softmax 激活函数的输入。然而，对于更复杂的任务，如问答任务，输入文本必须组织为特定形式，但这种

㊀ 这是因为在推理过程中模型无法获得此位置之前正确的单词——译者注

形式可能与预训练模型的输入不匹配，因此针对这种任务需要在模型中加入额外的处理步骤。对这一主题感兴趣的读者请阅读 GPT-1 模型的论文(表 16.1 已经提供了论文链接)。

GPT-1 在**零样本学习**任务上的表现出乎意料的好，这表明 GPT-1 模型有潜力成为通用语言模型，并且可以通过微调完成特定类型任务。零样本学习是机器学习中的一个学习任务。在零样本学习的测试和推理阶段，模型需要对训练期间未见过的类别的样本进行分类。在使用 GPT 的情况下，零样本学习是指模型处理从没见过的样本的任务。

受 GPT 普遍适用性的启发，研究人员设计了一个更加通用的模型，模型的输入独立于具体任务，而且模型也无须根据具体任务添加相应的网络层，这促使了 GPT-2 的研发。与 GPT-1 不同，GPT-2 在输入或微调阶段不再需要任何额外的修改。GPT-2 不需要根据任务类型将输入数据组织成特定格式，它可以自动识别不同类型任务的输入，并根据少量提示(即所谓的“上下文”)执行具体任务。GPT-2 建模的条件概率是 p(output | input, task)，条件是输入序列和任务类型，而不仅是输入序列。例如，输入序列上下文包含 `translate to French, English text, French text`，那么模型会将这个任务识别为翻译任务。

GPT-2 听起来比 GPT-1 更具有“人工智能”的味道，除了模型规模变大外，GPT-2 性能也有显著的提升。正如 GPT-2 模型论文的标题(Language Models are Unsupervised Multitask Learners)所言，无监督语言模型可能是零样本学习的关键，而 GPT-2 充分利用零样本迁移学习方法构建多任务学习模型。

与 GPT-2 相比，GPT-3 没有那么“雄心勃勃”，因为 GPT-3 通过上下文学习将焦点从零样本学习转移到了单样本学习和小样本学习。在模型训练阶段不使用具体任务的训练数据似乎过于苛刻，使用小样本学习不仅更贴合实际应用而且更符合人类的学习模式：人类通常需要观察一些例子才能学习新的任务。顾名思义，小样本学习意味着模型可以“看到”具体任务的一些训练样本，而单样本学习则限制模型只能“看到”一个样本。

图 16.12 给出了零样本学习、单样本学习、小样本学习和模型微调之间的区别。

除了模型参数数量增加了 100 倍且使用稀疏 transformer 模型，GPT-3 的模型结构与 GPT-2 几乎相同。在前面介绍的注意力机制中，每个元素都关注输入序列中所有其他元素，复杂度为 $O(n^2)$。稀疏注意力机制只关注输入序列的一部分元素，因而提高了效率，这部分元素的个数通常与 $n^{1/p}$ 成正比。关于稀疏 transformer 的细节和输入序列被关注元素的选择，可以阅读论文：Rewon Child et al. Generating Long Sequences with Sparse Transformers, 2019, https://arxiv.org/abs/1904.10509。

16.4.3 使用 GPT-2 生成新文本

在介绍下一个 transformer 模型之前，我们先看一下如何使用最新的 GPT 模型生成新文本。请注意，在本书英文版出版时 GPT-3 仍相对较新，仅可通过 OpenAI API(https://openai.com/blog/openai-api/)获得测试版本。然而，Hugging Face(一家著名的专注于自然语言处理和机器学习的公司，http://huggingface.co)已经提供了 GPT-2 的代码实现。本章将使用 Hugging Face

发布的 GPT-2 模型。

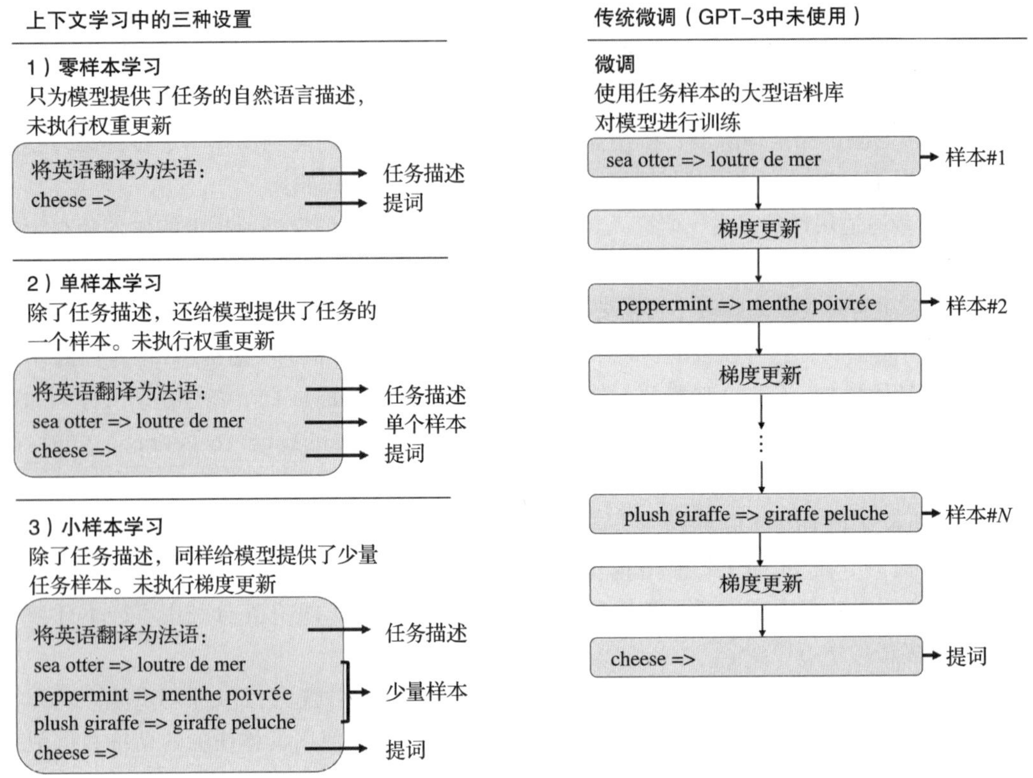

图 16.12　零样本学习、单样本学习、小样本学习和模型微调之间的比较

我们将通过 `transformers` 模块使用 GPT-2 模型。`transformers` 模块是一个由 Hugging Face 创建的 Python 库，提供了各种基于 transformer 的模型，这些模型可以用于预训练和模型微调。用户还可以在论坛上分享、讨论自己定制的各种模型。如果有兴趣，请查看并参与到网络社区 https://discuss.huggingface.co 中。

安装 4.9.1 版本 transformers

由于该软件包发展迅速，因此你可能无法复现后面代码的运行结果。作为参考，本教程使用 2021 年 6 月发布的 4.9.1 版本。如果想要安装本书使用的版本，可以在计算机终端中运行以下命令，从 PyPI 安装 `transformers`：

```
pip install transformers==4.9.1
```

建议查看官方页面给出的安装说明（https://huggingface.co/transformers/installation.html）。

安装完 transformers 库后，便可以运行以下代码导入经过预训练的 GPT 模型，用以生成新的文本：

```
>>> from transformers import pipeline, set_seed
>>> generator = pipeline('text-generation', model='gpt2')
```

然后，给模型输入一个文本片段，让模型根据输入的文本生成一段新的文本：

```
>>> set_seed(123)
>>> generator("Hey readers, today is",
...           max_length=20,
...           num_return_sequences=3)

[{'generated_text': "Hey readers, today is not the last time we'll be seeing
one of our favorite indie rock bands"},
 {'generated_text': 'Hey readers, today is Christmas. This is not Christmas,
because Christmas is so long and I hope'},
 {'generated_text': "Hey readers, today is CTA Day!\n\nWe're proud to be
hosting a special event"}]
```

从输出可以看出，该模型根据输入文本生成了三个逻辑合理的句子。如果想尝试生成更多的句子，请更改随机种子和最大序列长度并重新运行上述代码。

此外，如图 16.10 所示，我们可以使用 transformer 模型生成用于训练其他模型的特征。以下代码演示了如何使用 GPT-2 生成输入文本的特征：

```
>>> from transformers import GPT2Tokenizer
>>> tokenizer = GPT2Tokenizer.from_pretrained('gpt2')
>>> text = "Let us encode this sentence"
>>> encoded_input = tokenizer(text, return_tensors='pt')
>>> encoded_input
{'input_ids': tensor([[ 5756,   514, 37773,   428,  6827]]), 'attention_mask':
tensor([[1, 1, 1, 1, 1]])}
```

上述代码将输入的句子编码为符合 GPT-2 模型输入要求的格式。它将字符串映射为整数，并将所有的注意力掩码设置为 1。这意味着模型会处理输入文本的所有单词，如下所示：

```
>>> from transformers import GPT2Model
>>> model = GPT2Model.from_pretrained('gpt2')
>>> output = model(**encoded_input)
```

变量 output 存储模型输出的最后一个隐藏状态，也就是基于 GPT-2 输入句子的特征编码：

```
>>> output['last_hidden_state'].shape
torch.Size([1, 5, 768])
```

这里不展示冗长的输出，只展示输出张量的形状。张量的第一个维度是批数据大小(本例中只有一个输入文本，即批数据大小是 1)，后面的两个维度分别是句子长度和特征编码长度。在这里，每一个单词都被编码为一个 768 维的向量。

现在，可以将此特征编码应用于给定的数据集，使用 GPT-2 模型给出的特征而不是使用第 8 章介绍的词袋模型，训练具体任务的分类器。

此外，另一种使用大型预训练语言模型的方法是微调方法。本章稍后将介绍一个例子。

如果你对使用 GPT-2 的细节感兴趣，建议阅读以下在线文档：

- https://huggingface.co/gpt2；
- https://huggingface.co/docs/transformers/model_doc/gpt2。

16.4.4　双向预训练的 BERT 模型

BERT(Bidirectional Encoder Representations from Transformer)由谷歌研究团队于 2018 年创建(J. Devlin, M. Chang, K. Lee, K. Toutanova. BERT：Pre-training of Deep Bidirectional Transformers for Language Understanding, 2018, https://arxiv.org/abs/1810.04805)。因为 GPT 和 BERT 具有不同结构，所以无法直接比较。BERT 有 3.45 亿个参数(仅比 GPT-1 的参数略多，为 GPT-2 参数的 1/5)。

顾名思义，BERT 具有一个基于 transformer 的编码器，该编码器可以进行双向训练。更准确地说，可以将 BERT 的训练过程视为“非定向的”，因为 BERT 一次读取输入序列的所有元素。在此情况下，特定单词的编码取决于它前面和后面的单词。在 GPT 模型中，输入元素按照从左到右的顺序读入，这种方式有助于形成强大的语言生成模型。双向训练使 BERT 失去了逐字生成句子的能力，但因为模型可以处理两个方向的信息，所以模型可以为其他任务(例如分类)提供更高质量的输入编码。

在 transformer 模型的编码器中，token 编码是位置编码和词嵌入编码的总和。在 BERT 编码器中，有一个额外的段(segment)嵌入编码，表示输入词元归属于哪个段落。这意味着每个词元的表示都包含三个部分，如图 16.13 所示。

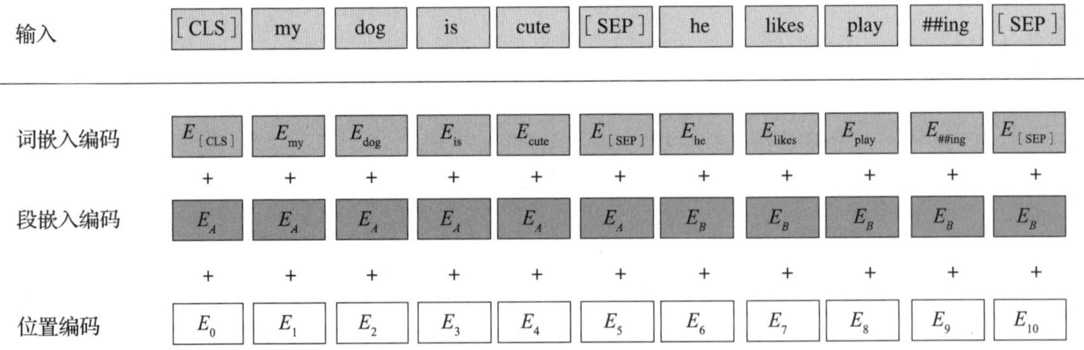

图 16.13　BERT 编码器的输入

因为 BERT 模型在预训练过程中有一个特殊任务，即下一句话预测，所以 BERT 需要输入文本的段落信息。在这个预训练任务中，模型输入的每个训练样本都包含两个句子，因此需要使用特殊符号表明句子是属于第一句话还是第二句话。

我们来看 BERT 的预训练任务。与所有其他基于 transformer 的语言模型类似，BERT 训练过程有两个阶段：预训练和微调。预训练阶段包括两个无监督任务：掩码语言建模和下一句话预测。

在掩码语言模型（Masked Language Model，MLM）中，词元被掩码随机替换，掩码符号为`[MASK]`，模型被要求预测这些被掩码替换的词元。与 GPT 预测下一个单词的任务相比，BERT 的掩码语言模型类似于“填空”，因为该模型可以关注句子中所有的词元（被遮掩的词元除外）。然而，简单地遮掩单词会导致预训练和微调之间存在差异，因为`[MASK]`不会出现在常规的文本中。为了解决这个问题，进一步修改被遮掩的词元。例如，BERT 首先随机选择 15%的词元进行掩码处理，然后将随机选择的 15%词元进一步处理：

（1）以 10%的概率保持不变；

（2）以 10%的概率替换为随机单词；

（3）以 80%的概率将随机选择的词元替换为掩码`[MASK]`。

除了避免训练过程中引入`[MASK]`词元导致的模型预训练和微调不一致外，上述修改还有其他诸多好处。首先，以 10%的概率保持不变的词元可以保持原始词元的信息，否则，模型只能从上下文学习被屏蔽的信息，而不从掩码中学习；其次，以 10%的概率将原始单词替换为随机单词可以防止模型懒惰，例如，避免模型什么都不学习只返回输入文本。掩码替换、随机词元替换和保持词元不变三种情况对应的概率是通过消融实验确定的（参见 GPT-2 论文），例如，作者测试了多种概率组合，发现上述组合效果最好。

图 16.14 给出了一个例子，其中 fox 被屏蔽，并且以一定的概率保持不变或者被`[MASK]`或 coffee 替换。然后，让模型预测被遮掩（突出显示）的词。

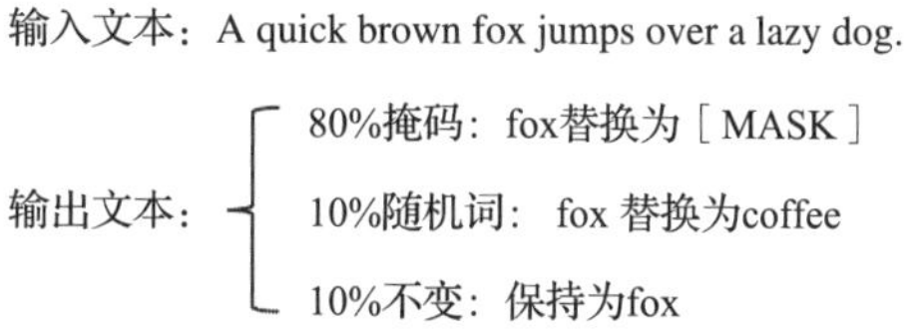

输入文本：A quick brown fox jumps over a lazy dog.

输出文本：
- 80%掩码：fox替换为［MASK］
- 10%随机词：fox 替换为coffee
- 10%不变：保持为fox

图 16.14 MLM 的一个例子

考虑到 BERT 的双向编码结构，下一句话预测是下一个单词预测的自然拓展。事实上，许多重要的自然语言处理任务，例如问答任务，都依赖于文档中两个句子的关系。常规语言模型很难捕捉两个句子的关系，因为用于下一个单词预测任务的语言模型通常在单个句子的训练数据上训练。

在下一句话预测任务中，给模型提供两个句子 A 和 B，格式如下：

［CLS］A［SEP］B［SEP］

［CLS］是一个分类词元，可作为对应解码器输出中文本预测标签的占位符，也可作为表示句子开始的词元。［SEP］词元表示一个句子的结尾。模型需要判断 B 是不是 A 的下一个句子（“IsNext”）并对 B 进行分类。为了给模型提供平衡的数据集，标签为“IsNext”的样本应占

50%，标签为“NotNext”的样本也应占 50%。

BERT 同时在两个任务上(掩码预测和下一句话预测)进行预训练。在这里，BERT 的训练目标是最小化两个任务的组合损失函数。

在预训练模型微调阶段，需要针对特定的具体任务改动模型。输入样本的格式需要符合要求，例如，输入样本应该以[CLS]词元开头，如果包含多个句子，需要使用[SEP]词元分隔多个句子。

大致来说，BERT 可以针对四类任务进行微调：(a) 句子对分类；(b) 单句分类；(c) 问答；(d) 单句标注。任务(a)和任务(b)是序列级分类任务，只需要在[CLS]对应的输出上添加一个额外的 softmax 层即可。任务(c)和任务(d)是词元级分类任务，这意味着模型将所有词元对应的输出传递给 softmax 层，以预测每个词元的类别标签。

问答

任务(c)，即问答任务，相比情感分类或语音标注等常见分类任务，似乎很少被关注。在问答任务中，每个输入样本都可以被分成两部分：问题和帮助回答问题的段落。模型需要在段落中插入开始标签和结束标签，二者之间的部分作为问题的正确答案。这意味着模型需要为段落中的每个词元生成一个标签，以表示这个词元是答案的开始还是结束，或者二者都不是。值得一提的是，模型的输出可能包含结束标签出现在开始标签之前的情况，这在生成答案时导致冲突。一般这种输出代表“无答案”。

如图 16.15 所示，模型微调的结构非常简单：一个输入编码器，一个预训练的 BERT 模型，和一个用于分类的 softmax 层。一旦设置好模型结构，模型会在学习过程中调整所有参数。

16.4.5　两全其美的模型：BART

BART(Bidirectional and Auto-Regressive Transformer)由 Facebook AI Research 研究人员于 2019 年开发(Mike Lewis，Yinhan Liu，Naman Goyal，Marjan Ghazvininejad，Abdelrahman Mohamed，Omer Levy，Ves Stoyanov，Luke Zettlemoyer. BART：Denoising Sequence-to-Sequence Pre-training for Natural Language Generation，Translation，and Comprehension，2019，https://arxiv.org/abs/1910.13461)。前面提到，GPT 使用了 transformer 的解码器结构，而 BERT 使用了 transformer 的编码器结构。因此，这两个模型可以很好地完成两类不同的任务：GPT 的专长是生成文本，而 BERT 在文本分类任务上表现得更好。BART 可以看作 GPT 和 BERT 模型的泛化。正如本节的标题所示，BART 能够完成文本生成和文本分类这两项任务。BART 模型能够很好地完成这两个任务的原因是它拥有一个双向编码器和一个从左到右的自回归解码器。

你可能想知道 BART 与 transformer 有何不同。除了模型规模有变化，还有一些小的变化，例如使用了不同的激活函数。然而，一个有趣的变化是 BART 能够处理不同的输入。transformer 模

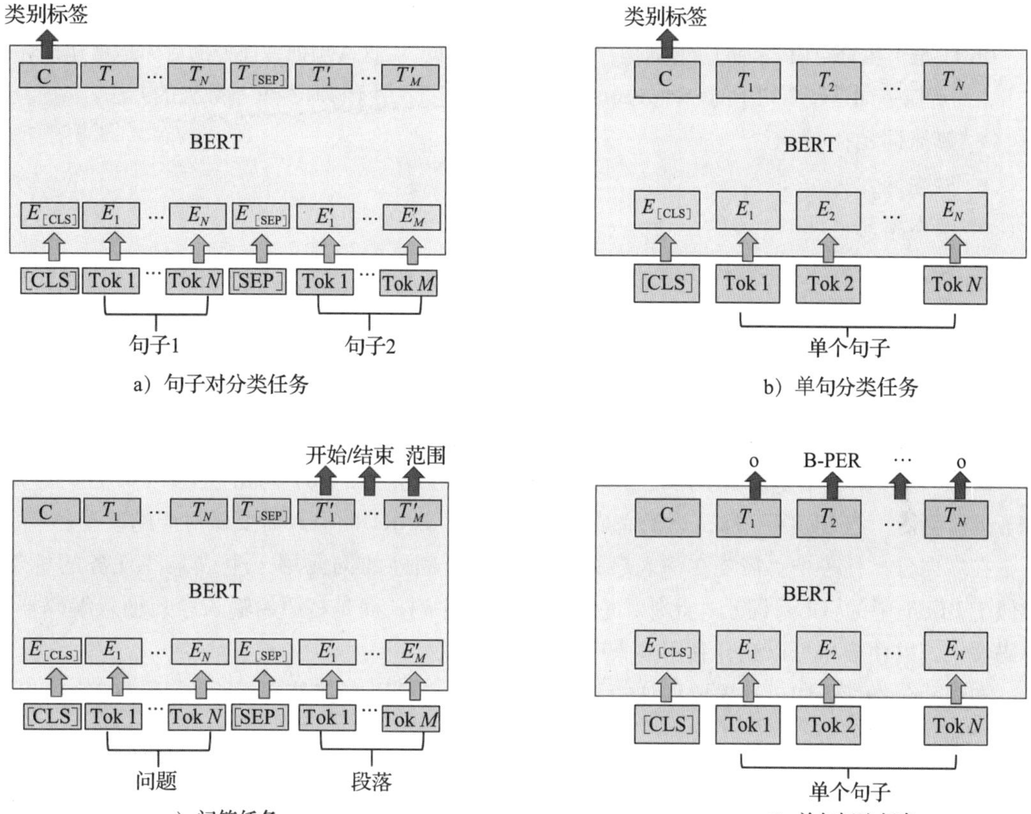

类别标签

C T_1 … T_N $T_{[SEP]}$ T'_1 … T'_M

BERT

$E_{[CLS]}$ E_1 … E_N $E_{[SEP]}$ E'_1 … E'_M

[CLS] Tok 1 … Tok N [SEP] Tok 1 … Tok M

句子1 句子2

a）句子对分类任务

类别标签

C T_1 T_2 … T_N

BERT

$E_{[CLS]}$ E_1 E_2 … E_N

[CLS] Tok 1 Tok 2 Tok N

单个句子

b）单句分类任务

开始/结束 范围

C T_1 … T_N $T_{[SEP]}$ T'_1 … T'_M

BERT

$E_{[CLS]}$ E_1 … E_N $E_{[SEP]}$ E'_1 … E'_M

[CLS] Tok 1 … Tok N [SEP] Tok 1 … Tok M

问题 段落

c）问答任务

o B-PER … o

C T_1 T_2 … T_N

BERT

$E_{[CLS]}$ E_1 E_2 … E_N

[CLS] Tok 1 Tok 2 Tok N

单个句子

d）单句标注任务

图 16.15 微调 BERT 模型完成各种类型的任务

型是为翻译而设计的，因此有两个输入：编码器需要输入待翻译文本(源序列)，解码器需要输入翻译文本(目标序列)。此外，如图 16.16 所示，解码器还接收经过编码器编码的源序列。然而，BART 只使用源序列作为输入。BART 可以完成包括翻译在内的更多任务。在完成文本翻译时，BART 仍然需要目标序列来计算损失函数并微调模型，但不需要将其直接作为解码器的输入。

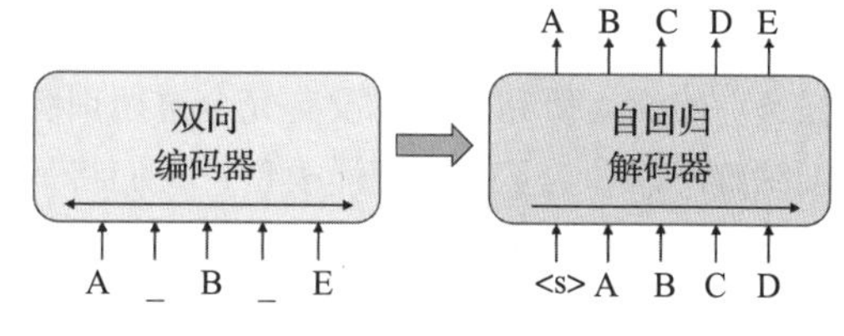

图 16.16 BART 的模型结构

现在来看 BART 的模型结构。如前所述，BART 由双向编码器和自回归解码器组成。在接收到训练样本后，输入序列将首先被“损坏”，然后由编码器编码。这些编码将与生成的词元一同被传递给解码器。使用编码器的输出和原始文本计算交叉熵损失函数，然后在学习过程中优化交叉熵损失函数。假设解码器的输入为两个不同语言的文本：待翻译的初始文本(源文本)和生成的目标语言文本。在 BART 模型中，用破坏的源文本替换前者，用输入文本替换后者。

这里稍解释一下上述输入文本的“破坏”过程。BERT 和 GPT 是通过重构掩码词元进行预训练的：BERT 是“填补空白”，而 GPT 则是“预测下一个单词”。这些预训练任务的目标是重建损坏的句子，而遮掩单词是破坏句子的一种方式。BART 提供了以下用于破坏纯文本数据的方法：

- 遮掩词元；
- 删除词元；
- 文本填充；
- 句子乱序；
- 文件轮换。

我们可以使用上面的一种或多种方法处理一个句子。最坏的情况是所有信息都被污染或破坏，句子变得毫无用处。这时，编码器的效用有限，只有解码器能正常工作，模型本质上更类似于单向语言模型。

BART 经微调可用于诸多下游任务，包括：(a) 序列分类；(b) 词元分类；(c) 序列生成；(d) 机器翻译。与 BERT 一样，为了完成不同的任务，BART 的输入需要做对应的改动。

在序列分类任务中，需要在输入序列上附加一个额外的词元用于生成某些任务的标签，类似于 BERT 中的[CLS]词元。此外，它不破坏输入序列，而是将原始输入序列输入编码器和解码器中，以便模型可以充分利用输入序列。

在词元分类任务中，不需要增加额外的词元，模型可以直接使用每个词元对应的输出向量进行词元分类。

由于存在编码器，BART 的序列生成与 GPT 略有不同。BART 不是从零开始生成序列，而是以类似文本总结的形式生成序列。在文本总结任务中，给模型提供一个上下文语料库，要求模型针对某些问题生成答案或摘要。为此，需要把整个输入序列传递给编码器，由解码器自回归地生成输出序列。

最后，考虑到 BART 与 transformer 之间的相似性，自然而然地，BART 可以完成机器翻译任务。然而，研究人员并没有完全遵循训练 transformer 的步骤，而是将整个 BART 模型当作预训练解码器。为了完成翻译模型，我们将另一个参数随机初始化的 BART 模型作为编码器。然后运行以下两个步骤完成模型微调：

(1) 首先，固定除编码器外的所有参数；

(2) 然后，更新模型的所有参数。

人们已经在多个基准数据集上使用多种任务评估了 BART 模型。相比 BERT 等著名语言模型，BART 获得了非常有竞争力的结果，特别是在文本生成任务，包括抽象问题回答、文本对话和文本总结上。

16.5 用 PyTorch 微调 BERT 模型

前面已经介绍了 transformer 模型和基于 transformer 模型开发的新模型，接下来将探讨模型的实际应用。本节将介绍如何用 PyTorch 微调 BERT 模型以完成文本情感分类任务。

请注意，尽管除了 BERT 之外还有许多其他基于 transformer 的模型可供选择，但 BERT 模型很好地平衡了流行程度和模型大小，可以在单个 GPU 上进行微调。从头开始预训练 BERT 模型，过程烦琐而且完全没有必要，因为 Hugging Face 开源的 `transformers` Python 包提供了包括 BERT 在内的一系列可以微调的预训练模型。

下面将介绍如何准备、标注 IMDb 影评数据集，然后微调预训练后的 BERT 模型来完成情感分类任务。尽管使用语言模型可以完成很多其他有趣的任务，但我们在此特地选择了文本情感分类任务，因为文本情感分类仍是一个经典而且简单的任务。此外，使用熟悉的 IMDb 影评数据集，可以将 BERT 模型与第 8 章中的逻辑回归模型、第 15 章中的循环神经网络模型进行比较，以便更好地了解 BERT 模型的预测性能。

16.5.1　加载 IMDb 影评数据集

本小节将首先加载所需的软件包和数据集，然后将数据集切分为训练集、验证集和测试集。本小节将使用 Hugging Face 开源的 `transformers` 库（https://huggingface.co/transformers/）中的 BERT 模型。

本章使用的 DistilBERT 模型是一个轻量级 transformer 模型，通过蒸馏预训练 BERT 模型得到。BERT 模型的参数数量超过 1.1 亿，相比 BERT 模型，DistilBERT 模型的参数数量减少了 40%。此外，相比 BERT 模型，DistilBERT 模型运行速度也提高了 60%，而且在 GLUE 自然语言理解基准测试中保留了 BERT 模型 95%的性能。

以下代码导入了本章将使用的所有软件包，用来准备数据和微调 DistilBERT 模型：

```
>>> import gzip
>>> import shutil
>>> import time

>>> import pandas as pd
>>> import requests
>>> import torch
>>> import torch.nn.functional as F
>>> import torchtext

>>> import transformers
>>> from transformers import DistilBertTokenizerFast
>>> from transformers import DistilBertForSequenceClassification
```

接下来，需要设置参数，包括模型训练的轮数、CPU/GPU 的选择和随机种子的设置。如果想要复现结果，需要设置固定的随机种子，例如 `123`：

```
>>> torch.backends.cudnn.deterministic = True
>>> RANDOM_SEED = 123
>>> torch.manual_seed(RANDOM_SEED)
```

```
>>> DEVICE = torch.device('cuda' if torch.cuda.is_available() else 'cpu')

>>> NUM_EPOCHS = 3
```

接下来处理 IMDb 影评数据集。以下代码获取压缩数据集并解压缩数据：

```
>>> url = ("https://github.com/rasbt/"
...        "machine-learning-book/raw/"
...        "main/ch08/movie_data.csv.gz")
>>> filename = url.split("/")[-1]

>>> with open(filename, "wb") as f:
...     r = requests.get(url)
...     f.write(r.content)

>>> with gzip.open('movie_data.csv.gz', 'rb') as f_in:
...     with open('movie_data.csv', 'wb') as f_out:
...         shutil.copyfileobj(f_in, f_out)
```

如果你的计算机上仍存有第 8 章使用的 movie_data.csv 文件，则可以跳过上述数据的下载和解压缩过程。

接下来，将数据(见图 16.17)加载到 pandas 库的 DataFrame 中并确保数据没有问题：

```
>>> df = pd.read_csv('movie_data.csv')
>>> df.head(3)
```

	review	sentiment
0	in 1974, the teenager Martha Moxley (Maggie Gr...	1
1	OK... so... I really like Kris Kristofferson a...	0
2	***SPOILER*** Do not read this, if you think a...	0

图 16.17　IMDb 影评数据集的前三行

下一步是将数据集拆分为独立的训练集、验证集和测试集。将 70%的评论数据作为训练集，10%的评论数据作为验证集，20%的评论数据作为测试集：

```
>>> train_texts = df.iloc[:35000]['review'].values
>>> train_labels = df.iloc[:35000]['sentiment'].values

>>> valid_texts = df.iloc[35000:40000]['review'].values
>>> valid_labels = df.iloc[35000:40000]['sentiment'].values

>>> test_texts = df.iloc[40000:]['review'].values
>>> test_labels = df.iloc[40000:]['sentiment'].values
```

16.5.2 数据集分词

到目前为止，我们已经获得了训练集、验证集和测试集的文本和对应的标签。现在，使用从预训练模型类继承的分词器将文本切分为多个词元：

```
>>> tokenizer = DistilBertTokenizerFast.from_pretrained(
...     'distilbert-base-uncased'
... )

>>> train_encodings = tokenizer(list(train_texts), truncation=True, padding=True)
>>> valid_encodings = tokenizer(list(valid_texts), truncation=True, padding=True)
>>> test_encodings = tokenizer(list(test_texts), truncation=True, padding=True)
```

选择不同的分词器

如果你对不同类型的分词器感兴趣，请自行研究 tokenizer 包（https://huggingface.co/docs/tokenizers/python/latest/）。tokenizer 包也是由 Hugging Face 创建和维护的。继承的分词器保持了预训练模型和数据集之间的一致性，这为我们节省了寻找与模型匹配的分词器的工作。换言之，如果想微调预训练模型，建议使用继承的分词器。

最后，将所有内容打包到一个名为 IMDbDataset 的类中，并创建对应的数据加载器。使用这种自定义的数据集类可以用 DataFrame 格式自定义影评数据集的相关特征和功能：

```
>>> class IMDbDataset(torch.utils.data.Dataset):
...     def __init__(self, encodings, labels):
...         self.encodings = encodings
...         self.labels = labels

>>>     def __getitem__(self, idx):
...         item = {key: torch.tensor(val[idx])
...                 for key, val in self.encodings.items()}
...         item['labels'] = torch.tensor(self.labels[idx])
...         return item

>>>     def __len__(self):
...         return len(self.labels)


>>> train_dataset = IMDbDataset(train_encodings, train_labels)
>>> valid_dataset = IMDbDataset(valid_encodings, valid_labels)
```

```
>>> test_dataset = IMDbDataset(test_encodings, test_labels)

>>> train_loader = torch.utils.data.DataLoader(
...     train_dataset, batch_size=16, shuffle=True)
>>> valid_loader = torch.utils.data.DataLoader(
...     valid_dataset, batch_size=16, shuffle=False)
>>> test_loader = torch.utils.data.DataLoader(
...     test_dataset, batch_size=16, shuffle=False)
```

虽然我们已经熟悉了数据加载器的设置，但值得一提的细节是`__getitem__`方法中的`item`变量。之前生成的词元编码存储了很多分词后的文本信息。通过将字典赋值给`item`，`item`只提取了与词元最相关的信息。例如，生成的字典条目包括`input_ids`(词汇表中与词元对应的索引整数)、`labels`(类别标签)和`attention_mask`。这里，`attention_mask`是一个二进制(0 和 1)张量，表示模型应该关注哪些词元。具体来讲，用 0 填充序列使所有序列长度相等，而且可以被模型忽略；1 对应输入文本的词元。

16.5.3 加载和微调预训练 BERT 模型

在完成数据准备后，本小节将展示如何加载预训练的 DistilBERT 模型，如何使用刚刚创建的数据集微调预训练模型。加载预训练模型的代码如下：

```
>>> model = DistilBertForSequenceClassification.from_pretrained(
...     'distilbert-base-uncased')
>>> model.to(DEVICE)
>>> model.train()

>>> optim = torch.optim.Adam(model.parameters(), lr=5e-5)
```

`DistilBertForSequenceClassification`指定了微调模型所要完成的下游任务。上面代码指定的是序列分类任务。如前所述，`'distilbert-base-uncased'`是 BERT 不区分输入序列大小写的基础模型的轻量级版本，具有模型规模小和性能好的特点。

使用其他预训练 transformer 模型

transformers 包还提供许多其他预训练模型和各种用于微调模型的下游任务。要获取更多信息请访问 https://huggingface.co/transformers/。

现在开始训练模型。我们将训练过程分成两个部分。首先，需要定义一个准确率函数来评估模型的性能。请注意，这里的准确率函数只计算常规的分类准确率。为什么准确率函数如此冗长？在这里，计算机逐批加载数据集，以解决使用大型模型时 RAM 或 GPU 内存(VRAM)大小有限的问题。

```
>>> def compute_accuracy(model, data_loader, device):
...         with torch.no_grad():
...             correct_pred, num_examples = 0, 0
...             for batch_idx, batch in enumerate(data_loader):
...                 ### Prepare data
...                 input_ids = batch['input_ids'].to(device)
...                 attention_mask = \
...                     batch['attention_mask'].to(device)
...                 labels = batch['labels'].to(device)

...                 outputs = model(input_ids,
...                    attention_mask=attention_mask)
...                 logits = outputs['logits']
...                 predicted_labels = torch.argmax(logits, 1)
...                 num_examples += labels.size(0)
...                 correct_pred += \
...                     (predicted_labels == labels).sum()
...         return correct_pred.float()/num_examples * 100
```

在 compute_accuracy 函数中，加载指定的批数据，然后从输出中获取预测标签。在执行此操作时，使用 num_examples 记录加载的样本的总数。同样，使用 correct_pred 变量记录正确预测的样本的数量。最后，遍历整个数据集并计算准确率，其中准确率为正确预测标签的比例。

总的来说，使用 compute_accuracy 函数可以了解如何使用 transformer 模型预测样本的类别标签。具体来讲，首先向模型提供 input_ids 和 attention_mask。在这里，attention_mask 表示一个词元是实际的输入文本还是用于填充序列的词元。然后调用模型并返回输出，输出是 transformers 库中的 SequenceClassifierOutput 对象。最后从这个对象中获取 logits，如前几章所做的那样，使用 argmax 函数将 logits 转换为类别标签。

最后，进入主要部分：训练（更确切地说是微调）模型。如下所示，微调 transformers 库中的模型与在 PyTorch 中从头开始训练模型类似：

```
>>> start_time = time.time()

>>> for epoch in range(NUM_EPOCHS):

...     model.train()

...     for batch_idx, batch in enumerate(train_loader):

...         ### Prepare data
...         input_ids = batch['input_ids'].to(DEVICE)
...         attention_mask = batch['attention_mask'].to(DEVICE)
```

```
...         labels = batch['labels'].to(DEVICE)

...         ### Forward pass
...         outputs = model(input_ids,
...                         attention_mask=attention_mask,
...                         labels=labels)
...         loss, logits = outputs['loss'], outputs['logits']

...         ### Backward pass
...         optim.zero_grad()
...         loss.backward()
...         optim.step()

...         ### Logging
...         if not batch_idx % 250:
...             print(f'Epoch: {epoch+1:04d}/{NUM_EPOCHS:04d}'
...                   f' | Batch'
...                   f'{batch_idx:04d}/'
...                   f'{len(train_loader):04d} | '
...                   f'Loss: {loss:.4f}')

...     model.eval()

...     with torch.set_grad_enabled(False):
...         print(f'Training accuracy: '
...               f'{compute_accuracy(model, train_loader, DEVICE):.2f}%'
...               f'\nValid accuracy: '
...               f'{compute_accuracy(model, valid_loader, DEVICE):.2f}%')

...     print(f'Time elapsed: {(time.time() - start_time)/60:.2f} min')

... print(f'Total Training Time: {(time.time() - start_time)/60:.2f} min')
... print(f'Test accuracy: {compute_accuracy(model, test_loader, DEVICE):.2f}%')
```

运行上述代码产生的输出如下（请注意，因为上述代码含有不确定因素，所以你得到的结果与下述结果将略有不同）：

```
Epoch: 0001/0003 | Batch 0000/2188 | Loss: 0.6771
Epoch: 0001/0003 | Batch 0250/2188 | Loss: 0.3006
Epoch: 0001/0003 | Batch 0500/2188 | Loss: 0.3678
Epoch: 0001/0003 | Batch 0750/2188 | Loss: 0.1487
Epoch: 0001/0003 | Batch 1000/2188 | Loss: 0.6674
Epoch: 0001/0003 | Batch 1250/2188 | Loss: 0.3264
Epoch: 0001/0003 | Batch 1500/2188 | Loss: 0.4358
```

```
Epoch: 0001/0003 | Batch 1750/2188 | Loss: 0.2579
Epoch: 0001/0003 | Batch 2000/2188 | Loss: 0.2474
Training accuracy: 96.32%
Valid accuracy: 92.34%
Time elapsed: 20.67 min
Epoch: 0002/0003 | Batch 0000/2188 | Loss: 0.0850
Epoch: 0002/0003 | Batch 0250/2188 | Loss: 0.3433
Epoch: 0002/0003 | Batch 0500/2188 | Loss: 0.0793
Epoch: 0002/0003 | Batch 0750/2188 | Loss: 0.0061
Epoch: 0002/0003 | Batch 1000/2188 | Loss: 0.1536
Epoch: 0002/0003 | Batch 1250/2188 | Loss: 0.0816
Epoch: 0002/0003 | Batch 1500/2188 | Loss: 0.0786
Epoch: 0002/0003 | Batch 1750/2188 | Loss: 0.1395
Epoch: 0002/0003 | Batch 2000/2188 | Loss: 0.0344
Training accuracy: 98.35%
Valid accuracy: 92.46%
Time elapsed: 41.41 min
Epoch: 0003/0003 | Batch 0000/2188 | Loss: 0.0403
Epoch: 0003/0003 | Batch 0250/2188 | Loss: 0.0036
Epoch: 0003/0003 | Batch 0500/2188 | Loss: 0.0156
Epoch: 0003/0003 | Batch 0750/2188 | Loss: 0.0114
Epoch: 0003/0003 | Batch 1000/2188 | Loss: 0.1227
Epoch: 0003/0003 | Batch 1250/2188 | Loss: 0.0125
Epoch: 0003/0003 | Batch 1500/2188 | Loss: 0.0074
Epoch: 0003/0003 | Batch 1750/2188 | Loss: 0.0202
Epoch: 0003/0003 | Batch 2000/2188 | Loss: 0.0746
Training accuracy: 99.08%
Valid accuracy: 91.84%
Time elapsed: 62.15 min
Total Training Time: 62.15 min
Test accuracy: 92.50%
```

上述代码迭代了多轮，每轮都运行以下步骤：

1）将输入数据加载到计算设备（GPU 或 CPU）中；

2）计算模型的输出和损失函数值；

3）通过反向传播调整模型参数；

4）在训练集和验证集上评估模型的性能。

请注意，使用不同的计算设备，训练模型所消耗的时间也不同。经过三轮训练后，模型在测试数据集上的准确率约为 93%。第 15 章使用的循环神经网络的测试准确率为 85%，相比之下准确率有了显著的提高。

16.5.4 使用 Trainer API 微调 transformer

前面，我们通过 PyTorch 手动实现了训练模型的过程，演示了微调 transformer 模型与从头开始训练循环神经网络模型或卷积神经网络模型没有太大区别。但请注意，`transformers` 库还包含其他使模型微调更方便的功能，如 Trainer API。

Hugging Face 提供的 Trainer API 针对 transformer 模型进行了优化，包含诸多训练选项和内置功能。使用 Trainer API 时，无须自己编写训练循环代码，训练或微调 transformer 模型就像调用函数(或方法)一样简单。我们来看在实践中如何使用 Trainer API。

运行下面的代码加载预训练模型：

```
>>> model = DistilBertForSequenceClassification.from_pretrained(
...     'distilbert-base-uncased')
>>> model.to(DEVICE)
>>> model.train();
```

然后用以下代码替换上一节中的训练循环代码：

```
>>> optim = torch.optim.Adam(model.parameters(), lr=5e-5)

>>> from transformers import Trainer, TrainingArguments

>>> training_args = TrainingArguments(
...     output_dir='./results',
...     num_train_epochs=3,
...     per_device_train_batch_size=16,
...     per_device_eval_batch_size=16,
...     logging_dir='./logs',
...     logging_steps=10,
... )

>>> trainer = Trainer(
...    model=model,
...    args=training_args,
...    train_dataset=train_dataset,
...    optimizers=(optim, None) # optim and learning rate scheduler
... )
```

上述代码首先定义了训练超参数，包括输入和输出位置、轮数、批数据大小等。从这些超参数变量的名称即可看出超参数的意义。尽管我们试图将参数设置变得简单，但还有许多其他复杂的超参数需要设置。建议读者查看 `TrainingArguments` 文档页面(https://huggingface.co/transformers/main_classes/trainer.html#trainingarguments)以获取参数设置方面的说明。

然后，将这些 `TrainingArguments` 参数设置传递给 `Trainer` 类，定义一个新的 `trainer`

对象。在初始化 trainer 后，可以获得待训练模型、训练集和评估集，从而调用 trainer.train()方法训练模型。使用 Trainer API 就如上述代码那样简单，不需要额外的代码模板。

然而，你可能已经注意到了，上述代码没有涉及测试数据集，而且也没有指定任何评估方法。这是因为在默认的训练过程中，Trainer API 仅显示训练损失函数值，不提供模型评估结果。有两种方法可以显示最终模型的性能，下面将介绍这两种方法。

评估最终模型的第一种方法是将评估函数定义为另一个 Trainer 对象的 compute_metrics 参数。compute_metrics 函数处理模型输出的 logits(模型的默认输出)和测试样本真实标签。要用代码实现这些功能，建议运行 pip install datasets 命令安装 Hugging Face 的 datasets 库，如下所示：

```
>>> from datasets import load_metric
>>> import numpy as np

>>> metric = load_metric("accuracy")

>>> def compute_metrics(eval_pred):
...       logits, labels = eval_pred
...       # note: logits are a numpy array, not a pytorch tensor
...       predictions = np.argmax(logits, axis=-1)
...       return metric.compute(
...           predictions=predictions, references=labels)
```

更新后的 Trainer(包括 compute_metrics)的实现代码如下：

```
>>> trainer=Trainer(
...     model=model,
...     args=training_args,
...     train_dataset=train_dataset,
...     eval_dataset=test_dataset,
...     compute_metrics=compute_metrics,
...     optimizers=(optim, None) # optim and learning rate scheduler
... )
```

现在，我们训练模型(请注意，因为代码包含随机因素，所以可能会得到不同的结果)：

```
>>> start_time = time.time()
>>> trainer.train()

***** Running training *****
  Num examples = 35000
  Num Epochs = 3
  Instantaneous batch size per device = 16
```

```
  Total train batch size (w. parallel, distributed & accumulation) = 16
  Gradient Accumulation steps = 1
  Total optimization steps = 6564

Step  Training Loss
10    0.705800
20    0.684100
30    0.681500
40    0.591600
50    0.328600
60    0.478300
...


>>> print(f'Total Training Time: '
...       f'{(time.time() - start_time)/60:.2f} min')
Total Training Time: 45.36 min
```

根据计算机的 GPU，训练过程消耗的时间最多一小时。训练完成后，可以调用 `trainer.evaluate()`方法获取模型在测试集上的预测性能：

```
>>> print(trainer.evaluate())

***** Running Evaluation *****
Num examples = 10000
Batch size = 16
100%|                                        | 625/625 [10:59<00:00,  1.06s/
it]
{'eval_loss': 0.30534815788269043,
 'eval_accuracy': 0.9327,
 'eval_runtime': 87.1161,
 'eval_samples_per_second': 114.789,
 'eval_steps_per_second': 7.174,
 'epoch': 3.0}
```

可以看到，模型在测试数据集上的预测准确率约为 94%，与之前使用 PyTorch `for` 循环训练模型得到的结果类似。请注意，这里跳过了模型训练步骤，因为前面运行 `trainer.train()` 后已经完成了模型的微调。手动训练模型与使用 `Trainer` 类训练模型存在一个微小的差异，即使用 `Trainer` 类需要额外设置一些参数。

第二种计算模型在测试数据集上准确率的方法是使用前面定义的 `compute_accuracy` 函数。我们可以运行以下代码评估微调后的模型在测试数据集上的性能：

```
>>> model.eval()
>>> model.to(DEVICE)
```

```
>>> print(f'Test accuracy: {compute_accuracy(model, test_loader,
DEVICE):.2f}%')

Test accuracy: 93.27%
```

事实上，如果想在训练期间定期检查模型的性能，则可以按照以下代码定义训练参数，使 trainer 在每轮训练后打印模型评估结果：

```
>>> from transformers import TrainingArguments

>>> training_args = TrainingArguments("test_trainer",
...     evaluation_strategy="epoch", ...)
```

但是，如果计划通过多次模型微调更改或优化超参数，建议使用专门用于优化超参数的验证数据集，从而保证训练过程中测试数据集的独立性。为此，可以在定义 Trainer 类时按如下方式初始化 valid_dataset 参数：

```
>>> trainer=Trainer(
...     model=model,
...     args=training_args,
...     train_dataset=train_dataset,
...     eval_dataset=valid_dataset,
...     compute_metrics=compute_metrics,
... )
```

本节展示了如何微调 BERT 模型以完成分类任务。微调 BERT 模型与使用其他深度网络不同，例如，使用循环神经网络需要从头开始训练模型。然而，除非研究或者开发新的 transformer 神经网络，否则，从头开始训练 transformer 模型费时费力且没有必要。因为现有的预训练好的 transformer 模型经过海量通用无标签数据集的训练，我们自己训练大型语言模型既耗时又耗计算资源，所以针对具体任务，微调预训练好的模型才是明智的选择。

16.6 本章小结

本章介绍了一种全新的自然语言处理模型结构，即 transformer 结构。transformer 建立在自注意力机制的基础之上。本章逐步地介绍了自注意力机制。首先，介绍了带有注意力机制的循环神经网络模型，这个模型可以提高长句翻译准确率；然后，介绍了自注意力的概念，并解释了如何在 transformer 的多头注意力模块中使用自注意力机制。

自从在 2017 年提出 transformer 后，transformer 结构被不断地改进。本章重点介绍几个最受欢迎的模型，如 GPT 系列模型、BERT 模型和 BART 模型。GPT 是单向模型，擅长生成新文本。BERT 是双向模型，更适合用于文本分类等任务。BART 模型既拥有 BERT 模型中的双向编码器，也拥有 GPT 模型中的单向解码器。对此感兴趣的读者可以阅读以下论文：

- Xipeng Qiu, Tianxiang Sun, Yige Xu, Yunfan Shao, Ning Dai, Xuanjing Huang. Pre-trained Models for Natural Language Processing：A Survey, 2020, https://arxiv.org/abs/2003.08271；
- Katikapalli Subramanyam Kalyan, Ajit Rajasekharan, Sivanesan Sangeetha. AMMUS：A Survey of Transformer-based Pretrained Models in Natural Language Processing, 2021, https://arxiv.org/abs/2108.05542。

通常，训练 transformer 模型比训练循环神经网络模型需要更多数据。预训练 transformer 模型需要大量的数据。利用大量无标签的数据预训练通用语言模型，然后针对特定任务用有标签的小数据集微调预训练的模型。

为了测试模型实际的工作性能，本章从 Hugging Face 开源的 `transformers` 库下载了预训练的 BERT 模型，使用 IMDb 影评数据集微调了该模型，以完成文本情感分类任务。

第 17 章将介绍生成对抗网络。顾名思义，生成对抗网络是一个用于生成新数据的模型，类似于本章介绍的 GPT 模型。下面，我们将暂时放下本章介绍的自然语言建模任务，开始探讨计算机视觉领域用于生成新的图像的生成对抗网络，生成新图像也是生成对抗网络设计的初衷。

CHAPTER 17

第 17 章 用于合成新数据的生成对抗网络

本章将探讨生成对抗网络(Generative Adversarial Network，GAN)。使用生成对抗网络可以生成新数据(如新图像)，因此生成对抗网络被认为是深度学习领域最重要的突破之一。

本章将介绍以下内容：

- 合成新数据的生成模型；
- 自编码器、变分自编码器(Variational AutoEncoder，VAE)，及其与生成对抗网络的关系；
- 生成对抗网络的构建模块；
- 生成手写数字的简单生成对抗网络模型；
- 转置卷积和批归一化；
- 深度卷积生成对抗网络和基于 wasserstein 距离的生成对抗网络。

17.1 生成对抗网络

首先介绍生成对抗网络模型的基本原理。生成对抗网络的主要目的是合成与训练数据具有相同分布的新数据。最初提出的生成对抗网络是一种无监督学习方法。值得注意的是，通过拓展，生成对抗网络也可以用于半监督学习和有监督学习任务。

Ian Goodfellow 和其同事于 2014 年首次提出生成对抗网络概念(I. Goodfellow，J. Pouget-Abadie，M. Miraz，B. Xu，D. Warde-Farley，S. Ozair，A. Courville，Y. Bengio. Generative Adversarial Nets，Advance in Neural Information Processing Systems，pp. 2672-2680，2014，https://arxiv. org/abs/1406. 2661)。生成对抗网络是一种合成新数据的深度神经网络。在最初提出生成对抗网络的论文中，训练全连接神经网络(类似于多层感知机结构)生成类似于 MNIST 低分辨率手写数字图像的图像。这篇论文中的生成对抗网络仅用于展示，表明这种新方法的可行性。

自从生成对抗网络方法提出以来，研究人员提出了许多改进方法，并将生成对抗网络用于诸多工程和科研领域。例如，在计算机视觉领域，生成对抗网络被用于图像到图像的转换(学习如何将输入图像映射到输出图像)、图像超分辨率(使用低分辨率图像生成高分辨率图像)、图像补全(学习如何重建图像中的缺失部分)、合成高分辨率人脸图像等任务。网站 https://www.thispersondoesnotexist.com/给出了生成对抗网络合成的高分辨人脸图像。

17.1.1 自编码器

在讨论生成对抗网络的工作原理前，需要先介绍自编码器。自编码器可以压缩和解压缩训练数据。虽然标准的自编码器无法生成新数据，但了解其功能有助于我们理解生成对抗网络。

自编码器由两个网络组成：编码器网络和解码器网络。编码器网络接收 d 维输入特征向量或样本 $\boldsymbol{x}(\boldsymbol{x} \in R^d)$，并将输入特征向量编码为 p 维向量 $z(z \in R^p)$。换句话说，编码器的作用就是学习如何建模函数 $z=f(\boldsymbol{x})$。编码向量 z 也被称为**潜在向量**或潜在特征表示。通常，**潜在向量**的维数小于输入样本的维数，即 $p<d$。因此，可以说编码器的作用与数据压缩函数的作用相同。解码器将低维的**潜在向量** z 解压缩为 $\hat{\boldsymbol{x}}$，因此可以把解码器当作函数 $\hat{\boldsymbol{x}}=g(z)$。图 17.1 展示了一个简单的自编码器结构，其中编码器和解码器部分都只包含一个全连接层。

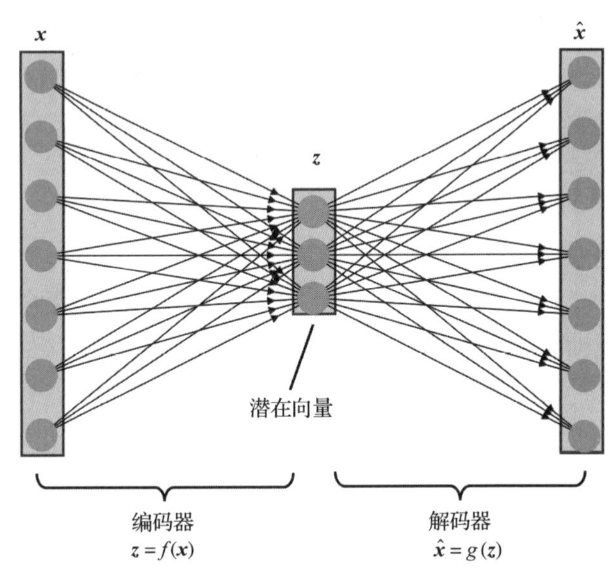

图 17.1　自编码器的结构

自编码器与数据降维的关系

第 5 章介绍了一些数据降维方法，如主成分分析(PCA)和线性判别分析(LDA)。自编码器也可以用于数据降维。事实上，当两个子网络(编码器网络和解码器网络)中都不存在非线性运算时，自编码器与主成分分析几乎相同。

在这种情况下，假设单层编码器(没有隐藏层和非线性激活函数)的权重由矩阵 $\boldsymbol{U}$ 表示，那么编码器的模型为 $\boldsymbol{z}=\boldsymbol{U}^{\mathrm{T}}\boldsymbol{x}$。使用同样的假设，单层线性解码器的模型为 $\hat{\boldsymbol{x}}=\boldsymbol{U}\boldsymbol{z}$。把这两部分放在一起，可得 $\hat{\boldsymbol{x}}=\boldsymbol{U}\boldsymbol{U}^{\mathrm{T}}\boldsymbol{x}$。自编码器与主成分分析算法完全一致，只不过主成分分析有一个额外的正交约束($\boldsymbol{U}\boldsymbol{U}^{\mathrm{T}}=\boldsymbol{I}_{n\times n}$)。

虽然在图 17.1 展示的自编码器中，编码器和解码器没有隐藏层，但我们可以添加多个非线性隐藏层(就像在多层神经网络中那样)，从而构建一个深度自编码器，以更加有效地压缩和重构数据。此外，本节中提到的自编码器使用的是全连接层。但在处理图像时，可以像第 14 章那样，使用卷积层代替全连接层。

具有不同长度潜在向量的自编码器

如前所述，自编码器的潜在向量空间维数通常小于输入数据的维数($p<d$)，这使得自编码器可以被看作降维方法。因此，潜在向量通常也被称为“瓶颈”，自编码器的这种特定结构也被称为欠完备结构。此外，还有一种过完备自编码器，其潜在向量 z 的维数大于输入维数($p>d$)。

在训练过完备自编码器时存在一个平凡解，即编码器和解码器只简单地把输入特征复制到输出层。显然，这种自编码器用途不大。但是如果对训练过程稍做修改，过完备自编码器就可以用于降噪。

在训练过程中，把随机噪声 $\boldsymbol{\varepsilon}$ 添加到输入样本 $\boldsymbol{x}$ 中，网络从噪声信号 $\boldsymbol{x}+\boldsymbol{\varepsilon}$ 中学习如何重构样本 $\boldsymbol{x}$。在评估时，提供带有噪声的新样本(即样本中本就存在噪声，不需要额外添加人工噪声 $\boldsymbol{\varepsilon}$)，模型将去除样本中的噪声。这种自编码器结构和训练方法被称为降噪自编码器。

如果感兴趣，可以阅读相关论文了解更多相关信息(Pascal Vincent, Hugo Larochelle, Isabelle Lajoie, Yoshua Bengio, Pierre-Antoine Manzagol. Stacked denoising autoencoders: Learning useful representations in a deep network with a local denoising criterion, 2010, http://www.jmlr.org/papers/v11/vincent10a.html)。

17.1.2 用于合成新数据的生成模型

自编码器是确定性模型，这意味着给定输入 $\boldsymbol{x}$，经过训练的自编码器能够根据低维空间的压缩数据重构输入样本。除了重构输入样本之外，自编码器无法生成新数据。

相反，生成模型可以根据随机向量 z(对应于**潜在表示**)生成新样本 $\tilde{\boldsymbol{x}}$。图 17.2 给出了生成模型的原理图。因为已知随机向量 z 的分布，因此可以轻松地从 z 的分布中抽样。例如，z 的每个元素都来自[-1,1]上的均匀分布，记为 $z_i \sim \text{Uniform}(-1,1)$，或者都来自标准正态分布，记为 $z_i \sim \text{Normal}(\mu=0,\sigma^2=1)$。

现在我们把注意力从自编码器转移到生成模型上，可以发现自编码器中的解码器与生成模型有一些相似之处，即它们都将**潜在向量** z 作为输入，返回的输出与 $\boldsymbol{x}$ 在相同的特征空间。对于自编码器，$\hat{\boldsymbol{x}}$ 为输入 $\boldsymbol{x}$ 的重构；对于生成模型，$\hat{\boldsymbol{x}}$ 为合成的样本。两者之间的主要区别是，在自编码器中 z 的分布是未知的，而在生成模型中 z 的分布已知。可以通过一些方法将自编码器转变为生成模型，例如变分自编码器。

在变分自编码器中，编码器被修改为使用输入数据 $\boldsymbol{x}$ 计算**潜在向量**概率分布的两个统计值(均值 $\boldsymbol{\mu}$ 和方差 $\boldsymbol{\sigma}^2$)。在训练期间，变分自编码器让**潜在向量**分布的均值和方差尽可能靠近标准正态分布的均值和方差(即零均值和单位方差)。完成模型训练后，丢弃编码器，然后通过学习到的正态分布产生随机向量 z，将 z 作为解码器网络的输入，据此生成新样本 $\tilde{\boldsymbol{x}}$。

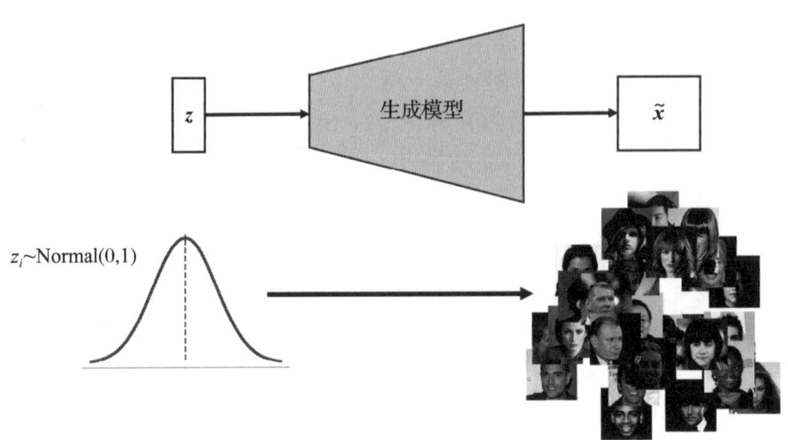

图 17.2 生成模型

除了变分自编码器，还有诸如自回归模型和归一化流模型等其他类型的生成模型。本章只讨论生成对抗网络模型。生成对抗网络是深度学习领域最新、最流行的生成模型之一。

什么是生成模型

通常来说生成模型是指那些能够给出输入数据的概率分布 $p(x)$ 或输入数据和标签的联合概率分布 $p(x,y)$ 的模型。根据定义，这些模型能基于特征 x_j 生成特征 x_i，这种特征生成的方式通常被称为条件推理。但是，在深度学习领域，生成模型通常指能够生成与真实数据十分相似的数据的模型。这意味着我们可以根据输入数据的概率分布 $p(x)$ 进行抽样，但未必能够进行条件推理。

17.1.3 用生成对抗网络生成新样本

为了理解生成对抗网络的工作原理，假设有一个网络接收从已知分布中抽样的随机向量 z，然后生成输出图像 x，这个网络就被称作**生成器**(G)，并使用符号 $\tilde{x}=G(z)$ 表示网络的输出。假设生成对抗网络的目标是生成人脸图像、建筑物图像、动物图像以及 MNIST 手写数字图像等。

首先使用随机权重初始化网络参数，因此在调整权重之前，第一幅输出图像看起来类似白噪声。假设有一个可以评估图像质量的函数，我们称之为评估器。

如果存在这样的函数，我们就可以把该函数的反馈提供给生成器网络，告诉生成器如何调整权重以提高生成图像的质量。这样就能够基于评估器的反馈训练生成器，使生成器学习并改进，从而能够生成能以假乱真的图像。

虽然上述评估器能将图像生成任务变得非常简单，但问题是是否存在能够评估图像质量的通用函数？如果存在，这个函数又是如何定义的？尽管人脑能够准确地评估模型输出图像的质量，但是目前我们并不能把人脑的评估结果传回给合成器网络。既然大脑能够评估合成图像的质量，能否设计一个神经网络模型来做同样的事情呢？这正是生成对抗网络的思路。

如图 17.3 所示，生成对抗网络模型包含一个被称为**判别器**(*D*)的神经网络。判别器是一个分类器，能够通过学习区分真实图像 $\boldsymbol{x}$ 和合成图像 $\tilde{\boldsymbol{x}}$。

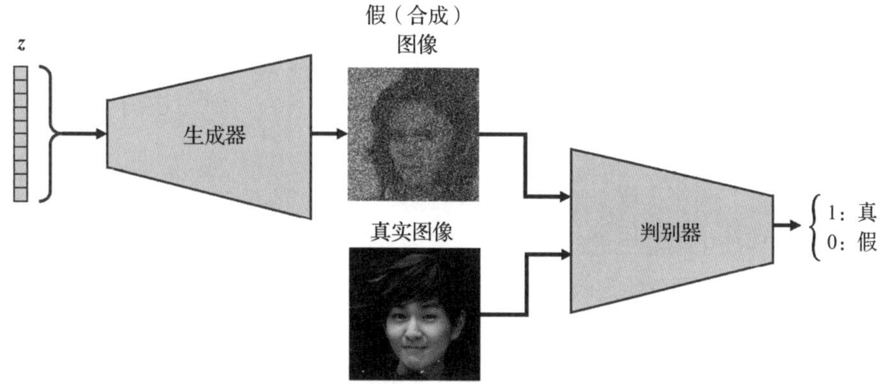

图 17.3　用判别器区分真实图像和生成器合成的图像

对于生成对抗网络模型，需要同时训练生成器和判别器。在初始化模型权重后，生成器会创建一些看起来不太逼真的图像。此时，判别器无法准确区分真实图像和生成器合成的图像。但随着时间的推移(即经过训练)，通过彼此交互训练，两个网络的能力都变得越来越强。事实上，两个网络在“玩一个对抗游戏”，其中生成器学习生成“真实”的图像以“骗过”判别器；与此同时，判别器区分真实图像与合成图像的能力也随之提高。

17.1.4　理解生成对抗网络模型中生成器和判别器网络的损失函数

论文“Generative Adversarial Nets”对生成对抗网络的目标函数的描述如下：

$$V(\theta^{(D)},\theta^{(G)})=E_{\boldsymbol{x}\sim p_{\text{data}}(\boldsymbol{x})}[\log D(\boldsymbol{x})]+E_{\boldsymbol{z}\sim p_{\boldsymbol{z}}(\boldsymbol{z})}[\log(1-D(G(\boldsymbol{z})))]$$

其中，$V(\theta^{(D)},\theta^{(G)})$被称作**价值函数**，可以理解为回报(payoff)。对于判别器(*D*)，我们希望最大化 $V(\theta^{(D)},\theta^{(G)})$的值；对于生成器(*G*)，则希望最小化 $V(\theta^{(D)},\theta^{(G)})$的值，因此优化问题为 $\min\limits_{G}\max\limits_{D}V(\theta^{(D)},\theta^{(G)})$。$D(\boldsymbol{x})$表示输入样本 $\boldsymbol{x}$ 为真或假的概率。$E_{\boldsymbol{x}\sim p_{\text{data}}(\boldsymbol{x})}[\log D(\boldsymbol{x})]$表示根据真实数据分布 $p_{\text{data}}(\boldsymbol{x})$的 $\log D(\boldsymbol{x})$的期望值，$E_{\boldsymbol{z}\sim p_{\boldsymbol{z}}(\boldsymbol{z})}[\log(1-D(G(\boldsymbol{z})))]$表示根据合成数据分布 $p_{\boldsymbol{z}}(\boldsymbol{z})$的 $\log(1-D(G(\boldsymbol{z})))$的期望值。

训练这个价值函数对应的生成对抗网络模型包含两个优化步骤：(1)最大化判别器的回报；(2)最小化生成器的回报。训练生成对抗网络模型的一种有效方法是交替进行这两个优化步骤：(1)固定一个网络的参数，优化另一个网络的权重；(2)固定第二个网络的参数，优化第一个网络的权重。在每次训练迭代中都重复此过程。假设生成器网络是固定的，则优化判别器。价值函数 $V(\theta^{(D)},\theta^{(G)})$中的两项对优化判别器都有帮助，其中第一项为真实数据样本的损失项，第二项为合成样本的损失项。因此，当 *G* 固定时，需要最大化 $V(\theta^{(D)},\theta^{(G)})$，即让判别器更好地区分真实图像与合成图像。

在使用真实样本和合成样本训练判别器后，固定判别器，开始优化生成器。在这种情况下，$V(\theta^{(D)},\theta^{(G)})$中只有第二项对生成器的梯度有贡献。因此，当 D 固定时，目标是**最小化** $V(\theta^{(D)},\theta^{(G)})$，即$\min_G E_{z\sim p_z(z)}[\log(1-D(G(z)))]$。正如 Goodfellow 等人在生成对抗网络的论文中所说，函数 $\log(1-D(G(z)))$在训练早期会受到梯度消失问题的影响，其原因是在学习过程的早期，输出 $G(z)$看起来与真实图像截然不同，因此 $D(G(z))$将会以高置信度给出接近于零的值。这种现象被称为**饱和现象**。为了解决这个问题，将 $V(\theta^{(D)},\theta^{(G)})$中的$\min_G E_{z\sim p_z(z)}[\log(1-D(G(z)))]$修改为$\max_G E_{z\sim p_z(z)}[\log(D(G(z)))]$。

这种替换意味着，为了训练生成器，可以互换真假样本的标签，然后最小化常用的损失函数。换句话说，即使生成器生成的样本是标签为 0 的假样本，也可以通过翻转将这些样本的标签置为 1，并使用这些新标签**最小化**交叉熵损失函数，而非$\max_G E_{z\sim p_z(z)}[\log(D(G(z)))]$。

前面已经介绍了训练生成对抗网络模型的优化过程，现在我们来研究在训练生成对抗网络时使用的数据标签。假定判别器是一个二元分类器(类别标签为 0 和 1，分别对应假图像和真实图像)，所以可以使用二元交叉熵损失函数。因此，判别器的真实标签如下：

$$\text{判别器的真实标签}=\begin{cases}1 & \text{真实图像 } \boldsymbol{x}\\ 0 & \text{生成器的输出 } G(z)\end{cases}$$

训练生成器的数据标签是什么样的？由于希望生成器生成真实图像，因此当生成器的输出没有被判别器分类为真实图像时，将对生成器进行惩罚。这意味着在计算生成器的损失函数时，我们假定生成器的输出对应的真实标签为 1。

综上所述，图 17.4 给出了训练生成对抗网络模型的步骤。

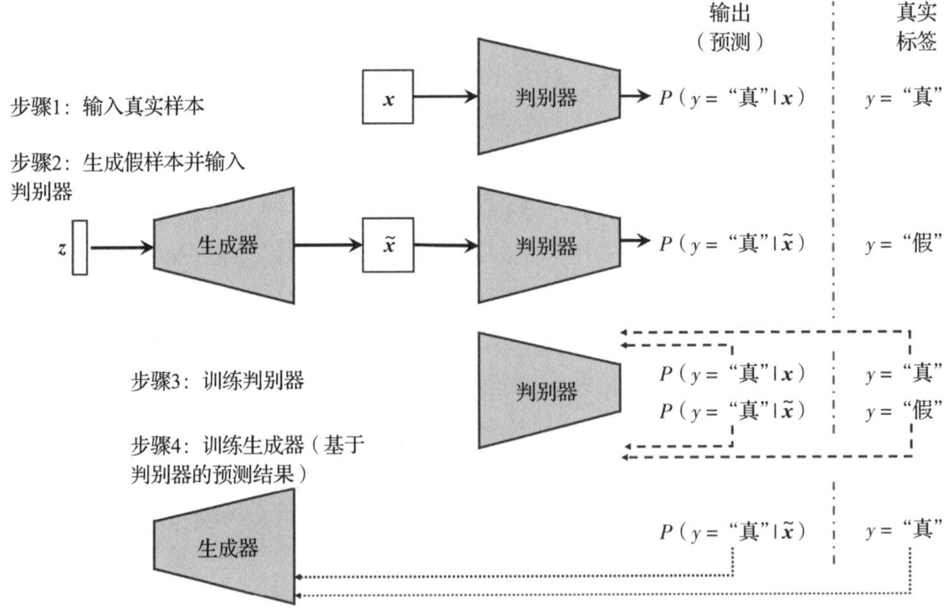

图 17.4 训练生成对抗网络模型的步骤

下面将介绍如何从零开始实现生成对抗网络，并使用该网络合成手写数字图像。

17.2 从零开始实现生成对抗网络

本节将介绍如何实现和训练生成对抗网络模型，并生成诸如 MNIST 手写数字图像的新图像。由于在 CPU 上训练模型需要很长时间，因此下面将介绍如何配置谷歌的 Colab 环境，以便能够在 GPU 上训练模型。

17.2.1 用谷歌 Colab 训练生成对抗网络模型

本章部分代码示例需要大量的算力，远超普通商用笔记本电脑的计算能力。如果你有一台配置了 NVIDIA GPU 且安装了 CUDA 和 cuDNN 库的计算机，那么可以使用该计算机提高计算速度。

由于许多人无法获得高性能的算力，因此接下来将在谷歌的 Colab 环境(通常被称为谷歌 Colab)中训练模型。谷歌 Colab 是在大多数国家和地区都可以免费使用的云计算服务。

谷歌 Colab 提供了一些可以在云端运行的 Jupyter Notebook 代码实例，这些 notebook 可以保存在谷歌云盘或 GitHub 上。虽然谷歌 Colab 提供了各种计算资源，如 CPU、GPU 以及张量处理器(Tensor Processing Unit，TPU)，但需要强调的是，当前用户在谷歌 Colab 上连续运行 notebook 的时间上限是 12h。任何运行超过 12h 的 notebook 都会被中断。

本章的代码需要 2~3h 的计算时间，因此不存在上述问题。但是，如果在谷歌 Colab 上运行需要 12h 以上的项目，请确保使用断点，并保存中间结果。

Jupyter Notebook

Jupyter Notebook 是一个图形用户界面(Graphical User Interface GUI)，用于交互地运行代码，并可以交错使用代码、文本文档和图像。由于功能多样、容易使用，Jupyter Notebook 已成为数据科学领域最流行的工具之一。

有关 Jupyter Notebook 的更多信息，请参考官方在线文档(https://jupyter-notebook.readthedocs.io/en/stable/)。本书中的所有代码也都以 Jupyter Notebook 的形式提供，相关介绍在第 1 章的代码目录中。

最后，强烈推荐 Adam Rule 等人写的关于 Jupyter Notebook 使用方法的论文 “Ten simple rules for writing and sharing computational analyses in Jupyter Notebooks” (https://journals.plos.org/ploscompbiol/article?id=10.1371/journal.pcbi.1007007)。

访问谷歌 Colab 非常简单。单击网络链接 https://colab.research.google.com，浏览器将会自动跳转到提示窗口，在提示窗口处可以看到 Jupyter Notebook。单击 Google Drive 选项卡，如图 17.5 所示，这样就可以在谷歌云盘上保存 notebook 了。如果想创建新的 notebook，则单击提示窗口底部的 New notebook 选项。

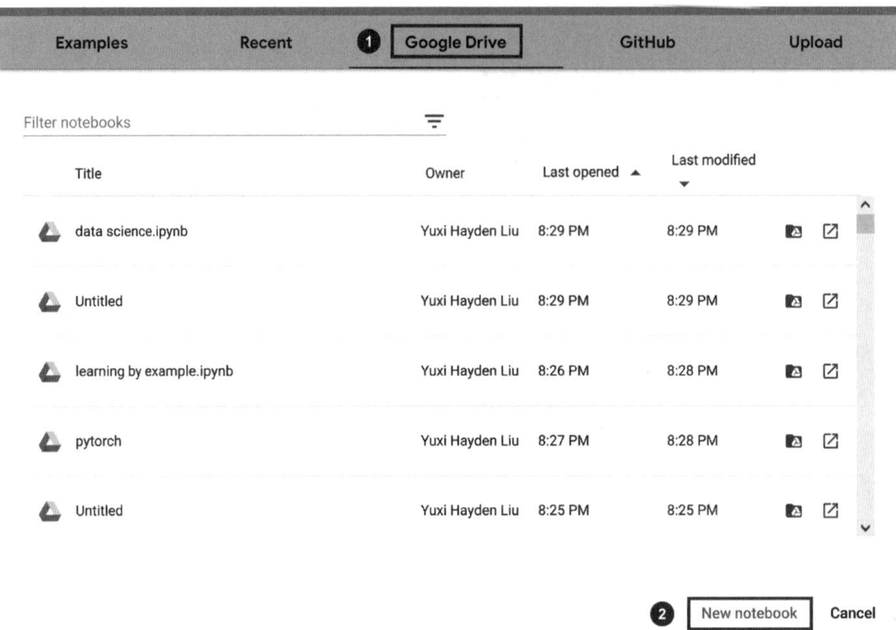

图 17.5　在谷歌 Colab 中创建新的 notebook

这将创建并打开一个新的 notebook。所有在 notebook 中编写的代码都会自动保存，之后可以在谷歌云盘的 Colab Notebooks 目录下访问该 notebook。

接下来，使用 GPU 运行该 notebook 中的代码。在 notebook 菜单栏中的 Runtime 选项中，单击 Change runtime type 并选择 GPU，如图 17.6 所示。

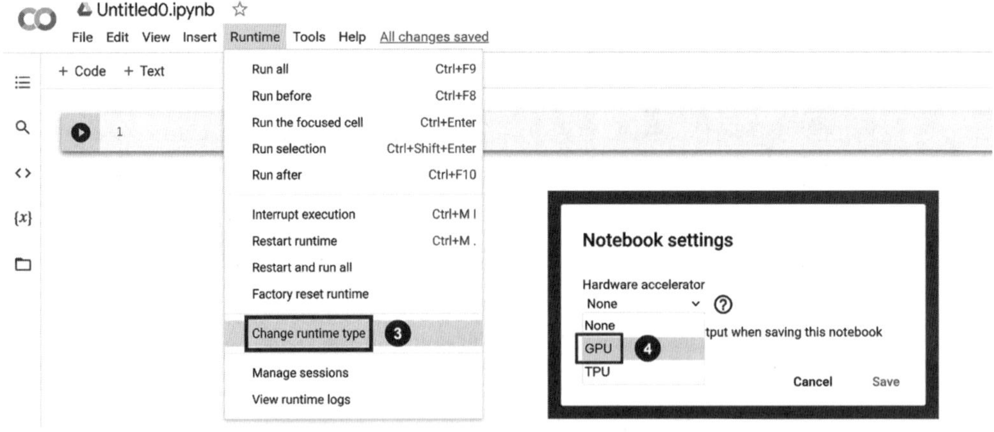

图 17.6　在谷歌 Colab 中使用 GPU

最后，安装本章所需的 Python 包。Colab Notebook 环境已附带了某些软件包，例如 NumPy、SciPy 以及最新稳定版本的 PyTorch。在撰写本书时，谷歌 Colab 上最新稳定版本是

PyTorch1.9。

运行以下代码验证 GPU 是否可用：

```
>>> import torch
>>> print(torch.__version__)
1.9.0+cu111
>>> print("GPU Available:", torch.cuda.is_available())
GPU Available: True
>>> if torch.cuda.is_available():
...     device = torch.device("cuda:0")
... else:
...     device = "cpu"
>>> print(device)
cuda:0
```

此外，如果想将模型保存到个人谷歌云盘，或者传输、上传其他文件，则需要安装谷歌云盘。具体操作如下：

```
>>> from google.colab import drive
>>> drive.mount('/content/drive/')
```

运行上述代码后将会出现一个链接，用来授权 Colab Notebook 访问谷歌云盘。按照说明完成身份验证后，系统将提供一个身份验证码，将该验证码复制并粘贴到刚刚运行过命令的单元下方的输入框中。然后，就可以安装谷歌云盘并将其加载到`/content/drive/My Drive`目录下。当然，也可以通过 GUI 安装谷歌云盘，如图 17.7 所示。

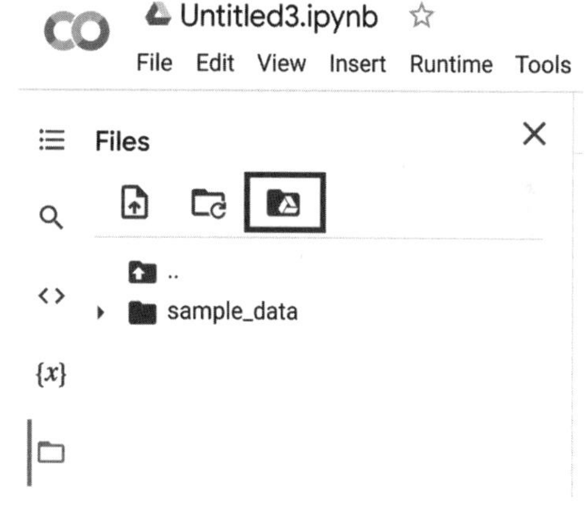

图 17.7 安装谷歌云盘

17.2.2 实现生成器和判别器网络

本小节将用一个生成器和一个判别器实现第一个生成对抗网络模型，其中生成器和判别器是拥有一个或多个隐藏层的全连接网络，如图 17.8 所示。

图 17.8 给出了基于全连接层的生成对抗网络，称为**原型生成对抗网络**(vanilla GAN)。由于使用 ReLU 会导致梯度稀疏，因此原型生成对抗网络模型的每个隐藏层都使用 leaky-ReLU 激活函数。在原型生成对抗网络的判别器中，每个隐藏层后面都有一个 dropout 层，且判别器的输出层没有使用线性激活函数来获取 logits，而是使用 sigmoid 激活函数来获取概率；在生成器中，输出层使用双曲正切(tanh)激活函数(双曲正切激活函数有助于网络学习)。

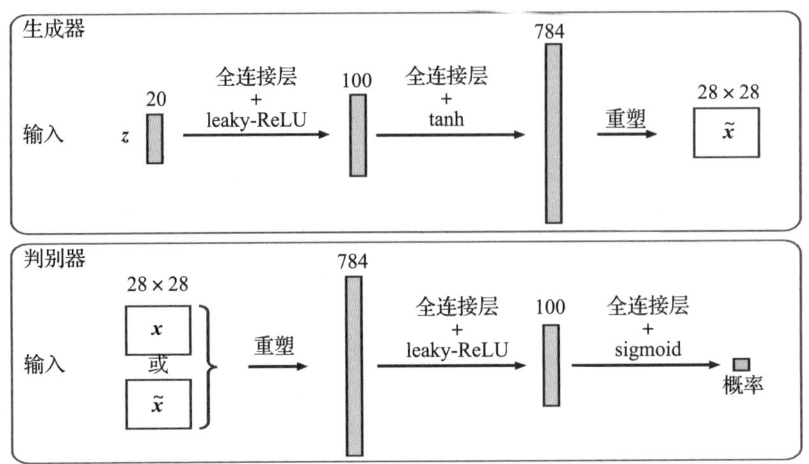

图 17.8　具有两个全连接层的全连接网络作为生成器和判别器的生成对抗网络模型

leaky-ReLU 激活函数

第 12 章介绍了神经网络使用的各种非线性激活函数，其中 ReLU 激活函数定义为 $\sigma(z)=\max(0,z)$。ReLU 激活函数抑制负输入，即输入为负数时输出值为零。因此，使用 ReLU 激活函数可能会导致反向传播梯度稀疏。稀疏梯度并非总是有害的，相反有时有利于分类模型。但是，在某些应用(例如生成对抗网络)中，获得所有输入值的梯度是有益的。因此，适当修改 ReLU 函数，使其在输入值为负的情况下输出较小的值，修改后的 ReLU 函数被称为 leaky-ReLU。leaky-ReLU 可以有效解决稀疏梯度问题。简而言之，leaky-ReLU 激活函数允许输入为负值时梯度非零。因此，leaky-ReLU 可以使网络整体上具有更好的表现。

leaky-ReLU 激活函数如图 17.9 所示，其中 α 是输入为负时的斜率。

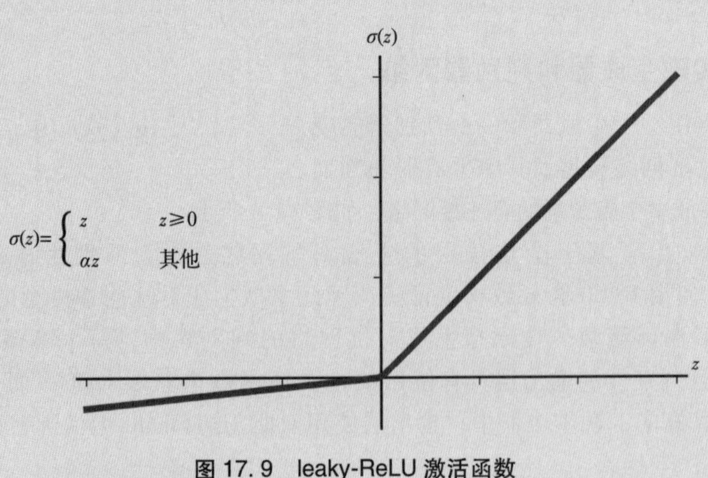

图 17.9　leaky-ReLU 激活函数

接下来定义生成器和判别器函数。首先，调用 PyTorch 的 nn.Sequential 类定义模型，并添加图 17.8 中的全连接层。代码如下：

```
>>> import torch.nn as nn
>>> import numpy as np
>>> import matplotlib.pyplot as plt
>>> ## define a function for the generator:
>>> def make_generator_network(
...         input_size=20,
...         num_hidden_layers=1,
...         num_hidden_units=100,
...         num_output_units=784):
...     model = nn.Sequential()
...     for i in range(num_hidden_layers):
...         model.add_module(f'fc_g{i}',
...                          nn.Linear(input_size, num_hidden_units))
...         model.add_module(f'relu_g{i}', nn.LeakyReLU())
...         input_size = num_hidden_units
...     model.add_module(f'fc_g{num_hidden_layers}',
...                      nn.Linear(input_size, num_output_units))
...     model.add_module('tanh_g', nn.Tanh())
...     return model
>>>
>>> ## define a function for the discriminator:
>>> def make_discriminator_network(
...         input_size,
...         num_hidden_layers=1,
...         num_hidden_units=100,
...         num_output_units=1):
...     model = nn.Sequential()
...     for i in range(num_hidden_layers):
...         model.add_module(
...             f'fc_d{i}',
...             nn.Linear(input_size, num_hidden_units, bias=False)
...         )
...         model.add_module(f'relu_d{i}', nn.LeakyReLU())
...         model.add_module('dropout', nn.Dropout(p=0.5))
...         input_size = num_hidden_units
...     model.add_module(f'fc_d{num_hidden_layers}',
...                      nn.Linear(input_size, num_output_units))
...     model.add_module('sigmoid', nn.Sigmoid())
...     return model
```

接着，设置模型的训练参数。MNIST 数据集中的每幅图像大小都为 28×28 像素。因为 MNIST 仅包含灰度图像，所以只有一个颜色通道。然后，将输入向量 z 的长度定义为 20。由于这里只是展示对抗生成网络的效果，因此只使用全连接层，这样对抗生成网络就是一个十分简单的模型，生成器与判别器网络都只有一个包含 100 个神经元的隐藏层。下面的代码将定义并初始化生成器与判别器网络，同时打印模型信息：

```
>>> image_size = (28, 28)
>>> z_size = 20
>>> gen_hidden_layers = 1
>>> gen_hidden_size = 100
>>> disc_hidden_layers = 1
>>> disc_hidden_size = 100
>>> torch.manual_seed(1)
>>> gen_model = make_generator_network(
...     input_size=z_size,
...     num_hidden_layers=gen_hidden_layers,
...     num_hidden_units=gen_hidden_size,
...     num_output_units=np.prod(image_size)
... )
>>> print(gen_model)
Sequential(
  (fc_g0): Linear(in_features=20, out_features=100, bias=False)
  (relu_g0): LeakyReLU(negative_slope=0.01)
  (fc_g1): Linear(in_features=100, out_features=784, bias=True)
  (tanh_g): Tanh()
)

>>> disc_model = make_discriminator_network(
...     input_size=np.prod(image_size),
...     num_hidden_layers=disc_hidden_layers,
...     num_hidden_units=disc_hidden_size
... )
>>> print(disc_model)
Sequential(
  (fc_d0): Linear(in_features=784, out_features=100, bias=False)
  (relu_d0): LeakyReLU(negative_slope=0.01)
  (dropout): Dropout(p=0.5, inplace=False)
  (fc_d1): Linear(in_features=100, out_features=1, bias=True)
  (sigmoid): Sigmoid()
)
```

17.2.3 定义训练数据集

在实现生成对抗网络架构后，从 PyTorch 中加载 MNIST 数据集并对数据进行预处理。生成器的输出层采用 tanh 激活函数，因此合成图像的像素值在(-1,1)区间内。然而，MNIST 图像的输入像素值在[0,255]区间内(数据类型为 `PIL.Image.Image`)。因此，在预处理步骤中，

使用 `torchvision.transforms.ToTensor` 函数将输入图像转化为张量类型。除了改变数据类型外，调用此函数还会将输入像素值范围转换到[0,1]内。为了有助于梯度下降，需要把输入数值放大 2 倍并偏移-1 个单位，将像素值范围调整到[-1,1]内。

```
>>> import torchvision
>>> from torchvision import transforms
>>> image_path = './'
>>> transform = transforms.Compose([
...     transforms.ToTensor(),
...     transforms.Normalize(mean=(0.5), std=(0.5)),
... ])
>>> mnist_dataset = torchvision.datasets.MNIST(
...     root=image_path, train=True,
...     transform=transform, download=False
... )
>>> example, label = next(iter(mnist_dataset))
>>> print(f'Min: {example.min()} Max: {example.max()}')
>>> print(example.shape)
Min: -1.0 Max: 1.0
torch.Size([1, 28, 28])
```

此外，根据随机分布（代码中采用均匀分布或正态分布）生成一个随机向量 z：

```
>>> def create_noise(batch_size, z_size, mode_z):
...     if mode_z == 'uniform':
...         input_z = torch.rand(batch_size, z_size)*2 - 1
...     elif mode_z == 'normal':
...         input_z = torch.randn(batch_size, z_size)
...     return input_z
```

检查一下刚定义的数据集。以下代码获得一批样本，打印输入向量和图像数组的形状。此外，为了理解生成对抗网络模型中数据的流动，以下代码将运行生成器和判别器的前向传播。

首先，把输入向量 z 提供给生成器，获取生成器的输出 `g_output`。`g_output` 是一批假样本。然后，把假样本输入判别器模型，获得这批假样本的概率 `d_proba_fake`。最后，把经过处理的真实图像提供给判别器，获得真实样本的概率 `d_proba_real`。代码如下：

```
>>> from torch.utils.data import DataLoader
>>> batch_size = 32
>>> dataloader = DataLoader(mnist_dataset, batch_size, shuffle=False)
>>> input_real, label = next(iter(dataloader))
>>> input_real = input_real.view(batch_size, -1)
>>> torch.manual_seed(1)
```

```
>>> mode_z = 'uniform'  # 'uniform' vs. 'normal'
>>> input_z = create_noise(batch_size, z_size, mode_z)
>>> print('input-z -- shape:', input_z.shape)
>>> print('input-real -- shape:', input_real.shape)
input-z -- shape: torch.Size([32, 20])
input-real -- shape: torch.Size([32, 784])

>>> g_output = gen_model(input_z)
>>> print('Output of G -- shape:', g_output.shape)
Output of G -- shape: torch.Size([32, 784])

>>> d_proba_real = disc_model(input_real)
>>> d_proba_fake = disc_model(g_output)
>>> print('Disc. (real) -- shape:', d_proba_real.shape)
>>> print('Disc. (fake) -- shape:', d_proba_fake.shape)
Disc. (real) -- shape: torch.Size([32, 1])
Disc. (fake) -- shape: torch.Size([32, 1])
```

d_proba_fake 和 d_proba_real 将用于计算模型的损失函数。

17.2.4 训练生成对抗网络模型

接下来，定义损失函数 nn.BCELoss，用来计算生成器和判别器的二元交叉熵损失函数。计算损失函数需要每个输入样本的真实标签。对于生成器，创建一个形状与 d_proba_fake 相同而且所有元素都为 1 的向量作为真实标签；对于判别器，损失函数由两部分组成：一是使用 d_proba_fake 检测假样本的损失，二是使用 d_proba_real 检测真实样本的损失。

假样本的真实标签是元素全为 0 的向量，该向量可以通过调用 torch.zeros()或 torch.zeros_like()产生。同样，可以调用 torch.ones()或 torch.ones_like()创建元素全为 1 的向量，作为真实图像的标签：

```
>>> loss_fn = nn.BCELoss()
>>> ## Loss for the Generator
>>> g_labels_real = torch.ones_like(d_proba_fake)
>>> g_loss = loss_fn(d_proba_fake, g_labels_real)
>>> print(f'Generator Loss: {g_loss:.4f}')
Generator Loss: 0.6863

>>> ## Loss for the Discriminator
>>> d_labels_real = torch.ones_like(d_proba_real)
>>> d_labels_fake = torch.zeros_like(d_proba_fake)
>>> d_loss_real = loss_fn(d_proba_real, d_labels_real)
>>> d_loss_fake = loss_fn(d_proba_fake, d_labels_fake)
>>> print(f'Discriminator Losses: Real {d_loss_real:.4f} Fake {d_loss_
fake:.4f}')
Discriminator Losses: Real 0.6226 Fake 0.7007
```

上述代码实例展示了损失函数的计算过程，帮助读者了解生成对抗网络模型的概念。下面的代码将初始化生成对抗网络，并使用 for 循环训练生成对抗网络模型。

首先，针对真实数据定义数据加载器，构建生成器网络模型和判别器网络模型，并分别为这两个模型配置 Adam 优化器：

```
>>> batch_size = 64
>>> torch.manual_seed(1)
>>> np.random.seed(1)
>>> mnist_dl = DataLoader(mnist_dataset, batch_size=batch_size,
...                       shuffle=True, drop_last=True)

>>> gen_model = make_generator_network(
...     input_size=z_size,
...     num_hidden_layers=gen_hidden_layers,
...     num_hidden_units=gen_hidden_size,
...     num_output_units=np.prod(image_size)
... ).to(device)
>>> disc_model = make_discriminator_network(
...     input_size=np.prod(image_size),
...     num_hidden_layers=disc_hidden_layers,
...     num_hidden_units=disc_hidden_size
... ).to(device)

>>> loss_fn = nn.BCELoss()
>>> g_optimizer = torch.optim.Adam(gen_model.parameters())
>>> d_optimizer = torch.optim.Adam(disc_model.parameters())
```

计算模型损失函数的梯度，分别使用 Adam 优化器优化生成器和判别器模型的参数。下面的代码使用两个函数训练生成器和判别器：

```
>>> ## Train the discriminator
>>> def d_train(x):
...     disc_model.zero_grad()
...     # Train discriminator with a real batch
...     batch_size = x.size(0)
...     x = x.view(batch_size, -1).to(device)
...     d_labels_real = torch.ones(batch_size, 1, device=device)
...     d_proba_real = disc_model(x)
...     d_loss_real = loss_fn(d_proba_real, d_labels_real)
...     # Train discriminator on a fake batch
...     input_z = create_noise(batch_size, z_size, mode_z).to(device)
...     g_output = gen_model(input_z)
...     d_proba_fake = disc_model(g_output)
...     d_labels_fake = torch.zeros(batch_size, 1, device=device)
```

```
...         d_loss_fake = loss_fn(d_proba_fake, d_labels_fake)
...         # gradient backprop & optimize ONLY D's parameters
...         d_loss = d_loss_real + d_loss_fake
...         d_loss.backward()
...         d_optimizer.step()
...         return d_loss.data.item(), d_proba_real.detach(), \
...                d_proba_fake.detach()
>>>
>>> ## Train the generator
>>> def g_train(x):
...     gen_model.zero_grad()
...     batch_size = x.size(0)
...     input_z = create_noise(batch_size, z_size, mode_z).to(device)
...     g_labels_real = torch.ones(batch_size, 1, device=device)
...
...     g_output = gen_model(input_z)
...     d_proba_fake = disc_model(g_output)
...     g_loss = loss_fn(d_proba_fake, g_labels_real)
...     # gradient backprop & optimize ONLY G's parameters
...     g_loss.backward()
...     g_optimizer.step()
...     return g_loss.data.item()
```

其次，交替训练生成器和判别器 100 轮。在每轮中，分别记录生成器、判别器的损失函数值以及真实样本和假样本对应的损失函数值。每轮结束后，调用 `create_samples()` 函数，使用当前生成器模型以固定噪声作为输入生成一些样本，并将这些样本存储在 Python 列表中。代码如下：

```
>>> fixed_z = create_noise(batch_size, z_size, mode_z).to(device)
>>> def create_samples(g_model, input_z):
...     g_output = g_model(input_z)
...     images = torch.reshape(g_output, (batch_size, *image_size))
...     return (images+1)/2.0
>>>
>>> epoch_samples = []
>>> all_d_losses = []
>>> all_g_losses = []
>>> all_d_real = []
>>> all_d_fake = []
>>> num_epochs = 100
>>>
>>> for epoch in range(1, num_epochs+1):
...     d_losses, g_losses = [], []
...     d_vals_real, d_vals_fake = [], []
```

```
...     for i, (x, _) in enumerate(mnist_dl):
...         d_loss, d_proba_real, d_proba_fake = d_train(x)
...         d_losses.append(d_loss)
...         g_losses.append(g_train(x))
...         d_vals_real.append(d_proba_real.mean().cpu())
...         d_vals_fake.append(d_proba_fake.mean().cpu())
...
...     all_d_losses.append(torch.tensor(d_losses).mean())
...     all_g_losses.append(torch.tensor(g_losses).mean())
...     all_d_real.append(torch.tensor(d_vals_real).mean())
...     all_d_fake.append(torch.tensor(d_vals_fake).mean())
...     print(f'Epoch {epoch:03d} | Avg Losses >>'
...           f' G/D {all_g_losses[-1]:.4f}/{all_d_losses[-1]:.4f}'
...           f' [D-Real: {all_d_real[-1]:.4f}'
...           f' D-Fake: {all_d_fake[-1]:.4f}]')
...     epoch_samples.append(
...         create_samples(gen_model, fixed_z).detach().cpu().numpy()
...     )

Epoch 001 | Avg Losses >> G/D 0.9546/0.8957 [D-Real: 0.8074 D-Fake: 0.4687]
Epoch 002 | Avg Losses >> G/D 0.9571/1.0841 [D-Real: 0.6346 D-Fake: 0.4155]
Epoch ...
Epoch 100 | Avg Losses >> G/D 0.8622/1.2878 [D-Real: 0.5488 D-Fake: 0.4518]
```

使用谷歌 Colab 上的 GPU，不到一小时即可运行完上述代码，实现模型的训练。如果你自己的计算机配置了最新的高性能 CPU 和 GPU，那么训练过程会更快。完成模型训练后，可以通过绘制判别器和生成器的损失图像来分析这两个网络的性能，并判断网络是否收敛。

同样，可以绘制每次迭代中判别器计算的真假样本的平均概率。通常，我们希望这些概率在 0.5 左右，这代表判别器不能自信地区分真假图像：

```
>>> import itertools
>>> fig = plt.figure(figsize=(16, 6))
>>> ## Plotting the losses
>>> ax = fig.add_subplot(1, 2, 1)
>>> plt.plot(all_g_losses, label='Generator loss')
>>> half_d_losses = [all_d_loss/2 for all_d_loss in all_d_losses]
>>> plt.plot(half_d_losses, label='Discriminator loss')
>>> plt.legend(fontsize=20)
>>> ax.set_xlabel('Iteration', size=15)
>>> ax.set_ylabel('Loss', size=15)
>>>
>>> ## Plotting the outputs of the discriminator
>>> ax = fig.add_subplot(1, 2, 2)
>>> plt.plot(all_d_real, label=r'Real: $D(\mathbf{x})$')
```

```
>>> plt.plot(all_d_fake, label=r'Fake: $D(G(\mathbf{z}))$')
>>> plt.legend(fontsize=20)
>>> ax.set_xlabel('Iteration', size=15)
>>> ax.set_ylabel('Discriminator output', size=15)
>>> plt.show()
```

运行上述代码，结果如图 17.10 所示。

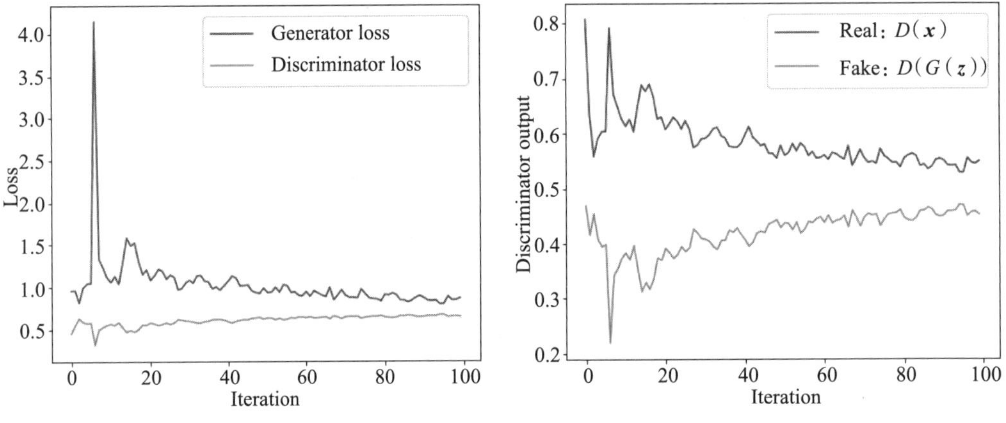

图 17.10 判别器的性能

从图 17.10 给出的判别器性能可以看出，在训练的早期阶段，判别器能够快速、准确地区分真假样本，即假样本的概率接近于 0，而真实样本的概率接近于 1。这是因为假样本与真实样本截然不同，判别器可以十分容易地分辨真假样本。随着训练的进一步进行，生成器学会了生成更加真实的图像，判别器给出的真假样本的概率都接近于 0.5。

同时，还可以看一下训练期间生成器的输出(即合成的图像)的变化。以下代码将绘制一些生成器合成的图像：

```
>>> selected_epochs = [1, 2, 4, 10, 50, 100]
>>> fig = plt.figure(figsize=(10, 14))
>>> for i,e in enumerate(selected_epochs):
...     for j in range(5):
...         ax = fig.add_subplot(6, 5, i*5+j+1)
...         ax.set_xticks([])
...         ax.set_yticks([])
...         if j == 0:
...             ax.text(
...                 -0.06, 0.5, f'Epoch {e}',
...                 rotation=90, size=18, color='red',
...                 horizontalalignment='right',
...                 verticalalignment='center',
...                 transform=ax.transAxes
...             )
```

```
...
...         image = epoch_samples[e-1][j]
...         ax.imshow(image, cmap='gray_r')
...
>>> plt.show()
```

合成的图像如图 17.11 所示。

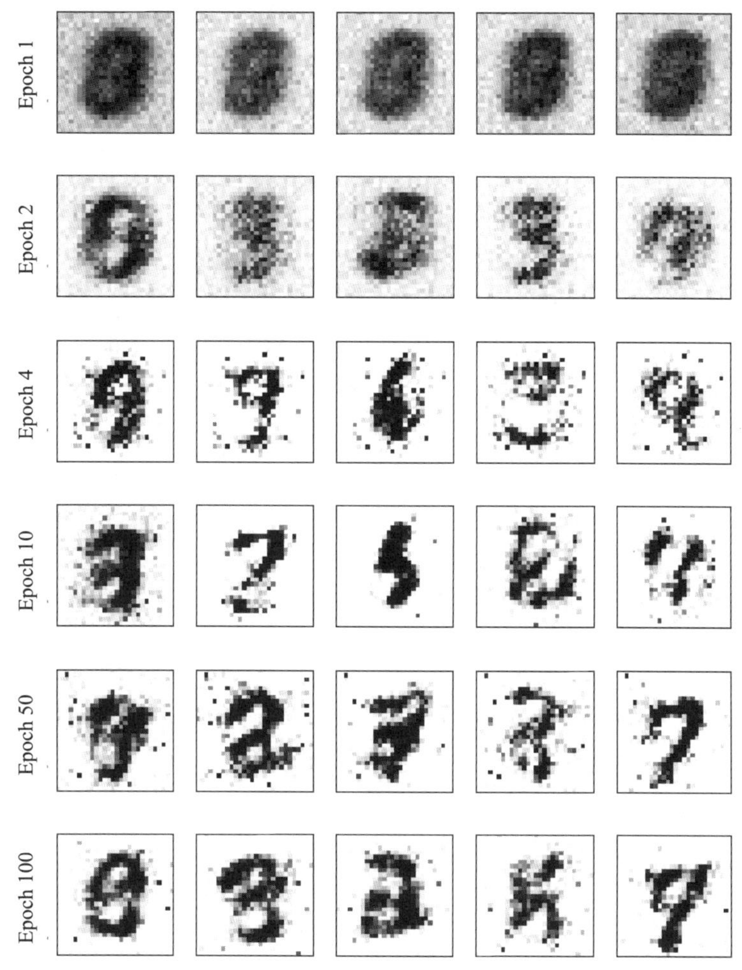

图 17.11　生成器合成的图像

从图 17.11 可以看出，随着训练的进行，生成器网络产生的图像越来越逼真。但是，即使训练 100 轮，生成器生成的图像看起来仍与 MNIST 数据集中的手写数字图像有着很大的区别。

本节设计了一个非常简单的生成对抗网络模型，该模型的生成器和判别器均为全连接神经网络且只有一个隐藏层。在 MNIST 数据集上训练生成对抗网络模型后，模型取得了较好的结果，可以生成新的手写数字图像，但是最终生成的图像仍然与真实图像有着很大区别，无法达到令人满意的效果。

正如在第 14 章中介绍的那样，在图像分类方面，卷积神经网络比全连接神经网络更有优势。同理，如果生成对抗网络模型使用卷积层处理图像数据，可能会得到更好的结果。下面，我们将卷积层用在生成对抗网络模型的生成器网络和判别器网络中，实现一个**深度卷积生成对抗网络**(Deep Convolutional GAN，DCGAN)。

17.3 用卷积 GAN 和 Wasserstein GAN 提高生成图像的质量

本节将实现一个深度卷积生成对抗网络模型来改进上一节介绍的生成对抗网络模型。此外，还将简单介绍另种网络，即 Wasserstein GAN(WGAN)。

本节将介绍以下内容：

- 转置卷积；
- 批归一化(BatchNorm)；
- WGAN。

2016 年 Radford 等人发表的论文(A. Radford，L. Metz S. Chintala. Unsupervised Representation Learning with Deep Convolutional Generative Adversarial Networks，2016，https://arxiv.org/pdf/1511.06434.pdf)首次提出了深度卷积生成对抗网络。在该论文中，研究人员建议在生成器网络和判别器网络中使用卷积层。在深度卷积对抗生成网络模型中，输入是随机向量 z，模型首先通过全连接层把向量 z 映射为新向量，这样新向量可以被重塑为可用于卷积运算的表示($h \times w \times c$)，并且其大小小于输出图像的大小。然后使用一系列卷积运算(被称为**转置卷积**)对特征图进行上采样，使输出图像大小达到要求的大小。

17.3.1 转置卷积

第 14 章介绍了一维卷积运算和二维卷积运算，研究了填充和步长对输出特征图大小的影响。卷积运算通常用来对特征空间进行下采样(例如，将步长设置为 2 或在卷积层后增加池化层)，转置卷积运算常用来对特征空间进行上采样。

这里用一个简单的例子来解释转置卷积运算。假设有一个大小为 $n \times n$ 的输入特征图。然后对该特征图进行二维卷积运算，生成大小为 $m \times m$ 的输出特征图。现在的问题是如何使用另一个卷积运算处理这个大小为 $m \times m$ 的输出特征图，从而获得大小为 $n \times n$ 的特征图(输入与输出之间的模式关系不变)？需要注意的是，这里仅要求恢复输入矩阵的大小 $n \times n$，而不是恢复输入矩阵本身。转置卷积就是用来完成这种任务的，如图 17.12 所示。

转置卷积与反卷积

转置卷积也被称为**微步卷积**。在深度学习领域，转置卷积的另一个常用术语是**反卷积**。但请注意，反卷积最初的定义是卷积运算 f 的逆运算。权重参数为 $\boldsymbol{w}$ 的 f 作用于特征图 $\boldsymbol{x}$ 上将生成新的特征图 $\boldsymbol{x}'$，即 $f_w(\boldsymbol{x})=\boldsymbol{x}'$。反卷积函数 f^{-1} 可以定义为 $f_w^{-1}(f(\boldsymbol{x}))=\boldsymbol{x}$。但是，转置卷积只恢复特征空间的维数，不恢复特征的值。

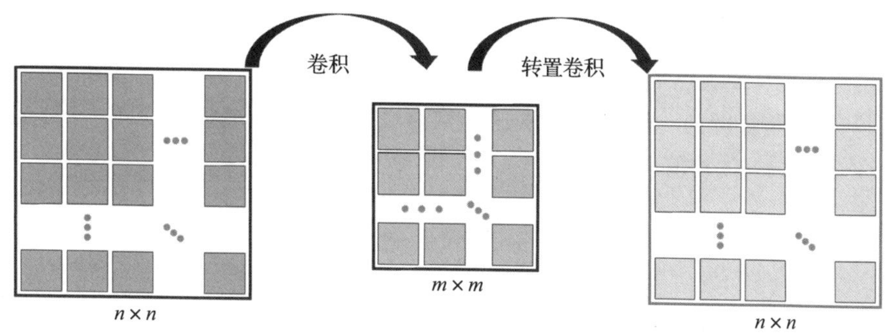

图 17.12 转置卷积

为了使用转置卷积完成对特征图的上采样，在输入特征图的元素之间插入多个 0。图 17.13 展示了一个转置卷积例子，其中步长为 2×2，滤波器大小为 2×2，输入样本大小为 4×4。图 17.13 中间大小为 9×9 的矩阵为输入特征图插入 0 之后的结果。然后，使用步长为 1、大小为 2×2 滤波器进行常规卷积运算，得到大小为 8×8 的输出。再对输出执行步长为 2 的常规卷积运算，得到一个大小为 4×4 的输出特征图，该图与原始输入特征图大小相同。

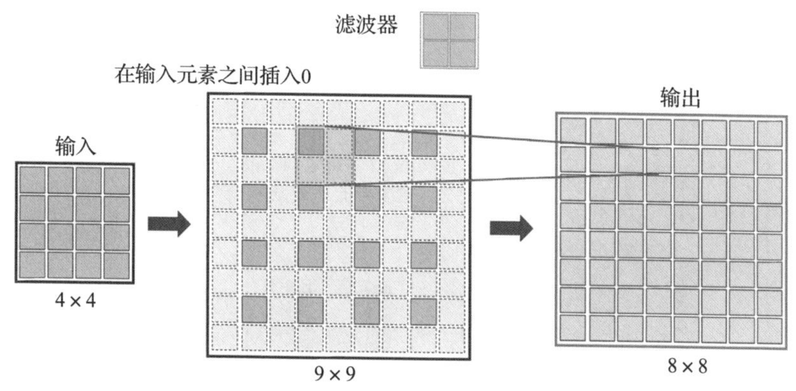

图 17.13 对 4×4 的输入特征图进行转置卷积运算

图 17.13 展示了转置卷积的工作原理。输入大小、滤波器大小、步长和填充模式都可以改变输出特征图的大小。如果想了解更多转置卷积的信息，请阅读以下教程：Vincent Dumoulin, Francesco Visin. A Guide to Convolution Arithmetic for Deep Learning，2018，https://arxiv.org/pdf/1603.07285.pdf。

17.3.2 批归一化

批归一化由 Sergey Ioffe 和 Christian Szegedy 提出（Sergey Ioffe, Christian Szegedy. Batch Normalization: Accelerating Deep Network Training by Reducing Internal Covariate Shift，2015，https://arxiv.org/pdf/1502.03167.pdf）。批归一化的主要思想是，将每层网络的输入数据进行归一化，

防止在训练期间每层网络输入数据的分布发生变化，从而使训练过程更快地收敛。

批归一化使用小批量数据特征的统计量对批数据的特征进行转换。假设 $\boldsymbol{Z}$ 是某个卷积层输出的四维特征图，$\boldsymbol{Z}$ 的形状为$[m\times c\times h\times w]$，其中 m 为批数据中的样本数(即批数据包含样本的数量)，$h\times w$ 是特征图的空间维数，c 是通道数。批归一化可以概括为以下三个步骤：

1）计算每批数据的均值和标准差：

$$\boldsymbol{\mu}_B=\frac{1}{m\times h\times w}\sum_{i,j,k}\boldsymbol{Z}^{[i,j,k]}$$

$$\boldsymbol{\sigma}_B^2=\frac{1}{m\times h\times w}\sum_{i,j,k}(Z^{[i,j,k]}-\boldsymbol{\mu}_B)^2$$

其中$\boldsymbol{\mu}_B$ 和$\boldsymbol{\sigma}_B^2$ 均是大小为 c 的向量。

2）对批数据中的所有样本进行归一化：

$$\boldsymbol{Z}_{\text{std}}^{[i]}=\frac{\boldsymbol{Z}^{[i]}-\boldsymbol{\mu}_B}{\boldsymbol{\sigma}_B+\epsilon}$$

其中 ϵ 是一个很小的正数，用于保证计算结果的稳定性(即避免除数为零)。

3）使用两个大小为 c(通道数)的可学习参数向量 $\boldsymbol{\gamma}$ 和 $\boldsymbol{\beta}$ 来放缩和平移归一化：

$$\boldsymbol{A}_{\text{pre}}^{[i]}=\boldsymbol{\gamma}\boldsymbol{Z}_{\text{std}}^{[i]}+\boldsymbol{\beta}$$

图 17.14 展示了批归一化的过程。

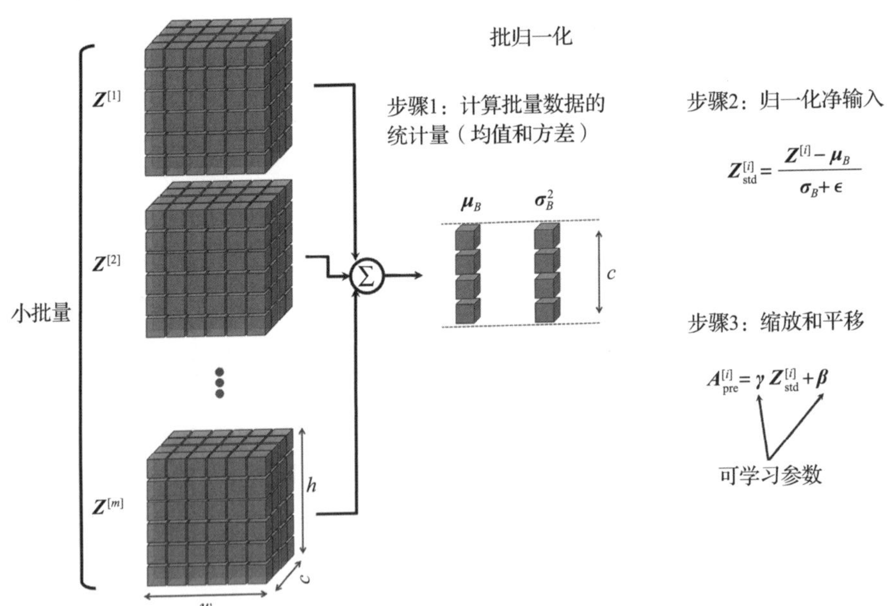

图 17.14 批归一化的过程

批归一化的第一步是计算批样本的均值$\boldsymbol{\mu}_B$ 和标准差$\boldsymbol{\sigma}_B$。这里均值$\boldsymbol{\mu}_B$ 和标准差$\boldsymbol{\sigma}_B$ 都是大小为 c 的向量(c 为通道数)。第二步是 z 归一化，使用第一步计算的均值和方差缩放批数据中的每个样本，从而生成归一化结果$\mathbf{Z}_{\text{std}}^{[i]}$。一方面，归一化结果的均值为0，方差为1，有利于使用梯度下降的优化方法；另一方面，不同批数据包含的样本不同，会影响神经网络的性能，而对批数据进行归一化可以使不同批数据包含的样本具有相同统计特性。可以通过特征$x \sim \text{Normal}(0,1)$来理解归一化的必要性，归一化后$x$取值在0附近，经过 sigmoid 函数激活后得到$\sigma(x)$，$\sigma(x)$在0输入附近近似为线性，这会减弱神经网络的非线性。因此，在第三步，使用可学习参数$\boldsymbol{\gamma}$和$\boldsymbol{\beta}$对归一化后的特征进行平移和缩放，其中$\boldsymbol{\gamma}$和$\boldsymbol{\beta}$均是大小为c的向量（c为通道数）。

在训练期间计算的均值$\boldsymbol{\mu}_B$和方差$\boldsymbol{\sigma}_B^2$，与可学习参数$\boldsymbol{\gamma}$和$\boldsymbol{\beta}$一起用于模型评估阶段测试样本的归一化。

为什么批归一化有助于模型优化

最初批归一化是为了减小所谓的内部协变量偏移（internal covariate shift）。内部协变量偏移定义为在训练期间由于网络参数的更新而导致的每层输出值分布的变化。

我们用一个简单的例子来解释这个概念，例如在第一轮训练中某批数据通过网络，然后记录每个网络层激活函数的输出值。遍历整个训练数据集并更新模型参数，然后开始第二轮的训练。之前提到的那批数据再次通过网络，比较第一轮训练和第二轮训练每个网络层激活函数的输出值。由于网络参数发生变化，各网络层激活函数输出值也发生了变化，这种现象被称为内部协变量偏移。据分析，内部协变量偏移会降低神经网络的训练速度。

然而，Shibani Santurkar 等人在 2018 年进一步研究了批归一化奏效的原因。他们发现批归一化对内部协变量偏移的影响很小。基于实验结果，他们认为批归一化之所以有效，是因为损失函数的表面更加平滑，从而使非凸优化算法更加稳健。

如果想了解更多关于批归一化的信息，请阅读论文：Shibani Santurkar，Dimitris Tsipras，Andrew Ilyas，Aleksander Madry. How Does Batch Normalization Help Optimization？，2019，http://papers.nips.cc/paper/7515-how-does-batch-normalization-help-optimization.pdf。

PyTorch API 提供了 `nn.BatchNorm2d` 类（一维输入对应 `nn.BatchNorm1d`），在构建模型时可以调用 `nn.BatchNorm2d` 类定义一个批归一化层。`nn.BatchNorm2d` 类可以执行批归一化的所有步骤。可学习参数$\boldsymbol{\gamma}$和$\boldsymbol{\beta}$仅在模型训练阶段更新，在模型评估阶段参数$\boldsymbol{\gamma}$和$\boldsymbol{\beta}$用于批归一化。

17.3.3　实现生成器和判别器

我们已经介绍了深度卷积生成对抗网络模型的主要组成部分，下面将介绍如何用代码实现该模型。生成器网络和判别器网络的结构如图 17.15 和图 17.16 所示。

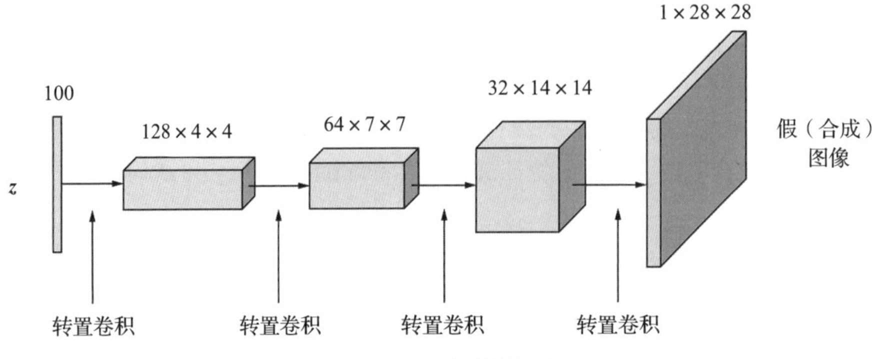

图 17.15 生成器网络

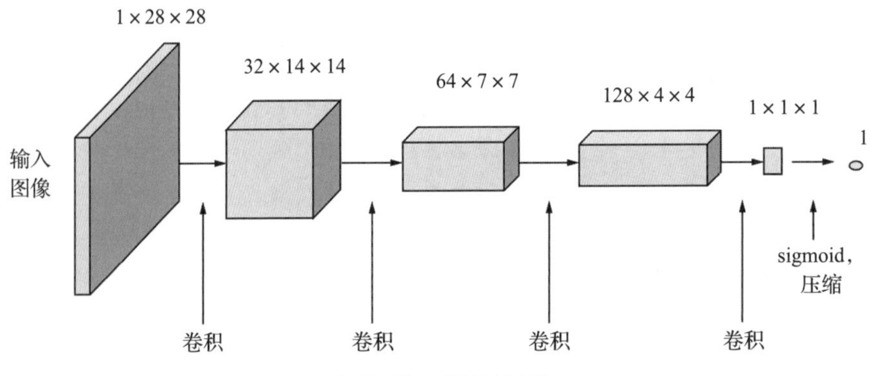

图 17.16 判别器网络

生成器的输入是大小为 100 的向量 z，网络使用多个 `nn.ConvTranspose2d()`函数实现转置卷积对特征图的上采样，直到输出特征图的维数达到 28×28。除最后一层，每个转置卷积层都将输入特征图的通道数减半，而且对转置卷积运算结果进行批归一化操作和 leaky-ReLU 函数激活。最后一层输出灰度图像，只使用一个输出滤波器，采用双曲正切激活函数，不进行批归一化操作。

判别器接收大小为 1×28×28 的图像，图像将通过四个卷积层。在前三个卷积层中，输出特征图的维数都减为原来的 1/4，通道数增加，卷积层之后都有批归一化操作和 leaky-ReLU 激活函数。最后一个卷积层使用一个大小为 7×7 的滤波器进行卷积操作，将输出空间维数降低至 1×1×1。最后，让卷积的输出通过一个 sigmoid 函数，将输出压缩为一维张量，如图 17.16 所示。

设计卷积生成对抗网络模型需要注意的事项

生成器和判别器中的特征图数量有着不同的变化趋势。生成器开始使用大量特征图，在接近最后一层的过程中逐步减少特征图数量。判别器开始使用的特征

图通道数量较少，而在接近最后一层的过程中通道数量逐渐增加。特征图数量和特征图大小呈相反变化趋势，这是设计卷积神经网络的特点。当特征图大小增加时，特征图的数量就会减少，反之亦然。

此外，在批归一化层后面的层中不必添加偏置项，因为批归一化已经有了平移参数 $\boldsymbol{\beta}$，因此再使用偏置项有点多余。如果想要省略偏置项，可以在 nn.ConvTranspose2d 或 nn.Conv2d 中设置 bias=False。

实现生成器网络和判别器网络的代码如下：

```
>>> def make_generator_network(input_size, n_filters):
...     model = nn.Sequential(
...         nn.ConvTranspose2d(input_size, n_filters*4, 4,
...                            1, 0, bias=False),
...         nn.BatchNorm2d(n_filters*4),
...         nn.LeakyReLU(0.2),
...         nn.ConvTranspose2d(n_filters*4, n_filters*2,
...                            3, 2, 1, bias=False),
...         nn.BatchNorm2d(n_filters*2),
...         nn.LeakyReLU(0.2),
...         nn.ConvTranspose2d(n_filters*2, n_filters,
...                            4, 2, 1, bias=False),
...         nn.BatchNorm2d(n_filters),
...         nn.LeakyReLU(0.2),
...         nn.ConvTranspose2d(n_filters, 1, 4, 2, 1,
...                            bias=False),
...         nn.Tanh()
...     )
...     return model
>>>
>>> class Discriminator(nn.Module):
...     def __init__(self, n_filters):
...         super().__init__()
...         self.network = nn.Sequential(
...             nn.Conv2d(1, n_filters, 4, 2, 1, bias=False),
...             nn.LeakyReLU(0.2),
...             nn.Conv2d(n_filters, n_filters*2,
...                       4, 2, 1, bias=False),
...             nn.BatchNorm2d(n_filters * 2),
...             nn.LeakyReLU(0.2),
...             nn.Conv2d(n_filters*2, n_filters*4,
...                       3, 2, 1, bias=False),
...             nn.BatchNorm2d(n_filters*4),
```

```
...             nn.LeakyReLU(0.2),
...             nn.Conv2d(n_filters*4, 1, 4, 1, 0, bias=False),
...             nn.Sigmoid()
...         )
...
...     def forward(self, input):
...         output = self.network(input)
...         return output.view(-1, 1).squeeze(0)
```

有了这两个函数，就可以构建深度卷积生成对抗网络模型，并使用 MNIST 数据训练该模型。其中，上一节实现全连接生成对抗网络时已经初始化了 MNIST 数据对象。这里先创建生成器网络，并打印其网络结构：

```
>>> z_size = 100
>>> image_size = (28, 28)
>>> n_filters = 32
>>> gen_model = make_generator_network(z_size, n_filters).to(device)
>>> print(gen_model)
Sequential(
  (0): ConvTranspose2d(100, 128, kernel_size=(4, 4), stride=(1, 1), bias=False)
  (1): BatchNorm2d(128, eps=1e-05, momentum=0.1, affine=True, track_running_
stats=True)
  (2): LeakyReLU(negative_slope=0.2)
  (3): ConvTranspose2d(128, 64, kernel_size=(3, 3), stride=(2, 2), padding=(1,
1), bias=False)
  (4): BatchNorm2d(64, eps=1e-05, momentum=0.1, affine=True, track_running_
stats=True)
  (5): LeakyReLU(negative_slope=0.2)
  (6): ConvTranspose2d(64, 32, kernel_size=(4, 4), stride=(2, 2), padding=(1,
1), bias=False)
  (7): BatchNorm2d(32, eps=1e-05, momentum=0.1, affine=True, track_running_
stats=True)
  (8): LeakyReLU(negative_slope=0.2)
  (9): ConvTranspose2d(32, 1, kernel_size=(4, 4), stride=(2, 2), padding=(1,
1), bias=False)
  (10): Tanh()
)
```

同样，创建判别器网络并打印其结构：

```
>>> disc_model = Discriminator(n_filters).to(device)
>>> print(disc_model)
Discriminator(
  (network): Sequential(
    (0): Conv2d(1, 32, kernel_size=(4, 4), stride=(2, 2), padding=(1, 1),
```

```
bias=False)
    (1): LeakyReLU(negative_slope=0.2)
    (2): Conv2d(32, 64, kernel_size=(4, 4), stride=(2, 2), padding=(1, 1),
bias=False)
    (3): BatchNorm2d(64, eps=1e-05, momentum=0.1, affine=True, track_running_
stats=True)
    (4): LeakyReLU(negative_slope=0.2)
    (5): Conv2d(64, 128, kernel_size=(3, 3), stride=(2, 2), padding=(1, 1),
bias=False)
    (6): BatchNorm2d(128, eps=1e-05, momentum=0.1, affine=True, track_running_
stats=True)
    (7): LeakyReLU(negative_slope=0.2)
    (8): Conv2d(128, 1, kernel_size=(4, 4), stride=(1, 1), bias=False)
    (9): Sigmoid()
  )
)
```

使用与 17.2.4 节中相同的损失函数和优化器：

```
>>> loss_fn = nn.BCELoss()
>>> g_optimizer = torch.optim.Adam(gen_model.parameters(), 0.0003)
>>> d_optimizer = torch.optim.Adam(disc_model.parameters(), 0.0002)
```

这里需要对训练模型的代码做一些修改。create_noise()函数生成随机向量作为生成器的输入，这里需要将 create_noise()函数的输出更改为四维张量：

```
>>> def create_noise(batch_size, z_size, mode_z):
...     if mode_z == 'uniform':
...         input_z = torch.rand(batch_size, z_size, 1, 1)*2 - 1
...     elif mode_z == 'normal':
...         input_z = torch.randn(batch_size, z_size, 1, 1)
...     return input_z
```

训练判别器的 d_train()函数不需要改变输入图像的大小，代码如下：

```
>>> def d_train(x):
...     disc_model.zero_grad()
...     # Train discriminator with a real batch
...     batch_size = x.size(0)
...     x = x.to(device)
...     d_labels_real = torch.ones(batch_size, 1, device=device)
...     d_proba_real = disc_model(x)
...     d_loss_real = loss_fn(d_proba_real, d_labels_real)
...     # Train discriminator on a fake batch
...     input_z = create_noise(batch_size, z_size, mode_z).to(device)
```

```
...     g_output = gen_model(input_z)
...     d_proba_fake = disc_model(g_output)
...     d_labels_fake = torch.zeros(batch_size, 1, device=device)
...     d_loss_fake = loss_fn(d_proba_fake, d_labels_fake)
...     # gradient backprop & optimize ONLY D's parameters
...     d_loss = d_loss_real + d_loss_fake
...     d_loss.backward()
...     d_optimizer.step()
...     return d_loss.data.item(), d_proba_real.detach(), \
...            d_proba_fake.detach()
```

接下来，交替训练生成器和判别器 100 轮。在每轮之后，调用 `create_samples()`函数使用固定噪声作为当前生成器模型的输入，生成一些样本。代码如下：

```
>>> fixed_z = create_noise(batch_size, z_size, mode_z).to(device)
>>> epoch_samples = []
>>> torch.manual_seed(1)
>>> for epoch in range(1, num_epochs+1):
...     gen_model.train()
...     for i, (x, _) in enumerate(mnist_dl):
...         d_loss, d_proba_real, d_proba_fake = d_train(x)
...         d_losses.append(d_loss)
...         g_losses.append(g_train(x))
...     print(f'Epoch {epoch:03d} | Avg Losses >>'
...           f' G/D {torch.FloatTensor(g_losses).mean():.4f}'
...           f'/{torch.FloatTensor(d_losses).mean():.4f}')
...     gen_model.eval()
...     epoch_samples.append(
...         create_samples(
...             gen_model, fixed_z
...         ).detach().cpu().numpy()
...     )
Epoch 001 | Avg Losses >> G/D 4.7016/0.1035
Epoch 002 | Avg Losses >> G/D 5.9341/0.0438
...
Epoch 099 | Avg Losses >> G/D 4.3753/0.1360
Epoch 100 | Avg Losses >> G/D 4.4914/0.1120
```

最后，对前几轮模型生成的样本进行可视化，观察模型的学习过程，以及训练过程中合成样本质量的变化：

```
>>> selected_epochs = [1, 2, 4, 10, 50, 100]
>>> fig = plt.figure(figsize=(10, 14))
>>> for i,e in enumerate(selected_epochs):
```

```
...     for j in range(5):
...         ax = fig.add_subplot(6, 5, i*5+j+1)
...         ax.set_xticks([])
...         ax.set_yticks([])
...         if j == 0:
...             ax.text(-0.06, 0.5,  f'Epoch {e}',
...                     rotation=90, size=18, color='red',
...                     horizontalalignment='right',
...                     verticalalignment='center',
...                     transform=ax.transAxes)
...
...         image = epoch_samples[e-1][j]
...         ax.imshow(image, cmap='gray_r')
>>> plt.show()
```

运行上述代码，结果如图 17.17 所示。

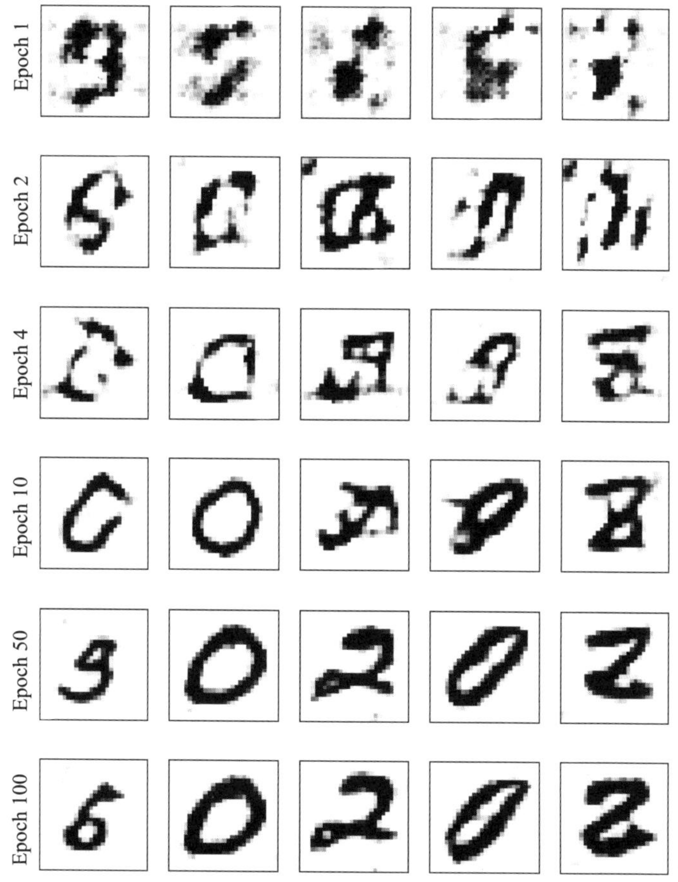

图 17.17　深度卷积生成对抗网络生成的图像

这里使用了与 17.2.4 节相同的代码对生成的结果进行可视化。观察新生成的样本可以看出，深度卷积生成对抗网络可以生成质量更高的图像。

如何评估生成对抗网络生成器生成的图像呢？最简单的方法是视觉评估。视觉评估通过视觉观察比较合成的图像和真实的图像。除了视觉评估，研究学者还提出了许多复杂的评估方法。与视觉评估相比，这些评估方法更客观，也不受评估者专业知识的影响。关于这些评估方法的信息，请阅读论文“Pros and Cons of GAN Evaluation Measures: New Developments”(https://arxiv.org/abs/2103.09396)，这篇论文定性和定量地总结了生成器评估方法。

此外，有一个理论认为，训练生成器时应当最小化真实数据分布和合成样本分布的差异。但是目前生成对抗网络使用交叉熵作为损失函数，所以合成的图像质量不是很好。

下一小节将介绍 WGAN，WGAN 使用了一种修正的损失函数来提高模型的性能，这种损失函数使用了真假图像分布的 Wasserstein-1(或者 Earth Mover)距离。

17.3.4　两个分布之间的差异度度量

首先，我们先介绍几种度量两个概率分布差异程度的方法。然后，看下哪种度量可以用在生成对抗网络模型中。最后，在生成对抗网络模型中使用新的度量，得到 WGAN 模型。

如本章开篇所述，生成模型的目标是学习如何生成与训练数据分布相同的新样本。用 $P(x)$ 和 $Q(x)$ 表示随机变量 x 的分布，我们介绍几个度量 P 和 Q 的差异度的方法，如图 17.18 所示。

度量	公式
全变差(Total Variation, TV)	$\text{TV}(P,Q)=\sup_x \lvert P(x)-Q(x)\rvert$
KL散度(Kullback-Leibler divergence)	$\text{KL}(P\Vert Q)=\int P(x)\log\frac{P(x)}{Q(x)}\text{d}x$
JS散度(Jensen-Shannon divergence)	$\text{JS}(P,Q)=\frac{1}{2}\left(\text{KL}\left(P\Vert\frac{P+Q}{2}\right)+\text{KL}\left(Q\Vert\frac{P+Q}{2}\right)\right)$
EM距离(Earth Mover's distance)	$\text{EM}(P,Q)=\inf_{\gamma\in\Pi(P,Q)}E_{(u,v)\in\gamma}(\Vert u-v\Vert)$

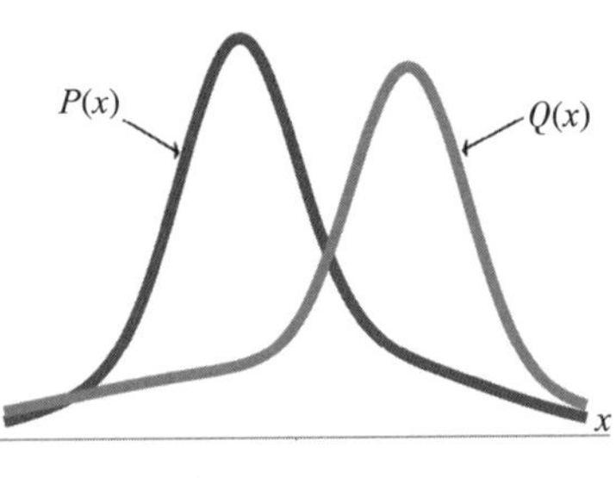

图 17.18　度量分布 P 和 Q 的差异度的方法

全变差(Total Variation, TV)度量使用上确界函数 sup(S)，sup(S)是指大于集合 S 中所有元素的最小值。换句话说，sup(S)是 S 的最小上界。反之，EM 距离使用下确界函数 inf(S)，inf(S)是指小 S 中所有元素的最大值(最大下界)。

为了更好地理解这些度量方法，下面对它们进行简要介绍：

- TV 给出两个概率分布所有对应点的差的最大值；
- EM 距离可以解释为将一个分布转换为另一个分布所需的最小工作量。在 EM 距离中，下确界函数 $\inf(S)$ 取自 $\Pi(P,Q)$，$\Pi(P,Q)$ 是 P 和 Q 所有可能的联合分布的集合。$\gamma(u,v)$ 为迁移方案，指明从 u 点到 v 点需要做的转换，同时需要保持两个单变量分布不变。计算 EM 距离实质上是一个优化问题，即寻找最优迁移方案 $\gamma(u,v)$；
- Kullback-Leibler(KL) 散度和 Jensen-Shannon(JS) 散度是信息论领域的方法。请注意，与 JS 散度不同，KL 散度是非对称的，即 $\mathrm{KL}(P\|Q)\neq\mathrm{KL}(Q\|P)$。

图 17.18 提供的差异度度量方法针对的是连续分布随机变量，但也可以扩展到离散随机变量。图 17.19 展示了使用各种度量方法来计算两个离散随机变量分布的差异度的过程。

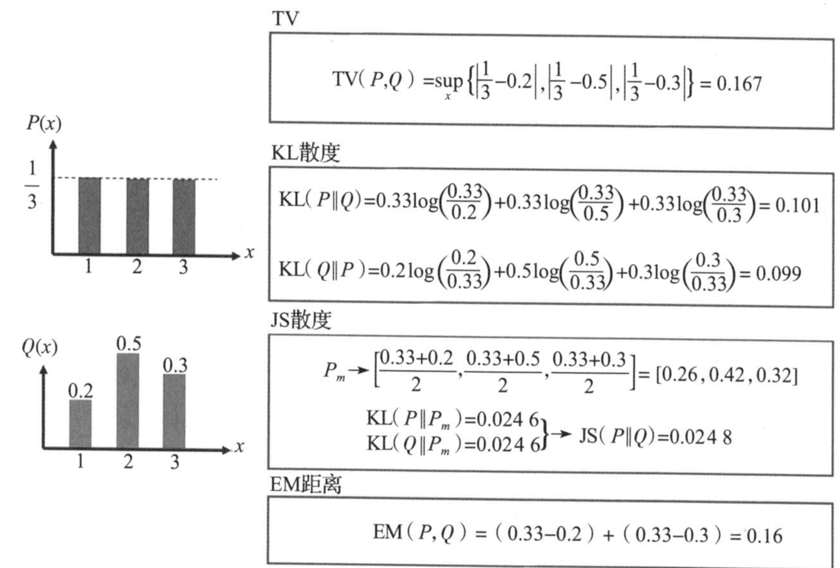

图 17.19　不同度量方法计算的离散随机变量分布的差异度

从这个简单的例子中可以看到，对于 EM 距离，当 $x=2$ 时，$Q(x)$ 超过 $P(x)$ 的值为 $0.5-\frac{1}{3}=0.166$，而 $x=1$ 和 $x=2$ 处的 Q 值均低于 P 的值(1/3)。因此，最小工作量是将 $x=2$ 处的超额值迁移到 $x=1$ 和 $x=3$ 处对应的工作量。对于这个简单的例子，我们很容易找到所有迁移方案中最小工作量的方案。但是，对于复杂情况，这种方法行不通。

KL 散度与交叉熵之间的关系

KL 散度 $\mathrm{KL}(P\|Q)$ 用来度量分布 P 相对于分布 Q 的相对熵。KL 散度的公式可以写为

$$\mathrm{KL}(P\|Q)=-\int P(x)\log(Q(x))\,\mathrm{d}x-\left(-\int P(x)\log(P(x))\,\mathrm{d}x\right)$$

离散分布的 KL 散度可以表示为

$$\mathrm{KL}(P\|Q)=-\sum_i P(x_i)\frac{P(x_i)}{Q(x_i)}$$

也可以写为

$$\mathrm{KL}(P\|Q)=-\sum_i P(x_i)\log(Q(x_i))-\left(-\sum_i P(x_i)\log(P(x_i))\right)$$

基于上述公式，KL 散度可看作 P 和 Q 的交叉熵(公式中的第一项)减去 P 的熵(第二项)，即 $\mathrm{KL}(P\|Q)=H(P,Q)-H(P)$。

现在，回到生成对抗网络的讨论，将这些距离度量与生成对抗网络的损失函数关联起来。可以从数学上证明，生成对抗网络的损失函数确实能够最大限度地减小真假样本分布的 JS 散度。但是，Martin Arjovsky 等人在论文(Martin Arjovsky，Soumith Chintala，Léon Bottou. Wasserstein Generative Adversarial Networks，2017，http://proceedings.mlr.press/v70/arjovsky17a/arjovsky17a.pdf)中指出，JS 散度会导致生成对抗网络模型在训练时出现问题。因此，为了改进模型的训练，研究人员提出采用 EM 距离来度量真假样本分布的差异度。

EM 距离有什么优点

为了回答这个问题，考虑 Martin Arjovsky 等人在上述论文中给出的例子。简而言之，假设有 P 和 Q 两个分布，它们是两条平行线。一条线固定在 $x=0$ 处，另一条线可以垂直于 x 轴移动，但最初位于 $x=\theta$ 处，其中 $\theta>0$。

那么使用 KL 散度、TV、JS 散度，结果分别为 $\mathrm{KL}(P\|Q)=+\infty$、$\mathrm{TV}(P,Q)=1$ 以及 $\mathrm{JS}(P,Q)=\frac{1}{2}\log 2$。这些差异度度量结果都不是参数 θ 的函数，因此，不能用 θ 来区分 P 和 Q 两个分布。而 EM 距离为 $\mathrm{EM}(P,Q)=|\theta|$，其梯度与 θ 有关，可以将 Q 推向 P，即让 Q 分布与 P 分布相似。

现在，我们来探讨如何使用 EM 距离来训练生成对抗网络模型。假设 P_r 为真实样本的分布，P_g 为假(生成的)样本的分布。用 P_r 和 P_g 分别取代 EM 距离方程中的 P 和 Q。如前所述，计算 EM 距离本质上是一个优化问题。但在此，解决优化问题很棘手，特别是在训练生成对抗网络的每次迭代中都需要解决此优化问题。不过，可以使用 **Kantorovich-Rubinstein 对偶性**定理来简化 EM 距离的计算，简化公式如下：

$$W(P_r,P_g)=\sup_{\|f\|_L\leqslant 1}E_{u\in P_r}[f(u)]-E_{v\in P_g}[f(v)]$$

其中，上确界函数取自所有的满足 $\|f\|_L\leqslant 1$ 的 1-Lipschitz 连续函数。

Lipschitz 连续性

如果函数 f 满足 1-Lipschitz 连续性，下式一定成立：

$$|f(x_1)-f(x_2)|\leqslant|x_1-x_2|$$

更进一步，如果实函数 $f:\mathbb{R}\to\mathbb{R}$ 满足以下性质：

$$|f(x_1)-f(x_2)|\leqslant K|x_1-x_2|$$

则称这个函数具有 K-Lipschitz 连续性。

17.3.5 在生成对抗网络实践中使用 EM 距离

现在的问题是，如何找到这样的 1-Lipschitz 连续函数来计算生成对抗网络的真（P_r）假（P_g）输出分布之间的 Wasserstein 距离？虽然乍看起来 WGAN 方法背后的理论很复杂，但是解决方法要比看起来的更简单。由于可以把深度神经网络看作通用的函数近似器，这意味着可以通过训练神经网络模型来模拟 Wasserstein 距离度量。如前所述，生成对抗网络使用分类器作为判别器。对于 WGAN，判别器可以是*批评器*，这个批评器将返回一个标量分数而非概率值。这个标量分数可以理解为输入图像的逼真程度（就像艺术评论家给画廊中的艺术作品打分一样）。

为了在训练生成对抗网络时使用 Wasserstein 距离，判别器 D 和生成器 G 的损失函数定义如下。批评器（即判别器）返回对真实图像样本和合成样本的度量结果，分别用符号 $D(\boldsymbol{x})$ 和 $D(G(\boldsymbol{z}))$ 表示。损失函数的定义如下：

- 判别器损失函数中真实样本对应的项：$L_{\text{real}}^{D}=-\frac{1}{N}\sum_i D(\boldsymbol{x}_i)$；
- 判别器损失函数中假样本对应的项：$L_{\text{fake}}^{D}=\frac{1}{N}\sum_i D(G(\boldsymbol{z}_i))$；
- 生成器的损失函数：$L^{G}=-\frac{1}{N}\sum_i D(G(\boldsymbol{z}_i))$。

这就是 WGAN 的所有内容。要注意的是，训练期间一定要保持批评器函数满足 1-Lipschitz 性质。为了保持批评器满足 1-Lipschitz 性质，研究 WGAN 的论文建议将网络权重的值限制在 [-0.01,0.01] 区间。

17.3.6 梯度惩罚

Arjovsky 等人发表的论文建议进行权重裁剪，使判别器或批评器满足 1-Lipschitz 性质。然而，在另一篇论文（I. Gulrajani，F. Ahmed，M. Arjovsky，V. Oumoulin，A. Courville. Improved Training of Wasserstein GANs，2017，https://arxiv.org/pdf/1704.00028.pdf）中，Ishaan Gulrajani 等人指出裁剪权重会导致梯度爆炸和梯度消失问题。此外，权重裁剪还会导致网络容量不足，这意味着批评器网络仅能学习一些简单的函数，不能学习复杂的函数。因此，Ishaan Gulrajani 等人建议用**梯度惩罚**（Gradient Penalty，GP）替代权重裁剪。使用梯度惩罚的 WGAN 被称为**带有梯度惩罚的 WGAN**（WGAN-GP）。

以下步骤为带有梯度惩罚的 WGAN 的梯度惩罚过程：

1）针对批数据中的每对真假样本($\boldsymbol{x}^{[i]},\tilde{\boldsymbol{x}}^{[i]}$)，从均匀分布抽取一个随机数 $\alpha^{[i]}$，即 $\alpha^{[i]} \in U(0,1)$；

2）对真假样本插值，$\breve{\boldsymbol{x}}^{[i]}=\alpha\boldsymbol{x}^{[i]}+(1-\alpha)\tilde{\boldsymbol{x}}^{[i]}$，产生一批插值样本；

3）计算所有插值样本的判别器(批评器)输出 $D(\breve{\boldsymbol{x}}^{[i]})$；

4）计算所有插值样本批评器输出的梯度，即 $\nabla_{\breve{\boldsymbol{x}}^{[i]}}D(\breve{\boldsymbol{x}}^{[i]})$；

5）计算梯度惩罚：

$$L_{\text{gp}}^{D}=\frac{1}{N}\sum_{i}\left(\left\|\nabla_{\breve{\boldsymbol{x}}^{[i]}}D(\breve{\boldsymbol{x}}^{[i]})\right\|_{2}-1\right)^{2}$$

判别器的总损失为

$$L_{\text{total}}^{D}=L_{\text{real}}^{D}+L_{\text{fake}}^{D}+\lambda L_{\text{gp}}^{D}$$

其中，λ 是一个可调的超参数。

17.3.7　使用 WGAN-GP 实现深度卷积生成对抗网络

前面已经定义了函数 make_generator_network() 和类方法 Discriminator()，分别用于创建深度卷积生成对抗网络的生成器网络和判别器网络。建议在 WGAN 中使用层归一化，而不是批归一化：层归一化在特征维度上进行归一化，而批归一化在批次维度上进行归一化。构建 WGAN 模型的代码如下：

```
>>> def make_generator_network_wgan(input_size, n_filters):
...     model = nn.Sequential(
...         nn.ConvTranspose2d(input_size, n_filters*4, 4,
...                            1, 0, bias=False),
...         nn.InstanceNorm2d(n_filters*4),
...         nn.LeakyReLU(0.2),
...
...         nn.ConvTranspose2d(n_filters*4, n_filters*2,
...                            3, 2, 1, bias=False),
...         nn.InstanceNorm2d(n_filters*2),
...         nn.LeakyReLU(0.2),
...
...         nn.ConvTranspose2d(n_filters*2, n_filters, 4,
...                            2, 1, bias=False),
...         nn.InstanceNorm2d(n_filters),
...         nn.LeakyReLU(0.2),
...
...         nn.ConvTranspose2d(n_filters, 1, 4, 2, 1, bias=False),
...         nn.Tanh()
...     )
...     return model
```

```
>>>
>>> class DiscriminatorWGAN(nn.Module):
...     def __init__(self, n_filters):
...         super().__init__()
...         self.network = nn.Sequential(
...             nn.Conv2d(1, n_filters, 4, 2, 1, bias=False),
...             nn.LeakyReLU(0.2),
...
...             nn.Conv2d(n_filters, n_filters*2, 4, 2, 1,
...                       bias=False),
...             nn.InstanceNorm2d(n_filters * 2),
...             nn.LeakyReLU(0.2),
...
...             nn.Conv2d(n_filters*2, n_filters*4, 3, 2, 1,
...                       bias=False),
...             nn.InstanceNorm2d(n_filters*4),
...             nn.LeakyReLU(0.2),
...
...             nn.Conv2d(n_filters*4, 1, 4, 1, 0, bias=False),
...             nn.Sigmoid()
...     )
...
...     def forward(self, input):
...         output = self.network(input)
...         return output.view(-1, 1).squeeze(0)
```

现在初始化网络以及对应的优化器：

```
>>> gen_model = make_generator_network_wgan(
...     z_size, n_filters
... ).to(device)
>>> disc_model = DiscriminatorWGAN(n_filters).to(device)
>>> g_optimizer = torch.optim.Adam(gen_model.parameters(), 0.0002)
>>> d_optimizer = torch.optim.Adam(disc_model.parameters(), 0.0002)
```

接下来定义一个计算梯度惩罚的函数，代码如下：

```
>>> from torch.autograd import grad as torch_grad
>>> def gradient_penalty(real_data, generated_data):
...     batch_size = real_data.size(0)
...
...     # Calculate interpolation
...     alpha = torch.rand(real_data.shape[0], 1, 1, 1,
...                        requires_grad=True, device=device)
...     interpolated = alpha * real_data + \
```

```
...                    (1 - alpha) * generated_data
...
...     # Calculate probability of interpolated examples
...     proba_interpolated = disc_model(interpolated)
...
...     # Calculate gradients of probabilities
...     gradients = torch_grad(
...         outputs=proba_interpolated, inputs=interpolated,
...         grad_outputs=torch.ones(proba_interpolated.size(),
...                                 device=device),
...         create_graph=True, retain_graph=True
...     )[0]
...
...     gradients = gradients.view(batch_size, -1)
...     gradients_norm = gradients.norm(2, dim=1)
...     return lambda_gp * ((gradients_norm - 1)**2).mean()
```

WGAN 中判别器和生成器的训练函数如下：

```
>>> def d_train_wgan(x):
...     disc_model.zero_grad()
...
...     batch_size = x.size(0)
...     x = x.to(device)
...
...     # Calculate probabilities on real and generated data
...     d_real = disc_model(x)
...     input_z = create_noise(batch_size, z_size, mode_z).to(device)
...     g_output = gen_model(input_z)
...     d_generated = disc_model(g_output)
...     d_loss = d_generated.mean() - d_real.mean() + \
...              gradient_penalty(x.data, g_output.data)
...     d_loss.backward()
...     d_optimizer.step()
...     return d_loss.data.item()
>>>
>>> def g_train_wgan(x):
...     gen_model.zero_grad()
...
...     batch_size = x.size(0)
...     input_z = create_noise(batch_size, z_size, mode_z).to(device)
...     g_output = gen_model(input_z)
...
...     d_generated = disc_model(g_output)
...     g_loss = -d_generated.mean()
```

```
...
...     # gradient backprop & optimize ONLY G's parameters
...     g_loss.backward()
...     g_optimizer.step()
...     return g_loss.data.item()
```

然后训练该模型 100 轮，并记录输入为固定噪声时生成器的输出：

```
>>> epoch_samples_wgan = []
>>> lambda_gp = 10.0
>>> num_epochs = 100
>>> torch.manual_seed(1)
>>> critic_iterations = 5
>>> for epoch in range(1, num_epochs+1):
...     gen_model.train()
...     d_losses, g_losses = [], []
...     for i, (x, _) in enumerate(mnist_dl):
...         for _ in range(critic_iterations):
...             d_loss = d_train_wgan(x)
...         d_losses.append(d_loss)
...         g_losses.append(g_train_wgan(x))
...
...     print(f'Epoch {epoch:03d} | D Loss >>'
...           f' {torch.FloatTensor(d_losses).mean():.4f}')
...     gen_model.eval()
...     epoch_samples_wgan.append(
...         create_samples(
...             gen_model, fixed_z
...         ).detach().cpu().numpy()
...     )
```

最后，可视化某几轮生成的样本，以观察 WGAN 模型的学习过程，以及在学习过程中生成的样本的质量变化。图 17.20 展示了模型生成的样本。

17.3.8　模式坍塌

由于生成对抗网络模型的对抗性，因此模型训练起来特别困难。训练失败的一个普遍原因是，生成器被卡在一个狭小的子空间内，只学会了生成相似的样本，这种现象被称为**模式坍塌**(mode collapse)，图 17.21 给出了模式坍塌的一个例子。

图 17.21 中的合成样本并非精心挑选的。这表明生成器未能学习到整个数据分布，而是采取了一种懒惰的方法，即只关注了数据的一个小的子空间。

除了之前看到的梯度消失和梯度爆炸问题外，还存在一些使训练生成对抗网络模型困难(事实上，训练生成对抗网络是一门艺术)的其他问题。下面是生成对抗网络专家给出的一些方法建议。

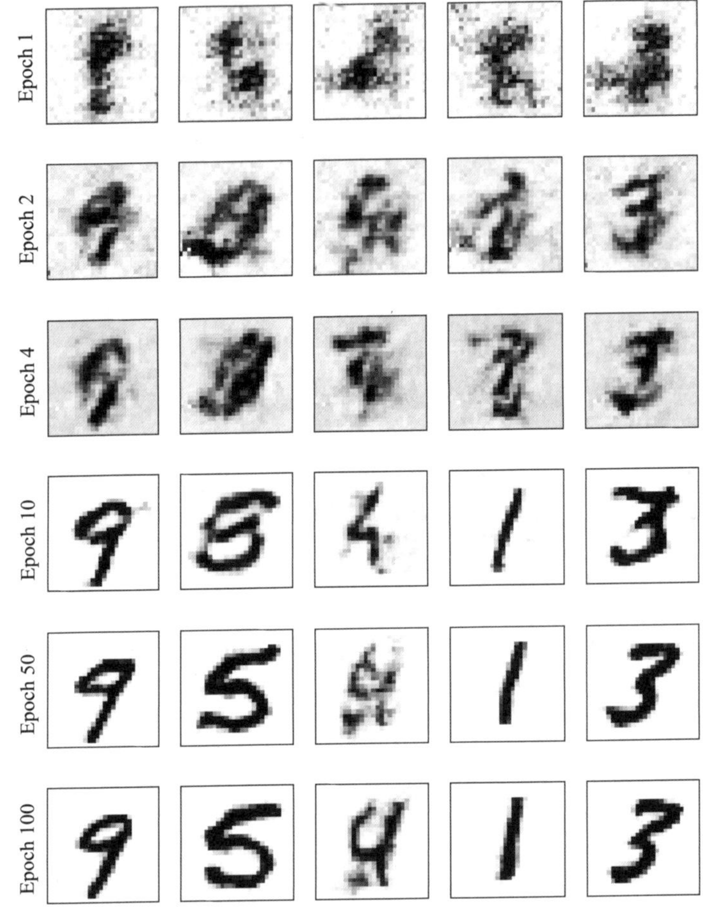

图 17.20　使用 WGAN 生成的图像

其中一种方法称为**小批量判别**。提供给批判器的批量数据要么只包含真实样本，要么只包含假样本。在小批量判别方法中，我们让判别器跨批数据比较样本，以此确定某个批数据是真数据还是假数据。如果模型受到模式坍塌的影响，包含真实样本的批数据样本间的差异高于包含假样本的批数据样本间的差异。

另一种用于提高生成对抗网络训练稳定性的方法是**特征匹配**。在特征匹配方法中，我们在生成器的目标函数中添加一个额外项，用于最小化判别器中间层给出的真实图像和合成图像特征的差异。建议阅读以下论文来学习这种方法：Ting-Chun Wang，Ming-Yu Liu，Jun-Yan Zhu，Andrew Tao，Jan Kautz，Bryan Catanzaro. High Resolution Image Synthesis and Semantic Manipulation with Conditional GANs，2018，https://arxiv.org/pdf/1711.11585.pdf。

在训练期间，生成对抗网络模型也可能在几种固定模式间来回切换。为了避免这种情况，可以存储一些旧样本，将它们提供给判别器，以防止生成器重新回到之前的模式，这种方法

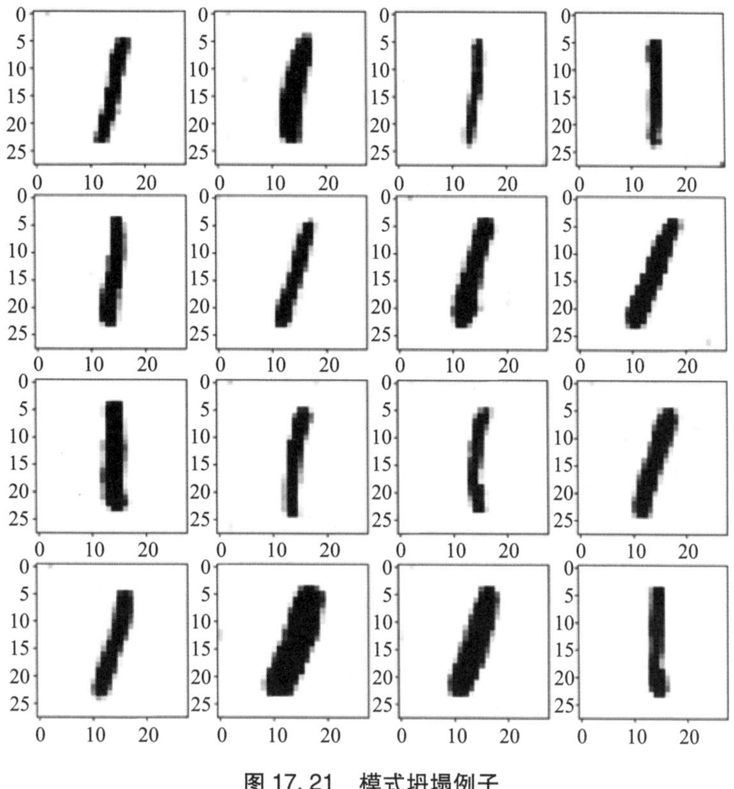

图 17.21　模式坍塌例子

称为**经验回放**。此外，还可以使用不同的随机种子来训练多个生成对抗网络，多个网络的组合网络给出的数据分布比任何一个网络的数据分布更广。

17.4　其他生成对抗网络应用

本章重点探讨如何使用生成对抗网络生成样本，研究了一些提高合成样本质量的方法。生成对抗网络的应用领域非常广泛，除了计算机视觉、机器学习，科研和工程领域也使用生成对抗网络解决实际问题。网站 https://github.com/hindupuravinash/the-gan-zoo 介绍了应用于各个领域的各种类型的生成对抗网络。

需要注意的是，本章介绍的生成对抗网络属于无监督学习，也就是说，本章介绍的模型未使用样本的类别标签信息。生成对抗网络也可以推广到半监督学习和有监督学习任务中。例如，Mehdi Mirza 和 Simon Osindero 提出的条件生成对抗网络(conditional GAN，cGAN)(Mehdi Mirza，Simon Osindero. Conditional Generative Adversarial Nets，2014，https://arxiv.org/pdf/1411.1784.pdf)就使用了样本的类别标签。在条件生成对抗网络中，标签作为合成新图像的条件，即$\tilde{x}=G(z\mid y)$。该方法曾用于 MNIST 数据集，能够有选择地生成 0~9 的手写数字图像。此外，条件生成对抗网络可以完成图像之间的转换，即学习如何将给定的图像从一个领域转换到另一个领域。在图像转换方面，一个有意思的成果是 Phillip Isola 等人提出的 Pix2Pix 算法(Phillip Isola, Jun-Yan Zhu, Tinghui Zhou, Alexei A. Efros. Image-to-Image Translation with Conditional Adversarial Networks, 2018, https://arxiv.org/pdf/1611.07004.pdf)。在 Pix2Pix 算法中，判别器对图像中的多个小块分别进行真假判断，而不是一次性对整个图像进行真假判断。

CycleGAN 是一个基于条件生成对抗网络而构建的生成对抗网络，也可用在图像转换任务。但是，在 CycleGAN 中，两个领域的训练样本是不匹配的，即输入图像和输出图像不一一对应。例如，CycleGAN 可以将夏季拍摄的照片的季节变为冬季。在 Jun-Yan Zhu 等人发表的论文(Jun-Yan Zhu, Taesung Park, Phillip Isola, Alexei A. Efros. Unpaired Image-to-Image Translation Using Cycle-Consistent Adversarial Networks, 2020, https://arxiv.org/pdf/1703.10593.pdf)中，有一个令人印象深刻的例子，即它将马转换成了斑马。

17.5 本章小结

本章首先介绍了深度学习中的生成模型及其主要目标：生成新数据。然后，介绍了在生成对抗网络模型中，生成器网络和判别器网络是如何在对抗性训练环境中彼此竞争、相互促进的。接着，实现了一个简单的生成对抗网络模型，该模型仅使用全连接层来实现生成器网络和判别器网络。

本章还介绍了如何改进生成对抗网络模型，探讨了深度卷积生成对抗网络——把深度卷积网络用在生成器和判别器中。在此期间，还介绍了两个新概念：转置卷积(对特征图上采样)和批归一化(用于提高模型训练的收敛速度)。

本章也研究了 WGAN，WGAN 用 EM 距离来度量真假样本分布的差异度；讨论了用梯度惩罚代替权重裁剪的 WGAN-GP，以保持函数的 1-Lipschitz 性质。

第 18 章将介绍图神经网络。前面，我们一直关注表格数据和图像数据，而图神经网络是为图结构数据而设计的，可以处理那些在社会学、工程学及生物学领域中无处不在的图结构数据。常见的图结构数据包括社交网络图、由原子通过共价键组成的分子等。

CHAPTER 18

第 18 章

用于捕获图数据关系的图神经网络

本章将介绍一种处理图数据的深度学习模型，即**图神经网络**（Graph Neural Network, GNN）。近年来，图神经网络是一个飞速发展的领域。根据 2021 年度人工智能报告（https://www.stateof.ai/2021-report-launch.html），图神经网络已从小众领域发展为最热门的人工智能研究领域之一。

目前图神经网络已应用于多个领域，包括：

- 文本分类（https://arxiv.org/abs/1710.10903）；
- 推荐系统（https://arxiv.org/abs/1704.06803）；
- 流量预测（https://arxiv.org/abs/1707.01926）；
- 药物研发（https://arxiv.org/abs/1806.02473）。

本章重点介绍图神经网络的基本概念和实现方法。此外还将介绍 PyTorch Geometric 库。PyTorch Geometric 库用于管理深度学习领域中的图数据，以及实现深度学习中的图神经网络。

本章将介绍以下内容：

- 图数据的基本概念和使用深度神经网络表示图数据的方法；
- 图卷积原理和实现方法以及常用的图神经网络主要组成部分；
- 使用 PyTorch Geometric 实现预测分子性质的图神经网络；
- 图神经网络领域的前沿方法。

18.1 图数据简介

广义来讲，图是一种描述和捕获数据关系的方式。从结构上看，图是一种抽象的非线性数据结构。由于图是抽象对象，因此需要定义图的具体表示方式，从而可以对图进行操作。此外，图可能有多种性质，可以使用多种方式表示这些性质。图 18.1 总结了几种常见的图，下面将详细地讨论这些图。

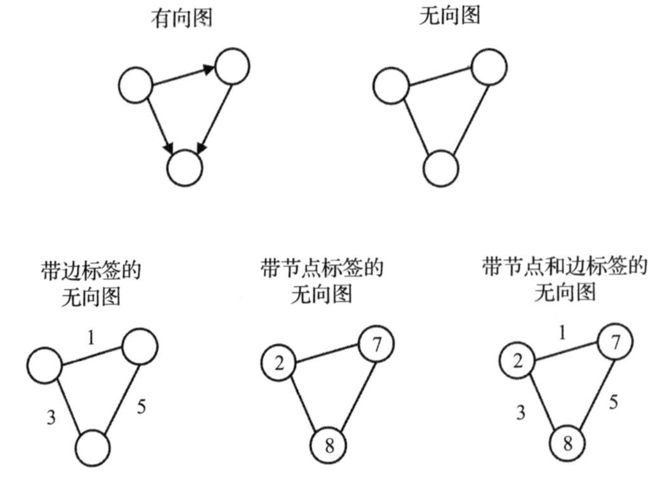

图 18.1 几种常见的图

18.1.1 无向图

无向图由节点（在图论中也通常称为**顶点**）和连接节点的边组成，其中节点的顺序和节点间边的连接方向不重要。图 18.2 给出了两个典型的无向图。左图为一个描述朋友关系的图，右图为一个由原子组成的咖啡因分子结构图（后续章节将更详细地讨论这类分子结构图），其中原子之间通过化学键连接。

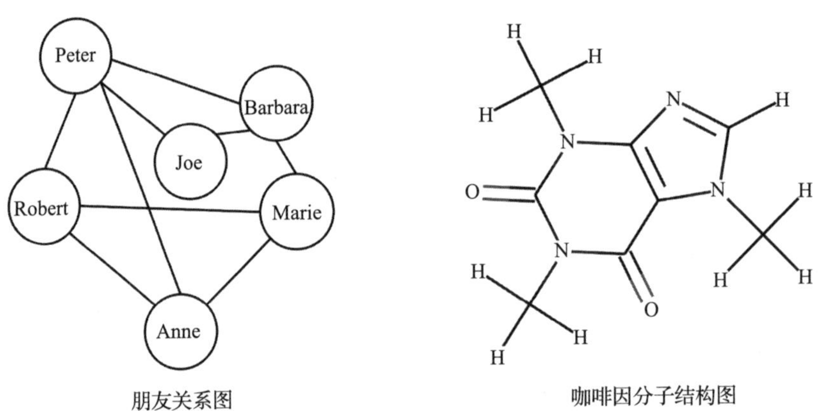

图 18.2 两个无向图示例

还可以用**无向图**表示其他常见数据，比如图像、点云数据、蛋白质相互作用网络等。

在数学上，无向图 G 是一个集合对 (V,E)，其中 V 是节点集合，E 是边的集合。可以将图表示为大小为 $|V|\times|V|$ 的**邻接矩阵 A**。矩阵 $\boldsymbol{A}$ 中的每个元素 x_{ij} 值为 1 或 0，其中 1 表示节点 i 和节点 j 之间存在一条边（反之，0 表示两个节点之间没有边）。由于无向图中的边是无向的，

因此矩阵 $\boldsymbol{A}$ 的一个性质是 $x_{ij}=x_{ji}$。

18.1.2　有向图

与无向图相比，有向图使用有方向的边连接节点。在数学上，有向图的定义方式与无向图类似，只是有向图边的集合 E 包含有序的节点对。因此，在矩阵 $\boldsymbol{A}$ 中，元素 x_{ij} 不一定等于 x_{ji}。

下面介绍有向图的一个简单示例——论文引用关系网络图(见图 18.3)，其中节点是论文，从一个节点出发的边指向该节点所引用的论文的节点。

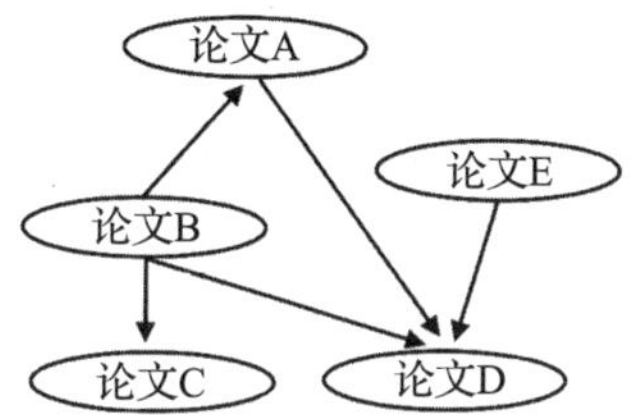

图 18.3　一个有向图示例：论文引用关系网络图

18.1.3　标签图

有时图的节点和边都有相关信息。例如，在前面提到的咖啡因分子结构图中，每个节点都是一个原子(例如，O、C、N 或 H 原子)，每条边都代表两个原子之间键的类型(例如，单键或双键)。因此需要用一种方法表示这些节点和边的特征信息。给定一个图 G，定义 (V,E) 为一个包含节点集合和边集合的元组。针对节点标签，定义一个 $|V|\times f_V$ 节点标签矩阵 $\boldsymbol{X}$，其中 f_V 是节点标签向量的长度；针对边标签，定义一个 $|E|\times f_E$ 边标签矩阵 $\boldsymbol{X}_E$，其中 f_E 是边标签向量的长度。

分子结构是一个可以用**标签图**表示的典型示例。本章将使用分子结构数据分析处理标签图。下一小节将详细介绍分子结构图。

18.1.4　将分子结构表示为图

从化学角度讲，分子是通过化学键结合在一起的原子的组合。存在对应不同化学元素的原子，例如，常见的元素有碳(C)、氧(O)、氮(N)、氢(H)等。此外，原子之间通过不同类型的化学键连接，例如，单键或双键。

可以将分子表示为带有标签信息的无向图，存在一个节点标签矩阵和一个边标签矩阵。节点标签矩阵的每一行是一个原子类型的独热编码，边标签矩阵的每一行是一个边对应的化学键的独热编码。为了简化这种表示，有时会在图中删掉氢原子，因为根据化学规则和已知原子的位置可以推断出氢原子的位置。图 18.4 给出了咖啡因分子结构的另一种表示方法，该图中不含氢原子。

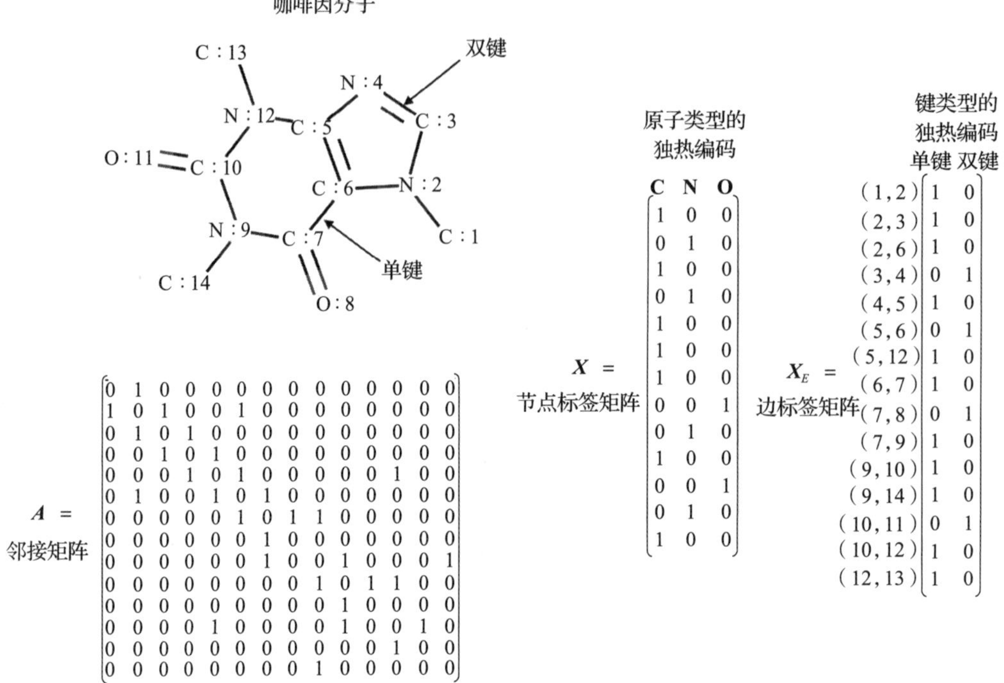

图 18.4　咖啡因分子结构的另一种表示方法

18.2　理解图卷积

上一节介绍了如何表示图数据。下面将讨论处理图数据的方法。

以下小节将介绍图卷积运算。图卷积是图神经网络的关键部分。本节将介绍在图上使用卷积运算的原因，并讨论图卷积的性质。最后将通过一个例子理解图卷积运算。

18.2.1　图卷积的基本原理

为了理解图卷积，简要回顾下第 14 章卷积神经网络中的卷积操作。卷积操作可以被视为滤波器在图像上滑动计算：在每个位置上，计算滤波器和感受野（图像中被滤波器覆盖的像素）对应元素的加权和。

正如第 14 章中所讨论的那样，滤波器可以被视为特征提取器。由于图像具有以下几个特性，这种特征提取方法非常适合图像：

- **移位不变性**：无论特征位于图像中哪个位置，都可以有效识别该特征。例如，无论猫在图像的左上角、右下角还是其他位置，它都可以被识别为一只猫。
- **局部性**：相邻像素之间的信息密切相关。
- **层次结构**：图像中的目标通常可以分解为多个相关联的部分。例如，猫由头和腿等部分组成，而头由眼睛和鼻子等部分组成，眼睛则由瞳孔和虹膜等部分组成。

2019 年，N. Dehmamy、A. -L. Barabasi 和 R. Yu 发表的文章“Understanding the Representation Power of Graph Neural Networks in Learning Graph Topology”（https://arxiv.org/abs/1907.05008）中有更多关于图像先验特性和图神经网络中先验假设的讨论。

卷积运算非常适合处理图像的另一个原因是模型中可训练参数的数量不取决于输入图像的大小。因此，可以在大小为 256×256 或 9×9 的图像上训练一系列 3×3 卷积滤波器。（如果相同图像以不同的分辨率呈现，则感受野以及所提取的特征会有所不同。对于高分辨率图像，通常会选择尺寸更大的滤波器或增加滤波器的数量来更有效地提取有用的特征。）

与图像一样，图数据也具有可以使用卷积运算的先验特性。图像和图数据都有局部性这一先验特性，但各自的局部性定义有所不同。在图像中，局部性是指二维空间像素的局部性；而对于图数据，局部性指的是数据结构的局部性。直观地说，图数据的局部性意味着相比于距离为五条边的两个节点，距离为一条边的两个节点关联性更强。例如，在论文引用图中，相比于其他论文，一篇论文与其引用的论文（距离为一条边）更可能具有相同的主题。

图数据的一个严格先验特性是**排列不变性**（permutation invariance）。排列不变性是指节点的顺序不影响输出。图 18.5 说明了图数据的排列不变性，即更改节点的顺序不会改变图数据的结构。

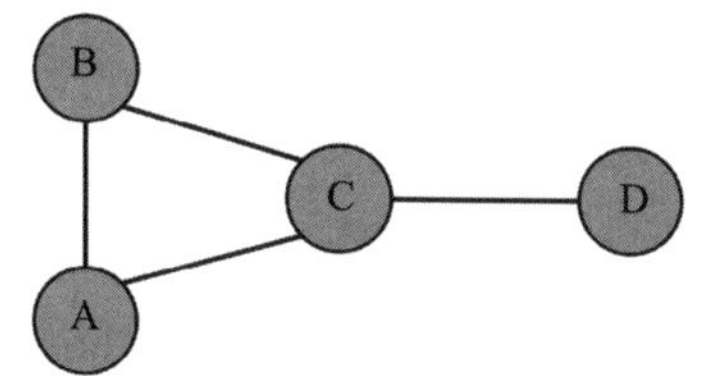

邻接矩阵1：

D	0	0	0	1
B	0	0	1	1
A	0	1	0	1
C	1	1	1	0

邻接矩阵2：

A	0	1	0	1
C	1	0	1	1
D	0	1	0	0
B	1	1	0	0

邻接矩阵3：

A	0	1	1	0
B	1	0	1	0
C	1	1	0	1
D	0	0	1	0

图 18.5　表示同一个图的不同邻接矩阵

如图 18.5 所示，同一个图可以由多个不同的邻接矩阵表示。图数据的排列不变性要求图卷积运算也是排列不变的。

卷积方法也适用于图数据，可以使用参数数量固定的卷积运算处理大小不同的图数据。相对于图像而言，这种性质对处理图数据更加重要。例如，在第 11 章提到过，可以直接使用全连接方法（例如，多层感知机）处理分辨率固定的图像数据集。相比之下，大多数图数据集包含的图数据大小不同。

图像卷积算子是标准化的，但对于图卷积，存在多种图卷积运算方式，而且开发新的图卷积算子是一个研究热点。本章的重点在于提供图卷积神经网络入门的总体思路，以便读者可以理解图神经网络的基本概念。下一小节将介绍如何用 PyTorch 实现基本的图卷积运算，以及如何用 PyTorch 从零开始构建一个简单的图神经网络。

18.2.2　实现一个基本的图卷积函数

本小节将介绍一个基本的图卷积函数，并将其应用于图数据。考虑图 18.6 所示的图及其数学表示。

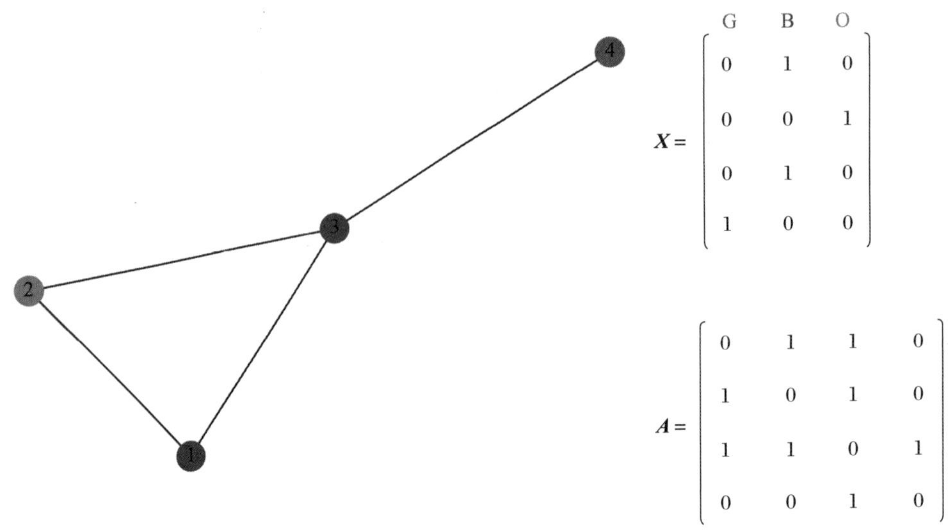

图 18.6　一个无向图及其数学表示

图 18.6 展示了一个无向图，邻接矩阵为 $n \times n$ 矩阵 $\boldsymbol{A}$，节点标签矩阵由 $n \times f_{\text{in}}$ 矩阵 $\boldsymbol{X}$ 表示，其中特征是**节点**的颜色，包括绿色(G)、蓝色(B)和橙色(O)。特征由独热向量表示。

NetworkX 库用于图数据运算和可视化。下面使用 NetworkX 库说明使用标签矩阵 $\boldsymbol{X}$ 和节点邻接矩阵 $\boldsymbol{A}$ 构造图数据的方法。

安装 NetworkX

NetworkX 是一个实用的 Python 库，用于图数据运算和可视化。可以通过 pip 安装 NetworkX 库

```
pip install networkx
```

以下使用 2.6.2 版本的 NetworkX 库对本章中的图数据进行可视化。想要了解 NetworkX 库的更多信息，请访问官方网站：https://networkx.org。

使用 NetworkX，可以构建图 18.6 对应的图数据，代码如下所示：

```
>>> import numpy as np
>>> import networkx as nx
>>> G = nx.Graph()
... # Hex codes for colors if we draw graph
>>> blue, orange, green = "#1f77b4", "#ff7f0e", "#2ca02c"
>>> G.add_nodes_from([
...     (1, {"color": blue}),
...     (2, {"color": orange}),
...     (3, {"color": blue}),
...     (4, {"color": green})
... ])
>>> G.add_edges_from([(1,2), (2,3), (1,3), (3,4)])
>>> A = np.asarray(nx.adjacency_matrix(G).todense())
>>> print(A)
[[0 1 1 0]
[1 0 1 0]
[1 1 0 1]
[0 0 1 0]]

>>> def build_graph_color_label_representation(G, mapping_dict):
...     one_hot_idxs = np.array([mapping_dict[v] for v in
...         nx.get_node_attributes(G, 'color').values()])
>>>     one_hot_encoding = np.zeros(
...         (one_hot_idxs.size, len(mapping_dict)))
>>>     one_hot_encoding[
...         np.arange(one_hot_idxs.size), one_hot_idxs] = 1
>>>     return one_hot_encoding
>>> X = build_graph_color_label_representation(
...     G, {green: 0, blue: 1, orange: 2})
>>> print(X)
[[0., 1., 0.],
[0., 0., 1.],
[0., 1., 0.],
[1., 0., 0.]]
```

运行以下代码绘制所构建的图：

```
>>> color_map = nx.get_node_attributes(G, 'color').values()
>>> nx.draw(G,with_labels=True, node_color=color_map)
```

上述代码首先使用 NetworkX 初始化了一个新的 Graph 对象，然后向 Graph 对象添加 4 个节点以及各个节点的颜色，以供后续可视化使用。在添加节点后，指定连接节点的边。之后使用 NetworkX 中的 adjacency_matrix 构造函数创建邻接矩阵 $\boldsymbol{A}$，并且自定义的 build_graph_color_label_representation 函数使用之前添加到 Graph 对象的信息创建节点标签

矩阵 $\boldsymbol{X}$。

标签矩阵 $\boldsymbol{X}$ 的行对应节点的嵌入向量。图卷积使用一个节点的嵌入向量及其相邻节点的嵌入向量更新此节点的嵌入向量。图卷积计算形式如下：

$$\boldsymbol{x}'_i = \boldsymbol{x}_i \boldsymbol{W}_1 + \sum_{j \in N(i)} \boldsymbol{x}_j \boldsymbol{W}_2 + \boldsymbol{b}$$

这里 $\boldsymbol{x}'_i$ 是节点 i 更新后的嵌入向量；$\boldsymbol{W}_1$ 和 $\boldsymbol{W}_2$ 是大小为 $f_{\text{in}} \times f_{\text{out}}$ 的滤波器权重矩阵；$\boldsymbol{b}$ 是一个大小为 f_{out} 的偏置向量。

可以将两个权重矩阵 $\boldsymbol{W}_1$ 和 $\boldsymbol{W}_2$ 看作一个滤波器组，其中矩阵的每一列都是一个单独的滤波器。当图数据的局部性先验成立时，这种滤波器设计方法最有效。但如果一个节点与距离多条边的另一个节点高度相关，那么单个卷积运算将无法捕获这两个节点之间的关系。此时，堆叠多个卷积的方法可以捕获两个距离较远节点之间的关系，如图 18.7 所示（为简单起见，将偏置设置为零）。

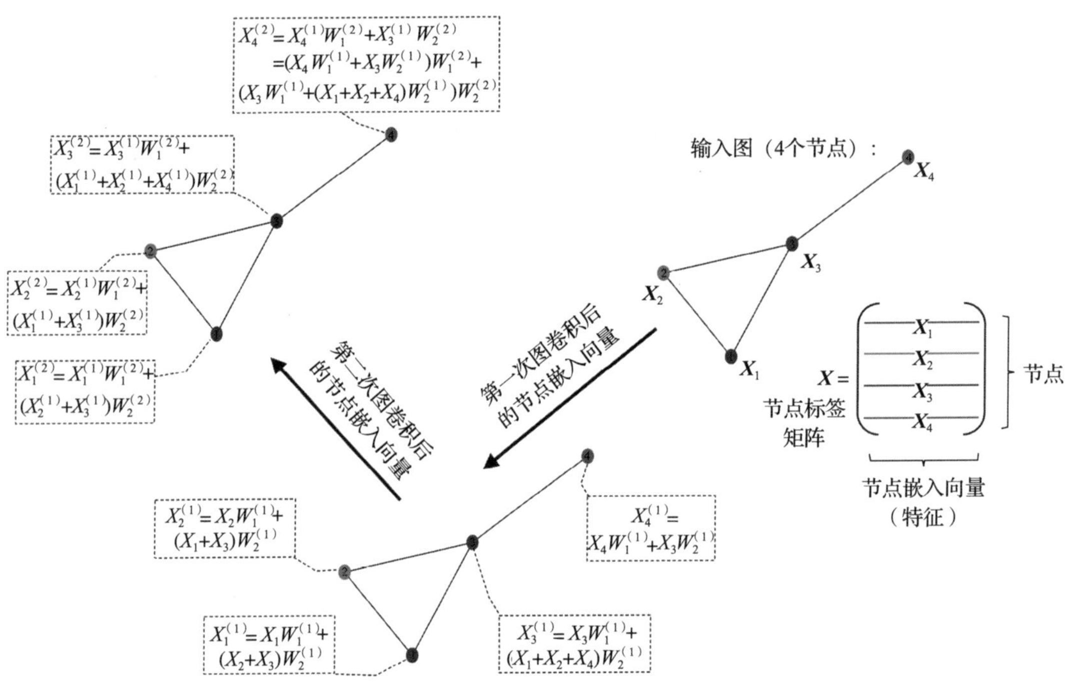

图 18.7　在图数据中捕获节点之间的关系

如图 18.7 所示，图卷积的设计符合图数据的先验知识，但却并没有清楚显示如何以矩阵形式实现邻节点求和。这正是使用邻接矩阵 $\boldsymbol{A}$ 的原因。图卷积的矩阵形式是 $\boldsymbol{XW}_1 + \boldsymbol{AXW}_2$。在这里，由 1 和 0 构成的邻接矩阵充当掩码来选择节点进行所需的求和计算。在 NumPy 中，前向传播过程可由下述代码实现：

```
>>> f_in, f_out = X.shape[1], 6
>>> W_1 = np.random.rand(f_in, f_out)
>>> W_2 = np.random.rand(f_in, f_out)
>>> h = np.dot(X, W_1)+ np.dot(np.dot(A,X), W_2)
```

总之，我们希望图卷积层利用邻接矩阵 $\boldsymbol{A}$ 提供的结构(连接)信息更新 $\boldsymbol{X}$ 中的节点信息。现有很多方法可以实现这一点，并且均在已开发的图卷积应用中得到了验证。

当研究多种类型的图卷积时，研究人员希望有一个统一的框架。值得庆幸的是，Justin Gilmer 及其同事在 2017 年的论文“Neural Message Passing for Quantum Chemistry”(https://arxiv.org/abs/1704.01212)中提出了一个消息传递框架(message-passing framework)。

在这个**消息传递**框架中，图中的每个节点都关联一个隐藏状态 $h_i^{(t)}$，其中 i 是节点在时间点 t 的索引。初始值 $h_i^{(0)}$ 定义为 $\boldsymbol{X}_i$，即 $\boldsymbol{X}$ 中对应节点 i 的行。

图卷积运算过程可以分解为消息传递阶段和节点更新阶段。设 $N(i)$ 是节点 i 的邻节点。对于无向图，$N(i)$ 是与节点 i 有相同边的节点的集合。对于有向图，$N(i)$ 是这样一类节点的集合，即存在边与节点 i 相连而且边的方向指向节点 i。消息传递阶段使用的公式如下：

$$m_i = \sum_{j \in N(i)} M_t(h_i^{(t)}, h_j^{(t)}, e_{ij})$$

这里，M_t 是消息函数。在此例中，消息函数定义为 $M_t = h_j^{(t)} W_2$。在节点更新阶段，使用 U_t 作为节点更新函数，表达式为 $h_i^{(t+1)} = U_t(h_i^{(t)}, m_i)$。在此例中，更新函数为 $h_i^{(t+1)} = h_i^{(t)} W_1 + m_i + b$。

图 18.8 为消息传递过程的可视化。

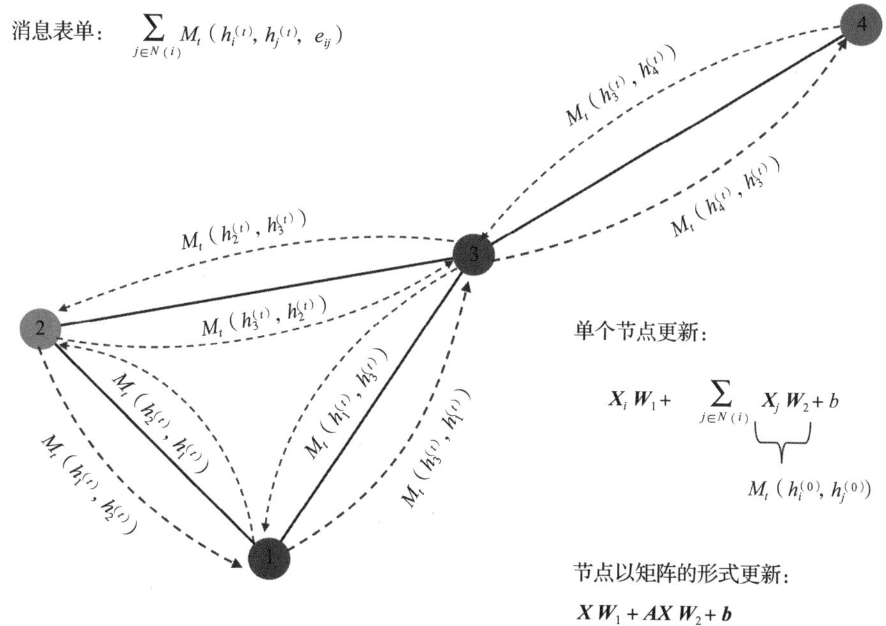

图 18.8　以消息传递方式实现图卷积运算

下一节将把这个图卷积层应用到图神经网络中，并使用 PyTorch 实现图神经网络模型。

18.3 用 PyTorch 从零开始实现图神经网络

上一节重点介绍了对图卷积操作的理解和实现。本节将逐步实现一个基本的图神经网络模型，同时在这个过程中学习如何从零开始使用各种图的方法。如果这些方法看起来很复杂，请不用担心，图神经网络本身是实现起来相对复杂的模型，本章后续部分将介绍 PyTorch Geometric 库，可以用于简化图神经网络的实现和管理图神经网络数据。

18.3.1 定义 NodeNetwork 模型

本节将展示如何使用 PyTorch 从零实现图神经网络。我们采用自顶向下方法，从名为 NodeNetwork 的神经网络框架开始，然后逐步添加神经网络的各个细节：

```
import networkx as nx
import torch
from torch.nn.parameter import Parameter
import numpy as np
import math
import torch.nn.functional as F

class NodeNetwork(torch.nn.Module):
    def __init__(self, input_features):
        super().__init__()
        self.conv_1 = BasicGraphConvolutionLayer (
            input_features, 32)
        self.conv_2 = BasicGraphConvolutionLayer(32, 32)
        self.fc_1 = torch.nn.Linear(32, 16)
        self.out_layer = torch.nn.Linear(16, 2)

    def forward(self, X, A, batch_mat):
        x = F.relu(self.conv_1(X, A))
        x = F.relu(self.conv_2(x, A))
        output = global_sum_pool(x, batch_mat)
        output = self.fc_1(output)
        output = self.out_layer(output)
        return F.softmax(output, dim=1)
```

上述代码定义了 NodeNetwork 模型，其步骤可以概括如下：

1. 运行两个图卷积(self.conv_1 和 self.conv_2)；
2. 通过 global_sum_pool 对所有节点嵌入向量进行池化操作，稍后将给出该函数的定义；
3. 运行两个全连接层(self.fc_1 和 self.out_ layer)；

4. 使用 softmax 函数输出一个类成员概率。

图 18.9 给出了图神经网络结构以及每层的工作流程。

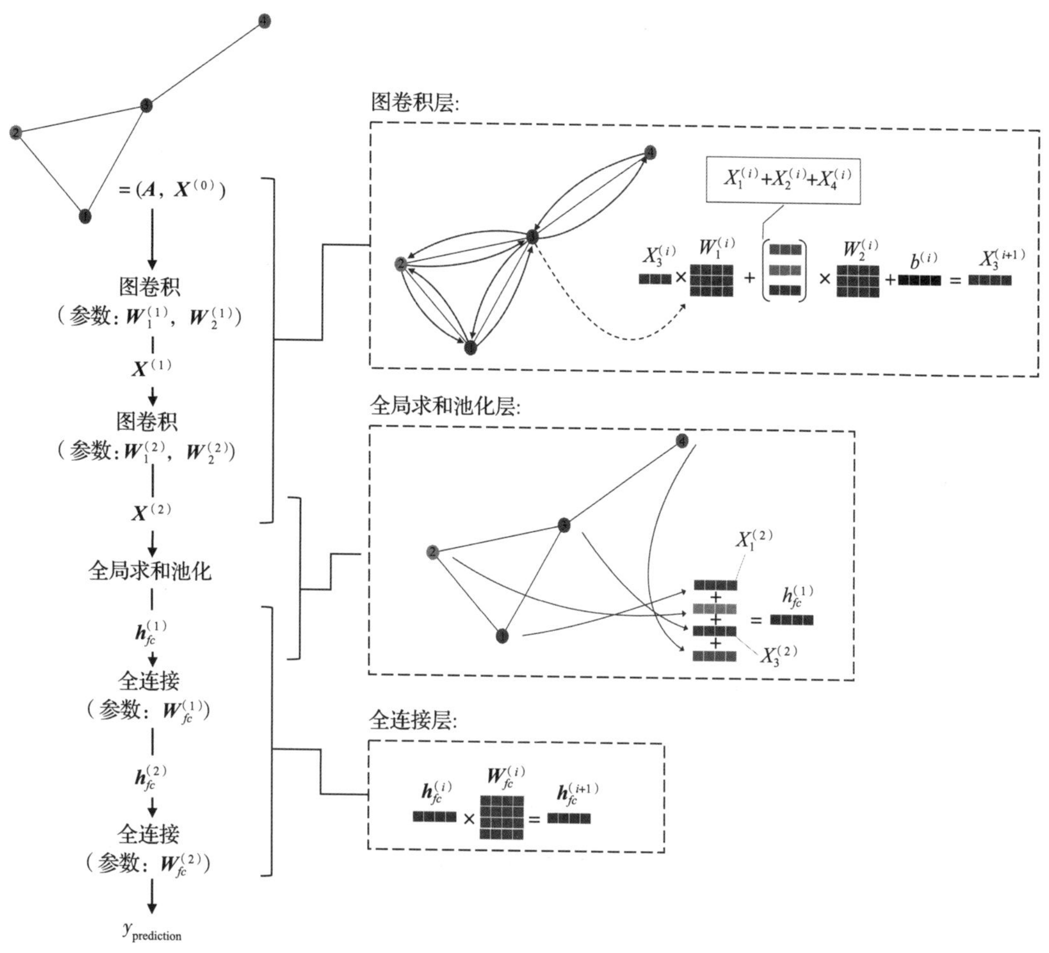

图 18.9　图神经网络结构和每层的工作流程

下一小节将介绍这个神经网络具体的细节，包括图卷积层和全局池化。

18.3.2　NodeNetwork 图卷积层编码

在之前的 NodeNetwork 类中定义图卷积运算(BasicGraphConvolutionLayer)：

```
class BasicGraphConvolutionLayer(torch.nn.Module):
    def __init__(self, in_channels, out_channels):
        super().__init__()
        self.in_channels = in_channels
```

```
        self.out_channels = out_channels
        self.W2 = Parameter(torch.rand(
            (in_channels, out_channels), dtype=torch.float32))
        self.W1 = Parameter(torch.rand(
            (in_channels, out_channels), dtype=torch.float32))

        self.bias = Parameter(torch.zeros(
                out_channels, dtype=torch.float32))
    def forward(self, X, A):
        potential_msgs = torch.mm(X, self.W2)
        propagated_msgs = torch.mm(A, potential_msgs)
        root_update = torch.mm(X, self.W1)
        output = propagated_msgs + root_update + self.bias
        return output
```

与全连接层和图像卷积层一样，图卷积运算添加了一个偏置项，从而使输出线性组合的截距(在应用 ReLU 等非线性函数之前)可以变化。`forward()`方法实现了前一小节中讨论过的前向传播的矩阵形式，添加了一个偏置项。

为了实现 `BasicGraphConvolutionLayer`，将上述图卷积应用到 18.2.2 节定义的图和邻接矩阵中：

```
>>> print('X.shape:', X.shape)
X.shape: (4, 3)

>>> print('A.shape:', A.shape)
A.shape: (4, 4)

>>> basiclayer = BasicGraphConvolutionLayer(3, 8)
>>> out = basiclayer(
...     X=torch.tensor(X, dtype=torch.float32),
...     A=torch.tensor(A, dtype=torch.float32)
... )

>>> print('Output shape:', out.shape)
Output shape: torch.Size([4, 8])
```

从上面的代码中可以看到 `BasicGraphConvolutionLayer` 将包含四个节点的图的三维特征向量转换成八维特征向量。

18.3.3 添加一个全局池化层处理大小不同的图

接下来，定义 `NodeNetwork` 类中使用的 `global_sum_pool()`函数，实现一个全局池化层。全局池化层聚合图中所有节点的嵌入向量并将其转换为固定大小的输出。如图 18.9 所示，

global_sum_pool()对图的所有节点嵌入向量求和。注意，这种全局池化与第 14 章卷积神经网络中使用的全局平均池化类似，都在数据运行通过全连接层之前使用。

由于对所有节点嵌入向量求和会导致信息丢失，因此最好预先重塑数据。但由于图的大小可能不同，因此重塑数据并不可行。而全局池化可以通过任何排列不变函数(如 sum、max 和 mean)实现。下述代码实现了 global_sum_pool()：

```
def global_sum_pool(X, batch_mat):
    if batch_mat is None or batch_mat.dim() == 1:
        return torch.sum(X, dim=0).unsqueeze(0)
    else:
        return torch.mm(batch_mat, X)
```

如果数据没有经过批处理或批数据的大小为 1，则此函数仅对当前节点嵌入向量求和；否则，嵌入向量需要与 batch_mat 相乘，而 batch_mat 的结构取决于图数据的批处理方式。

当数据集中的所有数据都具有相同的维度时，对数据进行批处理与通过堆叠数据增加数据维度一样简单。(旁注：在 PyTorch 中默认的批处理函数调用 stack 函数进行数据批处理)。由于图的大小不同，除非使用填充方法，否则这种方法处理图数据不可行。而在图尺寸差异很大的情况下，填充方法效率很低。通常，处理不同大小的图数据的更好方法是将每个批数据视为一个图，其中批数据中的每个图都是一个与其他图不相连的子图，如图 18.10 所示。

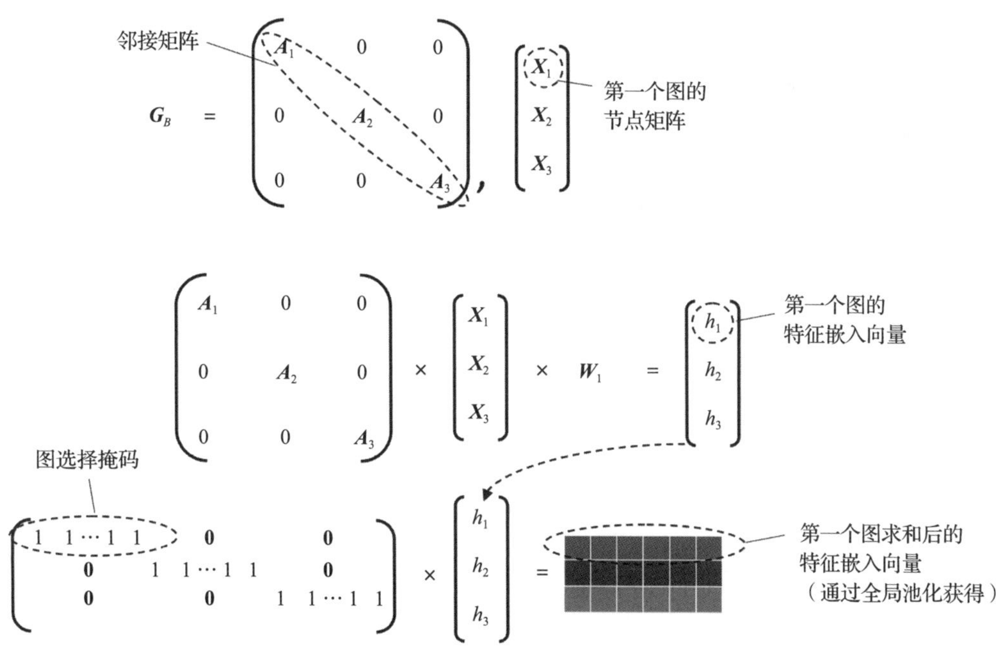

图 18.10　处理不同大小的图

为了更完整和正式地解释图 18.10，假设给定 k 个图 $G_1, G_2, \cdots, G_k$，大小分别为 $n_1, n_2, \cdots,$

n_k，每个节点都有 f 个特征。此外，邻接矩阵分别为 $\boldsymbol{A}_1,\boldsymbol{A}_2,\cdots,\boldsymbol{A}_k$，节点特征矩阵分别为 $\boldsymbol{X}_1$，$\boldsymbol{X}_2,\cdots,\boldsymbol{X}_k$。设 N 为节点总数，$N=\sum_{i=1}^{k} n_i$，$s_1=0$，$s_i=s_{i-1}+n_{i-1}$，$0<i\leqslant k$。如图 18.10 所示，定义一个图的邻接矩阵 $\boldsymbol{G}_B$，$\boldsymbol{G}_B$ 由 $N\times N$ 维的邻接矩阵 $\boldsymbol{A}_B$ 和 $N\times f$ 维的特征矩阵 $\boldsymbol{X}_B$ 构成。使用 Python 索引符号，对于 $\boldsymbol{A}_B$ 中的元素，$\boldsymbol{A}_B[s_i:s_i+n_i,s_i+n_i]=\boldsymbol{A}_i$，$\boldsymbol{A}_B$ 在这些索引位置之外的元素为 0；对于 $\boldsymbol{X}_B$ 中的元素，$\boldsymbol{X}_B[s_i:s_i+n_i,:]=\boldsymbol{X}_i$。

在此方法中，未连接的节点将不会出现在图卷积的同一感受野中。因此，当通过图卷积反向传播 $\boldsymbol{G}_B$ 的梯度时，批数据中的每个图的梯度都将相互独立。这意味着如果将一组图卷积视为一个函数 f，$h_B=f(\boldsymbol{X}_B,\boldsymbol{A}_B)$ 且 $h_i=f(X_i,A_i)$，则 $h_B[s_i:s_i+n,:]=h_i$。如果从全局池化层提取 h_B 中的每个 h_i 并将其和作为分离向量，则将这些分离向量拼接并通过全连接层传递将使批数据中每个图的梯度在整个反向传播过程中保持分离。

这就是 global_sum_pool()中的 batch_mat 的目的，即作为一个图选择掩码，使批数据中的图保持分离。可以使用以下代码为大小为 $n_1,n_2,\cdots,n_k$ 的图生成此掩码：

```
def get_batch_tensor(graph_sizes):
    starts = [sum(graph_sizes[:idx])
              for idx in range(len(graph_sizes))]
    stops = [starts[idx] + graph_sizes[idx]
             for idx in range(len(graph_sizes))]
    tot_len = sum(graph_sizes)
    batch_size = len(graph_sizes)
    batch_mat = torch.zeros([batch_size, tot_len]).float()
    for idx, starts_and_stops in enumerate(zip(starts, stops)):
        start = starts_and_stops[0]
        stop = starts_and_stops[1]
        batch_mat[idx,start:stop] = 1
    return batch_mat
```

给定批数据大小为 b，batch_mat 是一个 $b\times N$ 矩阵，其中 batch_mat$[i-1,s_i:s_i+n_i]=1$，$1\leqslant i\leqslant k$，并且这些索引集之外的元素均为 0。以下为整理函数(collate function)，用于生成 $\boldsymbol{G}_B$ 和相应的批矩阵：

```
# batch is a list of dictionaries each containing
# the representation and label of a graph
def collate_graphs(batch):
    adj_mats = [graph['A'] for graph in batch]
    sizes = [A.size(0) for A in adj_mats]
    tot_size = sum(sizes)
    # create batch matrix
    batch_mat = get_batch_tensor(sizes)
    # combine feature matrices
```

```
    feat_mats = torch.cat([graph['X'] for graph in batch], dim=0)
    # combine labels
    labels = torch.cat([graph['y'] for graph in batch], dim=0)
    # combine adjacency matrices
    batch_adj = torch.zeros([tot_size, tot_size], dtype=torch.float32)
    accum = 0
    for adj in adj_mats:
        g_size = adj.shape[0]
        batch_adj[accum:accum+g_size,accum:accum+g_size] = adj
        accum = accum + g_size
    repr_and_label = {'A': batch_adj,
            'X': feat_mats, 'y': labels,
            'batch': batch_mat}
    return repr_and_label
```

18.3.4 准备数据加载工具

本节将整合前几小节中的代码。首先，生成一些图数据并存入 PyTorch `Dataset` 中，然后在图神经网络的 `DataLoader` 中使用上节提到的 `collate` 函数。

在定义图之前，先定义一个函数来构建稍后将要使用的字典：

```
def get_graph_dict(G, mapping_dict):
    # Function builds dictionary representation of graph G
    A = torch.from_numpy(
        np.asarray(nx.adjacency_matrix(G).todense())).float()
    # build_graph_color_label_representation()
    # was introduced with the first example graph
    X = torch.from_numpy(
      build_graph_color_label_representation(
              G, mapping_dict)).float()
    # kludge since there is not specific task for this example
    y = torch.tensor([[1,0]]).float()
    return {'A': A, 'X': X, 'y': y, 'batch': None}
```

此函数的输入为 NetworkX 图并返回一个字典，该字典包含图的邻接矩阵 `A`、节点特征矩阵 `X` 和二进制标签 `y`。由于这里未涉及模型的训练，因此可以设置标签值 w 为任意值。然后 `nx.adjacency_matrix()`输入 NetworkX 图返回该图的稀疏表示，再使用 `todense()`将稀疏表示转换为 `np.array` 格式。

现在生成图数据并使用 `get_graph_dict` 函数将 NetworkX 图转换为神经网络可以处理的格式：

```
>>> # building 4 graphs to treat as a dataset
>>> blue, orange, green = "#1f77b4", "#ff7f0e","#2ca02c"
>>> mapping_dict= {green:0, blue:1, orange:2}
>>> G1 = nx.Graph()
>>> G1.add_nodes_from([
...     (1,{"color": blue}),
...     (2,{"color": orange}),
...     (3,{"color": blue}),
...     (4,{"color": green})
... ])
>>> G1.add_edges_from([(1, 2), (2, 3), (1, 3), (3, 4)])
>>> G2 = nx.Graph()
>>> G2.add_nodes_from([
...     (1,{"color": green}),
...     (2,{"color": green}),
...     (3,{"color": orange}),
...     (4,{"color": orange}),
...     (5,{"color": blue})
... ])
>>> G2.add_edges_from([(2, 3),(3, 4),(3, 1),(5, 1)])
>>> G3 = nx.Graph()
>>> G3.add_nodes_from([
...     (1,{"color": orange}),
...     (2,{"color": orange}),
...     (3,{"color": green}),
...     (4,{"color": green}),
...     (5,{"color": blue}),
...     (6,{"color":orange})
... ])
>>> G3.add_edges_from([(2,3), (3,4), (3,1), (5,1), (2,5), (6,1)])
>>> G4 = nx.Graph()
>>> G4.add_nodes_from([
...     (1,{"color": blue}),
...     (2,{"color": blue}),
...     (3,{"color": green})
... ])
>>> G4.add_edges_from([(1, 2), (2, 3)])
>>> graph_list = [get_graph_dict(graph, mapping_dict) for graph in
...     [G1, G2, G3, G4]]
```

图 18.11 为运行上述代码生成的图。

上述代码块构造了 4 个 NetworkX 图并将它们存储在一个列表中。其中 nx.Graph()的构造函数初始化一个空图，add_nodes_from()将一个元组列表中的节点添加到空图中。元组列表中的每个元组的第一项是节点名称，第二项是该节点的属性字典。图的 add_edges_from()方

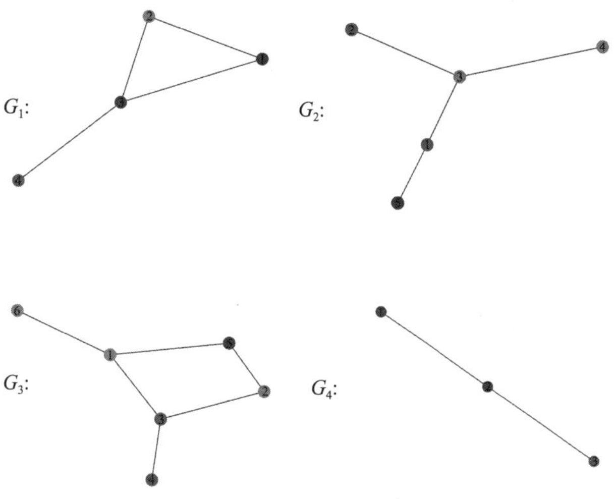

图 18.11　生成的四个图

法使用元组列表作为输入，其中每个元组定义两个节点之间的边。我们可以为这些图创建一个 PyTorch Dataset：

```
from torch.utils.data import Dataset
class ExampleDataset(Dataset):
    # Simple PyTorch dataset that will use our list of graphs
    def __init__(self, graph_list):
        self.graphs = graph_list
    def __len__(self):
        return len(self.graphs)

    def __getitem__(self,idx):
        mol_rep = self.graphs[idx]
        return mol_rep
```

多数情况下不会选择使用自定义的 Dataset，但在这里，使用自定义的 Dataset 可以更方便地展示如何在 DataLoader 中使用 collate_graphs()：

```
>>> from torch.utils.data import DataLoader
>>> dset = ExampleDataset(graph_list)
>>> # Note how we use our custom collate function
>>> loader = DataLoader(
...     dset, batch_size=2, shuffle=False,
...     collate_fn=collate_graphs)
```

18.3.5 使用 NodeNetwork 进行预测

在定义了所需的函数并设置了 DataLoader 之后，现在可以初始化一个新的 NodeNetwork 并将图数据作为 NodeNetwork 的输入：

```
>>> node_features = 3
>>> net = NodeNetwork(node_features)

>>> batch_results = []
>>> for b in loader:
...     batch_results.append(
...         net(b['X'], b['A'], b['batch']).detach())
```

请注意，为了简化，这里没有涉及模型的训练过程。可以按照常规方式训练图神经网络模型，包括定义关于预测类别标签和真实类别标签的损失函数、通过 backward()方法进行反向传播、使用基于梯度下降的优化器更新模型权重。本书将这些作为练习留给读者。下一节将介绍用于实现复杂图神经网络的 PyTorch Geometric，并展示如何使用 PyTorch Geometric 训练图神经网络。继续之前的代码，现在我们在不使用 DataLoader 的情况下，直接提供一个图给模型作为输入：

```
>>> G1_rep = dset[1]
>>> G1_single = net(
...     G1_rep['X'], G1_rep['A'], G1_rep['batch']).detach()
```

可以通过比较图神经网络输入的单个图(G1_single)和来自 DataLoader 的第一个图(也是第一个图 G1，因为设置参数 shuffle = False)检查加载批数据程序是否正常。从运行 torch.isclose()的结果可以看出(考虑误差)，两者等价，这也是我们希望看到的结果：

```
>>> G1_batch = batch_results[0][1]
>>> torch.all(torch.isclose(G1_single, G1_batch))
tensor(True)
```

恭喜！你现在已经学习了如何构建、设置、运行基本的图神经网络。从上述介绍中，你可能也意识到管理和操作图数据有些费力。此外，我们并没有构建使用边标签的图卷积，因为这会使数据处理和运算更加复杂。值得庆幸的是，PyTorch Geometric 软件包提供了许多图神经网络层的实现，使得图神经网络的实现更加容易。下一小节将使用 PyTorch Geometric 库构建一个端到端的图神经网络模型，并在分子数据集上进行训练。

18.3.6 使用 PyTorch Geometric 库实现图神经网络

PyTorch Geometric 库简化了图神经网络的训练过程。本节将使用 PyTorch Geometric 库实现一个图神经网络。我们将图神经网络应用于由小分子组成的数据集 QM9 中，预测各向同性极化率。各向同性极化率是衡量分子电荷被电场扭曲趋势的指标。

安装 PyTorch Geometric

可以通过 conda 或 pip 安装 PyTorch Geometric。我们建议你访问官方文档网站 https://pytorch-geometic.readthedocs.io/en/latest/notes/installation.html，选择对应的操作系统进行安装。在本章中，我们使用 pip 安装了 2.0.2 版本 PyTorch Geometric 以及 `torch-scatter` 和 `torch-sparse` 两个软件包：

```
pip install torch-scatter==2.0.9
pip install torch-sparse==0.6.12
pip install torch-geometric==2.0.2
```

首先，通过加载一个小分子数据集，了解 PyTorch Geometric 的数据存储过程：

```
>>> # For all examples in this section we use the following imports.
>>> # Note that we are using torch_geometric's DataLoader.
>>> import torch
>>> from torch_geometric.datasets import QM9
>>> from torch_geometric.loader import DataLoader
>>> from torch_geometric.nn import NNConv, global_add_pool
>>> import torch.nn.functional as F
>>> import torch.nn as nn
>>> import numpy as np
>>> # let's load the QM9 small molecule dataset
>>> dset = QM9('.')
>>> len(dset)
130831
>>> # Here's how torch geometric wraps data
>>> data = dset[0]
>>> data
Data(edge_attr=[8, 4], edge_index=[2, 8], idx=[1], name="gdb_1", pos=[5, 3],
x=[5, 11], y=[1, 19], z=[5])
>>> # can access attributes directly
>>> data.z
tensor([6, 1, 1, 1, 1])
>>> # the atomic number of each atom can add attributes
>>> data.new_attribute = torch.tensor([1, 2, 3])
>>> data
Data(edge_attr=[8, 4], edge_index=[2, 8], idx=[1], name="gdb_1", new_
attribute=[3], pos=[5, 3], x=[5, 11], y=[1, 19], z=[5])
>>> # can move all attributes between devices
>>> device = torch.device(
...     "cuda:0" if torch.cuda.is_available() else "cpu"
... )
>>> data.to(device)
>>> data.new_attribute.is_cuda
True
```

Data 对象是一个灵活且使用方便的图数据封装器。请注意，许多 PyTorch Geometric 对象需有某些关键特征才能进行正确处理。具体来说，x 需要包含节点特征，edge_attr 需要包含边特征，edge_index 需要包含边列表，y 需要包含标签。QM9 数据包含一些属性：pos 表示一个个分子中每个原子在三维网格空间的位置，z 表示一个分子中每个原子的原子序数。QM9 数据的标签是分子的一系列物理特性，如偶极矩、自由能、焓或各向同性极化率等。下面将实现一个图神经网络并使用 QM9 数据集训练此网络以预测各向同性极化率。

QM9 数据集

QM9 数据集包含 133 885 个有机小分子，标签包含几何、能量、电子和热力学特性等。QM9 是一个通用的基准数据集，用于开发预测化学结构-性质关系的方法。有关该数据集的更多信息，请访问 http://quantum-machine.org/datasets/。

分子中键的类型是很重要，比如可以研究哪些原子通过某种化学键（单键或者双键）相连。于是，我们希望使用能挖掘边特征的图卷积。为此，使用 torch_geometric.nn.NNConv 层。（如果对 torch_geometric.nn.NNConv 实现细节感兴趣，可以查看 https://pytorch-geometric.readthedocs.io/en/latest/_modules/torch_geometric/nn/conv/nn_conv.html#NNConv 上的源代码。）

NNConv 层中的卷积数学表达式如下：

$$\boldsymbol{X}_i^{(t)} = \boldsymbol{W}\boldsymbol{X}_i^{(t-1)} + \sum_{j \in N(i)} \boldsymbol{X}_j^{(t-1)} \cdot h_{\Theta}(e_{i,j})$$

这里，h 是一个神经网络，权重集合为 Θ，$\boldsymbol{W}$ 是节点标签的权重矩阵。这个图卷积与本章之前从零实现的图卷积非常相似：

$$\boldsymbol{X}_i^{(t)} = \boldsymbol{W}_1\boldsymbol{X}_i^{(t-1)} + \sum_{j \in N(i)} \boldsymbol{X}_j^{(t-1)} \boldsymbol{W}_2$$

二者唯一的区别是，与 $\boldsymbol{W}_2$ 等价的神经网络 h 用于处理边标签矩阵，而且在神经网络 h 中不同的边标签对应的权重参数不同。以下代码利用两个这样的图卷积层（NNConv）实现图神经网络：

```
class ExampleNet(torch.nn.Module):
    def __init__(self, num_node_features, num_edge_features):
        super().__init__()
        conv1_net = nn.Sequential(
            nn.Linear(num_edge_features, 32),
            nn.ReLU(),
            nn.Linear(32, num_node_features*32))

        conv2_net = nn.Sequential(
            nn.Linear(num_edge_features, 32),
            nn.ReLU(),
```

```
            nn.Linear(32, 32*16))

        self.conv1 = NNConv(num_node_features, 32, conv1_net)
        self.conv2 = NNConv(32,16, conv2_net)
        self.fc_1 = nn.Linear(16, 32)
        self.out = nn.Linear(32, 1)

    def forward(self, data):
        batch, x, edge_index, edge_attr = (
            data.batch, data.x, data.edge_index, data.edge_attr)
        # First graph conv layer
        x = F.relu(self.conv1(x, edge_index, edge_attr))
        # Second graph conv layer
        x = F.relu(self.conv2(x, edge_index, edge_attr))
        x = global_add_pool(x,batch)
        x = F.relu(self.fc_1(x))
        output = self.out(x)
        return output
```

我们将训练这个图神经网络来预测分子的各向同性极化率。分子的各向同性极化率是衡量分子电荷分布被外部电场扭曲趋势的指标。接下来将 QM9 数据集拆分为训练集、验证集和测试集，并使用 PyTorch Geometric `DataLoader` 存储。请注意，这里不需要特殊的数据处理函数，但需要具有适当命名属性的 `Data` 对象。

以下代码将数据集拆分为训练集、验证集和测试集：

```
>>> from torch.utils.data import random_split
>>> train_set, valid_set, test_set = random_split(
...     dset,[110000, 10831, 10000])
>>> trainloader = DataLoader(train_set, batch_size=32, shuffle=True)
>>> validloader = DataLoader(valid_set, batch_size=32, shuffle=True)
>>> testloader = DataLoader(test_set, batch_size=32, shuffle=True)
```

以下代码将在 GPU(如果可用)上初始化和训练图神经网络：

```
>>> # initialize a network
>>> qm9_node_feats, qm9_edge_feats = 11, 4
>>> net = ExampleNet(qm9_node_feats, qm9_edge_feats)

>>> # initialize an optimizer with some reasonable parameters
>>> optimizer = torch.optim.Adam(
...     net.parameters(), lr=0.01)
>>> epochs = 4
>>> target_idx = 1 # index position of the polarizability label
>>> device = torch.device("cuda:0" if
...                       torch.cuda.is_available() else "cpu")
>>> net.to(device)
```

模型训练代码如下所示，训练过程与本书之前章节的模式相同，因此此处省略了对训练过程的解释。然而，需要强调的一个细节是，这里的损失函数是均方误差（MSE）而不是交叉熵，因为极化率是一个连续值而不是一个离散类别标签：

```
>>> for total_epochs in range(epochs):
...     epoch_loss = 0
...     total_graphs = 0
...     net.train()
...     for batch in trainloader:
...         batch.to(device)
...         optimizer.zero_grad()
...         output = net(batch)
...         loss = F.mse_loss(
...             output,batch.y[:, target_idx].unsqueeze(1))
...         loss.backward()
...         epoch_loss += loss.item()
...         total_graphs += batch.num_graphs
...         optimizer.step()
...     train_avg_loss = epoch_loss / total_graphs
...     val_loss = 0
...     total_graphs = 0
...     net.eval()
...     for batch in validloader:
...         batch.to(device)
...         output = net(batch)
...         loss = F.mse_loss(
...             output,batch.y[:, target_idx].unsqueeze(1))
...         val_loss += loss.item()
...         total_graphs += batch.num_graphs
...     val_avg_loss = val_loss / total_graphs
...     print(f"Epochs: {total_epochs} | "
...           f"epoch avg. loss: {train_avg_loss:.2f} | "
...           f"validation avg. loss: {val_avg_loss:.2f}")
Epochs: 0 | epoch avg. loss: 0.30 | validation avg. loss: 0.10
Epochs: 1 | epoch avg. loss: 0.12 | validation avg. loss: 0.07
Epochs: 2 | epoch avg. loss: 0.10 | validation avg. loss: 0.05
Epochs: 3 | epoch avg. loss: 0.09 | validation avg. loss: 0.07
```

在前 4 轮训练中，训练集损失函数值和验证集损失函数值都在减小。因为数据集很大，在 CPU 上训练需要大量时间，所以我们在 4 轮训练后停止训练。然而，如果继续训练该模型，损失值将会继续减小。读者可以增加训练模型的训练轮数，以加深对模型性能的了解。

以下代码使用模型预测测试数据标签，并收集真实标签：

```
>>> net.eval()
>>> predictions = []
>>> real = []
>>> for batch in testloader:
...     output = net(batch.to(device))
...     predictions.append(output.detach().cpu().numpy())
...     real.append(
...             batch.y[:,target_idx] .detach().cpu().numpy())
>>> real = np.concatenate(real)
>>> predictions = np.concatenate(predictions)
```

我们可以绘制测试数据子集结果的散点图。由于测试数据集相对较大(10 000 个分子)，在散点图中绘制所有的测试结果会很杂乱。为了简洁起见，下述代码只绘制前 500 个测试样本的真实标签和预测标签：

```
>>> import matplotlib.pyplot as plt
>>> plt.scatter(real[:500], predictions[:500])
>>> plt.xlabel('Isotropic polarizability')
>>> plt.ylabel('Predicted isotropic polarizability')
```

图 18.12 给出了散点图结果：

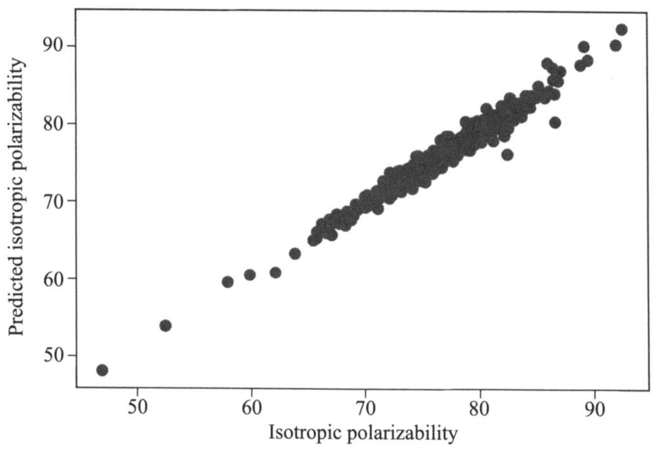

图 18.12　预测的各向同性极化率与实际各向同性极化率

根据此图可见所有点相对靠近对角线，这说明简单的图神经网络在没有进行超参数优化的情况下，在预测分子的各向同性极化值方面表现不错。

TorchDrug——基于 PyTorch 的药物研发库

正如本节中所介绍的，PyTorch Geometric 是一个用于处理图数据的综合性通

用库。如果你对分子研究和药物研发感兴趣，建议你了解最近开发的 TorchDrug 库，该库为处理分子提供了许多易用的程序。你可以在 https://torchdrug.ai/了解更多有关 TorchDrug 的信息。

18.4 其他图神经网络层和最新的进展

本节将介绍一些其他图神经网络层，此外还将对该领域一些最新发展进行概述。虽然本节将会给出这些图神经网络层的定义、背后逻辑和代码实现，但关于这些网络层的数学部分会有点复杂。在现阶段，我们无须掌握其所有实现细节。通过本节的介绍，了解这些网络层背后的总体思想就足以帮助我们理解和使用 PyTorch Geometric 实现。

后续小节将介绍谱图卷积层、图池化层和图归一化层。最后一小节将提供一些关于高级图神经网络的概述。

18.4.1 谱图卷积

到目前为止，图卷积都是在空间中进行。这意味着图卷积在与图相关的拓扑空间中聚合信息，或者说图卷积是在节点的邻域中计算空间卷积。因此，如果使用空间卷积图神经网络捕获图数据中复杂的全局信息，则需要堆叠多个空间卷积操作。在考虑全局信息且同时需要限制网络深度的情况下，谱图卷积是一个合适的选择。

谱图卷积操作与空间图卷积操作不同。谱图卷积在图的谱上进行计算。一个图的谱为该图归一化邻接矩阵(称为图拉普拉斯矩阵)特征值的集合。

对于无向图，一个图的拉普拉斯矩阵定义为 $\boldsymbol{L}=\boldsymbol{D}-\boldsymbol{A}$，其中 $\boldsymbol{A}$ 是图的邻接矩阵，$\boldsymbol{D}$ 是度矩阵(degree matrix)。度矩阵是一个对角矩阵，其中对角线上第 i 个元素等于与图中第 i 个节点相连边的数目。

拉普拉斯矩阵 $\boldsymbol{L}$ 是一个元素为实数的对称矩阵，并且已经证明了一个实值对称矩阵可以分解为 $\boldsymbol{L}=\boldsymbol{Q}\boldsymbol{\Lambda}\boldsymbol{Q}^{\mathrm{T}}$，其中 $\boldsymbol{Q}$ 是正交矩阵，每一列是矩阵 $\boldsymbol{L}$ 的特征向量，$\boldsymbol{\Lambda}$ 是对角矩阵，对角线元素是矩阵 $\boldsymbol{L}$ 的特征值。可以认为矩阵 $\boldsymbol{Q}$ 提供了图数据的基本表示。空间卷积使用由矩阵 $\boldsymbol{A}$ 定义的节点邻域信息，与空间卷积不同，谱图卷积利用矩阵 $\boldsymbol{Q}$ 更新节点的嵌入向量。

下面的谱图卷积利用对称归一化图拉普拉斯矩阵的特征分解，定义如下：

$$\boldsymbol{L}_{\mathrm{sym}}=\boldsymbol{I}-\boldsymbol{D}^{-\frac{1}{2}}\boldsymbol{A}\boldsymbol{D}^{-\frac{1}{2}}$$

这里，$\boldsymbol{I}$ 是单位矩阵。使用归一化图拉普拉斯矩阵的原因在于，归一化可以使梯度下降训练过程更稳定，其中的原理与之前提到的特征标准化类似。

基于 $\boldsymbol{L}_{\mathrm{sym}}$ 的特征值分解为 $\boldsymbol{L}_{\mathrm{sym}}=\boldsymbol{Q}\boldsymbol{\Lambda}\boldsymbol{Q}^{\mathrm{T}}$，图谱卷积定义如下：

$$\boldsymbol{X}'=\boldsymbol{Q}(\boldsymbol{Q}^{\mathrm{T}}\boldsymbol{X}\odot\boldsymbol{Q}^{\mathrm{T}}\boldsymbol{W})$$

其中，$\boldsymbol{W}$ 是一个可训练的权重矩阵。在括号的内部，将 $\boldsymbol{X}$ 和 $\boldsymbol{W}$ 都左乘一个编码图中结构关系

的矩阵 Q^T。⊙运算符表示两个矩阵逐个元素相乘。在括号外部，矩阵 Q 将结果映射回原始空间。这个卷积有缺点，即计算矩阵的特征分解的复杂度为 $O(n^3)$，这意味着计算时间很长，并且由于图是结构化的，W 的维度取决于图的大小。因此，谱图卷积只能应用于图大小相等的情况。此外，谱图卷积的感受野是整个图，在当前的公式中无法调整改变，但已经有很多解决这些问题的方法和卷积运算。

例如，Bruna 及其同事引入了一种平滑方法(https://arxiv.org/abs/1312.6203)解决 W 的维度依赖问题。该方法使用一组函数逼近 W，每个函数都乘以一个标量参数 α。具体来说，给定函数集 $f_1, f_2, \cdots, f_n$，$W \approx \sum \alpha_i f_i$。使用函数集使得逼近函数的维度可以变化。由于 α 始终为标量，卷积参数空间与图的大小相互独立。

其他值得一提的谱图卷积方法还包括 Chebyshev 图卷积(https://arxiv.org/abs/1606.09375)。Chebyshev 图卷积可以在较低计算复杂度情况下近似原始谱图卷积，并且有不同大小的感受野。Kipf 和 Welling 提出了一个具有类似 Chebyshev 卷积特性的卷积(https://arxiv.org/abs/1609.02907)，但其参数更少。在 PyTorch Geometric 中，可以使用 `torch_geometric.nn.ChebConv` 和 `torch_geometric.nn.GCNConv` 实现这两种图卷积。

18.4.2　池化

本小节将通过一些例子简要介绍图中的池化层。虽然在卷积神经网络中，使用池化层实现下采样操作对模型有益，但在图神经网络中，仍没有清晰地看到下采样的好处。

图像数据的池化层使用图像的空间局部特性，但不适用于图数据。如果提供了图中节点的聚类，则可以将图池化层定义为池化节点的过程。然而，目前尚不清楚最佳聚类的定义，而且在不同情况下最佳聚类可能不一样。即使确定了聚类方法，如果节点被下采样，那么也无法正确连接剩下的节点。这些问题现在仍然是开放的未解决问题，下面将介绍一些对图池化层的研究以及解决上述问题的方法。

与卷积神经网络一样，存在应用于图神经网络的平均池化层和最大池化层。如图 18.13 所示，给定图节点的一个聚类，每个簇成为新图中的一个节点。

每个簇的嵌入向量等于簇中节点嵌入向量的平均值或最大值。为了解决连通性，簇还包含了簇中所有边的集合。例如，如果将节点 i、j、k 分配给簇 C_1，则与节点 i、j、k 连接的节点或簇都将与簇 C_1 连接。

DiffPool(https://arxiv.org/abs/1806.08804)是一个更复杂的池化层，尝试同时解决聚类和下采样问题。DiffPool 层学习一个软簇分配矩阵，将所有 n 个节点嵌入向量分布到 c 个簇中。(关于软聚类与硬聚类，请参阅第 10 章中的硬聚类与软聚类部分。)这样，X 的更新为 $X' = S^T X$，A 的更新为 $A' = S^T A^T S$。值得注意的是，矩阵 A' 不再包含离散值，而是可以被视为边权重矩阵。随着时间的推移，DiffPool 算法收敛到可解释的、几乎硬聚类的邻接矩阵。

另一种池化方法为 Top-k 池化，该方法从图中删除节点，从而规避了聚类和连接问题。虽然这样删除节点的信息会丢失，但对于神经网络，只要卷积层在池化层之前，网络就可以通

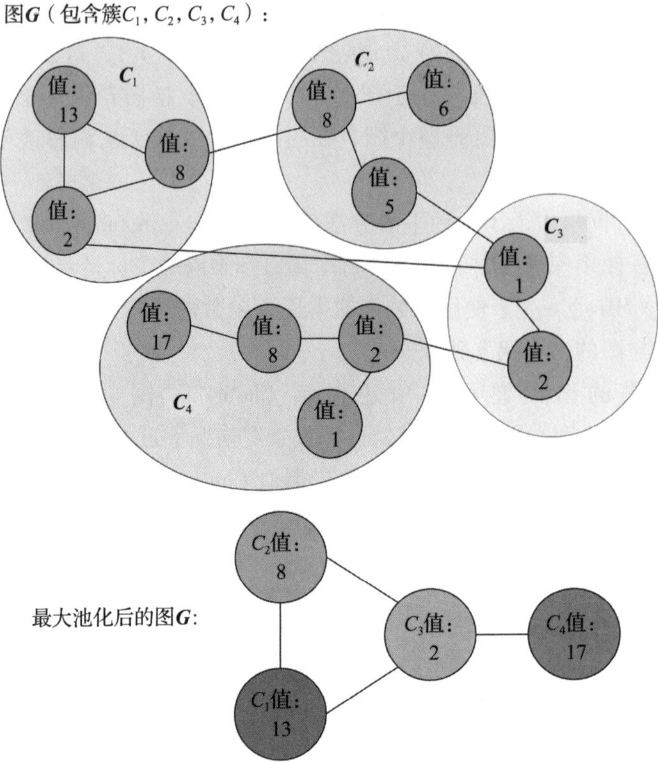

图 18.13 对图数据应用最大池化

过学习避免这种信息丢失的情况。使用可学习向量 $\boldsymbol{p}$ 对节点嵌入向量进行投影，通过投影分数选择被删除的节点。此外，需要计算$(\boldsymbol{X}',\boldsymbol{A}')$（"Towards Sparse Hierarchical Graph Classifiers", https://arxiv.org/abs/1811.01287），计算$(\boldsymbol{X}',\boldsymbol{A}')$的公式如下：

$$y=\frac{X_p}{\|\boldsymbol{p}\|},\quad \boldsymbol{i}=\text{top-}k(\boldsymbol{y},k),\quad \boldsymbol{X}'=(\boldsymbol{X}\odot\tanh(\boldsymbol{y}))_i,\quad \boldsymbol{A}'=\boldsymbol{A}_{ii}$$

top-k 池化算法选择 $\boldsymbol{y}$ 中前 k 个最大值的索引组成向量 $\boldsymbol{i}$，删除 $\boldsymbol{X}$ 和 $\boldsymbol{A}$ 中 $\boldsymbol{i}$ 对应的行。top-k 池化在 PyTorch Geometric 中的实现为 `torch_geometric.nn.TopKPooling`。此外，最大池化和平均池化的实现分别为 `torch_geometric.nn.max_pool_x` 和 `torch_geometric.nn.avg_pool_x`。

18.4.3 数据归一化

神经网络使用数据归一化方法稳定或加速训练过程。图神经网络可以使用许多数据归一化方法，例如批归一化（在第 17 章提到过）。本节将简要介绍一些专门为图数据设计的归一化层。

首先快速回顾归一化方法，给定一组特征值 x_1，$x_2,\cdots,x_n$，归一化的结果为$\frac{x_i-\mu}{\sigma}$，其中 μ 和 σ 分别是这组值的均值和标准差。通常，大多数神经网络使用的归一化方法为 $\gamma\frac{x_i-\mu}{\sigma}+\beta$，其中 γ 和 β 是可学习参数。不同归一化方法之间的差异在于归一化的特征集不同。

Tianle Cai 和其同事在 2020 年发表的论文“GraphNorm：A Principled Approach to Accelerating Graph Neural Network Training”（https://arxiv. org/abs/2009. 03294）表明图卷积聚合后的平均统计量包含有意义的信息，因而完全丢弃平均统计量是不可取的。为了解决这个问题，他们引入了 GraphNorm。

借用原论文的符号，令 h 是节点嵌入矩阵。$h_{i,j}$ 是节点 v_i 的第 j 个特征值，其中 $i=1,2,\cdots,n$，$j=1,2,\cdots,d$。GraphNorm 数学表达式如下：

$$\gamma_j\frac{h_{i,j}-\alpha_j\mu_j}{\hat{\sigma}_j}+\beta_j$$

其中，$\mu_j=\frac{\sum_{i=1}^{n}h_{i,j}}{n}$ 和 $\hat{\sigma}_j=\frac{\sum_{i=1}^{n}(h_{i,j}-\alpha_j\mu_j)^2}{n}$。这里的关键是添加了可学习参数 α，用于控制要丢弃多少平均统计量 μ_j。

另一种图归一化方法是 MsgNorm [⊖]。MsgNorm 对应本章前面提到的图卷积消息传递公式。使用消息传递网络命名法（在 18. 2. 2 节末尾），在图卷积对 M_t 求和并得到 m_i 之后，但在使用 U_t 更新节点嵌入向量之前，MsgNorm 使用以下公式归一化 m_i：

$$m_i'=s\cdot\|h_i\|_2\cdot\frac{m_i}{\|m_i\|_2}$$

这里，s 是一个可学习的缩放因子，该方法的原理是对图卷积中聚合消息的特征进行归一化。虽然目前这种方法没有理论支持，但在具体实践中这种方法非常实用。

PyTorch Geometric 通过 `BatchNorm`、`GroupNorm` 和 `MessageNorm` 实现上述讨论的归一化层。请访问 PyTorch Geometric 官方文档获取更多关于归一化层的信息，网址为 https://pytorch-geometric. readthedocs. io/en/latest/modules/ nn. html#normalization-layers。

与需要聚类设置的图池化层不同，图归一化层可以更容易地应用到现有的图神经网络模型中。推荐你在模型开发和优化过程中测试各种归一化方法。

18. 4. 4　图神经网络文献

以图为中心的深度学习领域正在迅速发展，尚有很多方法在本章中没有涉及。在结束本章之前，我们想为感兴趣的读者提供一些图神经网络方面的有价值的文献。

⊖ Guohao Li，Chenxin Xiong et al. DeeperGCN：All You Need to Train Deeper GCNs，2020，https://arxiv. org/abs/2006. 07739。

第 16 章提到注意力机制可以通过提供上下文信息提高模型的性能。目前已经出现多种应用于图神经网络的注意力机制方法。使用注意力机制的图神经网络包括 Graph Attention Networks（Petar Veličković 和其同事于 2017 年提出，https://arxiv.org/abs/1710.10903）和 Relational Graph Attention Networks（Dan Busbridge 和其同事于 2019 年提出，https://arxiv.org/abs/1904.05811）。

近来这些注意力机制也被用于 Seongjun Yun 和其同事于 2020 提出的 Graph Transformer Networks（https://arxiv.org/abs/1911.06455）以及 Ziniu Hu 和其同事于 2020 提出的 Heterogeneous Graph Transformer（https://arxiv.org/abs/2003.01332）.

除了前面提到的 Graph Transformer 之外，还存在专门为图开发的深度生成模型，比如图变分自动编码器、约束图变分自动编码器等，相关论文如下：

- Thomas N. Kipf，Max Welling. Variational Graph Auto-Encoders，2016（https://arxiv.org/abs/1611.07308）；
- Qi Liu，et al. Constrained Graph Variational Autoencoders for Molecule Design，2018（https://arxiv.org/abs/1805.09076）；
- Martin Simonovsky，Nikos Komodakis. GraphVAE：Towards Generation of Small Graphs Using Variational Autoencoders，2018（https://arxiv.org/abs/1802.03480）。

另一个已应用于生成分子结构的图变分自动编码器的论文如下：

- Wengong Jin et al. Junction Tree Variational Autoencoder for Molecular Graph Generation，2019（https://arxiv.org/abs/1802.04364）。

目前有许多新颖的 GAN 模型可以完成生成图数据的工作，但在撰写本文时，GAN 模型在生成图数据方面的性能还远不如其在图像领域的表现。使用 GAN 模型生成图数据的论文如下：

- Hongwei Wang，et al. GraphGAN：Graph Representation Learning with Generative Adversarial Nets，2017（https://arxiv.org/abs/1711.08267）；
- Nicola De Cao，Thomas Kipf. MolGAN：An Implicit Generative Model for Small Molecular Graphs，2018（https://arxiv.org/abs/1805.11973）。

图神经网络也已被纳入深度强化学习模型中——下一章将学习强化学习。相关论文如下：

- Jiaxuan You，et al. Graph Convolutional Policy Network for Goal-Directed Molecular Graph Generation，2018（https://arxiv.org/ abs/1806.02473）；
- Zhenpeng Zhou，et al. Optimization of Molecules via Deep Reinforcement Learning，2018（https://arxiv.org/abs/1810.08678），这篇文章提出了深度 Q 网络并使用 GAN 模型生成分子结构。

最后，虽然从技术上看三维点云并不是图数据，但有时会对三维点云使用距离截断来创建边，从而用图表示三维点云数据。图神经网络在该领域应用的相关论文如下：

- Weijing Shi，et al. Point-GNN：Graph Neural Network for 3D Object Detection in a Point Cloud，2020（https://arxiv.org/abs/2003.01251）。该论文提出一种基于图神经网络的

结构，用于检测 LiDAR 点云中的三维物体。

- Can Chen，et al. GAPNet：Graph Attention based Point Neural Network for Exploiting Local Feature of Point Cloud，2019（https://arxiv.org/abs/1905.08705）。该论文提出 GAPNet，用于检测点云数据中的局部特征。

18.5 本章小结

随着可使用的数据量不断增加，数据之间存在的关系越发值得关注。虽然存在多种方式可以提取和处理数据之间的关系，但图可以清晰表示这些关系，因此图数据在今后会持续增加。

本章解释了图神经网络的基本概念，并从零开始实现了图卷积层和图神经网络。可以看到由于图数据的复杂性，实现图神经网络实际上非常复杂。因此，为了在实际工作中使用图神经网络，例如预测分子极化程度，我们学习了如何使用 PyTorch Geometric 库。PyTorch Geometric 库提供了多种实现图神经网络的模块。最后，我们回顾了一些图神经网络领域有价值的文献，以便日后更深入和广泛地了解图神经网络。

图神经网络是目前一个热门的研究领域，本章提到的许多方法都是在过去几年中陆续提出的，以本章作为起点，也许你的学习和研究也会推动这一领域的发展。

下一章将介绍强化学习，与本书迄今为止介绍的内容相比，强化学习是一个完全不同的机器学习类别。

CHAPTER 19

第 19 章

在复杂环境中做决策的强化学习

前几章着重介绍了监督学习和无监督学习，以及如何使用人工神经网络和深度学习来解决这两类问题。对于给定的输入特征向量，监督学习侧重预测类别标签或者连续目标值；无监督学习从数据中提取模式，用于数据压缩(第 5 章)、聚类(第 10 章)，或者生成与训练数据分布相似的新数据(第 17 章)。

本章将介绍另一种机器学习类别，即**强化学习**(Reinforcement Learning，RL)。不同于监督学习和无监督学习，强化学习侧重学习一系列动作来最大化总体奖励，例如，赢得国际象棋比赛。总之，本章将介绍以下内容：

- 学习强化学习的基础知识，熟悉智能体与环境交互，了解回报过程以及回报过程如何帮助智能体在复杂环境中做出决策；
- 介绍不同类型的强化学习问题、基于模型和无模型的学习任务、蒙特卡罗算法、时序差分学习算法；
- 以表格形式实现 Q 学习算法；
- 理解用于解决强化学习问题的函数近似，并结合强化学习和深度学习实现深度 Q 学习算法。

强化学习是一个复杂而广阔的研究领域，本章将聚焦强化学习的基础知识。作为概述，本章主要通过示例来说明强化学习主要概念和重要方法。本章最后将介绍一个更具挑战性的示例，即将深度学习网络结构应用于一个特殊的强化学习(也称为深度 Q 学习)。

19.1 从经验中学习概述

强化学习是机器学习的一个分支。本节将首先介绍强化学习的概念，了解强化学习与其他机器学习任务的主要差异。然后介绍强化学习系统的基本组成部分。最后介绍基于马尔可夫决策过程的强化学习数学模型。

19.1.1 了解强化学习

在此之前，本书主要关注监督学习和无监督学习。监督学习依赖于监督者或人类专家所提供的带有标签的训练样本，目标是训练出一个模型，能在未曾见过、不带标签的测试样本上取得良好的预测效果。因此，给定一个输入样本，监督学习模型的预测标签或预测值应该与人类专家给定的标签或目标值一致。另一方面，无监督学习的目标是学习或获取数据集中的隐藏结构，例如聚类方法和降维方法，或者学习如何生成新的、与训练数据分布相似的合成训练样本。强化学习与监督学习和无监督学习有着很大的不同，因此强化学习通常被视为“第三类机器学习”。

将强化学习与机器学习的其他子类(如监督学习和无监督学习)区分开来的关键在于强化学习以交互学习的概念为中心。这意味着在强化学习中，模型需要在与环境交互的过程中学习如何最大化奖励函数。

虽然，最大化奖励函数与监督学习中的最小化损失函数的概念相关，但在强化学习中并不知道要学习的一系列动作的正确标签是什么，或者标签未被事先定义。相反，这些标签需要与环境交互学习得到，从而达到所期待的结果，例如在比赛中获胜。在强化学习中，模型(也被称为智能体)与环境交互，这样所生成的一系列交互结果被统称为回合(episode)。通过这些交互结果，智能体将收集到环境提供的奖励。这些奖励可以是正的也可以是负的，有时甚至直到一个回合结束后环境才会向智能体返回奖励。

例如，想象一下，要教一台计算机玩国际象棋游戏并战胜人类玩家。直到游戏结束时才能知道计算机所有下棋动作的标签(奖励)，因为在比赛过程中并不知道一个特定的动作是否会导致比赛失败。只有在比赛结束时才能确定反馈。如果计算机赢得了比赛，那么这个反馈是一个正的奖励，因为智能体达到了预期的结果；反之，如果计算机输掉了比赛，则很可能会得到负的奖励。

此外，以下棋为例，输入是当前棋盘布局，例如，棋盘上每个棋子的排列位置。存在大量的不同输入(系统状态)，显然不能将每种棋盘布局或状态标记为正类或负类。为了定义学习过程，只在每场比赛结束时提供奖励信息或惩罚信息，因为只有在那时才会知道智能体是否取得预期的结果，即是否赢得比赛。

这就是强化学习的本质。在强化学习中，不教或者不能教智能体、计算机或机器人如何做事，只定义期待智能体实现的目标。然后，在具体的试验中，根据智能体的成败来确定奖励。这有助于完成在复杂环境中做出决策的任务，尤其是那些需要经过一系列步骤才能解决问题的任务，这些步骤可能是未知的、难以解释的或难以定义的。

除了在比赛和机器人中的应用外，也可以在自然界中找到强化学习的例子。例如，训练狗的过程就涉及强化学习，当狗做了某个期待的动作后就给狗提供奖励(零食)。或者考虑一条经过训练用于预测人类癫痫病即将发作的医用犬。在这种情况下，因为不知道狗检测癫痫病即将发作的确切机制，所以也无法给狗定义一系列的具体步骤来检测癫痫病发作。即使熟知狗检测癫痫病发作的机制，也无法给狗定义一系列具体步骤。然而，如果狗能成功地检测癫痫病发作，那么可以给狗奖励零食以强化狗检测癫痫病发作的行为。

虽然强化学习提供了一个框架用于学习一系列动作来实现特定目标，但请记住强化学习仍然是一个相对新兴且活跃的研究领域，有许多尚未解决的问题和挑战。训练强化学习模型的一大挑战为，模型的最优输入依赖之前所采取的动作。这会带来各种问题，通常会导致学习行为的不稳定。此外，强化学习的这种序列依赖性会产生所谓的滞后效应，即在时间步 t 所采取的动作可能会在未来某个任意时间得到奖励。

19.1.2　智能体与环境

在所有强化学习的示例中，都存在两个实体，即智能体和环境。从形式上讲，**智能体**被定义为一个学习如何决策并采取动作与周围环境进行交互的实体。作为采取动作的结果，智能体获得环境提供的观测和奖励信号。**环境**是智能体之外的任何东西。通过与智能体交互，环境提供观测和智能体行为的奖励信号。

奖励信号是智能体与环境交互获取的反馈，通常以标量值的形式出现，可正可负。奖励的目的是告诉智能体其表现如何。智能体获得奖励的频率取决于具体的任务或问题。以国际象棋比赛为例，在一个完整的比赛结束后，根据所有动作的结果（赢或输）确定奖励。同样，在走迷宫游戏中，可以定义智能体在每一个时间步采取动作后都会获得奖励。在这个游戏中，智能体会最大化整个过程累积的奖励，其中整个过程指的是一个回合的持续时间。

图 19.1 展示了智能体与环境之间的交互过程。

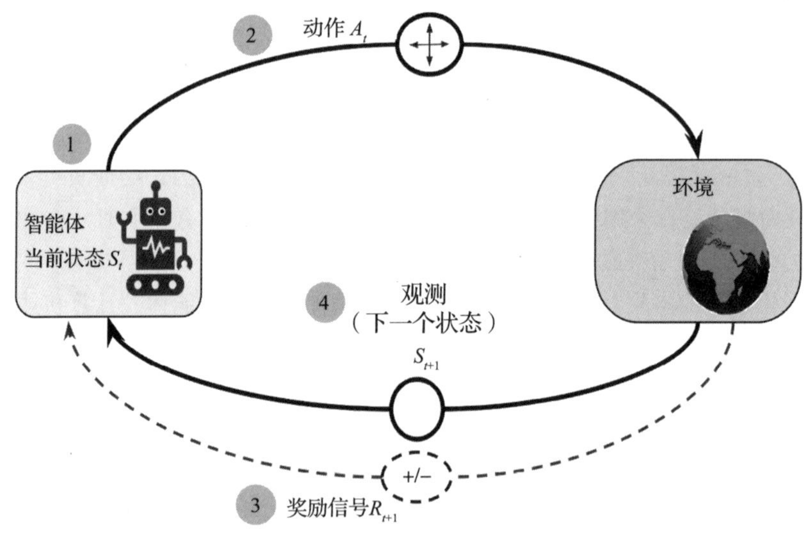

图 19.1　智能体与环境的交互过程

如图 19.1 所示，智能体的状态是其所有变量(1)的集合。以无人机为例，这些变量可能包括无人机当前的位置(经度、纬度和高度)、电池的剩余寿命、每个叶片的转速等。在每个时间步，智能体通过一组动作 A_t(2)与环境交互。根据智能体所采取的动作(定义为 A_t)，智能体会在状态 S_t 时收到奖励信号 R_{t+1}(3)，然后将状态更新为 S_{t+1}(4)。

在学习过程中，智能体必须尝试采取不同的动作(**探索**，exploration)，这样可以逐渐了解到哪些动作更好，并频繁地执行(**利用**，exploitation)这些动作，从而能够最大化所累积的总奖励。为了加深对这个概念的理解，举一个非常简单的例子，一个专注于软件工程的计算机科学应届毕业生正在考虑是进公司工作(利用)，还是在学校继续攻读硕士或博士学位，以便学习更多数据科学和机器学习领域的知识(探索)。总而言之，利用会采取带来更大短期奖励的动作，而探索会采取带来更大长期总回报的动作。探索与利用之间的权衡已经得到广泛的研究，但还没有解决这一决策困境的公认方案。

19.2 强化学习的理论基础

在深入讨论实际案例并开始训练强化学习模型之前，先了解强化学习的一些理论基础。以下各节将介绍**马尔可夫决策过程**的数学基础、阶段性与持续性任务、强化学习的一些重要术语，以及基于**贝尔曼方程**的动态规划。本节先从马尔可夫决策过程开始。

19.2.1 马尔可夫决策过程

一般来说，强化学习所处理问题的类型通常被表述为**马尔可夫决策过程**(Markov Decision Process，MDP)。虽然动态规划(Dynamic Programming，DP)是解决马尔科夫决策问题的标准方法，但是与动态规划相比，强化学习具有一些关键的优势。

动态规划

动态规划是由理查德·贝尔曼在 20 世纪 50 年代开发的一套算法和编程方法。从某种意义上来说，动态规划是一种求解递归问题的方法——通过将原问题分解成小的子问题来求解相对复杂的问题。

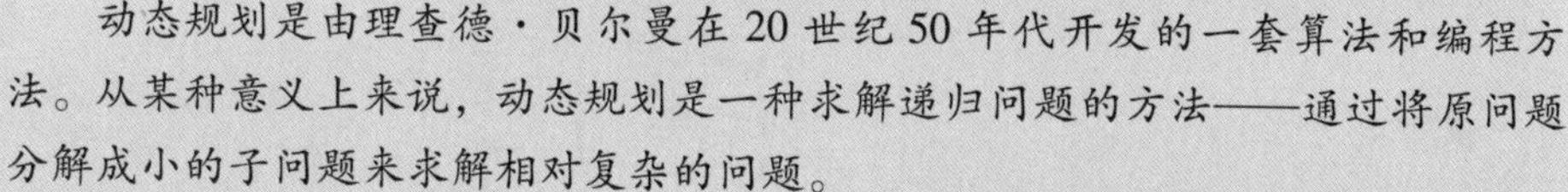

递归和动态规划之间的主要区别在于，动态规划会存储子问题的解(通常是字典或其他形式的查询表)，以便再次遇到该子问题时可以直接返回解(而不用重新计算)。

动态规划解决了计算机科学领域中的一些著名的问题，例如，序列对齐问题以及计算 A、B 两点之间的最短路径问题。

但是，当状态的规模(即所有可能的设置)相对较大时，动态规划并不是一种可行的方法。在这种情况下，强化学习被认为是解决马尔科夫决策问题的一种更有效和更实用的替代方法。

马尔可夫决策过程的数学公式

对于需要学习交互和顺序决策的问题，在时间步 t 的决策会对后续产生影响，在数学上，这类问题可以描述为马尔可夫决策过程。

在强化学习中，智能体与环境交互，如果将智能体的起始状态表示为 S_0，则智能体与环境之间的交互将产生如下序列：

$$\{S_0,A_0,R_1\},\{S_1,A_1,R_2\},\{S_2,A_2,R_3\},\cdots$$

请注意，这里使用大括号仅仅因为表示方便。S_t 和 A_t 分别代表在时间步 t 的状态和采取的动作。R_{t+1} 表示在执行动作 A_t 后从环境中获得的奖励。请注意，S_t、R_{t+1} 和 A_t 都是基于时间的随机变量，都从预定义的有限集合中取值，分别表示为 $s\in\hat{S}$，$r\in\hat{R}$ 以及 $a\in\hat{A}$。在一个马尔可夫决策过程中，这些基于时间的随机变量 S_t 和 R_{t+1} 的概率分布取决于它们在前一个时间步 $t-1$ 的值。$S_{t+1}=s'$和 $R_{t+1}=r$ 的概率分布可以写为前一个状态(S_t)和采取动作(A_t)的条件概率：

$$p(s',r\mid s,a)\stackrel{\text{def}}{=}P(S_{t+1}=s',R_{t+1}=r\mid S_t=s,A_t=a)$$

此概率分布完全定义了环境动态(dynamic of the environment)(或环境模型)，因为基于此分布可以计算出环境状态的所有转移概率。因此，环境模型是强化学习方法分类的核心标准。需要环境模型或尝试学习环境模型的强化学习方法被称为基于模型的方法；反之，称为无模型方法。

无模型和基于模型的强化学习

如果概率 $p(s',r\mid s,a)$ 已知，那么可以使用动态规划求解学习任务。但当环境模型未知时，就如许多现实世界中的问题一样，需要通过与环境交互获取大量样本来补偿未知的环境动态信息。

处理环境模型未知问题有两种主要方法，分别是无模型蒙特卡罗(Monte Carlo，MC)方法和时序差分(Temporal Difference，TD)方法。图 19.2 显示了这两类方法及其衍生方法：

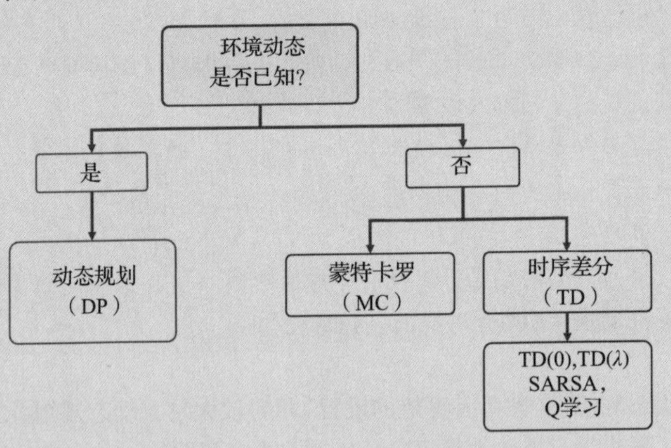

图 19.2 环境模型未知情况下的模型

本章将从理论到实际算法应用来介绍这两种方法。

对于给定的状态，如果智能体总是采取特定动作或者从不采取特定动作，那么环境状态的转移可以被认为是确定的，即 $p(s',r\mid s,a)\in\{0,1\}$；否则，在更一般的情况下，环境状态的转移将会是随机的。

为了理解这种随机行为，假设当前状态 $S_t=s$ 且采取动作 $A_t=a$，则未来状态 $S_{t+1}=s'$ 的概率可以写为

$$p(s'\mid s,a)\stackrel{\text{def}}{=\!=}P(S_{t+1}=s'\mid S_t=s,A_t=a)$$

通过累加所有可能的奖励，可以计算边际概率为

$$p(s'\mid s,a)\stackrel{\text{def}}{=\!=}\sum_{r\in\hat{R}}p(s',r\mid s,a)$$

此概率称为状态转移概率。如果环境的状态转移是确定的，则意味着当智能体在状态 $S_t=s$ 时采取了动作 $A_t=a$，转移到下一个状态 $S_{t+1}=s'$ 将是 100%确定的，即 $p(s'\mid s,a)=1$。

马尔可夫过程的可视化

马尔可夫过程可以表示为有向循环图。图中的节点表示环境的状态，图的边(即节点之间的连线)表示状态之间的转移概率。

例如，一个学生要在三种不同情况之间做出决定：(A)在家学习备考，(B)在家玩电子游戏，(C)在图书馆学习。此外，还有一个终端状态(T)睡觉。学生在每个小时都要做出决策，做出决策后，学生将在该时间内保持选择的状态。如果选择在家学习备考(状态 A)，那么学生将活动切换到玩电子游戏的可能性为 50%。另一方面，如果选择在家玩电子游戏(状态 B)，那么学生在接下来的几个小时继续玩电子游戏的可能性就会相对较高(80%)。

可以把学生的动态行为表示为图 19.3 所示的一个马尔可夫过程，其中包括循环图和转移表。

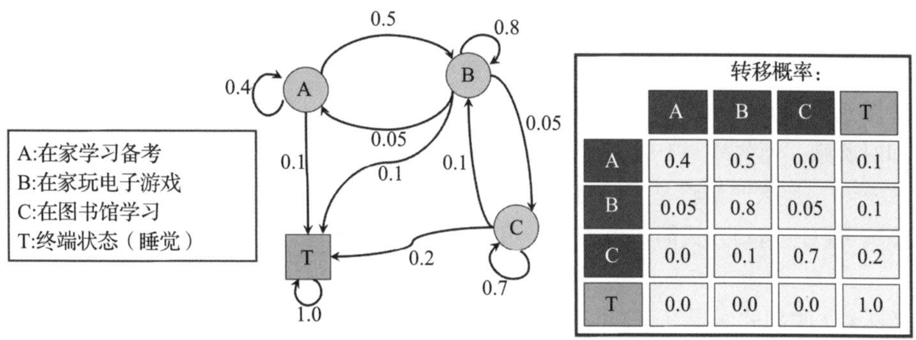

	A	B	C	T
A	0.4	0.5	0.0	0.1
B	0.05	0.8	0.05	0.1
C	0.0	0.1	0.7	0.2
T	0.0	0.0	0.0	1.0

图 19.3　表示学生行为的马尔可夫过程

图中边上的值表示学生行为的转移概率，其值也显示在右侧的表中。请注意，表中的每一行代表每个状态或节点的转移概率，其总和始终为 1。

19.2.2　阶段性任务与持续性任务

在智能体与环境交互时，观测或环境状态序列形成了一个轨迹。轨迹有两种类型。如果智能体的轨迹可以划分为多个部分，每个部分都从时间 $t=0$ 开始，到达终端状态 $S_T(t=T)$ 结束，那么该任务称为阶段性任务。如果轨迹是无限连续的，没有终端状态，那么该任务称为持续性任务。

与国际象棋比赛类似的任务是阶段性任务，而保持房屋整洁的清洁机器人通常在执行持续性任务。本章只考虑阶段性任务。

在阶段性任务中，回合是智能体从起始状态 S_0 到终端状态 S_T 的一个序列或轨迹：

$$S_0, A_0, R_1, S_1, A_1, R_2, \cdots, S_t, A_t, R_{t+1}, \cdots, S_{T-1}, A_{T-1}, R_T, S_T$$

图 19.3 中的马尔可夫过程描述了学生备考的任务，在该任务中可能会存在以下三种回合：

回合 1：BBCCCCBAT　　　　→通过（最终奖励=+1）

回合 2：ABBBBBBBBBT　　　→失败（最终奖励=-1）

回合 3：BCCCCCT　　　　　→通过（最终奖励=+1）

19.2.3　强化学习术语

接下来将定义强化学习领域中的其他术语以供本章的后续部分使用。

回报

t 时刻的回报是指在回合中 t 时刻之后预计获得的累积奖励。$R_{t+1}=r$ 是在时间 t 采取动作 A_t 后获得的即时奖励；后续奖励为 R_{t+2}、R_{t+3} 等。

t 时刻的回报可以根据即时奖励和后续奖励计算如下：

$$G_t \stackrel{\text{def}}{=} R_{t+1} + \gamma R_{t+2} + \gamma^2 R_{t+3} + \cdots = \sum_{k=0} \gamma^k R_{t+k+1}$$

这里，γ 是折扣因子，取值范围在[0,1]。参数 γ 表示未来的奖励在当前时间 t 的“价值”是多少。请注意，当设置参数 $\gamma=0$ 时，意味着智能体不关心未来的奖励。在这种情况下，回报将等于即时奖励，而忽略 $t+1$ 时刻之后的奖励，智能体将因此变得目光短浅。另一方面，如果设置参数 $\gamma=1$，那么回报将是所有后续奖励的非加权和。

此外，可以用递归方式简单地表示回报为如下形式：

$$G_t = R_{t+1} + \gamma G_{t+1} = r + \gamma G_{t+1}$$

这意味着 t 时刻的回报等于即时奖励 r 加上打过折扣后的 $t+1$ 时刻的回报。这是一个非常重要的性质，便于计算回报。

折扣因子的直观理解

为了更好理解折扣因子，图 19.4 显示了今天的 100 美元与一年后的 100 美元对应的价值。在某些经济条件下，如通货膨胀，现在的 100 美元可能比未来的 100 美元更值钱：

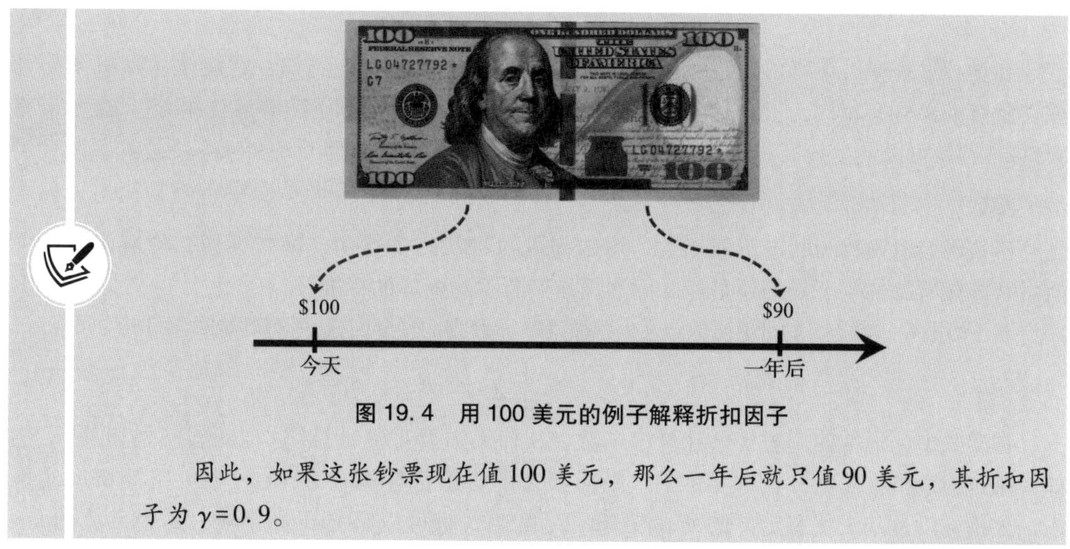

图 19.4　用 100 美元的例子解释折扣因子

因此，如果这张钞票现在值 100 美元，那么一年后就只值 90 美元，其折扣因子为 $\gamma=0.9$。

以上述学生备考为例，计算不同时间的回报。假设 $\gamma=0.9$，考试结果是唯一的奖励(通过考试+1，考试失败-1)。中间时间步的奖励为 0。

回合 1：BBCCCCBAT→通过(最终奖励=+1)

- $t=0$：$G_0=R_1+\gamma R_2+\gamma^2 R_3+\cdots+\gamma^6 R_7$

  $G_0=0+0\times\gamma+\cdots+1\times\gamma^6=0.9^6\approx0.531$
- $t=1$：$G_1=1\times\gamma^6=0.590$
- $t=2$：$G_2=1\times\gamma^4=0.656$

  ……
- $t=6$：$G_6=1\times\gamma=0.9$
- $t=7$：$G_7=1=1$

回合 2：ABBBBBBBBBT→失败(最终奖励=-1)

- $t=0$：$G_0=-1\times\gamma^8=-0.430$
- $t=1$：$G_1=-1\times\gamma^7=-0.478$

  ……
- $t=8$：$G_8=-1\times\gamma=-0.9$
- $t=9$：$G_9=-1$

回合 3 的回报计算留给读者作为练习。

策略

策略是确定下一步采取动作的一个函数，通常表示为 $\pi(a\mid s)$。策略可以是确定的，也可以是随机的(即采取下一个动作的概率)。在状态给定前提下，随机策略是一个可能采取的动作的条件概率：

$$\pi(a \mid s) \stackrel{\text{def}}{=} P[A_t = a \mid S_t = s]$$

在学习过程中，策略可能会随着智能体经验的积累而改变。例如，智能体从随机策略开始，所有动作概率相同，同时，智能体有望学会优化策略，从而获得最优策略。最优策略 $\pi_*(a \mid s)$ 是可以产生最高回报的策略。

价值函数

价值函数也被称为状态价值函数，用来衡量每种状态的优劣。换句话说，价值函数用来衡量智能体所处的状态是好还是坏。而回报是判断状态好坏的标准。

基于回报 G_t，状态 s 的价值函数定义为遵循策略 π 获得的预期回报(所有可能回合的平均回报)：

$$v_\pi \stackrel{\text{def}}{=} E_\pi[G_t \mid S_t = s] = E_\pi\left[\sum_{k=0} \gamma^{k+1} R_{t+k+1} \middle| S_t = s\right]$$

在实践中，通常使用表格估计价值函数，从而不需要重复计算(这与动态规划相关)。例如，用这种表格方法估计价值函数时，所有状态的价值都存储在表 $V(S)$ 中。在 Python 实现中，表格可以是基于状态定义的列表或 NumPy 数组，也可以是 Python 字典，其中字典的 key 将状态映射为相应的价值函数值。

此外，还可以将价值函数推广到基于动作-价值二元组的价值函数，该函数称为动作价值函数，用 $q_\pi(s,a)$ 表示。动作价值函数是指当智能体处于状态 $S_t = s$ 且采取动作 $A_t = a$ 时的预期回报 G_t，定义为

$$q_\pi(s,a) \stackrel{\text{def}}{=} E_\pi[G_t \mid S_t = s, A_t = a] = E_\pi\left[\sum_{k=0} \gamma^{k+1} R_{t+k+1} \middle| S_t = s, A_t = a\right]$$

这类似于将最优策略表示为 $\pi_*(a \mid s)$，使用 $v_*(s)$ 和 $q_*(s,a)$ 分别表示最优状态价值函数和最优动作价值函数。

估计价值函数是强化学习方法的一个重要组成部分。本章后续将介绍多种计算和估计状态价值函数与动作价值函数的方法。

奖励、回报和价值函数之间的区别

奖励是智能体在当前环境状态下采取动作的结果。换句话说，奖励是智能体采取动作后，环境从一个状态转移到另一个状态时反馈的信号。但是，请记住并不是每个动作都能产生正的或负的奖励，在国际象棋比赛的例子中，只有赢得比赛的动作才会获得正的奖励，而所有中间动作的奖励均为零。

为状态分配特定的值以衡量状态的好坏，这就是价值函数。通常价值函数值大或者好的状态是指那些预期回报高的状态，并且在特定策略下很可能会获得高奖励。

再次以国际象棋比赛计算机为例。计算机只有赢得了比赛，才能在比赛结束时获得正的奖励。如果计算机输了比赛就没有正的奖励。现在，想象一下计算机在比赛中走了某步，比如吃掉了对手的女王而自身没有任何损失。由于计算机只有赢得比赛才能获得奖励，因此吃掉对手女王这一步并不能获得即时奖励。但是

吃掉女王后棋盘的新状态可能具有高价值，如果在此后比赛获胜，就可能会产生奖励。从直观上来讲，吃掉对手女王所带来的高价值，与吃掉女王往往会赢得比赛从而获得高奖励有关。然而，请注意吃掉对手的女王并不保证总能赢得比赛。因此，只能说智能体可能会获得正的奖励，但是无法百分百保证。

简而言之，回报是整个回合的所有奖励加权和，相当于国际象棋比赛中折扣后的最终奖励(因为只有一个奖励)。价值函数是所有回合回报的期望值，用于计算采取某个动作平均意义上会带来多大的价值。

在学习强化学习算法之前，先简要介绍一下贝尔曼方程及其推导。贝尔曼方程可以实现策略评估。

19.2.4 使用贝尔曼方程的动态规划

贝尔曼方程是许多强化学习算法的核心要素之一。贝尔曼方程使用递归简化了价值函数的计算，而不是对多个时间点的回报进行求和计算。

基于回报的递归方程 $G_t=r+\gamma G_{t+1}$，可以把价值函数改写为

$$\begin{aligned}v_\pi(s) &\stackrel{\text{def}}{=} E_\pi[G_t \mid S_t=s] \\ &= E_\pi[r+\gamma G_{t+1} \mid S_t=s] \\ &= r+\gamma E_\pi[G_{t+1} \mid S_t=s]\end{aligned}$$

请注意，即时奖励 r 在 t 时刻是一个常数和已知量，所以可以从期望中提出来。

同样，可以将动作价值函数改写为

$$\begin{aligned}q_\pi(s,a) &\stackrel{\text{def}}{=} E_\pi[G_t \mid S_t=s,A_t=a] \\ &= E_\pi[r+\gamma G_{t+1} \mid S_t=s,A_t=a] \\ &= r+\gamma E_\pi[G_{t+1} \mid S_t=s,A_t=a]\end{aligned}$$

利用环境转移概率，在联合概率中累加下一个状态 s' 及其相应奖励 r，可以计算出：

$$v_\pi(s)=\sum_{a\in\hat{A}}\pi(a\mid s)\sum_{s'\in\hat{S},r\in\hat{R}}p(s',r\mid s,a)\left[r+\gamma E_\pi[G_{t+1}\mid S_t=s']\right]$$

现在，上式中回报的期望 $E_\pi[G_{t+1} \mid S_t=s']$ 本质上是状态价值函数 $v_\pi(s')$。因此可以将 $v_\pi(s)$ 写成 $v_\pi(s')$ 的函数：

$$v_\pi(s)=\sum_{a\in\hat{A}}\pi(a\mid s)\sum_{s'\in\hat{S},r\in\hat{R}}p(s',r\mid s,a)\left[r+\gamma v_\pi(s')\right]$$

上述等式被称为贝尔曼方程。贝尔曼方程把状态 s 的价值函数与下一个状态 s' 的价值函数关联起来。因为消除了沿时间轴的迭代循环，所以贝尔曼方程极大地简化了价值函数的计算。

19.3 强化学习算法

本节将介绍一系列学习算法。首先介绍动态规划，假设状态转移概率或环境动态(即

$p(s',r\mid s,a)$)已知。但对于大多数的强化学习问题，情况并非如此。为了避开未知的环境动态，强化学习算法应运而生。强化学习通过与环境交互完成学习。强化学习算法包括蒙特卡罗(Monte Carlo，MC)法、时序差分(Time Difference，TD)学习，以及日益流行的 Q 学习方法和深度 Q 学习方法。

图 19.5 描述了强化学习算法从动态规划到 Q 学习的发展过程。

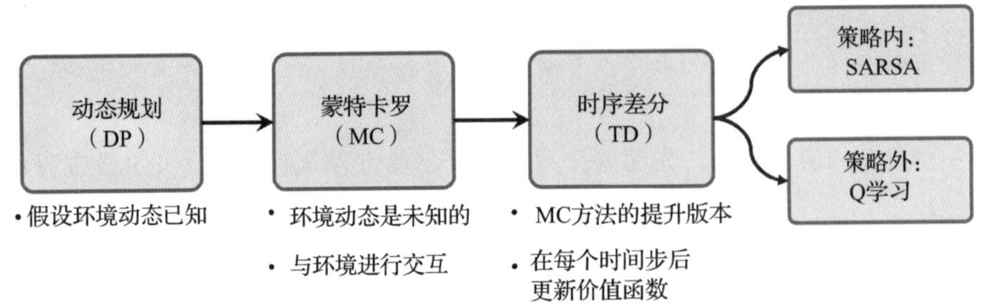

图 19.5　不同种类的强化学习算法

本章后续各节将逐个介绍这些强化学习算法。首先介绍动态规划，然后介绍蒙特卡罗法，最后介绍时序差分方法及其衍生算法，包括策略内学习的 SARSA(State-Action-Reward-State-Action)算法和策略外学习的 Q 学习算法。此外还将介绍深度 Q 学习，同时构建一些实用的模型。

19.3.1　动态规划

本节将基于以下的假设重点解决强化学习问题：

- 对环境的动态有充分的了解，即已知所有的转移概率 $p(s',r\mid s,a)$；
- 智能体的状态具有马尔可夫属性，这意味着下一个动作和奖励仅取决于当前的状态和此时采取的动作。

本章前面介绍了用来解决强化学习问题的马尔可夫决策过程(MDP)及其数学公式。如果需要复习，请参阅 19.2.1 节。该节定义了遵循策略 π 的价值函数 $v_\pi(s)$，以及基于环境动态的贝尔曼方程。

值得注意的是，动态规划并不是解决强化学习问题的实用方法。问题在于动态规划假设充分了解环境动态，但这种假设对大多数实际应用来说通常是不合理或不切合实际的。但从教学的角度来看，动态规划有助于以简单的方式介绍强化学习，并激励人们使用更先进和更复杂的强化学习算法。

以下小节所描述的任务有两个主要目标：

1. 获取真正的状态价值函数 $v_\pi(s)$，该任务也称为预测任务，通过策略评估完成；
2. 通过广义策略迭代寻找最优价值函数 $v_*(s)$。

策略评估——用动态规划估计价值函数

基于贝尔曼方程，在环境动态已知的条件下，可以使用动态规划来计算任意策略 π 的价值函数。为了计算该价值函数，我们采用迭代的方式，从 $v^{\langle 0\rangle}(s)$ 开始，将每个状态的价值初始化为零值。然后，在每次迭代 $i+1$ 中，贝尔曼方程基于上一次迭代 i 的状态值更新每个状态的价值函数值，如下所示：

$$v^{\langle i+1\rangle}(s)=\sum_{a}\pi(a\mid s)\sum_{s'\in\hat{S},r\in\hat{R}}p(s',r\mid s,a)\left[r+\gamma v^{\langle i\rangle}(s')\right]$$

可以看到，随着迭代趋向无穷大，$v^{\langle i\rangle}(s)$ 会收敛到真实的状态价值函数 $v_{\pi}(s)$。

此外，请注意，这里环境动态是已知的，所以不需要与环境交互。因此，可以利用这些信息估计价值函数。

计算价值函数后，一个显而易见的问题是，如果策略仍然是随机策略，那么该价值函数有什么用处？答案是，我们可以使用这个计算得到的价值函数 $v_{\pi}(s)$ 来改进策略，这在后续小节中将继续讨论。

用估计的价值函数改进策略

在按照现有的策略 π 计算出价值函数 $v_{\pi}(s)$ 后，现在希望用 $v_{\pi}(s)$ 来改进现有策略 π。这意味着，期望找到一个新策略 π'，对于每个状态 s，采用策略 π' 将会比当前的策略 π 产生更高的或至少相同的价值。可以用如下数学公式来表示改进策略 π' 的目标：

$$v_{\pi'}(s)\geqslant v_{\pi}(s)\ \forall s\in\hat{S}$$

前面提到过，策略 π 确定了智能体在状态 s 时选择每个动作 a 的概率。现在，为了找到策略 π' 使每个状态具有更好或相同价值，首先基于价值函数 $v_{\pi}(s)$ 计算的状态价值，计算每个状态 s 和动作 a 的动作价值函数 $q_{\pi}(s,a)$。然后遍历所有的状态，对于每个状态 s，假如采取动作 a，计算下一个状态 s' 的价值。

使用 $q_{\pi}(s,a)$ 评估所有状态-动作二元组对应的价值，获得最高的价值之后，可以把相应的动作与当前策略所选择的动作进行比较。如果当前策略 $\arg\max_{a}\pi(a\mid s)$ 建议采取的动作与动作价值函数 $\arg\max_{a}q_{\pi}(s,a)$ 建议采取的动作不同，那么可以改变动作选择概率使动作价值函数 $q_{\pi}(s,a)$ 建议采取的动作具有最大的概率，以此进行策略更新。这种方法称为*策略改进算法*。

策略迭代

从上一小节描述的策略改进算法可以看出，策略改进算法将严格产生更好的策略，除非当前的策略已经是最优策略(这意味着 $v_{\pi}(s)=v_{\pi'}(s)=v_{*}(s),\forall s\in\hat{S}$)。因此，如果反复进行策略评估和策略改进，那么一定能找到最优策略。

请注意，这种方法称为广义策略迭代(Generalized Policy Iteration，GPI)，在许多强化学习方法中十分常见。在本章后续小节中，GPI 将被应用于蒙特卡罗和时序差分学习方法。

价值迭代

通过反复进行策略评估(计算 $v_{\pi}(s)$ 和 $q_{\pi}(s,a)$)和策略改进(寻找策略 π' 使得 $v_{\pi'}(s)\geqslant$

$v_\pi(s), \forall s \in \hat{S}$)，可以找到最优策略。但是，如果将策略评估和策略改进两项任务合并为一步，效率将会更高。在更新迭代 $i+1$ 的价值函数(表示为 $v^{\langle i \rangle}$)时，选择一个动作来最大化下一状态的价值和即时奖励的加权和($r+\gamma v^{\langle i \rangle}(s')$)，数学表达式如下：

$$v^{\langle i+1 \rangle}(s) = \max_a \sum_{s',r} p(s',r \mid s,a)[r + \gamma v^{\langle i \rangle}(s')]$$

在这种情况下，通过从所有可能采取的动作中选择最佳动作来最大化 $v^{\langle i+1 \rangle}(s)$。在策略评估中，更新后的价值是对所有动作的加权和。

状态价值函数和动作价值函数的表格估计使用的符号

在大多数强化学习文献和教材中，分别用小写数学函数 v_π 和 q_π 来表示真实状态价值函数和真实动作价值函数。

在实际算法实现中，使用表格实现这些价值函数。上述价值函数的表格估计分别表示为 $V(S_t=s) \approx v_\pi(s)$ 和 $Q_\pi(S_t=s, A_t=a) \approx q_\pi(s,a)$。本章也采用这种表示方式。

19.3.2　蒙特卡罗强化学习

正如在上一节所看到的，动态规划依赖一个简单假设，即环境动态完全已知。现在不讨论动态规划方法，假设对环境动态没有任何了解。

也就是说，环境的状态转移概率未知，而是希望智能体能够通过与环境交互学习获得环境的状态转移概率。可以使用蒙特卡罗方法让智能体进行学习，该学习过程是基于所谓的模拟经验。

对于基于蒙特卡罗的强化学习，定义一个遵循概率策略 π 的智能体类。基于该策略，智能体在每步都会采取一个动作。这就得到了一个模拟回合。

根据之前定义的状态价值函数，状态的价值表示来自该状态的预期回报。在动态规划中，状态价值函数的计算需要环境动态的知识，即 $p(s',r \mid s,a)$。

但从现在开始，将开发不需要环境动态的算法。基于蒙特卡罗方法，通过生成智能体与环境交互的模拟回合来解决这个问题。使用这些模拟回合，能够计算出在模拟回合中访问的每个状态的平均回报。

基于蒙特卡罗的状态价值函数估计

在生成若干个回合后，对每个状态 s，所有通过该状态 s 的回合都被用于计算状态 s 的价值。假设使用表格表示价值函数 $V(S_t=s)$。蒙特卡罗更新用于估计价值函数，更新值为该回合从首次访问状态 s 开始获得的总回报。该算法被称为首次访问蒙特卡罗价值预测。

基于蒙特卡罗的动作价值函数估计

在环境动态已知时，可以通过向前看一步的方法寻找提供最大价值的动作，从而轻松地从状态价值函数推出动作价值函数，如 19.3.1 节所示。但在环境动态未知时，这种做法不可行。

为了解决这个问题，可以推广上述首次访问蒙特卡罗状态价值预测算法。例如，使用动作价值函数计算每个状态-动作二元组的估计回报。为了获得这个估计回报，需要访问每个状态-动作二元组(s,a)，即访问状态 s 并采取动作 a。

但是，这会出现一个问题，即某些动作可能永远不被采用，从而导致探索不足。有几种方法可以解决此问题。最简单的方法称为*探索性开始*。这种方法假定每个状态-动作二元组在回合开始时概率都非零。

处理这种缺乏探索问题的另一种方法称为 ε 贪婪策略，将在下一节策略改进中讨论。

基于蒙特卡罗控制的最优策略

蒙特卡罗控制是用于改进策略的优化过程。与前一小节基于动态规划的策略迭代方法类似，蒙特卡罗控制可以交替进行策略评估和策略改进，直至达到最优策略。从随机策略 π_0 开始，策略评估与策略改进之间的交替过程可以表示为

$$\pi_0 \xrightarrow{\text{评估}} q_{\pi_0} \xrightarrow{\text{改进}} \pi_1 \xrightarrow{\text{评估}} q_{\pi_1} \xrightarrow{\text{改进}} \pi_2 \cdots \xrightarrow{\text{评估}} q_* \xrightarrow{\text{改进}} \pi_*$$

策略改进——使用动作价值函数的贪婪策略

给定一个动作价值函数 $q(s,a)$，可以生成如下所示的贪婪(确定性)策略：

$$\pi(s) \stackrel{\text{def}}{=} \arg\max_a q(s,a)$$

为了避免探索不足的问题，并考虑到前面讨论的部分状态-动作二元组从未被访问，可以以较小的机会(ε)选择非最优动作。这种策略被称为 ε 贪婪策略。根据该策略，在状态 s 下的所有非最优动作都有较小的概率$\frac{\varepsilon}{|A(s)|}$(非 0)被选中执行，因此最优动作的概率为$1-\frac{(|A(s)-1|)\times\varepsilon}{|A(s)|}$(非 1)。

19.3.3 时序差分学习

到目前为止，已经学习了两种基本的强化学习方法——动态规划方法和蒙特卡罗学习方法。动态规划依赖对环境动态的全面且准确的了解。而蒙特卡罗方法通过模拟经验进行学习。本节将介绍第三种强化学习方法，即时序差分学习。时序差分学习可以看作蒙特卡罗强化学习方法的改进或扩展。

与蒙特卡罗方法类似，时序差分学习也是一种基于经验的学习方法，因此不需要环境动态和转移概率。时序差分和蒙特卡罗方法的主要区别是，蒙特卡罗方法必须要等到回合结束时才能计算总回报。

然而，在时序差分学习中，可以利用一些学习到的特性在回合结束之前更新价值函数的估计。这种方式被称为 bootstrapping(请注意，不要把术语 bootstrapping 与第 7 章中使用的 bootstrap 估计混淆）。

与动态规划方法和基于蒙特卡罗学习类似，这里将考虑两个任务：价值函数估计（也称为价值预测）和策略改进（也被称为控制任务）。

时序差分预测

首先通过蒙特卡罗方法回顾价值预测。在每个回合结束时，可以估计每个时间步 t 的回报 G_t。因此，可以更新访问状态的估计，如下所示：

$$V(S_t) \leftarrow V(S_t) + \alpha(G_t - V(S_t))$$

其中，G_t 是目标回报，用来更新估计价值；$(G_t - V(S_t))$ 是一个修正项，添加到当前的估计价值 $V(S_t)$ 中；α 是表示学习速率的超参数，它在学习过程中保持不变。

在蒙特卡罗方法中，修正项使用的是实际回报 G_t，但在回合结束之前 G_t 是未知的。为了说明这一点，把实际回报 G_t 改写为 $G_{t:T}$，其中下标 $t:T$ 表示这是在时间步 t 时获得的回报，包括了从时间步 t 到最后时间步 T 期间发生的所有事件。

在时序差分学习中，通常采用新的目标回报 $G_{t:t+1}$ 替代实际回报 $G_{t:T}$，这大大简化了价值函数 $V(S_t)$ 的更新。基于时序差分学习的价值函数更新公式如下：

$$V(S_t) \leftarrow V(S_t) + \alpha(G_{t:t+1} - V(S_t))$$

其中，目标回报表达式为 $G_{t:t+1} \stackrel{\text{def}}{=} R_{t+1} + \gamma V(S_{t+1}) = r + \gamma V(S_{t+1})$，使用了观测到的奖励 R_{t+1} 和下一步的估计价值。请注意蒙特卡罗和时序差分之间的不同。在蒙特卡罗中，直到回合结束时才能得到回报 $G_{t:T}$，因此要进行很多步才能达到目的。相反，在时序差分中，只需要向前走一步，就能获得目标回报。因此，时序差分方法也被写为 TD(0)。

此外，TD(0)算法可以推广到 n 步时序差分算法，该算法包含多个未来的步，更确切地说，是未来 n 步的加权和。如果定义 $n=1$，那么 n 步时序差分过程与上一段描述的 TD(0) 相同。但是，当 $n \to \infty$ 时，n 步时序差分算法将与蒙特卡罗算法相同。n 步时序差分的更新规则如下：

$$V(S_t) \leftarrow V(S_t) + \alpha(G_{t:t+n} - V(S_t))$$

其中，$G_{t:t+n}$ 定义为

$$G_{t:t+n} \stackrel{\text{def}}{=} \begin{cases} R_{t+1} + \gamma R_{t+2} + \cdots + \gamma^{n-1} R_{t+n} + \gamma^n V(S_{t+n}) & \text{如果 } t+n<T \\ G_{t:T} & \text{如果 } t+n \geqslant T \end{cases}$$

蒙特卡罗与时序差分：哪种方法收敛得更快

虽然这个问题的准确答案仍然未知，但是实践经验表明：时序差分的收敛速度比蒙特卡罗快。如果对此有兴趣，你可以在 Richard S. Sutton 和 Andrew G. Barto 编著的 *Reinforcement Learning: An Introduction* 一书中找到更多关于蒙特卡罗和时序差分收敛的详细讨论。

前面已经用时序差分算法完成了预测任务，现在继续讨论控制任务。接下来将介绍两种用于时序差分控制的算法：策略内(on-policy)控制与策略外(off-policy)控制。这两种情况下，都使用了在动态规划和蒙特卡罗算法中使用过的 GPI。在策略内时序差分控制中，价值函数是基于单一策略的动作进行更新的，而在策略外控制算法中，会使用在当前策略以外的动作来更新价值函数。

策略内时序差分控制(SARSA)

为简单起见，这里只考虑单步时序差分算法或 TD(0)。但是，策略内时序差分控制算法可以很容易推广到 n 步时序差分。首先拓展基于状态价值函数的预测公式，用来描述动作价值函数。为此，使用一个二维数组 $Q(S_t,A_t)$ 来表示每个状态-动作二元组的动作价值函数，表达如下：

$$Q(S_t,A_t) \leftarrow Q(S_t,A_t)+\alpha[R_{t+1}+\gamma Q(S_{t+1},A_{t+1})-Q(S_t,A_t)]$$

该算法通常被称为 SARSA，这些字母代表更新公式中用到的五元组($S_t,A_t,R_{t+1},S_{t+1},A_{t+1}$)。

正如前面对动态规划和蒙特卡罗算法所描述的那样，我们可以使用 GPI 框架，从随机策略开始，估计当前策略的动作价值函数，然后基于当前的动作价值函数使用 ε 贪婪策略来优化策略。如此反复进行迭代更新，直至策略收敛。

策略外时序差分控制(Q 学习)

策略内时序差分控制算法基于模拟回合中使用的单一策略来估计动作价值函数。在更新动作价值函数后，根据带来更高价值的动作再更新策略。

另一种更好的方法是将这两个步骤结合起来。换句话说，假设智能体正在遵循策略 π 完成一个回合，并且当前的五元组为($S_t,A_t,R_{t+1},S_{t+1},A_{t+1}$)。这里不再使用智能体的动作 A_{t+1} 去更新动作价值函数，而是用 $t+1$ 步最佳动作进行更新，即使该动作并不是该智能体遵循当前策略采取的动作。(这就是为什么这种方法被认为是策略外算法。)

为此，需要在下一个状态中采取一个动作使 Q 值最大。Q 值的更新方程如下：

$$Q(S_t,A_t) \leftarrow Q(S_t,A_t)+\alpha[R_{t+1}+\gamma \max_a Q(S_{t+1},a)-Q(S_t,A_t)]$$

希望读者比较下这个更新规则与 SARSA 算法的更新规则。正如上式所示，找到下一个状态 S_{t+1} 对应的最佳动作，并使用最佳动作来更新 $Q(S_t,A_t)$ 的估计。

为了深入理解该算法思想，下一节将介绍如何实现 Q 学习算法来解决网格世界问题。

19.4 实现第一个强化学习算法

本节将实现 Q 学习算法来解决网格世界问题(网格世界是一个二维单元格环境，在这个环境中，智能体可以朝四个方向运动，以收集尽可能多的奖励)。这里将使用 OpenAI Gym 工具包。

19.4.1 OpenAI Gym 工具包介绍

OpenAI Gym 是用来开发强化学习模型的专业工具包。OpenAI Gym 配有多个预定义环境。

基本例子包含 CartPole 和 MountainCar，其任务分别是平衡一根倒立摆和将小车移动到山上。此外，OpenAI Gym 还提供许多高级的机器人环境，用于训练机器人抓取、推动和伸手去拿长凳上的物品，或者训练机器人的手对准球、笔或方块物体。此外，OpenAI Gym 为新环境的开发提供了一个便利、统一的框架。可以在其官方网站 https://gym.openai.com/找到更多关于 OpenAI Gym 的信息。

为了运行后面的 OpenAI Gym 示例代码，首先需要安装 `gym` 库（在写这本书的时候，我们使用的是 0.20.0 版本），这个过程可以使用 `pip` 完成：

```
pip install gym==0.20
```

使用 OpenAI Gym 已有的环境

这里使用 `CartPole-v1` 创建一个练习环境，该环境已存于 OpenAI Gym 中。在该示例环境中，有一根旗杆固定在可水平移动的小车上，如图 19.6 所示。

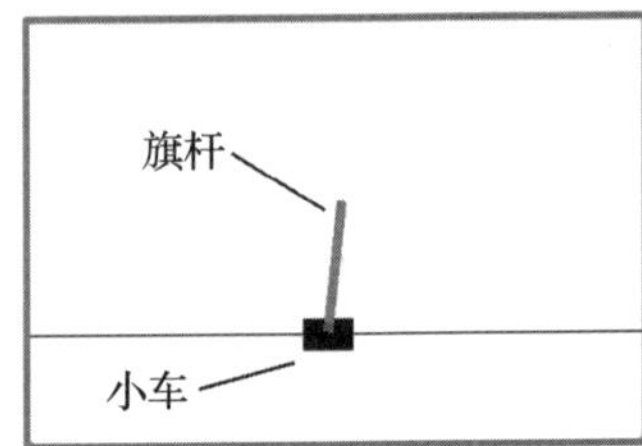

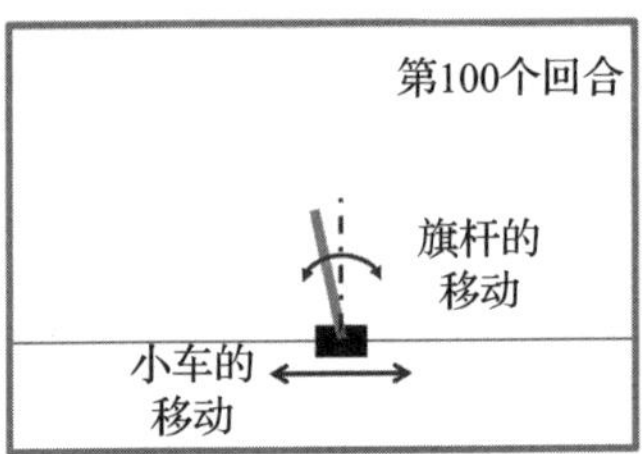

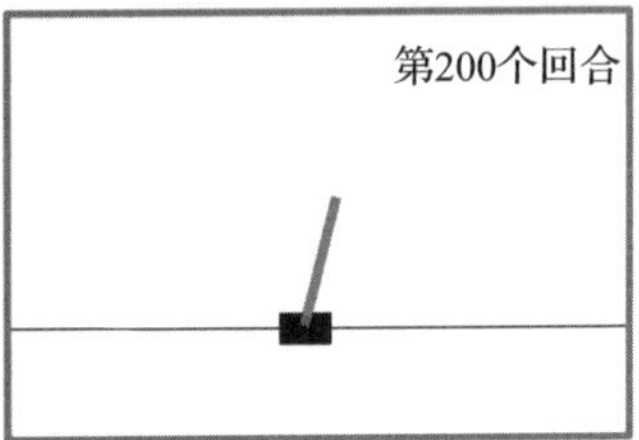

图 19.6　Gym 中的 CartPole 示例

旗杆的运动受到运动学规律的约束。智能体的目标是学习如何移动小车使旗杆保持稳定，并防止其倾斜。

现在，简单分析一下在强化学习场景下 CartPole 环境的一些属性，例如，状态（或观测）空间、动作空间以及如何采取动作：

```
>>> import gym
>>> env = gym.make('CartPole-v1')
>>> env.observation_space
Box(-3.4028234663852886e+38, 3.4028234663852886e+38, (4,), float32)
>>> env.action_space
Discrete(2)
```

在上面的代码中，首先为 CartPole 问题创建了一个环境。该环境的观测空间为 `Box(4,)`（浮点值从负无穷到正无穷），代表一个四维空间，对应 4 个实数：小车的位置、车速、旗杆角度和旗杆尖端的速度。动作空间为离散空间 `Discrete(2)`，包括向左或向右推动小车两个动作。

之前通过调用 `gym.make('CartPole-v1')`创建了环境对象 `env`。`env` 中有一个 `reset()`方法，可以在每个回合开始之前重新初始化环境。调用 `reset()`方法可以将旗杆状态设置成起

始状态(S_0):

```
>>> env.reset()
array([-0.03908273, -0.00837535,  0.03277162, -0.0207195 ])
```

env.reset()方法将返回一个数组。数组中的值分别为小车的初始位置-0.039、速度-0.008、旗杆的角度0.033弧度、旗杆尖的角速度-0.021。在调用reset()方法后,这些参数获得随机值,这些随机值均匀分布于[-0.05, 0.05]。

重置环境后,可以选择一个动作与环境进行交互,只要通过step()方法将动作传递给env即可:

```
>>> env.step(action=0)
(array([-0.03925023, -0.20395158,  0.03235723,  0.28212046]), 1.0, False, {})
>>> env.step(action=1)
(array([-0.04332927, -0.00930575,  0.03799964, -0.00018409]), 1.0, False, {})
```

通过运行上述两个命令env.step(action=0)和env.step(action=1),分别将小车推向左侧(action=0)和右侧(action=1)。根据所选取的动作,小车及旗杆按照运动学规律移动。每次调用env.step(),都会返回一个包含四个元素的元组:

- 新状态(或观测值)的数组;
- 奖励(浮点型标量值);
- 终止标志(True或False);
- 包含辅助信息的Python字典。

env对象还有一个render()方法,在每步(或多步)之后运行,能够可视化环境、旗杆和小车随时间变化的情况。

当旗杆相对于垂直轴的偏移角度大于12度时(任意一侧),或者当小车的位置偏离中心超过2.4个单位时,回合终止。在本例中,定义奖励为小车和旗杆在有效区域内的时间。换句话说,最大化回合的时间长度可以最大化总奖励(即回报)。

网格世界示例

在引入CartPole环境作为使用OpenAI Gym工具包的热身练习后,现在切换到另一个不同的环境中。本小节将讨论网格世界例子,网格世界是一个包含m行n列的简单环境。以$m=5$和$n=6$为例,图19.7描述了该环境:

该环境有30种不同的可能状态。其中有四个终端状态:状态16为一罐黄金,状态10、15和22为3个陷阱。落在这四个终端状态中的任何一个都将结束回合。但是黄金状态与陷阱状态不同:落在黄金状态会产生正的奖励+1,而移动到陷阱状态则会带来负的奖励-1。所有其他状态的奖励为0。智能体始终从状态0开始。因此,重置环境将使智能体返回到状态0。动作空间由上、下、左、右四个方向组成。当智能体位于网格的外部边界时,采取离开网格的动作将不会改变状态。

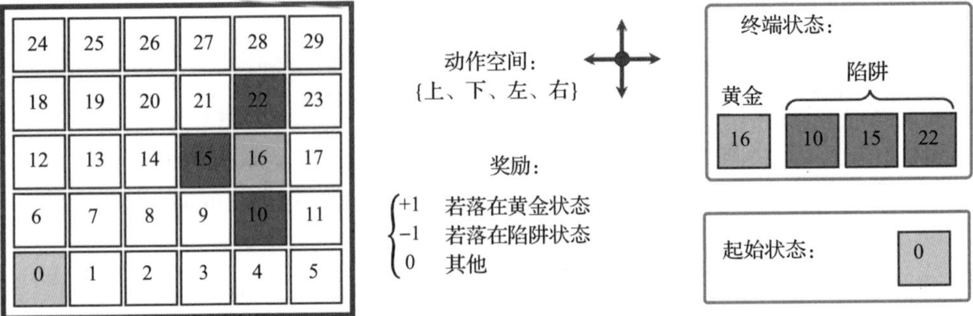

图 19.7　网格世界环境示例

接下来将看到如何在 Python 中使用 OpenAI Gym 实现该环境。

OpenAI Gym 实现网格世界环境

对于使用 OpenAI Gym 实现网格世界环境，强烈建议使用脚本编辑器或 IDE，而不是以交互的方式运行代码。

首先，创建一个名为 `gridworld_env.py` 的新的 Python 脚本，然后导入必要软件包以及为环境可视化而定义的两个辅助函数。

为实现可视化，OpenAI Gym 库使用 pyglet 库来渲染环境，并提供了方便使用的封装类和函数。在下面的示例代码中，将使用这些封装类来可视化网格世界环境。有关这些封装类的更多详细信息，请访问 https://github.com/openai/gym/blob/58ed658d9b15fd410c50d1fdb25a7cad9acb7fa4/gym/envs/classic_control/rendering.py。

下述代码使用了这些封装类：

```
## Script: gridworld_env.py
import numpy as np
from gym.envs.toy_text import discrete
from collections import defaultdict
import time
import pickle
import os
from gym.envs.classic_control import rendering

CELL_SIZE = 100
MARGIN = 10


def get_coords(row, col, loc='center'):
    xc = (col+1.5) * CELL_SIZE
    yc = (row+1.5) * CELL_SIZE
    if loc == 'center':
        return xc, yc
```

```
        elif loc == 'interior_corners':
            half_size = CELL_SIZE//2 - MARGIN
            xl, xr = xc - half_size, xc + half_size
            yt, yb = xc - half_size, xc + half_size
            return [(xl, yt), (xr, yt), (xr, yb), (xl, yb)]
        elif loc == 'interior_triangle':
            x1, y1 = xc, yc + CELL_SIZE//3
            x2, y2 = xc + CELL_SIZE//3, yc - CELL_SIZE//3
            x3, y3 = xc - CELL_SIZE//3, yc - CELL_SIZE//3
            return [(x1, y1), (x2, y2), (x3, y3)]

    def draw_object(coords_list):
        if len(coords_list) == 1: # -> circle
            obj = rendering.make_circle(int(0.45*CELL_SIZE))
            obj_transform = rendering.Transform()
            obj.add_attr(obj_transform)
            obj_transform.set_translation(*coords_list[0])
            obj.set_color(0.2, 0.2, 0.2) # -> black
        elif len(coords_list) == 3: # -> triangle
            obj = rendering.FilledPolygon(coords_list)
            obj.set_color(0.9, 0.6, 0.2) # -> yellow
        elif len(coords_list) > 3: # -> polygon
            obj = rendering.FilledPolygon(coords_list)
            obj.set_color(0.4, 0.4, 0.8) # -> blue
        return obj
```

使用 Gym 0.22 或更新版本

请注意，gym 正在进行一些内部重建。在 0.22 或更新的版本中，需要更新前面的代码示例(来自 gridworld_env.py)，将代码

```
from gym.envs.classic_control import rendering
```

改为

```
from gym.utils import pyglet_rendering
```

更多细节请参考 https://github.com/rasbt/machine-learning-book/tree/main/ch19。

第一个辅助函数 get_coords()将返回用来标注网格世界环境中几何形状的坐标，例如，三角形代表黄金、圆代表陷阱。把坐标列表传递给 draw_object()，然后根据输入坐标列表的长度绘制圆、三角形或多边形。

现在，可以开始定义网格世界环境了。在同一文件(gridworld_env_py)中，定义一个名为 GridWorldEnv 的类，它继承 OpenAI Gym 中的 DiscreteEnv 类。该类最重要的函数是构造方法__init__()。在构造方法里定义动作空间、指定动作角色并且确定终端状态(黄金和陷阱)，如下所示：

```
class GridWorldEnv(discrete.DiscreteEnv):
    def __init__(self, num_rows=4, num_cols=6, delay=0.05):
        self.num_rows = num_rows
        self.num_cols = num_cols
        self.delay = delay
        move_up = lambda row, col: (max(row-1, 0), col)
        move_down = lambda row, col: (min(row+1, num_rows-1), col)
        move_left = lambda row, col: (row, max(col-1, 0))
        move_right = lambda row, col: (
            row, min(col+1, num_cols-1))
        self.action_defs={0: move_up, 1: move_right,
                          2: move_down, 3: move_left}
        ## Number of states/actions
        nS = num_cols*num_rows
        nA = len(self.action_defs)
        self.grid2state_dict={(s//num_cols, s%num_cols):s
                              for s in range(nS)}
        self.state2grid_dict={s:(s//num_cols, s%num_cols)
                              for s in range(nS)}
        ## Gold state
        gold_cell = (num_rows//2, num_cols-2)

        ## Trap states
        trap_cells = [((gold_cell[0]+1), gold_cell[1]),
                      (gold_cell[0], gold_cell[1]-1),
                      ((gold_cell[0]-1), gold_cell[1])]
        gold_state = self.grid2state_dict[gold_cell]
        trap_states = [self.grid2state_dict[(r, c)]
                       for (r, c) in trap_cells]
        self.terminal_states = [gold_state] + trap_states
        print(self.terminal_states)
        ## Build the transition probability
        P = defaultdict(dict)
        for s in range(nS):
            row, col = self.state2grid_dict[s]
            P[s] = defaultdict(list)
            for a in range(nA):
                action = self.action_defs[a]
                next_s = self.grid2state_dict[action(row, col)]

                ## Terminal state
                if self.is_terminal(next_s):
```

```
                r = (1.0 if next_s == self.terminal_states[0]
                     else -1.0)
            else:
                r = 0.0
            if self.is_terminal(s):
                done = True
                next_s = s
            else:
                done = False
            P[s][a] = [(1.0, next_s, r, done)]
        ## Initial state distribution
        isd = np.zeros(nS)
        isd[0] = 1.0
        super().__init__(nS, nA, P, isd)
        self.viewer = None
        self._build_display(gold_cell, trap_cells)


    def is_terminal(self, state):
        return state in self.terminal_states


    def _build_display(self, gold_cell, trap_cells):
        screen_width = (self.num_cols+2) * CELL_SIZE
        screen_height = (self.num_rows+2) * CELL_SIZE
        self.viewer = rendering.Viewer(screen_width,
                                       screen_height)
        all_objects = []
        ## List of border points' coordinates
        bp_list = [
            (CELL_SIZE-MARGIN, CELL_SIZE-MARGIN),
            (screen_width-CELL_SIZE+MARGIN, CELL_SIZE-MARGIN),
            (screen_width-CELL_SIZE+MARGIN,
             screen_height-CELL_SIZE+MARGIN),
            (CELL_SIZE-MARGIN, screen_height-CELL_SIZE+MARGIN)
        ]
        border = rendering.PolyLine(bp_list, True)
        border.set_linewidth(5)
        all_objects.append(border)
        ## Vertical lines
        for col in range(self.num_cols+1):
            x1, y1 = (col+1)*CELL_SIZE, CELL_SIZE
            x2, y2 = (col+1)*CELL_SIZE,\
                     (self.num_rows+1)*CELL_SIZE
            line = rendering.PolyLine([(x1, y1), (x2, y2)], False)
```

```
            all_objects.append(line)

        ## Horizontal Lines
        for row in range(self.num_rows+1):
            x1, y1 = CELL_SIZE, (row+1)*CELL_SIZE
            x2, y2 = (self.num_cols+1)*CELL_SIZE,\
                     (row+1)*CELL_SIZE
            line=rendering.PolyLine([(x1, y1), (x2, y2)], False)
            all_objects.append(line)

        ## Traps: --> circles
        for cell in trap_cells:
            trap_coords = get_coords(*cell, loc='center')
            all_objects.append(draw_object([trap_coords]))

        ## Gold: --> triangle
        gold_coords = get_coords(*gold_cell,
                                 loc='interior_triangle')
        all_objects.append(draw_object(gold_coords))
        ## Agent --> square or robot
        if (os.path.exists('robot-coordinates.pkl') and
                CELL_SIZE==100):
            agent_coords = pickle.load(
                open('robot-coordinates.pkl', 'rb'))
            starting_coords = get_coords(0, 0, loc='center')
            agent_coords += np.array(starting_coords)
        else:
            agent_coords = get_coords(
                0, 0, loc='interior_corners')
        agent = draw_object(agent_coords)
        self.agent_trans = rendering.Transform()
        agent.add_attr(self.agent_trans)
        all_objects.append(agent)
        for obj in all_objects:
            self.viewer.add_geom(obj)


    def render(self, mode='human', done=False):
        if done:
            sleep_time = 1
        else:
            sleep_time = self.delay
        x_coord = self.s % self.num_cols
        y_coord = self.s // self.num_cols
        x_coord = (x_coord+0) * CELL_SIZE
```

```
        y_coord = (y_coord+0) * CELL_SIZE
        self.agent_trans.set_translation(x_coord, y_coord)
        rend = self.viewer.render(
             return_rgb_array=(mode=='rgb_array'))
        time.sleep(sleep_time)
        return rend


    def close(self):
        if self.viewer:
            self.viewer.close()
            self.viewer = None
```

上述代码定义了网格世界环境。基于上述代码，我们可以创建网格世界环境实例。然后，用类似 CartPole 示例中的方式与其交互。已实现的 `GridWorldEnv` 类将继承 `reset()`（重置状态）和 `step()`（采取动作）等方法。实现的具体细节如下：

- 用 lambda 函数定义了四个不同的动作：`move_up()`、`move_down()`、`move_left()`和`move_right()`；
- NumPy 数组 `isd` 保存起始状态的概率，以便在调用 `reset()`方法（来自父类）时，根据此分布选择一个随机状态。由于总是从状态 0（网格世界的左下角）开始，因此将状态 0 的概率设置为 1.0，将所有其他 29 个状态的概率设置为 0.0；
- 在 Python 字典 `P` 中定义的转移概率确定了在动作选定时从一种状态转移到另一种状态的概率。由于环境的随机性，在这个环境中，采取一个动作可能会产生不同的结果。为简单起见，我们只使用单一的结果，即按照选择动作的方向来改变状态。最后，`env.step()`函数将用这些转移概率来确定下一个状态；
- 此外，`_build_display()`函数将设置环境的初始可视化，`render()`函数将显示智能体的移动。

请注意，在学习过程中并不知道转移概率，并且学习的目标就是通过与环境交互来学习最优动作策略。因此不能访问类定义之外的 `P`。

现在，为了测试代码实现，我们创建一个新环境，并在每个状态时采取随机动作，并可视化一个回合。在同一 Python 脚本（`gridworld_env.py`）的末尾加入以下代码，然后运行该脚本：

```
if __name__ == '__main__':
    env = GridWorldEnv(5, 6)
    for i in range(1):
        s = env.reset()
```

```
        env.render(mode='human', done=False)
        while True:
            action = np.random.choice(env.nA)
            res = env.step(action)
            print('Action  ', env.s, action, ' -> ', res)
            env.render(mode='human', done=res[2])
            if res[2]:
                break
    env.close()
```

运行上述脚本后，可以看到图 19.8 所示的网格世界环境。

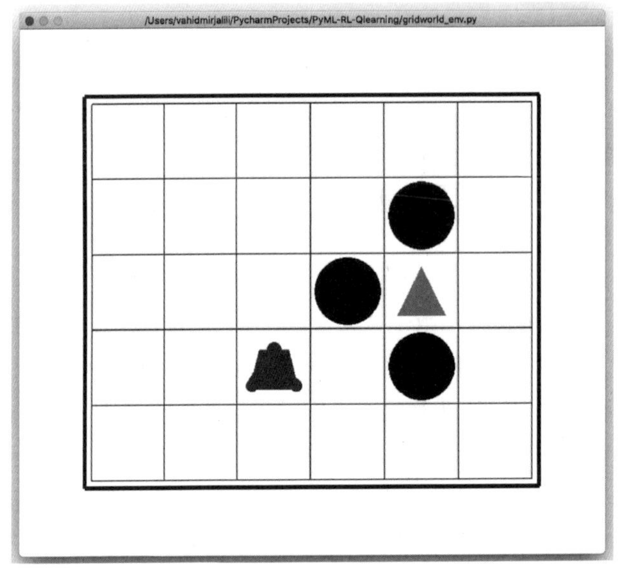

图 19.8 网络世界环境的可视化

19.4.2 用 Q 学习解决网格世界问题

前面关注了强化学习算法的理论和开发过程，并用 OpenAI Gym 工具包设置了环境，现在将实现目前最流行的强化学习算法——Q 学习。为此，需要使用在脚本 gridworld_env.py 中已经实现的网格世界。

现在，创建一个名为 agent.py 的新脚本，并在该脚本中定义与环境交互的智能体，代码如下：

```
## Script: agent.py
from collections import defaultdict
import numpy as np

class Agent:
```

```
    def __init__(
            self, env,
            learning_rate=0.01,
            discount_factor=0.9,
            epsilon_greedy=0.9,
            epsilon_min=0.1,
            epsilon_decay=0.95):
        self.env = env
        self.lr = learning_rate
        self.gamma = discount_factor
        self.epsilon = epsilon_greedy
        self.epsilon_min = epsilon_min
        self.epsilon_decay = epsilon_decay
        ## Define the q_table
        self.q_table = defaultdict(lambda: np.zeros(self.env.nA))

    def choose_action(self, state):
        if np.random.uniform() < self.epsilon:
            action = np.random.choice(self.env.nA)
        else:
            q_vals = self.q_table[state]
            perm_actions = np.random.permutation(self.env.nA)
            q_vals = [q_vals[a] for a in perm_actions]
            perm_q_argmax = np.argmax(q_vals)
            action = perm_actions[perm_q_argmax]
        return action

    def _learn(self, transition):
        s, a, r, next_s, done = transition
        q_val = self.q_table[s][a]
        if done:
            q_target = r
        else:
            q_target = r + self.gamma*np.max(self.q_table[next_s])
        ## Update the q_table
        self.q_table[s][a] += self.lr * (q_target - q_val)
        ## Adjust the epsilon
        self._adjust_epsilon()

    def _adjust_epsilon(self):
        if self.epsilon > self.epsilon_min:
            self.epsilon *= self.epsilon_decay
```

__init__()构造函数设置了各种超参数，如学习速率、折扣因子(γ)，以及ε贪婪策略的参数。起初从较大的ε值开始，但_adjust_epsilon()方法会逐步减小ε值，直至ε到达最小

值 $\varepsilon_{\min}$。choose_action()方法基于 ε 贪婪策略选择要采取的动作。产生一个均匀分布的随机数，用来确定是根据动作价值函数选择动作，还是随机地选择动作。_learn()方法实现了 Q 学习算法的更新规则。_learn()方法在每个状态转移后接收一个元组，其中包括当前状态(s)、采取的动作(a)、观测到的奖励(r)、下一个状态(s')，以及用于确定是否已达到回合结束的标志。如果该标志为回合结束标志，那么目标值等于观测到的奖励(r)；否则，目标值为 $r+\gamma \max_{a} Q(s',a)$。

最后，下一步创建 qlearning.py 新脚本来整合所有内容，并用 Q 学习算法训练该智能体。

在下述代码中，将定义 run_qlearning()函数实现 Q 学习算法，通过调用该智能体的 _choose_action()方法并运行该环境来模拟一个回合。然后，将转移元组传递给智能体的 _learn()方法，以更新动作价值函数。此外，为了监控学习过程，还存储了每个回合的最终奖励(可能是+1 也可能是-1)以及回合的长度(从始至终智能体的移动次数)。

然后，调用 plot_learning_history()函数绘制记录的奖励和动作次数：

```
## Script: qlearning.py
from gridworld_env import GridWorldEnv
from agent import Agent
from collections import namedtuple
import matplotlib.pyplot as plt
import numpy as np
np.random.seed(1)


Transition = namedtuple(
    'Transition', ('state', 'action', 'reward',
                   'next_state', 'done'))


def run_qlearning(agent, env, num_episodes=50):
    history = []
    for episode in range(num_episodes):
        state = env.reset()
        env.render(mode='human')
        final_reward, n_moves = 0.0, 0
        while True:
            action = agent.choose_action(state)
            next_s, reward, done, _ = env.step(action)
            agent._learn(Transition(state, action, reward,
                                    next_s, done))
            env.render(mode='human', done=done)
            state = next_s
```

```
            n_moves += 1
            if done:
                break
            final_reward = reward
        history.append((n_moves, final_reward))
        print(f'Episode {episode}: Reward {final_reward:.2} '
              f'#Moves {n_moves}')
    return history


def plot_learning_history(history):
    fig = plt.figure(1, figsize=(14, 10))
    ax = fig.add_subplot(2, 1, 1)
    episodes = np.arange(len(history))
    moves = np.array([h[0] for h in history])
    plt.plot(episodes, moves, lw=4,
             marker='o', markersize=10)
    ax.tick_params(axis='both', which='major', labelsize=15)
    plt.xlabel('Episodes', size=20)
    plt.ylabel('# moves', size=20)
    ax = fig.add_subplot(2, 1, 2)
    rewards = np.array([h[1] for h in history])
    plt.step(episodes, rewards, lw=4)
    ax.tick_params(axis='both', which='major', labelsize=15)
    plt.xlabel('Episodes', size=20)
    plt.ylabel('Final rewards', size=20)
    plt.savefig('q-learning-history.png', dpi=300)
    plt.show()

if __name__ == '__main__':
    env = GridWorldEnv(num_rows=5, num_cols=6)
    agent = Agent(env)
    history = run_qlearning(agent, env)
    env.close()
    plot_learning_history(history)
```

上述脚本将运行 50 个回合的 Q 学习。图 19.9 对智能体的行为进行了可视化，可以看出在学习过程刚开始时，智能体大多处于陷阱状态。但随着时间的推移，它从失败中吸取教训，并最终找到黄金状态(例如，第一次在第七个回合)。图 19.9 显示了智能体的移动次数和奖励情况。

图 19.9 中绘制的学习历史表明，在 30 个回合之后，智能体学习到了一条到达黄金状态的捷径。因此，第 30 个回合之后的回合长度大致相同，只是由于 ε 贪婪策略，会出现轻微的偏差。

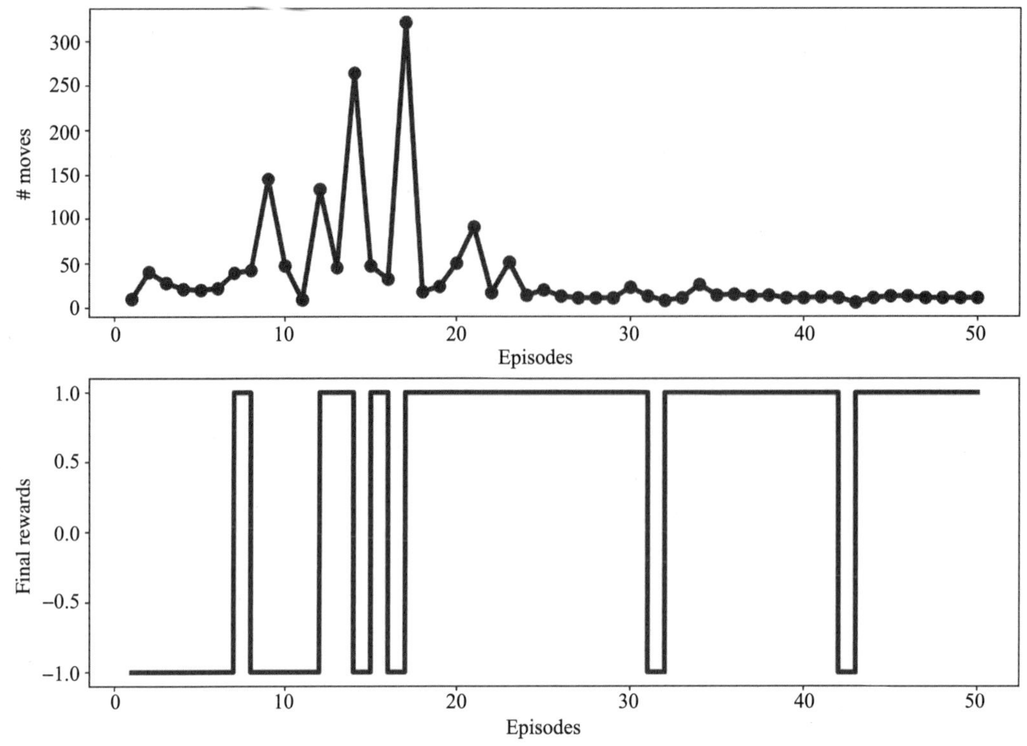

图 19.9 智能体的移动次数和奖励

19.5 深度 Q 学习概览

前面的代码实现了 Q 学习算法在网格世界中的应用。该例包含了 30 个离散状态空间，并将 Q 值存储在 Python 字典中。然而，有时状态的数量可能会非常大，甚至有可能无限大。状态空间还有可能是连续的而不是离散的。此外，有些状态在训练期间可能根本不会被访问，智能体在处理这种未见过的状态时可能会出现问题。

为了解决这些问题，采用函数近似法表示动作价值函数，而不再使用表格形式的 $V(S_t)$ 或 $Q(S_t,A_t)$ 来表示价值函数。在这里，定义了一个参数化函数 $v_w(x_s)$，可以学习近似真实的价值函数，即 $v_w(x_s)\approx v_\pi(s)$，其中 x_s 为一组输入特征（或"特征化"状态）。

当近似函数 $q_w(x_s,a)$ 是一个深度神经网络（DNN）时，生成的模型被称为深度 Q 网络（Deep Q-network，DQN）。在训练深度 Q 网络模型时，根据 Q 学习算法更新权重。图 19.10 给出了一个深度 Q 网络模型的示例，其中传递给网络第一层的特征是智能体的状态变量。

现在，看一下如何使用深度 Q 学习算法来训练深度 Q 网络。总体而言，深度 Q 网络算法与表格式 Q 学习方法非常相似。主要的区别在于深度 Q 网络使用一个多层神经网络来计算动作价值。

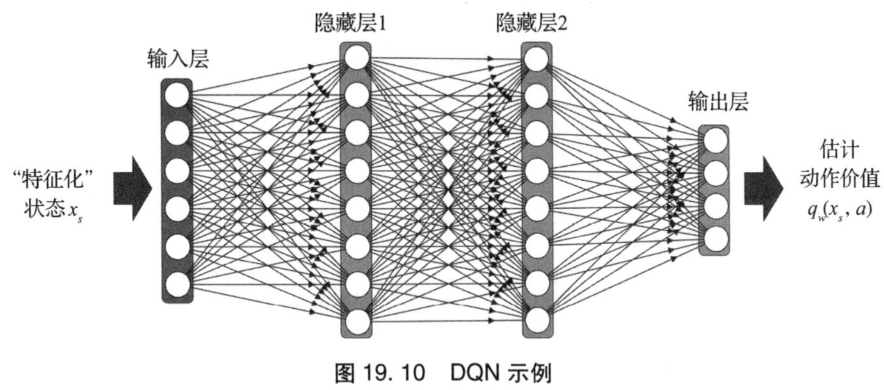

图 19.10　DQN 示例

19.5.1　训练深度 Q 学习网络模型

本节将介绍使用 Q 学习算法训练深度 Q 学习网络模型的过程。为了实现深度 Q 学习方法，需要对之前实现的标准 Q 学习方法做一些修改。

其中一个修改是对智能体的 `choose_action()`方法的修改。在上一节的 Q 学习代码中，该方法只访问字典存储的动作价值。现在要将这种方法改成神经网络模型，用于计算动作的价值。

下面将介绍深度 Q 学习算法所需要的其他修改。

记忆回放

使用之前的表格方法进行 Q 学习，可以更新特定的状态-动作二元组的值，而不会影响其他值。但是，现在使用神经网络模型近似 $q(s,a)$，更新一个状态-动作二元组的权重有可能会影响其他状态的输出。在监督学习任务中（例如分类任务），使用随机梯度下降法训练神经网络，训练时采用了多个回合来遍历训练数据，直到算法收敛。

这种方法在 Q 学习中是行不通的，因为在训练期间智能体的回合将发生变化。因此，在训练早期阶段访问过的一些状态在此后再次被访问的可能性极小。

此外，在训练神经网络完成常规任务时，假定训练样本独立同分布。但是从智能体与环境交互的回合中采集的样本并非独立同分布，因为样本形成了一个状态转移序列。

为了解决这些问题，当智能体与环境交互并生成一个转移五元组 $q_w(x_s,a)$时，我们把大量（但有限的）数据存储在内存缓冲区，通常称之为记忆回放（replay memory）。每次产生新交互（即智能体选择了一个动作并在环境中执行）后，把新生成的转移五元组追加到内存中。

为了避免内存过大，删除内存中最旧的数据（如果使用 Python 列表，则可以调用 `pop(0)`方法删除列表的第一个元素）。然后从内存缓冲区中随机抽取一小批样本，用于计算损失并更新网络参数。图 19.11 说明了该过程。

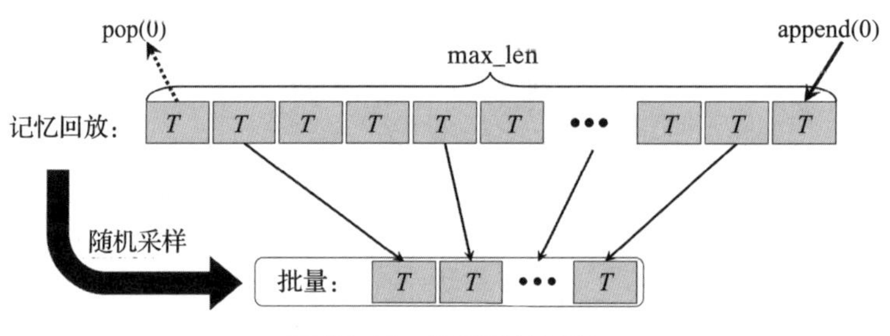

图 19.11　记忆回放过程

实现记忆回放

可以用 Python 列表实现记忆回放，其中每次向列表中添加新元素时，都需要检查列表的大小，并在需要时调用 `pop(0)`。

也可以使用 Python `collections` 库中的 `deque` 数据结构，其中可选参数 `max_len` 需要被设定。设定 `max_len` 参数后，`deque` 的容量就固定了。因此，当 `deque` 对象已满时，添加新元素会导致对象自动删除旧元素。

请注意，使用 `deque` 比使用 Python 列表更有效，因为使用 `pop(0)` 删除列表的第一个元素的复杂度为 $O(n)$，而 `deque` 删除一个元素的复杂度为 $O(1)$。可以阅读官方文档(https://docs.python.org/3.9/library/collections.html#collections.deque 学习更多有关 `deque` 的知识。

损失函数的计算

表格式 Q 学习方法另一个需要更改的地方为如何调整更新规则来训练深度 Q 网络模型参数。回想一下，存储在一批样本中的转移五元组 T，其中 T 包含了$(x_s, a, r, x_{s'}, \text{done})$。

如图 19.12 所示，这里对深度 Q 网络模型进行两个前向传播。第一个前向传播使用的是当前状态 x_s 的特征。第二个前向传播使用的是下一个状态 $x_{s'}$ 的特征。从第一个和第二个前向传播分别可以获得估计的动作价值 $q_w(x_s, :)$ 和 $q_w(x_{s'}, :)$。(这里 $q_w(x_s, :)$ 代表所有动作 $\hat{A}$ 中给出的 Q 值向量。)智能体从转移五元组中选择一个动作 a。

根据 Q 学习算法，需要使用标量目标值 $r+\gamma \max_{a' \in \hat{A}} q_w(x_{s'}, a')$ 来更新与状态-动作二元组(x_s, a)对应的动作价值。不仅仅形成标量目标值，这里还将创建动作价值目标向量表示所有其他动作 $a' \neq a$ 的价值，如图 19.12 所示。

这个问题可以视为一个回归问题，包含以下三个变量：

- 当前的预测值 $q_w(x_s, :)$；
- 目标值向量；
- 标准均方误差(MSE)损失函数。

因此，除了 a 以外每个动作损失均为零。最后，对计算的损失进行反向传播，以更新网络参数。

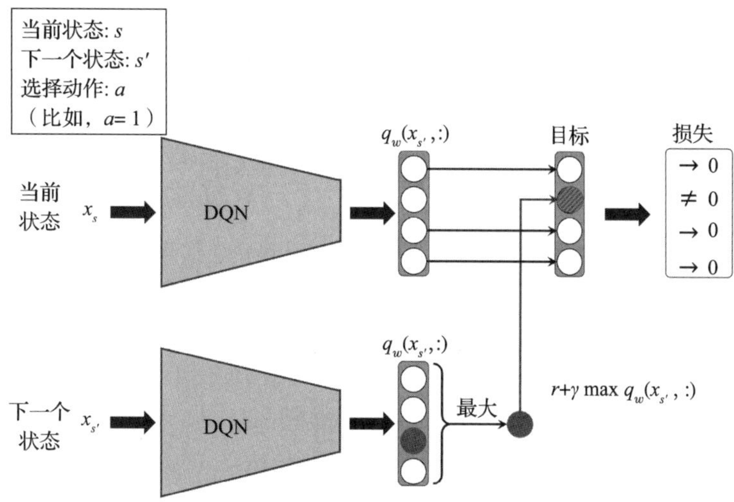

图 19.12　使用 DQN 确定目标值

19.5.2　实现深度 Q 学习算法

最后，我们将组合所有这些方法来实现深度 Q 学习算法。这里使用了之前介绍的 OpenAI Gym 中的 CartPole 环境。CartPole 环境有 4 个连续状态空间。以下的代码定义了 DQNAgent 类，用于生成模型并指定各种超参数。

与之前基于表格式 Q 学习的智能体相比，该类多了 remember()和 replay()两个新方法。其中，remember()方法将新的转移五元组追加到内存缓冲区，而 replay()方法将创建一个小批次的转移样本，并将其传递给_learn()方法以更新网络权重参数：

```
import gym
import numpy as np
import torch
import torch.nn as nn
import random
import matplotlib.pyplot as plt
from collections import namedtuple
from collections import deque
np.random.seed(1)
torch.manual_seed(1)

Transition = namedtuple(
            'Transition', ('state', 'action', 'reward',
                           'next_state', 'done'))
```

```
class DQNAgent:
    def __init__(
            self, env, discount_factor=0.95,
            epsilon_greedy=1.0, epsilon_min=0.01,
            epsilon_decay=0.995, learning_rate=1e-3,
            max_memory_size=2000):
        self.env = env
        self.state_size = env.observation_space.shape[0]
        self.action_size = env.action_space.n
        self.memory = deque(maxlen=max_memory_size)
        self.gamma = discount_factor
        self.epsilon = epsilon_greedy
        self.epsilon_min = epsilon_min
        self.epsilon_decay = epsilon_decay
        self.lr = learning_rate
        self._build_nn_model()

    def _build_nn_model(self):
        self.model = nn.Sequential(nn.Linear(self.state_size, 256),
                                   nn.ReLU(),
                                   nn.Linear(256, 128),
                                   nn.ReLU(),
                                   nn.Linear(128, 64),
                                   nn.ReLU(),
                                   nn.Linear(64, self.action_size))
        self.loss_fn = nn.MSELoss()
        self.optimizer = torch.optim.Adam(
                                self.model.parameters(), self.lr)

    def remember(self, transition):
        self.memory.append(transition)

    def choose_action(self, state):
        if np.random.rand() <= self.epsilon:
            return np.random.choice(self.action_size)
        with torch.no_grad():
            q_values = self.model(torch.tensor(state,
                              dtype=torch.float32))[0]
        return torch.argmax(q_values).item()  # returns action

    def _learn(self, batch_samples):
        batch_states, batch_targets = [], []
        for transition in batch_samples:
            s, a, r, next_s, done = transition
```

```
            with torch.no_grad():
                if done:
                    target = r
                else:
                    pred = self.model(torch.tensor(next_s,
                                 dtype=torch.float32))[0]
                    target = r + self.gamma * pred.max()
            target_all = self.model(torch.tensor(s,
                                 dtype=torch.float32))[0]
            target_all[a] = target
            batch_states.append(s.flatten())
            batch_targets.append(target_all)
            self._adjust_epsilon()
            self.optimizer.zero_grad()
            pred = self.model(torch.tensor(batch_states,
                             dtype=torch.float32))
            loss = self.loss_fn(pred, torch.stack(batch_targets))
            loss.backward()
            self.optimizer.step()
        return loss.item()

    def _adjust_epsilon(self):
        if self.epsilon > self.epsilon_min:
            self.epsilon *= self.epsilon_decay

    def replay(self, batch_size):
        samples = random.sample(self.memory, batch_size)
        return self._learn(samples)
```

最后，使用下述代码训练模型 200 个回合，并用 `plot_learning_history()`函数对模型的学习过程进行可视化：

```
def plot_learning_history(history):
    fig = plt.figure(1, figsize=(14, 5))
    ax = fig.add_subplot(1, 1, 1)
    episodes = np.arange(len(history))+1
    plt.plot(episodes, history, lw=4,
             marker='o', markersize=10)
    ax.tick_params(axis='both', which='major', labelsize=15)
    plt.xlabel('Episodes', size=20)
    plt.ylabel('Total rewards', size=20)
    plt.show()

## General settings
```

```
EPISODES = 200
batch_size = 32
init_replay_memory_size = 500

if __name__ == '__main__':
    env = gym.make('CartPole-v1')
    agent = DQNAgent(env)
    state = env.reset()
    state = np.reshape(state, [1, agent.state_size])
    ## Filling up the replay-memory
    for i in range(init_replay_memory_size):
        action = agent.choose_action(state)
        next_state, reward, done, _ = env.step(action)
        next_state = np.reshape(next_state, [1, agent.state_size])
        agent.remember(Transition(state, action, reward,
                                  next_state, done))
        if done:
            state = env.reset()
            state = np.reshape(state, [1, agent.state_size])
        else:
            state = next_state
    total_rewards, losses = [], []
    for e in range(EPISODES):
        state = env.reset()
        if e % 10 == 0:
            env.render()
        state = np.reshape(state, [1, agent.state_size])
        for i in range(500):
            action = agent.choose_action(state)
            next_state, reward, done, _ = env.step(action)
            next_state = np.reshape(next_state,
                                    [1, agent.state_size])
            agent.remember(Transition(state, action, reward,
                                      next_state, done))
            state = next_state
            if e % 10 == 0:
                env.render()
            if done:
                total_rewards.append(i)
                print(f'Episode: {e}/{EPISODES}, Total reward: {i}')
                break
            loss = agent.replay(batch_size)
            losses.append(loss)
    plot_learning_history(total_rewards)
```

经过 200 个回合训练后，可以看到随着时间的推移，智能体确实学会了如何增加总体奖励，如图 19.13 所示。

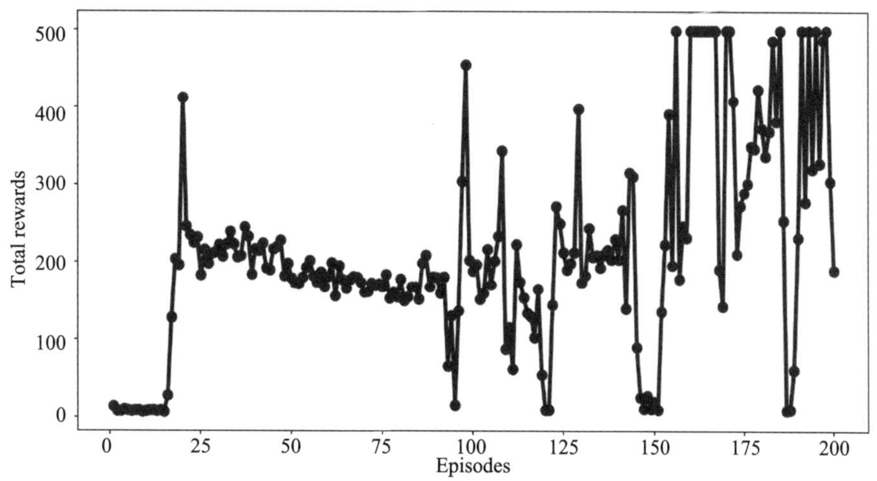

图 19.13 智能体的奖励随时间增加

请注意，在一个回合中获得的总奖励等于智能体能够平衡旗杆的时间量。图中绘制的学习历史显示，在经过大约 30 个回合后，智能体学会了如何平衡旗杆并保持旗杆平衡超过 200 个时间步。

19.6 本章小结及本书总结

本章从强化学习的基础开始，介绍了强化学习的基本概念以及强化学习如何支持智能体在复杂环境中做决策。

本章学习了智能体-环境交互和马尔可夫决策过程，以及解决强化学习问题的三种主要方法：动态规划、蒙特卡罗学习和时序差分学习。讨论了动态规划算法，并假设环境动态已知，尽管大多数实际问题并不满足这个假设。

然后，本章展示了使用蒙特卡罗算法和时序差分算法智能体如何与环境交互生成模拟经验并实现学习。在讨论了基础理论后，本章实现了作为时序差分算法策略外子类的 Q 学习算法，并用于解决网格世界问题。最后特别介绍了函数近似和深度 Q 学习的概念，可用于解决大型或连续状态空间问题。

希望你能享受本书的最后一章，以及激动人心的机器学习和深度学习之旅。本书涵盖了该领域必须掌握的基本知识。相信你现在已经掌握这些知识，并可以用学到的算法来解决实际问题。

第 1 章简要介绍了不同类型的学习任务：监督学习、无监督学习和强化学习。

第 2 章从简单的单层神经网络开始，讨论了几种机器学习分类算法。

第 3 章继续讨论了几种高级分类算法，并且在第 4 章和第 5 章中学习了机器学习流程中最重要的方法。

请记住，即使是最先进的算法也受限于训练数据中的信息。因此，第 6 章介绍了构建和评估预测模型的最佳实践，这是机器学习应用的另一个重要方面。

第 8 章将机器学习用于文本分析。文本数据主要来自于互联网社交媒体平台的文本文档。

在大多数情况下，人们更关注分类算法。分类可能是机器学习最流行的应用。然而，这并不是旅程的终点！第 9 章探索了几种用于预测连续目标变量的回归分析算法。

机器学习另一个令人兴奋的子领域是聚类分析。聚类分析可以帮助我们发现数据中隐藏的结构，即使训练数据没有提供正确的可供学习的模式标签。第 10 章中讨论了聚类分析。

接下来，将注意力转移到整个机器学习领域中最令人兴奋的算法之一——人工神经网络。第 11 章使用 NumPy 从零开始实现了一个多层人工神经网络。

PyTorch 对深度学习的好处在第 12 章中体现。在该章中，我们使用 PyTorch 构建神经网络模型。在使用 PyTorch `Dataset` 时，学会了对数据集进行预处理。

第 13 章深入探讨了 PyTorch 的工作原理，并讨论了 PyTorch 的各个方面，包括张量、梯度计算以及神经网络模块 `torch.nn`。

第 14 章研究了卷积神经网络。卷积神经网络在图像分类任务中性能出色，目前在计算机视觉中得到了广泛的应用。

第 15 章介绍了如何使用循环神经网络对序列建模。

第 16 章引入了注意力机制来解决循环神经网络的一个缺陷，即在处理长序列时难以记住之前的输入元素。然后，我们将探索各种各样的 Transformer 架构。Transformer 是以自注意力机制为中心的深度学习架构，是创建大规模语言模型的技术基础。

第 17 章介绍了如何使用 GAN 生成新的图像，同时，还介绍了自编码器、批处理归一化、转置卷积和 Wasserstein GAN。

前几章围绕表格数据集以及文本和图像数据展开。第 18 章重点研究了处理图结构数据的深度学习。图数据结构是社交网络和分子（化合物）常用的数据表示。此外，我们还学习了图神经网络——一种处理图数据的深度神经网络。

第 19 章介绍了一个单独的机器学习任务类别，并讲解了如何开发与环境交互获得奖励来学习的算法。

虽然对深度学习的全面研究远远超出了本书的范围，但希望本书能够激发你的兴趣，并关注深度学习领域的最新进展。

如果你正在考虑从事机器学习领域的研究，或者想跟踪这个领域的最新进展，建议密切关注这个领域最近发表的论文。以下是一些我们认为特别有用的资源：

- 致力于学习机器学习的 subreddit 社区：https://www.reddit.com/r/learnmachinelearning/
- 每日上传至 arXiv 的最新机器学习论文：https://arxiv.org/list/cs.LG/recent
- 基于 arXiv 的论文推荐网站：http://www.arxiv-sanity.com

最后，你可以在这些网站上找到本书作者的最新工作进展：

- Sebastian Raschka：https://sebastianraschka.com
- Hayden Liu：https://www.mlexample.com/
- Vahid Mirjalili：http://vahidmirjalili.com

如果你对本书有任何疑问，或者你需要一些关于机器学习方面的建议，欢迎随时与我们联系。

推荐阅读

机器学习实战：基于Scikit-Learn、Keras和TensorFlow（原书第2版）

作者：Aurélien Géron ISBN：978-7-111-66597-7 定价：149.00元

机器学习畅销书全新升级，基于TensorFlow 2和Scikit-Learn新版本

Keara之父、TensorFlow移动端负责人鼎力推荐

"美亚"AI+神经网络+CV三大畅销榜冠军图书

从实践出发，手把手教你从零开始构建智能系统

这本畅销书的更新版通过具体的示例、非常少的理论和可用于生产环境的Python框架来帮助你直观地理解并掌握构建智能系统所需要的概念和工具。你会学到一系列可以快速使用的技术。每章的练习可以帮助你应用所学的知识，你只需要有一些编程经验。所有代码都可以在GitHub上获得。

机器学习算法（原书第2版）

作者：Giuseppe Bonaccorso ISBN：978-7-111-64578-8 定价：99.00元

本书是一本使机器学习算法通过Python实现真正"落地"的书，在简明扼要地阐明基本原理的基础上，侧重于介绍如何在Python环境下使用机器学习方法库，并通过大量实例清晰形象地展示了不同场景下机器学习方法的应用。